本书编委会

主　任　孔令辉

副主任　蔡　梅　赵瑞霞

编　委　卓俊玲　刘金洁　刘振起　康拉娣

杨申卉　叶　斌　闫如松　孙　阳

环境影响评价技术导则与标准汇编增补本

（2011）

环境保护部环境工程评估中心　编

中国环境科学出版社·北京

图书在版编目（CIP）数据

环境影响评价技术导则与标准汇编增补本. 2011/环境保护部环境工程评估中心编. —北京：中国环境科学出版社，2011.8

ISBN 978-7-5111-0659-9

Ⅰ. ①环… Ⅱ. ①环… Ⅲ. ①环境影响—评价—国家标准—汇编—中国—2011 Ⅳ. ①X820.3-65

中国版本图书馆 CIP 数据核字（2011）第 156236 号

责任编辑 黄晓燕
文字编辑 王天一
封面设计 玄石至上

出版发行 中国环境科学出版社
（100062 北京东城区广渠门内大街 16 号）
网　址：http://www.cesp.com.cn
联系电话：010-67112735
发行热线：010-67125803，010-67113405（传真）
印　刷 北京市联华印刷厂
经　销 各地新华书店
版　次 2011 年 8 月第 1 版
印　次 2011 年 8 月第 1 次印刷
开　本 787×960 1/16
印　张 44.5
字　数 950 千字
定　价 95.00 元

前　言

环境标准是为了防治环境污染，维护生态平衡，保护人群健康，对环境保护工作中需要统一的各项技术规范和技术要求所做的规定。环境标准是国家环境政策在技术方面的具体体现，是行使环境监督管理和进行环境规划的主要依据，同时也是进行环境影响评价的准绳。只有依靠环境标准，方能做出定量化的比较和评价，正确判断环境质量的好坏，从而为控制环境质量，进行环境污染综合整治，以及设计切实可行的治理方案提供科学依据。

环境标准在环境影响评价中的重要性已越来越突出，尤其是其中的环境影响评价技术导则，更是对环境影响评价工作起到了重要的指导作用。为方便环境影响评价技术人员和环境管理者在工作中使用有关标准，我们于 2005 年编辑出版了《环境影响评价技术导则与标准汇编》，并分别于 2008 年、2009 年和 2010 年进行了三次增补，系统归纳整理了从 1979—2009 年公布的环境影响评价工作中常用的技术导则与标准。

本增补本主要汇集了 2010 年 1 月—2010 年 12 月我国新发布的环境影响评价相关技术导则与标准，并补充了少量之前未收录的环境基础标准、环境标准修改与解释文件，分为环境影响评价技术规范、污染物排放标准、清洁生产标准、环境基础标准、环境保护工程技术规范、其他相关技术规范、环境标准修改与解释等七部分，力求准确和实用，是环境影响评价技术人员一部实用的环境标准工具书，同时也适用于环境管理者、环境监测、环境科研以及企事业单位相关人员。

编　者

2011 年 2 月

目　录

一、环境影响评价技术规范

二、污染物排放标准

三、清洁生产标准

四、环境基础标准

五、环境保护工程技术规范

六、其他相关技术规范

七、环境标准修改与解释

一

环境影响评价技术规范

中华人民共和国国家环境保护标准

环境影响评价技术导则　农药建设项目

Technical guideline for environmental impact assessment —Constructional project of pesticide

HJ 582—2010

前　言

为贯彻《中华人民共和国环境影响评价法》和《建设项目环境保护管理条例》，保护环境，规范和指导农药建设项目环境影响评价工作，制定本标准。

本标准规定了农药建设项目环境影响评价的一般性原则、内容和方法。

本标准附录 A、附录 D 和附录 E 为规范性附录，附录 B、附录 C 和附录 F 为资料性附录。

本标准首次发布。

本标准由环境保护部科技标准司组织制定。

本标准主要起草单位：环境保护部环境工程评估中心、伊尔姆环境资源管理咨询（上海）有限公司、环境保护部环境发展中心、上海化工研究院、沈阳化工研究院。

本标准环境保护部 2010 年 9 月 6 日批准。

本标准自 2011 年 1 月 1 日起实施。

本标准由环境保护部解释。

1　适用范围

本标准规定了农药（原药、制剂和中间体）建设项目环境影响评价的一般性原则、内容和方法。

本标准适用于我国所有农药新建、改建、扩建项目的环境影响评价；农药类区域规划环境影响评价可参照执行。

2　规范性引用文件

本标准内容引用了下列文件或其中的条款。凡是不注日期的引用文件，其有效版本适用于本标准。

GB 5085　危险废物鉴别标准

GB 18484　危险废物焚烧污染控制标准

HJ/T 2.1　环境影响评价技术导则　总纲

HJ 2.2　环境影响评价技术导则　大气环境

HJ/T 2.3　环境影响评价技术导则　地面水环境

HJ 2.4　环境影响评价技术导则　声环境

HJ/T 164　地下水环境监测技术规范

HJ/T 166　土壤环境监测技术规范

HJ/T 169　建设项目环境风险评价技术导则

HJ/T 176　危险废物集中焚烧处置工程建设技术规范

3　术语和定义

下列术语和定义适用于本标准。

3.1　农药中间体

指主要用于农药合成的中间体。

3.2　反应转化率

表示化学反应进行的程度（深度），即关键组分参加反应的百分率。反应转化率等于某一反应物的转化量与该反应物的起始量之比。

3.3　产品收（得）率

指生产产品所消耗的关键组分量与该关键组分起始量之比。

3.4　特征污染物

指除建设项目排放常规污染物外的特有污染物，包括与评价项目相关的本地区特征性污染物、污染已较为严重或有污染加重趋势的污染物、项目实施后可能导致潜在污染或对周边敏感保护目标产生影响的污染物，如农药及其异构体等。

3.5　农药类别

指杀虫剂、杀螨剂、杀菌剂、除草剂、植物生长调节剂、杀鼠剂等。

3.6　环境毒理

指农药对鸟类、鱼类、水蚤、藻类、蜜蜂、家蚕等非靶标生物的毒性影响。

3.7　环境行为

指吸附性、移动性、挥发性、光降解、水解、土壤降解。

4　工作原则和一般规定

4.1　一般规定

农药建设项目环境评价原则上执行现行的国家和地方环境保护标准，本标准对农药建设项目环境影响评价工作提出新要求的，则按本标准要求开展工作。

4.2　环境影响识别

4.2.1　在农药项目建设时序上，影响因素识别包括建设期（施工期）、运行期（投产运行和使用）、服务期满后（生产企业使用寿命期结束后仍继续产生影响的）。

4.2.2 农药建设项目影响对象识别包括自然环境、生态环境、社会环境要素；要素识别应包括环境空气、地表水、地下水、土壤、陆域及水生生物、渔业资源、农业生产、主要保护区等。

4.2.3 在调查区域环境特征和分析农药建设项目特征污染物基础上，应重点对毒性高、环境影响敏感的特征污染物进行环境影响识别，关注农药建设项目可能对环境的长期累积影响。

4.2.4 环境影响识别及其表达可采用列表清单、矩阵等方式。矩阵识别表见附录 A，并可依据农药建设项目特征和区域环境特征，对识别表中的内容进行调整。

4.3 评价因子的确定

4.3.1 依据工程特点，识别农药建设项目的污染因子；结合区域环境特征，按环境要素确定评价因子。

4.3.2 符合下列基本原则之一的，应作为评价因子：

a）国家或地方法规、标准中限制排放的；

b）国家或地方污染物排放总量控制的；

c）具有持久性、难降解性和毒性特征的；

d）具有“三致”毒理特性的；

e）具有明显恶臭影响特征的；

f）项目环境影响特征污染物。

4.3.3 评价因子选择可参考附录 B。

4.4 评价标准的确定

4.4.1 环境质量评价标准应依据农药建设项目所在地区环境功能区划的要求执行相应环境要素的国家或地方环境质量标准。

4.4.2 污染物排放标准应执行国家或地方污染物排放标准。

4.4.3 对于评价因子无国家和地方标准的，可参照国外、国际标准执行。

4.4.4 评价因子未有参照值的，可按照毒理性指标经多介质环境目标值（MEG）估算方法（见附录 C）计算，提出环境管理推荐控制限值。

4.4.5 评价标准须由有关环境保护主管部门确认。

5 自然环境与社会环境现状调查

5.1 重点调查内容：

a）区域内河流、湖泊（水库）、海湾等地表水水文特征，并给出区域地表水系图；

b）区域内农药建设项目关联排污口下游（感潮河段包括上游）的集中式生活饮用水水源地，并给出饮用水水源保护区分布图与灌溉区分布图；

c）所涉及水域与国家及地方重点控制水域的关系，并附图说明；

d）区域内集中地下水饮用水源及保护区的概况，并附图说明。

5.2 重点关注区域农作物、经济作物、水生生态及野生动植物等生态现状。

6 评价区污染源现状调查与评价

6.1 调查重点

a）根据农药建设项目所在地的环境特点和工程特征，重点调查与农药建设项目排放相同污染物的污染源；

b）除对现有污染源进行调查外，还应调查在建和拟建项目。

6.2 调查内容

a）列表说明评价区域内污染源分布情况（与农药建设项目的方位和距离），主要污染因子及源强，重点调查评价区域内与农药建设项目排放相同污染物的污染源；

b）调查农药建设项目依托的公用工程和环保设施建设与运行情况。

6.3 污染源分析

按等标污染负荷和等标污染负荷比统计排序，明确区域主要污染物及其主要污染源。

7 环境质量现状调查与评价

7.1 环境空气质量现状调查与评价

a）现状监测点设置原则：应按 HJ 2.2 不同评价等级的要求确定布点数量和位置，原药和中间体建设项目现状监测点应覆盖评价范围内的主要大气敏感区；制剂或分装建设项目可只在厂界外近距离的敏感点布设监测点位；改、扩建项目还应设置无组织排放监控点位。

b）对于改、扩建项目，考虑生产设施间歇排放的特点，应按生产周期合理安排监测时段，其中 1 小时平均浓度的监测时段须包括生产周期中排放强度最大的时段，并给出对应的生产负荷及排放状况。

c）现状评价宜以 1 小时平均浓度评价为主。

7.2 地表水质量现状调查与评价

a）废水直接或间接排入地表水体的农药建设项目，均应进行地表水环境质量现状监测及评价。

b）给出受纳水体至上一级水域的水系详图，标注排污口位置、排污口下游第一个饮用水及灌溉取水口位置，标明国控、省控及市控监测断面。监测断面应包括对照断面、控制断面和混合断面；调查范围内重点保护水域、饮用水水源保护区、水产养殖区附近水域应设置监测断面。

c）监测因子包括常规污染物和特征污染物。常规污染物应包含全盐量；特征污染物应依据评价因子识别结果确定。

d）监测因子有超标、接近标准限值或特征污染物有检出时，应分析其原因。

7.3 土壤现状调查与评价

7.3.1 新建项目

a）资料收集：收集厂址区域的土壤图、土类、成土母质等土壤基本信息资料，以及工农业生产排污、污灌、化肥农药施用情况资料。

b）依据平面均匀分布、垂向分层的原则，原则上厂界内布设不少于 3 个土壤柱状采样点（主导风向的上、下厂界、主要生产装置区），每个柱状样取样深度均为 100 cm，分取三个土样：表层样（0～20 cm），中层样（20～60 cm），深层样（60～100 cm）；并应根据厂区内不同土壤类型差异、厚度与农药建设项目占地规模适当调整采样点数；具体按照 HJ/T 166 执行。

c）监测因子除常规项目外，还应包括在土壤中具有积累性、对环境危害较大、毒性较强的特征污染物。

d）采用国家土壤环境质量标准和区域土壤背景值对分析结果分别评价；一般以单项污染指数、污染累积指数为主，污染超标倍数、污染样本超标率为辅。评价结果应为厂区分区防渗和平面布置调整提供依据。

7.3.2 改、扩建项目

a）资料收集除 7.3.1 a）所列资料外，还应收集以前的场地调查报告、场地历史、场地平面布置、危险废物储存、地下管道系统、污染事故报告等资料，分析确定潜在的污染源和污染区域。

b）现有厂址监测点位应选择在可能存在污染的区域；主要考虑化学品储藏和易泄漏区、地下储罐区、地下管道（污水管网）、主导下风向最大落地地带等区域。

c）宜根据厂区运行过程中所涉及的化学品筛选监测因子，主要包括重金属、无机化合物、农药类、挥发性有机化合物类和半挥发性有机化合物类等，进行全面分析。

d）对于无国家或地方标准的污染物可以参考国际相应标准。评价结果应为是否需要制定和实施相应的补救措施提供依据。

7.3.3 搬迁项目原厂址

a）资料收集与 7.3.2 a）所列资料相同。

b）原厂址区域内采集土壤样品，重点在可能存在污染的区域布点；土壤柱状采样点原则上不少于 5 个点（主导风向下厂界、主要各生产装置区、罐区、危险废物堆存场、物料输送及排污管线等）。

c）宜根据厂址运行过程中所涉及的化学品筛选监测因子，主要包括重金属、无机化合物、农药类、挥发性有机化合物类和半挥发性有机化合物类等，进行全面分析。同时根据厂区历史运行过程中所用的化学品适当筛选监测因子。

d）评价结果应根据场地未来使用性质，为制订和实施相应的修复计划提供依据。

7.4 地下水现状调查与评价

7.4.1 新建项目

a）收集有关水文地质资料或进行现场土孔钻探和监测井安装，确定厂区地质状况（如地质类型和地层厚度等）、水文地质条件（地下水水力梯度、含水层边界、地下水埋深、地下水流向等），着重调查潜水含水层。

b）根据区域潜水地下水的流向，至少布设 3 个监测井，原则上厂址地下水流向上游厂界 1 个、下游厂界 2 个，适当关注侧向厂界外近距离敏感点，并纳入日常监测计划。

c）测定地下水水位、物理化学参数（如 pH、电导率和温度等），监测因子除常规因子外，尽量与土壤监测因子相对应；原则上应进行枯、丰两期监测，并采用相应标准评价与分析。

7.4.2 改、扩建项目

a）监测点位布设应包括厂区、生产装置、管道与排污沟渠、危险废物等固体废物的堆存场和厂外附近区域；监测系统需要包括对应的监测井，并且安装在合适位置和深度；同时，应按照地下水流向及其与污染产生位置的相对关系，适当布设点位，以便观察土壤污染对地下水的影响，在可疑污染地块布置 1 个点，并在其上游布置 1 个背景点。

b）按照现有装置所排放的污染物对环境构成的影响程度来筛选监测因子。

c）在运行期内，须制订监测方案，实施周期性的监测。

d）潜水污染现状采用地下水环境质量标准对监测结果进行评价，对于无标准的因子，按照 HJ/T 164 有关规定进行评价。对于地下水已被污染的场地，须制订和实施相应的补救措施。

7.4.3 搬迁项目原厂址

a）监测点位布设应包括厂区和厂外附近区域；另外，根据场地的历史运行状况确定在可能存在污染的区域内布设监测点位。

b）按照原有装置所排放的污染物对环境构成的影响程度来筛选监测因子。

c）潜水污染现状采用地下水环境质量标准对监测结果进行评价，对于无标准的因子，按照 HJ/T 164 有关规定进行评价。对于地下水已被污染的，应视地下水利用性质和敏感性，确定实施相应的修复计划。

7.5 生态现状调查与评价

a）调查评价区内陆生生态和水生生态质量现状。

b）应进行水生生态调查，水生生态调查包括评价区内鱼类、浮游植物、浮游动物和底栖动物的种类和数量，监测底泥沉积物。

8 工程分析

8.1 工程分析要点

8.1.1 贯彻执行产业技术政策、能源政策等的可持续发展战略，体现清洁生产、节能减排、达标排放、“以新带老”、污染物排放总量控制的环保要求。

8.1.2 数据资料要具有真实性、准确性，采用类比或引用资料、数据时，应充分分析其可比性和时效性。

8.1.3 工程分析既要涉及生产全过程和全因素，又要突出分析重点，体现农药建设项目的工程环境影响特征。

8.2 工程分析的基本要求

a）工程分析应包括工程概况、工艺原理及流程、污染源分析、环保措施、排污总量、总图布置方案等内容。

b）对批次间歇式生产，应按批次实投量进行物料平衡和污染源强核定，确定单位时间排污量、排放时间和排放方式，其中废气给出单位时间最大排污量。

c）宜将各中间体与农药合成分别进行物料平衡核算；按照产污节点给出污染源强，对同一产污节点产生的高浓度和低浓度废水分别统计。

d）技改扩建项目应说明技改扩建前后工程内容、产品方案、排污总量的变化。设置企业已建、在建工程的回顾评价专题。

e）企业搬迁、关停应设置退役期工程分析，依据原厂生产装置、储存设施、管线等分布，识别污染源和污染因子，明确废弃化学品、受污染的构筑物和废弃设备、受污染的土壤和地下水等的处理处置方法和去向。根据对可能存在污染的土壤和地下水监测结果，提出恢复或修复措施。

8.3 工程分析的内容和方法

8.3.1 产品及产品方案

a）说明主、副产品名称，纯度，生产规模，生产运行方案（生产连续性、季节性；生产批次量、生产周期；年运行时数等）。

b）说明农药产品通用名、商品名和化学结构式，农药登记证号，农药生产批准证书或农药许可证（新建项目除外），农药类别，农药产品规格（有效成分及大于 0.1%的杂质名称与含量、剂型），产品质量标准，产品理化性质，使用范围，施用方式，主要毒性，环境毒理，环境行为，包装以及环保要求。

8.3.2 工程内容

a）按主体工程、辅助工程、配套工程、公用工程、环保工程分项说明建设内容和规模。

b）说明工程依托设施的内容，分析依托的可行性，明确其可能存在的制约因素及解决方案。厂外依托重点关注区域集中供热、供气、污水处理、危险废物及一般固体废物处理处置、光气和氯气等危险化学品的储运、管线输送，附相关依托协议。厂内依托关注公用工程、储运、管网系统等。

8.3.3 物料、资源和能源消耗、储运及特性

a）说明原辅材料、燃料、制冷剂、导热介质等成分、含量，使用量和消耗量，来源、包装、储运情况；说明危险物料输送管道的特征参数，路由和长度，材质与防护，架设方式等。

b）说明各类化学品物质特性数据资料，包括理化性质，危害特性，燃爆危险性，毒性和环境毒理数据等。

c）公用工程中说明用水总量，新鲜水量，循环水量，水质和来源；用电负荷、耗电量及其来源；工业气体和蒸汽规格、消耗量及其来源等。

8.3.4 工艺原理及流程描述

a）阐述合成工艺原理、工艺路线和主要生产步骤。列明主、副化学反应方程式，说明反应转化率、产品收（得）率。反应方程式应体现主要反应过程、原料使用、反应产物（主或副产品、主要中间体、“三废”物质）。

b）详述生产工艺过程，应包括原料配制、产品生产、物料储存和转移、产品包装、物料回收、污染物处理等。说明物料投加位置和方式，物料走向，装置（单元）操作条件，产物和污染物排出位置，污染物去向，物料回用去向。

c）给出带污染源节点的生产工艺流程图。工艺流程图应示意工序操作单元，诸如反应合成、相分离、蒸馏或精馏、萃取、洗涤、过滤、干燥等；图中应标明单元名称、物料名称、物料走向、投料位置、产污点位置及编号等。

d）工艺过程描述应与工艺流程图示的单元名称、物料名称、污染源符号和编号相一致。

8.3.5 污染源分析

a）根据生产运行方式（如开停车程序、生产连续性）、设备类型和单元操作条件（如洗涤方式、温度和次数，真空泵类型与真空度等），识别正常工况和非正常工况下污染物产生源，确定污染物产生、排放方式（连续或间歇，有组织或无组织）。

b）应重点对储运、加料、混合、反应、分层、洗涤、过滤、干燥、萃取、蒸馏或精馏、结晶、吸附和脱附、粉碎、筛分、包装、真空系统、污染物处理等工序（单元）进行污染源分析。

c）按生产工序和物料消耗，核算各工序的物料平衡（对批次间歇式生产，应按批次的物料消耗进行平衡），给出平衡图表。对有毒有害物料应进行单一物料和主要元素平衡。总物料平衡核算应考虑原料带入水量、作为原料的用水量和反应生成水量。

d）新建项目按生产单元、建设项目进行给排水平衡，改扩建项目还应进行全厂给排水平衡；给出水平衡图表，说明重复用水水质和环节，列出新鲜水用量、重复用水量和重复用水率、污水回用率等指标。

e）通过物料、水资源利用的合理性分析，提出进一步提高物料利用和节水的途径与措施。

f）根据物料平衡结果和流向分布，核定正常工况下产污源的污染物组分和产生量。说明废气无组织排放量、废气和废水非正常工况下排放量核算依据。

g）污染源强应在物料平衡结果基础上，结合资料类比或数据引用方法加以确定。资料类比应分析类比对象之间的相似性和可比性，数据引用应说明其有效性和代表性。

h）生物类农药要关注产品后处理过程的污染源强分析，其中应给出固体废物中农药有效成分及其他有毒有害物质的含量。

i）污染物产生按污染源名称或编号、污染物因子、产生强度和产生方式汇总，具体内容见附录D。

8.3.6 拟采取的环境保护措施

简要说明项目拟采用各环保措施的工艺方案、技术经济指标、处理效果等内容，分析项目污染物经环保设施（包括依托环保设施）处理后排放达标性。

8.3.7 污染物排放量

对污染物排放量进行核算和统计汇总。

a）结合环保工艺方案和处理效果，核算污染物排放量，说明排放方式。

b）废气按有组织排放源、无组织排放源分类进行污染源和排污总量汇总。

c）废水按不同水质排放源分类进行污染源和排污总量汇总。

d）固体废物或废液按废弃物类别进行污染源和排污总量汇总。其中危险废物按照《国家危险废物名录》和GB 5085分别进行分类编号和明确主要组分。

污染物排放量的具体汇总内容见附录E。

8.3.8 总图布置分析

a）总图上应标明主要功能区、装置、罐区、建筑物、构筑物的名称，污染源、排放口、危险源位置，厂界及环境防护距离范围内情况（或分图表示），图中应附具风向玫瑰图、比例尺等。

b）结合区域环境特征和厂内外敏感区域的位置，应从环保角度分析农药建设项目污染源对敏感区域环境的不利影响和项目总图布置合理性，提出减少不利影响、合理布置的建议。

c）对含有除草剂生产的农药建设项目，须特别关注除草剂厂房（车间）及其污染源布设位置，分析除草剂及含除草剂污染物对其他类农药产品和对敏感植物（植被）的影响，提出减少不利影响、合理布置的建议。

9 现有工程回顾性评价

9.1 专章设置要求

技改扩建项目和搬迁建设项目宜设专章进行企业已建、在建工程回顾性评价。

9.2 回顾性评价内容和方法

9.2.1 企业基本概况

简述企业建厂历史，建设规模，经营范围，主要产品、产量及用途，企业技术优势，经营状况，产业发展和总体规划，企业总人数等情况。

9.2.2 已建、在建工程概况

分别说明已建、在建工程的内容、投资、占地、产品方案及运行时数、装置规模和当前实际产量、生产位置分布、公用工程等情况；按时序列表给出企业建厂至今通过技改扩建在产品和工艺路线方面的变化情况。简述目前生产工艺过程，给出带产污节点的工艺流程图和物料消耗表。

9.2.3 环保手续履行和环保设施运行情况

a）说明企业在技改扩建等各阶段的环评审批、环保竣工验收手续，对照环保审批和验收结果，说明环保措施、环境管理履行情况，附相关文件和监测、验收数据。对不能履行或未履行的内容，说明原因，提出整改意见和具体方案。

b）简述企业环保管理机构和管理制度（包括环境风险管理与应急预案）、环保资金投入和环保设施配置（包括事故防范设施）总体情况，给出企业环保设施一览表（包括治理对象、设施名称、规模和数量、建设时间、投资费用、运行费用、运行状况等）。

c）说明企业环保设施处理工艺、设计和实际处理能力、处理效率、处置方式，结合污染物排放现行标准及其不同实施阶段的要求，分析污染物的达标排放和稳定性，对环保设施不能正常运行，或不能稳定达标排放的，应说明原因，提出需要改进的工程措施内容、达到的处理效果、实施时间表和实施投资情况。

d）调查企业重大危险源和事故应急计划区域，污染事故发生统计情况。核对企业事故防范和应急措施、人员和组织机构、响应机制和应急预案等情况，提出整改和补充内容。

9.2.4 排污总量及总量控制

a）按全厂、已建、在建项目分别汇总排污总量，给出各类污染物产生量、削减量、排放量数据，说明最终排污去向和处置方式。

b）按照国家和地方污染物总量控制要求说明企业排污总量控制和落实情况。对属于环保统计范围内减排企业，应说明减排要求内容、工程措施落实、减排效果等情况。

9.2.5 环境制约因素

根据区域污染源调查、环境质量调查与评价（包括土壤、地下水）、公众意见调查等结果，结合区域发展规划和环保目标，分析现有工程存在的环境制约因素。

9.2.6 主要环保问题和解决途径

综合上述回顾评价内容和结果，提出存在的主要环保问题和解决途径，须明确技改扩建项目“以新带老”的措施内容和要求。

10 清洁生产和循环经济分析

10.1 清洁生产分析原则

10.1.1 清洁生产应遵循“源头削减，综合利用，降低污染强度，污染最小化”原则，符合清洁生产工艺、清洁能源和原料、清洁产品要求。

10.1.2 清洁生产指标确定应符合政策法规、农药生产行业特点，具有代表性、客观性。

10.1.3 农药建设项目清洁生产水平分析，依据国家发布的农药行业或产品清洁生产标准或技术指南指标内容。国家未发布相应清洁生产标准或技术指南的，应从先进生产工艺和设备选择，资源与能源综合利用、产品、污染物产生、废物回收利用和环境管理等方面进行分析，并与国内外先进的同类产品装置技术指标进行对比。

10.2 清洁生产分析方法和内容

10.2.1 清洁生产分析方法应采用指标对比法。

10.2.2 清洁生产指标可依据附录 F 选取。

10.2.3 从企业、区域等不同层次，进行循环经济分析，提高资源利用和优化废物处理处置途径。

10.2.4 根据清洁生产水平分析结果，提出存在的问题和进一步改进措施与建议。

11 环境保护措施技术论证

11.1 原则

环境保护措施技术论证应遵循技术先进性、经济合理性、达标可靠性和方案可操作性的原则，体现循环经济、节能减排、资源回收利用的理念。

11.2 废气治理措施

a）简述废气的来源、类型、废气量、主要污染组分及拟采取的回收利用或治理措施。应重点关注含高活性农药粉尘、高/剧毒化学物质、破坏臭氧层物质、持久性有机污染物、“三致”物质及恶臭气体等废气特征污染物的有效治理。

b）给出废气处理工艺流程图。结合国内外同类废气污染物先进治理设施运行实例，阐明有组织废气治理方法原理、处理能力、处理流程、处理效果、主要设备（构筑物）及操作参数、最终去向等，进行多方案技术经济比选论证，提出推荐方案。

c）对原辅料、中间产品的储存、输送、投（卸）料与工艺操作，产品包装与储运等过程进行无组织逸散的防范或减缓措施分析；重点从设备选型、系统密闭、规范操作、无组织废气的收集处理及其监控等方面进行论述，提出污染控制措施。

d）针对废水（废液）处理设施、输送及储存等环节，提出防止恶臭、有毒、有害气体逸散措施。

e）说明溶剂回收工艺、回收率及去向，从设备选型、回收工艺条件等方面论证回收工艺的可行性。

f）注意废气处理过程产生的二次污染及防治措施分析。

g）按有组织、无组织废气源汇总给出废气治理措施一览表，包括处理或回收设施名称、处理工艺、污染物去除效率、资源回收量（回收率）、环保投资及运行成本等。

11.3 废水治理措施

a）按照“清污分流、雨污分流、污污分治、一水多用、重复利用、循环使用”的原则，对全厂排水系统进行合理性分析。

b）分析工艺废水分质预处理的合理性，阐述特征污染物、高浓度有机废水、高含盐废水等预处理措施工艺原理、处理流程、处理效率（回收率），论证预处理措施的技术经济可行性；对于难生物降解的高浓度废水宜采取焚烧等处理措施，低浓度废水应从严控制难生物降解污染因子的排放限值。

c）给出废水处理工艺流程图。依据全厂各股废水水质，对全厂废水处理流程进行多方案技术经济比选论证。阐明废水处理工艺原理、处理能力、处理流程、主要设施（构筑物）及设计参数、各单元污染物去除效率、处理成本等，结合国内外同类产品先进的生产废水处理设施运行实例，论述废水处理流程的合理性和污染物达标排放的可靠性。重点关注持久性和难降解有机污染物、“三致”物质、对水生生物有剧毒、对环境敏感及高活性的农药活性成分等特征污染物的有效处理。

d）外排废水依托园区或市政污水处理厂集中处理，应从废水的可生化性和特征因子去除效率等方面进行可行性论证；提出特征污染物的纳管控制限值建议。

e）给出农药建设项目废水治理措施一览表，并进行经济可行性分析。

11.4 固体废物治理措施

a）根据固体废物的性质，分析采取综合利用、无害化处理处置及预处理等措施的可行性。

b）厂内自建危险废物焚烧炉，应按照 GB 18484 和 HJ/T 176 的相关规定，论证选址的可行性和污染防治措施的有效性。给出焚烧物料的组成及理化性质、焚烧炉炉型结构、材质、技术性能指标、尾气处理工艺等，重点分析控制二噁英产生的措施以及尾气达标排放的可靠性。

c）固体废物进行综合利用，须符合国家有关规定，提出防治二次污染措施以及接收方的证明等。

d）危险废物等固体废物外委焚烧或填埋处置，应分析承接单位的技术和能力可行性，附具资质及相关协议。

e）分析固体废物厂内收集、临时储存、转运过程防止二次污染措施的可行性。

f）生物类农药应依据国家有关规定确定发酵后处理过程产生的废渣属性，提出可行的处理处置措施。

11.5 地下水与土壤防治措施

11.5.1 原则

贯彻“以防为主，治理为辅，防治结合”的理念；坚持源头控制、防止渗漏、污染监测和应急处理的主动防渗措施与被动防渗措施相结合的原则；治理措施（包括补救措施和修复计划）则应按照从简单到复杂，遵循技术实用可靠、经济合理、效果明显和目标相符的原则。

11.5.2 源头识别与分区方式划分

依据厂区设备布置，分析可能存在的污染源头与污染物质，评价工程采取的防渗、防腐措施，并将全厂划分为一般污染防渗区、重点污染防渗区和特殊污染防渗区。

11.5.3 区域分类防渗技术分析

结合区域水文地质情况，评价分区拟采用的防渗技术、防渗材料及其实施手段的可行性与可操作性。

11.5.4 渗漏监测系统与地下水监控系统分析

依据可能存在的污染源和污染物，分析厂内渗漏监测系统与地下水监控系统的有效性与针对性。

11.5.5 补救措施与修复计划的分析

改扩建项目、搬迁项目依据监测结果与土地利用规划，识别现有场地土壤及地下水的污染状况，然后评价场地环境质量状况及环境风险，提出相应治理措施的方法和手段。

11.6 非正常工况下污染防治措施

分析设备检修及开停车时排出的废气、废水和固体废物收集及处理措施的可行性。

11.7 噪声防治措施

11.7.1 设计中尽量选用低噪声设备。

11.7.2 对高噪声源分别提出减振、消声措施，确保厂界噪声达标。

11.8 “以新带老”措施

改、扩建项目除按照上述要求论证外，还应进行“以新带老”措施的可行性论证。

11.9 验收一览表

给出建设项目竣工环保验收一览表。

12 环境影响预测与评价

12.1 大气、地表水、噪声预测分别执行 HJ 2.2、HJ/T 2.3 和 HJ 2.4 中规定要求。

12.2 大气环境预测评价中应注意分析农药间歇性、批次性生产排污的环境影响。

12.3 无组织排放监控点大气预测还应考虑农药生产低矮污染源对其产生环境影响。

12.4 地表水影响预测评价应进行特征因子的预测与评价。根据水文地质条件和环境敏感程度，开展特征因子地下水环境影响预测与评价。

12.5 生态环境影响评价，参考农药新品种登记等资料，从环境毒理角度，分析正常工况和非正常工况下特征污染物对周围生态的影响。应关注农药粉尘对植物的影响，特征水污染物对鱼类的影响。

13 环境风险评价

13.1 评价原则

a）农药生产、储运过程中农药对人群健康、环境质量及生态系统的风险影响评价、事故防范措施和应急预案，应作为农药建设项目环境风险评价重点内容之一。

b）对农药的环境风险评价程序和方法、防范措施和应急预案，按照 HJ/T 169 进行。

13.2 事故源项

a）农药因事故性泄漏对人体健康和生态环境造成影响与损害（对象包括非靶标经济植物、环境水域水生动植物、区域污水处理厂微生物等），应列入环境风险评价的可信事故源项。

b）事故源项分析中，农药生产过程危害识别对象包括生产装置、包装过程、贮运系统、环保设施等。应根据农药剂型、有效含量、最大储量或生产在线量，结合作业与环境条件、容器的材质结构、事故防范措施等因素，确定各单元最大可信事故，重点分析事故类型及其对应的事故源强和事故概率。事故源项分析应包括发生概率小，但影响和损害后果可能严重的极端事故。

13.3 风险预测与分析

a）风险评价预测应给出农药等风险物质的环境扩散浓度分布范围和持续时间，结合该范围内的人口分布、生态敏感目标分布，以及人体和生态物种的毒理学研究资料[如人体伤害阈（半致死浓度和立即威胁生命与健康浓度）、生态物种损害阈（致死或活性抑制）]，综合分析其影响后果。

b）环境风险值可依据行业可接受风险水平，评价项目环境风险影响的可接受性。

c）生态风险值可依据生态资源受损价值，比较分析项目生态风险损害结果。

d）对评价结果超出可接受风险水平或生态资源受损价值明显的事故源，应进一步提出事故防范措施和减缓环境影响措施的修正或补偿方案。

14 厂址合理性分析与论证

14.1 原则

农药原药项目新布点选址，须设置厂址合理性分析专题；改扩原药项目，宜设置厂址环境合理性回顾分析专题，明确改扩建项目原厂址建设的环境可行性；其他类农药项目可参照执行。

14.2 拟选厂址合理性分析

a）分析厂址与国家有关法律法规、产业政策与规划的相符性，论证与《危险化学品安全管理条例》有关规定的相符性。

b）分析厂址与城乡规划、土地利用等规划的相符性。

c）分析厂址与区域产业规划的相符性。

d）分析厂址与区域的环境功能区、环境保护规划、区域规划环评的相符性。

e）从区域环境整体性角度，论证与区域的环境、资源承载力的相容性。

f）从环境影响和环境风险角度，综合分析厂址选择的可行性。

14.3 综合给出厂址环境合理性的评价结论与对策建议。

15 污染物总量控制分析

15.1 根据国家和地方环境保护行政主管部门的要求，确定污染物总量控制因子，并进行污染物总量计算与控制分析。

15.2 宜推荐给出农药项目特征因子总量控制建议值。

16 公众参与

按照《环境影响评价公众参与暂行办法》规定，开展公众参与工作。

17 环境管理与环境监测制度

17.1 环境管理

a）根据农药建设项目管理机构设置，明确职能责任，提出农药建设项目在施工期、运营期和退役期的环境管理工作计划。

b）明确提出各生产工序应建立污染源档案管理制度的要求。

17.2 环境监测制度

a）制定环境监测制度与实施计划，包括监测点位布设、监测因子及频次等内容，关注排污口的日常管理。

b）提出与环保部门联网的在线自动监测系统的要求。

c）关注地下水防渗措施检漏系统的建立。

17.3 竣工验收及“三同时”管理

提出项目竣工验收及“三同时”管理的建议，包括对环保设施、管理措施的验收要求，验收内容应关注各生产工序污染源档案、危险废物申报登记制度和转移联单管理制度。

18 环境影响经济损益分析

18.1 参考 HJ/T 2.1 相关内容开展环境影响的经济损益分析。

18.2　环保投资的费用-效益分析

a）核算环保措施投资（含因环境保护要求实施居民搬迁的费用）及运行成本，内容应包括各项环保设施、环境风险防范措施、生态保护措施等。

b）结合环保措施的技术经济可行性，分析评价项目环保投资的合理性。

c）核算环保措施产生的直接和间接经济效益，简述项目的社会效益，并综合评价项目的整体环境经济效益。

19　评价结论

按照 HJ/T 2.1 要求，编写评价文件的结论。

附　录　A
（规范性附录）
环境影响矩阵识别表

环境影响矩阵识别表见表 A.1。环评工作中，可依据农药建设项目特征和区域环境敏感性，对识别表中影响因素和影响受体内容进行增减调整。识别定性时，可用“+”、“–”分别表示有利、不利影响；“L”、“S”分别表示长期、短期影响；“0”至“3”数值分别表示无影响、轻微影响、中等影响、重大影响；用“D”、“I”分别表示直接、间接影响等。

表 A.1　环境影响矩阵识别表

影响受体／影响因素		自然环境					生态环境				社会环境				
		环境空气	地表水环境	地下水环境	土壤环境	声环境	陆域生物	水生生物	渔业资源	主要生态保护区域	农业与土地利用	居民区	特定保护区	人群健康	环境规划
施工期	施工废（污）水														
	施工扬尘														
	施工噪声														
	渣土垃圾														
	基坑开挖														
运行期	废水排放														
	废气排放														
	噪声排放														
	固体废物														
	事故风险														
服务期满后	废水排放														
	废气排放														
	固体废物														
	事故风险														

附 录 B

（资料性附录）

评价因子参考表

表 B.1 农药项目评价因子参考表

溶剂	苯系物（苯、甲苯、二甲苯等）、醇类（甲醇、乙醇、异丙醇等）、卤代烃（二氯乙烷、四氯化碳、氯仿等）、酸类（乙酸、三氟乙酸等）、含氮类（乙腈、三乙胺、二甲基甲酰胺等）、含硫类（二甲基亚砜等）、醚类（四氢呋喃等）、氯苯类（氯苯）等
原辅材料	甲醛、乙醛、光气、氯气、氰化物、氟化物、氨、氯化氢、丙烯腈、苯系物、苯胺类及其衍生物（氯代苯胺、硝基苯胺等）、苯酚及其衍生物（卤代酚、硝基酚）、含氟卤代烃类（三氟二氯乙烷、三氟溴甲烷等）、三氯乙醛、吡啶类等
恶臭类	氨、硫化氢、甲硫醇、吡啶、二硫化碳、甲基胺类、乙基胺类、乙硫醇、三聚氯氰等
重金属类	锰、锌、锡、铜、铅、砷等
其他	持久性有机污染物、“三致”物质、农药光解产物、水解产物等

表 B.2 农药因子及相关因子参考一览表

（联合国粮农组织（FAO）农药原药有害杂质表）

序号	农药名称	杂质及限制项目名称
1	乙酰甲胺磷（Acephate）	甲胺磷
		乙酰胺
		O,O,S-三甲基硫代磷酸酯
2	磷化铝（Aluminium phosphide）	砷
3	印楝素（Azadirachtin）	黄曲霉毒素 Aflatoxins（B1，B2，G1，G2 总和）
4	高效氟氯氰菊酯（Beta-cyfluthrin）	顺式异构体 I
		顺式异构体 II
		反式异构体III
		反式异构体IV
5	甲萘威（Carbaryl）	2-萘酚
		2-萘基氨基甲酸甲酯
6	丁硫克百威（Carbosulfan）	克百威
		硫酸盐灰
7	杀螨醚（Chlorbenside）	二硫化物（以双对氯苯基二硫化物计）
8	毒死蜱（Chlorpyrifos）	治螟磷（*O,O,O′,O′*-四乙基二硫代焦磷酸酯）
9	氟氯氰菊酯（Cyfluthrin）	顺式异构体 I
		顺式异构体 II
		反式异构体III
		反式异构体IV

序号	农药名称	杂质及限制项目名称
10	氯氰菊酯（Cypermethrin）	顺式异构体
11	敌敌畏（Dichlorvos）	三氯乙醛
12	三氯杀螨醇（Dicofol）	滴滴涕及其相关杂质
13	甲氟磷（Dimefox）	八甲磷
		六甲基磷酰胺
		甲　苯
		其他磷酸胺
14	乐果（Dimethoate）	氧乐果
		异乐果
15	消螨通（Dinobuton）	氯化钾
		游离地乐酚及其盐
		α-异构体
		β-异构体
16	灭线磷（Ethoprophos）	丙硫醇
17	苯丁锡（Fenbutatin oxide）	双[羟基双（2-甲基-2-苯基丙基）锡]氧化物
18	杀螟硫磷（Fenitrothion）	*S*-甲基杀螟硫磷
19	马拉硫磷（Malathion）	*O,O,S*-三甲基二硫代磷酸酯
		O,O,O-三甲基硫代磷酸酯
		异马拉硫磷
		马拉氧磷
20	灭蚜磷（Mecarbam）	*N*-甲基-*N*-氯乙酰基氨基甲酸乙酯
		N-甲基氨基甲酸乙酯
		O,O,S-三乙基硫代磷酸酯
		O,O,O-三乙基硫代磷酸酯
		3-甲基噁唑烷-2,4-二酮
21	速灭磷（Mevinphos）	顺式速灭磷
22	氯菊酯（Permethrin）	顺/反（1SR，3RS/1RS，3SR）
		顺式异构体（1SR，3RS）
		反式异构体（1RS，3SR）
23	稻丰散（Phenthote）	P=O 稻丰散
24	甲拌磷（Phorate）	*O,O,O,O*-四乙基硫代焦磷酸酯
		O,O,S-三乙基二硫代磷酸酯
		O,O-二乙基-*S*-（乙氧基甲基）二硫代磷酸酯
		O,O-二乙基-*S*-（乙硫基甲基）硫代磷酸酯
		O,O-二乙基-*S*-（甲氧基甲基）二硫代磷酸酯
		硫代磷酸（羟甲基）二乙酯
25	丙溴磷（Profenofos）	4-溴-2-氯苯酚

序号	农药名称	杂质及限制项目名称
26	硫双威（Thiodicarb）	灭多威
27	杀铃脲（Triflumuron）	*N,N'*-二-[4-（三氟甲氧基）苯基]脲
28	苯菌灵（Benomyl）	2,3-二氨基吩嗪
		2-氨基-3-羟基吩嗪
29	联苯三唑醇（Bitertanol）	RS+SR
		RR+SS
30	克菌丹（Captan）	全氯甲硫醇
31	多菌灵（Carbendazim）	2,3-二氨基吩嗪
		2-氨基-3-羟基吩嗪
32	百菌清（Chlorothalonil）	六氯苯
		十氯联苯
33	氢氧化铜（Copper hydroxide）	砷
		镉
		铅
34	硫酸铜（Copper sulfate）	砷
		镉
		铅
35	碱式碳酸铜（Carbonate basic）	水溶性铜
		砷
		镉
		铅
36	氧化亚铜（Cuprous oxide）	金属铜
		水溶性铜
		砷
		镉
		铅
37	二苯胺（Diphenylamine）	2-氨基联苯
		4-氨基联苯
		苯胺
38	敌瘟磷（Edifenphos）	*O,O*-二乙基-*S*-苯基硫代磷酸酯
		苯硫酚
39	三苯基乙酸锡（Fentin acetate）	无机锡
40	三苯基氢氧化锡（Fentin hydroxide）	无机锡
41	福美铁（Ferbam）	总铁
		福美双
		亚 铁
42	三乙膦酸铝（Fosetyl aluminium）	无机亚磷酸盐（以亚磷酸铝计）

序号	农药名称	杂质及限制项目名称
43	代森锰锌（Mancozeb）	锰
		锌
		ETU
44	代森锰（Maneb）	锰
		锌
		ETU
45	甲霜灵（Metalaxyl）	2,6-二甲基苯胺
46	硫黄（Sulfur）	砷
47	氨氯吡啶（Picloram）	六氯苯
48	甲基硫菌灵（Thiophanate-methyl）	2,3-二氨基吩嗪
		2-氨基-3-羟基吩嗪
49	福美双（Thiram）	油
50	三唑酮（Triadimefon）	4-氯苯酚
51	三唑醇（Triadimenol）	RS+SR
		RR+SS
		4-氯苯酚
52	代森锌（Zineb）	锌
		砷
		锰
		ETU
53	福美锌（Ziram）	锌
		砷
54	2,4-滴（2,4-D）	硫酸盐灰
		游离苯酚（以 2,4-二氯苯酚计）
55	2,4-滴钠（2,4-D sodium）	游离苯酚（以 2,4-二氯苯酚计）
56	2,4-滴酯（2,4-D esters）	游离苯酸（以 2,4-滴酸计）
		游离苯酸（以 2,4-二氯苯酚计）
57	2,4-滴丁酸（2,4-DB）	总可萃取酸（以干基计）
		游离苯酚（以 2,4-二氯苯酚计）
		硫酸盐灰
58	2,4-滴丁酸钾盐（2,4-DB potassium salt）	总可萃取酸（以干基计）
		游离苯酚（以 2,4-二氯苯酚计）
59	2,4-滴丁酸酯（2,4-DB esters）	总可萃取酸（以干基计）
		游离苯酚（以 2,4-二氯苯酚计）
		游离酸（以 2,4-二氯丁酸计）
60	甲草胺（Alachlor）	2-氯-*N*-（2,6-二乙基苯基）-乙酰胺
		2-氯-*N*-[2-乙基-6-（1-甲基丙基）苯基]-*N*-（甲氧甲基）乙酰胺
61	莠灭净（Ametryn）	氯化钠

序号	农药名称	杂质及限制项目名称
62	莠去津（Atrazine）	氯化钠
63	甲羧除草醚（Bifenox）	2,4-二氯苯酚
		2,4-二氯苯甲醚
64	溴苯腈（Bromoxynil）	硫酸盐灰
65	溴苯腈辛酸酯（Bromoxynil octanoate）	硫酸盐灰
66	丁草胺（Butachlor）	2-氯-*N*-（2,6-二乙基苯基）乙酰胺
		N-丁氧甲基-2′-正丁基-2-氯-6′-乙基乙酰苯胺
		二丁氧基甲烷
		丁基氯乙酰胺
67	氯草敏（Chloridazon）	4-氨基-5-氯异构体
68	矮壮素（Chlormequate）	1,2-二氯乙烷
69	氯苯胺灵（Chlorpropham）	氯苯胺
70	绿麦隆（Chlorotoluron）	3-（3-氯-4-甲苯基）-1-甲基脲
		3-（4-甲苯基）-1,1-二甲基脲
71	氰草津（Cyanazine）	2-（4-氨基-6-氯-1,3,5-三嗪-2-基氨基）-2-甲基丙腈
		2-（4,6-二氯-1,3,5-三嗪-2-基氨基）-2-甲基丙腈
		西玛津
		无机氯
72	麦草畏（Dicamba）	碱不溶物
73	2,4-滴丙酸（Dichloroprop）	总可萃取酸（以干基计）
		硫酸盐灰
		游离苯酚（2,4-二氯苯酚计）
74	2,4-滴丙酸钾盐（Dichloroprop potassium salt）	总可萃取酸（以 2,4-滴丙酸计）
		游离苯酚（2,4-二氯苯酚计）
75	2,4-滴丙酸酯（Dichloroprop esters）	总可萃取酸（以 2,4-滴丙酸计）
		游离酸（以 2,4-二氯丙酸计）
		游离苯酚（2,4-二氯苯酚计）
76	特乐酚（Dinoterb）	游离无机酸（以 H_2SO_4 计）
		无机亚硝酸盐（以 $NaNO_2$ 计）
77	敌草快（二溴化物）（Diquat dibromide）	总三吡啶 terpyridines
		游离 4,4′-联吡啶 4,4′-bipyridy
78	敌草隆（Diuron）	游离胺盐（以二甲胺盐酸盐计）
79	乙烯利（Ethephon）	1,2-二氯乙烷
		MEPHA：单 2-氯乙基酯 2-氯乙基硫酸酯
80	2,4,5-涕丙酸（Fenoprop）	总可萃取酸（以干基计）
		2,3,7,8-四氯二苯对二噁英
		硫酸盐灰
		游离苯酚（以 2,4,5-三氯苯酚计）

序号	农药名称	杂质及限制项目名称
81	2,4,5-涕丙酸钾盐（Fenoprop potassium salt）	总可萃取酸（以 2,4,5-滴丙酸、干基计）
		2,3,7,8-四氯二苯对二噁英
		游离苯酚（以 2,4,5-三氯苯酚计）
82	草甘膦（Glyphosate）	甲醛
		亚硝基草甘膦
83	抑芽丹（Maleic hydrazide）	Hydrazide 游离肼，联氨
84	环嗪酮（Hexazinone）	氨基甲酸乙酯
85	碘苯腈辛酸酯（Ioxynil octanoate）	硫酸盐灰
		游离酸
86	碘苯腈（Ioxynil）	硫酸盐灰
87	异丙隆（Isoproturon）	对称脲：*N,N'*-双-[3-（1-甲基乙基）苯基]脲
		间位异构体：*N,N*-二甲基-*N'*-[3-（1-甲基乙基）苯基]脲
		邻位异构体：*N,N*-二甲基-*N'*-[2-（1-甲基乙基）苯基]脲
88	利谷隆（Linuron）	游离胺盐（以二甲胺盐酸盐计）
89	抑芽丹（Maleic hydrazide）	肼
90	2 甲 4 氯（MCPA）	硫酸盐灰
		游离苯酚（以 4-氯-2-甲苯酚计）
91	2 甲 4 氯碱金属盐（MCPA alkal metal salts）	游离苯酚（以 4-氯-2-甲苯酚计）
92	2 甲 4 氯酯（MCPA ester）	游离苯酚（以 4-氯-2-甲苯酚计）
		游离酸（以 2 甲 4 氯酸计）
93	2 甲 4 氯丁酸（MCPB）	总可萃取酸（以 2 甲 4 氯丁酸、干基计）
		硫酸盐灰
		游离酚（以 4-氯-2-甲苯酚计）
94	2 甲 4 氯丁酸钾盐（MCPB potassium）	总萃取酸（以 2 甲 4 氯丁酸计）
		游离苯酚（以 4-氯-2-甲苯酚计）
95	2 甲 4 氯丙酸（Mecoprop）	总可萃取酸（以 2 甲 4 氯丙酸、干基计）
		硫酸盐灰
		游离苯酚（以 4-氯-2-甲苯酚计）
96	2 甲 4 氯丙酸金属盐（Mecoprop metal salt）	总可萃取酸（以 2 甲 4 氯丙酸、干基计）
		游离苯酚（以 4-氯-2-甲苯酚计）
97	盖草津（Methoprometryn）	氯化钠
98	异丙甲草胺（Metolachlor）	2-乙基-6-甲基-2-氯乙酰苯胺
		2-乙基-6-甲基-*N*-（2-甲氧基-1-甲乙基）苯胺
		2-乙基-6-甲基苯胺
99	灭草隆（Monuron）	游离胺盐（以二甲胺盐酸盐计）

序号	农药名称	杂质及限制项目名称
100	百草枯（Paraquat dichloride）	游离 4,4′-联吡啶
		总三联吡啶
101	扑草净（Prometryn）	氯化钠
102	（毒秀定酸）4-氨基-3,5,6-三氯吡啶羧酸 [Picloram（acid）]	六氯苯
103	毒草胺（Propachlor）	*N*,*N*-二异丙基苯胺
		2-氯乙酰苯胺
		2,2-二氯-*N*-异丙基乙酰苯胺
104	扑灭津（Propazine）	氯化钠
105	苯胺灵（Propham）	苯胺
		不挥发杂质
106	西玛津（Simazine）	氯化钠
107	特丁净（Terbutryn）	氯化钠
108	氟乐灵（Trifluralin）	亚硝胺

附　录　C

（资料性附录）

多介质环境目标值估算方法

多介质环境目标值（Multimedia Environmental Goals，MEG）是美国 EPA 工业环境实验室推算出的化学物质或其降解产物在环境介质中的含量及排放量的限定值，化学物质的量不超过 MEG 时，不会对周围人群及生态系统产生有害影响。MEG 包括周围环境目标值（Ambient MEG，AMEG）和排放环境目标值（Discharge MEG，DMEG）。AMEG 表示化学物质在环境介质中可以容许的最大浓度（估计生物体与这种浓度的化学物质终生接触都不会受其有害影响）。DMEG 是指生物体与排放流短期接触时，排放流中的化学物质最高可容许浓度，预期不高于此浓度的污染物不会对人体或生态系统产生不可逆转的有害影响，也叫最小急性毒性作用排放值。

表 C.1　MEG 的表示方法和意义

环境介质	AMEG		DMEG	
	以对健康影响为依据	以对生态系统影响为依据	以对健康影响为依据	以对生态系统影响为依据
空气	$AMEG_{AH}$	$AMEG_{AE}$	$DMEG_{AH}$	$DMEG_{AE}$
水	$AMEG_{WH}$	$AMEG_{WE}$	$DMEG_{WH}$	$DMEG_{WE}$

AMEG 的估算模式：

a）$AMEG_{AH}$ 的模式

1）利用阈限值或推荐值进行估算，$AMEG_{AH}$ 单位为μg/m³，模式如下：

$$AMEG_{AH}=\text{阈限值}\times 10^3/420$$

2）在没有阈限值或推荐值情况下，通过 LD_{50} 估算化学物质 $AMEG_{AH}$ 值，基本上以大鼠急性经口毒 LD_{50} 为依据。$AMEG_{AH}$ 单位为μg/m³，模式如下：

$$AMEG_{AH}=0.107\times LD_{50}$$

b）$AMEG_{WH}$ 的模式：$AMEG_{WH}$ 单位为μg/L

$$AMEG=15\times AMEG_{AH}$$

c）$AMEG_{WE}$ 的模式：$AMEG_{WE}$ 单位为μg/L

$$AMEG_{WE}=LC_{50}\times 0.01\text{（生物半衰期小于 4 日，选 0.05）}$$

d）$DMEG_{AH}$ 的模式：$DMEG_{AH}$ 单位为μg/m³

$$DMEG_{AH}=45\times LD_{50}$$

e）$DMEG_{AW}$的模式：$DMEG_{AW}$单位为μg/L

$$DMEG_{AW}=15\times DMEG_{AH}$$

f）$DMEG_{WE}$的模式：$DMEG_{WE}$单位为μg/L

$$DMEG_{WE}=0.1\times LC_{50}$$

附　录　D
（规范性附录）
污染物产生情况汇总内容

D.1　废气

废气源名称或编号、污染因子、产生源强（气量、浓度、最大排放速率、年产生总量）、排放方式（间断、连续、有组织、无组织）和排放去向、排放时数（h/批次、h/d、h/a），排放温度和排气筒参数。

D.2　废水

废水源名称或编号、污染因子、产生量（水量、浓度、日/年排放量）、排放方式（间断、连续）和排放去向。

D.3　固体废物或废液

固体废物或废液源名称或编号、危险废物分类号、主要成分、产生量、处理处置方式和去向。

D.4　噪声

声源设备名称或编号、数量、单机源强、产生方式（偶发、间断、连续）、声源位置、与最近厂界直线距离。

D.5　其他污染物

产排污源名称或编号、污染物名称、产生强度、产排污位置和方式。

附 录 E

（规范性附录）

污染物排放量汇总内容

E.1 废气

废气源名称或编号、污染因子、产生量（浓度、速率、年产生总量）、环保措施削减量、排放量（浓度、速率、年排放总量）、排放方式（间断、连续、有组织、无组织）、排放时数（h/批次、h/d、h/a）和排放源参数（排放高度、温度和口径或面积）。

E.2 废水

废水源名称或编号、污染因子、产生量（水量、浓度、日/年排放量）、环保措施削减量、排放量（水量、浓度、日/年排放量）、排放方式（间断、连续）、排放时数（h/d、h/a）、排放口位置和去向。

E.3 固体废物或废液

固体废物或废液源名称或编号、危险废物分类号、主要成分、产生量（t/a）、环保措施削减量、排放量（t/a）和排放去向。

E.4 噪声

声源设备名称或编号、数量、单机源强、隔声消声措施与效果、运行叠加源强、排放方式（偶发、间断、连续）、与厂界直线距离。

E.5 其他污染物

排污源名称或编号、污染物名称、产生强度、环保措施削减量、排放量、位置和方式。

附　录　F

（资料性附录）

清洁生产指标一览表

表 F.1　清洁生产指标一览表

类别	指标名称	指标含义
生产工艺与装备	工艺路线及先进性	采用简单、成熟工艺，体现资源能源利用率高，产污量少的工艺先进性和可靠性
	技术特点和改进	优化工艺条件和控制技术，体现资源能源利用率高，反应物转化率高，产品得率高以及产污量少的特征
	设备先进性及可靠性	采用优质高效、密封性和耐腐性好、低能耗、低噪声先进设备
	危害性物料的限制或替代	采用无毒害或低毒害原料和清洁能源
资源与能源利用	原料单耗或万元产值消耗	体现高转化，低消耗、少产污
	万元工业增加值能耗和吨产品综合能耗	体现能源的梯级利用和综合利用
	吨产品水耗	体现水资源的重复利用和循环使用
产品	产业政策	产品种类及其生产须符合国家产业政策要求和行业市场准入条件，符合产品进出口和国际公约要求
	安全使用与包装符合环保性	产品和包装物设计，应考虑其在生命周期中对人类健康和环境的影响，优先选择无毒害、易降解或者便于回收利用的方案
污染物产生	产污强度	单位产品生产（或加工）过程中，产生污染物的量（末端处理前）
废物回收利用	废弃物回收利用量和回收利用率	体现废物、废水和余热等进行综合利用或者循环使用途径和效果
环境管理	政策法规要求	履行环保政策法规要求，制定生产过程环境管理和风险管理制度
	环保措施	采用达标排放和污染物排放总量控制指标的污染防治技术
	节能措施	工程节能措施和效果
	监控管理	对污染源制订有效监控方案，落实相关监控措施

二

污染物排放标准

中华人民共和国国家标准

镁、钛工业污染物排放标准

Emission standard of pollutants for magnesium and titanium industry

GB 25468—2010

前　言

为贯彻《中华人民共和国环境保护法》、《中华人民共和国水污染防治法》、《中华人民共和国大气污染防治法》、《中华人民共和国海洋环境保护法》、《国务院关于落实科学发展观　加强环境保护的决定》等法律、法规和《国务院关于编制全国主体功能区规划的意见》，保护环境，防治污染，促进镁、钛工业生产工艺和污染治理技术的进步，制定本标准。

本标准规定了镁、钛工业企业生产过程中水污染物和大气污染物排放限值、监测和监控要求，适用于镁、钛工业企业水污染和大气污染防治和管理。为促进区域经济与环境协调发展，推动经济结构的调整和经济增长方式的转变，引导镁、钛工业生产工艺和污染治理技术的发展方向，本标准规定了水污染物特别排放限值。

本标准中的污染物排放浓度均为质量浓度。

镁、钛工业企业排放恶臭污染物、环境噪声适用相应的国家污染物排放标准，产生固体废物的鉴别、处理和处置适用国家固体废物污染控制标准。

本标准为首次发布。

自本标准实施之日起，镁、钛工业企业水和大气污染物排放执行本标准，不再执行《污水综合排放标准》（GB 8978—1996）、《大气污染物综合排放标准》（GB 16297—1996）和《工业炉窑大气污染物排放标准》（GB 9078—1996）中的相关规定。

地方省级人民政府对本标准未作规定的污染物项目，可以制定地方污染物排放标准；对本标准已作规定的污染物项目，可以制定严于本标准的地方污染物排放标准。

本标准由环境保护部科技标准司组织制定。

本标准主要起草单位：贵阳铝镁设计研究院、环境保护部环境标准研究所、中国瑞林工程技术有限公司（原南昌有色冶金设计研究院）。

本标准环境保护部 2010 年 9 月 10 日批准。

本标准自 2010 年 10 月 1 日起实施。

本标准由环境保护部解释。

1 适用范围

本标准规定了镁、钛工业企业水污染物和大气污染物排放限值、监测和监控要求，以及标准的实施与监督等相关规定。

本标准适用于镁、钛工业企业的水污染物和大气污染物排放管理，以及镁、钛工业企业建设项目的环境影响评价、环境保护设施设计、竣工环境保护验收及其投产后的水污染物和大气污染物排放管理。

本标准不适用于镁、钛再生及压延加工等工业，也不适用于附属于镁、钛企业的非特征生产工艺和装置。

本标准适用于法律允许的污染物排放行为；新设立污染源的选址和特殊保护区域内现有污染源的管理，按照《中华人民共和国大气污染防治法》、《中华人民共和国水污染防治法》、《中华人民共和国海洋环境保护法》、《中华人民共和国固体废物污染环境防治法》、《中华人民共和国环境影响评价法》等法律、法规、规章的相关规定执行。

本标准规定的水污染物排放控制要求适用于企业直接或间接向其法定边界外排放水污染物的行为。

2 规范性引用文件

本标准内容引用了下列文件或其中的条款。

GB/T 6920—1986 水质 pH 值的测定 玻璃电极法

GB/T 7466—1987 水质 总铬的测定

GB/T 7467—1987 水质 六价铬的测定 二苯碳酰二肼分光光度法

GB/T 7475—1987 水质 铜、锌、铅、镉的测定 原子吸收分光光度法

GB/T 11893—1989 水质 总磷的测定 钼酸铵分光光度法

GB/T 11894—1989 水质 总氮的测定 碱性过硫酸钾消解紫外分光光度法

GB/T 11901—1989 水质 悬浮物的测定 重量法

GB/T 11914—1989 水质 化学需氧量的测定 重铬酸盐法

GB/T 15432—1995 环境空气 总悬浮颗粒物的测定 重量法

GB/T 16157—1996 固定污染源排气中颗粒物测定与气态污染物采样方法

GB/T 16488—1996 水质 石油类和动植物油的测定 红外光度法

HJ/T 27—1999 固定污染源排气中氯化氢的测定 硫氰酸汞分光光度法

HJ/T 30—1999 固定污染源排气中氯气的测定 甲基橙分光光度法

HJ/T 55—2000 大气污染物无组织排放监测技术导则

HJ/T 56—2000 固定污染源排气中二氧化硫的测定 碘量法

HJ/T 57—2000 固定污染源排气中二氧化硫的测定 定电位电解法

HJ/T 195—2005 水质 氨氮的测定 气相分子吸收光谱法

HJ/T 199—2005　水质　总氮的测定　气相分子吸收光谱法

HJ/T 399—2007　水质　化学需氧量的测定　快速消解分光光度法

HJ 482—2009　环境空气　二氧化硫的测定　甲醛吸收-副玫瑰苯胺分光光度

HJ 483—2009　环境空气　二氧化硫的测定　四氯汞盐吸收-副玫瑰苯胺分光光度法

HJ 535—2009　水质　氨氮的测定　纳氏试剂分光光度法

HJ 536—2009　水质　氨氮的测定　水杨酸分光光度法

HJ 537—2009　水质　氨氮的测定　蒸馏-中和滴定法

HJ 547—2009　固定污染源废气　氯气的测定　碘量法（暂行）

HJ 548—2009　固定污染源废气　氯化氢的测定　硝酸银容量法（暂行）

HJ 549—2009　空气和废气　氯化氢的测定　离子色谱法（暂行）

《污染源自动监控管理办法》（国家环境保护总局令　第 28 号）

《环境监测管理办法》（国家环境保护总局令　第 39 号）

3　术语和定义

下列术语和定义适用于本标准。

3.1　镁、钛工业企业 magnesium and titanium industry

镁工业企业是指以白云石为原料生产金属镁的硅热法镁冶炼企业及其白云石矿山；钛工业企业是指以钛精矿或高钛渣或四氯化钛为原料生产海绵钛的企业及其矿山，包括以高钛渣、四氯化钛、海绵钛等为最终产品的生产企业。

3.2　特征生产工艺和装置 typical processing and facility

指镁、钛金属的采矿、选矿、冶炼的生产工艺及与这些工艺相关的装置。

3.3　现有企业 existing facility

指在本标准实施之日前已建成投产或环境影响评价文件通过审批的镁、钛工业企业或生产设施。

3.4　新建企业 new facility

指本标准实施之日起环境影响评价文件通过审批的新建、改建和扩建的镁、钛生产设施建设项目。

3.5　排水量 effluent volume

指生产设施或企业向企业法定边界以外排放的废水的量，包括与生产有直接或间接关系的各种外排废水（如厂区生活污水、冷却废水、厂区锅炉和电站排水等）。

3.6　单位产品基准排水量 benchmark effluent volume per unit product

指用于核定水污染物排放浓度而规定的生产单位镁、钛产品的废水排放量上限值。

3.7　排气筒高度 stack height

指自排气筒（或其主体建筑构造）所在的地平面至排气筒出口计的高度。

3.8　标准状态 standard condition

指温度为 273.15 K、压力为 101 325 Pa 时的状态。本标准规定的大气污染物排放浓度限值均以标准状态下的干气体为基准。

3.9　过量空气系数 excess air coefficient

指工业炉窑运行时实际空气量与理论空气需要量的比值。

3.10　企业边界 enterprise boundary

指镁、钛工业企业的法定边界。若无法定边界，则指实际边界。

3.11　公共污水处理系统 public wastewater treatment system

指通过纳污管道等方式收集废水，为两家以上排污单位提供废水处理服务并且排水能够达到相关排放标准要求的企业或机构，包括各种规模和类型的城镇污水处理厂、区域（包括各类工业园区、开发区、工业聚集地等）废水处理厂等，其废水处理程度应达到二级或二级以上。

3.12　直接排放 direct discharge

指排污单位直接向环境排放水污染物的行为。

3.13　间接排放 indirect discharge

指排污单位向公共污水处理系统排放水污染物的行为。

4　污染物排放控制要求

4.1　水污染物排放控制要求

4.1.1　自 2011 年 1 月 1 日起至 2011 年 12 月 31 日止，现有企业执行表 1 规定的水污染物排放限值。

表 1　现有企业水污染物排放浓度限值及单位产品基准排水量

单位：mg/L（pH 值除外）

<table>
<tr><th rowspan="2">序号</th><th rowspan="2">污染物项目</th><th colspan="2">限　值</th><th rowspan="2">污染物排放监控位置</th></tr>
<tr><th>直接排放</th><th>间接排放</th></tr>
<tr><td>1</td><td>pH 值</td><td>6～9</td><td>6～9</td><td rowspan="8">企业废水总排放口</td></tr>
<tr><td>2</td><td>悬浮物</td><td>70</td><td>70</td></tr>
<tr><td>3</td><td>化学需氧量（COD_{Cr}）</td><td>100</td><td>180</td></tr>
<tr><td>4</td><td>石油类</td><td>8</td><td>15</td></tr>
<tr><td>5</td><td>总氮</td><td>20</td><td>40</td></tr>
<tr><td>6</td><td>总磷</td><td>1.5</td><td>3.0</td></tr>
<tr><td>7</td><td>氨氮</td><td>15</td><td>25</td></tr>
<tr><td>8</td><td>总铜</td><td>0.5</td><td>1.0</td></tr>
<tr><td>9</td><td>总铬</td><td colspan="2">1.5</td><td rowspan="2">车间或生产设施废水排放口</td></tr>
<tr><td>10</td><td>六价铬</td><td colspan="2">0.5</td></tr>
</table>

序号	污染物项目	限值		污染物排放监控位置
		直接排放	间接排放	
单位产品基准排水量	镁冶炼企业/（m^3/t）	1.5		排水量计量位置与污染物排放监控位置一致
	以钛精矿为原料生产海绵钛/（m^3/t）	80		
	以精 $TiCl_4$ 为原料生产海绵钛/（m^3/t）	10		
	以高钛渣为原料生产四氯化钛/（m^3/t）	17		
	以钛精矿为原料生产高钛渣/（m^3/t）	0.5		

4.1.2 自 2012 年 1 月 1 日起，现有企业执行表 2 规定的水污染物排放限值。

4.1.3 自 2010 年 10 月 1 日起，新建企业执行表 2 规定的水污染物排放限值。

表 2 新建企业水污染物排放浓度限值及单位产品基准排水量

单位：mg/L（pH 值除外）

序号	污染物项目	限值		污染物排放监控位置
		直接排放	间接排放	
1	pH 值	6～9	6～9	企业废水总排放口
2	悬浮物	30	70	
3	化学需氧量（COD_{Cr}）	60	180	
4	石油类	3	15	
5	总氮	15	40	
6	总磷	1.0	3.0	
7	氨氮	8	25	
8	总铜	0.5	1.0	
9	总铬	1.5		车间或生产设施废水排放口
10	六价铬	0.5		
单位产品基准排水量	镁冶炼企业/（m^3/t）	1.0		排水量计量位置与污染物排放监控位置一致
	以钛精矿为原料生产海绵钛/（m^3/t）	55		
	以精 $TiCl_4$ 为原料生产海绵钛/（m^3/t）	8		
	以高钛渣为原料生产四氯化钛/（m^3/t）	12		
	以钛精矿为原料生产高钛渣/（m^3/t）	0.2		

4.1.4　根据环境保护工作的要求，在国土开发密度已经较高、环境承载能力开始减弱，或环境容量较小、生态环境脆弱，容易发生严重环境污染等问题而需要采取特别保护措施的地区，应严格控制企业的污染物排放行为，在上述地区的企业执行表 3 规定的水污染物特别排放限值。

表 3　水污染物特别排放限值

单位：mg/L（pH 值除外）

<table>
<tr><th rowspan="2">序号</th><th rowspan="2">污染物项目</th><th colspan="2">限　值</th><th rowspan="2">污染物排放监控位置</th></tr>
<tr><th>直接排放</th><th>间接排放</th></tr>
<tr><td>1</td><td>pH 值</td><td>6.5～8.5</td><td>6～9</td><td rowspan="8">企业废水总排放口</td></tr>
<tr><td>2</td><td>悬浮物</td><td>10</td><td>30</td></tr>
<tr><td>3</td><td>化学需氧量（COD_{Cr}）</td><td>50</td><td>60</td></tr>
<tr><td>4</td><td>石油类</td><td>1.0</td><td>3.0</td></tr>
<tr><td>5</td><td>总氮</td><td>15</td><td>15</td></tr>
<tr><td>6</td><td>总磷</td><td>0.5</td><td>1.0</td></tr>
<tr><td>7</td><td>氨氮</td><td>5.0</td><td>8.0</td></tr>
<tr><td>8</td><td>总铜</td><td>0.2</td><td>0.5</td></tr>
<tr><td>9</td><td>总铬</td><td colspan="2">1.0</td><td rowspan="2">车间或生产设施废水排放口</td></tr>
<tr><td>10</td><td>六价铬</td><td colspan="2">0.2</td></tr>
<tr><td rowspan="5">单位产品基准排水量</td><td>镁冶炼企业/（m^3/t）</td><td colspan="2">0.5</td><td rowspan="5">排水量计量位置与污染物排放监控位置一致</td></tr>
<tr><td>以钛精矿为原料生产海绵钛/（m^3/t）</td><td colspan="2">35</td></tr>
<tr><td>以精 $TiCl_4$ 为原料生产海绵钛/（m^3/t）</td><td colspan="2">6</td></tr>
<tr><td>以高钛渣为原料生产四氯化钛/（m^3/t）</td><td colspan="2">8</td></tr>
<tr><td>以钛精矿为原料生产高钛渣/（m^3/t）</td><td colspan="2">0.1</td></tr>
</table>

执行水污染物特别排放限值的地域范围、时间，由国务院环境保护行政主管部门或省级人民政府规定。

4.1.5　水污染物排放浓度限值适用于单位产品实际排水量不高于单位产品基准排水量的情况。若单位产品实际排水量超过单位产品基准排水量，须按式（1）将实测水污染物浓度换算为水污染物基准排水量排放浓度，并以水污染物基准排水量排放浓度作为判定排放是否达标的依据。产品产量和排水量统计周期为一个工作日。

在企业的生产设施同时生产两种以上产品、可适用不同排放控制要求或不同行业国家污染物排放标准，且生产设施产生的污水混合处理排放的情况下，应执行排放标准中规定的最严格的浓度限值，并按式（1）换算水污染物基准水量排放浓度。

$$\rho_{基}=\frac{Q_{总}}{\sum Y_i \cdot Q_{i基}} \cdot \rho_{实} \tag{1}$$

式中：$\rho_{基}$ —— 水污染物基准水量排放浓度，mg/L；

$Q_{总}$ —— 排水总量，m^3；

Y_i —— 第 i 种产品产量，t；

$Q_{i基}$ —— 第 i 种产品的单位产品基准排水量，m^3/t；

$\rho_{实}$ —— 实测水污染物排放浓度，mg/L。

若 $Q_{总}$ 与 $\sum Y_i \cdot Q_{i基}$ 的比值小于 1，则以水污染物实测浓度作为判定排放是否达标的依据。

4.2 大气污染物排放控制要求

4.2.1 自 2011 年 1 月 1 日起至 2011 年 12 月 31 日止，现有企业执行表 4 规定的大气污染物排放限值。

表 4 现有企业大气污染物排放浓度限值

单位：mg/m^3

生产系统及设备		限值				污染物排放监控位置
		颗粒物	二氧化硫	氯气	氯化氢	
矿山	破碎、筛分、转运等	100	—	—	—	车间或生产设施排气筒
镁冶炼	原料制备	100	—	—	—	
	煅烧炉	200	800	—	—	
	还原炉	100	800	—	—	
	精炼	100	800	—	—	
	其他	100	800	—	—	
钛冶炼	原料制备	100	—	—	—	
	高钛渣电炉	120	300	—	—	
	氯化系统	—	—	70	120	
	精制系统	—	—	70	120	
	镁电解槽	—	—	70	120	
	镁精炼	100	800	—	—	
	其他	100	800	70	120	

4.2.2 自 2012 年 1 月 1 日起，现有企业执行表 5 规定的大气污染物排放限值。

4.2.3 自 2010 年 10 月 1 日起，新建企业执行表 5 规定的大气污染物排放限值。

表 5　新建企业大气污染物排放浓度限值

单位：mg/m^3

生产系统及设备		限值				污染物排放监控位置
		颗粒物	二氧化硫	氯气	氯化氢	
矿山	破碎、筛分、转运等	50	—	—	—	车间或生产设施排气筒
镁冶炼	原料制备	50	—	—	—	
	煅烧炉	150	400	—	—	
	还原炉	50	400	—	—	
	精炼	50	400	—	—	
	其他	50	400	—	—	
钛冶炼	原料制备	50	—	—	—	
	高钛渣电炉	70	400	—	—	
	氯化系统	—	—	60	80	
	精制系统	—	—	60	80	
	镁电解槽	—	—	60	80	
	镁精炼	50	400	—	—	
	其他	50	400	60	80	

4.2.4　企业边界大气污染物任何 1 h 平均浓度执行表 6 规定的限值。

表 6　现有和新建企业边界大气污染物浓度限值

单位：mg/m^3

序号	污染物	限值
1	二氧化硫	0.5
2	颗粒物	1.0
3	氯气	0.02
4	氯化氢	0.15

4.2.5　在现有企业生产、建设项目竣工环保验收后的生产过程中，负责监管的环境保护主管部门应对周围居住、教学、医疗等用途的敏感区域环境质量进行监测。建设项目的具体监控范围为环境影响评价确定的周围敏感区域；未进行过环境影响评价的现有企业，监控范围由负责监管的环境保护主管部门，根据企业排污的特点和规律及当地的自然、气象条件等因素，参照相关环境影响评价技术导则确定。地方政府应对本辖区环境质量负责，采取措施确保环境状况符合环境质量标准要求。

4.2.6　产生大气污染物的生产工艺和装置必须设立局部或整体气体收集系统和集中净化处理装置，并通过符合要求的排气筒排放。所有排气筒高度应不低于 15 m（排放氯气的排气筒高度不得低于 25 m）。排气筒周围半径 200 m 范围内有建筑物时，排气筒高度还应高出最高建筑物 3 m 以上。

4.2.7　炉窑基准过量空气系数为 1.7，实测炉窑的大气污染物排放浓度，应换算为基准过量空气系数排放浓度。生产设施应采取合理的通风措施，不得故意稀释排放。在国家未规定其他生产设施单位产品基准排气量之前，暂以实测浓度作为判定是否达标的依据。

5　污染物监测要求

5.1　污染物监测的一般要求

5.1.1　对企业排放废水和废气的采样，应根据监测污染物的种类，在规定的污染物排放监控位置进行，有废水和废气处理设施的，应在处理设施后监控。在污染物排放监控位置须设置永久性排污口标志。

5.1.2　新建企业和现有企业安装污染物排放自动监控设备的要求，按有关法律和《污染源自动监控管理办法》的规定执行。

5.1.3　对企业污染物排放情况进行监测的频次、采样时间等要求，按国家有关污染源监测技术规范的规定执行。

5.1.4　企业产品产量的核定，以法定报表为依据。

5.1.5　企业须按照有关法律和《环境监测管理办法》的规定，对排污状况进行监测，并保存原始监测记录。

5.2　水污染物监测要求

对企业排放水污染物浓度的测定采用表 7 所列的方法标准。

表 7　水污染物浓度测定方法标准

序号	污染物项目	方法标准名称	方法标准编号
1	pH 值	水质　pH 值的测定　玻璃电极法	GB/T 6920—1986
2	悬浮物	水质　悬浮物的测定　重量法	GB/T 11901—1989
3	化学需氧量	水质　化学需氧量的测定　重铬酸盐法	GB/T 11914—1989
		水质　化学需氧量的测定　快速消解分光光度法	HJ/T 399—2007
4	石油类	水质　石油类和动植物油的测定　红外光度法	GB/T 16488—1996
5	总氮	水质　总氮的测定　碱性过硫酸钾消解紫外分光光度法	GB/T 11894—1989
		水质　总氮的测定　气相分子吸收光谱法	HJ/T 199—2005
6	总磷	水质　总磷的测定　钼酸铵分光光度法	GB/T 11893—1989
7	氨氮	水质　氨氮的测定　纳氏试剂分光光度法	HJ 535—2009
		水质　氨氮的测定　水杨酸分光光度法	HJ 536—2009
		水质　氨氮的测定　蒸馏-中和滴定法	HJ 537—2009
		水质　氨氮的测定　气相分子吸收光谱法	HJ/T 195—2005
8	总铜	水质　铜、锌、铅、镉的测定　原子吸收分光光度法	GB/T 7475—1987
9	总铬	水质　总铬的测定	GB/T 7466—1987
10	六价铬	水质　六价铬的测定　二苯碳酰二肼分光光度法	GB/T 7467—1987

5.3 大气污染物监测要求

5.3.1 采样点的设置与采样方法按 GB/T 16157—1996 执行。

5.3.2 在有敏感建筑物方位、必要的情况下进行监控，具体要求按 HJ/T 55—2000 进行监测。

5.3.3 对企业排放大气污染物浓度的测定采用表 8 所列的方法标准。

表 8 大气污染物浓度测定方法标准

序号	污染物项目	方法标准名称	方法标准编号
1	二氧化硫	固定污染源排气中二氧化硫的测定 碘量法	HJ/T 56—2000
		固定污染源排气中二氧化硫的测定 定电位电解法	HJ/T 57—2000
		环境空气 二氧化硫的测定 甲醛吸收-副玫瑰苯胺分光光度法	HJ 482—2009
		环境空气 二氧化硫的测定 四氯汞盐吸收-副玫瑰苯胺分光光度法	HJ 483—2009
2	颗粒物	固定污染源排气中颗粒物测定与气态污染物采样方法	GB/T 16157—1996
		环境空气 总悬浮颗粒物的测定 重量法	GB/T 15432—1995
3	氯气	固定污染源排气中氯气的测定 甲基橙分光光度法	HJ/T 30—1999
		固定污染源废气 氯气的测定 碘量法（暂行）	HJ 547—2009
4	氯化氢	固定污染源排气中氯化氢的测定 硫氰酸汞分光光度法	HJ/T 27—1999
		固定污染源废气 氯化氢的测定 硝酸银容量法（暂行）	HJ 548—2009
		空气和废气 氯化氢的测定 离子色谱法（暂行）	HJ 549—2009

6 实施与监督

6.1 本标准由县级以上人民政府环境保护行政主管部门负责监督实施。

6.2 在任何情况下，企业均应遵守本标准规定的污染物排放控制要求，采取必要措施保证污染防治设施正常运行。各级环保部门在对设施进行监督性检查时，可以现场即时采样或监测的结果，作为判定排污行为是否符合排放标准以及实施相关环境保护管理措施的依据。在发现设施耗水或排水量有异常变化的情况下，应核定企业的实际产品产量、排水量，按本标准的规定，换算水污染物基准排水量排放浓度。

中华人民共和国国家标准

铜、镍、钴工业污染物排放标准

Emission standard of pollutants for copper，nickel，cobalt industry

GB 25467—2010

前　言

为贯彻《中华人民共和国环境保护法》、《中华人民共和国水污染防治法》、《中华人民共和国大气污染防治法》、《中华人民共和国海洋环境保护法》、《国务院关于落实科学发展观　加强环境保护的决定》等法律、法规和《国务院关于编制全国主休功能区规划的意见》，保护环境，防治污染，促进铜、镍、钴工业生产工艺和污染治理技术的进步，制定本标准。

本标准规定了铜、镍、钴工业企业生产过程中水污染物和大气污染物排放限值、监测和监控要求，适用于铜、镍、钴工业企业水污染和大气污染防治和管理。为促进区域经济与环境协调发展，推动经济结构的调整和经济增长方式的转变，引导铜、镍、钴工业生产工艺和污染治理技术的发展方向，本标准规定了水污染物特别排放限值。

本标准中的污染物排放浓度均为质量浓度。

铜、镍、钴工业企业排放恶臭污染物、环境噪声适用相应的国家污染物排放标准，产生固体废物的鉴别、处理和处置适用国家固体废物污染控制标准。

本标准为首次发布。

自本标准实施之日起，铜、镍、钴工业企业水和大气污染物排放执行本标准，不再执行《污水综合排放标准》（GB 8978—1996）、《大气污染物综合排放标准》（GB 16297—1996）和《工业炉窑大气污染物排放标准》（GB 9078—1996）中的相关规定。

地方省级人民政府对本标准未作规定的污染物项目，可以制定地方污染物排放标准；对本标准已作规定的污染物项目，可以制定严于本标准的地方污染物排放标准。

本标准由环境保护部科技标准司组织制定。

本标准主要起草单位：中国瑞林工程技术有限公司（原南昌有色冶金设计研究院）、环境保护部环境标准研究所。

本标准由环境保护部 2010 年 9 月 10 日批准。

本标准自 2010 年 10 月 1 日起实施。

本标准由环境保护部解释。

1 适用范围

本标准规定了铜、镍、钴工业企业水污染物和大气污染物排放限值、监测和监控要求，以及标准的实施与监督等相关规定。

本标准适用于铜、镍、钴工业企业的水污染物和大气污染物排放管理，以及铜、镍、钴工业企业建设项目的环境影响评价、环境保护设施设计、竣工环境保护验收及其投产后的水污染物和大气污染物排放管理。

本标准不适用于铜、镍、钴再生及压延加工等工业；也不适用于附属于铜、镍、钴工业的非特征生产工艺和装置。

本标准适用于法律允许的污染物排放行为；新设立污染源的选址和特殊保护区域内现有污染源的管理，按照《中华人民共和国大气污染防治法》、《中华人民共和国水污染防治法》、《中华人民共和国海洋环境保护法》、《中华人民共和国固体废物污染环境防治法》、《中华人民共和国放射性污染防治法》、《中华人民共和国环境影响评价法》等法律、法规、规章的相关规定执行。

本标准规定的水污染物排放控制要求适用于企业直接或间接向其法定边界外排放水污染物的行为。

2 规范性引用文件

本标准内容引用了下列文件或其中的条款。

GB/T 6920—1986　水质　pH 值的测定　玻璃电极法

GB/T 7468—1987　水质　总汞的测定　冷原子吸收分光光度法

GB/T 7475—1987　水质　铜、锌、铅、镉的测定　原子吸收分光光度法

GB/T 7484—1987　水质　氟化物的测定　离子选择电极法

GB/T 7485—1987　水质　总砷的测定　二乙基二硫代氨基甲酸银分光光度法

GB/T 11893—1989　水质　总磷的测定　钼酸铵分光光度法

GB/T 11894—1989　水质　总氮的测定　碱性过硫酸钾消解紫外分光光度法

GB/T 11901—1989　水质　悬浮物的测定　重量法

GB/T 11912—1989　水质　镍的测定　火焰原子吸收分光光度法

GB/T 11914—1989　水质　化学需氧量的测定　重铬酸盐法

GB/T 15432—1995　环境空气　总悬浮颗粒物的测定　重量法

GB/T 16157—1996　固定污染源排气中颗粒物测定与气态污染物采样方法

GB/T 16488—1996　水质　石油类和动植物油的测定　红外光度法

GB/T 16489—1996　水质　硫化物的测定　亚甲基蓝分光光度法

HJ/T 27—1999　固定污染源排气中氯化氢的测定　硫氰酸汞分光光度法

HJ/T 30—1999　固定污染源排气中氯气的测定　甲基橙分光光度法

HJ/T 55—2000　大气污染物无组织排放监测技术导则

HJ/T 56—2000 固定污染源排气中二氧化硫的测定 碘量法

HJ/T 57—2000 固定污染源排气中二氧化硫的测定 定电位电解法

HJ/T 60—2000 水质 硫化物的测定 碘量法

HJ/T 63.1—2001 大气固定污染源 镍的测定 火焰原子吸收分光光度法

HJ/T 63.2—2001 大气固定污染源 镍的测定 石墨炉原子吸收分光光度法

HJ/T 67—2001 大气固定污染源 氟化物的测定 离子选择电极法

HJ/T 195—2005 水质 氨氮的测定 气相分子吸收光谱法

HJ/T 199—2005 水质 总氮的测定 气相分子吸收光谱法

HJ/T 399—2007 水质 化学需氧量的测定 快速消解分光光度法

HJ 480—2009 环境空气 氟化物的测定 滤膜采样氟离子选择电极法

HJ 481—2009 环境空气 氟化物的测定 石灰滤纸采样氟离子选择电极法

HJ 482—2009 环境空气 二氧化硫的测定 甲醛吸收-副玫瑰苯胺分光光度法

HJ 483—2009 环境空气 二氧化硫的测定 四氯汞盐吸收-副玫瑰苯胺分光光度法

HJ 487—2009 水质 氟化物的测定 茜素磺酸锆目视比色法

HJ 488—2009 水质 氟化物的测定 氟试剂分光光度法

HJ 535—2009 水质 氨氮的测定 纳氏试剂分光光度法

HJ 536—2009 水质 氨氮的测定 水杨酸分光光度法

HJ 537—2009 水质 氨氮的测定 蒸馏-中和滴定法

HJ 538—2009 固定污染源废气 铅的测定 火焰原子吸收分光光度法（暂行）

HJ 539—2009 环境空气 铅的测定 石墨炉原子吸收分光光度法（暂行）

HJ 540—2009 空气和废气 砷的测定 二乙基二硫代氨基甲酸银分光光度法（暂行）

HJ 542—2009 环境空气 汞的测定 巯基棉富集-冷原子荧光分光光度法（暂行）

HJ 543—2009 固定污染源废气 汞的测定 冷原子吸收分光光度法（暂行）

HJ 544—2009 固定污染源废气 硫酸雾的测定 离子色谱法（暂行）

HJ 547—2009 固定污染源废气 氯气的测定 碘量法（暂行）

HJ 548—2009 固定污染源废气 氯化氢的测定 硝酸银容量法（暂行）

HJ 549—2009 空气和废气 氯化氢的测定 离子色谱法（暂行）

HJ 550—2009 水质 总钴的测定 5-氯-2-（吡啶偶氮）-1,3-二氨基苯分光光度法（暂行）

《污染源自动监控管理办法》（国家环境保护总局令 第28号）

《环境监测管理办法》（国家环境保护总局令 第39号）

3 术语和定义

下列术语和定义适用于本标准。

3.1 铜、镍、钴工业 copper，nickel and cobalt industry

指生产铜、镍、钴金属的采矿、选矿、冶炼工业企业，不包括以废旧铜、镍、钴物料为原料的再生冶炼工业。

3.2 特征生产工艺和装置 typical processing and facility

指铜、镍、钴金属的采矿、选矿、冶炼的生产工艺及与这些工艺相关的装置。

3.3 现有企业 existing facility

指在本标准实施之日前已建成投产或环境影响评价文件已通过审批的铜、镍、钴工业企业或生产设施。

3.4 新建企业 new facility

指本标准实施之日起环境影响评价文件通过审批的新建、改建和扩建的铜、镍、钴生产设施建设项目。

3.5 排水量 effluent volume

指生产设施或企业向企业法定边界以外排放的废水的量，包括与生产有直接或间接关系的各种外排废水（如厂区生活污水、冷却废水、厂区锅炉和电站排水等）。

3.6 单位产品基准排水量 benchmark effluent volume per unit product

指用于核定水污染物排放浓度而规定的生产单位铜、镍、钴产品的废水排放量上限值。

3.7 排气筒高度 stack height

指自排气筒（或其主体建筑构造）所在的地平面至排气筒出口计的高度。

3.8 标准状态 standard condition

指温度为 273.15 K、压力为 101 325 Pa 时的状态。本标准规定的大气污染物排放浓度限值均以标准状态下的干气体为基准。

3.9 过量空气系数 excess air coefficient

指工业炉窑运行时实际空气量与理论空气需要量的比值。

3.10 排气量 exhaust volume

指铜、镍、钴工业生产工艺和装置排入环境空气的废气量，包括与生产工艺和装置有直接或间接关系的各种外排废气（如环境集烟等）。

3.11 单位产品基准排气量 benchmark exhaust volume per unit product

指用于核定大气污染物排放浓度而规定的生产单位铜、镍、钴产品的排气量上限值。

3.12 企业边界 enterprise boundary

指铜、镍、钴工业企业的法定边界。若无法定边界，则指实际边界。

3.13 公共污水处理系统 public wastewater treatment system

指通过纳污管道等方式收集废水，为两家以上排污单位提供废水处理服务并且排水能够达到相关排放标准要求的企业或机构，包括各种规模和类型的城镇污水处理厂、区域（包括各类工业园区、开发区、工业聚集地等）废水处理厂等，其废水处理程度应达到二级或二级以上。

3.14 直接排放 direct discharge

指排污单位直接向环境排放水污染物的行为。

3.15 间接排放 indirect discharge

指排污单位向公共污水处理系统排放水污染物的行为。

4 污染物排放控制要求

4.1 水污染物排放控制要求

4.1.1 自 2011 年 1 月 1 日起至 2011 年 12 月 31 日止，现有企业执行表 1 规定的水污染物排放限值。

表 1 现有企业水污染物排放浓度限值及单位产品基准排水量

单位：mg/L（pH 值除外）

序号	污染物项目	限值		污染物排放监控位置
		直接排放	间接排放	
1	pH 值	6～9	6～9	企业废水总排放口
2	悬浮物	100（采选）	200（采选）	
		70（其他）	140（其他）	
3	化学需氧量（COD_{Cr}）	120（湿法冶炼）	300（湿法冶炼）	
		100（其他）	200（其他）	
4	氟化物（以 F 计）	8	15	
5	总氮	20	40	
6	总磷	1.5	2.0	
7	氨氮	15	20	
8	总锌	2.0	4.0	
9	石油类	8	15	
10	总铜	1.0（矿山及湿法冶炼）	2.0（矿山及湿法冶炼）	
		0.5（其他）	1.0（其他）	
11	硫化物	1.0	1.0	
12	总铅	1.0		车间或生产设施废水排放口
13	总镉	0.1		
14	总镍	1.0		
15	总砷	0.5		
16	总汞	0.05		
17	总钴	1.0		

序号	污染物项目	限值		污染物排放监控位置
		直接排放	间接排放	
单位产品基准排水量	选矿（原矿）/（m^3/t）	1.65		排水量计量位置与污染物排放监控位置一致
	铜冶炼/（m^3/t）	25		
	镍冶炼/（m^3/t）	35		
	钴冶炼/（m^3/t）	70		

4.1.2　自2012年1月1日起，现有企业执行表2规定的水污染物排放限值。

4.1.3　自2010年10月1日起，新建企业执行表2规定的水污染物排放限值。

表2　新建企业水污染物排放浓度限值及单位产品基准排水量

单位：mg/L（pH值除外）

序号	污染物项目	限值		污染物排放监控位置
		直接排放	间接排放	
1	pH值	6～9	6～9	企业废水总排放口
2	悬浮物	80（采选）	200（采选）	
		30（其他）	140（其他）	
3	化学需氧量（COD_{Cr}）	100（湿法冶炼）	300（湿法冶炼）	企业废水总排放口
		60（其他）	200（其他）	
4	氟化物（以F计）	5	15	
5	总氮	15	40	
6	总磷	1.0	2.0	
7	氨氮	8	20	
8	总锌	1.5	4.0	
9	石油类	3.0	15	
10	总铜	0.5	1.0	
11	硫化物	1.0	1.0	
12	总铅	0.5		车间或生产设施废水排放口
13	总镉	0.1		
14	总镍	0.5		
15	总砷	0.5		
16	总汞	0.05		
17	总钴	1.0		
单位产品基准排水量	选矿（原矿）/（m^3/t）	1.0		排水量计量位置与污染物排放监控位置一致
	铜冶炼/（m^3/t）	10		
	镍冶炼/（m^3/t）	15		
	钴冶炼/（m^3/t）	30		

4.1.4 根据环境保护工作的要求，在国土开发密度已经较高、环境承载能力开始减弱，或环境容量较小、生态环境脆弱，容易发生严重环境污染等问题而需要采取特别保护措施的地区，应严格控制企业的污染物排放行为，在上述地区的企业执行表 3 规定的水污染物特别排放限值。

执行水污染物特别排放限值的地域范围、时间，由国务院环境保护行政主管部门或省级人民政府规定。

表 3 水污染物特别排放限值

单位：mg/L（pH 值除外）

<table>
<tr><th rowspan="2">序号</th><th rowspan="2">污染物项目</th><th colspan="2">限 值</th><th rowspan="2">污染物排放监控位置</th></tr>
<tr><th>直接排放</th><th>间接排放</th></tr>
<tr><td>1</td><td>pH 值</td><td>6～9</td><td>6～9</td><td rowspan="12">企业废水总排放口</td></tr>
<tr><td rowspan="2">2</td><td rowspan="2">悬浮物</td><td>30（采选）</td><td>80（采选）</td></tr>
<tr><td>10（其他）</td><td>30（其他）</td></tr>
<tr><td>3</td><td>化学需氧量（COD_{Cr}）</td><td>50</td><td>60</td></tr>
<tr><td>4</td><td>氟化物（以 F 计）</td><td>2</td><td>5</td></tr>
<tr><td>5</td><td>总氮</td><td>10</td><td>15</td></tr>
<tr><td>6</td><td>总磷</td><td>0.5</td><td>1.0</td></tr>
<tr><td>7</td><td>氨氮</td><td>5</td><td>8</td></tr>
<tr><td>8</td><td>总锌</td><td>1.0</td><td>1.5</td></tr>
<tr><td>9</td><td>石油类</td><td>1.0</td><td>3.0</td></tr>
<tr><td>10</td><td>总铜</td><td>0.2</td><td>0.5</td></tr>
<tr><td>11</td><td>硫化物</td><td>0.5</td><td>1.0</td></tr>
<tr><td>12</td><td>总铅</td><td colspan="2">0.2</td><td rowspan="6">车间或生产设施废水排放口</td></tr>
<tr><td>13</td><td>总镉</td><td colspan="2">0.02</td></tr>
<tr><td>14</td><td>总镍</td><td colspan="2">0.5</td></tr>
<tr><td>15</td><td>总砷</td><td colspan="2">0.1</td></tr>
<tr><td>16</td><td>总汞</td><td colspan="2">0.01</td></tr>
<tr><td>17</td><td>总钴</td><td colspan="2">1.0</td></tr>
<tr><td rowspan="4">单位产品基准排水量</td><td>选矿（原矿）/（m^3/t）</td><td colspan="2">0.8</td><td rowspan="4">排水量计量位置与污染物排放监控位置相同</td></tr>
<tr><td>铜冶炼/（m^3/t）</td><td colspan="2">8</td></tr>
<tr><td>镍冶炼/（m^3/t）</td><td colspan="2">12</td></tr>
<tr><td>钴冶炼/（m^3/t）</td><td colspan="2">16</td></tr>
</table>

4.1.5 水污染物排放浓度限值适用于单位产品实际排水量不高于单位产品基准排水量的情况。若单位产品实际排水量超过单位产品基准排水量，须按式（1）将实测水

污染物浓度换算为水污染物基准排水量排放浓度，并以水污染物基准排水量排放浓度作为判定排放是否达标的依据。产品产量和排水量统计周期为一个工作日。

在企业的生产设施同时生产两种以上产品、可适用不同排放控制要求或不同行业国家污染物排放标准，且生产设施产生的污水混合处理排放的情况下，应执行排放标准中规定的最严格的浓度限值，并按式（1）换算水污染物基准排水量排放浓度。

$$\rho_{基}=\frac{Q_{总}}{\sum Y_i \cdot Q_{i基}}\cdot \rho_{实} \tag{1}$$

式中：$\rho_{基}$ —— 水污染物基准排水量排放浓度，mg/L；

$Q_{总}$ —— 排水总量，m^3；

Y_i —— 第 i 种产品产量，t；

$Q_{i基}$ —— 第 i 种产品的单位产品基准排水量，m^3/t；

$\rho_{实}$ —— 实测水污染物浓度，mg/L。

若 $Q_{总}$ 与 $\sum Y_i \cdot Q_{i基}$ 的比值小于 1，则以水污染物实测浓度作为判定排放是否达标的依据。

4.2 大气污染物排放控制要求

4.2.1 自 2011 年 1 月 1 日起至 2011 年 12 月 31 日止，现有企业执行表 4 规定的大气污染物排放限值。

表 4 现有企业大气污染物排放浓度限值

单位：mg/m^3

<table>
<tr><th rowspan="2">序号</th><th rowspan="2">生产类别</th><th rowspan="2">工艺或工序</th><th colspan="10">限 值</th><th rowspan="2">污染物排放监控位置</th></tr>
<tr><th>二氧化硫</th><th>颗粒物</th><th>砷及其化合物</th><th>硫酸雾</th><th>氯气</th><th>氯化氢</th><th>镍及其化合物</th><th>铅及其化合物</th><th>氟化物</th><th>汞及其化合物</th></tr>
<tr><td rowspan="2">1</td><td rowspan="2">采选</td><td>破碎、筛分</td><td>—</td><td>150</td><td rowspan="2">—</td><td>—</td><td>—</td><td>—</td><td rowspan="2">—</td><td rowspan="2">—</td><td rowspan="2">—</td><td rowspan="2">—</td><td rowspan="5">车间或生产设施排气筒</td></tr>
<tr><td>其他</td><td>800</td><td>100</td><td>45</td><td>70</td><td>120</td></tr>
<tr><td rowspan="3">2</td><td rowspan="3">铜冶炼</td><td>物料干燥</td><td>800</td><td rowspan="3">100</td><td rowspan="3">0.5</td><td rowspan="3">45</td><td rowspan="3">—</td><td rowspan="3">—</td><td rowspan="3">—</td><td rowspan="3">0.7</td><td rowspan="3">9.0</td><td rowspan="3">0.012</td></tr>
<tr><td>环境集烟</td><td>960</td></tr>
<tr><td>其他</td><td>900</td></tr>
<tr><td>3</td><td>镍、钴冶炼</td><td>全部</td><td>960</td><td>100</td><td>0.5</td><td>45</td><td>70</td><td>120</td><td>4.3</td><td>0.7</td><td>9.0</td><td>0.012</td><td rowspan="5">车间或生产设施排气筒</td></tr>
<tr><td rowspan="2">4</td><td rowspan="2">烟气制酸</td><td>一转一吸</td><td>960</td><td rowspan="2">50</td><td rowspan="2">0.5</td><td rowspan="2">45</td><td rowspan="2">—</td><td rowspan="2">—</td><td rowspan="2">—</td><td rowspan="2">0.7</td><td rowspan="2">9.0</td><td rowspan="2">0.012</td></tr>
<tr><td>两转两吸</td><td>860</td></tr>
<tr><td colspan="3" rowspan="2">单位产品基准排气量</td><td colspan="3">铜冶炼/（m^3/t）</td><td colspan="7">24 000</td></tr>
<tr><td colspan="3">镍冶炼/（m^3/t）</td><td colspan="7">40 000</td></tr>
</table>

4.2.2　自2012年1月1日起，现有企业执行表5规定的大气污染物排放限值。

4.2.3　自2010年10月1日起，新建企业执行表5规定的大气污染物排放限值。

表5　新建企业大气污染物排放浓度限值

单位：mg/m^3

序号	生产类别	工艺或工序	限值										污染物排放监控位置
			二氧化硫	颗粒物	砷及其化合物	硫酸雾	氯气	氯化氢	镍及其化合物	铅及其化合物	氟化物	汞及其化合物	
1	采选	破碎、筛分	—	100	—	—	—	—	—	—	—	—	车间或生产设施排气筒
		其他	400	80		40	60	80					
2	铜冶炼	全部	400	80	0.4	40	—	—	—	0.7	3.0	0.012	
3	镍、钴冶炼	全部	400	80	0.4	40	60	80	4.3	0.7	3.0	0.012	
4	烟气制酸	全部	400	50	0.4	40	—	—	—	0.7	3.0	0.012	
单位产品基准排气量		铜冶炼/（m^3/t）	21 000										
		镍冶炼/（m^3/t）	36 000										

4.2.4　企业边界大气污染物任何1 h平均浓度执行表6规定的限值。

表6　现有和新建企业边界大气污染物浓度限值

单位：mg/m^3

序号	污染物	限值
1	二氧化硫	0.5
2	颗粒物	1.0
3	硫酸雾	0.3
4	氯气	0.02
5	氯化氢	0.15
6	砷及其化合物	0.01
7	镍及其化合物[1)]	0.04
8	铅及其化合物	0.006
9	氟化物	0.02
10	汞及其化合物	0.001 2
注：1）镍、钴冶炼企业监控。		

4.2.5　在现有企业生产、建设项目竣工环保验收后的生产过程中，负责监管的环境保护主管部门应对周围居住、教学、医疗等用途的敏感区域环境质量进行监测。建设项目的具体监控范围为环境影响评价确定的周围敏感区域；未进行过环境影响评价的现有企业，监控范围由负责监管的环境保护主管部门，根据企业排污的特点和规律及当地的自然、气象条件等因素，参照相关环境影响评价技术导则确定。地方政府应对本辖区环境质量负责，采取措施确保环境状况符合环境质量标准要求。

4.2.6　产生大气污染物的生产工艺和装置必须设立局部或整体气体收集系统和集中净化处理装置，净化后的气体由排气筒排放，所有排气筒高度应不低于 15 m（排放氯气的排气筒高度不得低于 25 m）。排气筒周围半径 200 m 范围内有建筑物时，排气筒高度还应高出最高建筑物 3 m 以上。

4.2.7　炉窑基准过量空气系数为 1.7，实测炉窑的大气污染物排放浓度，应换算为基准过量空气系数排放浓度。生产设施应采取合理的通风措施，不得故意稀释排放，若单位产品实际排气量超过单位产品基准排气量，须将实测大气污染物浓度换算为大气污染物基准排气量排放浓度，并以大气污染物基准排气量排放浓度作为判定排放是否达标的依据。大气污染物基准排气量排放浓度的换算，可参照采用水污染物基准排水量排放浓度的计算公式。在国家未规定其他生产设施单位产品基准排气量之前，暂以实测浓度作为判定是否达标的依据。

5　污染物监测要求

5.1　污染物监测的一般要求

5.1.1　对企业排放废水和废气的采样，应根据监测污染物的种类，在规定的污染物排放监控位置进行，有废水和废气处理设施的，应在处理设施后监控。在污染物排放监控位置须设置永久性排污口标志。

5.1.2　新建企业和现有企业安装污染物排放自动监控设备的要求，按有关法律和《污染源自动监控管理办法》的规定执行。

5.1.3　对企业污染物排放情况进行监测的频次、采样时间等要求，按国家有关污染源监测技术规范的规定执行。

5.1.4　企业产品产量的核定，以法定报表为依据。

5.1.5　企业须按照有关法律和《环境监测管理办法》的规定，对排污状况进行监测，并保存原始监测记录。

5.2　水污染物监测要求

对企业排放水污染物浓度的测定采用表 7 所列的方法标准。

5.3　大气污染物监测要求

5.3.1　采样点的设置与采样方法按 GB/T 16157—1996 执行。

5.3.2　在有敏感建筑物方位、必要的情况下进行监控，具体要求按 HJ/T 55—2000 进行监测。

表 7 水污染物浓度测定方法标准

序号	污染物项目	方法标准名称	标准编号
1	pH 值	水质 pH 值的测定 玻璃电极法	GB/T 6920—1986
2	悬浮物	水质 悬浮物的测定 重量法	GB/T 11901—1989
3	化学需氧量	水质 化学需氧量的测定 重铬酸盐法	GB/T 11914—1989
		水质 化学需氧量的测定 快速消解分光光度法	HJ/T 399—2007
4	氟化物	水质 氟化物的测定 离子选择电极法	GB/T 7484—1987
		水质 氟化物的测定 茜素磺酸锆目视比色法	HJ 487—2009
		水质 氟化物的测定 氟试剂分光光度法	HJ 488—2009
5	总氮	水质 总氮的测定 气相分子吸收光谱法	HJ/T 199—2005
		水质 总氮的测定 碱性过硫酸钾消解紫外分光光度法	GB/T 11894—1989
6	总磷	水质 总磷的测定 钼酸铵分光光度法	GB/T 11893—1989
7	氨氮	水质 氨氮的测定 气相分子吸收光谱法	HJ/T 195—2005
		水质 氨氮的测定 纳氏试剂分光光度法	HJ 535—2009
		水质 氨氮的测定 水杨酸分光光度法	HJ 536—2009
		水质 氨氮的测定 蒸馏-中和滴定法	HJ 537—2009
8	总锌	水质 铜、锌、铅、镉的测定 原子吸收分光光度法	GB/T 7475—1987
9	石油类	水质 石油类和动植物油的测定 红外光度法	GB/T 16488—1996
10	总铜	水质 铜、锌、铅、镉的测定 原子吸收分光光度法	GB/T 7475—1987
11	硫化物	水质 硫化物的测定 碘量法	HJ/T 60—2000
		水质 硫化物的测定 亚甲基蓝分光光度法	GB/T 16489—1996
12	总铅	水质 铜、锌、铅、镉的测定 原子吸收分光光度法	GB/T 7475—1987
13	总镉	水质 铜、锌、铅、镉的测定 原子吸收分光光度法	GB/T 7475—1987
14	总镍	水质 镍的测定 火焰原子吸收分光光度法	GB/T 11912—1989
15	总砷	水质 总砷的测定 二乙基二硫代氨基甲酸银分光光度法	GB/T 7485—1987
16	总汞	水质 总汞的测定 冷原子吸收分光光度法	GB/T 7468—1987
17	总钴	水质 总钴的测定 5-氯-2-（吡啶偶氮）-1,3-二氨基苯分光光度法（暂行）	HJ 550—2009

5.3.3 对企业排放大气污染物浓度的测定采用表 8 所列的方法标准。

表 8　大气污染物浓度测定方法标准

序号	污染物项目	方法标准名称	标准编号
1	颗粒物	固定污染源排气中颗粒物测定与气态污染物采样方法	GB/T 16157—1996
		环境空气　总悬浮颗粒物的测定　重量法	GB/T 15432—1995
2	二氧化硫	固定污染源排气中二氧化硫的测定　碘量法	HJ/T 56—2000
		固定污染源排气中二氧化硫的测定　定电位电解法	HJ/T 57—2000
		环境空气　二氧化硫的测定　甲醛吸收-副玫瑰苯胺分光光度法	HJ 482—2009
		环境空气　二氧化硫的测定　四氯汞盐吸收-副玫瑰苯胺分光光度法	HJ 483—2009
3	硫酸雾	固定污染源废气　硫酸雾的测定　离子色谱法（暂行）	HJ 544—2009
4	氯气	固定污染源排气中氯气的测定　甲基橙分光光度法	HJ/T 30—1999
		固定污染源废气　氯气的测定　碘量法（暂行）	HJ 547—2009
5	氯化氢	固定污染源排气中氯化氢的测定　硫氰酸汞分光光度法	HJ/T 27—1999
		固定污染源废气　氯化氢的测定　硝酸银容量法（暂行）	HJ 548—2009
		空气和废气　氯化氢的测定　离子色谱法（暂行）	HJ 549—2009
6	镍及其化合物	大气固定污染源　镍的测定火焰原子吸收分光光度法	HJ/T 63.1—2001
		大气固定污染源　镍的测定石墨炉原子吸收分光光度法	HJ/T 63.2—2001
7	砷及其化合物	空气和废气　砷的测定　二乙基二硫代氨基甲酸银分光光度法（暂行）	HJ 540—2009
8	氟化物	大气固定污染源　氟化物的测定　离子选择电极法	HJ/T 67—2001
		环境空气　氟化物的测定　滤膜采样氟离子选择电极法	HJ 480—2009
		环境空气　氟化物的测定　石灰滤纸采样氟离子选择电极法	HJ 481—2009
9	汞及其化合物	环境空气　汞的测定　巯基棉富集-冷原子荧光分光光度法（暂行）	HJ 542—2009
		固定污染源废气　汞的测定　冷原子吸收分光光度法（暂行）	HJ 543—2009
10	铅及其化合物	固定污染源废气　铅的测定　火焰原子吸收分光光度法（暂行）	HJ 538—2009
		环境空气　铅的测定　石墨炉原子吸收分光光度法（暂行）	HJ 539—2009

6　实施与监督

6.1　本标准由县级以上人民政府环境保护行政主管部门负责监督实施。

6.2　在任何情况下，企业均应遵守本标准规定的污染物排放控制要求，采取必要措施保证污染防治设施正常运行。各级环保部门在对设施进行监督性检查时，可以现场即时采样或监测的结果，作为判定排污行为是否符合排放标准以及实施相关环境保护管理措施的依据。在发现设施耗水或排水量、排气量有异常变化的情况下，应核定企业的实际产品产量、排水量和排气量，按本标准的规定，换算水污染物基准排水量排放浓度和大气污染物基准排气量排放浓度。

中华人民共和国国家标准

铅、锌工业污染物排放标准

Emission standard of pollutants for lead and zinc industry

GB 25466—2010

前　言

为贯彻《中华人民共和国环境保护法》、《中华人民共和国水污染防治法》、《中华人民共和国大气污染防治法》、《中华人民共和国海洋环境保护法》、《国务院关于落实科学发展观　加强环境保护的决定》等法律、法规和《国务院关于编制全国主体功能区规划的意见》，保护环境，防治污染，促进铅、锌工业生产工艺和污染治理技术的进步，制定本标准。

本标准规定了铅、锌工业企业生产过程中水污染物和大气污染物排放限值、监测和监控要求，适用于铅、锌工业企业水污染和大气污染防治和管理。为促进区域经济与环境协调发展，推动经济结构的调整和经济增长方式的转变，引导铅、锌工业生产工艺和污染治理技术的发展方向，本标准规定了水污染物特别排放限值。

本标准中的污染物排放浓度均为质量浓度。

铅、锌工业企业排放恶臭污染物、环境噪声适用相应的国家污染物排放标准，产生固体废物的鉴别、处理和处置适用国家固体废物污染控制标准。

本标准为首次发布。

自本标准实施之日起，铅、锌工业企业水和大气污染物排放执行本标准，不再执行《污水综合排放标准》（GB 8978—1996）、《大气污染物综合排放标准》（GB 16297—1996）和《工业炉窑大气污染物排放标准》（GB 9078—1996）中的相关规定。

地方省级人民政府对本标准未作规定的污染物项目，可以制定地方污染物排放标准；对本标准已作规定的污染物项目，可以制定严于本标准的地方污染物排放标准。

本标准由环境保护部科技标准司组织制定。

本标准主要起草单位：长沙有色冶金设计研究院、环境保护部环境标准研究所、中国瑞林工程技术有限公司（原南昌有色冶金设计研究院）。

本标准环境保护部 2010 年 9 月 10 日批准。

本标准自 2010 年 10 月 1 日起实施。

本标准由环境保护部解释。

1 适用范围

本标准规定了铅、锌工业企业水污染物和大气污染物排放限值、监测和监控要求，以及标准的实施与监督等相关规定。

本标准适用于铅、锌工业企业的水污染物和大气污染物排放管理，以及铅、锌工业企业建设项目的环境影响评价、环境保护设施设计、竣工环境保护验收及其投产后的水污染物和大气污染物排放管理。

本标准不适用于再生铅、锌及铅、锌材压延加工等工业，也不适用于附属于铅、锌工业企业的非特征生产工艺和装置。

本标准适用于法律允许的污染物排放行为；新设立存在的污染源的选址和特殊保护区域内现有污染源的管理，除执行本标准外，还应符合《中华人民共和国大气污染防治法》、《中华人民共和国水污染防治法》、《中华人民共和国海洋环境保护法》、《中华人民共和国固体废物污染环境防治法》、《中华人民共和国环境影响评价法》等法律、法规、规章的相关规定。

本标准规定的水污染物排放控制要求适用于企业直接或间接向其法定边界外排放水污染物的行为。

2 规范性引用文件

本标准内容引用了下列文件或其中的条款。

GB/T 6920—1986　水质　pH 值的测定　玻璃电极法

GB/T 7466—1987　水质　总铬的测定

GB/T 7468—1987　水质　汞的测定　冷原子吸收分光光度法

GB/T 7475—1987　水质　铜、锌、铅、镉的测定　原子吸收分光光度法

GB/T 7484—1987　水质　氟化物的测定　离子选择电极法

GB/T 7485—1987　水质　总砷的测定　二乙基二硫代氨基甲酸银分光光度法

GB/T 11893—1989　水质　总磷的测定　钼酸铵分光光度法

GB/T 11894—1989　水质　总氮的测定　碱性过硫酸钾消解紫外分光光度法

GB/T 11901—1989　水质　悬浮物的测定　重量法

GB/T 11912—1989　水质　镍的测定　火焰原子吸收分光光度法

GB/T 11914—1989　水质　化学需氧量的测定　重铬酸盐法

GB/T 15432—1995　环境空气　总悬浮颗粒物的测定　重量法

GB/T 16157—1996　固定污染源排气中颗粒物的测定与气态污染物采样方法

GB/T 16489—1996　水质　硫化物的测定　亚甲基蓝分光光度法

HJ/T 55—2000　大气污染物无组织排放监测技术导则

HJ/T 56—2000　固定污染源排气中二氧化硫的测定　碘量法

HJ/T 57—2000　固定污染源排气中二氧化硫的测定　定电位电解法

HJ/T 195—2005 水质 氨氮的测定 气相分子吸收光谱法

HJ/T 199—2005 水质 总氮的测定 气相分子吸收光谱法

HJ/T 399—2007 水质 化学需氧量的测定 快速消解分光光度法

HJ 482—2009 环境空气 二氧化硫的测定 甲醛吸收-副玫瑰苯胺分光光度法

HJ 483—2009 环境空气 二氧化硫的测定 四氯汞盐吸收-副玫瑰苯胺分光光度法

HJ 487—2009 水质 氟化物的测定 茜素磺酸锆目视比色法

HJ 488—2009 水质 氟化物的测定 氟试剂分光光度法

HJ 535—2009 水质 氨氮的测定 纳氏试剂分光光度法

HJ 536—2009 水质 氨氮的测定 水杨酸分光光度法

HJ 537—2009 水质 氨氮的测定 蒸馏-中和滴定法

HJ 538—2009 固定污染源废气 铅的测定 火焰原子吸收分光光度法（暂行）

HJ 539—2009 环境空气 铅的测定 石墨炉原子吸收分光光度法（暂行）

HJ 542—2009 环境空气 汞的测定 巯基棉富集-冷原子荧光分光光度法（暂行）

HJ 543—2009 固定污染源废气 汞的测定 冷原子吸收分光光度法（暂行）

HJ 544—2009 固定污染源废气 硫酸雾的测定 离子色谱法（暂行）

《污染源自动监控管理办法》（国家环境保护总局令 第28号）

《环境监测管理办法》（国家环境保护总局令 第39号）

3 术语和定义

下列术语和定义适用于本标准。

3.1 铅、锌工业 lead and zinc industry

指生产铅、锌金属矿产品和生产铅、锌金属产品（不包括生产再生铅、再生锌及铅、锌材压延加工产品）的工业。

3.2 特征生产工艺和装置 typical processing and facility

指为生产原铅、原锌金属而进行的采矿、选矿、冶炼的生产工艺及与这些工艺相关的装置。

3.3 现有企业 existing facility

指在本标准实施之日前已建成投产或环境影响评价文件通过审批的铅、锌工业企业或生产设施。

3.4 新建企业 new facility

指本标准实施之日起环境影响评价文件通过审批的新建、改建和扩建的铅、锌生产设施建设项目。

3.5 排水量 effluent volume

指生产设施或企业向企业法定边界以外排放的废水的量，包括与生产有直接或间接关系的各种外排废水（如厂区生活污水、冷却废水、厂区锅炉和电站排水等）。

3.6 单位产品基准排水量 benchmark effluent volume per unit product

指用于核定水污染物排放浓度而规定的生产单位铅、锌产品的废水排放量上限值。

3.7 排气筒高度 stack height

指自排气筒（或其主体建筑构造）所在的地平面至排气筒出口计的高度。

3.8 标准状态 standard condition

指温度为 273.15 K、压力为 101 325 Pa 时的状态。本标准规定的大气污染物排放浓度限值均以标准状态下的干气体为基准。

3.9 过量空气系数 excess air coefficien

指工业炉窑运行时实际空气量与理论空气需要量的比值。

3.10 企业边界 enterprise boundary

指铅、锌工业企业的法定边界。若无法定边界，则指实际边界。

3.11 公共污水处理系统 public wastewater treatment system

指通过纳污管道等方式收集废水，为两家以上排污单位提供废水处理服务并且排水能够达到相关排放标准要求的企业或机构，包括各种规模和类型的城镇污水处理厂、区域（包括各类工业园区、开发区、工业聚集地等）废水处理厂等，其废水处理程度应达到二级或二级以上。

3.12 直接排放 direct discharge

指排污单位直接向环境排放水污染物的行为。

3.13 间接排放 indirect discharge

指排污单位向公共污水处理系统排放水污染物的行为。

4 污染物排放控制要求

4.1 水污染物排放控制要求

4.1.1 自 2011 年 1 月 1 日起至 2011 年 12 月 31 日止，现有企业执行表 1 规定的水污染物排放限值。

表 1 现有企业水污染物排放浓度限值及单位产品基准排水量

单位：mg/L（pH 值除外）

序号	污染物项目	限值		污染物排放监控位置
		直接排放	间接排放	
1	pH 值	6～9	6～9	企业废水总排放口
2	化学需氧量（COD_{Cr}）	100	200	
3	悬浮物（SS）	70	70	
4	氨氮（以 N 计）	15	25	
5	总磷（以 P 计）	1.5	2.0	

序号	污染物项目	限值		污染物排放监控位置
		直接排放	间接排放	
6	总氮（以N计）	20	30	企业废水总排放口
7	总锌	2.0	2.0	
8	总铜	0.5	0.5	
9	硫化物	1.0	1.0	
10	氟化物	10	10	
11	总铅	1.0		车间或生产设施废水排放口
12	总镉	0.1		
13	总汞	0.05		
14	总砷	0.5		
15	总镍	1.0		
16	总铬	1.5		
单位产品基准排水量	选矿（原矿）/（m^3/t）	3.5		排水量计量位置与污染物排放监控位置一致
	冶炼/（m^3/t）	15		

4.1.2 自2012年1月1日起，现有企业执行表2规定的水污染物排放限值。

4.1.3 自2010年10月1日起，新建企业执行表2规定的水污染物排放限值。

表2 新建企业水污染物排放浓度限值及单位产品基准排水量

单位：mg/L（pH值除外）

序号	污染物项目	限值		污染物排放监控位置
		直接排放	间接排放	
1	pH值	6～9	6～9	企业废水总排放口
2	化学需氧量（COD_{Cr}）	60	200	
3	悬浮物（SS）	50	70	
4	氨氮（以N计）	8	25	
5	总磷（以P计）	1.0	2.0	
6	总氮（以N计）	15	30	
7	总锌	1.5	1.5	
8	总铜	0.5	0.5	
9	硫化物	1.0	1.0	
10	氟化物	8	8	

序号	污染物项目	限值		污染物排放监控位置
		直接排放	间接排放	
11	总铅	0.5		车间或生产设施废水排放口
12	总镉	0.05		
13	总汞	0.03		
14	总砷	0.3		
15	总镍	0.5		
16	总铬	1.5		
单位产品基准排水量	选矿（原矿）/（m^3/t）	2.5		排水量计量位置与污染物排放监控位置一致
	冶炼/（m^3/t）	8		

4.1.4 根据环境保护工作的要求，在国土开发密度已经较高、环境承载能力开始减弱，或环境容量较小、生态环境脆弱，容易发生严重环境污染等问题而需要采取特别保护措施的地区，应严格控制企业的污染物排放行为，在上述地区的企业执行表3规定的水污染物特别排放限值。

表3　水污染物特别排放限值

单位：mg/L（pH值除外）

序号	污染物项目	限值		污染物排放监控位置
		直接排放	间接排放	
1	pH值	6～9	6～9	企业废水总排放口
2	化学需氧量（COD_{Cr}）	50	60	
3	悬浮物（SS）	10	50	
4	氨氮（以N计）	5	8	
5	总磷（以P计）	0.5	1.0	
6	总氮（以N计）	10	15	
7	总锌	1.0	1.0	
8	总铜	0.2	0.2	
9	硫化物	1.0	1.0	
10	氟化物	5	5	
11	总铅	0.2		车间或生产设施废水排放口
12	总镉	0.02		
13	总汞	0.01		
14	总砷	0.1		
15	总镍	0.5		
16	总铬	1.5		
单位产品基准排水量	选矿（原矿）/（m^3/t）	1.5		排水量计量位置与污染物排放监控位置一致
	冶炼/（m^3/t）	4		

执行水污染物特别排放限值的地域范围、时间，由国务院环境保护行政主管部门或省级人民政府规定。

4.1.5　水污染物排放浓度限值适用于单位产品实际排水量不高于单位产品基准排水量的情况。若单位产品实际排水量超过单位产品基准排水量，须按式（1）将实测水污染物浓度换算为水污染物基准排水量排放浓度，并以水污染物基准排水量排放浓度作为判定排放是否达标的依据。产品产量和排水量统计周期为一个工作日。

在企业的生产设施同时生产两种以上产品、可适用不同排放控制要求或不同行业国家污染物排放标准，且生产设施产生的污水混合处理排放的情况下，应执行排放标准中规定的最严格的浓度限值，并按式（1）换算水污染物基准排水量排放浓度。

$$\rho_{基}=\frac{Q_{总}}{\sum Y_i \cdot Q_{i基}}\cdot \rho_{实} \tag{1}$$

式中：$\rho_{基}$ —— 水污染物基准排水量排放浓度，mg/L；

$Q_{总}$ —— 排水总量，m^3；

Y_i —— 第 i 种产品产量，t；

$Q_{i基}$ —— 第 i 种产品的单位产品基准排水量，m^3/t；

$\rho_{实}$ —— 实测水污染物浓度，mg/L。

若 $Q_{总}$ 与 $\sum Y_i \cdot Q_{i基}$ 的比值小于 1，则以水污染物实测浓度作为判定排放是否达标的依据。

4.2　大气污染物排放控制要求

4.2.1　自 2011 年 1 月 1 日起至 2011 年 12 月 31 日止，现有企业执行表 4 规定的大气污染物排放限值。

表 4　现有企业大气污染物排放浓度限值

单位：mg/m^3

序号	污染物	适用范围	排放浓度限值	污染物排放监控位置
1	颗粒物	干燥	200	车间或生产设施排气筒
		其他	100	
2	二氧化硫	所有	960	
3	硫酸雾	制酸	35	
4	铅及其化合物	熔炼	10	
5	汞及其化合物	烧结、熔炼	1.0	

4.2.2　自 2012 年 1 月 1 日起，现有企业执行表 5 规定的大气污染物排放限值。

4.2.3　自 2010 年 10 月 1 日起，新建企业执行表 5 规定的大气污染物排放限值。

表 5　新建企业大气污染物排放浓度限值

单位：mg/m^3

序号	污染物	适用范围	排放浓度限值	污染物排放监控位置
1	颗粒物	所有	80	
2	二氧化硫	所有	400	
3	硫酸雾	制酸	20	车间或生产设施排气筒
4	铅及其化合物	熔炼	8	
5	汞及其化合物	烧结、熔炼	0.05	

4.2.4　企业边界大气污染物任何 1 h 平均浓度执行表 6 规定的限值。

表 6　现有和新建企业边界大气污染物浓度限值

单位：mg/m^3

序号	污染物项目	最高浓度限值
1	二氧化硫	0.5
2	颗粒物	1.0
3	硫酸雾	0.3
4	铅及其化合物	0.006
5	汞及其化合物	0.000 3

4.2.5　在现有企业生产、建设项目竣工环保验收后的生产过程中，负责监管的环境保护主管部门应对周围居住、教学、医疗等用途的敏感区域环境质量进行监测。建设项目的具体监控范围为环境影响评价确定的周围敏感区域；未进行过环境影响评价的现有企业，监控范围由负责监管的环境保护主管部门，根据企业排污的特点和规律及当地的自然、气象条件等因素，参照相关环境影响评价技术导则确定。地方政府应对本辖区环境质量负责，采取措施确保环境状况符合环境质量标准要求。

4.2.6　产生大气污染物的生产工艺和装置必须设立局部或整体气体收集系统和集中净化处理装置。所有排气筒高度应不低于 15 m。排气筒周围半径 200 m 范围内有建筑物时，排气筒高度还应高出最高建筑物 3 m 以上。

4.2.7　铅、锌冶炼炉窑规定过量空气系数为 1.7。实测的铅、锌冶炼炉窑的污染物排放浓度，应换算为基准过量空气系数排放浓度。生产设施应采取合理的通风措施，不得故意稀释排放。在国家未规定其他生产设施单位产品基准排气量之前，暂以实测浓度作为判定是否达标的依据。

5　污染物监测要求

5.1　污染物监测的一般要求

5.1.1　对企业排放废水和废气的采样，应根据监测污染物的种类，在规定的污染物排放监控位置进行，有废水和废气处理设施的，应在处理设施后监控。在污染物排放监控位置须设置永久性排污口标志。

5.1.2　新建企业和现有企业安装污染物排放自动监控设备的要求，按有关法律和《污染源自动监控管理办法》的规定执行。

5.1.3　对企业污染物排放情况进行监测的频次、采样时间等要求，按国家有关污染源监测技术规范的规定执行。

5.1.4　企业产品产量的核定，以法定报表为依据。

5.1.5　企业须按照有关法律和《环境监测管理办法》的规定，对排污状况进行监测，并保存原始监测记录。

5.2　水污染物监测要求

对企业排放水污染物浓度的测定采用表 7 所列的方法标准。

表 7　水污染物浓度测定方法标准

序号	污染物项目	方法标准名称	标准编号
1	pH 值	水质　pH 值的测定　玻璃电极法	GB/T 6920—1986
2	化学需氧量	水质　化学需氧量的测定　重铬酸盐法	GB/T 11914—1989
		水质　化学需氧量的测定　快速消解分光光度法	HJ/T 399—2007
3	悬浮物	水质　悬浮物的测定　重量法	GB/T 11901—1989
4	氨氮	水质　氨氮的测定　气相分子吸收光谱法	HJ/T 195—2005
		水质　氨氮的测定　纳氏试剂分光光度法	HJ 535—2009
		水质　氨氮的测定　水杨酸分光光度法	HJ 536—2009
		水质　氨氮的测定　蒸馏-中和滴定法	HJ 537—2009
5	总磷	水质　总磷的测定　钼酸铵分光光度法	GB/T 11893—1989
6	总氮	水质　总氮的测定　气相分子吸收光谱法	HJ/T 199—2005
		水质　总氮的测定　碱性过硫酸钾消解紫外分光光度法	GB/T 11894—1989
7	总锌	水质　铜、锌、铅、镉的测定　原子吸收分光光度法	GB/T 7475—1987
8	总铜	水质　铜、锌、铅、镉的测定　原子吸收分光光度法	GB/T 7475—1987
9	硫化物	水质　硫化物的测定　亚甲基蓝分光光度法	GB/T 16489—1996
		水质　硫化物的测定　碘量法	HJ/T 60—2000
10	氟化物	水质　氟化物的测定　离子选择电极法	GB/T 7484—1987
		水质　氟化物的测定　茜素磺酸锆目视比色法	HJ 487—2009
		水质　氟化物的测定　氟试剂分光光度法	HJ 488—2009
11	总铅	水质　铜、锌、铅、镉的测定　原子吸收分光光度法	GB/T 7475—1987
12	总镉	水质　铜、锌、铅、镉的测定　原子吸收分光光度法	GB/T 7475—1987
13	总汞	水质　汞的测定　冷原子吸收分光光度法	GB/T 7468—1987
14	总砷	水质　总砷的测定　二乙基二硫代氨基甲酸银分光光度法	GB/T 7485—1987
15	总镍	水质　镍的测定　火焰原子吸收分光光度法	GB/T 11912—1989
16	总铬	水质　总铬的测定	GB/T 7466—1987

5.3 大气污染物监测要求

5.3.1 采样点的设置与采样方法按 GB/T 16157—1996 执行。

5.3.2 在有敏感建筑物方位、必要的情况下进行无组织排放监控，具体要求按 HJ/T 55—2000 进行监测。

5.3.3 对企业排放大气污染物浓度的测定采用表 8 所列的方法标准。

表 8 大气污染物浓度测定方法标准

序号	污染物项目	方法标准名称	标准编号
1	颗粒物	固定污染源排气中颗粒物的测定与气态污染物采样方法	GB/T 16157—1996
		环境空气 总悬浮颗粒物的测定 重量法	GB/T 15432—1995
2	二氧化硫	固定污染源排气中二氧化硫的测定 碘量法	HJ/T 56—2000
		固定污染源排气中二氧化硫的测定 定电位电解法	HJ/T 57—2000
		环境空气 二氧化硫的测定 甲醛吸收-副玫瑰苯胺分光光度法	HJ 482—2009
		环境空气 二氧化硫的测定 四氯汞盐吸收-副玫瑰苯胺分光光度法	HJ 483—2009
3	硫酸雾	固定污染源废气 硫酸雾的测定 离子色谱法（暂行）	HJ 544—2009
		硫酸浓缩尾气 硫酸雾的测定 铬酸钡比色法	GB/T 4920—1985
4	铅及其化合物	固定污染源废气 铅的测定 火焰原子吸收分光光度法（暂行）	HJ 538—2009
		环境空气 铅的测定 石墨炉原子吸收分光光度法（暂行）	HJ 539—2009
5	汞及其化合物	环境空气 汞的测定 巯基棉富集-冷原子荧光分光光度法（暂行）	HJ 542—2009
		固定污染源废气 汞的测定 冷原子吸收分光光度法（暂行）	HJ 543—2009

6 实施与监督

6.1 本标准由县级以上人民政府环境保护行政主管部门负责监督实施。

6.2 在任何情况下，企业均应遵守本标准规定的污染物排放控制要求，采取必要措施保证污染防治设施正常运行。各级环保部门在对设施进行监督性检查时，可以现场即时采样或监测的结果，作为判定排污行为是否符合排放标准以及实施相关环境保护管理措施的依据。在发现设施耗水或排水量有异常变化的情况下，应核定企业的实际产品产量和排水量，按本标准的规定，换算水污染物基准水量排放浓度。

中华人民共和国国家标准

铝工业污染物排放标准

Emission standard of pollutants for aluminum industry

GB 25465—2010

前　言

为贯彻《中华人民共和国环境保护法》、《中华人民共和国水污染防治法》、《中华人民共和国大气污染防治法》、《中华人民共和国海洋环境保护法》、《国务院关于落实科学发展观　加强环境保护的决定》等法律、法规和《国务院关于编制全国主体功能区规划的意见》，保护环境，防治污染，促进铝工业生产工艺和污染治理技术的进步，制定本标准。

本标准规定了铝工业企业生产过程中水污染物和大气污染物排放限值、监测和监控要求。适用于铝工业企业水污染和大气污染防治和管理。为促进区域经济与环境协调发展，推动经济结构的调整和经济增长方式的转变，引导铝工业生产工艺和污染治理技术的发展方向，本标准规定了水污染物特别排放限值。

本标准中的污染物排放浓度均为质量浓度。

铝工业企业排放恶臭污染物、环境噪声适用相应的国家污染物排放标准，产生固体废物的鉴别、处理和处置适用国家固体废物污染控制标准。

本标准为首次发布。

自本标准实施之日起，铝工业企业水和大气污染物排放执行本标准，不再执行《污水综合排放标准》（GB 8978—1996）、《大气污染物综合排放标准》（GB 16297—1996）和《工业炉窑大气污染物排放标准》（GB 9078—1996）中的相关规定。

地方省级人民政府对本标准未作规定的污染物项目，可以制定地方污染物排放标准；对本标准已作规定的污染物项目，可以制定严于本标准的地方污染物排放标准。

本标准由环境保护部科技标准司组织制定。

本标准主要起草单位：沈阳铝镁设计研究院、环境保护部环境标准研究所、中国瑞林工程技术有限公司（原南昌有色冶金设计研究院）。

本标准环境保护部 2010 年 9 月 10 日批准。

本标准自 2010 年 10 月 1 日起实施。

本标准由环境保护部解释。

1　适用范围

本标准规定了铝工业企业水污染物和大气污染物排放限值、监测和监控要求，以及标准的实施与监督等相关规定。

本标准适用于铝工业企业的水污染物和大气污染物排放管理，以及铝工业企业建设项目的环境影响评价、环境保护设施设计、竣工环境保护验收及其投产后的水污染物和大气污染物排放管理。

本标准不适用于再生铝和铝材压延加工企业（或生产系统）；也不适用于附属于铝工业企业的非特征生产工艺和装置。

本标准适用于法律允许的污染物排放行为；新设立污染源的选址和特殊保护区域内现有污染源的管理，按照《中华人民共和国大气污染防治法》、《中华人民共和国水污染防治法》、《中华人民共和国海洋环境保护法》、《中华人民共和国固体废物污染环境防治法》、《中华人民共和国环境影响评价法》等法律、法规、规章的相关规定执行。

本标准规定的水污染物排放控制要求适用于企业直接或间接向其法定边界外排放水污染物的行为。

2　规范性引用文件

本标准内容引用了下列文件或其中的条款。

GB/T 6920—1986　水质　pH 值的测定　玻璃电极法

GB/T 7484—1987　水质　氟化物的测定　离子选择电极法

GB/T 11893—1989　水质　总磷的测定　钼酸铵分光光度法

GB/T 11894—1989　水质　总氮的测定　碱性过硫酸钾消解紫外分光光度法

GB/T 11901—1989　水质　悬浮物的测定　重量法

GB/T 11914—1989　水质　化学需氧量的测定　重铬酸盐法

GB/T 15432—1995　环境空气　总悬浮颗粒物的测定　重量法

GB/T 15439—1995　环境空气　苯并[a]芘测定　高效液相色谱法

GB/T 16157—1996　固定污染源排气中颗粒物测定与气态污染物采样方法

GB/T 16488—1996　水质　石油类和动植物油的测定　红外光度法

GB/T 16489—1996　水质　硫化物的测定　亚甲基蓝分光光度法

GB/T 17133—1997　水质　硫化物的测定　直接显色分光光度法

HJ/T 45—1999　固定污染源排气中沥青烟的测定　重量法

HJ/T 55—2000　大气污染物无组织排放监测技术导则

HJ/T 56—2000　固定污染源排气中二氧化硫的测定　碘量法

HJ/T 57—2000　固定污染源排气中二氧化硫的测定　定电位电解法

HJ/T 60—2000　水质　硫化物的测定　碘量法

HJ/T 67—2001　固定污染源排气　氟化物的测定　离子选择电极法
HJ/T 195—2005　水质　氨氮的测定　气相分子吸收光谱法
HJ/T 199—2005　水质　总氮的测定　气相分子吸收光谱法
HJ/T 399—2007　水质　化学需氧量的测定　快速消解分光光度法
HJ 480—2009　环境空气　氟化物的测定　滤膜采样氟离子选择电极法
HJ 481—2009　环境空气　氟化物的测定　石灰滤纸采样氟离子选择电极法
HJ 482—2009　环境空气　二氧化硫的测定　甲醛吸收-副玫瑰苯胺分光光度法
HJ 483—2009　环境空气　二氧化硫的测定　四氯汞盐吸收-副玫瑰苯胺分光光度法
HJ 484—2009　水质　氰化物的测定　容量法和分光光度法
HJ 487—2009　水质　氟化物的测定　茜素磺酸锆目视比色法
HJ 488—2009　水质　氟化物的测定　氟试剂分光光度法
HJ 502—2009　水质　挥发酚的测定　溴化容量法
HJ 503—2009　水质　挥发酚的测定　4-氨基安替比林分光光度法
HJ 535—2009　水质　氨氮的测定　纳氏试剂分光光度法
HJ 536—2009　水质　氨氮的测定　水杨酸分光光度法
HJ 537—2009　水质　氨氮的测定　蒸馏-中和滴定法
《污染源自动监控管理办法》（国家环境保护总局令　第 28 号）
《环境监测管理办法》（国家环境保护总局令　第 39 号）

3　术语和定义

下列术语和定义适用于本标准。

3.1 铝工业企业 aluminum industry

指铝土矿山、氧化铝厂、电解铝厂和铝用炭素生产企业或生产设施。

3.2 现有企业 existing facility

指本标准实施之日前已建成投产或环境影响评价文件已通过审批的铝生产企业或生产设施。

3.3 新建企业 new facility

指本标准实施之日起环境影响评价文件通过审批的新建、改建和扩建的铝生产设施建设项目。

3.4 排水量 effluent volume

指生产设施或企业向企业法定边界以外排放的废水的量，包括与生产有直接或间接关系的各种外排废水（如厂区生活污水、冷却废水、厂区锅炉和电站排水等）。

3.5 单位产品基准排水量 benchmark effluent volume per unit product

指用于核定水污染物排放浓度而规定的生产单位铝产品的废水排放量上限值。

3.6 排气筒高度 stack height

指自排气筒（或其主体建筑构造）所在的地平面至排气筒出口计的高度。

3.7 标准状态 standard condition

指温度为 273.15 K、压力为 101 325 Pa 时的状态。本标准规定的大气污染物排放浓度限值均以标准状态下的干气体为基准。

3.8 企业边界 enterprise boundary

指铝工业企业的法定边界。若无法定边界，则指实际边界。

3.9 公共污水处理系统 public wastewater treatment system

指通过纳污管道等方式收集废水，为两家以上排污单位提供废水处理服务并且排水能够达到相关排放标准要求的企业或机构，包括各种规模和类型的城镇污水处理厂、区域（包括各类工业园区、开发区、工业聚集地等）废水处理厂等，其废水处理程度应达到二级或二级以上。

3.10 直接排放 direct discharge

指排污单位直接向环境排放水污染物的行为。

3.11 间接排放 indirect discharge

指排污单位向公共污水处理系统排放水污染物的行为。

4 污染物排放控制要求

4.1 水污染物排放控制要求

4.1.1 自 2011 年 1 月 1 日起至 2011 年 12 月 31 日止，现有企业执行表 1 规定的水污染物排放限值。

表 1 现有企业水污染物排放浓度限值及单位产品基准排水量

单位：mg/L（pH 值除外）

序号	污染物项目	限值		污染物排放监控位置
		直接排放	间接排放	
1	pH 值	6～9	6～9	企业废水总排放口
2	悬浮物	70	70	
3	化学需氧量（COD_{Cr}）	100	200	
4	氟化物（以 F 计）	8	8	
5	氨氮	15	25	
6	总氮	20	30	
7	总磷	1.5	2.0	
8	石油类	8	8	
9	总氰化物 [1)]	0.5	0.5	
10	硫化物 [1)]	1.0	1.0	
11	挥发酚 [1)]	0.5	0.5	

序号	污染物项目	限值		污染物排放监控位置
		直接排放	间接排放	
单位产品基准排水量	选（洗）矿（合格矿）/（m^3/t）	0.2		排水量计量位置与污染物排放监控位置一致
	氧化铝厂/（m^3/t）	1.0		
	电解铝厂/（m^3/t）	2.5		
	铝用炭素厂（炭块）/（m^3/t）	3.0		
注：1）设有煤气生产系统企业增加的控制项目。				

4.1.2 自2012年1月1日起，现有企业执行表2规定的水污染物排放限值。

4.1.3 自2010年10月1日起，新建企业执行表2规定的水污染物排放限值。

表2 新建企业水污染物排放浓度限值及单位产品基准排水量

单位：mg/L（pH值除外）

序号	污染物项目	限值		污染物排放监控位置
		直接排放	间接排放	
1	pH值	6～9	6～9	企业废水总排放口
2	悬浮物	30	70	
3	化学需氧量（COD_{Cr}）	60	200	
4	氟化物（以F计）	5.0	5.0	
5	氨氮	8.0	25	
6	总氮	15	30	
7	总磷	1.0	2.0	
8	石油类	3.0	3.0	
9	总氰化物[1)]	0.5	0.5	
10	硫化物[1)]	1.0	1.0	
11	挥发酚[1)]	0.5	0.5	
单位产品基准排水量	选（洗）矿（合格矿）/（m^3/t）	0.2		排水量计量位置与污染物排放监控位置一致
	氧化铝厂/（m^3/t）	0.5		
	电解铝厂/（m^3/t）	1.5		
	铝用炭素厂（炭块）/（m^3/t）	2.0		
注：1）设有煤气生产系统企业增加的控制项目。				

4.1.4 根据环境保护工作的要求，在国土开发密度已经较高、环境承载能力开始减弱，或环境容量较小、生态环境脆弱，容易发生严重环境污染问题而需要采取特别保护措施的地区，应严格控制企业的污染物排放行为，在上述地区的企业执行表3规定的水污染物特别排放限值。

表 3　水污染物特别排放限值

单位：mg/L（pH 值除外）

序号	污染物项目	限值		污染物排放监控位置
		直接排放	间接排放	
1	pH 值	6.5～8.5	6～9	企业废水总排放口
2	悬浮物	10	30	
3	化学需氧量（COD_{Cr}）	50	60	
4	氟化物（以 F 计）	2.0	2.0	
5	氨氮	5.0	8.0	
6	总氮	10	15	
7	总磷	0.5	1.0	
8	石油类	1.0	1.0	
9	总氰化物[1)]	0.2	0.2	
10	硫化物[1)]	0.5	0.5	
11	挥发酚[1)]	0.3	0.3	
单位产品基准排水量	选（洗）矿（合格矿）/（m^3/t）	0.1		排水量计量位置与污染物排放监控位置一致
	氧化铝厂/（m^3/t）	0.2		
	电解铝厂/（m^3/t）	1.0		
	铝用炭素厂（炭块）/（m^3/t）	1.2		
注：1）设有煤气生产系统企业增加的控制项目。				

执行水污染物特别排放限值的地域范围、时间，由国务院环境保护行政主管部门或省级人民政府规定。

4.1.5　水污染物排放浓度限值适用于单位产品实际排水量不高于单位产品基准排水量的情况。若单位产品实际排水量超过单位产品基准排水量，须按式（1）将实测水污染物浓度换算为水污染物基准排水量排放浓度，并以水污染物基准排水量排放浓度作为判定排放是否达标的依据。产品产量和排水量统计周期为一个工作日。

在企业的生产设施同时生产两种以上产品、可适用不同排放控制要求或不同行业国家污染物排放标准，且生产设施产生的污水混合处理排放的情况下，应执行排放标准中规定的最严格的浓度限值，并按式（1）换算水污染物基准排水量排放浓度。

$$\rho_{基}=\frac{Q_{总}}{\sum Y_i \cdot Q_{i基}} \cdot \rho_{实} \qquad (1)$$

式中：$\rho_{基}$ —— 水污染物基准排水量排放浓度，mg/L；

$Q_{总}$ —— 排水总量，m^3；

Y_i —— 第 i 种产品产量，t；

$Q_{i基}$ —— 第 i 种产品的单位产品基准排水量，m^3/t；

$\rho_{实}$ —— 实测水污染物排放浓度，mg/L。

若 $Q_{总}$ 与 $\sum Y_i \cdot Q_{i基}$ 的比值小于 1，则以水污染物实测浓度作为判定排放是否达标的依据。

4.2 大气污染物排放控制要求

4.2.1 自 2011 年 1 月 1 日起至 2011 年 12 月 31 日止，现有企业执行表 4 规定的大气污染物排放限值。

表 4 现有企业大气污染物排放浓度限值

单位：mg/m^3

生产系统及设备		限值				污染物排放监控位置
		颗粒物	二氧化硫	氟化物（以 F 计）	沥青烟	
矿山	破碎、筛分、转运	120	—	—	—	车间或生产设施排气筒
氧化铝厂	熟料烧成窑	200	850	—	—	
	氢氧化铝焙烧炉、石灰炉（窑）	100	850	—	—	
	原料加工、运输	120	—	—	—	
	氧化铝贮运	100	—	—	—	
	其他	120	850	—	—	
电解铝厂	电解槽烟气净化	30	200	4.0	—	
	氧化铝、氟化盐贮运	50	—	—	—	
	电解质破碎	100	—	—	—	
	其他	100	850	—	—	
铝用炭素厂	阳极焙烧炉	100	850	6.0	40	
	阴极焙烧炉	—	850	—	50	
	石油焦煅烧炉（窑）	200	850	—	—	
	沥青熔化	—	—	—	40	
	生阳极制造	120	—	—	40[1)]	
	阳极组装及残极破碎	120	—	—	—	
	其他	120	850	—	—	
注：1）混捏成型系统加测项目。						

4.2.2 自 2012 年 1 月 1 日起，现有企业执行表 5 规定的大气污染物排放浓度限值。

4.2.3 自 2010 年 10 月 1 日起，新建企业执行表 5 规定的大气污染物排放浓度限值。

表 5　新建企业大气污染物排放浓度限值

单位：mg/m³

生产系统及设备		限值				污染物排放监控位置
		颗粒物	二氧化硫	氟化物（以F计）	沥青烟	
矿山	破碎、筛分、转运	50	—	—	—	车间或生产设施排气筒
氧化铝厂	熟料烧成窑	100	400	—	—	
	氢氧化铝焙烧炉、石灰炉（窑）	50	400	—	—	
	原料加工、运输	50	—	—	—	
	氧化铝贮运	30	—	—	—	
	其他	50	400	—	—	
电解铝厂	电解槽烟气净化	20	200	3.0	—	
	氧化铝、氟化盐贮运	30	—	—	—	
	电解质破碎	30	—	—	—	
	其他	50	400	—	—	
铝用炭素厂	阳极焙烧炉	30	400	3.0	20	
	阴极焙烧炉	—	400	—	30	
	石油焦煅烧炉（窑）	100	400	—	—	
	沥青熔化	—	—	—	30	
	生阳极制造	50	—	—	20[1)]	
	阳极组装及残极破碎	50	—	—	—	
	其他	50	400	—	—	
注：1）混捏成型系统加测项目。						

4.2.4　企业边界大气污染物任何 1 h 平均浓度执行表 6 规定的限值。

表 6　现有和新建企业边界大气污染物浓度限值

单位：mg/m³

序号	污染物项目	限值
1	二氧化硫	0.5
2	颗粒物	1.0
3	氟化物	0.02
4	苯并[a]芘	0.000 01

4.2.5　在现有企业生产、建设项目竣工环保验收后的生产过程中，负责监管的环境保护主管部门应对周围居住、教学、医疗等用途的敏感区域环境质量进行监测。建设项目的具体监控范围为环境影响评价确定的周围敏感区域；未进行过环境影响评价的现有企业，监控范围由负责监管的环境保护主管部门，根据企业排污的特点和规律及当

地的自然、气象条件等因素，参照相关环境影响评价技术导则确定。地方政府应对本辖区环境质量负责，采取措施确保环境状况符合环境质量标准要求。

4.2.6 所有排气筒高度应不低于 15 m。排气筒周围半径 200 m 范围内有建筑物时，排气筒高度还应高出最高建筑物 3 m 以上。

4.2.7 在国家未规定生产设施单位产品基准排气量之前，以实测浓度作为判定大气污染物排放是否达标的依据。

5 污染物监测要求

5.1 污染物监测的一般要求

5.1.1 对企业排放废水和废气的采样，应根据监测污染物的种类，在规定的污染物排放监控位置进行，有废水和废气处理设施的，应在处理设施后监控。在污染物排放监控位置须设置永久性排污口标志。

5.1.2 新建企业和现有企业安装污染物排放自动监控设备的要求，按有关法律和《污染源自动监控管理办法》的规定执行。

5.1.3 对企业污染物排放情况进行监测的频次、采样时间等要求，按国家有关污染源监测技术规范的规定执行。

5.1.4 企业产品产量的核定，以法定报表为依据。

5.1.5 企业须按照有关法律和《环境监测管理办法》的规定，对排污状况进行监测，并保存原始监测记录。

5.2 水污染物监测要求

对企业排放水污染物浓度的测定采用表 7 所列的方法标准。

表 7 水污染物浓度测定方法标准

序号	污染物项目	方法标准名称	方法标准编号
1	pH 值	水质 pH 值的测定 玻璃电极法	GB/T 6920—1986
2	悬浮物	水质 悬浮物的测定 重量法	GB/T 11901—1989
3	化学需氧量	水质 化学需氧量的测定 重铬酸盐法	GB/T 11914—1989
		水质 化学需氧量的测定 快速消解分光光度法	HJ/T 399—2007
4	氟化物	水质 氟化物的测定 离子选择电极法	GB/T 7484—1987
		水质 氟化物的测定 茜素磺酸锆目视比色法	HJ 487—2009
		水质 氟化物的测定 氟试剂分光光度法	HJ 488—2009
5	氨氮	水质 氨氮的测定 纳氏试剂分光光度法	HJ 535—2009
		水质 氨氮的测定 水杨酸分光光度法	HJ 536—2009
		水质 氨氮的测定 蒸馏-中和滴定法	HJ 537—2009
		水质 氨氮的测定 气相分子吸收光谱法	HJ/T 195—2005

序号	污染物项目	方法标准名称	方法标准编号
6	总氮	水质　总氮的测定　碱性过硫酸钾消解紫外分光光度法	GB/T 11894—1989
		水质　总氮的测定　气相分子吸收光谱法	HJ/T 199—2005
7	总磷	水质　总磷的测定　钼酸铵分光光度法	GB/T 11893—1989
8	石油类	水质　石油类和动植物油的测定　红外光度法	GB/T 16488—1996
9	总氰化物	水质　氰化物的测定　容量法和分光光度法	HJ 484—2009
10	硫化物	水质　硫化物的测定　亚甲基蓝分光光度法	GB/T 16489—1996
		水质　硫化物的测定　直接显色分光光度法	GB/T 17133—1997
		水质　硫化物的测定　碘量法	HJ/T 60—2000
11	挥发酚	水质　挥发酚的测定　4-氨基安替比林分光光度法	HJ 503—2009
		水质　挥发酚的测定　溴化容量法	HJ 502—2009

5.3　大气污染物监测要求

5.3.1　采样点的设置与采样方法按 GB/T 16157—1996 执行。

5.3.2　在有敏感建筑物方位、必要的情况下进行监控，具体要求按 HJ/T 55—2000 进行监测。

5.3.3　对企业排放大气污染物浓度的测定采用表 8 所列的方法标准。

表 8　大气污染物浓度测定方法标准

序号	污染物项目	方法标准名称	方法标准编号
1	颗粒物	固定污染源排气中颗粒物测定与气态污染物采样方法	GB/T 16157—1996
		环境空气　总悬浮颗粒物的测定　重量法	GB/T 15432—1995
2	沥青烟	固定污染源排气中沥青烟的测定　重量法	HJ/T 45—1999
3	二氧化硫	固定污染源排气中二氧化硫的测定　碘量法	HJ/T 56—2000
		固定污染源排气中二氧化硫的测定　定电位电解法	HJ/T 57—2000
		环境空气　二氧化硫的测定　甲醛吸收-副玫瑰苯胺分光光度法	HJ 482—2009
		环境空气　二氧化硫的测定　四氯汞盐吸收-副玫瑰苯胺分光光度法	HJ 483—2009
4	氟化物	固定污染源排气　氟化物的测定　离子选择电极法	HJ/T 67—2001
		环境空气　氟化物的测定　滤膜采样氟离子选择电极法	HJ 480—2009
		环境空气　氟化物的测定　石灰滤纸采样氟离子选择电极法	HJ 481—2009
5	苯并[a]芘	环境空气　苯并[a]芘的测定　高效液相色谱法	GB/T 15439—1995

6 实施与监督

6.1 本标准由县级以上人民政府环境保护行政主管部门负责监督实施。

6.2 在任何情况下，企业均应遵守本标准规定的污染物排放控制要求，采取必要措施保证污染防治设施正常运行。各级环保部门在对设施进行监督性检查时，可以现场即时采样或监测的结果，作为判定排污行为是否符合排放标准以及实施相关环境保护管理措施的依据。在发现设施耗水或排水量有异常变化的情况下，应核定企业的实际产品产量和排水量，按本标准的规定，换算水污染物基准水量排放浓度。

中华人民共和国国家标准

陶瓷工业污染物排放标准

Emission standard of pollutants for ceramics industry

GB 25464—2010

前　言

为贯彻《中华人民共和国环境保护法》、《中华人民共和国水污染防治法》、《中华人民共和国大气污染防治法》、《中华人民共和国海洋环境保护法》、《国务院关于落实科学发展观　加强环境保护的决定》等法律、法规和《国务院关于编制全国主体功能区规划的意见》，保护环境，防治污染，促进陶瓷工业生产工艺和污染治理技术的进步，制定本标准。

本标准以陶瓷工业的生产工艺及污染治理技术特点，规定了陶瓷工业企业的水和大气污染物排放限值、监测和监控要求。为促进地区经济与环境协调发展，推动经济结构的调整和经济增长方式的转变，引导陶瓷工业生产工艺和污染治理技术的发展方向，本标准规定了水污染物特别排放限值。

本标准中的污染物排放浓度均为质量浓度。

陶瓷工业企业排放恶臭污染物、环境噪声以及锅炉、火电厂排放大气污染物适用相应的国家污染物排放标准，产生固体废物的鉴别、处理和处置适用国家固体废物污染控制标准。

本标准为首次发布。

自本标准实施之日起，陶瓷工业的水和大气污染物排放控制按本标准的规定执行，不再执行《大气污染物综合排放标准》（GB 16297—1996）、《污水综合排放标准》（GB 8978—1996）和《工业炉窑大气污染物排放标准》（GB 9078—1996）中的相关规定。

地方省级人民政府对本标准未作规定的污染物项目，可以制定地方污染物排放标准；对本标准已作规定的污染物项目，可以制定严于本标准的地方污染物排放标准。

本标准由环境保护部科技标准司组织制订。

本标准主要起草单位：湖南省环境保护科学研究院、环境保护部环境标准研究所、长沙环境保护职业技术学院、湖南省衡阳市环境监测站、湖南省出入境检验检疫局陶瓷检测中心。

本标准由环境保护部 2010 年 9 月 10 日批准。

本标准自 2010 年 10 月 1 日起实施。

本标准由环境保护部解释。

1 适用范围

本标准规定了陶瓷工业企业水污染物和大气污染物排放限值、监测和监控要求，以及标准的实施与监督等相关规定。

本标准适用于陶瓷工业企业的水污染物和大气污染物排放管理，以及陶瓷工业企业建设项目的环境影响评价、环境保护设施设计、竣工环境保护验收及其投产后的水污染物和大气污染物排放管理。

本标准不适用于陶瓷原辅材料的开采及初加工过程的水污染物和大气污染物排放管理。

本标准适用于法律允许的污染物排放行为；新设立污染源的选址和特殊保护区域内现有污染源的管理，按照《中华人民共和国大气污染防治法》、《中华人民共和国水污染防治法》、《中华人民共和国海洋环境保护法》、《中华人民共和国固体废物污染环境防治法》、《中华人民共和国环境影响评价法》等法律、法规、规章的相关规定执行。

本标准规定的水污染物排放控制要求适用于企业直接或间接向其法定边界外排放水污染物的行为。

2 规范性引用文件

本标准内容引用了下列文件或其中的条款。

GB/T 6920—1986 水质 pH 值的测定 玻璃电极法

GB/T 7466—1987 水质 总铬的测定 高锰酸钾氧化-二苯碳酰二肼分光光度法

GB/T 7470—1987 水质 铅的测定 双硫腙分光光度法

GB/T 7475—1987 水质 铜、锌、铅、镉的测定 原子吸收分光光度法

GB/T 7484—1987 水质 氟化物的测定 离子选择电极法

GB/T 11893—1989 水质 总磷的测定 钼酸铵分光光度法

GB/T 11894—1989 水质 总氮的测定 碱性过硫酸钾消解紫外分光光度法

GB/T 11901—1989 水质 悬浮物的测定 重量法

GB/T 11912—1989 水质 镍的测定 火焰原子吸收分光光度法

GB/T 11914—1989 水质 化学需氧量的测定 重铬酸盐法

GB/T 13896—1992 水质 铅的测定 示波极谱法

GB/T 14671—93 水质 钡的测定 电位滴定法

GB/T 15432—1995 环境空气 总悬浮颗粒物的测定 重量法

GB/T 15959—1995　水质　可吸附有机卤素（AOX）的测定　微库仑法

GB/T 16157—1996　固定污染源排气中颗粒物测定与气态污染物采样方法

GB/T 16488—1996　水质　石油类和动植物油的测定　红外光度法

GB/T 16489—1996　水质　硫化物的测定　亚甲蓝分光光度法

HJ/T 27—1999　固定污染源排气中氯化氢的测定　硫氰酸汞分光光度法

HJ/T 42—1999　固定污染源排气中氮氧化物的测定　紫外分光光度法

HJ/T 43—1999　固定污染源排气中氮氧化物的测定　盐酸萘乙二胺分光光度法

HJ/T 55—2000　大气污染物无组织排放监测技术导则

HJ/T 56—2000　固定污染源排气中二氧化硫的测定　碘量法

HJ/T 57—2000　固定污染源排气中二氧化硫的测定　定电位电解法

HJ/T 58—2000　水质　铍的测定　铬菁 R 分光光度法

HJ/T 59—2000　水质　铍的测定　石墨炉原子吸收分光光度法

HJ/T 60—2000　水质　硫化物的测定　碘量法

HJ/T 63.1—2001　大气固定污染源　镍的测定　火焰原子吸收分光光度法

HJ/T 63.2—2001　大气固定污染源　镍的测定　石墨炉原子吸收分光光度法

HJ/T 63.3—2001　大气固定污染源　镍的测定　丁二酮肟-正丁醇萃取分光光度法

HJ/T 64.1—2001　大气固定污染源　镉的测定　火焰原子吸收分光光度法

HJ/T 64.2—2001　大气固定污染源　镉的测定　石墨炉原子吸收分光光度法

HJ/T 64.3—2001　大气固定污染源　镉的测定　对-偶氮苯重氮氨基偶氮苯磺酸吸收分光光度法

HJ/T 67—2001　大气固定污染源　氟化物的测定　离子选择电极法

HJ/T 76—2007　固定污染源排放烟气连续监测系统技术要求及检测方法

HJ/T 83—2001　水质　可吸附有机卤素（AOX）的测定　离子色谱法

HJ/T 195—2005　水质　氨氮的测定　气相分子吸收光谱法

HJ/T 199—2005　水质　总氮的测定　气相分子吸收光谱法

HJ/T 355—2007　水污染源在线监测系统运行与考核技术规范

HJ/T 397—2007　固定源废气监测技术规范

HJ/T 398—2007　固定污染源排放烟气黑度的测定　林格曼烟气黑度图法

HJ/T 399—2007　水质　化学需氧量的测定　快速消解分光光度法

HJ 485—2009　水质　铜的测定　二乙基二硫代氨基甲酸钠分光光度法

HJ 487—2009　水质　氟化物的测定　茜素磺酸锆目视比色法

HJ 488—2009　水质　氟化物的测定　氟试剂分光光度法

HJ 505—2009　水质　五日生化需氧量（BOD_5）的测定　稀释与接种法

HJ 535—2009　水质　氨氮的测定　纳氏试剂分光光度法

HJ 536—2009　水质　氨氮的测定　水杨酸分光光度法

HJ 537—2009　水质　氨氮的测定　蒸馏-中和滴定法

HJ 538—2009　固定污染源废气　铅的测定　火焰原子吸收分光光度法（暂行）

HJ 550—2009　水质　总钴的测定　5-氯-2-（吡啶偶氮）-1,3-二氨基苯分光光度法（暂行）

《污染源自动监控管理办法》（国家环境保护总局令　第28号）

《环境监测管理办法》（国家环境保护总局令　第39号）

3　术语和定义

下列术语与定义适用于本标准。

3.1 陶瓷工业 ceramics industry

指用黏土类及其他矿物原料经过粉碎加工、成型、煅烧等过程而制成各种陶瓷制品的工业，主要包括日用瓷及陈设艺术瓷、建筑陶瓷、卫生陶瓷和特种陶瓷等的生产。

3.2 日用及陈设艺术瓷 daily-use and artistic porcelain

指供日常生活使用或具艺术欣赏和珍藏价值的各类陶瓷制品，主要品种有餐具、茶具、咖啡具、酒具、文具、容具、耐热烹饪具等日用制品及绘画、雕塑、雕刻等集工艺美术技能与陶瓷制造技术于一体的艺术陈设制品等。

3.3 建筑陶瓷 building ceramics

指用于建筑物饰面或作为建筑物构件的陶瓷制品，主要指陶瓷墙地砖，不包括建筑琉璃制品、黏土砖和烧结瓦等。

3.4 卫生陶瓷 sanitary ceramics

指用于卫生设施的陶瓷制品，主要包括卫生间用具、厨房用具和小件卫生陶瓷等。

3.5 特种陶瓷（精细陶瓷） special ceramics

指通过在陶瓷坯料中加入特别配方的无机材料，经过高温烧结成型，从而获得稳定可靠的特殊性质和功能，如高强度、高硬度、耐腐蚀、导电、绝缘以及在磁、电、光、声、生物工程各方面的应用，而成为一种新型特种陶瓷。主要有氧化物瓷、氮化物瓷、压电陶瓷、磁性瓷和金属陶瓷等。

3.6 标准状态 standard condition

指温度 273.15 K，压力为 101 325 Pa 时的状态。本标准规定的大气污染物排放浓度限值均以标准状态下的干气体为基准。

3.7 排气筒高度 stack height

指自排气筒（或其主体建筑构造）所在的地平面至排气筒出口计的高度。

3.8 现有企业 existing facility

指本标准实施之日前，已建成投产或环境影响评价文件已通过审批的陶瓷工业企业或生产设施。

3.9 新建企业 new facility

指本标准实施之日起环境影响评价文件通过审批的新建、改建和扩建陶瓷工业设施建设项目。

3.10 排水量 effluent volume

指生产设施或企业向企业法定边界以外排放的废水的量，包括与生产有直接或间接关系的各种外排废水（如厂区生活污水、冷却废水、厂区锅炉和电站排水等）。

3.11 单位产品基准排水量 benchmark effluent volume per unit product

指用于核定水污染物排放浓度而规定的生产单位陶瓷产品的废水排放量上限值。

3.12 过量空气系数 excess air coefficien

指工业炉窑运行时实际空气量与理论空气需要量的比值。

3.13 企业边界 enterprise boundary

指陶瓷工业企业的法定边界。若无法定边界，则指实际边界。

3.14 公共污水处理系统 public wastewater treatment system

指通过纳污管道等方式收集废水，为两家以上排污单位提供废水处理服务并且排水能够达到相关排放标准要求的企业或机构，包括各种规模和类型的城镇污水处理厂、区域（包括各类工业园区、开发区、工业聚集地等）废水处理厂等，其废水处理程度应达到二级或二级以上。

3.15 直接排放 direct discharge

指排污单位直接向环境水体排放污染物的行为。

3.16 间接排放 indirect discharge

指排污单位向公共污水处理系统排放污染物的行为。

4 污染物排放控制要求

4.1 水污染物排放控制要求

4.1.1 自 2011 年 1 月 1 日起至 2011 年 12 月 31 日止，现有企业执行表 1 规定的水污染物排放限值。

表 1 现有企业水污染物排放浓度限值及单位产品基准排水量

单位：mg/L（pH 值除外）

序号	污染物项目	限值		污染物排放监控位置
		直接排放	间接排放	
1	pH 值	6～9	6～9	企业废水总排放口
2	悬浮物（SS）	60	120	
3	化学需氧量（COD_{Cr}）	60	110	
4	五日生化需氧量（BOD_5）	20	40	
5	氨氮	5.0	10	
6	总磷	1.5	3.0	
7	总氮	20	40	
8	石油类	5.0	10	

<table>
<tr><th rowspan="2">序号</th><th rowspan="2" colspan="2">污染物项目</th><th colspan="2">限 值</th><th rowspan="2">污染物排放监控位置</th></tr>
<tr><th>直接排放</th><th>间接排放</th></tr>
<tr><td>9</td><td colspan="2">硫化物</td><td>1.0</td><td>2.0</td><td rowspan="5">企业废水总排放口</td></tr>
<tr><td>10</td><td colspan="2">氟化物</td><td>10</td><td>20</td></tr>
<tr><td>11</td><td colspan="2">总铜</td><td>0.5</td><td>1.0</td></tr>
<tr><td>12</td><td colspan="2">总锌</td><td>2.0</td><td>4.0</td></tr>
<tr><td>13</td><td colspan="2">总钡</td><td>0.7</td><td>0.7</td></tr>
<tr><td>14</td><td colspan="2">总镉</td><td colspan="2">0.1</td><td rowspan="7">车间或生产设施废水排放口</td></tr>
<tr><td>15</td><td colspan="2">总铬</td><td colspan="2">1.0</td></tr>
<tr><td>16</td><td colspan="2">总铅</td><td colspan="2">1.0</td></tr>
<tr><td>17</td><td colspan="2">总镍</td><td colspan="2">0.5</td></tr>
<tr><td>18</td><td colspan="2">总钴</td><td colspan="2">1.0</td></tr>
<tr><td>19</td><td colspan="2">总铍</td><td colspan="2">0.005</td></tr>
<tr><td>20</td><td colspan="2">可吸附有机卤化物（AOX）</td><td colspan="2">1.0</td></tr>
<tr><td rowspan="6">单位产品（瓷）基准排水量</td><td rowspan="2">日用及陈设艺术瓷</td><td>普通瓷/（m^3/t）</td><td colspan="2">7.0</td><td rowspan="6">排水量计量位置与污染物排放监控位置一致</td></tr>
<tr><td>骨质瓷/（m^3/t）</td><td colspan="2">30</td></tr>
<tr><td rowspan="2">建筑陶瓷</td><td>抛光/（m^3/t）</td><td colspan="2">1.0</td></tr>
<tr><td>非抛光/（m^3/t）</td><td colspan="2">0.3</td></tr>
<tr><td colspan="2">卫生陶瓷/（m^3/t）</td><td colspan="2">6.0</td></tr>
<tr><td colspan="2">特种陶瓷/（m^3/t）</td><td colspan="2">2.0</td></tr>
</table>

4.1.2 自2012年1月1日起，现有企业执行表2规定的水污染物排放限值。

4.1.3 自2010年10月1日起，新建企业执行表2规定的水污染物排放限值。

表2 新建企业水污染物排放浓度限值及单位产品基准排水量

单位：mg/L（pH值除外）

<table>
<tr><th rowspan="2">序号</th><th rowspan="2">污染物项目</th><th colspan="2">限 值</th><th rowspan="2">污染物排放监控位置</th></tr>
<tr><th>直接排放</th><th>间接排放</th></tr>
<tr><td>1</td><td>pH值</td><td>6～9</td><td>6～9</td><td rowspan="13">企业废水总排放口</td></tr>
<tr><td>2</td><td>悬浮物（SS）</td><td>50</td><td>120</td></tr>
<tr><td>3</td><td>化学需氧量（COD_{Cr}）</td><td>50</td><td>110</td></tr>
<tr><td>4</td><td>五日生化需氧量（BOD_5）</td><td>10</td><td>40</td></tr>
<tr><td>5</td><td>氨氮</td><td>3.0</td><td>10</td></tr>
<tr><td>6</td><td>总磷</td><td>1.0</td><td>3.0</td></tr>
<tr><td>7</td><td>总氮</td><td>15</td><td>40</td></tr>
<tr><td>8</td><td>石油类</td><td>3.0</td><td>10</td></tr>
<tr><td>9</td><td>硫化物</td><td>1.0</td><td>2.0</td></tr>
<tr><td>10</td><td>氟化物</td><td>8.0</td><td>20</td></tr>
<tr><td>11</td><td>总铜</td><td>0.1</td><td>1.0</td></tr>
<tr><td>12</td><td>总锌</td><td>1.0</td><td>4.0</td></tr>
<tr><td>13</td><td>总钡</td><td>0.7</td><td>0.7</td></tr>
</table>

<table>
<tr><th rowspan="2">序号</th><th rowspan="2" colspan="2">污染物项目</th><th colspan="2">限 值</th><th rowspan="2">污染物排放监控位置</th></tr>
<tr><th>直接排放</th><th>间接排放</th></tr>
<tr><td>14</td><td colspan="2">总镉</td><td colspan="2">0.07</td><td rowspan="7">车间或生产设施废水排放口</td></tr>
<tr><td>15</td><td colspan="2">总铬</td><td colspan="2">0.1</td></tr>
<tr><td>16</td><td colspan="2">总铅</td><td colspan="2">0.3</td></tr>
<tr><td>17</td><td colspan="2">总镍</td><td colspan="2">0.1</td></tr>
<tr><td>18</td><td colspan="2">总钴</td><td colspan="2">0.1</td></tr>
<tr><td>19</td><td colspan="2">总铍</td><td colspan="2">0.005</td></tr>
<tr><td>20</td><td colspan="2">可吸附有机卤化物（AOX）</td><td colspan="2">0.1</td></tr>
<tr><td rowspan="6">单位产品（瓷）基准排水量</td><td rowspan="2">日用及陈设艺术瓷</td><td>普通瓷/（m^3/t）</td><td colspan="2">2.0</td><td rowspan="6">排水量计量位置与污染物排放监控位置一致</td></tr>
<tr><td>骨质瓷/（m^3/t）</td><td colspan="2">18</td></tr>
<tr><td rowspan="2">建筑陶瓷</td><td>抛光/（m^3/t）</td><td colspan="2">0.3</td></tr>
<tr><td>非抛光/（m^3/t）</td><td colspan="2">0.1</td></tr>
<tr><td colspan="2">卫生陶瓷/（m^3/t）</td><td colspan="2">4.0</td></tr>
<tr><td colspan="2">特种陶瓷/（m^3/t）</td><td colspan="2">1.0</td></tr>
</table>

4.1.4 根据环境保护工作的要求，在国土开发密度已经较高、环境承载能力开始减弱，或环境容量较小、生态环境脆弱，容易发生严重环境污染问题而需要采取特别保护措施的地区，应严格控制企业的污染物排放行为，在上述地区的企业执行表 3 规定的水污染物特别排放限值。

表 3 水污染物特别排放限值

单位：mg/L（pH 值除外）

<table>
<tr><th rowspan="2">序号</th><th rowspan="2">污染物项目</th><th colspan="2">限 值</th><th rowspan="2">污染物排放监控位置</th></tr>
<tr><th>直接排放</th><th>间接排放</th></tr>
<tr><td>1</td><td>pH 值</td><td>6～9</td><td>6～9</td><td rowspan="13">企业废水总排放口</td></tr>
<tr><td>2</td><td>悬浮物（SS）</td><td>30</td><td>50</td></tr>
<tr><td>3</td><td>化学需氧量（COD_{Cr}）</td><td>40</td><td>50</td></tr>
<tr><td>4</td><td>五日生化需氧量（BOD_5）</td><td>10</td><td>10</td></tr>
<tr><td>5</td><td>氨氮</td><td>1.0</td><td>3.0</td></tr>
<tr><td>6</td><td>总磷</td><td>0.5</td><td>1.0</td></tr>
<tr><td>7</td><td>总氮</td><td>5.0</td><td>15</td></tr>
<tr><td>8</td><td>石油类</td><td>1.0</td><td>3.0</td></tr>
<tr><td>9</td><td>硫化物</td><td>0.5</td><td>1.0</td></tr>
<tr><td>10</td><td>氟化物</td><td>5.0</td><td>8.0</td></tr>
<tr><td>11</td><td>总铜</td><td>0.05</td><td>0.1</td></tr>
<tr><td>12</td><td>总锌</td><td>0.5</td><td>1.0</td></tr>
<tr><td>13</td><td>总钡</td><td>0.7</td><td>0.7</td></tr>
</table>

<table>
<tr><th rowspan="2">序号</th><th rowspan="2" colspan="2">污染物项目</th><th colspan="2">限　值</th><th rowspan="2">污染物排放监控位置</th></tr>
<tr><th>直接排放</th><th>间接排放</th></tr>
<tr><td>14</td><td colspan="2">总镉</td><td colspan="2">0.05</td><td rowspan="7">车间或生产设施废水排放口</td></tr>
<tr><td>15</td><td colspan="2">总铬</td><td colspan="2">0.05</td></tr>
<tr><td>16</td><td colspan="2">总铅</td><td colspan="2">0.1</td></tr>
<tr><td>17</td><td colspan="2">总镍</td><td colspan="2">0.05</td></tr>
<tr><td>18</td><td colspan="2">总钴</td><td colspan="2">0.05</td></tr>
<tr><td>19</td><td colspan="2">总铍</td><td colspan="2">0.005</td></tr>
<tr><td>20</td><td colspan="2">可吸附有机卤化物（AOX）</td><td colspan="2">0.05</td></tr>
<tr><td rowspan="6">单位产品（瓷）基准排水量</td><td rowspan="2">日用及陈设艺术瓷</td><td>普通瓷/（m^3/t）</td><td colspan="2">0</td><td rowspan="6">排水量计量位置与污染物排放监控位置一致</td></tr>
<tr><td>骨质瓷/（m^3/t）</td><td colspan="2">6.0</td></tr>
<tr><td rowspan="2">建筑陶瓷</td><td>抛光/（m^3/t）</td><td colspan="2">0</td></tr>
<tr><td>非抛光/（m^3/t）</td><td colspan="2">0</td></tr>
<tr><td colspan="2">卫生陶瓷/（m^3/t）</td><td colspan="2">1.5</td></tr>
<tr><td colspan="2">特种陶瓷/（m^3/t）</td><td colspan="2">0</td></tr>
</table>

执行水污染物特别排放限值的地域范围、时间，由国务院环境保护行政主管部门或省级人民政府规定。

4.1.5　水污染物排放浓度限值适用于单位产品实际排水量不高于单位产品基准排水量的情况。若单位产品实际排水量超过单位产品基准排水量，须按式（1）将实测水污染物浓度换算为水污染物基准水量排放浓度，并以水污染物基准水量排放浓度作为判定排放是否达标的依据。产品产量和排水量统计周期为一个工作日。

在企业的生产设施同时生产两种以上产品、可适用不同排放控制要求或不同行业国家污染物排放标准，且生产设施产生的污水混合处理排放的情况下，应执行排放标准中规定的最严格的浓度限值，并按式（1）换算水污染物基准水量排放浓度。

$$\rho_{基} = \frac{Q_{总}}{\sum Y_i \cdot Q_{i基}} \cdot \rho_{实} \tag{1}$$

式中：$\rho_{基}$ —— 水污染物基准水量排放浓度，mg/L；

$Q_{总}$ —— 排水总量，m^3；

Y_i —— 第 i 种产品的产量，t；

$Q_{i基}$ —— 第 i 种产品的单位瓷基准排水量，m^3/t；

$\rho_{实}$ —— 实测水污染物浓度，mg/L。

若 $Q_{总}$ 与 $\sum Y_i \cdot Q_{i基}$ 的比值小于 1，则以水污染物实测浓度作为判定排放是否达标的依据。

4.2 大气污染物排放控制要求

4.2.1 自 2011 年 1 月 1 日起至 2011 年 12 月 31 日止，现有企业执行表 4 规定的大气污染物排放限值。

表 4 现有企业大气污染物排放浓度限值

单位：mg/m^3

生产工序	原料制备、干燥		烧成、烤花		监控位置
生产设备	喷雾干燥塔		辊道窑、隧道窑、梭式窑		车间或生产设施排气筒
燃料类型	水煤浆	油、气	水煤浆	油、气	
颗粒物	100	50	100	50	
二氧化硫	500	300	500	300	
氮氧化物（以 NO_2 计）	240	240	650	400	
烟气黑度（林格曼黑度，级）	1				
铅及其化合物	—		0.5		
镉及其化合物	—		0.5		
镍及其化合物	—		0.5		
氟化物	—		5.0		
氯化物（以 HCl 计）	—		50		

4.2.2 自 2012 年 1 月 1 日起，现有企业执行表 5 规定的大气污染物排放限值。

4.2.3 自 2010 年 10 月 1 日起，新建企业执行表 5 规定的大气污染物排放限值。

表 5 新建企业大气污染物排放浓度限值

单位：mg/m^3

生产工序	原料制备、干燥		烧成、烤花		监控位置
生产设备	喷雾干燥塔		辊道窑、隧道窑、梭式窑		车间或生产设施排气筒
燃料类型	水煤浆	油、气	水煤浆	油、气	
颗粒物	50	30	50	30	
二氧化硫	300	100	300	100	
氮氧化物（以 NO_2 计）	240	240	450	300	
烟气黑度（林格曼黑度，级）	1				
铅及其化合物	—		0.1		
镉及其化合物	—		0.1		
镍及其化合物	—		0.2		
氟化物	—		3.0		
氯化物（以 HCl 计）	—		25		

4.2.4 企业边界大气污染物任何 1 h 平均浓度执行表 6 规定的限值。

表 6 现有企业和新建企业厂界无组织排放限值

单位：mg/m^3

污染物项目	最高浓度限值
颗粒物	1.0

4.2.5 在现有企业生产、建设项目竣工环保验收后的生产过程中，负责监管的环境保护主管部门应对周围居住、教学、医疗等用途的敏感区域环境质量进行监测。建设项目的具体监控范围为环境影响评价确定的周围敏感区域；未进行过环境影响评价的现有企业，监控范围由负责监管的环境保护主管部门，根据企业排污的特点和规律及当地的自然、气象条件等因素，参照相关环境影响评价技术导则确定。地方政府应对本辖区环境质量负责，采取措施确保环境状况符合环境质量标准要求。

4.2.6 产生大气污染物的生产工艺和装置必须设立局部或整体气体收集系统和集中净化处理装置。所有排气筒高度应不低于 15 m（排放氯化氢的排气筒高度不得低于 25 m）。排气筒周围半径 200 m 范围内有建筑物时，排气筒高度还应高出最高建筑物 3 m 以上。

4.2.7 喷雾干燥塔、炉窑基准过量空气系数为 1.7，实测的喷雾干燥塔、炉窑的污染物排放浓度，应换算为基准过量空气系数排放浓度，并作为判定排放是否达标的依据。

5 污染物监测要求

5.1 污染物监测的一般要求

5.1.1 对企业废水和废气采样应根据监测污染物的种类，在规定的污染物排放监控位置进行。在污染物排放监控位置须设置永久性排污口标志。

5.1.2 新建企业和现有企业安装污染物排放自动监控设备的要求，按有关法律和《污染源自动监控管理办法》的规定执行。

5.1.3 对企业污染物排放情况进行监测的频次、采样时间等要求，按国家有关污染源监测技术规范的规定执行。

5.1.4 企业产品产量的核定，以法定报表为依据。

5.1.5 企业须按照有关法律和《环境监测管理办法》的规定，对排污状况进行监测，并保存原始监测记录。

5.2 水污染物监测要求

对企业排放水污染物浓度的测定采用表 7 所列的方法标准。

5.3 大气污染物监测要求

5.3.1 采样点的设置与采样方法按 GB/T 16157—1996 执行。

5.3.2 在有敏感建筑物方位、必要的情况下进行无组织排放监控，具体要求按 HJ/T 55—2000 进行监测。

表7　水污染物浓度测定方法标准

序号	污染物项目	方法标准名称	标准编号
1	pH 值	水质　pH 值的测定　玻璃电极法	GB/T 6920—1986
2	悬浮物（SS）	水质　悬浮物的测定　重量法	GB 11901—1989
3	化学需氧量（COD_{Cr}）	水质　化学需氧量的测定　重铬酸盐法	GB/T 11914—1989
		水质　化学需氧量的测定　快速消解分光光度法	HJ/T 399—2007
4	五日生化需氧量（BOD_5）	水质　五日生化需氧量（BOD_5）的测定　稀释与接种法	HJ 505—2009
5	氨氮	水质　氨氮的测定　气相分子吸收光谱法	HJ/T 195—2005
		水质　氨氮的测定　纳氏试剂分光光度法	HJ 535—2009
		水质　氨氮的测定　水杨酸分光光度法	HJ 536—2009
		水质　氨氮的测定　蒸馏-中和滴定法	HJ 537—2009
6	总磷	水质　总磷的测定　钼酸铵分光光度法	GB 11893—1989
7	总氮	水质　总氮的测定　气相分子吸收光谱法	HJ/T 199—2005
		水质　总氮的测定　碱性过硫酸钾消解紫外分光光度法	GB/T 11894—1989
8	石油类	水质　石油类和动植物油的测定　红外光度法	GB/T 16488—1996
9	硫化物	水质　硫化物的测定　亚甲蓝分光光度法	GB/T 16489—1996
		水质　硫化物的测定　碘量法	HJ/T 60—2000
10	氟化物	水质　氟化物的测定　离子选择电极法	GB/T 7484—1987
		水质　氟化物的测定　茜素磺酸锆目视比色法	HJ 487—2009
		水质　氟化物的测定　氟试剂分光光度法	HJ 488—2009
11	总铜	水质　铜、锌、铅、镉的测定　原子吸收分光光度法	GB/T 7475—1987
		水质　铜的测定　二乙基二硫代氨基甲酸钠分光光度法	HJ 485—2009
12	总锌	水质　铜、锌、铅、镉的测定　原子吸收分光光度法	GB/T 7475—1987
13	总钡	水质　钡的测定　电位滴定法	GB/T 14671—93
14	总镉	水质　铜、锌、铅、镉的测定　原子吸收分光光度法	GB/T 7475—1987
15	总铬	水质　总铬的测定　高锰酸钾氧化-二苯碳酰二肼分光光度法	GB/T 7466—1987
16	总铅	水质　铜、锌、铅、镉的测定　原子吸收分光光度法	GB/T 7475—1987
		水质　铅的测定　双硫腙分光光度法	GB/T 7470—1987
		水质　铅的测定　示波极谱法	GB/T 13896—1992

序号	污染物项目	方法标准名称	标准编号
17	总镍	水质　镍的测定　火焰原子吸收分光光度法	GB/T 11912—1989
18	总钴	水质　总钴的测定　5-氯-2-（吡啶偶氮）-1,3-二氨基苯分光光度法（暂行）	HJ 550—2009
19	总铍	水质　铍的测定　铬菁 R 分光光度法	HJ/T 58—2000
		水质　铍的测定　石墨炉原子吸收分光光度法	HJ/T 59—2000
20	可吸附有机卤化物（AOX）	水质　可吸附有机卤素（AOX）的测定　离子色谱法	HJ/T 83—2001
		水质　可吸附有机卤素（AOX）的测定　微库仑法	GB/T 15959—1995

5.3.3　对企业排放大气污染物浓度的测定采用表 8 所列的方法标准。

表 8　大气污染物浓度测定方法标准

序号	污染物项目	方法标准名称	标准编号
1	颗粒物	固定污染源排气中颗粒物测定与气态污染物采样方法	GB/T 16157—1996
		环境空气　总悬浮颗粒物的测定　重量法	GB/T 15432—1995
2	二氧化硫	固定污染源排气中二氧化硫的测定　碘量法	HJ/T 56—2000
		固定污染源排气中二氧化硫的测定　定电位电解法	HJ/T 57—2000
		固定污染源排放烟气连续监测系统技术要求及检测方法	HJ/T 76—2007
3	氮氧化物	固定污染源排气中氮氧化物的测定　紫外分光光度法	HJ/T 42—1999
		固定污染源排气中氮氧化物的测定　盐酸萘乙二胺分光光度法	HJ/T 43—1999
		固定污染源排放烟气连续监测系统技术要求及检测方法	HJ/T 76—2007
4	烟气黑度	固定污染源排放烟气黑度的测定　林格曼烟气黑度图法	HJ/T 398—2007
5	铅及其化合物	固定污染源废气　铅的测定　火焰原子吸收分光光度法（暂行）	HJ 538—2009
6	镉及其化合物	大气固定污染源　镉的测定　火焰原子吸收分光光度法	HJ/T 64.1—2001
		大气固定污染源　镉的测定　石墨炉原子吸收分光光度法	HJ/T 64.2—2001
		大气固定污染源　镉的测定　对-偶氮苯重氮氨基偶氮苯磺酸分光光度法	HJ/T 64.3—2001

序号	污染物项目	方法标准名称	标准编号
7	镍及其化合物	大气固定污染源　镍的测定　丁二酮肟-正丁醇萃取分光光度法	HJ/T 63.3—2001
		大气固定污染源　镍的测定　石墨炉原子吸收分光光度法	HJ/T 63.2—2001
		大气固定污染源　镍的测定　火焰原子吸收分光光度法	HJ/T 63.1—2001
8	氟化物	大气固定污染源　氟化物的测定　离子选择电极法	HJ/T 67—2001
9	氯化物（以HCl计）	固定污染源排气中氯化氢的测定　硫氰酸汞分光光度法	HJ/T 27—1999

6　实施与监督

6.1　本标准由县级以上人民政府环境保护行政主管部门负责监督实施。

6.2　在任何情况下，企业均应遵守本标准规定的污染物排放控制要求，采取必要措施保证污染防治设施正常运行。各级环保部门在对企业进行监督性检查时，可以现场即时采样或监测的结果，作为判定排污行为是否符合排放标准以及实施相关环境保护管理措施的依据。在发现企业耗水或排水量有异常变化的情况下，应核定企业的实际产品产量和排水量，按本标准的规定，换算水污染物基准水量排放浓度。

中华人民共和国国家标准

油墨工业水污染物排放标准

Discharge standard of water pollutants for printing ink industry

GB 25463—2010

前　言

为贯彻《中华人民共和国环境保护法》、《中华人民共和国水污染防治法》、《中华人民共和国海洋环境保护法》、《国务院关于落实科学发展观　加强环境保护的决定》等法律、法规和《国务院关于编制全国主体功能区规划的意见》，保护环境，防治污染，促进油墨工业生产工艺和污染治理技术的进步，制定本标准。

本标准规定了油墨工业企业水污染物排放限值、监测和监控要求，适用于油墨工业企业水污染防治和管理。为促进区域经济与环境协调发展，推动经济结构的调整和经济增长方式的转变，引导油墨工业生产工艺和污染治理技术的发展方向，本标准规定了水污染物特别排放限值。

本标准中的污染物排放浓度均为质量浓度。

油墨工业企业排放大气污染物（含恶臭污染物）、环境噪声适用相应的国家污染物排放标准，产生固体废物的鉴别、处理和处置适用国家固体废物污染控制标准。

本标准为首次发布。

自本标准实施之日起，油墨工业企业的水污染物排放控制按本标准的规定执行，不再执行《污水综合排放标准》（GB 8978—1996）中的相关规定。

地方省级人民政府对本标准未作规定的污染物项目，可以制定地方污染物排放标准；对本标准已作规定的污染物项目，可以制定严于本标准的地方污染物排放标准。

本标准由环境保护部科技标准司组织制订。

本标准主要起草单位：华东理工大学、环境保护部环境标准研究所、中国日用化工协会。

本标准环境保护部 2010 年 9 月 10 日批准。

本标准自 2010 年 10 月 1 日起实施。

本标准由环境保护部解释。

1 适用范围

本标准规定了油墨工业企业水污染物排放限值、监测和监控要求，以及标准的实施与监督等相关规定。

本标准适用于油墨工业企业的水污染物排放管理，以及油墨工业企业建设项目的环境影响评价、环境保护设施设计、竣工环境保护验收及其投产后的水污染物排放管理。

本标准适用于法律允许的污染物排放行为。新设立污染源的选址和特殊保护区域内现有污染源的管理，按照《中华人民共和国大气污染防治法》、《中华人民共和国水污染防治法》、《中华人民共和国海洋环境保护法》、《中华人民共和国固体废物污染环境防治法》、《中华人民共和国环境影响评价法》等法律、法规、规章的相关规定执行。

本标准规定的水污染物排放控制要求适用于企业直接或间接向其法定边界外排放水污染物的行为。

2 规范性引用文件

本标准内容引用了下列文件或其中的条款。

GB/T 6920—1986 水质 pH值的测定 玻璃电极法

GB/T 7466—1987 水质 总铬的测定 高锰酸钾氧化-二苯碳酰二肼分光光度法

GB/T 7467—1987 水质 六价铬的测定 二苯碳酰二肼分光光度法

GB/T 7468—1987 水质 总汞的测定 冷原子吸收分光光度法

GB/T 7469—1987 水质 总汞的测定 高锰酸钾-过硫酸钾消解法 双硫腙分光光度法

GB/T 7470—1987 水质 铅的测定 双硫腙分光光度法

GB/T 7471—1987 水质 镉的测定 双硫腙分光光度法

GB/T 7475—1987 水质 铜、锌、铅、镉的测定 原子吸收分光光度法

GB/T 11889—1989 水质 苯胺类化合物的测定 N-(1-萘基)乙二胺偶氮分光光度法

GB/T 11890—1989 水质 苯系物的测定 气相色谱法

GB/T 11893—1989 水质 总磷的测定 钼酸铵分光光度法

GB/T 11894—1989 水质 总氮的测定 碱性过硫酸钾消解紫外分光光度法

GB/T 11901—1989 水质 悬浮物的测定 重量法

GB/T 11903—1989 水质 色度的测定 稀释倍数法

GB/T 11914—1989 水质 化学需氧量的测定 重铬酸盐法

GB/T 14204—1993 水质 烷基汞的测定 气相色谱法

GB/T 16488—1996　水质　石油类和动植物油的测定　红外光度法

HJ/T 195—2005　水质　氨氮的测定　气相分子吸收光谱法

HJ/T 199—2005　水质　总氮的测定　气相分子吸收光谱法

HJ/T 341—2007　水质　汞的测定　冷原子荧光法

HJ/T 399—2007　水质　化学需氧量的测定　快速消解分光光度法

HJ 501—2009　水质　总有机碳的测定　燃烧氧化-非分散红外吸收法

HJ 503—2009　水质　挥发酚的测定　4-氨基安替比林分光光度法

HJ 505—2009　水质　五日生化需氧量（BOD_5）的测定　稀释与接种法

HJ 535—2009　水质　氨氮的测定　纳氏试剂分光光度法

HJ 536—2009　水质　氨氮的测定　水杨酸分光光度法

HJ 537—2009　水质　氨氮的测定　蒸馏-中和滴定法

《污染源自动监控管理办法》（国家环境保护总局令　第28号）

《环境监测管理办法》（国家环境保护总局令　第39号）

3　术语和定义

下列术语和定义适用于本标准。

3.1　油墨工业　ink industry

指以颜料、填充料、连接料和辅助剂为原料制备印刷用油墨的工业，包括自制颜料、树脂的油墨生产。

3.2　综合油墨生产企业　comprehensive ink manufacturers

指含有颜料生产且颜料年产量在 1 000 t 及以上的油墨工业企业。

3.3　其他油墨生产企业　other ink manufacturers

指不含颜料生产的油墨工业企业或含颜料生产且颜料年产量在 1 000 t 以下的油墨工业企业。

3.4　平版油墨　planographic printing ink

指适用于各种平版印刷方式的油墨总称。

3.5　干法平版油墨　planographic printing ink by dry method

指采用颜料干粉与连接料等材料混合、研磨而成的平版油墨。

3.6　湿法平版油墨　planographic printing ink by wet method

指采用含水的颜料滤饼与连接料等材料混合、研磨而成的平版油墨。

3.7　凹版油墨　gravure ink

指用于凹版印刷的油墨的总称。

3.8　柔版油墨　flexographic printing ink

指用于柔版印刷的油墨的总称。

3.9　基墨　primary ink

指将含水的颜料滤饼与油墨连接料混合均匀，并除去其中剩余水分而制成的油墨基料。

3.10 现有企业 existing facility

指本标准实施之日前已建成投产或环境影响评价文件已通过审批的油墨工业企业或生产设施。

3.11 新建企业 new facility

指本标准实施之日起环境影响评价文件通过审批的新建、改建和扩建油墨工业设施建设项目。

3.12 排水量 effluent volume

指生产设施或企业向企业法定边界以外排放的废水的量，包括与生产有直接或间接关系的各种外排废水（如厂区生活污水、冷却废水、厂区锅炉和电站排水等）。

3.13 单位产品基准排水量 benchmark effluent volume per unit product

指用于核定水污染物排放浓度而规定的生产单位产品的废水排放量上限值。

3.14 公共污水处理系统 public wastewater treatment system

指通过纳污管道等方式收集废水，为两家以上排污单位提供废水处理服务并且排水能够达到相关排放标准要求的企业或机构，包括各种规模和类型的城镇污水处理厂、区域（包括各类工业园区、开发区、工业聚集地等）废水处理厂等，其废水处理程度应达到二级或二级以上。

3.15 直接排放 direct discharge

指排污单位直接向环境水体排放污染物的行为。

3.16 间接排放 indirect discharge

指排污单位向公共污水处理系统排放污染物的行为。

4 水污染物排放控制要求

4.1 自 2011 年 1 月 1 日起至 2011 年 12 月 31 日止，现有企业执行表 1 规定的水污染物排放限值。

表 1 现有企业水污染物排放浓度限值

单位：mg/L（pH 值、色度除外）

序号	污染物项目	限值			污染物排放监控位置
		直接排放		间接排放	
		综合油墨生产企业	其他油墨生产企业		
1	pH 值	6～9	6～9	6～9	企业废水总排放口
2	色度（稀释倍数）	80	80	80	
3	悬浮物	70	70	100	

序号	污染物项目	限值			污染物排放监控位置
		直接排放		间接排放	
		综合油墨生产企业	其他油墨生产企业		
4	五日生化需氧量（BOD_5）	30	30	50	企业废水总排放口
5	化学需氧量（COD）	150	100	300	
6	石油类	10	10	10	
7	动植物油	15	15	15	
8	挥发酚	0.5	0.5	0.5	
9	氨氮	15	15	25	
10	总氮	50	30	50	
11	总磷	1.0	1.0	2.0	
12	苯胺类	2.0	—	2.0[1)]	
13	总铜	0.5	—	0.5[1)]	
14	苯	0.1	0.1	0.1	
15	甲苯	0.2	0.2	0.2	
16	乙苯	0.6	0.6	0.6	
17	二甲苯	0.6	0.6	0.6	
18	总有机碳（TOC）	30	30	60	
19	总汞	0.002			车间或生产设施废水排放口
20	烷基汞	不得检出			
21	总镉	0.1			
22	总铬	0.5			
23	六价铬	0.2			
24	总铅	0.1			
注：1）仅适用于综合油墨生产企业。					

4.2　自2012年1月1日起，现有企业执行表2规定的水污染物排放限值。

4.3　自2010年10月1日起，新建企业执行表2规定的水污染物排放限值。

表2　新建企业水污染物排放浓度限值

单位：mg/L（pH值、色度除外）

序号	污染物项目	限值			污染物排放监控位置
		直接排放		间接排放	
		综合油墨生产企业	其他油墨生产企业		
1	pH值	6～9	6～9	6～9	企业废水总排放口
2	色度（稀释倍数）	70	50	80	
3	悬浮物	40	40	100	

序号	污染物项目	限值			污染物排放监控位置
		直接排放		间接排放	
		综合油墨生产企业	其他油墨生产企业		
4	五日生化需氧量（BOD_5）	25	20	50	企业废水总排放口
5	化学需氧量（COD）	120	80	300	
6	石油类	8	8	8	
7	动植物油	10	10	10	
8	挥发酚	0.5	0.5	0.5	
9	氨氮	15	10	25	
10	总氮	30	20	50	
11	总磷	0.5	0.5	2.0	
12	苯胺类	1.0	—	1.0[1)]	
13	总铜	0.5	—	0.5[1)]	
14	苯	0.05	0.05	0.05	
15	甲苯	0.2	0.2	0.2	
16	乙苯	0.4	0.4	0.4	
17	二甲苯	0.4	0.4	0.4	
18	总有机碳（TOC）	30	20	60	
19	总汞	0.002			车间或生产设施废水排放口
20	烷基汞	不得检出			
21	总镉	0.1			
22	总铬	0.5			
23	六价铬	0.2			
24	总铅	0.1			
注：1）仅适用于综合油墨生产企业。					

4.4 根据环境保护工作的要求，在国土开发密度较高、环境承载能力开始减弱，或水环境容量较小、生态环境脆弱，容易发生严重水环境污染问题而需要采取特别保护措施的地区，应严格控制企业的污染排放行为，在上述地区的企业执行表3规定的水污染物特别排放限值。

表3 水污染物特别排放限值

单位：mg/L（pH值、色度除外）

序号	污染物项目	限值			污染物排放监控位置
		直接排放		间接排放	
		综合油墨生产企业	其他油墨生产企业		
1	pH值	6～9	6～9	6～9	企业废水总排放口
2	色度（稀释倍数）	30	30	70	
3	悬浮物	20	20	40	

序号	污染物项目	限值			污染物排放监控位置
		直接排放		间接排放	
		综合油墨生产企业	其他油墨生产企业		
4	五日生化需氧量（BOD_5）	10	10	25	企业废水总排放口
5	化学需氧量（COD）	50	50	120	
6	石油类	1.0	1.0	1.0	
7	动植物油	1.0	1.0	1.0	
8	挥发酚	0.2	0.2	0.2	
9	氨氮	5	5	15	
10	总氮	15	15	30	
11	总磷	0.5	0.5	0.5	
12	苯胺类	0.5	—	0.5[1)]	
13	总铜	0.2	—	0.2[1)]	
14	苯	0.05	0.05	0.05	
15	甲苯	0.1	0.1	0.1	
16	乙苯	0.4	0.4	0.4	
17	二甲苯	0.4	0.4	0.4	
18	总有机碳（TOC）	15	15	30	
19	总汞	0.001			车间或生产设施废水排放口
20	烷基汞	不得检出			
21	总镉	0.01			
22	总铬	0.1			
23	六价铬	0.05			
24	总铅	0.1			
注：1）仅适用于综合油墨生产企业。					

执行水污染物特别排放限值的地域范围、时间，由国务院环境保护行政主管部门或省级人民政府规定。

4.5　基准水量排放浓度换算

4.5.1　生产不同类别油墨产品，其单位产品基准排水量见表4。

4.5.2　水污染物排放浓度限值适用于单位产品实际排水量不高于单位产品基准排水量的情况。若单位产品实际排水量超过单位产品基准排水量，须按式（1）将实测水污染物浓度换算为水污染物基准水量排放浓度，并以水污染物基准水量排放浓度作为判定排放是否达标的依据。产品产量和排水量统计周期为一个工作日。

在企业的生产设施同时生产两种以上产品、可适用不同排放控制要求或不同行业国家污染物排放标准，且生产设施产生的污水混合处理排放的情况下，应执行排放标准中规定的最严格的浓度限值，并按式（1）换算水污染物基准水量排放浓度。

表 4 油墨生产企业单位产品基准排水量

单位：m^3/t

<table>
<tr><th colspan="3">产品类型</th><th>单位产品基准排水量</th><th>排水量计量位置</th></tr>
<tr><td colspan="3">湿法平版油墨、基墨</td><td>4.0</td><td rowspan="8">排水量计量位置与污染物排放监控位置相同</td></tr>
<tr><td colspan="3">凹版油墨、柔版油墨、干法平版油墨以及其他类油墨</td><td>1.6</td></tr>
<tr><td rowspan="5">颜料</td><td colspan="2">偶氮类颜料（颜料红、颜料黄）</td><td>100</td></tr>
<tr><td rowspan="2">酞菁类颜料（颜料蓝）</td><td>盐析工艺</td><td>120</td></tr>
<tr><td>非盐析工艺</td><td>40</td></tr>
<tr><td colspan="2">其他颜料</td><td>120</td></tr>
<tr><td colspan="2"></td><td></td></tr>
<tr><td colspan="3">树脂类</td><td>1.6</td></tr>
</table>

$$\rho_{基}=\frac{Q_{总}}{\sum Y_i\cdot Q_{i基}}\cdot\rho_{实} \tag{1}$$

式中：$\rho_{基}$ —— 水污染物基准水量排放浓度，mg/L；

$Q_{总}$ —— 排水总量，m^3；

Y_i —— 第 i 种产品产量，t；

$Q_{i基}$ —— 第 i 种产品的单位产品基准排水量，m^3/t；

$\rho_{实}$ —— 实测水污染物浓度，mg/L。

若 $Q_{总}$ 与 $\sum Y_i\cdot Q_{i基}$ 的比值小于 1，则以水污染物实测浓度作为判定排放是否达标的依据。

5 水污染物监测要求

5.1 对企业排放废水的采样应根据监测污染物的种类，在规定的污染物排放监控位置进行，有废水处理设施的，应在该设施后监控。在污染物排放监控位置应设置永久性排污口标志。

5.2 新建企业和现有企业安装污染物排放自动监控设备的要求，按有关法律和《污染源自动监控管理办法》的规定执行。

5.3 对企业水污染物排放情况进行监测的频次、采样时间等要求，按国家有关污染源监测技术规范的规定执行。

5.4 企业产品产量的核定，以法定报表为依据。

5.5 企业须按照有关法律和《环境监测管理办法》的规定，对排污状况进行监测，并保存原始监测记录。

5.6 对企业排放水污染物浓度的测定采用表 5 所列的方法标准。

表 5　水污染物浓度测定方法标准

序号	污染物项目	方法标准名称	方法标准编号
1	pH 值	水质　pH 值的测定　玻璃电极法	GB/T 6920—1986
2	色度	水质　色度的测定　稀释倍数法	GB/T 11903—1989
3	悬浮物	水质　悬浮物的测定　重量法	GB/T 11901—1989
4	五日生化需氧量	水质　五日生化需氧量（BOD_5）的测定　稀释与接种法	HJ 505—2009
5	化学需氧量	水质　化学需氧量的测定　重铬酸盐法	GB/T 11914—1989
		水质　化学需氧量的测定　快速消解分光光度法	HJ/T 399—2007
6	石油类	水质　石油类和动植物油的测定　红外光度法	GB/T 16488—1996
7	动植物油	水质　石油类和动植物油的测定　红外光度法	GB/T 16488—1996
8	挥发酚	水质　挥发酚的测定　4-氨基安替比林分光光度法	HJ 503—2009
9	氨氮	水质　氨氮的测定　纳氏试剂分光光度法	HJ 535—2009
		水质　氨氮的测定　水杨酸分光光度法	HJ 536—2009
		水质　氨氮的测定　蒸馏-中和滴定法	HJ 537—2009
		水质　氨氮的测定　气相分子吸收光谱法	HJ/T 195—2005
10	总氮	水质　总氮的测定　碱性过硫酸钾消解紫外分光光度法	GB/T 11894—1989
		水质　总氮的测定　气相分子吸收光谱法	HJ/T 199—2005
11	总磷	水质　总磷的测定　钼酸铵分光光度法	GB/T 11893—1989
12	苯胺类	水质　苯胺类化合物的测定　N-(1-萘基)乙二胺偶氮分光光度法	GB/T 11889—1989
13	总铜	水质　铜、锌、铅、镉的测定　原子吸收分光光度法	GB/T 7475—1987
14	苯	水质　苯系物的测定　气相色谱法	GB/T 11890—1989
15	甲苯	水质　苯系物的测定　气相色谱法	GB/T 11890—1989
16	乙苯	水质　苯系物的测定　气相色谱法	GB/T 11890—1989
17	二甲苯	水质　苯系物的测定　气相色谱法	GB/T 11890—1989
18	总有机碳	水质　总有机碳的测定　燃烧氧化-非分散红外吸收法	HJ 501—2009
19	总汞	水质　总汞的测定　冷原子吸收分光光度法	GB/T 7468—1987
		水质　总汞的测定　高锰酸钾-过硫酸钾消解法　双硫腙分光光度法	GB/T 7469—1987
		水质　汞的测定　冷原子荧光法	HJ/T 341—2007
20	烷基汞	水质　烷基汞的测定　气相色谱法	GB/T 14204—1993
21	总镉	水质　铜、锌、铅、镉的测定　原子吸收分光光度法	GB/T 7475—1987
		水质　镉的测定　双硫腙分光光度法	GB/T 7471—1987

序号	污染物项目	方法标准名称	方法标准编号
22	总铬	水质　总铬的测定　高锰酸钾氧化-二苯碳酰二肼分光光度法	GB/T 7466—1987
23	六价铬	水质　六价铬的测定　二苯碳酰二肼分光光度法	GB/T 7467—1987
24	总铅	水质　铜、锌、铅、镉的测定　原子吸收分光光度法	GB/T 7475—1987
		水质　铅的测定　双硫腙分光光度法	GB/T 7470—1987

6　实施与监督

6.1　本标准由县级以上人民政府环境保护行政主管部门负责监督实施。

6.2　在任何情况下，企业均应遵守本标准规定的水污染物排放控制要求，采取必要措施保证污染防治设施正常运行。各级环保部门在对企业进行监督性检查时，可以现场即时采样或监测的结果，作为判定排污行为是否符合排放标准以及实施相关环境保护管理措施的依据。在发现企业耗水或排水量有异常变化的情况下，应核定企业的实际产品产量和排水量，按本标准规定，换算水污染物基准水量排放浓度。

中华人民共和国国家标准

酵母工业水污染物排放标准

Discharge standard of water pollutants for yeast industry

GB 25462—2010

前　言

为贯彻《中华人民共和国环境保护法》、《中华人民共和国水污染防治法》、《中华人民共和国海洋环境保护法》、《国务院关于落实科学发展观　加强环境保护的决定》等法律、法规和《国务院关于编制全国主体功能区规划的意见》，保护环境，防治污染，促进酵母工业生产工艺和污染治理技术的进步，制定本标准。

本标准规定了酵母工业企业水污染物排放限值、监测和监控要求。为促进区域经济与环境协调发展，推动经济结构的调整和经济增长方式的转变，引导工业生产工艺和污染治理技术的发展方向，本标准规定了水污染物特别排放限值。

本标准中的污染物排放浓度均为质量浓度。

酵母工业企业排放大气污染物（含恶臭污染物）、环境噪声适用相应的国家污染物排放标准，产生固体废物的鉴别、处理和处置适用国家固体废物污染控制标准。

本标准为首次发布。

自本标准实施之日起，酵母工业企业的水污染物排放控制按本标准的规定执行，不再执行《污水综合排放标准》（GB 8978—1996）中的相关规定。

地方省级人民政府对本标准未作规定的污染物项目，可以制定地方污染物排放标准；对本标准已作规定的污染物项目，可以制定严于本标准的地方污染物排放标准。

本标准由环境保护部科技标准司组织制订。

本标准主要起草单位：中国地质大学（武汉）、环境保护部环境标准研究所、湖北省环境保护厅、宜昌市环境保护局。

本标准环境保护部 2010 年 9 月 10 日批准。

本标准自 2010 年 10 月 1 日起实施。

本标准由环境保护部解释。

1　适用范围

本标准规定了酵母企业或生产设施水污染物排放限值、监测和监控要求，以及标准的实施与监督等相关规定。

本标准适用于现有酵母企业或生产设施的水污染物排放管理。

本标准适用于对酵母工业建设项目的环境影响评价、环境保护设施设计、竣工环境保护验收及其投产后的水污染物排放管理。

本标准适用于法律允许的污染物排放行为。新设立污染源的选址和特殊保护区域内现有污染源的管理，按照《中华人民共和国大气污染防治法》、《中华人民共和国水污染防治法》、《中华人民共和国海洋环境保护法》、《中华人民共和国固体废物污染环境防治法》、《中华人民共和国环境影响评价法》等法律、法规、规章的相关规定执行。

本标准规定的水污染物排放控制要求适用于企业直接或间接向其法定边界外排放水污染物的行为。

2 规范性引用文件

本标准内容引用了下列文件或其中的条款。

GB/T 6920—1986　水质　pH 值的测定　玻璃电极法

GB/T 11893—1989　水质　总磷的测定　钼酸铵分光光度法

GB/T 11894—1989　水质　总氮的测定　碱性过硫酸钾消解紫外分光光度法

GB/T 11901—1989　水质　悬浮物的测定　重量法

GB/T 11903—1989　水质　色度的测定

GB/T 11914—1989　水质　化学需氧量的测定　重铬酸盐法

HJ/T 195—2005　水质　氨氮的测定　气相分子吸收光谱法

HJ/T 199—2005　水质　总氮的测定　气相分子吸收光谱法

HJ/T 399—2007　水质　化学需氧量的测定　快速消解分光光度法

HJ 505—2009　水质　五日生化需氧量（BOD_5）的测定　稀释与接种法

HJ 535—2009　水质　氨氮的测定　纳氏试剂分光光度法

HJ 536—2009　水质　氨氮的测定　水杨酸分光光度法

HJ 537—2009　水质　氨氮的测定　蒸馏-中和滴定法

《污染源自动监控管理办法》（国家环境保护总局令　第 28 号）

《环境监测管理办法》（国家环境保护总局令　第 39 号）

3 术语和定义

下列术语和定义适用于本标准。

3.1　酵母工业　yeast industry

以甘蔗糖蜜、甜菜糖蜜等为原料，通过发酵工艺生产各类干酵母、鲜酵母产品的工业。

3.2　现有企业　existing facility

本标准实施之日前已建成投产或环境影响评价文件已通过审批的酵母企业或生

产设施。

3.3　新建企业　new facility

本标准实施之日起环境影响评价文件通过审批的新建、改建和扩建酵母工业建设项目。

3.4　排水量 effluent volume

指生产设施或企业向企业法定边界以外排放的废水的量，包括与生产有直接或间接关系的各种外排废水（如厂区生活污水、冷却废水、厂区锅炉和电站排水等）。

3.5　单位产品基准排水量　benchmark effluent volume per unit product

指用于核定水污染物排放浓度而规定的生产单位酵母产品（以纯干酵母重量计）的废水排放量上限值。

3.6　公共污水处理系统　public wastewater treatment system

指通过纳污管道等方式收集废水，为两家以上排污单位提供废水处理服务并且排水能够达到相关排放标准要求的企业或机构，包括各种规模和类型的城镇污水处理厂、区域（包括各类工业园区、开发区、工业聚集地等）废水处理厂等，其废水处理程度应达到二级或二级以上。

3.7　直接排放　direct discharge

指排污单位直接向环境排放水污染物的行为。

3.8　间接排放　indirect discharge

指排污单位向公共污水处理系统排放水污染物的行为。

4　水污染物排放控制要求

4.1　自 2011 年 1 月 1 日起至 2012 年 12 月 31 日止，现有企业执行表 1 规定的水污染物排放限值。

表 1　现有企业水污染物排放浓度限值及单位产品基准排水量

单位：mg/L（pH 值、色度除外）

序号	污染物项目	限值		污染物排放监控位置
		直接排放	间接排放	
1	pH 值	6～9	6～9	企业废水总排放口
2	色度（稀释倍数）	50	80	
3	悬浮物	70	100	
4	五日生化需氧量（BOD_5）	40	80	
5	化学需氧量（COD_{Cr}）	300	400	
6	氨氮	15	25	
7	总氮	25	40	
8	总磷	1.0	2.0	
单位产品基准排水量/（m^3/t）		100		排水量计量位置与污染物排放监控位置一致

4.2 自2013年1月1日起，现有企业执行表2规定的水污染物排放限值。

4.3 自2010年10月1日起，新建企业执行表2规定的水污染物排放限值。

表2 新建企业水污染物排放浓度限值及单位产品基准排水量

单位：mg/L（pH值、色度除外）

序号	污染物项目	限值		污染物排放监控位置
		直接排放	间接排放	
1	pH值	6～9	6～9	企业废水总排放口
2	色度（稀释倍数）	30	80	
3	悬浮物	50	100	
4	五日生化需氧量（BOD_5）	30	80	
5	化学需氧量（COD_{Cr}）	150	400	
6	氨氮	10	25	
7	总氮	20	40	
8	总磷	0.8	2.0	
单位产品基准排水量/（m^3/t）		80		排水量计量位置与污染物排放监控位置一致

4.4 根据环境保护工作的要求，在国土开发密度较高、环境承载能力开始减弱，或水环境容量较小、生态环境脆弱，容易发生严重水环境污染问题而需要采取特别保护措施的地区，应严格控制企业的污染排放行为，在上述地区的企业执行表3规定的水污染物特别排放限值。

表3 水污染物特别排放限值

单位：mg/L（pH值、色度除外）

序号	污染物项目	限值		污染物排放监控位置
		直接排放	间接排放	
1	pH值	6～9	6～9	企业废水总排放口
2	色度（稀释倍数）	20	30	
3	悬浮物	20	50	
4	五日生化需氧量（BOD_5）	20	30	
5	化学需氧量（COD_{Cr}）	60	150	
6	氨氮	8	10	
7	总氮	10	20	
8	总磷	0.5	0.8	
单位产品基准排水量/（m^3/t）		70		排水量计量位置与污染物排放监控位置一致

执行水污染物特别排放限值的地域范围、时间，由国务院环境保护行政主管部门或省级人民政府规定。

4.5　水污染物排放浓度限值适用于单位产品实际排水量不高于单位产品基准排水量的情况。若单位产品实际排水量超过单位产品基准排水量，须按式（1）将实测水污染物浓度换算为水污染物基准水量排放浓度，并以水污染物基准水量排放浓度作为判定排放是否达标的依据。产品产量和排水量统计周期为一个工作日。

在企业的生产设施同时生产两种以上产品、可适用不同排放控制要求或不同行业国家污染物排放标准，且生产设施产生的污水混合处理排放的情况下，应执行排放标准中规定的最严格的浓度限值，并按式（1）换算水污染物基准水量排放浓度。

$$\rho_{基} = \frac{Q_{总}}{\sum Y_i \cdot Q_{i基}} \cdot \rho_{实} \qquad (1)$$

式中：$\rho_{基}$ —— 水污染物基准水量排放浓度，mg/L；

$Q_{总}$ —— 排水总量，m^3；

Y_i —— 第 i 种产品产量，t；

$Q_{i基}$ —— 第 i 种产品的单位产品基准排水量，m^3/t；

$\rho_{实}$ —— 实测水污染物排放浓度，mg/L。

若 $Q_{总}$ 与 $\sum Y_i \cdot Q_{i基}$ 的比值小于 1，则以水污染物实测浓度作为判定排放是否达标的依据。

5　水污染物监测要求

5.1　对企业排放废水的采样应根据监测污染物的种类，在规定的污染物排放监控位置进行，有废水处理设施的，应在该设施后监控。在污染物排放监控位置应设置永久性排污口标志。

5.2　新建企业和现有企业安装污染物排放自动监控设备的要求，按有关法律和《污染源自动监控管理办法》的规定执行。

5.3　对企业水污染物排放情况进行监测的频次、采样时间等要求，按国家有关污染源监测技术规范的规定执行。

5.4　企业产品产量的核定，以法定报表为依据。

5.5　对企业排放水污染物浓度的测定采用表 4 所列的方法标准。

5.6　企业须按照有关法律和《环境监测管理办法》的规定，对排污状况进行监测，并保存原始监测记录。

表4　水污染物浓度测定方法标准

序号	污染物项目	方法标准名称	方法标准编号
1	pH 值	水质　pH 值的测定　玻璃电极法	GB/T 6920—1986
2	色度	水质　色度的测定	GB/T 11903—1989
3	悬浮物	水质　悬浮物的测定　重量法	GB/T 11901—1989
4	五日生化需氧量	水质　五日生化需氧量（BOD_5）的测定　稀释与接种法	HJ 505—2009
5	化学需氧量	水质　化学需氧量的测定　重铬酸盐法	GB/T 11914—1989
		水质　化学需氧量的测定　快速消解分光光度法	HJ/T 399—2007
6	氨氮	水质　氨氮的测定　纳氏试剂分光光度法	HJ 535—2009
		水质　氨氮的测定　水杨酸分光光度法	HJ 536—2009
		水质　氨氮的测定　蒸馏-中和滴定法	HJ 537—2009
		水质　氨氮的测定　气相分子吸收光谱法	HJ/T 195—2005
7	总氮	水质　总氮的测定　碱性过硫酸钾消解紫外分光光度法	GB/T 11894—1989
		水质　总氮的测定　气相分子吸收光谱法	HJ/T 199—2005
8	总磷	水质　总磷的测定　钼酸铵分光光度法	GB/T 11893—1989

6　实施与监督

6.1　本标准由县级以上人民政府环境保护行政主管部门负责监督实施。

6.2　在任何情况下，生产企业均应遵守本标准规定的水污染物排放控制要求，采取必要措施保证污染防治设施正常运行。各级环保部门在对企业进行监督性检查时，可以现场即时采样或监测的结果，作为判定排污行为是否符合排放标准以及实施相关环境保护管理措施的依据。在发现企业耗水或排水量有异常变化的情况下，应核定企业的实际产品产量和排水量，按本标准规定，换算水污染物基准排水量排放浓度。

中华人民共和国国家标准

淀粉工业水污染物排放标准

Discharge standard of water pollutants for starch industry

GB 25461—2010

前　言

为贯彻《中华人民共和国环境保护法》、《中华人民共和国水污染防治法》、《中华人民共和国海洋环境保护法》、《国务院关于落实科学发展观　加强环境保护的决定》等法律、法规和《国务院关于编制全国主体功能区规划的意见》，保护环境，防治污染，促进淀粉工业生产工艺和污染治理技术的进步，制定本标准。

本标准规定了淀粉工业企业水污染物排放限值、监测和监控要求。为促进区域经济与环境协调发展，推动经济结构的调整和经济增长方式的转变，引导工业生产工艺和污染治理技术的发展方向，本标准规定了水污染物特别排放限值。

本标准中的污染物排放浓度均为质量浓度。

淀粉工业企业排放大气污染物（含恶臭污染物）、环境噪声适用相应的国家污染物排放标准，产生固体废物的鉴别、处理和处置适用国家固体废物污染控制标准。

本标准为首次发布。

自本标准实施之日起，淀粉工业企业的水污染物排放控制按本标准的规定执行，不再执行《污水综合排放标准》（GB 8978—1996）中的相关规定。

地方省级人民政府对本标准未作规定的污染物项目，可以制定地方污染物排放标准；对本标准已作规定的污染物项目，可以制定严于本标准的地方污染物排放标准。

本标准由环境保护部科技标准司组织制订。

本标准主要起草单位：中国环境科学研究院、环境保护部环境标准研究所、中国淀粉工业协会。

本标准环境保护部 2010 年 9 月 10 日批准。

本标准自 2010 年 10 月 1 日起实施。

本标准由环境保护部解释。

1　适用范围

本标准规定了淀粉企业或生产设施水污染物排放限值、监测和监控要求，以及标准的实施与监督等相关规定。

本标准适用于现有淀粉企业或生产设施的水污染物排放管理。

本标准适用于对淀粉工业建设项目的环境影响评价、环境保护设施设计、竣工环境保护验收及其投产后的水污染物排放管理。

本标准适用于法律允许的污染物排放行为。新设立污染源的选址和特殊保护区域内现有污染源的管理，按照《中华人民共和国大气污染防治法》、《中华人民共和国水污染防治法》、《中华人民共和国海洋环境保护法》、《中华人民共和国固体废物污染环境防治法》、《中华人民共和国环境影响评价法》等法律、法规、规章的相关规定执行。

本标准规定的水污染物排放控制要求适用于企业直接或间接向其法定边界外排放水污染物的行为。

2 规范性引用文件

本标准内容引用了下列文件或其中的条款。

GB/T 6920—1986 水质 pH 值的测定 玻璃电极法

GB/T 11893—1989 水质 总磷的测定 钼酸铵分光光度法

GB/T 11894—1989 水质 总氮的测定 碱性过硫酸钾消解紫外分光光度法

GB/T 11901—1989 水质 悬浮物的测定 重量法

GB/T 11914—1989 水质 化学需氧量的测定 重铬酸盐法

HJ/T 195—2005 水质 氨氮的测定 气相分子吸收光谱法

HJ/T 199—2005 水质 总氮的测定 气相分子吸收光谱法

HJ/T 399—2007 水质 化学需氧量的测定 快速消解分光光度法

HJ 484—2009 水质 氰化物的测定 容量法和分光光度法

HJ 505—2009 水质 五日生化需氧量（BOD_5）的测定 稀释与接种法

HJ 535—2009 水质 氨氮的测定 纳氏试剂分光光度法

HJ 536—2009 水质 氨氮的测定 水杨酸分光光度法

HJ 537—2009 水质 氨氮的测定 蒸馏-中和滴定法

《污染源自动监控管理办法》（国家环境保护总局令 第 28 号）

《环境监测管理办法》（国家环境保护总局令 第 39 号）

3 术语和定义

下列术语和定义适用于本标准。

3.1 淀粉工业 starch industry

从玉米、小麦、薯类等含淀粉的原料中提取淀粉以及以淀粉为原料生产变性淀粉、淀粉糖和淀粉制品的工业。

3.2 变性淀粉 modified starch

原淀粉经过某种方法处理后，不同程度地改变其原来的物理或化学性质的产物。

3.3 淀粉糖 starch sugar

利用淀粉为原料生产的糖类统称淀粉糖，是淀粉在催化剂（酶或酸）和水的作用下，淀粉分子不同程度解聚的产物。

3.4 淀粉制品 starch product

利用淀粉生产的粉丝、粉条、粉皮、凉粉、凉皮等称为淀粉制品。

3.5 现有企业 existing facility

本标准实施之日前已建成投产或环境影响评价文件已通过审批的淀粉企业或生产设施。

3.6 新建企业 new facility

本标准实施之日起环境影响评价文件通过审批的新建、改建和扩建淀粉工业建设项目。

3.7 排水量 effluent volume

指生产设施或企业向企业法定边界以外排放的废水的量，包括与生产有直接或间接关系的各种外排废水（如厂区生活污水、冷却废水、厂区锅炉和电站排水等）。

3.8 单位产品基准排水量 benchmark effluent volume per unit product

指用于核定水污染物排放浓度而规定的生产单位淀粉产品或以单位淀粉生产变性淀粉、淀粉糖、淀粉制品的废水排放量上限值。

3.9 公共污水处理系统 public wastewater treatment system

指通过纳污管道等方式收集废水，为两家以上排污单位提供废水处理服务并且排水能够达到相关排放标准要求的企业或机构，包括各种规模和类型的城镇污水处理厂、区域（包括各类工业园区、开发区、工业聚集地等）废水处理厂等，其废水处理程度应达到二级或二级以上。

3.10 直接排放 direct discharge

指排污单位直接向环境排放水污染物的行为。

3.11 间接排放 indirect discharge

指排污单位向公共污水处理系统排放水污染物的行为。

4 水污染物排放控制要求

4.1 自 2011 年 1 月 1 日起至 2012 年 12 月 31 日止，现有企业执行表 1 规定的水污染物排放限值。

4.2 自 2013 年 1 月 1 日起，现有企业执行表 2 规定的水污染物排放限值。

4.3 自 2010 年 10 月 1 日起，新建企业执行表 2 规定的水污染物排放限值。

表 1　现有企业水污染物排放浓度限值及单位产品基准排水量

单位：mg/L（pH 值除外）

序号	污染物项目	限值		污染物排放监控位置
		直接排放	间接排放	
1	pH 值	6～9	6～9	企业废水总排放口
2	悬浮物	50	70	
3	五日生化需氧量（BOD_5）	45	70	
4	化学需氧量（COD_{Cr}）	150	300	
5	氨氮	25	35	
6	总氮	40	55	
7	总磷	3	5	
8	总氰化物（以木薯为原料）	0.5	0.5	
单位产品（淀粉）基准排水量/（m^3/t）	以玉米、小麦为原料	5		排水量计量位置与污染物排放监控位置一致
	以薯类为原料	12		

表 2　新建企业水污染物排放浓度限值及单位产品基准排水量

单位：mg/L（pH 值除外）

序号	污染物项目	限值		污染物排放监控位置
		直接排放	间接排放	
1	pH 值	6～9	6～9	企业废水总排放口
2	悬浮物	30	70	
3	五日生化需氧量（BOD_5）	20	70	
4	化学需氧量（COD_{Cr}）	100	300	
5	氨氮	15	35	
6	总氮	30	55	
7	总磷	1	5	
8	总氰化物（以木薯为原料）	0.5	0.5	
单位产品（淀粉）基准排水量/（m^3/t）	以玉米、小麦为原料	3		排水量计量位置与污染物排放监控位置一致
	以薯类为原料	8		

4.4　根据环境保护工作的要求，在国土开发密度较高、环境承载能力开始减弱，或水环境容量较小、生态环境脆弱，容易发生严重水环境污染问题而需要采取特别保护措施的地区，应严格控制企业的污染排放行为，在上述地区的企业执行表 3 规定的水污染物特别排放限值。

执行水污染物特别排放限值的地域范围、时间，由国务院环境保护行政主管部门或省级人民政府规定。

4.5　水污染物排放浓度限值适用于单位产品实际排水量不高于单位产品基准排水量的情况。若单位产品实际排水量超过单位产品基准排水量，须按式（1）将实测水污染物浓度换算为水污染物基准水量排放浓度，并以水污染物基准水量排放浓度作为判定排放是否达标的依据。产品产量和排水量统计周期为一个工作日。

表 3　水污染物特别排放限值

单位：mg/L（pH 值除外）

序号	污染物项目	限值		污染物排放监控位置
		直接排放	间接排放	
1	pH 值	6～9	6～9	企业废水总排放口
2	悬浮物	10	30	
3	五日生化需氧量（BOD_5）	10	20	
4	化学需氧量（COD_{Cr}）	50	100	
5	氨氮	5	15	
6	总氮	10	30	
7	总磷	0.5	1.0	
8	总氰化物（以木薯为原料）	0.1	0.1	
单位产品（淀粉）基准排水量/（m^3/t）	以玉米、小麦为原料	1		排水量计量位置与污染物排放监控位置一致
	以薯类为原料	4		

在企业的生产设施同时生产两种以上产品、可适用不同排放控制要求或不同行业国家污染物排放标准，且生产设施产生的污水混合处理排放的情况下，应执行排放标准中规定的最严格的浓度限值，并按式（1）换算水污染物基准水量排放浓度。

$$\rho_{基} = \frac{Q_{总}}{\sum Y_i \cdot Q_{i基}} \cdot \rho_{实} \tag{1}$$

式中：$\rho_{基}$ —— 水污染物基准水量排放浓度，mg/L；

$Q_{总}$ —— 排水总量，m^3；

Y_i —— 第 i 种产品产量，t；

$Q_{i基}$ —— 第 i 种产品的单位产品基准排水量，m^3/t；

$\rho_{实}$ —— 实测水污染物排放浓度，mg/L。

若 $Q_{总}$ 与 $\sum Y_i \cdot Q_{i基}$ 的比值小于 1，则以水污染物实测浓度作为判定排放是否达标的依据。

5　水污染物监测要求

5.1　对企业排放废水的采样应根据监测污染物的种类，在规定的污染物排放监控位置进行，有废水处理设施的，应在该设施后监控。在污染物排放监控位置应设置永久性排污口标志。

5.2 新建企业和现有企业安装污染物排放自动监控设备的要求，按有关法律和《污染源自动监控管理办法》的规定执行。

5.3 对企业水污染物排放情况进行监测的频次、采样时间等要求，按国家有关污染源监测技术规范的规定执行。

5.4 企业产品产量的核定，以法定报表为依据。

5.5 对企业排放水污染物浓度的测定采用表 4 所列的方法标准。

表 4 水污染物浓度测定方法标准

序号	污染物项目	方法标准名称	方法标准编号
1	pH 值	水质 pH 值的测定 玻璃电极法	GB/T 6920—1986
2	悬浮物	水质 悬浮物的测定 重量法	GB/T 11901—1989
3	五日生化需氧量	水质 五日生化需氧量（BOD_5）的测定 稀释与接种法	HJ 505—2009
4	化学需氧量	水质 化学需氧量的测定 重铬酸盐法	GB/T 11914—1989
		水质 化学需氧量的测定 快速消解分光光度法	HJ/T 399—2007
5	氨氮	水质 氨氮的测定 纳氏试剂分光光度法	HJ 535—2009
		水质 氨氮的测定 水杨酸分光光度法	HJ 536—2009
		水质 氨氮的测定 蒸馏-中和滴定法	HJ 537—2009
		水质 氨氮的测定 气相分子吸收光谱法	HJ/T 195—2005
6	总氮	水质 总氮的测定 碱性过硫酸钾消解紫外分光光度法	GB/T 11894—1989
		水质 总氮的测定 气相分子吸收光谱法	HJ/T 199—2005
7	总磷	水质 总磷的测定 钼酸铵分光光度法	GB/T 11893—1989
8	总氰化物	水质 氰化物的测定 容量法和分光光度法	HJ 484—2009

5.6 企业须按照有关法律和《环境监测管理办法》的规定，对排污状况进行监测，并保存原始监测记录。

6 实施与监督

6.1 本标准由县级以上人民政府环境保护行政主管部门负责监督实施。

6.2 在任何情况下，淀粉生产企业均应遵守本标准规定的水污染物排放控制要求，采取必要措施保证污染防治设施正常运行。各级环保部门在对企业进行监督性检查时，可以现场即时采样或监测的结果，作为判定排污行为是否符合排放标准以及实施相关环境保护管理措施的依据。在发现企业耗水或排水量有异常变化的情况下，应核定企业的实际产品产量和排水量，按本标准规定，换算水污染物基准水量排放浓度。

中华人民共和国国家标准

硫酸工业污染物排放标准

Emission standard of pollutants for sulfuric acid industry

GB 26132—2010

前　言

为贯彻《中华人民共和国环境保护法》、《中华人民共和国水污染防治法》、《中华人民共和国大气污染防治法》、《中华人民共和国海洋环境保护法》、《国务院关于落实科学发展观 加强环境保护的决定》等法律、法规和《国务院关于编制全国主休功能区规划的意见》，保护环境，防治污染，促进硫酸工业生产工艺和污染治理技术的进步，制定本标准。

本标准规定了硫酸工业企业水和大气污染物排放限值、监测和监控要求。为促进区域经济与环境协调发展，推动经济结构的调整和经济增长方式的转变，引导工业生产工艺和污染治理技术的发展方向，本标准规定了水和大气污染物特别排放限值。

本标准中的污染物排放浓度均为质量浓度。

硫酸工业企业排放恶臭污染物、环境噪声适用相应的国家污染物排放标准，产生固体废物的鉴别、处理和处置适用国家固体废物污染控制标准。

本标准为首次发布。

自本标准实施之日起，硫酸工业企业水和大气污染物排放控制按本标准的规定执行，不再执行《污水综合排放标准》（GB 8978—1996）和《大气污染物综合排放标准》（GB 16297—1996）中的相关规定。

地方省级人民政府对本标准未作规定的污染物项目，可以制定地方污染物排放标准；对本标准已作规定的污染物项目，可以制定严于本标准的地方污染物排放标准。

本标准由环境保护部科技标准司组织制订。

本标准主要起草单位：青岛科技大学、环境保护部环境标准研究所、中国硫酸工业协会、南化集团研究院。

本标准环境保护部 2010 年 9 月 10 日批准。

本标准自 2011 年 3 月 1 日起实施。

本标准由环境保护部解释。

1 适用范围

本标准规定了硫酸工业企业或生产设施水和大气污染物的排放限值、监测和监控要求，以及标准的实施与监督等相关规定。

本标准适用于现有硫酸工业企业水和大气污染物排放管理。

本标准适用于对硫酸工业企业建设项目的环境影响评价、环境保护设施设计、竣工环境保护验收及其投产后的水、大气污染物排放管理。

本标准不适用于冶炼尾气制酸和硫化氢制酸工业企业的水和大气污染物排放管理。

本标准适用于法律允许的污染物排放行为。新设立污染源的选址和特殊保护区域内现有污染源的管理，按照《中华人民共和国水污染防治法》、《中华人民共和国大气污染防治法》、《中华人民共和国海洋环境保护法》、《中华人民共和国固体废物污染环境防治法》、《中华人民共和国放射性污染防治法》、《中华人民共和国环境影响评价法》等法律、法规、规章的相关规定执行。

本标准规定的水污染物排放控制要求适用于企业直接或间接向其法定边界外排放水污染物的行为。

2 规范性引用文件

本标准内容引用了下列文件或其中的条款。凡是不注明日期的引用文件，其有效版本适用于本标准。

GB/T 6920—1986　水质　pH 值的测定　玻璃电极法

GB/T 7470—1987　水质　铅的测定　双硫腙分光光度法

GB/T 7475—1987　水质　铜、锌、铅、镉的测定　原子吸收分光光度法

GB/T 7484—1987　水质　氟化物的测定　离子选择电极法

GB/T 7485—1987　水质　总砷的测定　二乙基二硫代氨基甲酸银分光光度法

GB/T 11893—1989　水质　总磷的测定　钼酸铵分光光度法

GB/T 11894—1989　水质　总氮的测定　碱性过硫酸钾消解紫外分光光度法

GB/T 11901—1989　水质　悬浮物的测定　重量法

GB/T 11914—1989　水质　化学需氧量的测定　重铬酸盐法

GB/T 15432—1995　环境空气　总悬浮颗粒物的测定　重量法

GB/T 16157　固定污染源排气中颗粒物测定与气态污染物采样方法

GB/T 16488—1996　水质　石油类和动植物油的测定　红外光度法

GB/T 16489—1996　水质　硫化物的测定　亚甲基蓝分光光度法

HJ/T 55　大气污染物无组织排放监测技术导则

HJ/T 56—2000　固定污染源排气中二氧化硫的测定　碘量法

HJ/T 57—2000　固定污染源排气中二氧化硫的测定　定电位电解法

HJ/T 60—2000　水质　硫化物的测定　碘量法

HJ/T 76　固定污染源排放烟气连续监测系统技术要求及检测方法

HJ/T 84—2001　水质　无机阴离子的测定　离子色谱法

HJ/T 91　地表水和污水监测技术规范

HJ/T 195—2005　水质　氨氮的测定　气相分子吸收光谱法

HJ/T 199—2005　水质　总氮的测定　气相分子吸收光谱法

HJ/T 373　固定污染源监测质量保证与质量控制技术规范（试行）

HJ/T 397　固定源废气监测技术规范

HJ/T 399—2007　水质　化学需氧量的测定　快速消解分光光度法

HJ 482—2009　环境空气　二氧化硫的测定　甲醛吸收-副玫瑰苯胺分光光度法

HJ 487—2009　水质　氟化物的测定　茜素磺酸锆目视比色法

HJ 488—2009　水质　氟化物的测定　氟试剂分光光度法

HJ 535—2009　水质　氨氮的测定　纳氏试剂分光光度法

HJ 536—2009　水质　氨氮的测定　水杨酸分光光度法

HJ 537—2009　水质　氨氮的测定　蒸馏-中和滴定法

HJ 544—2009　固定污染源废气　硫酸雾的测定　离子色谱法（暂行）

《污染源自动监控管理办法》（国家环境保护总局令　第 28 号）

《环境监测管理办法》（国家环境保护总局令　第 39 号）

3　术语和定义

下列术语和定义适用于本标准。

3.1　硫酸工业　sulfuric acid industry

指以硫黄、硫铁矿和石膏为原料制取二氧化硫炉气，经二氧化硫转化和三氧化硫吸收制得硫酸产品的工业企业或生产设施。

3.2　现有企业　existing facility

指本标准实施之日前，已建成投产或环境影响评价文件已通过审批的硫酸工业企业或生产设施。

3.3　新建企业　new facility

指本标准实施之日起，环境影响评价文件通过审批的新建、改建和扩建硫酸工业建设项目。

3.4　公共污水处理系统　public wastewater treatment system

指通过纳污管道等方式收集废水，为两家以上排污单位提供废水处理服务并且排水能够达到相关排放标准要求的企业或机构，包括各种规模和类型的城镇污水处理厂、区域（包括各类工业园区、开发区、工业聚集地等）废水处理厂等，其废水处理程度应达到二级或二级以上。

3.5　直接排放　direct discharge

指排污单位直接向环境排放水污染物的行为。

3.6　间接排放　indirect discharge

指排污单位向公共污水处理系统排放水污染物的行为。

3.7　排水量　effluent volume

指生产设施或企业向企业法定边界以外排放的废水的量，包括与生产有直接或间接关系的各种外排废水（如厂区生活污水、冷却废水、厂区锅炉和电站排水等）。

3.8　单位产品基准排水量　benchmark effluent volume per unit product

指用于核定水污染物排放浓度而规定的生产单位硫酸（100%）产品的排水量上限值。

3.9　硫酸工业尾气　sulfuric acid plant tail gas

指吸收塔顶部或经进一步脱硫后由排气筒连续排放的尾气，主要含有二氧化硫和硫酸雾。

3.10　标准状态　standard condition

指温度为 273.15 K，压力为 101 325 Pa 时的状态，简称“标态”。本标准规定的大气污染物排放浓度限值和基准排气量均以标准状态下的干气体为基准。

3.11　排气量　exhaust volume

指生产设施或企业通过排气筒向环境排放的工艺废气的量（干标状态）。

3.12　单位产品基准排气量　benchmark exhaust volume per unit product

指用于核定废气污染物排放浓度而规定的生产单位硫酸（100%）产品的排气量上限值。

3.13　企业边界　enterprise boundary

指硫酸工业企业的法定边界。若无法定边界，则指企业的实际边界。

4　污染物排放控制要求

4.1　水污染物排放控制要求

4.1.1　自 2011 年 10 月 1 日起至 2013 年 9 月 30 日止，现有企业执行表 1 规定的水污染物排放限值。

4.1.2　自 2013 年 10 月 1 日起，现有企业执行表 2 规定的水污染物排放限值。

4.1.3　自 2011 年 3 月 1 日起，新建企业执行表 2 规定的水污染物排放限值。

4.1.4　根据环境保护工作的要求，在国土开发密度已经较高、环境承载能力开始减弱，或水环境容量较小、生态环境脆弱，容易发生严重水环境污染问题而需要采取特别保护措施的地区，应严格控制企业的污染排放行为，在上述地区的企业执行表 3 规定的水污染物特别排放限值。

执行水污染物特别排放限值的地域范围、时间，由国务院环境保护行政主管部门或省级人民政府规定。

表 1 现有企业水污染物排放限值

单位：mg/L（pH 值除外）

序号	污染物项目		生产工艺	排放限值		污染物排放监控位置
				直接排放	间接排放	
1	pH 值		硫黄制酸、硫铁矿制酸及石膏制酸	6～9	6～9	企业废水总排放口
2	化学需氧量（COD_{Cr}）			60	100	
3	悬浮物			70	100	
4	石油类			5	8	
5	氨氮			10	20	
6	总氮			20	40	
7	总磷	磷石膏		20	30	
		其他		1	2	
8	硫化物		硫铁矿制酸及石膏制酸	1	1	
9	氟化物			10	15	
10	总砷			0.5		车间或生产装置排放口
11	总铅			1		
单位产品基准排水量/（m^3/t）			硫黄制酸	0.3		排水量计量位置与污染物排放监控位置相同
			硫铁矿制酸及石膏制酸	1.5		

表 2 新建企业水污染物排放限值

单位：mg/L（pH 值除外）

序号	污染物项目		生产工艺	排放限值		污染物排放监控位置
				直接排放	间接排放	
1	pH 值		硫黄制酸、硫铁矿制酸及石膏制酸	6～9	6～9	企业废水总排放口
2	化学需氧量（COD_{Cr}）			60	100	
3	悬浮物			50	100	
4	石油类			3	8	
5	氨氮			8	20	
6	总氮			15	40	
7	总磷	磷石膏		10	30	
		其他		0.5	2	
8	硫化物		硫铁矿制酸及石膏制酸	1	1	
9	氟化物			10	15	
10	总砷			0.3		车间或生产装置排放口
11	总铅			0.5		
单位产品基准排水量/（m^3/t）			硫黄制酸	0.2		排水量计量位置与污染物排放监控位置相同
			硫铁矿制酸及石膏制酸	1		

表 3　水污染物特别排放限值

单位：mg/L（pH 值除外）

<table>
<tr><th rowspan="2">序号</th><th rowspan="2">污染物项目</th><th rowspan="2">生产工艺</th><th colspan="2">排放限值</th><th rowspan="2">污染物排放监控位置</th></tr>
<tr><th>直接排放</th><th>间接排放</th></tr>
<tr><td>1</td><td>pH 值</td><td rowspan="7">硫黄制酸、硫铁矿制酸及石膏制酸</td><td>6～9</td><td>6～9</td><td rowspan="9">企业废水总排放口</td></tr>
<tr><td>2</td><td>化学需氧量（COD_{Cr}）</td><td>50</td><td>60</td></tr>
<tr><td>3</td><td>悬浮物</td><td>15</td><td>50</td></tr>
<tr><td>4</td><td>石油类</td><td>3</td><td>3</td></tr>
<tr><td>5</td><td>氨氮</td><td>5</td><td>8</td></tr>
<tr><td>6</td><td>总氮</td><td>10</td><td>15</td></tr>
<tr><td>7</td><td>总磷</td><td>0.5</td><td>0.5</td></tr>
<tr><td>8</td><td>硫化物</td><td rowspan="4">硫铁矿制酸及石膏制酸</td><td>0.5</td><td>1</td></tr>
<tr><td>9</td><td>氟化物</td><td>10</td><td>10</td></tr>
<tr><td>10</td><td>总砷</td><td colspan="2">0.1</td><td rowspan="2">车间或生产装置排放口</td></tr>
<tr><td>11</td><td>总铅</td><td colspan="2">0.1</td></tr>
<tr><td colspan="2" rowspan="2">单位产品基准排水量/（m^3/t）</td><td>硫黄制酸</td><td colspan="2">0.2</td><td rowspan="2">排水量计量位置与污染物排放监控位置相同</td></tr>
<tr><td>硫铁矿制酸及石膏制酸</td><td colspan="2">1</td></tr>
</table>

4.1.5　水污染物排放浓度限值适用于单位产品实际排水量不高于单位产品基准排水量的情况。若单位产品实际排水量超过单位产品基准排水量，须按式（1）将实测水污染物浓度换算为水污染物基准水量排放浓度，并以水污染物基准水量排放浓度作为判定排放是否达标的依据。产品产量和排水量统计周期为一个工作日。

在企业的生产设施同时生产两种以上产品、可适用不同排放控制要求或不同行业国家污染物排放标准，且生产设施产生的污水混合处理排放的情况下，应执行排放标准中规定的最严格的浓度限值，并按式（1）换算水污染物基准水量排放浓度。

$$\rho_{基}=\frac{Q_{总}}{\sum Y_i \cdot Q_{i基}} \cdot \rho_{实} \tag{1}$$

式中：$\rho_{基}$ —— 水污染物基准水量排放浓度，mg/L；

$Q_{总}$ —— 实测排水总量，m^3；

Y_i —— 某种产品产量，t；

$Q_{i基}$ —— 某种产品的单位产品基准排水量，m^3/t；

$\rho_{实}$ —— 实测水污染物浓度，mg/L。

若 $Q_{总}$ 与 $\sum Y_i \cdot Q_{i基}$ 的比值小于 1，则以水污染物实测浓度作为判定排放是否达标的依据。

4.2 大气污染物排放控制要求

4.2.1 自2011年10月1日起至2013年9月30日止，现有企业执行表4规定的大气污染物排放限值。

表4 现有企业大气污染物排放浓度限值

单位：mg/m^3

序号	污染物项目	排放限值	污染物排放监控位置
1	二氧化硫	860	硫酸工业尾气排放口
2	硫酸雾	45	
3	颗粒物	50	破碎、干燥及排渣等工序排放口

4.2.2 自2013年10月1日起，现有企业执行表5规定的大气污染物排放限值。

4.2.3 自2011年3月1日起，新建企业执行表5规定的大气污染物排放限值。

表5 新建企业大气污染物排放浓度限值

单位：mg/m^3

序号	污染物项目	排放限值	污染物排放监控位置
1	二氧化硫	400	硫酸工业尾气排放口
2	硫酸雾	30	
3	颗粒物	50	破碎、干燥及排渣等工序排放口

4.2.4 根据环境保护工作的要求，在国土开发密度已经较高、环境承载能力开始减弱，或大气环境容量较小、生态环境脆弱，容易发生严重大气环境污染问题而需要采取特别保护措施的地区，应严格控制企业的污染排放行为，在上述地区的企业执行表6规定的大气污染物特别排放限值。

执行大气污染物特别排放限值的地域范围、时间，由国务院环境保护行政主管部门或省级人民政府规定。

表6 大气污染物特别排放限值

单位：mg/m^3

序号	污染物项目	排放限值	污染物排放监控位置
1	二氧化硫	200	硫酸工业尾气排放口
2	硫酸雾	5	
3	颗粒物	30	破碎、干燥及排渣等工序排放口

4.2.5 现有企业和新建企业单位产品基准排气量执行表7规定的限值。

表 7　单位产品基准排气量

单位：m^3/t

序号	生产工艺	单位产品基准排气量	污染物排放监控位置
1	硫黄制酸	2 300	硫酸工业尾气排放口（排气量计量位置与污染物排放监控位置相同）
2	硫铁矿制酸	2 800	
3	石膏制酸	4 300	

4.2.6　企业边界大气污染物任何 1 h 平均浓度执行表 8 规定的限值。

表 8　企业边界大气污染物无组织排放限值

单位：mg/m^3

序号	污染物项目	最高浓度限值	监控点
1	二氧化硫	0.5	企业边界
2	硫酸雾	0.3	
3	颗粒物	0.9	

4.2.7　在现有企业生产、建设项目竣工环保验收后的生产过程中，负责监管的环境保护主管部门应对周围居住、教学、医疗等用途的敏感区域环境质量进行监测。建设项目的具体监控范围为环境影响评价确定的周围敏感区域；未进行过环境影响评价的现有企业，监控范围由负责监管的环境保护主管部门，根据企业排污的特点和规律及当地的自然、气象条件等因素，参照相关环境影响评价技术导则确定。地方政府应对本辖区环境质量负责，采取措施确保环境状况符合环境质量标准要求。

4.2.8　产生大气污染物的生产工艺和装置必须设立局部或整体气体收集系统和集中净化处理装置。所有排气筒高度应不低于 15 m。排气筒周围半径 200 m 范围内有建筑物时，排气筒高度还应高出最高建筑物 3 m 以上。

4.2.9　大气污染物排放浓度限值适用于单位产品实际排气量不高于单位产品基准排气量的情况。若单位产品实际排气量超过单位产品基准排气量，须将实测大气污染物浓度换算为大气污染物基准气量排放浓度，并以大气污染物基准气量排放浓度作为判定排放是否达标的依据。大气污染物基准气量排放浓度的换算，可参照采用水污染物基准水量排放浓度的计算公式。

产品产量和排气量统计周期为一个工作日。

5　污染物监测要求

5.1　污染物监测的一般要求

5.1.1　对企业排放的废水和废气的采样，应根据监测污染物的种类，在规定的污染物排放监控位置进行。有废水、废气处理设施的，应在该设施后监控。在污染物排放监控位置须设置永久性排污口标志。

5.1.2　新建企业和现有企业安装污染物排放自动监控设备的要求，按有关法律和《污染源自动监控管理办法》的规定执行。

5.1.3　对企业污染物排放情况进行监测的频次、采样时间、质量保证与质量控制等要求，按国家有关污染源监测技术规范的规定执行。

5.1.4　企业产品产量的核定，以法定报表为依据。

5.1.5　企业必须按照有关法律和《环境监测管理办法》的规定，对排污状况进行监测，并保存原始监测记录。

5.2　水污染物监测要求

5.2.1　采样点的设置与采样方法按 HJ/T 91 的规定执行。

5.2.2　对企业排放水污染物浓度的测定采用表 9 所列的方法标准。

表 9　水污染物浓度测定方法标准

序号	污染物项目	方法标准名称	方法标准编号
1	pH 值	水质　pH 值的测定　玻璃电极法	GB/T 6920—1986
2	化学需氧量（COD_{Cr}）	水质　化学需氧量的测定　重铬酸盐法	GB/T 11914—1989
		水质　化学需氧量的测定　快速消解分光光度法	HJ/T 399—2007
3	悬浮物	水质　悬浮物的测定　重量法	GB/T 11901—1989
4	石油类	水质　石油类和动植物油的测定　红外光度法	GB/T 16488—1996
5	氨氮	水质　氨氮的测定　气相分子吸收光谱法	HJ/T 195—2005
		水质　氨氮的测定　纳氏试剂分光光度法	HJ 535—2009
		水质　氨氮的测定　水杨酸分光光度法	HJ 536—2009
		水质　氨氮的测定　蒸馏-中和滴定法	HJ 537—2009
6	总氮	水质　总氮的测定　碱性过硫酸钾消解紫外分光光度法	GB/T 11894—1989
		水质　总氮的测定　气相分子吸收光谱法	HJ/T 199—2005
7	总磷	水质　总磷的测定　钼酸铵分光光度法	GB/T 11893—1989
8	硫化物	水质　硫化物的测定　亚甲基蓝分光光度法	GB/T 16489—1996
		水质　硫化物的测定　碘量法	HJ/T 60—2000
9	氟化物	水质　氟化物的测定　离子选择电极法	GB/T 7484—1987
		水质　无机阴离子的测定　离子色谱法	HJ/T 84—2001
		水质　氟化物的测定　茜素磺酸锆目视比色法	HJ 487—2009
		水质　氟化物的测定　氟试剂分光光度法	HJ 488—2009
10	总砷	水质　总砷的测定　二乙基二硫代氨基甲酸银分光光度法	GB/T 7485—1987
11	总铅	水质　铅的测定　双硫腙分光光度法	GB/T 7470—1987
		水质　铜、锌、铅、镉的测定　原子吸收分光光度法	GB/T 7475—1987

5.3　大气污染物监测要求

5.3.1　采样点的设置与采样方法按 GB/T 16157 和 HJ/T 76、HJ/T 397、HJ/T 55 的规定执行。

5.3.2　对企业排放大气污染物浓度的测定采用表 10 所列的方法标准。

表 10　大气污染物浓度测定方法标准

序号	污染物项目	方法标准名称	方法标准编号
1	二氧化硫	环境空气　二氧化硫的测定　甲醛吸收-副玫瑰苯胺分光光度法	HJ 482—2009
		固定污染源排气中二氧化硫的测定　碘量法	HJ/T 56—2000
		固定污染源排气中二氧化硫的测定　定电位电解法	HJ/T 57—2000
2	硫酸雾	固定污染源废气　硫酸雾的测定　离子色谱法（暂行）	HJ 544—2009
3	颗粒物	环境空气　总悬浮颗粒物的测定　重量法	GB/T 15432—1995
		固定污染源排气中颗粒物测定与气态污染物采样方法	GB/T 16157—1996

注：企业边界硫酸雾的测定方法采用 HJ 544—2009。

6　实施与监督

6.1　本标准由县级以上人民政府环境保护行政主管部门负责监督实施。

6.2　在任何情况下，企业均应遵守本标准的污染物排放控制要求，采取必要措施保证污染防治设施正常运行。各级环保部门在对企业进行监督性检查时，可以现场即时采样或监测的结果，作为判定排污行为是否符合排放标准以及实施相关环境保护管理措施的依据。在发现设施耗水或排水量、排气量有异常变化的情况下，应核定设施的实际产品产量、排水量和排气量，按本标准的规定，换算水污染物基准水量排放浓度和大气污染物基准气量排放浓度。

中华人民共和国国家标准

硝酸工业污染物排放标准

Emission standard of pollutants for nitric acid industry

GB 26131—2010

前 言

为贯彻《中华人民共和国环境保护法》、《中华人民共和国水污染防治法》、《中华人民共和国大气污染防治法》、《中华人民共和国海洋环境保护法》、《国务院关于落实科学发展观 加强环境保护的决定》等法律、法规和《国务院关于编制全国主体功能区规划的意见》，保护环境，防治污染，促进硝酸工业生产工艺和污染治理技术的进步，制定本标准。

本标准规定了硝酸工业企业水和大气污染物排放限值、监测和监控要求。为促进区域经济与环境协调发展，推动经济结构的调整和经济增长方式的转变，引导工业生产工艺和污染治理技术的发展方向，本标准规定了水和大气污染物特别排放限值。

本标准中的污染物排放浓度均为质量浓度。

硝酸工业企业排放恶臭污染物、环境噪声适用相应的国家污染物排放标准，产生固体废物的鉴别、处理和处置适用国家固体废物污染控制标准。

本标准为首次发布。

自本标准实施之日起，硝酸工业企业水和大气污染物排放控制按本标准的规定执行，不再执行《污水综合排放标准》（GB 8978—1996）和《大气污染物综合排放标准》（GB 16297—1996）中的相关规定。

地方省级人民政府对本标准未作规定的污染物项目，可以制定地方污染物排放标准；对本标准已作规定的污染物项目，可以制定严于本标准的地方污染物排放标准。

本标准由环境保护部科技标准司组织制订。

本标准主要起草单位：青岛科技大学、环境保护部环境标准研究所、山东省化工规划设计院、天脊煤化工集团股份有限公司。

本标准环境保护部 2010 年 9 月 10 日批准。

本标准自 2011 年 3 月 1 日起实施。

本标准由环境保护部解释。

1 适用范围

本标准规定了硝酸工业企业或生产设施水和大气污染物的排放限值、监测和监控要求，以及标准的实施与监督等相关规定。

本标准适用于现有硝酸工业企业水和大气污染物排放管理。

本标准适用于对硝酸工业企业建设项目的环境影响评价、环境保护设施设计、竣工环境保护验收及其投产后的水、大气污染物排放管理。

本标准适用于以氨和空气（或纯氧）为原料采用氨氧化法生产硝酸和硝酸盐的企业。本标准不适用于以硝酸为原料生产硝酸盐和其他产品的生产企业。

本标准适用于法律允许的污染物排放行为。新设立污染源的选址和特殊保护区域内现有污染源的管理，按照《中华人民共和国水污染防治法》、《中华人民共和国大气污染防治法》、《中华人民共和国海洋环境保护法》、《中华人民共和国固体废物污染环境防治法》、《中华人民共和国放射性污染防治法》、《中华人民共和国环境影响评价法》等法律、法规、规章的相关规定执行。

本标准规定的水污染物排放控制要求适用于企业直接或间接向其法定边界外排放水污染物的行为。

2 规范性引用文件

本标准内容引用了下列文件或其中的条款。凡是不注明日期的引用文件，其有效版本适用于本标准。

GB/T 6920—1986　水质　pH 值的测定　玻璃电极法

GB/T 11893—1989　水质　总磷的测定　钼酸铵分光光度法

GB/T 11894—1989　水质　总氮的测定　碱性过硫酸钾消解紫外分光光度法

GB/T 11901—1989　水质　悬浮物的测定　重量法

GB/T 11914—1989　水质　化学需氧量的测定　重铬酸盐法

GB/T 16488—1996　水质　石油类和动植物油的测定　红外光度法

GB/T 16157　固定污染源排气中颗粒物测定与气态污染物采样方法

HJ/T 42—1999　固定污染源排气中氮氧化物的测定　紫外分光光度法

HJ/T 55　大气污染物无组织排放监测技术导则

HJ/T 76　固定污染源排放烟气连续监测系统技术要求及检测方法

HJ/T 91　地表水和污水监测技术规范

HJ/T 195—2005　水质　氨氮的测定　气相分子吸收光谱法

HJ/T 199—2005　水质　总氮的测定　气相分子吸收光谱法

HJ/T 397　固定源废气监测技术规范

HJ/T 399—2007　水质　化学需氧量的测定　快速消解分光光度法

HJ 479—2009　环境空气　氮氧化物（一氧化氮和二氧化氮）的测定　盐酸萘乙

二胺分光光度法

HJ 535—2009　水质　氨氮的测定　纳氏试剂分光光度法

HJ 536—2009　水质　氨氮的测定　水杨酸分光光度法

HJ 537—2009　水质　氨氮的测定　蒸馏-中和滴定法

《污染源自动监控管理办法》（国家环境保护总局令　第28号）

《环境监测管理办法》（国家环境保护总局令　第39号）

3　术语和定义

下列术语和定义适用于本标准。

3.1　硝酸工业　nitric acid industry

指由氨和空气（或纯氧）在催化剂作用下制备成氧化氮气体，经水吸收制成硝酸或经碱液吸收生成硝酸盐产品的工业企业或生产设施。硝酸包括稀硝酸和浓硝酸，硝酸盐指硝酸钠、亚硝酸钠以及其他以氨和空气（或纯氧）为原料采用氨氧化法生产的硝酸盐。

3.2　现有企业　existing facility

指本标准实施之日前，已建成投产或环境影响评价文件已通过审批的硝酸工业企业或生产设施。

3.3　新建企业　new facility

指本标准实施之日起，环境影响评价文件通过审批的新建、改建和扩建硝酸工业建设项目。

3.4　公共污水处理系统　public wastewater treatment system

指通过纳污管道等方式收集废水，为两家以上排污单位提供废水处理服务并且排水能够达到相关排放标准要求的企业或机构，包括各种规模和类型的城镇污水处理厂、区域（包括各类工业园区、开发区、工业聚集地等）废水处理厂等，其废水处理程度应达到二级或二级以上。

3.5　直接排放　direct discharge

指排污单位直接向环境排放水污染物的行为。

3.6　间接排放　indirect discharge

指排污单位向公共污水处理系统排放水污染物的行为。

3.7　排水量　effluent volume

指生产设施或企业向企业法定边界以外排放的废水的量，包括与生产有直接或间接关系的各种外排废水（含厂区生活污水、冷却废水、厂区锅炉和电站排污水等）。

3.8　单位产品基准排水量　benchmark effluent volume per unit product

指用于核定水污染物排放浓度而规定的生产单位硝酸（100%）或硝酸盐产品的排水量上限值。

3.9 硝酸工业尾气 nitric acid plant tail gas

指吸收塔顶部或经进一步脱硝后由排气筒连续排放的尾气，其主要污染物是氮氧化物（NO_x），此处氮氧化物指一氧化氮（NO）和二氧化氮（NO_2），本标准以 NO_2 计。

3.10 标准状态 standard condition

指温度为 273.15 K，压力为 101 325 Pa 时的状态，简称“标态”。本标准规定的大气污染物排放浓度限值均以标准状态下的干气体为基准。

3.11 排气量 exhaust volume

指生产设施或企业通过排气筒向环境排放的工艺废气的量。

3.12 单位产品基准排气量 benchmark exhaust volume per unit product

指用于核定废气污染物排放浓度而规定的生产单位硝酸（100%）或硝酸盐产品的排气量上限值。

3.13 企业边界 enterprise boundary

指硝酸工业企业的法定边界。若无法定边界，则指企业的实际边界。

4 污染物排放控制要求

4.1 水污染物排放控制要求

4.1.1 自 2011 年 10 月 1 日起至 2013 年 3 月 31 日止，现有企业执行表 1 规定的水污染物排放限值。

表 1 现有企业水污染物排放限值

单位：mg/L（pH 值除外）

序号	污染物项目	排放限值		污染物排放监控位置
		直接排放	间接排放	
1	pH 值	6～9	6～9	企业废水总排放口
2	化学需氧量（COD_{Cr}）	80	150	
3	悬浮物	60	100	
4	石油类	5	8	
5	氨氮	15	25	
6	总氮	50	70	
7	总磷	0.5	1.0	
单位产品基准排水量/（m^3/t）		2.0		排水量计量位置与污染物排放监控位置相同

4.1.2 自 2013 年 4 月 1 日起，现有企业执行表 2 规定的水污染物排放限值。

4.1.3 自 2011 年 3 月 1 日起，新建企业执行表 2 规定的水污染物排放限值。

表 2　新建企业水污染物排放限值

单位：mg/L（pH 值除外）

序号	污染物项目	排放限值		污染物排放监控位置
		直接排放	间接排放	
1	pH 值	6～9	6～9	企业废水总排放口
2	化学需氧量（COD_{Cr}）	60	150	
3	悬浮物	50	100	
4	石油类	3	8	
5	氨氮	10	25	
6	总氮	30	70	
7	总磷	0.5	1.0	
单位产品基准排水量/（m^3/t）		1.5		排水量计量位置与污染物排放监控位置相同

4.1.4　根据环境保护工作的要求，在国土开发密度已经较高、环境承载能力开始减弱，或水环境容量较小、生态环境脆弱，容易发生严重水环境污染问题而需要采取特别保护措施的地区，应严格控制企业的污染排放行为，在上述地区的企业执行表 3 规定的水污染物特别排放限值。

执行水污染物特别排放限值的地域范围、时间，由国务院环境保护行政主管部门或省级人民政府规定。

表 3　水污染物特别排放限值

单位：mg/L（pH 值除外）

序号	污染物项目	排放限值		污染物排放监控位置
		直接排放	间接排放	
1	pH 值	6～9	6～9	企业废水总排放口
2	化学需氧量（COD_{Cr}）	50	60	
3	悬浮物	20	50	
4	石油类	3	3	
5	氨氮	8	10	
6	总氮	20	30	
7	总磷	0.5	0.5	
单位产品基准排水量/（m^3/t）		1.0		排水量计量位置与污染物排放监控位置相同

4.1.5　水污染物排放浓度限值适用于单位产品实际排水量不高于单位产品基准排水量的情况。若单位产品实际排水量超过单位产品基准排水量，须按式（1）将实测水污染物浓度换算为水污染物基准水量排放浓度，并以水污染物基准水量排放浓度作为

判定排放是否达标的依据。产品产量和排水量统计周期为一个工作日。

在企业的生产设施同时生产两种以上产品、可适用不同排放控制要求或不同行业国家污染物排放标准，且生产设施产生的污水混合处理排放的情况下，应执行排放标准中规定的最严格的浓度限值，并按式（1）换算水污染物基准水量排放浓度。

$$\rho_{基}=\frac{Q_{总}}{\sum Y_i \cdot Q_{i基}} \cdot \rho_{实} \tag{1}$$

式中：$\rho_{基}$ —— 水污染物基准水量排放浓度，mg/L；

$Q_{总}$ —— 实测排水总量，m^3；

Y_i —— 某种产品产量，t；

$Q_{i基}$ —— 某种产品的单位产品基准排水量，m^3/t；

$\rho_{实}$ —— 实测水污染物浓度，mg/L。

若 $Q_{总}$ 与 $\sum Y_i \cdot Q_{i基}$ 的比值小于 1，则以水污染物实测浓度作为判定排放是否达标的依据。

4.2 大气污染物排放控制要求

4.2.1 自 2011 年 10 月 1 日起至 2013 年 3 月 31 日止，现有企业执行表 4 规定的大气污染物排放限值。

表 4 现有企业大气污染物排放浓度限值

单位：mg/m^3

项目	排放限值	污染物排放监控位置
氮氧化物	500	车间或生产设施排气筒
单位产品基准排气量/（m^3/t）	3 400	硝酸工业尾气排放口 （排气量计量位置与污染物排放监控位置相同）

4.2.2 自 2013 年 4 月 1 日起，现有企业执行表 5 规定的大气污染物排放限值。

4.2.3 自 2011 年 3 月 1 日起，新建企业执行表 5 规定的大气污染物排放限值。

表 5 新建企业大气污染物排放浓度限值

单位：mg/m^3

项目	排放限值	污染物排放监控位置
氮氧化物	300	车间或生产设施排气筒
单位产品基准排气量/（m^3/t）	3 400	硝酸工业尾气排放口 （排气量计量位置与污染物排放监控位置相同）

4.2.4 根据环境保护工作的要求，在国土开发密度已经较高、环境承载能力开始减弱，

或大气环境容量较小、生态环境脆弱，容易发生严重大气环境污染问题而需要采取特别保护措施的地区，应严格控制企业的污染排放行为，在上述地区的企业执行表 6 规定的大气污染物特别排放限值。

执行大气污染物特别排放限值的地域范围、时间，由国务院环境保护行政主管部门或省级人民政府规定。

表 6　大气污染物特别排放限值

单位：mg/m³

项目	排放限值	污染物排放监控位置
氮氧化物	200	车间或生产设施排气筒
单位产品基准排气量/（m^3/t）	3 400	硝酸工业尾气排放口 （排气量计量位置与污染物排放监控位置相同）

4.2.5　企业边界大气污染物任何 1 h 平均浓度执行表 7 规定的限值。

表 7　企业边界大气污染物无组织排放限值

单位：mg/m³

污染物项目	浓度限值	监控位置
氮氧化物	0.24	企业边界

4.2.6　在现有企业生产、建设项目竣工环保验收后的生产过程中，负责监管的环境保护主管部门应对周围居住、教学、医疗等用途的敏感区域环境质量进行监测。建设项目的具体监控范围为环境影响评价确定的周围敏感区域；未进行过环境影响评价的现有企业，监控范围由负责监管的环境保护主管部门，根据企业排污的特点和规律及当地的自然、气象条件等因素，参照相关环境影响评价技术导则确定。地方政府应对本辖区环境质量负责，采取措施确保环境状况符合环境质量标准要求。

4.2.7　产生大气污染物的生产工艺和装置必须设立局部或整体气体收集系统和集中净化处理装置。所有排气筒高度应不低于 15 m。排气筒周围半径 200 m 范围内有建筑物时，排气筒高度还应高出最高建筑物 3 m 以上。

4.2.8　大气污染物排放浓度限值适用于单位产品实际排气量不高于单位产品基准排气量的情况。若单位产品实际排气量超过单位产品基准排气量，须将实测大气污染物浓度换算为大气污染物基准气量排放浓度，并以大气污染物基准气量排放浓度作为判定排放是否达标的依据。大气污染物基准气量排放浓度的换算，可参照采用水污染物基准水量排放浓度的计算公式。排气量统计周期为一个工作日。

5 污染物监测要求

5.1 污染物监测的一般要求

5.1.1 对企业排放废水和废气的采样，应根据监测污染物的种类，在规定的污染物排放监控位置进行。有废水、废气处理设施的，应在该设施后监控。在污染物排放监控位置应设置永久性排污口标志。

5.1.2 新建企业和现有企业安装污染物排放自动监控设备的要求，按有关法律和《污染源自动监控管理办法》的规定执行。

5.1.3 对企业污染物排放情况进行监测的频次、采样时间等要求，按国家有关污染源监测技术规范的规定执行。

5.1.4 企业产品产量的核定，以法定报表为依据。

5.1.5 企业必须按照有关法律和《环境监测管理办法》的规定，对排污状况进行监测，并保存原始监测记录。

5.2 水污染物监测要求

5.2.1 采样点的设置与采样方法按 HJ/T 91 的规定执行。

5.2.2 对企业排放水污染物浓度的测定采用表 8 所列的方法标准。

表 8 水污染物浓度测定方法标准

序号	污染物项目	方法标准名称	方法标准编号
1	pH 值	水质 pH 值的测定 玻璃电极法	GB/T 6920—1986
2	化学需氧量	水质 化学需氧量的测定 重铬酸盐法	GB/T 11914—1989
		水质 化学需氧量的测定 快速消解分光光度法	HJ/T 399—2007
3	悬浮物	水质 悬浮物的测定 重量法	GB/T 11901—1989
4	石油类	水质 石油类和动植物油的测定 红外光度法	GB/T 16488—1996
5	氨氮	水质 氨氮的测定 气相分子吸收光谱法	HJ/T 195—2005
		水质 氨氮的测定 纳氏试剂分光光度法	HJ 535—2009
		水质 氨氮的测定 水杨酸分光光度法	HJ 536—2009
		水质 氨氮的测定 蒸馏-中和滴定法	HJ 537—2009
6	总氮	水质 总氮的测定 碱性过硫酸钾消解紫外分光光度法	GB/T 11894—1989
		水质 总氮的测定 气相分子吸收光谱法	HJ/T 199—2005
7	总磷	水质 总磷的测定 钼酸铵分光光度法	GB/T 11893—1989

5.3 大气污染物监测要求

5.3.1 采样点的设置与采样方法按 GB/T 16157 和 HJ/T 76、HJ/T 397、HJ/T 55 的规定执行。

5.3.2 对企业排放大气污染物浓度的测定采用表 9 所列的方法标准。

表 9　大气污染物浓度测定方法标准

污染物项目	方法标准名称	方法标准编号
氮氧化物	环境空气　氮氧化物（一氧化氮和二氧化氮）的测定　盐酸萘乙二胺分光光度法	HJ 479—2009
	固定污染源排气中氮氧化物的测定　紫外分光光度法	HJ/T 42—1999

6　实施与监督

6.1　本标准由县级以上人民政府环境保护行政主管部门负责监督实施。

6.2　在任何情况下，企业均应遵守本标准的污染物排放控制要求，采取必要措施保证污染防治设施正常运行。各级环保部门在对企业进行监督性检查时，可以现场即时采样或监测的结果，作为判定排污行为是否符合排放标准以及实施相关环境保护管理措施的依据。在发现设施耗水或排水量、排气量有异常变化的情况下，应核定企业的实际产品产量、排水量和排气量，按本标准的规定，换算水污染物基准水量排放浓度和大气污染物基准气量排放浓度。

三

清洁生产标准

中华人民共和国国家环境保护标准

清洁生产标准　酒精制造业

Cleaner production standard
——Alcohol industry

HJ 581—2010

前　言

为贯彻《中华人民共和国环境保护法》和《中华人民共和国清洁生产促进法》，保护环境，为酒精制造业开展清洁生产提供技术支持和导向，制定本标准。

本标准规定了在达到国家和地方环境保护标准的基础上，根据当前的行业技术、装备水平和管理水平，酒精制造企业清洁生产的一般要求。本标准分为三级：一级代表国际清洁生产先进水平；二级代表国内清洁生产先进水平；三级代表国内清洁生产基本水平。随着技术的不断发展和进步，本标准将适时修订。

本标准为首次发布。

本标准由环境保护部科技标准司组织制订。

本标准起草单位：中国食品发酵工业研究院、中国环境科学研究院、中国酿酒工业协会酒精分会、安徽省环境科学研究院。

本标准环境保护部 2010 年 6 月 8 日批准。

本标准自 2010 年 9 月 1 日起实施。

本标准由环境保护部解释。

1　适用范围

本标准规定了酒精制造业清洁生产的一般要求。本标准将清洁生产标准指标分成五类，即生产工艺与装备要求、资源能源利用指标、污染物产生指标（末端处理前）、废物回收利用指标和环境管理要求。

本标准适用于以谷类、薯类、糖蜜为原料经发酵、蒸馏工艺生产酒精的酒精企业的清洁生产审核、清洁生产潜力与机会的判断、清洁生产绩效评定和清洁生产绩效公告制度，也适用于环境影响评价和排污许可证管理等环境管理制度。

2 规范性引用文件

本标准内容引用了下列文件中的条款。凡不注日期的引用文件，其有效版本适用于本标准。

GB 11914—89 水质 化学需氧量的测定 重铬酸盐法

GB 18599 一般工业固体废物贮存、处置场污染控制标准

GB/T 2589 综合能耗计算通则

GB/T 24001 环境管理体系 要求及使用指南

HJ/T 92—2002 水污染物排放总量监测技术规范

HJ/T 399—2007 水质 化学需氧量的测定 快速消解分光光度法

HJ/T 425—2008 清洁生产标准 制定技术导则

《清洁生产审核暂行办法》（国家发展和改革委员会、国家环境保护总局令 第16号）

3 术语和定义

下列术语和定义适用于本标准。

3.1 清洁生产 cleaner production

指不断采取改进设计、使用清洁的能源和原料、采用先进的工艺技术与设备、改善管理、综合利用等措施，从源头削减污染，提高资源利用效率，减少或者避免生产、服务和产品使用过程中污染物的产生和排放，以减轻或者消除对人类健康和环境的危害。

3.2 清洁生产标准 cleaner production standard

指依据生命周期分析原理，从生产工艺与装备、资源能源利用、产品、污染物产生、废物回收利用和环境管理六个方面，对行业的清洁生产水平给出阶段性的指标要求，指导企业清洁生产和污染的全过程控制。

注：引自《清洁生产标准 制定技术导则》（HJ/T 425—2008）

3.3 污染物产生指标（末端处理前） pollutants generation indicators（before end-of-pipe treatment）

即产污系数，指单位产品生产（或加工）过程中，产生污染物的量（末端处理前）。废水污染物产生指标指废水处理装置入口的废水量和污染物种类、单位产品污染物产生量或浓度。本标准废水污染物产生指标主要包括单位产品废水产生量、单位产品化学需氧量和单位产品酒精糟液产生量。

3.4 酒精制造业 alcohol industry

以谷类、薯类、糖蜜或其他生物质为原料，经发酵、蒸馏而生产食用酒精、工业酒精、燃料乙醇的工业。

4 规范性技术要求

4.1 指标分级

本标准给出了酒精制造企业生产过程清洁生产水平的三级技术指标：

一级：国际清洁生产先进水平；

二级：国内清洁生产先进水平；

三级：国内清洁生产基本水平。

4.2 指标要求

酒精制造企业的清洁生产指标要求见表 1。

表 1 酒精制造业清洁生产标准指标要求

清洁生产指标		一级	二级	三级
一、生产工艺与装备要求				
1. 发酵成熟醪酒精分（体积分数）/%	谷类	≥13	≥12	≥11
	薯类	≥12	≥11	≥10
	糖蜜	≥11	≥10	≥9
2. 清洗系统		自动清洗系统（CIP）		人工清洗
3. 蒸馏设备		差压蒸馏		常压蒸馏
二、资源能源利用指标				
1. 单位产品综合能耗（折合标准煤计算）/（kg/kL）	谷类	≤550	≤600	≤800
	薯类	≤500	≤550	≤650
	糖蜜	≤350	≤450	≤550
2. 单位产品耗电量/（kW·h/kL）	谷类	≤140	≤260	≤380
	薯类	≤120	≤150	≤170
	糖蜜	≤20	≤40	≤50
3. 单位产品取水量/（m^3/kL）	谷类	≤10	≤20	≤30
	薯类	≤10	≤20	≤30
	糖蜜	≤10	≤40	≤50
4. 糖分出酒率/%		≥53	≥50	≥48
5. 淀粉出酒率/%	谷类	≥55	≥53	≥52
	薯类	≥56	≥55	≥53
三、污染物产生指标（末端处理前）				
1. 单位产品废水产生量（m^3/kL）	谷类	≤10	≤15	≤20
	薯类	≤10	≤15	≤20
	糖蜜	≤10	≤20	≤30

清洁生产指标		一级	二级	三级
2．单位产品化学需氧量（COD）产生量/（kg/kL）	谷类	≤250	≤300	≤350
	薯类	≤250	≤300	≤350
	糖蜜	≤800	≤1 000	≤1 200
3．单位产品酒精糟液产生量/（m^3/kL）（综合利用前）	谷类	≤8	≤10	≤11
	薯类	≤8	≤10	≤11
	糖蜜	≤9	≤11	≤14
四、废物回收利用指标				
1．酒精糟液综合利用率/%		100		
2．冷却水循环利用率/%		≥95	≥90	≥80
五、环境管理要求				
1．环境法律法规标准		符合国家和地方有关法律、法规，污染物排放达到国家和地方排放标准、总量控制和排污许可证管理要求		
2．组织机构		建立健全专门环境管理机构，配备专职管理人员		
3．环境审核		按照GB/T 24001建立并有效运行环境管理体系，环境管理手册、程序文件及作业文件齐备，通过环境管理体系认证；按照《清洁生产审核暂行办法》的要求完成了清洁生产审核，并经省级环境保护行政主管部门评估验收，持续实施清洁生产		环境管理制度健全、原始记录及统计数据齐全有效；按照《清洁生产审核暂行办法》的要求完成了清洁生产审核，并经省级环境保护行政主管部门评估验收，持续实施清洁生产
4．生产过程环境管理		有原材料质检制度和原材料消耗定额管理制度，对能耗水耗有考核，对产品合格率有考核，各种人流、物流包括人的活动区域、物品堆存区域等有明显标识；管道、设备无跑、冒、滴、漏，有可靠的防范措施		
5．固体废物处理处置		采用符合国家规定的废物处置方法处置废物；一般固体废物按照GB 18599相关规定执行		
6．相关方环境管理		购买有资质的原材料供应商产品，对原材料供应商的产品质量、包装和运输环节提出环境管理要求		
注：单位产品指折算95%（体积分数）的酒精。				

5 数据采集和计算方法

5.1 采样和监测方法

本标准各项指标的采样和监测按照国家规定的监测方法执行，见表2。

废水污染物产生指标是指末端处理之前的指标，应分别在监测各个车间或装置后进行累计。所有指标均按采样次数的实测数据进行平均。

表 2　化学需氧量指标监测采样及分析方法

监测项目	测点位置	分析方法	监测及采样频次
化学需氧量	生产车间排放口或废水处理设施入口	《水质　化学需氧量的测定　重铬酸盐法》（GB 11914—89）	每半月监测一次，每次监测采样按照 HJ/T 92—2002 执行
		《水质　化学需氧量的测定　快速消解分光光度法》（HJ/T 399—2007）	
注：每次监测时须同时监测废水流量。			

5.2　统计方法

企业的原材料、新鲜水及能源消耗、产品产量等均以法定月报表或者年报表为准。所有公式中酒精产量统一折算成 95%（体积分数），一定计量时间指一个生产年度。

5.3　计算方法

5.3.1　单位产品综合能耗

综合能耗按式（1）计算：

$$E_{ui} = \frac{E_i}{Q} \tag{1}$$

式中：E_{ui} —— 生产每千升酒精的综合能耗（按标准煤折算），kg/kL；

E_i —— 在一定计量时间内综合能耗的消耗量（按标准煤折算），kg；

Q —— 同一计量时间内酒精产量，kL。

注：综合能耗是在一定计量时间内，对实际消耗的各种能源实物量按规定的计算方法和单位分别折算为一次能源后的总和。综合能耗主要包括一次能源（如煤、石油、天然气等）、二次能源（如蒸汽、电力等）和直接用于生产的能耗工质（如冷却水、压缩空气等），但不包括用于动力消耗（如发电、锅炉等）的能耗工质，具体综合能耗按照 GB/T 2589 计算。

5.3.2　单位产品耗电量

生产每千升酒精消耗的电量，按式（2）计算：

$$W = \frac{W_t}{Q} \tag{2}$$

式中：W —— 每千升酒精耗电量，kW·h/kL；

W_t —— 在一定计量时间内酒精生产耗电量，kW·h；

Q —— 同一计量时间内酒精产量，kL。

5.3.3 单位产品取水量

生产每千升酒精需要从各种水源所取得的水量，按式（3）计算：

$$V_{ui}=\frac{V_i}{Q} \tag{3}$$

式中：V_{ui} —— 生产千升酒精的取水量，m^3/kL；

V_i —— 在一定计量时间内酒精生产取水量，m^3；

Q —— 同一计量时间内酒精产量，kL。

5.3.4 糖分出酒率

若干重量糖分生产95%（体积分数）酒精产量的百分率，按式（4）计算：

$$R_d=\frac{Q}{D_a}\times 100\% \tag{4}$$

式中：R_d —— 糖分出酒率，%；

D_a —— 在一定计量时间内消耗的原料糖分的总量，t；

Q —— 同一计量时间内酒精产量，t。

5.3.5 淀粉出酒率

若干重量淀粉生产95%（体积分数）酒精产量的百分率，按式（5）计算：

$$R_s=\frac{Q}{S_a}\times 100\% \tag{5}$$

式中：R_s —— 淀粉出酒率，%；

S_a —— 在一定计量时间内消耗的原料淀粉的总量，t；

Q —— 同一计量时间内酒精产量，t。

5.3.6 单位产品废水产生量

废水产生量以单位产品的废水产生量来表示，按式（6）计算：

$$V_p=\frac{V_w}{Q} \tag{6}$$

式中：V_p —— 废水产生量，m^3/kL；

V_w —— 在一定计量时间内废水产生量，m^3；

Q —— 同一计量时间内酒精产量，kL。

5.3.7 单位产品化学需氧量（COD）产生量

化学需氧量（COD）产生量以单位产品生产过程中产生废水中的化学需氧量（COD），按式（7）计算：

$$C = \frac{C_D \times V_w \times 10^{-3}}{Q} \tag{7}$$

式中：C —— 化学需氧量（COD）产生量，kg/kL；

C_D —— 在一定计量时间内废水中 COD 平均质量浓度，mg/L；

V_w —— 同一计量内废水产生量，m^3；

Q —— 同一计量时间内酒精产量，kL。

5.3.8　单位产品酒精糟液产生量

单位产品酒精糟液产生量，按式（8）计算：

$$R_j = \frac{V_e}{Q} \tag{8}$$

式中：R_j —— 酒精糟液产生量，m^3/kL；

V_e —— 在一定计量时间内酒精糟液产生总量，m^3；

Q —— 同一计量时间内酒精产量，kL。

5.3.9　酒精糟液综合利用率

单位产品产生糟液的综合利用量与产生总量之比，按式（9）计算：

$$R_z = \frac{R_u}{R_j} \times 100\% \tag{9}$$

式中：R_z —— 酒精糟液综合利用率，%；

R_u —— 在一定计量时间内单位产品产生糟液的综合利用量，m^3/kL；

R_j —— 同一计量时间内单位产品糟液产生总量，m^3/kL。

5.3.10　冷却水循环利用率

在一定时间内，酒精生产的冷却水重复利用水量总和与取冷却水量和冷却水重复利用水量总和之比的百分率。按式（10）计算：

$$R = \frac{V_r}{V_i + V_r} \times 100\% \tag{10}$$

式中：R —— 冷却水循环利用率，%；

V_r —— 在一定计量时间内冷却水重复用水量，m^3；

V_i —— 同一计量时间内冷却水取水量，m^3。

6　标准的实施

本标准由县级以上人民政府环境保护行政主管部门负责监督实施。

中华人民共和国国家环境保护标准

清洁生产标准　铜冶炼业

Cleaner production standard—Copper smelting industry

HJ 558—2010

前　言

为贯彻《中华人民共和国环境保护法》和《中华人民共和国清洁生产促进法》，保护环境，为铜冶炼企业开展清洁生产提供技术支持和导向，制定本标准。

本标准规定了在达到国家和地方污染物排放标准的基础上，根据当前的行业技术、装备水平和管理水平，铜冶炼企业清洁生产的一般要求。本标准分为三级，一级代表国际清洁生产先进水平，二级代表国内清洁生产先进水平，三级代表国内清洁生产基本水平。随着技术的不断进步和发展，本标准将适时修订。

本标准为首次发布。

本标准由环境保护部科技标准司组织制订。

本标准起草单位：湖南有色金属研究院、中国环境科学研究院。

本标准环境保护部 2010 年 2 月 1 日批准。

本标准自 2010 年 5 月 1 日起实施。

本标准由环境保护部解释。

1　适用范围

本标准规定了铜冶炼业清洁生产的一般要求。本标准将清洁生产标准指标分成六类，即生产工艺与装备要求、资源能源利用指标、产品指标、污染物产生指标（末端处理前）、废物回收利用指标和环境管理要求。

本标准适用于以硫化铜精矿为主要原料的铜的火法冶炼企业（不包括以废杂铜为主要原料的铜冶炼企业，也不包括湿法冶炼铜的企业）的清洁生产审核、清洁生产潜力与机会的判断，以及清洁生产绩效评定和清洁生产绩效公告制度，也适用于环境影响评价、排污许可证管理等环境管理制度。

2　规范性引用文件

本标准内容引用了下列文件中的条款。凡是不注日期的引用文件，其有效版本适

用于本标准。

GB 11914—89 水质 化学需氧量的测定 重铬酸盐法

GB 18599—2001 一般工业固体废物贮存、处置场污染控制标准

GB 18597—2001 危险废物贮存污染控制标准

GB 21248—2007 铜冶炼企业单位产品能源消耗限额

GB/T 534—2002 工业硫酸

GB/T 16157—1996 固定污染源排气中颗粒物测定与气态污染物采样方法

GB/T 24001 环境管理体系 要求及使用指南

HJ/T 56—2000 固定污染源排气中二氧化硫的测定 碘量法

HJ/T 57—2000 固定污染源排气中二氧化硫的测定 定电位电解法

YS/T 70—2001 粗铜

YS/T 441.1—2001 有色金属平衡管理规范 铜选矿冶炼部分

《清洁生产审核暂行办法》（国家发展和改革委员会、国家环境保护总局令 2004年 第16号）

《铜冶炼行业准入条件》（国家发展和改革委员会公告 2006年 第40号）

《污染源自动监控管理办法》（国家环境保护总局令 第28号）

3 术语和定义

下列术语和定义适用本标准。

3.1 清洁生产 cleaner production

指不断采取改进设计、使用清洁的能源和原料、采用先进的工艺技术与设备、改善管理、综合利用等措施，从源头削减污染，提高资源利用效率，减少或者避免生产、服务和产品使用过程中污染物的产生和排放，以减轻或者消除对人类健康和环境的危害。

3.2 熔炼 smelting procedure

指将含铜精矿，配入适当数量的熔剂、返尘、燃料，送入空气或富氧空气，将物料熔化，氧气与精矿内元素发生一系列复杂的物理和化学反应，产生含二氧化硫（SO_2）烟气、铜锍（冰铜）及炉渣的过程。

3.3 吹炼 blowing procedure

指通过向铜锍中鼓入空气或富氧空气，将其中的铁、硫及其他有害杂质氧化除去以获得粗铜，并将贵金属富集到粗铜中的冶金过程。

3.4 火法精炼 pyro-refining procedure

指以粗铜为原料，在高温下向铜熔体中鼓入空气，使铜熔体的杂质与空气中的氧发生氧化反应，以金属氧化物的形态进入渣中，然后用碳氢还原剂将熔解在铜中的氧除去，最后浇铸成合格阳极的冶金过程。

3.5　闪速熔炼　flash smelting

指将粒径很小有巨大比表面积的干燥硫化铜精矿和富氧空气，喷入高温反应空间，使悬浮在氧化空气中的铜精矿颗粒在高温下迅速完成冶金反应，产生铜锍、炉渣和含二氧化硫的烟气的冶金过程。

3.6　熔池熔炼　bath smelting

指将细小硫化铜精矿加入熔体的同时，向熔体鼓入空气或富氧空气，进行熔炼的冶金过程。

3.7　污染物产生指标（末端处理前）pollutants generation indicators（before end-of-pipe treatment）

即产污系数，指单位产品的生产（或加工）过程中，产生污染物的量（末端处理前）。本标准主要是水污染物和大气污染物产生指标。水污染物产生指标包括污水处理装置入口的污水量和污染物种类、单位产品污染物产生量或浓度，主要为铜冶炼过程中废水中的化学需氧量的产生量。大气污染物产生指标包括废气处理装置入口的废气量和污染物种类、污染物产生量或浓度，主要包括二氧化硫、烟尘和工业粉尘。

4　规范性技术要求

4.1　指标分级

本标准共给出了铜冶炼企业生产过程中清洁生产水平的三级技术指标：

一级：国际清洁生产先进水平；

二级：国内清洁生产先进水平；

三级：国内清洁生产基本水平。

4.2　指标要求

铜冶炼企业清洁生产技术指标要求见表 1。

表 1　铜冶炼企业清洁生产技术指标要求

清洁生产指标等级		一级	二级	三级
一、生产工艺与装备要求				
1．主体冶炼工艺		采用富氧闪速熔炼或富氧熔池熔炼工艺		采用不违背《铜冶炼行业准入条件》的冶炼工艺
熔炼工序	最终弃渣含铜/%	≤0.6	≤0.7	≤0.8
	烟气二氧化硫（SO_2）含量/%	≥20	≥10	≥6
吹炼工序	粗铜含硫/%	≤0.1	≤0.2	≤0.4
	炉龄/d	≥240	≥150	≥80

清洁生产指标等级				一级	二级	三级
精炼工序	反射炉	精炼周期/h		≤10	≤15	≤20
		大修炉龄/a		≥10	≥8	≥4
		渣率	燃油/%	≤1.0	≤2.5	≤4.5
			燃煤/%	≤2.5	≤4	≤8
	回转炉	精炼周期/h		≤6	≤8	≤12
		渣率	燃油/%	≤3	≤4.5	≤6
2．制酸工艺				二转二吸（或三转三吸），转化率≥99.8%	二转二吸（或三转三吸），转化率≥99.6%	二转二吸（或三转三吸）或其他符合国家产业政策的工艺，转化率≥99.5%
3．生产规模（单系统）/万 t				≥12		≥10
4．废气的收集与处理				炉体密闭化，具有防止废气逸出措施。在易产生废气无组织排放的位置设有废气收集装置，并配套净化设施		
5．备料				采用封闭式或防扬散贮存，贮存仓库配通风设施；采用带式输送机输送，全封闭式输送廊道或采用其他全封闭式输送装置输送		
二、资源能源利用指标						
1. 单位产品工艺能耗	粗铜（折标准煤）/（kg/t）			≤330	≤410	≤500
	阳极铜（折标准煤）/（kg/t）			≤380	≤460	≤550
2. 单位产品综合能耗	粗铜（折标准煤）/（kg/t）			≤340	≤430	≤530
	阳极铜（折标准煤）/（kg/t）			≤390	≤480	≤580
3. 铜回收率	铜冶炼总回收率/%			≥97.5		≥97
	粗铜冶炼回收率/%			≥98.5		≥98
4. 硫的回收	硫的总捕集率/%			≥98.5		≥98
	硫的回收率/%			≥97	≥96.5	≥96
5．耐火材料单耗/（kg/t 粗铜）				≤10	≤15	≤50
6．单位产品新水耗量/（t/t）				≤20	≤23	≤25
三、产品指标						
1．粗铜中杂质含量				达到 YS/T 70—2001 一级品要求	达到 YS/T 70—2001 二级品要求	
2．硫酸中的汞、砷含量				达到 GB/T 534 优等品要求	达到 GB/T 534 一等品要求	
四、污染物产生指标（末端处理前）						

清洁生产指标等级			一级	二级	三级
1．废水	单位产品废水产生量/（m^3/t）		≤15	≤18	≤20
	单位产品化学需氧量的产生量/（g/t）	闪速熔炼	≤3 500	≤4 000	≤5 500
		熔池熔炼	≤700	≤900	≤1 100
2．废气	单位产品废气产生量/（m^3/t）		≤15 000	≤20 000	≤22 000
	单位产品二氧化硫（SO_2）产生量（制酸后）/（kg/t）		≤12	≤16	≤20
	单位产品烟尘产生量/（kg/t）	闪速熔炼	≤200	≤280	≤320
		熔池熔炼	≤50	≤60	≤80
	单位产品工业粉尘产生量/（kg/t）	闪速熔炼	≤15	≤18	≤22
		熔池熔炼	≤7	≤9	≤10
	单位产品铅产生量/（g/t）	闪速熔炼	≤80		
		熔池熔炼	≤190		
	单位产品砷产生量/（g/t）		≤1 100		
五、废物回收利用指标					
1．工业用水重复利用率/%			≥97	≥96	≥95
2．固体废物综合回收利用率/%			≥95	≥90	≥85
3．熔炼弃渣			全部综合利用。可作为建筑材料或采矿巷道回填等用		
4．炉渣			未达到弃渣要求的炉渣，在各冶炼厂返回熔炼炉，或送选矿厂选铜精矿		
5．废弃耐火材料			进行专门处理，回收铜、镁等		
6．烟尘			回收治理		
7．生产作业面废水			处理后回用		进入废水处理系统
8．生产区初期雨水			处理后回用	进入废水处理系统	
六、环境管理要求					
1．环境法律法规标准			符合国家和地方有关环境法律、法规，污染物排放达到国家排放标准、总量控制和排污许可证管理要求		
2．组织机构			设专门环境管理机构和专职管理人员		
			健全、完善并纳入日常管理		
3．环境审核			按照“清洁生产审核暂行办法”的要求进行了清洁生产审核，审核方案全部实施并经省级环境保护主管部门进行验收；按照 GB/T 24001 建立并有效运行环境管理体系，环境管理手册、程序文件及作业文件齐备		按照“清洁生产审核暂行办法”的要求进行了清洁生产审核，审核方案全部实施并经省级环境保护主管部门进行验收；对运营过程中环境因素进

清洁生产指标等级		一级	二级	三级
				行控制，有严格的操作规程，建立相关方管理程序、清洁生产审核制度和环境管理制度
4. 生产过程环境管理	原料用量及质量	规定严格的检验、计量控制措施		
	生产设备的使用、维护、检修管理制度	有完善的管理制度，并严格执行		
	生产工艺用水、电、气管理	所有环节安装计量仪表进行计量，并制定严格定量考核制度		对主要环节安装计量仪表进行计量，并制定定量考核制度
	环保设施管理	记录运行数据并建立环保档案		
	污染源监测系统	按照《污染源自动监控管理办法》的规定，安装污染物排放自动监控设备，并保证设备正常运行，自动检测数据应与地方环境保护主管部门或环保部检测数据网络连接，实时上报		
5. 固体废物处理处置		一般固体废物按照 GB 18599 的相关规定进行妥善处理；对危险废物（主要指酸泥、阳极泥及废水处理沉淀渣）严格按照 GB 18597 的相关规定进行危险废物管理，交由持有危险废物经营许可证的单位进行处理；还应制定并向所在地县级以上地方人民政府环境行政主管部门备案危险废物管理计划（包括减少危险废物产生量和危害性的措施以及危险废物贮存、利用、处置措施），向所在地县级以上地方人民政府环境保护行政主管部门申报危险废物产生种类、产生量、流向、贮存、处置等有关资料。应针对危险废物的产生、收集、贮存、运输、利用、处置，制定意外事故防范措施和应急预案，并向所在地县级以上地方人民政府环境保护行政主管部门备案		
6. 相关方环境管理		对原材料供应方、生产协作方、相关服务方提出环境管理要求		

5 数据采集和计算方法

5.1 采样和监测方法

本标准各项指标的采样和监测按照国家标准监测方法执行，见表 2。废气和废水污染物产生指标是指末端处理之前的指标，应分别在监测各个车间或装置后进行累计，所有指标均按采样次数的实测数据进行平均。

表 2　污染物指标监测采样及分析方法

污染源类型	监测项目	测点位置	监测采样及分析方法	监测频次，测试条件及要求
废水污染源	化学需氧量（COD）	废水处理站入口	水质　化学需氧量的测定　重铬酸盐法（GB 11914—89）	正常生产工况下，每季度采样一次，每次至少采集三组以上样品
废气污染源	烟尘	熔炼车间 吹炼车间	固定污染源排气中颗粒物测定与气态污染物采样和分析方法（GB/T 16157—1996）	每季度采样一次，每次连续，每天在正常运行下分别检测
	工业粉尘	熔炼车间 吹炼车间	固定污染源排气中颗粒物测定与气态污染物采样和分析方法（GB/T 16157—1996）	
	二氧化硫（SO_2）	熔炼车间 吹炼车间	固定污染源排气中二氧化硫的测定　碘量法（HJ/T 56—2000） 固定污染源排气中二氧化硫的测定　定电位电解法（HJ/T 57—2000）	
注：采用计算的污染物平均浓度应为每次实测浓度的废水流量的加权平均值。				

5.2　统计核算

企业的烟气二氧化硫（SO_2）含量、新鲜水及能源消耗、产品产量等均以法定月报表或者年报表为准。污染物产生指标以监测的年日均值进行核算。单位产品新水耗量数据可按日均值统计。

5.3　计算方法

5.3.1　最终弃渣含铜

一定计量时间内（一般为一年），熔炼工序产生的最终弃渣平均含铜率，按式（1）或式（2）计算：

$$Z = \frac{M_S}{Z_0} \times 100\% \qquad (1)$$

式中：Z —— 在一定计量时间内（一般为一年，以下同），熔炼工序最终弃渣平均含铜率，%；

M_S —— 同一计量时间内，全部弃渣带走的金属铜总量，t；

Z_0 —— 同一计量时间内，所排放的总渣量，t。

$$Z=\frac{\sum_{k=1}^{m}Z_k}{m} \qquad (2)$$

式中：Z —— 在一定计量时间内，熔炼工序最终弃渣平均含铜率，%；

Z_k —— 同一计量时间内，第 k 次测定的含铜率，%；

m —— 同一计量时间内，所测定的总次数。

5.3.2　烟气二氧化硫（SO_2）含量

铜精矿熔炼过程中，熔炼炉出炉烟气中二氧化硫（SO_2）含量，按式（3）计算：

$$S_{\mathrm{I}}=\frac{V_{\mathrm{S}}}{V_{\mathrm{C}}}\times100\% \qquad (3)$$

式中：S_{I} —— 熔炼炉出口二氧化硫（SO_2）的含量，%；

V_{S} —— 熔炼炉出口二氧化硫（SO_2）的体积（标态），m^3；

V_{C} —— 熔炼炉出口气体的体积（标态），m^3。

5.3.3　粗铜含硫

粗铜中硫百分比，按式（4）计算：

$$S_{\mathrm{O}}=\frac{M_{\mathrm{S}}}{M_{\mathrm{t}}}\times100\% \qquad (4)$$

式中：S_{O} —— 粗铜中的含硫率，%；

M_{S} —— 粗铜的含硫量，t；

M_{t} —— 粗铜的总质量，t。

5.3.4　精炼渣率

精炼工序中的产生渣量对于加入原料量的百分比，按式（5）计算：

$$Z_{\mathrm{I}}=\frac{Z_{\mathrm{S}}}{Z_{\mathrm{t}}}\times100\% \qquad (5)$$

式中：Z_{I} —— 精炼的产渣率，%；

Z_{S} —— 精炼过程产渣量，t；

Z_{t} —— 精炼过程加料的总质量，t。

5.3.5　单位产品工艺能耗

某工艺（工序）生产过程中生产单位合格产品消耗的能源量，按式（6）计算：

$$E_{\mathrm{I}}=\frac{M_{\mathrm{H}}}{P_{\mathrm{Z}}} \qquad (6)$$

式中：E_{I} —— 某产品工艺（工序）能源单耗（折标准煤），kg/t；

M_{H} —— 某工序直接消耗的各种能源实物量折标准煤之和，kg；

P_Z—— 某工序产出的合格产品（粗铜或阳极铜）总量，t。

注 1：粗铜工艺（铜精矿—粗铜）产品能耗计算范围：包括熔炼工序、吹炼工序和车间、分厂内部的直接辅助能耗分摊量。计算过程参见 GB 21248—2007。

注 2：阳极铜工艺（铜精矿—阳极铜）产品能耗计算范围：包括熔炼工序、吹炼工序或熔炼吹炼连续工序、火法精炼工序和车间、分厂内部的直接辅助能耗分摊量。计算过程参见 GB 21248—2007。

5.3.6 单位产品综合能耗

工艺能源单耗与工艺产品辅助能耗及损耗分摊量之和，按式（7）计算：

$$E_Z = E_I + E_F \tag{7}$$

式中：E_Z—— 某产品综合能源单耗（折标准煤），kg/t;

E_I—— 某产品工艺（工序）能源单耗（折标准煤），kg/t;

E_F—— 某产品间接辅助能耗及损耗分摊量（折标准煤），kg/t。

注 1：粗铜工艺（铜精矿—粗铜）产品能耗计算范围：包括熔炼工序、吹炼工序和车间、分厂内部的直接辅助能耗分摊量。计算过程参见 GB 21248—2007。

注 2：阳极铜工艺（铜精矿—阳极铜）产品能耗计算范围：包括熔炼工序、吹炼工序或熔炼吹炼连续工序、火法精炼工序和车间、分厂内部的直接辅助能耗分摊量。计算过程参见 GB 21248—2007。

5.3.7 铜冶炼总回收率

火法精炼最终产品（阳极铜）含铜量相对于投入铜冶炼生产的铜精矿原料含铜量与回收品含铜量差值的百分比，按式（8）计算：

$$N_C = \frac{M_{yj}}{M_O - M_u} \times 100\% \tag{8}$$

式中：N_C—— 铜冶炼系统铜的回收率，%;

M_{yj}—— 阳极铜含铜量，t;

M_O—— 投入粗铜生产的铜原料含铜量，t;

M_u—— 回收品含铜量，t。

5.3.8 粗铜冶炼回收率

粗铜中含铜量相对于投入粗铜生产的铜原料量与回收品含铜量差值的百分比，按式（9）计算：

$$N_P = \frac{M_h}{M_O - M_f} \times 100\% \tag{9}$$

式中：N_P—— 粗铜冶炼的回收率，%;

M_h—— 粗铜中含铜量，t;

M_O—— 投入粗铜生产的铜原料含铜量，t；

M_f—— 回收品含铜量，t。

5.3.9 硫的总捕集率

原料中的含硫总量减去无组织排放和通过尾气排放的硫总量的差值与原料中含硫总量的百分比，按式（10）计算：

$$S_d = \frac{S_a - (S_w + S_x)}{S_a} \times 100\% \qquad (10)$$

式中：S_d—— 硫的总捕率，%；

S_a—— 原料中的含硫总量，t；

S_w—— 无组织排放的硫量，t；

S_x—— 通过尾气排放的硫量，t。

5.3.10 硫的回收率

形成产品的工业硫酸、硫酸铵、硫酸铜等产品含硫量与冶炼过程中原料含硫量的百分比，按式（11）计算：

$$S_h = \frac{S_c}{S_m} \times 100\% \qquad (11)$$

式中：S_h—— 硫的回收率，%；

S_c—— 形成含硫产品的含硫总量，t；

S_m—— 投入原料的含硫量，t。

5.3.11 耐火材料单耗

产出一吨粗铜消耗的耐火材料（含镁砖、铬砖等）量，按式（12）计算：

$$M_{gd} = \frac{M_{gx}}{M_c} \qquad (12)$$

式中：M_{gd}—— 在一定计量时间内，耐火材料单耗，kg/t；

M_{gx}—— 同一计量时间内，耐火材料消耗量，kg；

M_c—— 同一计量时间内，粗铜的产量，t。

5.3.12 单位产品新水耗量

产出一吨最终产品消耗的新水。新水指从各种水源取得的水量，用于供给企业用水的源水水量。各种水源包括取自地表水（以净水厂供水计量）、地下水、城镇供水工程以及企业从市场购得的其他水或水的产品（如蒸汽、热水、地热水等）。不包括企业自取的海水和苦咸水等以及企业为外供给市场的水的产品（如蒸汽、热水、地热水等），按式（13）计算：

$$V_{uj} = \frac{V_j}{Q} \quad (13)$$

式中：V_{uj} —— 生产每吨阳极铜的取水量，m^3/t；

V_j —— 同一计量时间内，铜冶炼生产取水量，m^3；

Q —— 同一计量时间内，阳极铜产量，t。

5.3.13 单位产品废水产生量

铜冶炼生产的全过程中，生产每吨阳极铜产生的废水量，按式（14）计算：

$$V = \frac{V_g}{Q} \quad (14)$$

式中：V —— 生产每吨阳极铜产生的废水量，m^3/t；

V_g —— 同一计量时间内，废水产生量，m^3；

Q —— 同一计量时间内，阳极铜产量，t。

5.3.14 单位产品化学需氧量（COD）产生量

铜冶炼生产的全过程中，生产每吨阳极铜的 COD 产生量，按式（15）计算：

$$C_D = \frac{\sum_{i=1}^{n}(C_i \times V_i)}{Q} \quad (15)$$

式中：C_D —— 生产每吨阳极铜的 COD 产生量，g/t；

C_i —— 在一定计量时间内，铜冶炼生产过程第 i 个工序产生的 COD 的测量均值，g/m^3；

V_i —— 同一计量时间内，铜冶炼生产过程第 i 个工序废水量的平均值，m^3；

Q —— 同一计量时间内，阳极铜产量，t；

n —— 阳极铜的生产工序数，个。

5.3.15 单位产品废气产生量

铜冶炼生产的全过程中，生产每吨阳极铜的废气产生量，按式（16）计算：

$$L = \frac{L_g}{Q} \quad (16)$$

式中：L —— 生产每吨阳极铜产生的废气量，m^3/t；

L_g —— 同一计量时间内，废气产生量，m^3；

Q —— 同一计量时间内，阳极铜产量，t。

5.3.16 单位产品二氧化硫产生量

铜冶炼生产的全过程中，生产每吨阳极铜的 SO_2 产生量，按式（17）计算：

$$S_D = \frac{\sum_{j=1}^{n}(S_j \times V_j)}{Q} \tag{17}$$

式中：S_D—— 生产每吨阳极铜的 SO_2 产生量，kg/t；

S_j—— 在一定计量时间内，铜冶炼生产过程第 j 个工序产生的 SO_2 的测量均值，kg/m^3；

V_j—— 同一计量时间内，铜冶炼生产过程第 j 个工序废气量的平均值，m^3；

Q—— 同一计量时间内，阳极铜产量，t；

n—— 阳极铜的生产工序数，个。

注：单位产品烟尘产生量、单位产品工业粉尘产生量、单位产品铅产生量、单位产品砷产生量计算方法参照单位产品二氧化硫产生量指标。

5.3.17 工业用水重复利用率

在一定的计量时间（年）内，生产过程中使用的重复利用水量与总用水量之比，按式（18）计算：

$$R_W = \frac{V_r}{V_r + V_i} \times 100\% \tag{18}$$

式中：R_W—— 工业用水重复利用率，%；

V_r—— 一定计量时间内，生产全过程重复用水量，包括净循环水、浊循环水、复用水及其他重复利用水，m^3；

V_i—— 同一计量时间内，企业生产全过程取用新鲜水总量，m^3。

5.3.18 固体废物综合回收利用率

在一定计量时间（一般为一年）内阳极铜生产全过程年废物利用量占废物产生总量的比率，按式（19）计算：

$$R_R = \frac{P_R}{S_R} \times 100\% \tag{19}$$

式中：R_R—— 废物回收利用率，%；

P_R—— 同一计量时间内，企业年废物利用量，t；

S_R—— 同一计量时间内，阳极铜生产全过程废物产生总量，t。

6 标准的实施

本标准由县级以上人民政府环境保护行政主管部门负责监督实施。

中华人民共和国国家环境保护标准

清洁生产标准　铜电解业

Cleaner production standard—Copper electrolytic industry

HJ 559—2010

前　言

为贯彻《中华人民共和国环境保护法》和《中华人民共和国清洁生产促进法》，为铜电解企业开展清洁生产提供技术支持和导向，制定本标准。

本标准规定了在达到国家和地方污染物排放标准的基础上，根据当前的行业技术、装备水平和管理现状，提出了铜电解企业清洁生产的一般要求。本标准分三级，一级代表国际清洁生产先进水平，二级代表国内清洁生产先进水平，三级代表国内清洁生产基本水平。随着技术的不断进步和发展，本标准将适时修订。

本标准为首次发布。

本标准由环境保护部科技标准司组织制订。

本标准起草单位：湖南有色金属研究院、中国环境科学研究院。

本标准环境保护部 2010 年 2 月 1 日批准。

本标准自 2010 年 5 月 1 日起实施。

本标准由环境保护部解释。

1　适用范围

本标准规定了铜电解业清洁生产的一般要求。本标准将清洁生产标准指标分成六类，即生产工艺与装备要求、资源能源利用指标、产品指标、污染物产生指标（末端处理前）、废物回收利用指标和环境管理要求。

本标准适用于铜电解企业的清洁生产审核、清洁生产潜力与机会的判断，以及清洁生产绩效评定和清洁生产绩效公告制度，也适用于环境影响评价、排污许可证管理等环境管理制度。

2　规范性引用文件

本标准内容引用了下列文件中的条款。凡是不注日期的引用文件，其有效版本适用于本标准。

GB 7475—87　水质　铜、锌、铅、镉的测定　原子吸收分光光度法

GB 7485—87　水质　总砷的测定　二乙基二硫代氨基甲酸银分光光度法

GB 11912—89　水质　镍的测定　火焰原子吸收分光光度法

GB 11914—89　水质　化学需氧量的测定　重铬酸盐法

GB 18597　危险废物贮存污染控制标准

GB 18599　一般工业固体废物贮存、处置场污染控制标准

GB 21248　铜冶炼企业单位产品能源消耗限额

GB/T 467—1997　阴极铜

GB/T 534—2002　工业硫酸

GB/T 2589　综合能耗计算通则

GB/T 4920—85　硫酸浓缩尾气硫酸雾的测定　铬酸钡比色法

GB/T 24001　环境管理体系　要求及使用指南

《铜冶炼行业准入条件》（国家发展和改革委员会公告　2006年　第40号）

《污染源自动监控管理办法》（国家环境保护总局令　第28号）

《清洁生产审核暂行办法》（国家发展和改革委员会、国家环境保护总局令　2004年　第16号）

3　术语和定义

下列术语和定义适用于本标准。

3.1　清洁生产　cleaner production

指不断采取改进设计、使用清洁的能源和原料、采用先进的工艺技术与设备、改善管理、综合利用等措施，从源头削减污染，提高资源利用效率，减少或者避免生产、服务和产品使用过程中污染物的产生和排放，以减轻或者消除对人类健康和环境的危害。

3.2　污染物产生指标（末端处理前）　pollutants generation indicators（before end-of-pipe treatment）

即产污系数，指单位产品生产（或加工）过程中，产生污染物的量（末端处理前）。包括废水产生量、废气产生量和固体废物产生量等指标。废水产生量是指污水处理装置入口的污水量和污染物种类、单位产品污染物产生量或浓度。废气产生量是指废气处理装置入口的废气量和污染物种类、单位产品污染物产生量或浓度。

3.3　铜电解精炼　electrolytic refining of copper

指利用铜和杂质的电位序不同，在直流电的作用下，阳极上的铜既能电化溶解，又能在阴极上电化析出，而杂质部分进入电解液，部分进入阳极泥的过程。

4　规范性技术要求

4.1　指标分级

本标准给出了铜电解企业生产过程中清洁生产水平的三级技术指标：

一级：国际清洁生产先进水平；

二级：国内清洁生产先进水平；

三级：国内清洁生产基本水平。

4.2　指标要求

铜电解业清洁生产指标要求见表 1。

表 1　铜电解业清洁生产指标要求

<table>
<tr><td colspan="2">清洁生产指标等级</td><td>一级</td><td>二级</td><td>三级</td></tr>
<tr><td colspan="5">一、生产工艺与装备要求</td></tr>
<tr><td rowspan="5">1．备料工艺与装备</td><td>电解槽</td><td>无衬聚合物混凝土电解槽</td><td colspan="2">混凝土结构，内衬软聚氯乙烯塑料、玻璃钢或 HDPE 膜防腐</td></tr>
<tr><td>阴极技术</td><td colspan="2">永久不锈钢</td><td>Cu 始极片</td></tr>
<tr><td>硫酸等辅料的贮存、输送与投放</td><td colspan="3">硫酸的输送和贮存符合 GB/T 534—2002 规定，加入量有仪表控制；电解铜工艺作业场所设置强制通风设施；工作现场备有应急水源；有事故应急预案</td></tr>
<tr><td>压滤设备</td><td colspan="3">选用能满足企业正常生产的浆泵；高压隔膜压滤机</td></tr>
<tr><td>防腐防渗措施</td><td colspan="3">生产车间地面采取防渗、防漏和防腐措施；车间内墙面和天花板采取防腐措施；电解液储槽及污水系统具备防腐防渗措施</td></tr>
<tr><td rowspan="2">2．剥离工艺与装备</td><td>剥离方式</td><td colspan="2">机械化自动剥离</td><td>手工剥离</td></tr>
<tr><td>包装、储运</td><td colspan="3">按照 GB/T 467—1997 执行</td></tr>
<tr><td colspan="5">二、资源能源利用指标</td></tr>
<tr><td colspan="2">1．电流效率/%</td><td>≥98</td><td>≥95</td><td>≥93</td></tr>
<tr><td colspan="2">2. 单位产品综合能耗（折标准煤）/（kg/t）</td><td>≤130</td><td>≤170</td><td>≤220</td></tr>
<tr><td colspan="2">3．单位产品直流电耗/[（kW·h）/t]</td><td>≤240</td><td>≤260</td><td>≤280</td></tr>
<tr><td colspan="2">4．单位产品蒸汽消耗/（t/t）</td><td>≤0.40</td><td>≤0.65</td><td>≤0.75</td></tr>
<tr><td colspan="2">5．铜的回收率/%</td><td>≥99.8</td><td>≥99.5</td><td>≥99.0</td></tr>
<tr><td rowspan="2">6. 残极率/%</td><td>大阳极板（350 kg）</td><td>≤16</td><td colspan="2">≤18</td></tr>
<tr><td>小阳极板（250 kg）</td><td>≤18</td><td colspan="2">≤20</td></tr>
<tr><td colspan="2">7．吨铜耗水量/（m^3/t）</td><td>≤3.5</td><td>≤4.0</td><td>≤5.0</td></tr>
<tr><td colspan="5">三、产品指标</td></tr>
<tr><td colspan="2">1．高纯阴极铜</td><td colspan="3" rowspan="2">按照 GB/T 467—1997 执行</td></tr>
<tr><td colspan="2">2．标准阴极铜</td></tr>
<tr><td colspan="5">四、污染物产生指标（末端处理前）</td></tr>
</table>

清洁生产指标等级		一级	二级	三级
1．废气	单位产品硫酸雾产生量/（kg/t）	≤0.5	≤0.6	≤0.7
2．废水	单位产品废水产生量/（m^3/t）	≤1.2	≤1.5	≤2.0
	单位产品化学需氧量（COD）产生量/（g/t）	≤60	≤70	≤90
	单位产品铜（Cu^{2+}）产生量/（g/t）	≤0.23	≤0.25	≤0.28
	单位产品铅（Pb^{2+}）产生量/（g/t）	≤3.2	≤3.5	≤4.0
	单位产品镍（Ni^{2+}）产生量/（g/t）	≤0.080	≤0.085	≤0.100
	单位产品总砷产生量/（mg/t）	≤16	≤18	≤20
五、废物回收利用指标				
1．阳极泥及黑铜粉利用率/%		100		
2．电解槽冲洗及阴极铜表面清洗水		沉淀后回用至电解液循环系统，循环使用		
六、环境管理要求				
1．环境法律法规标准		符合国家和地方有关环境法律、法规，污染物排放达到国家排放标准、总量控制和排污许可证管理要求		
2．组织机构		设专门环境管理机构和专职管理人员		
3．环境审核		按照“清洁生产审核暂行办法”的要求进行了清洁生产审核，审核方案全部实施并经省级环境保护行政主管部门进行验收；按照GB/T 24001建立并有效运行环境管理体系，环境管理手册、程序文件及作业文件齐备	按照“清洁生产审核暂行办法”的要求进行了清洁生产审核，审核方案全部实施并经省级环境保护行政主管部门进行验收；对运营过程中环境因素进行控制，有严格的操作规程，建立相关方管理程序、清洁生产审核制度和环境管理制度	

<table>
<tr><th colspan="2">清洁生产指标等级</th><th>一级</th><th>二级</th><th>三级</th></tr>
<tr><td colspan="2">4. 废物处理处置</td><td colspan="3">采用符合国家规定的废物处理处置方法处置废物；一般固体废物按照GB 18599 的相关规定执行；对含砷污泥等危险废物，要严格按照 GB 18597 的相关规定进行危险废物管理，交由持有危险废物经营许可证的单位进行处理；制定并向所在地县级以上地方人民政府环境行政主管部门备案危险废物管理计划（包括减少危险废物产生量和危害性的措施以及危险废物贮存、利用、处置措施），向所在地县级以上地方人民政府环境保护行政主管部门申报危险废物产生种类、产生量、流向、贮存、处置等有关资料。针对危险废物的产生、收集、贮存、运输、利用、处置，制定意外事故防范措施和应急预案，并向所在地县级以上地方人民政府环境保护行政主管部门备案</td></tr>
<tr><td rowspan="5">5. 生产过程环境管理</td><td>原料用量及质量</td><td colspan="3">规定严格的检验、计量措施</td></tr>
<tr><td>生产设备的使用、维护、检修管理制度</td><td colspan="3">有完善的管理制度，并严格执行</td></tr>
<tr><td>生产工艺用水、电、气、管理</td><td colspan="2">安装计量仪表进行计量，并制定严格定量考核制度</td><td>对主要环节安装计量仪表进行计量，并制定定量考核制度</td></tr>
<tr><td>环保设施管理</td><td colspan="3">记录运行数据并建立环保档案</td></tr>
<tr><td>污染源监测系统</td><td colspan="3">按照《污染源自动监控管理办法》的规定，安装污染物排放自动监控设备，并保证设备正常运行，自动检测数据应与地方环境保护行政主管部门或环保部检测数据网络连接，实时上报</td></tr>
<tr><td colspan="2">6. 相关方环境管理</td><td colspan="3">对原材料供应方，生产协作方、相关服务方提出环境管理要求</td></tr>
<tr><td colspan="5">注：1. 单位产品综合能耗根据 GB/T 2589 的规定应达到《铜冶炼行业准入条件》和 GB 21248 的能耗限额准入值。
2. 污染物产生指标指吨产品阴极铜污染物产生。</td></tr>
</table>

5 数据采集和计算方法

5.1 采样和监测方法

本标准的各项指标的采样和检测按照国家标准检测方法执行，见表 2。污染物指标系末端处理之前的指标，应分别在检测各个车间或装置后进行累计。

5.2 计算方法

企业的原材料、新鲜水及能源使用量、产品产量、工序能耗等均以法定月报表或者年报表为准。污染物产生指标以监测的年日均值进行核算。单位产品新水耗量数据可按日均值统计。各项指标的计算方法如下。

表2　废水、废气污染物各项指标监测采样及分析方法

污染源类型	生产工序	监测项目	测点位置	监测采样及分析方法	测试条件及要求
废气无组织排放	电解	硫酸雾	电解车间	硫酸浓缩尾气硫酸雾的测定　铬酸钡比色法（GB/T 4920—85）	正常生产工况下，每个采样点应该至少选取三组以上样品进行数据分析
废水污染源	压滤、清洗	化学需氧量（COD）	废水处理站入口	水质　化学需氧量的测定　重铬酸盐法（GB 11914—89）	
		铜（Cu^{2+}）		水质　铜、锌、铅、镉的测定　原子吸收分光光度法（GB 7475—87）	
		铅（Pb^{2+}）		水质　铜、锌、铅、镉的测定　原子吸收分光光度法（GB 7475—87）	
		镍（Ni^{2+}）		水质　镍的测定　火焰原子吸收分光光度法（GB 11912—89）	
		总砷		水质　砷的测定　二乙基二硫代氨基甲酸银分光光度法（GB 7485—87）	

5.2.1　电流效率

电流效率是指实际铜产量和理论铜产量（按法拉第定律计算所得阴极铜量）的百分比，按式（1）计算：

$$\eta = \frac{P}{q \times I \times t} \times 100\% \qquad (1)$$

式中：η —— 电流效率，%；

P —— 阴极铜实际产量，g；

q —— 铜的电化当量为 1.186，g/（A·h）；

I —— 电流强度，A；

t —— 电解时间，h。

5.2.2　单位产品综合能耗

生产单位阴极铜产品的综合能源消耗量（按标准煤折算），按式（2）计算：

$$E = \frac{\sum_{i=1}^{n}(e_i \times p_i)}{P_s} \qquad (2)$$

式中：E —— 阴极铜综合能源单耗（折标准煤），kg/t；

e_i —— 在一定计量时间内（一般为一年）生产和服务活动中消耗的第 i 种能源实物量，kg；

p_i —— 第 i 种能源的折算系数，按能量的当量值或能源等价值折算；

P_s —— 在同一计量时间内（一般为一年）阴极铜成品总量，t；

n—— 能源种数。

5.2.3　单位产品直流电耗

生产单位阴极铜产品的直流电消耗，按式（3）计算：

$$W_{d}=\frac{W_{t}}{P_{s}} \tag{3}$$

式中：W_d—— 单位重量阴极铜直流电耗，kW·h/t；

W_t—— 在一定计量时间内（一般为一年）消耗直流电总量，kW·h；

P_s—— 在同一计量时间内（一般为一年）阴极铜成品总量，t。

5.2.4　单位产品蒸汽消耗

生产单位产品阴极铜所消耗的蒸汽量，按式（4）计算：

$$Q_{sl}=\frac{Q_{s}}{P_{s}} \tag{4}$$

式中：Q_{sl}—— 在一定计量时间内（一般为一年）生产单位重量阴极铜消耗蒸汽量（热值），t/t，低压蒸汽换算系数取 3 763 MJ/t；

Q_s—— 在同一计量时间内（一般为一年）消耗蒸汽总量（热值），t；

P_s—— 在同一计量时间内（一般为一年）阴极铜成品总量，t。

5.2.5　铜的回收率

在一定计量时间内（一般为一年）阴极铜含铜量与消耗阳极含铜总量减去回收品含铜量的差的比率，按式（5）计算：

$$\eta_{h}=\frac{P_{Cu}}{P_{c}-P_{h}}\times 100\% \tag{5}$$

式中：η_h—— 在一定计量时间内（一般为一年）铜回收率，%；

P_{Cu}—— 在同一计量时间内（一般为一年）阴极铜含铜总量，t/a；

P_c—— 在同一计量时间内（一般为一年）消耗阳极含铜总量，t/a；

P_h—— 在同一计量时间内（一般为一年）回收品含铜总量，t/a。

5.2.6　残极率

在一定计量时间内（一般为一年）未被电溶解的残余阳极总量占投入生产阳极铜总量的比率，按式（6）计算：

$$\eta_{c}=\frac{P_{c}}{P_{z}}\times 100\% \tag{6}$$

式中：η_c—— 残极率，%；

P_c—— 在一定计量时间内（一般为一年）未被电溶解的残余阳极总量，t；

P_z—— 在同一计量时间内（一般为一年）投入生产阳极铜总量，t。

5.2.7　单位产品硫酸雾产生量

生产单位产品阴极铜所产生的硫酸雾的量，按式（7）计算：

$$W_s = \frac{W_{LS}}{P_s} \tag{7}$$

式中：W_s —— 生产单位产品阴极铜所产生的硫酸雾的量，m^3/t；

W_{LS} —— 在一定计量时间内（一般为一年）硫酸雾产生总量，m^3；

P_s —— 在同一计量时间内（一般为一年）阴极铜成品总量，t。

5.2.8 单位产品废水产生量

生产单位产品阴极铜所产生的废水量，按式（8）计算：

$$W = \frac{W_f}{P_s} \tag{8}$$

式中：W —— 单位重量阴极铜产生废水量，m^3/t；

W_f —— 在一定计量时间内（一般为一年）废水产生总量，m^3；

P_s —— 在同一计量时间内（一般为一年）阴极铜成品总量，t。

5.2.9 单位产品化学需氧量（COD）产生量

生产单位产品阴极铜所产生的化学需氧量（COD），该量可在各工序排放口处进行测定，按式（9）计算：

$$W_u = \frac{W_r}{P_s} \tag{9}$$

式中：W_u —— 生产单位重量阴极铜成品化学需氧量（COD）产生量，g/t；

W_r —— 在一定计量时间内（一般为一年） 化学需氧量（COD）产生总量，g；

P_s —— 在同一计量时间内（一般为一年）阴极铜成品总量，t。

5.2.10 单位产品铜（Cu^{2+}）产生量

生产单位产品阴极铜所产生的铜（Cu^{2+}），该量可在各工序排放口处进行测定，按式（10）计算：

$$W_{yt} = \frac{W_y}{P_s} \tag{10}$$

式中：W_{yt} —— 生产单位重量阴极铜成品铜（Cu^{2+}）产生量，g/t；

W_y —— 在一定计量时间内（一般为一年） 铜（Cu^{2+}）产生总量，g；

P_s —— 在同一计量时间内（一般为一年）阴极铜成品总量，t。

注：单位产品铅（Pb^{2+}）产生量、单位产品镍（Ni^{2+}）产生量、单位产品总砷产生量的计算方法参照单位产品铜（Cu^{2+}）产生量指标。

6 标准的实施

本标准由县级以上人民政府环境保护行政主管部门负责监督实施。

中华人民共和国国家环境保护标准

清洁生产标准　制革工业（羊革）

Cleaner production standard
—Tanning industry（Sheep and goat leather）

HJ 560—2010

前　言

为贯彻《中华人民共和国环境保护法》和《中华人民共和国清洁生产促进法》，保护环境，为制革工业生产企业开展清洁生产提供技术支持和导向，制定本标准。

本标准规定了在达到国家和地方环境污染物排放标准的基础上，根据当前的行业技术、装备水平和管理水平，制革工业（羊革）生产企业清洁生产的一般要求。本标准分三级，一级代表国际清洁生产先进水平，二级代表国内清洁生产先进水平，三级代表国内清洁生产基本水平。随着技术的不断进步和发展，本标准将适时修订。

本标准附录A为规范性附录。

本标准为首次发布。

本标准由环境保护部科技标准司组织制订。

本标准起草单位：中国皮革和制鞋工业研究院、中国环境科学研究院、河北辛集东明实业集团有限公司、浙江海宁上元皮革有限责任公司。

本标准环境保护部2010年2月1日批准。

本标准自2010年5月1日起实施。

本标准由环境保护部解释。

1　适用范围

本标准适用于制革工业（羊革）生产企业清洁生产的一般要求。本标准将清洁生产指标分为六类，即生产工艺与装备要求、资源能源利用指标、产品指标、污染物产生指标（末端处理前）、废物回收利用指标和环境管理要求。

本标准适用于制革工业（羊革）生产企业的清洁生产审核、清洁生产潜力与机会的判断，以及清洁生产绩效评定和清洁生产绩效公告制度，也适用于环境影响评价和排污许可证等环境管理制度。

2 规范性引用文件

本标准内容引用了下列文件中的条款。凡是不注日期的引用文件，其有效版本适用于本标准。

GB 7466—87 水质 总铬的测定

GB 7478—87 水质 铵的测定 蒸馏和滴定法

GB 7479—87 水质 铵的测定 纳氏试剂比色法

GB 11914—89 水质 化学需氧量的测定 重铬酸盐法

GB 14554—93 恶臭污染物排放标准

GB 18597 危险废物贮存污染控制标准

GB 18599 一般工业固体废物贮存、处置场污染控制标准

GB 20400—2006 皮革和毛皮 有害物质限量

GB/T 2589 综合能耗计算通则

GB/T 24001 环境管理体系 要求及使用指南

GB/T 18885—2009 生态纺织品技术要求

GB/T 19942—2005 皮革和毛皮 化学试验 禁用偶氮染料的测定

HJ/T 70—2001 高氯废水 化学需氧量的测定 氯气校正法

HJ/T 83—2001 水质 可吸附有机卤素（AOX）的测定 离子色谱法

HJ/T 92 水污染物排放总量监测技术规范

HJ/T 132—2003 高氯废水 化学需氧量的测定 碘化钾碱性高锰酸钾法

HJ/T 195—2005 水质 氨氮的测定 气相分子吸收光谱法

QB/T 2720—2005 皮革 化学实验 氧化铬（Cr_2O_3）的测定

《污染源自动监控管理办法》（国家环境保护总局令 第28号）

《清洁生产审核暂行办法》（国家发展和改革委员会、国家环境保护总局令 2004年 第16号）

3 术语和定义

3.1 清洁生产 cleaner production

指不断采取改进设计、使用清洁的能源和原料、采用先进的工艺技术与设备、改善管理、综合利用等措施，从源头削减污染，提高资源利用效率，减少或者避免生产、服务和产品使用过程中污染物的产生和排放，以减轻或者消除对人类健康和环境的危害。

3.2 污染物产生指标（末端处理前）pollutants generation indicators（before end-of-pipe treatment）

即产污系数，指单位产品生产（或加工）过程中，产生污染物的量（末端处理前）。本标准主要是水污染物产生指标和皮类固体废物产生指标。水污染物产生指标包括污

水处理装置入口的污水量和污染物种类、单位产品污染物产生量或浓度。皮类固体废物产生指标是指制革加工全过程产生的皮类固体废物的总和，主要包括含铬皮废物、无铬皮废物，不含污水处理产生的污泥。

3.3　原料皮 hides and skins for tanning industry

制革的基本原料取自各种动物（主要是家畜）的皮，包括制革加工前未经或已经防腐处理的皮，也包括蓝湿革。

3.4　自然张 nature pieces

一种皮张数量的计量单位，是指未经分割或折算的天然动物皮的张数。

3.5　无铬皮废物 skins and leather wastes without chrome

制革生产过程中产生的各种不含铬的皮类固体废物，如原料皮废料、去肉肉渣、毛、裸皮废料等。铬指三价铬。

3.6　鞣剂 tanning agents

能进到皮组织中去，而且能改变皮的性质，使皮变成具有柔软性、弹性、强度好、耐水、耐热、耐腐蚀、有化学稳定性的革的物质。

3.7　鞣制 tanning

皮蛋白质与鞣剂相结合，性质发生根本改变的过程，即由皮变成革。

3.8　蓝湿革 wet blue

铬鞣后呈蓝绿色的湿革。

3.9　含铬皮废物 skins and leather wastes with chrome

制革生产过程中产生的各种含铬的皮类固体废物，如铬鞣后的削匀皮屑、修边的边角余料、磨革粉尘等。铬指三价铬。

3.10　涂饰 finishing

用涂饰剂在皮革表面进行掩饰性修饰的统称。

3.11　羊革 sheep and goat leather

以羊皮为原料皮经鞣制加工而成的皮革。

4　规范性技术要求

4.1　指标分级

本标准给出制革工业（羊革）生产过程清洁生产水平的三级技术指标：

一级：国际清洁生产先进水平；

二级：国内清洁生产先进水平；

三级：国内清洁生产基本水平。

4.2　指标要求

制革工业（羊革）清洁生产指标要求见表 1。

表1　制革工业（羊革）清洁生产指标要求

清洁生产指标等级	一级	二级	三级
一、生产工艺与装备要求			
1．原料皮保藏	50%的量采用鲜皮加工（冷冻保存）	—	—
	其余 50%使用环境友好型添加剂保藏	使用环境友好型添加剂保藏	
	盐用量占其余50%鲜皮质量的20%以下	盐用量占全部鲜皮质量的20%以下	盐用量占全部鲜皮质量的20%以下
	转笼除盐，循环使用盐		—
2．脱毛、浸灰	无硫保毛脱毛、无硫化碱浸灰、废液循环利用	少硫保毛脱毛、少硫化碱浸灰、废液循环利用	保毛脱毛、少硫化碱浸灰
3．脱灰、软化	无铵盐法		少铵盐法
4．浸酸、鞣制	无盐浸酸、免浸酸、铬鞣废液浸酸、无铬或少铬鞣、循环利用浸酸鞣制废液、循环后最终排放的鞣制废液中三氧化二铬含量低于 500 mg/L（常规液比）	低盐浸酸、免浸酸、铬鞣废液浸酸、无铬或少铬鞣、循环利用浸酸鞣制废液、循环后最终排放的鞣制废液中三氧化二铬含量低于 500 mg/L（常规液比）	低盐浸酸、无铬或少铬鞣、排放的鞣制废液中三氧化二铬含量低于500 mg/L（常规液比）
5．复鞣	100%采用高吸收、环境友好型复鞣剂	90%以上采用高吸收、环境友好型复鞣剂	80%以上采用高吸收、环境友好型复鞣剂
6．染色	100%采用高吸收染料、配方低盐无氨水、不使用国际上禁用的偶氮染料[a]及铬媒染料等有毒染料，不含有全氟辛烷磺酸盐（PFOS）		
7．加脂	100%采用高物性高吸收高结合可降解加脂剂，不含有机卤素化合物，不含有全氟辛烷磺酸盐（PFOS）	90%以上采用高物性高吸收高结合可降解加脂剂，不含有机卤素化合物，不含有全氟辛烷磺酸盐（PFOS）	80%以上采用高物性高吸收高结合可降解加脂剂，不含有机卤素化合物，不含有全氟辛烷磺酸盐（PFOS）
8．涂饰	100%采用水基涂饰材料，不含有全氟辛烷磺酸盐（PFOS），不使用甲醛、不使用有害重金属颜料膏	90%以上采用水基涂饰材料，不含有全氟辛烷磺酸盐（PFOS），不使用甲醛，不使用有害重金属颜料膏	80%以上采用水基涂饰材料，不含有全氟辛烷磺酸盐（PFOS），不使用甲醛，不使用有害重金属颜料膏

<table>
<tr><th colspan="2">清洁生产指标等级</th><th>一级</th><th>二级</th><th>三级</th></tr>
<tr><td colspan="5">二、资源能源利用指标</td></tr>
<tr><td colspan="2">1．企业规模</td><td colspan="3">年加工羊皮[b] 100 万自然张以上（含）</td></tr>
<tr><td colspan="2">2．得革率（成品革/原料皮）/（m^2/m^2）</td><td>≥0.99</td><td>≥0.95</td><td>≥0.85</td></tr>
<tr><td colspan="2">3．单位产品取水量/（m^3/m^2）</td><td>≤0.15</td><td>≤0.27</td><td>≤0.3</td></tr>
<tr><td colspan="2">4．单位产品综合能耗（折标准煤）/（kg/m^2）</td><td>≤1.8</td><td>≤2.4</td><td>≤3.0</td></tr>
<tr><td colspan="5">三、产品指标</td></tr>
<tr><td colspan="2">1．包装</td><td colspan="3">可降解或可回收物质</td></tr>
<tr><td colspan="2">2．产品合格率/%</td><td colspan="2">≥99</td><td>≥98</td></tr>
<tr><td colspan="2">3．产品有害物质含量</td><td colspan="3">成品革中有害物质含量须符合 GB 20400—2006 及 GB/T 18885—2009 的要求</td></tr>
<tr><td colspan="5">四、污染物产生指标（末端处理前）</td></tr>
<tr><td rowspan="4">1. 废水</td><td>单位产品废水产生量/（m^3/m^2）</td><td>≤0.12</td><td>≤0.20</td><td>≤0.27</td></tr>
<tr><td>单位产品化学需氧量（COD）产生量/（g/m^2）</td><td>≤150</td><td>≤300</td><td>≤400</td></tr>
<tr><td>单位产品氨氮产生量/（g/m^2）</td><td>≤30</td><td>≤40</td><td>≤60</td></tr>
<tr><td>单位产品总铬产生量/（g/m^2）</td><td>≤0.3</td><td>≤0.5</td><td>≤0.6</td></tr>
<tr><td>2. 固体废物</td><td>单位产品皮类固体废物产生量/（kg/m^2）</td><td>≤0.4</td><td>≤0.6</td><td>≤0.8</td></tr>
<tr><td colspan="5">五、废物回收利用指标</td></tr>
<tr><td colspan="2">1．工业用水重复利用率/%</td><td>≥80</td><td>≥50</td><td>≥30</td></tr>
<tr><td colspan="2">2．无铬皮废物回收利用率/%</td><td colspan="2">≥99</td><td>≥98</td></tr>
<tr><td colspan="2">3．含铬皮废物回收利用率/%</td><td>≥85</td><td>≥80</td><td>≥70</td></tr>
<tr><td colspan="5">六、环境管理要求</td></tr>
<tr><td colspan="2">1．环境法律法规标准</td><td colspan="3">符合国家和地方有关环境法律、法规，污染物排放达到国家、地方、行业排放标准、总量控制和排污许可证管理要求</td></tr>
<tr><td colspan="2">2．组织机构</td><td colspan="3">设立专门环境管理机构和专职管理人员，开展环保和清洁生产有关工作</td></tr>
</table>

清洁生产指标等级		一级	二级	三级
3.环境审核		按照GB/T 24001建立并有效运行环境管理体系，环境管理手册、程序文件及作业文件齐备，通过环境管理体系认证。按照《清洁生产审核暂行办法》的要求完成了清洁生产审核，有完善的清洁生产管理机构，并持续开展清洁生产		环境管理制度健全，原始记录及统计数据齐全有效。有严格的操作规程，对生产过程中的环境因素进行控制，建立相关方管理程序、清洁生产审核制度和各种环境管理制度，对固体废物（特别是危险废物）有严格的处理制度。按照《清洁生产审核暂行办法》的要求完成了清洁生产审核，有完善的清洁生产管理机构，并持续开展清洁生产
4. 生产过程环境管理	原料用量及质量	规定严格的检验、计量控制措施，有原材料质检制度和原材料消耗定额管理制度，对产品合格率有考核		
	生产设备的使用、维护、检修管理制度	有完善的管理制度，并严格执行		对主要设备有具体的管理制度，并严格执行
	生产工艺用水、电、气管理	所有环节安装计量仪表进行计量，并制定严格定量考核制度		对主要环节安装计量仪表进行计量，并制定定量考核制度
	环保设施管理	记录运行数据并建立环保档案，所有数据要求齐全真实有效		
	污染源监测系统	按照《污染源自动监控管理办法》的规定，安装污染物排放自动监控设备。建立企业污染物排放监测制度，并开展日常污染物处理和达标排放监测。监测系统日常须运转正常，监测数据真实有效，并与抽查结果相符		
	厂区综合环境	管道、设备无跑冒滴漏，有可靠的防范措施；各种人流、物流包括人的活动区域、物品堆存区域、危险品等有明显标识；厂区给排水实行清污分流，雨污分流；对于鞣制废液等难以处理的废水能够实现单独收集和处理，对于生产过程中可能产生污染物排放或不利于工人身体健康的工序环节有妥善的环境保护措施，对于恶臭、噪声等要设置能够有效将之控制的设施，并须满足有关标准的要求；厂区内道路经硬化处理；厂区内设置垃圾箱，做到日产日清		

清洁生产指标等级	一级	二级	三级
5. 固体废物处理处置	按照国家危险废物名录对固体废物进行鉴别，对一般废物按照 GB 18599 进行妥善处理，对危险废物按照 GB 18597 进行无害化处置。应制定并向所在地县级以上地方人民政府环境保护行政主管部门备案危险废物管理计划（包括减少危险废物产生量和危害性的措施以及危险废物贮存、利用、处置措施），向所在地县级以上地方人民政府环境保护行政主管部门申报危险废物产生种类、产生量、流向、贮存、处置等有关资料。应针对危险废物的产生、收集、贮存、运输、利用、处置，制定意外事故防范措施和应急预案，并向所在地县级以上地方人民政府环境保护行政主管部门备案		
6. 相关方环境管理	对原材料供应方、生产协作方、相关服务方提出环境管理要求		
注：a 禁用的偶氮染料是指国际上禁用的含有或可产生致癌性芳香胺类化合物（见附录 A）的染料。 b 本标准的羊皮不剖层。			

5 数据采集和计算方法

5.1 采样和监测

对羊革制革企业污染物排放情况进行监测的频次、采样时间等要求，按国家有关污染源监测技术规范的规定执行。

监测方法见表 2，流量监测按照 HJ/T 92 执行。

表 2 废水污染物各项指标采样及分析方法

污染源类型	项目	测点位置	采样及分析方法
水污染源	化学需氧量（COD）	污水处理设施前	水质 化学需氧量的测定 重铬酸盐法（GB 11914—89） 高氯废水 化学需氧量的测定 氯气校正法（HJ/T 70—2001） 高氯废水 化学需氧量的测定 碘化钾碱性高锰酸钾（HJ/T 132—2003）
	氨氮（NH_3-N）		水质 铵的测定 蒸馏和滴定法（GB 7478—87） 水质 铵的测定 纳氏试剂比色法（GB 7479—87） 水质 氨氮的测定 气相分子吸收光谱法（HJ/T 195—2005）
	总铬		水质 总铬的测定（GB 7466—87）
注 1：采用计算的污染物平均浓度应为每次实测浓度的废水流量的加权平均值。 注 2：GB 11914—89 适用于的含 COD 值大于 30 mg/L 的水样，对未经稀释的水样的测定上限为 700 mg/L，不适用于含氯化物浓度大于 1 000 mg/L（稀释后）的含盐水；HJ/T 70—2001 用于氯离子含量小于 20 000 mg/L 的高氯废水中化学需氧量（COD）的测定，方法检出限为 30 mg/L；HJ/T 132—2003 用于氯离子含量高达几万至十几万毫克每升高氯废水化学需氧量（COD）的测定，主要用于浸水废水等高氯废水的化学需氧量的测定（当氯离子含量大于 20 000 mg/L 时），方法的最低检出限为 0.20 mg/L，测定上限为 62.5 mg/L。			

皮类固体废物按照整个生产周期各个工序的顺序，从某一批原料皮投入生产开始，逐一统计各个工序产生的皮类固体废物的产生量，分别检测各种皮类固体废物的含水量，换算成绝干质量，并按照无铬皮废物和含铬皮废物分别计量。各个工序产生的各类皮类固体废物要注意全部收集，不能有损失。监督性监测须监测一个生产周期，清洁生产认定或评价监测须监测两个生产周期。必要时可检测含铬皮废物中的铬含量，检测办法参照 QB/T 2720—2005 执行。

5.2 计算方法

5.2.1 得革率

单位面积的原料皮经过制革加工过程得到的成品革的面积，按式（1）计算：

$$r=\frac{M_C}{M_Y} \tag{1}$$

式中：r —— 得革率（成品革/原料皮），%；

M_C —— 成品革的面积，m^2；

M_Y —— 原料皮的面积，m^2。

5.2.2 单位产品综合能耗

制革生产过程中消耗的各种能源转换为标准煤之和与成品革产量之比，按式（2）计算：

$$E_{Di}=\frac{E}{Q} \tag{2}$$

式中：E_{Di} —— 生产单位产品（羊革成品革）所需的综合能耗（折标准煤），kg/m^2；

E —— 在一定计量时间内（按照一个生产年度计算，下同），生产过程消耗的综合能耗的总和（折标准煤），kg；

Q —— 在同一计量时间内，产品（羊革成品革）的产量，m^2。

注：综合能耗是制革企业在一定计量时间内，对实际消耗的各种能源实物量按规定的计算方法和单位分别折算为一次能源后的总和。综合能耗主要包括一次能源（或如煤、石油、天然气等）、二次能源（如蒸汽、电力等）和直接用于生产的能耗工质（如冷却水、压缩空气等），但不包括用于动力消耗（如发电、锅炉等）的能耗工质。具体综合能耗按照 GB/T 2589 计算，电力按照当量热值折标煤，即每千瓦时按 3 596 kJ 计算，其折算标准煤系数为 0.122 9 kg/（kW・h）。

5.2.3 单位产品取水量

生产每平方米成品革的取水量，单位产品取水量，按式（3）计算：

$$V_{Di}=\frac{V_g}{Q} \tag{3}$$

式中：V_{Di} —— 生产单位产品（羊革成品革）的取水量，m^3/m^2；

V_g —— 在一定计量时间内，生产过程取水量的总和，m^3；

Q—— 在同一计量时间内，产品（羊革成品革）的产量，m^2。

5.2.4 单位产品废水产生量

生产每平方米成品革的排放废水量，按式（4）计算：

$$V_j = \frac{V_c}{Q} \tag{4}$$

式中：V_j—— 生产单位产品（羊革成品革）产生的废水量，m^3/t；

V_c—— 在一定计量时间，废水产生量，m^3；

Q—— 在同一计量时间内，产品（羊革成品革）的产量，m^2。

5.2.5 单位产品化学需氧量（COD）产生量

生产每平方米成品革产生化学需氧量的量，按式（5）计算：

$$C_{Di} = \frac{\sum_{i=1}^{n}(C_i \times V_i)}{Q} \tag{5}$$

式中：C_{Di}—— 生产单位产品（羊革成品革）的COD产生量，g/m^2；

C_i—— 在一定计量时间内，羊革生产过程第 i 个工序产生的COD的测量均值，mg/L；

V_i—— 在同一计量时间内，羊革生产过程第 i 个工序产生的废水量的平均值，m^3；

Q—— 在同一计量时间内，企业产品（羊革成品革）的产量，m^2；

n—— 羊革的生产工序数，个。

5.2.6 单位产品氨氮产生量

生产每平方米成品革产生的氨氮的量，按式（6）计算：

$$N_{Di} = \frac{\sum_{i=1}^{n}(N_i \times V_i)}{Q} \tag{6}$$

式中：N_{Di}—— 生产单位产品（羊革成品革）的氨氮产生量，g/m^2；

N_i—— 在一定计量时间内，羊革生产过程第 i 个工序产生的氨氮的测量均值，mg/L；

V_i—— 在同一计量时间内，羊革生产过程第 i 个工序产生的废水量的平均值，m^3；

Q—— 在同一计量时间内，企业产品（羊革成品革）的产量，m^2；

n—— 羊革的生产工序数，个。

5.2.7 单位产品总铬产生量

生产每平方米成品革产生的总铬的量，按式（7）计算：

$$C_{\mathrm{Di}}=\frac{\sum_{i=1}^{n}(C_i \times V_i)}{Q} \tag{7}$$

式中：C_{Di} —— 生产单位产品（羊革成品革）的总铬产生量，g/m^2；

C_i —— 在一定计量时间内，羊革生产过程第 i 个工序产生的总铬的测量均值，mg/L；

V_i —— 在同一计量时间内，羊革生产过程第 i 个工序产生的废水量的平均值，m^3；

Q —— 在同一计量时间内，企业产品（羊革成品革）的产量，m^2；

n —— 羊革的生产工序数，个。

5.2.8　单位产品皮类固体废物产生量

生产每平方米成品革产生的皮类固体废物的量，按式（8）计算：

$$P_{\mathrm{Di}}=\frac{P_i}{Q} \tag{8}$$

式中：P_{Di} —— 生产单位产品（羊革成品革）的皮类固体废物的产生量，kg/m^2；

P_i —— 在一定计量时间内，生产过程中皮类固体废物的产生量的总和，kg；

Q —— 在同一计量时间内，产品（羊革成品革）的产量，m^2。

5.2.9　工业用水重复利用率

在一定的计量时间（年）内，生产过程中使用的重复利用水量与总用水量之比，按式（9）计算：

$$R_{\mathrm{W}}=\frac{V_{\mathrm{r}}}{V_{\mathrm{r}}+V_{\mathrm{i}}}\times 100\% \tag{9}$$

式中：R_{W} —— 工业用水重复利用率，%；

V_{r} —— 在一定计量时间内，生产全过程重复用水量，包括净循环水、浊循环水、复用水及其他重复利用水，m^3；

V_{i} —— 在同一计量时间内，企业生产全过程取用新鲜水总量，m^3。

6　标准的实施

本标准由县级以上人民政府环境保护行政主管部门负责监督实施。

附　录　A

（规范性附录）

24种致癌性芳香胺类化合物

序号	名称	毒性类别（MAK分类法）	CA索引号
1	4-氨基联苯（4-Aminodiphenyl）	ⅢA1	92-67-1
2	联苯胺（Benzidine）	ⅢA1	92-87-5
3	4-氯邻甲苯胺（4-Chloro-*o*-Toluidine）	ⅢA1	95-69-2
4	2-萘胺（2-Naphthylamine）	ⅢA1	91-59-8
5	邻氨基偶氮甲苯（*o*-Aminoazatoluene）	ⅢA2	97-56-3
6	2-氨基-4-硝基甲苯（2-Amino-4-Nitrotoluene）	ⅢA2	99-55-8
7	2,4-二氨基苯甲醚（2,4-Diaminoanisole）	ⅢA2	615-05-4
8	4,4′-二氨基二苯甲烷（4,4′-Diaminodiphenly Methane）	ⅢA2	101-77-9
9	3,3′-二氯联苯胺（3,3′-Dichlorobenzidine）	ⅢA2	91-94-1
10	3,3′-二甲基联苯胺（3,3′-Dimethylbenzidine）	ⅢA2	119-93-7
11	3,3′-二甲氧基联苯胺（3,3′-Dimethoxybenzidine）	ⅢA2	119-90-4
12	3,3′-二甲基-4,4′-二氨基二苯甲烷（3,3′-Dimethyl-4,4′-Diaminodiphenylmethane）	ⅢA2	838-88-0
13	2-甲氧基-5-甲基苯胺（*p*-Cresidine）	ⅢA2	120-71-8
14	4,4′-亚甲基双（2-氯苯胺）4,4′-Methylene-bis（2-Chloroaniline）	ⅢA2	101-14-4
15	邻甲苯胺（*o*-Toluidine）	ⅢA2	95-53-4
16	2,4-二氨基甲苯（2,4-Diaminotoluene）	ⅢA2	95-80-7
17	4-氯苯胺（4-Chloroaniline）	ⅢA2	106-47-8
18	4,4′-二氨基联苯醚（4,4′-Oxydianiline）	ⅢA2	101-80-4
19	4,4′-硫苯胺（4,4′-Thiodianiline）	ⅢA2	139-65-1
20	2,4,5-三甲基苯胺（2,4,5-Trimethylaniline）	ⅢA2	137-17-7
21	对氨基偶氮苯（*p*-Phenylaoanline）	—	60-09-3
22	邻氨基苯甲醚（*o*-Anisidine）	—	90-04-0
23	2,4-二甲基苯胺（2,4-Xylidine）	—	95-68-1
24	2,6-二甲基苯胺（2,6-Xylidine）	—	87-62-7
注：不得从染料中分解出表中24种芳香胺，若有新的致癌性芳香胺类化合物被发现，须补充到本表中。			

四

环境基础标准

中华人民共和国国家环境保护标准

水污染物名称代码

Codes for water pollutants

HJ 525—2009

前　言

为贯彻《中华人民共和国环境保护法》、《中华人民共和国水污染防治法》、《中华人民共和国海洋环境保护法》、《国务院关于落实科学发展观　加强环境保护的决定》、《国务院关于印发节能减排综合性工作方案的通知》、《国务院批转节能减排统计监测及考核实施方案和办法的通知》等法律法规和通知精神，加强污染防治的监督管理，保障环境信息处理和交换工作有序开展，统一水污染物的名称与代码，制定本标准。

本标准对环境管理、环境统计、环境监测、环境影响评价、排放污染物申报登记、各类水环境质量标准、各类水污染物排放标准等涉及的水污染物进行分类、列表并编写代码，规定了水污染物名称代码。

本标准附录 A 为资料性附录。

本标准为首次发布。

本标准由环境保护部科技标准司组织制订。

本标准起草单位：环境保护部信息中心、河北科技大学、河北省环境信息中心。

本标准环境保护部 2009 年 12 月 30 日批准。

本标准自 2010 年 4 月 1 日起实施。

本标准由环境保护部解释。

1　适用范围

本标准对环境管理、环境统计、环境监测、环境影响评价、排放污染物申报登记、各类水体环境质量标准、各类水污染物排放标准等涉及的水污染物进行列表、分类，规定了水污染物名称代码。

本标准适用于全国各级环境保护部门有关水污染物的信息采集、交换、加工、使用以及环境信息系统建设的管理工作。

2 规范性引用文件

本标准内容引用了下列文件中的条款。凡是不注日期的引用文件，其有效版本适用于本标准。

HJ/T 416 环境信息术语

GB/T 7027 信息分类和编码的基本原则与方法

GB/T 10113 分类与编码通用术语

3 术语和定义

GB/T 10113 和 HJ/T 416 中确立的术语和定义，以及下列术语和定义适用于本标准。

3.1 水污染 water pollution

是指水体因某种物质的介入，而导致其化学、物理、生物或者放射性等方面特性的改变，从而影响水的有效利用，危害人体健康或者破坏生态环境，造成水质恶化的现象。

3.2 水污染物 water pollutants

是指直接或者间接向水体排放的，能导致水体污染的物质。

3.3 水污染指标 water pollution Index

反映水体质量或污染程度，但不属具体化学物质，包括物理指标（如色度）、生物指标、放射性指标、综合指标（如生化需氧量 BOD，Biochemical Oxygen Demand）。

3.4 水污染物分类 classification of water pollutants

根据水污染物的结构或水污染指标的特征，按一定的规则对其进行区分和归类的过程。通过分类可以将水污染物按类排列顺序，有利于水污染物的管理和使用。

3.5 水污染物名称代码 water pollutants codes

表示水污染物或污染指标的一个或一组字符。

3.6 水污染物编码 coding for water pollutants

在水污染物或污染指标分类的基础上，给水污染物或污染指标赋予代码的过程。

3.7 水污染物代码表 water pollutants code table

对水污染物进行分类和编码后的表现形式。是将水污染物或污染指标按照类别排列并列出每种水污染物或污染指标的代码值。水污染物名称代码表包括水污染物或污染指标的类别、类别码、代码和水污染物的中、英文名称等。

4 分类原则

4.1 科学性原则

按照水污染物最稳定的属性污染物或污染指标的性质和结构作为分类依据，并结合应用习惯。

4.2 实用性原则

水污染物分类类目设置要全面、实用，受关注的、重要的、出现频率高的污染物单独列出类别，突出重点、方便检索。

4.3 可扩延性原则

随着科学技术的发展和社会进步，会有更多新合成或新检出的污染物受到关注，因此在类目的扩展上预留空间，保持分类体系有一定弹性，可在本分类体系上进行延拓。

5 分类方法

5.1 基本方法

本标准中的基本分类方法遵循 GB/T 7027 中的规定和要求。

5.2 水污染物分类方法

根据水污染物的理化性质和结构特征，适宜采用线分类方法进行分类，而对于一些特殊或使用频率高的类别宜采用面分类方法。水污染物分类采用以线分类法为主、面分类法为补充的混合分类法。

水污染物分类设一级类目，根据水污染物的结构和理化特性将水污染物分为 20 类。

6 编码原则与方法

6.1 编码原则

6.1.1 唯一性

每一种水污染物或污染指标仅有一个代码，一个代码仅表示一种水污染物或污染指标。

6.1.2 合理性

代码结构与分类体系相适应。

6.1.3 可扩充性

留有适当的后备容量，以适应不断扩充的需要。

6.1.4 简明性

代码结构尽量简明，长度适当，以节省机器存贮空间和降低代码的出错率。

6.1.5 稳定性

水污染物名称代码一经确定，应保持不变。

6.1.6 规范性

代码的类型、结构以及编写格式统一。

6.2 编码方法

水污染物编码方法采用层次码为主体，每层中采用顺序码。其中，层次码依据编码对象的分类层级将代码分成若干层级，并与分类对象的分类层次相对应；代码自左至右表示的层级由高至低，代码的左端为最高位层级代码，右端为最低位层级代码；采用固定递增格式。顺序码采用递增的数字码。

6.3　代码结构

水污染物名称代码值的格式采用码位固定的字母数字混合格式。字母代码采用缩写码，用“w”表示水体；数字代码采用阿拉伯数字表示，采用递增的数字码。

代码分三层，第一层代码，用“w”表示水体；第二层代码，表示水污染物的类别，类别代码采用2位阿拉伯数字表示，即01～99；第三层代码，表示水污染物在类别中的代码，采用3位阿拉伯数字表示，即001～999，每一组阿拉伯数字表示一种污染物或一个污染指标。

二层及二层以上代码由上层代码加本层代码组成。代码结构如图1所示。

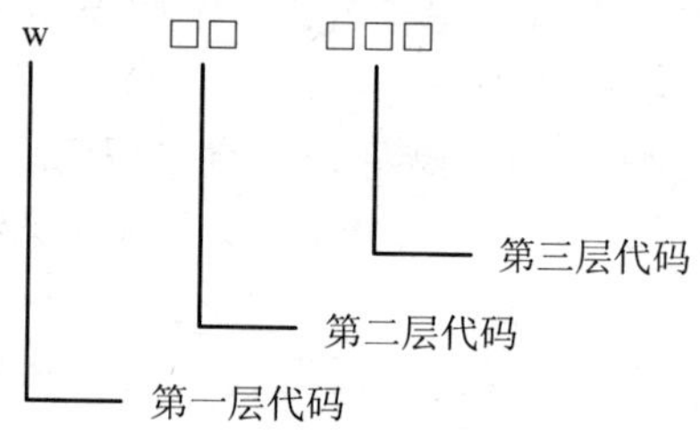

图1　代码结构图

6.4　编码扩展方法

对于代码表中未列出的污染物或污染指标，可依据分类原则对其进行归类，在其相应类别中已有编码的基础上顺延赋码。

7　水污染物分类与代码

7.1　水污染物及相关指标分类

表1列出了水污染物类别代码、中英文名称及备注。

表1　水污染物及相关指标分类表

类别代码	中文名称	英文名称	备注
w01000	物理和综合指标	Physical and Integrated Indicators	物理指标：表示水体物理性质 综合指标：表示水体的某项综合性质
w02000	生物指标	Biological Indicators	水体生物学特性和参数
w03000	放射性指标	Radioactive Indicators	表示辐射强度的指标
w19000	其他指标	Other Indicators	凡不能归为以上三类的指标
w20000	金属及金属化合物	Metal and Metallic Compounds	包括各种形态的金属及其化合物
w21000	非金属无机物	Nonmetal Inorganic Compounds	包括各种非金属元素及其化合物

类别代码	中文名称	英文名称	备注
w22000	油类	Oils	在常温下为液体的憎水性物质的总称
w23000	酚	Hydroxybenzenes	是芳香烃环上的氢被羟基（—OH）取代的一类芳香族化合物
w24000	脂肪烃和卤代脂肪烃	Aliphatic Hydrocarbons and Halogenated Aliphatic Hydrocarbons	卤代脂肪烃指脂肪烃上的氢被卤素取代生成的化合物
w25000	芳香族化合物	Aromatic Compounds	包括芳烃、多环芳烃及其取代化合物
w26000	胺	Amic Amines	氨分子中的氢被烃基取代而生成的化合物
w27000	多氯联苯	Polychlorinated Biphrnyls（PCBs）	指三氯联苯、四氯联苯、五氯联苯、六氯联苯的混合物
w28000	醚	Ethers	两个烃基通过氧原子相连形成的化合物
w29000	酯	Esters	羧酸的一类衍生物，由羧酸与醇(酚)反应失水而生成的化合物
w30000	醇	Alcohols	烃分子中一个或几个氢被羟基取代而生成的一类有机化合物
w31000	醛	Aldehydes	醛基和烃基连接而成的化合物
w32000	有机酸	Organic Acids	有机酸类是分子结构中含有羧基的化合物
w33000	农药	Pesticides	为保障促进作物的成长所施用的杀虫、除草等药物的统称
w34000	消毒剂及其副产物	Disinfector and its Outgrowth	指可用于水体消毒的物质及消毒过程中产生的各种化合物
w99000	其他污染物	Other Pollutants	难以归入上述类别且标准中需要控制的污染物

7.2　水污染物及相关指标名称与代码

表 2 列出了水污染物及相关指标的代码和中英文名称。

表 2　水污染物及相关指标名称代码表

代码	类别名称	中文名称	英文名称
w01000	**物理和综合指标**		**Physical and Integrated Indicators**
w01001		pH 值	pH
w01002		色度	Color
w01003		浑浊度	Turbidity
w01004		透明度	Transparency Clarity
w01005		嗅和味	Odor and Sapor

代码	类别名称	中文名称	英文名称
w01006		溶解性总固体	Total Dissolved Solids
w01007		总硬度	Hardness（total）
w01008		全盐量	Total Salt
w01009		溶解氧	Dissolved Oxygen
w01010		水温	Temperature
w01011		肉眼可见物	Megascopic Matters
w01012		悬浮物	Suspended Solids
w01013		漂浮物	Floating Matters
w01014		电导率	Conductivity
w01015		急性毒性	Acute Toxicity
w01016		叶绿素	Chlorophyll
w01017		五日生化需氧量	Biochemical Oxygen Demand after 5 Days（BOD_5）
w01018		化学需氧量	Chemical Oxygen Demand（COD）
w01019		高锰酸盐指数	Permanganate Index
w01020		总有机碳	Total Organic Carbon（TOC）
w01021		可同化有机碳	Assimilable Organic Carbon（AOC）
w02000	生物指标		Biological Indicators
w02001		蛔虫卵	Ascaris Eggs
w02002		蠕虫卵	Helminth Eggs
w02003		粪大肠菌群	Fecal Coliform
w02004		总大肠菌群	Total Coliform
w02005		耐热大肠菌群	Heat-resistant Coliform
w02006		细菌总数	Heterotrophic Plate Count
w02007		大肠埃希氏菌	E. Coliform
w02008		肠球菌	Enterococcus
w02009		产气荚膜梭状芽孢杆菌	Clostridium Perfringens
w02010		沙门氏菌	Salmonella
w02011		志贺氏菌	Shigella
w02012		结核杆菌	Mycobecterium Tuberculosis
w02013		军团菌	Legionella
w02014		铜绿假单胞菌	Pseudomonas Aeruginosa
w02015		贾第鞭毛虫	Giardia
w02016		隐孢子虫	Cryptosporidium Tyzzer
w02017		兰伯氏贾第虫	Giardia Lamblia
w02018		病毒	Virus
w02019		藻类	Algae

代码	类别名称	中文名称	英文名称
w03000	**放射性指标**		**Radioactive Indicators**
w03001		总α放射性	Total α-ray Intensity
w03002		总β放射性	Total β-ray Intensity
w03003		镭-226 和镭-228	Radium-226 and Radium-228（combined）
w03004		氚	Tritium
w19000	**其他指标**		**Other Indicators**
w19001		表面活性剂	Surface Active Agent
w19002		阴离子表面活性剂	Anion Surface Active Agent
w19003		阴离子合成洗涤剂	Anion Detergent
w19004		彩色显影剂	Color Developing Agent
w19005		显影剂及氧化物总量	Developing Agent and Total Oxide
w19006		腐蚀性	Corrosivity
w19007		发泡剂	Foaming Agents
w20000	**金属及金属化合物**		**Metal and Metallic Compounds**
w20002		铝	Aluminum
w20004		锑	Antimony
w20012		钡	Barium
w20023		硼	Boron
w20038		钴	Cobalt
w20047		四乙基铅	Tetraethyl-lead
w20061		钼	Molybdenum
w20075		钠	Sodium
w20089		铊	Thallium
w20092		锡	Tin
w20095		钛	Titanium
w20098		钨	Tungsten
w20101		钒	Vanadium
w20110		铀	Uranium
w20111		总汞	Mercury（total）
w20112		无机汞	Mercury（inorganic）
w20113		烷基汞	Alkyl Mercury
w20114		氯化乙基汞	Ethylmercurry Chloride
w20115		总镉	Cadmium（total）
w20116		总铬	Chromium（total）
w20117		六价铬	Chromium（Ⅵ）Compounds
w20118		三价铬	Chromium（Ⅲ）Compounds

代码	类别名称	中文名称	英文名称
w20119		总砷	Arsenic（total）
w20120		总铅	Lead（total）
w20121		总镍	Nickel（total）
w20122		总铜	Copper（total）
w20123		总锌	Zinc（total）
w20124		总锰	Manganese（total）
w20125		总铁	Iron（total）
w20126		总银	Silver（total）
w20127		总铍	Beryllium（total）
w20128		总硒	Selenium（total）
w20129		二烃基锡	Dialkyltins
w20130		三丁基氧化锡	Tributin Oxide
w20131		四乙基锡	Tetraethyltin
w20132		三丁基锡	Tributyltin
w20133		二氯二丁基锡	Dichloride Dibutyltin
w20134		二丁基硫化锡	Dibutyltin Sulfide
w20135		三苯基锡	Triphenyltin
w20136		甲基汞	Methyl Mercury
w20137		二乙基汞	Diethyl Mercury
w21000	无机污染物		Inorganic Pollutants
w21001		总氮（以 N 计）	Nitrogen（total）
w21002		无机氮	Inorganic Nitrogen
w21003		氨氮（NH_3-N）	Ammonnia-Nitrogen
w21004		凯氏氮	Kjeldahl Nitrogen
w21005		非离子氨	Nnionized Ammonia（UIA）
w21006		亚硝酸盐	Nitrite
w21007		硝酸盐（以 N 计）	Nitrate（measured as Nitrogen）
w21008		肼	Hydrazine
w21009		水合肼	Hydrazine Hydrate
w21010		叠氮化物（以 N_3^-计）	Sodium Azide
w21011		总磷（以 P 计）	Phosphorus（total）
w21012		元素磷	Phosphorus
w21013		黄磷	Yellow Phosphorus
w21014		磷酸	Phosphoric Acid
w21015		磷酸盐	Phosphate
w21016		氰化物	Cyanide
w21017		氟化物（以 F^-计）	Fluoride

代码	类别名称	中文名称	英文名称
w21018		碘化物	Iodide
w21019		硫化物	Sulphide
w21020		溴化物	Bromide
w21021		硫氰化物	Rhodanide
w21022		氯化物（以 Cl^-计）	Chloride
w21023		活性氯	Active Chlorine
w21024		余氯	Residual Chlorine
w21025		游离氯	Free Chlorine
w21026		二氧化硫	Sulfur Dioxide
w21027		石棉（纤维＞10 μm）	Asbestos（fiber＞10micrometers）
w21028		硫化氢	Hydrogen Sulfide
w21029		碘	Iodine
w21030		铁（Ⅱ、Ⅲ）氰络合物	Ferrocyanide
w21031		氯化氰	Cyanogen Chloride
w21032		酸度	Acidity
w21033		碱度	Alkalinity
w21034		游离碳酸	Free Carbonic Acid
w21035		盐酸	Hydrochloric Acid
w21036		硫酸	Sulfuric Acid
w21037		亚硫酸	Sulfurous Acid
w21038		硫酸盐（以 SO_4^{2-}计）	Sulfate
w21039		亚硫酸盐	Sulfite
w21040		氯化钠	Sodium Chloride
w21041		碳酸钠	Sodium Carbonate
w22000	**油类**		**Oils**
w22001		石油类	Petroleum Oils
w22002		动植物油	Animal and Vegetable Oil
w22003		油	Oil
w22004		煤油	Kerosine
w22005		松油	Pine Oil
w22006		塔罗油	Tall Oil
w22007		松节油	Turpentine Oil
w23000	**酚**		**Phenols**
w23001		酚类	Phenols
w23002		挥发酚	Volatile Phenols
w23003		苯酚	Hydroxybenzene
w23004		4-甲基苯酚（对甲苯酚）	4-Methylphenol

代码	类别名称	中文名称	英文名称
w23005		2-甲基苯酚（邻甲苯酚）	2-Methylphenol
w23006		2,5-二甲苯酚	2,5-Xylenol
w23007		2,4-二甲苯酚	2,4-Xylenol
w23008		3,4-二甲苯酚	3,4-Xylenol
w23009		3,5-二甲苯酚	3,5-Xylenol
w23010		3-甲基-4-氯苯酚	3-Methyl-4-chlorophenol
w23011		对氯-间甲苯酚	*p*-Choro-m-cresol
w23012		苯二酚	Dihydroxybenzne
w23013		1,3-苯二酚（间苯二酚）	1,3-Benzenediol
w23014		1,2-苯二酚（邻苯二酚）	1,2-Benzenediol
w23015		1,4-苯二酚（对苯二酚）	1,4-Benzenediol
w23016		5-甲基间苯二酚	1,3-Dihydroxy-5-methylbenzene
w23017		苯甲酚	Cresol
w23018		间-甲酚	*m*-Methylphenol
w23019		氯酚类	Chlorophenols
w23020		2,4-二氯苯酚	2,4-Dichlorophenol
w23021		4-氯苯酚（对氯苯酚）	4-Chlorophenol
w23022		2,4,6-三氯苯酚	2,4,6-Trichlorophenol
w23023		2-氯酚	2-Chlorophenol
w23024		2,4,5-三氯酚	2,4,5-Trichlorophenol
w23025		五氯酚	Pentachlorophenol
w23026		五氯酚钠	Sodium Pentachlorophenate
w23027		双酚 A	2,2-Di（4-hydroxyphenyl）propane
w23028		硝基酚类	Nitrophenols
w23029		间硝基苯酚	*m*-Nitrophenol
w23030		邻硝基苯酚	*o*-Nitrophenol
w23031		对硝基苯酚	*p*-Nitrophenol
w23032		二硝基苯酚	Dinitrophenols
w23033		2,4-二硝基苯酚	2,4-Dinitrophenol
w23034		2-甲-4,6-二硝苯酚	2-Methyl-4,6-dinitrophenol
w23035		4,6-二硝基-对甲苯酚	4,6-Dinitro-p-cresol
w23036		2,4,6-三硝基酚（苦味酸）	2,4,6-Trinitrophenol
w23037		α-萘酚	α-Naphthol
w23038		β-萘酚	β-Naphthol
w24000	脂肪烃和卤代脂肪烃		Aliphatic Hydrocarbons and Halogenated Aliphatic Hydrocarbons
w24001		挥发性卤代烃	Volatile Halohydrocarbon

代码	类别名称	中文名称	英文名称
w24002		一氯甲烷	Chloromethane
w24003		二氯甲烷	Dichloromethane
w24004		三氯甲烷	Trichloromethane
w24005		四氯甲烷（四氯化碳）	Tetrachloromethane
w24006		一氯二溴甲烷	Dibromochloromethane
w24007		二氯一溴甲烷	Bromodichloromethane
w24008		溴甲烷	Bromomethane
w24009		三溴甲烷	Tribromomethane
w24010		硝基甲烷	Nitromethane
w24011		三硝基甲烷	Trinitromethane
w24012		四硝基甲烷	Tetranitromethane
w24013		三氯硝基甲烷	Nitrotrichloromethane
w24014		二氰甲烷（丙二腈）	Propanedinitrile
w24015		氯乙烷	Chloroethane
w24016		1,1-二氯乙烷	1,1-Dichloroethene
w24017		1,2-二氯乙烷	1,2-Dichloroethane
w24018		1,1,1-三氯乙烷	1,1,1-Trichloroethane
w24019		1,1,2-三氯乙烷	1,1,2-Trichloroethane
w24020		1,1,2,2-四氯乙烷	1,1,2,2-Tetrachloroethane
w24021		六氯乙烷	Hexachloroethane
w24022		硝基乙烷	Nitroethane
w24023		1,2-二氰基乙烷（丁二腈）	1,2-Dicyanoethane
w24024		环氧氯丙烷	Epichlorohydrin
w24025		五氯丙烷	Pentachloropropane
w24026		1,2-二氯-2-甲基丙烷	1,2-Dichloro-2-methylpropane
w24027		1,2-二氯丙烷	1,2-Dichloropropane
w24028		1,3-二氯丙烷	1,3-Dichloropropane
w24029		1,2-二溴-3-氯丙烷	1,2-Dibromo-3-chloropropane（DBCP）
w24030		1,3-二苯基丙烷	1,3-Diphenylpropane
w24031		2,2-二苯基丙烷	2,2-Diphenylpropane
w24032		硝基丙烷	Nitropropane
w24033		四氯丙烷	Tetrachloropropane
w24034		1,1,1,3,3-五氯丁烷	1,1,1,3,3-Pentachlorobutane
w24035		1,1,1,5-四氯戊烷	1,1,1,5-Tetrachloropentane
w24036		环己烷	Cyclohexane
w24037		硝基环己烷	Nitrocyclohexane
w24038		1,4-二氯环己烷	1,4-Dichlorocyclohexane

代码	类别名称	中文名称	英文名称
w24039		氯代环己烷	Chlorocyclohexane
w24040		1,4-氧氮杂环己烷（吗啉）	Morpholine
w24041		氟三氯甲烷	Trichorofluoromethane
w24042		二氟二氯甲烷(氟利昂-12)	Difluorodichloromethane
w24043		二氟氯甲烷（氟利昂-22）	Chlorodifluoromethane
w24044		3,3,3-三氟-1 氯丙烷（氟利昂-253）	Freon-253
w24045		乙烯	Ethylene
w24046		氯乙烯	Vinyl Chloride
w24047		1,1-二氯乙烯	1,1-Dichloroethylene
w24048		1,2-二氯乙烯	1,2-Dichloroethylene
w24049		三氯乙烯	Trichloroethylene
w24050		四氯乙烯	Tetrachloroethylene
w24051		二溴乙烯	Dibromoethylene
w24052		α-甲基苯乙烯	α-Methylstyrene
w24053		丙烯	Propylene
w24054		1,3-二氯丙烯	1,3-Dichloropropene
w24055		3,3-二氯-2-甲基丙烯-[1]	2,3-Dichloro-2-methyl-1-propene
w24056		2,3-二氯丙烯-[1]	2,3-Dichloro-1-propene
w24057		三氯丙烯	Trichloropropylene
w24058		异丁烯	Isobutene
w24059		1,3-二氯丁烯-[2]	1,3-Dichloro-2-butene
w24060		丁二烯	Butadiene
w24061		异戊二烯	Isoprene
w24062		氯丁二烯	Chloroprene
w24063		氯丁二烯-[1,3]	Chloro-1,3-butadiene
w24064		六氯丁二烯	Hexachlorobutadiene
w24065		六氯环戊二烯	Hexachlorocyclopentadiene
w24066		二聚环戊二烯	Dicyclopentadiene
w24067		环己烯	Cyclohexene
w24068		乙烯基乙炔	Vinyl Acetylene
w24069		七氯	Heptachlor
w25000	**芳香族化合物**		**Aromatic Compounds**
w25001		苯系物	Benzene Series
w25002		苯	Benzene
w25003		甲苯	Toluene
w25004		乙苯	Ethylbenzene

代码	类别名称	中文名称	英文名称
w25005		二甲苯	Xylene
w25006		邻二甲苯	*o*-Xylenes
w25007		对二甲苯	*p*-Xylenes
w25008		间二甲苯	*m*-Xylenes
w25009		氯代苯类	Chlorobenzenes
w25010		氯苯	Chlorobenzene
w25011		1,2-二氯苯	1,2-Dichlorobenzene
w25012		1,3-二氯苯	1,3-Dichlorobenzene
w25013		1,4-二氯苯	1,4-Dichlorobenzene
w25014		三氯苯（总）	Trichlorobenzenes
w25015		1,2,4-三氯苯	1,2,4-Trichlorobenzene
w25016		四氯苯	Tetrachlorobenzene
w25017		1,2,4,5-四氯苯	1,2,4,5-Tetrachlorobenzene
w25018		五氯苯	Pentachlorobenzene
w25019		六氯苯	Hexachlorobenzene
w25020		硝基氯苯	Nitrochlorobenzene
w25021		对硝基氯苯	*p*-Chloronitrobenzene
w25022		2,4-二硝基氯苯	2,4-Dinitrochlorobenzene
w25023		硝基苯类	Nitrobenzenes
w25024		二硝基甲苯	Dinitrotoluene
w25025		三硝基甲苯	Trinitrotoluene
w25026		环三亚甲基三硝胺（黑索今）	Cyclotrimethylene Trinitramine（RDX）
w25027		二硝基苯	Dinitrobenzene
w25028		邻硝基甲苯	*o*-Nitrotoluene
w25029		对硝基甲苯	*p*-Nitrotoluene
w25030		2,4-二硝基甲苯	2,4-Dinitrotoluene
w25031		2,6-二硝基甲苯	2,6-Dinitrotoluene
w25032		2,4,6-三硝基甲苯	2,4,6-Drinitrotoluene
w25033		丙苯	*n*-Propylbenzene
w25034		异丙苯	Isopropylbenzene
w25035		间二异丙基苯	1,3-Diisopropylbenzene
w25036		对二异丙基苯	1,4-Diisopropylbenzene
w25037		丁苯	*n*-Butylbenzene
w25038		苯乙烯	Styrene
w25039		二氨基甲苯	Diaminotoluene
w25040		二溴乙苯	Ethylene Dibromide

代码	类别名称	中文名称	英文名称
w25041		多环芳烃	Polycyclic Aromatic Hydrocarbons
w25042		芘	Pyrene
w25043		苯并[*a*]芘	Benzo（*a*）Pyrene（PAHs）
w25044		苯并[*g,h,i*]芘	Benzo（*g,h,i*）Pyrene
w25045		茚[1,2,3-*cd*]芘	Indeno（1,2,3-*cd*）Pyrene
w25046		蒽	Anthracene
w25047		苯并[*a*]蒽	Benzo（*a*）Anthracene
w25048		二苯并（*a,h*）蒽	Dibenzo（*a,h*）Anthracene
w25049		荧蒽	Fluoranthene
w25050		苯并[*b*]荧蒽	Benzo（*b*）Fluoranthene
w25051		苯并[*k*]荧蒽	Benzo（*k*）Fluoranthene
w25052		吡啶	Pyridine
w25053		*α*-甲基吡啶	*α*-Methylpyridine
w25054		2,5-二甲吡啶	2,5-Dimethylpyridine
w25055		2-甲基-5-乙基吡啶	2-Methyl-5-ethylpyridine
w25056		2-氯-5-氯甲基吡啶	2-Chloro-5-chloromethyl Pyridine
w25057		2,2′：6′,2″-三联吡啶	2,2′：6′,2″-Terpyridine
w25058		萘	Naphthalene
w25059		2-氯萘	2-Chloronaphthalene
w25060		二硝基萘	Dinitronaphthalene
w25061		苊	Acenaphthylene
w25062		二氢苊	Acenaphthene
w25063		芴	Fluorene
w25064		菲	Phenanthrene
w25065		1,2-苯并菲（䓛）	Chrysene
w25066		苯醌	Benzoquinone
w25067		氯冉（四氯代对苯醌）	Tetrachloro-p-benzoquinone
w25068		2,3-二氯-1,4-萘醌	2,3-Dichloro-1,4-naphthoquinone
w25069		*α*-萘醌	*α*-Naphthoquinone
w25070		磺胺二甲基嘧啶	Sulfadimidine
w25071		四氢呋喃	Tetrahydrofuran
w25072		二噁英	Dioxins
w26000	胺		Amines
w26001		苯胺类	Anilines
w26002		4,4′-二氨基联苯（联苯胺）	4,4′-Diaminodiphenyl
w26003		1,2-苯二胺（邻苯二胺）	1,2-Benzenediamine
w26004		1,4-苯二胺（对苯二胺）	1,4-Benzenediamine

代码	类别名称	中文名称	英文名称
w26005		均三甲苯胺	2,4,6-Trimethylaniline
w26006		2-甲基苯胺（邻甲苯胺）	2-Methylbenzenamine
w26007		*N,N*-二甲基苯胺	*N,N*-Dimethylaniline
w26008		间氯苯胺	*m*-Chloroaniline
w26009		邻氯苯胺	*o*-Chloroaniline
w26010		对氯苯胺	*p*-Chloroaniline
w26011		3,4-二氯苯胺	3,4-Dichloroaniline
w26012		2,5-二氯苯胺	2,5-Dichloroaniline
w26013		3,3-二氯联苯胺	3,3-Dichlorobenzidine
w26014		2,6-二氯硝基苯胺	2,6-Dichloronitroaniline
w26015		二硝基苯胺	Dinitroaniline
w26016		对硝基苯胺	*p*-Nitroaniline
w26017		*N*-亚硝基二苯胺	*N*-Nitrosodiphenylamine
w26018		丙酸缩苯胺	Propanil
w26019		水杨酰苯胺	Salicylanilide
w26020		甲胺	Methylamine
w26021		二甲胺	Dimethylamine
w26022		三甲胺	Trimethylamine
w26023		六次甲基四胺	Hexamethylene Tetramine
w26024		乙胺	Ethylamine
w26025		二乙胺	Diethylamine
w26026		三乙胺	Triethylamine
w26027		1,2-二氨基乙烷（乙二胺）	Ethylenediamine
w26028		二乙烯三胺	Diethylene Triamine
w26029		丙胺	Propylamine
w26030		二丙胺	Dipropylamine
w26031		异丙胺	Isopropylamine
w26032		二异丙胺	Diisopropylamine
w26033		异丁胺	Isobutylamine
w26034		二异丁胺	Diisobutylamine
w26035		1,6-己二胺	1,6-Hexylenediamime
w26036		二氯胺	Dichloramines
w26037		三氯胺	Trichloramines
w26038		*N*-亚硝基二甲胺	*N*-Nitrosodimethylamine
w26039		*N*-亚硝基二乙胺	*N*-Nitrosodiethylamine
w26040		*N*-亚硝基二丙胺	*N*-Nitrosodi-*n*-propylamine
w26041		*N*-亚硝基二丁胺	*N*-Nitrosodi-*n*-butylamine

代码	类别名称	中文名称	英文名称
w26042		亚硝胺	Nitros(o)amine(s)
w26043		二甲基亚硝胺	Dimethyl Nitrosamine
w26044		二苯基亚硝胺	Diphenyl Nitrosamine
w26045		二正丙基亚硝胺	Di-*n*-propyl Nitrosamine
w26046		己内酰胺	Caprolactam
w26047		丁烯酰胺-[2]	2-Butenediamide
w26048		丙烯酰胺	Acrylamide
w26049		丙二酰胺	Malonamide
w26050		甲基丙酰胺	Methylpropionamide
w26051		二甲基甲酰胺	*N*,*N*-Dimethylformamide
w26052		二乙醇胺	Diethanolamine
w26053		丙草胺	Metolachlor
w26054		苯肼	Phenylhydrazine
w26055		1,2-二苯基肼	1,2-Diphenylhydrazine
w26056		一甲基肼	Methyl Hydrazine
w26057		1,1-二甲基肼（偏二甲基肼）	1,1-Dimethyl Hydrazine
w26058		尿素	Carbamide
w27000	**多氯联苯**		**Polychlorinated Biphenyls（PCBs）**
w27001		多氯联苯	Polychlorinated Biphenyls（PCBs）
w28000	**醚**		**Ethers**
w28001		二甲基硫（甲硫醚）	Dimethyl Sulfide
w28002		苯甲醚	Phenyl Methyl Ether
w28003		乙醚	Ethyl Ether
w28004		二（氯甲基）醚	Bis（Chloromethyl）Ether
w28005		二（2-氯甲基）醚	Bis（2-Chloromethyl）Ether
w28006		二（2-氯）乙醚	Bis（2-Chloroethyl）Ether
w28007		二氯二异丙醚（二氯异丙醚）	Dichloroisopropyl Ether
w28008		二（2-氯异丙基）醚	Bis（2-Chloroisopropyl）Ether
w28009		2-氯乙基乙烯醚	2-Chloroethyl Vinyl Ether
w28010		二甲基二硫醚	Dimethyl Disulfide
w28011		4-溴苯基苯基醚	4-Bromophenyl Phenyl Ether
w28012		4-氯苯基苯基醚	4-Chlorophenyl Phenyl Ether
w29000	**酯**		**Esters**
w29001		邻苯二甲酸酯类	Phthalate Esters
w29002		邻苯二甲酸二丁酯（酞酸	Di-*n*-butyl Phthalate

代码	类别名称	中文名称	英文名称
		二丁酯）	
w29003		邻苯二甲酸二辛酯	Di-Sec-octyl Phthalate
w29004		邻苯二甲酸二（2-乙基己基）酯	Bis（2-Ethylhexyl）Phthalate
w29005		邻苯二甲酸二甲酯（酞酸二甲酯）	Dimethyl Phthalate
w29006		邻苯二甲酸二乙酯（酯酞酸二乙酯）	Diethyl Phthalate
w29007		邻苯二甲酸丁卞酯	Butyl Benzyl Phthalate
w29008		二（2-乙基己基）己二酸酯	Bis（2-Ethylhexyl）Adipate
w29009		酞酸二正丁酯	Di-*n*-butyl Phthalate
w29010		酞酸二正辛酯	Di-*n*-octyl Phthalate
w29011		醋酸甲酯	Methyl Acetate
w29012		苯甲酸甲酯	Methyl Benzoate
w29013		对苯二甲酸二甲酯	Dimethyl Terephthalate
w29014		丙烯酸甲酯	Methyl Acrylate
w29015		甲基丙烯酸甲酯	Methyl Methacrylate
w29016		异丁酸甲酯	Methyl Isobutyrate
w29017		乙酸乙酯	Ethyl Acetate
w29018		丙烯酸乙酯	Ethyl Acrylate
w29019		顺丁烯二酸二乙酯	Diethyl Maleate
w29020		苯胺基甲酸异丙酯	Isopropyl *N*-Phenylcarbamate
w29021		间氯苯氨基甲酸异丙酯	Isopropyl *N*-(3-Chlorophenyl)-Carbamate
w29022		乙酸丁酯	Butyl Acetate
w29023		丙烯酸丁酯	Butyl Acrylate
w29024		甲基丙烯酸丁酯	*n*-Butyl Methacrylate
w29025		磷酸三丁酯	Tributyl Phosphate
w29026		乙酸乙烯酯	Vinyl Acetate
w29027		己二酸二乙烯酯	Divinyl Adipate
w29028		二甘醇二硝酸酯	Diethyleneglycol Dinitrate
w29029		三甘醇二硝酸酯	TEGDN
w29030		二氯化磷酸苯酯	Phenyl Dichlorophosphate
w29031		2,4-滴丁酯	2,4-DB
w30000	**醇**		**Alcohols**
w30001		甲醇	Methanol
w30002		甲硫醇	Methanthiol
w30003		二甲基苯基甲醇	Dimethyl Phenyl Carbinol

代码	类别名称	中文名称	英文名称
w30004		巯基乙醇	Mercaptoethyl Alcohol
w30005		对硝基苯胺基乙醇（羟基胺）	Hydramine
w30006		乙二醇	Ethylene Glycol
w30007		丙醇	Propanol
w30008		异丙醇	Isopropanol
w30009		丙二醇	Propylene Glycol
w30010		硝化甘油	Nitroglycerin
w30011		2,3-二氯丙醇	2,3-Dichloropropanol
w30012		1,3-二氯丙醇	1,3-Dichloropropanol
w30013		氯代丙二醇-[1,2]	3-Chloro-1,2-propanediol
w30014		丁醇	Butanol
w30015		异丁醇	Isobutyl Alcohol
w30016		戊醇	Pentanol
w30017		戊二醇（1,2）	1,2-Pentanediol
w30018		戊二醇（1,5）	1,5-Pentanediol
w30019		戊三醇（1,4,5）	1,4,5-Pentanetriol
w30020		季戊四醇	Pentaerythritol
w30021		环己醇	Hexalin
w30022		庚醇	1-Heptanol
w30023		异辛醇	Isooctyl Alcohol
w30024		正辛醇	*n*-Octanol
w30025		壬醇	*n*-Nonanol
w30026		双甘醇	Diethylene Glycol
w30027		三甘醇	Triethylene Glycol
w30028		丙烯醇	Allyl Alcohol
w30029		聚乙烯醇	Polyvinyl Alcohol
w30030		四氢化糠醇	Tetrahydrofurfuryl Alcohol
w30031		α-萜松醇	α-Terpined
w30032		2-甲基异莰醇	2-Methyl Isoborneol
w30033		丁硫醇	*n*-Butyl Thioalcohol
w30034		土臭素	Geosmin
w31000	醛		Aldehydes
w31001		甲醛	Formaldehyde
w31002		乙醛	Acetaldehyde
w31003		三氯乙醛	Trichloroacetaldehyde
w31004		丙烯醛	Acrolein

代码	类别名称	中文名称	英文名称
w31005		1,2,5,6-四氢化苯甲醛	1,2,5,6-Tetrahydrobenzaldehyde
w31006		糠醛（呋喃甲醛）	Furfural
w31007		戊二醛	Glutaraldehyde
w31008		异狄氏剂醛	Endrin Aldehyde
w32000	**有机酸**		**Organic Acids**
w32001		蚁酸	Formic Acid
w32002		环烷酸	Naphthenate
w32003		丁基黄原酸	*n*-Butyl Xanthate
w32004		邻苯二酸	Phthalic Acid
w32005		苯甲酸	Benzoic Acid
w32006		4-氯苯甲酸（对氯苯甲酸）	4-Chlorobenzoic Acid
w32007		2,3,6-三氯苯甲酸	2,3,6-Trichlorobenzoic Acid
w32008		多氯苯甲酸	Parachlorobenzoic Acid
w32009		对苯二甲酸	Terephthalic Acid
w32010		醋酸	Acetic Acid
w32011		氯乙酸	Monochloroacetic Acid
w32012		乙二胺四乙酸	Ethylenediaminetetraacetic Acid
w32013		次氮基三乙酸	Nitrilotriacetic Acid（NTA）
w32014		2-甲-4-氯苯氧基乙酸	2-Methyl-4-chlorophenoxy Acetic Acid
w32015		二氯丙酸	Dichlorpropanoic Acid
w32016		2-甲-4-氯丙酸	2-Methyl-4-chloro-propanoic Acid
w32017		α-氯丙酸	α-Chloropropionic Acid
w32018		2,4,5-涕丙酸	2,4,5-TP（silvex）
w32019		丁酸	Butyric Acid
w32020		2-甲-4-氯丁酸	2-Methyl-4-chloro-butanoic Acid
w32021		丙烯酸	Acrylic Acid
w32022		甲基丙烯酸	Methacrylic Acid
w32023		顺丁烯二酸	cis-Butene Dioic Acid
w32024		2-氨基萘磺酸	2-Aminonaphthalene-1-sulfonic Acid
w32025		对氨基苯磺酸	*p*-Aminobenzene Sulfonic Acid
w32026		2-萘酚-1-磺酸	2-Naphthol-1-sulfonic Acid
w32027		对氯苯磺酸	*p*-Chlorobenzenesulfonic Acid
w32028		2-氨基-5-萘酚-7-磺酸	2-Amino-5-naphthol-7-sulfonic Acid
w32029		三聚氰酸（氰尿酸）	Cyanuric Acid
w32030		二乙基二硫代磷酸	Diethyldithiophosphoric
w32031		乳酸	Lactic Acid
w32032		脂肪酸	Fatty Acid
w33000	**农药**		**Pesticides**

代码	类别名称	中文名称	英文名称
w33001		六六六	1,2,3,4,5,6-Hexachlorocyclohexane（mixture of isomers）
w33002		α-六六六	Alpha-BHC
w33003		β-六六六	Beta-BHC
w33004		δ-六六六	Delta-BHC
w33005		γ-六六六（林丹）	Gamma-BHC
w33006		滴滴滴（DDD）	DDD
w33007		滴滴涕（DDT）	1,1,1-Trichloro-2,2-bis（*p*-chlorophenyl）Ethane（DDTs）
w33008		2,4-滴	2,4-D（2,4-Dichlorophenoxyacetic Acid）
w33009		氯丹	Chlordane
w33010		敌敌畏	Dichlorvos
w33011		敌百虫	Trichlorfon
w33012		百菌清	Chlorothalonil
w33013		甲氧氯	Methoxychlor
w33014		四氯二苯并二噁英（2,3,7,8-TCDD）	2,3,7,8-Tetrachlorodibenzo-*p*-dioxin（TCDD）
w33015		毒死蜱	Chlorpyrifos Methyl
w33016		艾氏剂/狄氏剂	Aldrin/Dieldrin
w33017		异狄氏剂	Endrin
w33018		有机磷农药	Organophosphorus Pesticide
w33019		乐果	Dimethoate
w33020		对硫磷	Parathion
w33021		甲基对硫磷	Parathion-methyl
w33022		马拉硫磷	Malathion
w33023		甲胺磷	Methamidophos
w33024		草甘膦	Glyphosate
w33025		内吸磷	Systox
w33026		杀螟硫磷	Sumithion
w33027		苯硫磷	Phosphonothioic Acid（EPN）
w33028		谷硫磷	Gusathion
w33029		阿特拉津	Atrazine
w33030		西玛津	Simazine
w33031		毒杀芬	Toxaphene
w33032		草不绿	Alachlor
w33033		百草枯离子	Paraquat
w33034		氟虫腈	Fipronil
w33035		吡虫啉	Imidacloprid
w33036		三唑酮	Triadimefon

代码	类别名称	中文名称	英文名称
w33037		除草醚	Nitrofen
w33038		灭蚁灵	Mirex
w33039		茅草枯	Dalapon
w33040		毒莠定	Picloram
w33041		杀草丹	Thiobencarb
w33042		绿麦隆	Chlorotoluron
w33043		二氯苯醚菊酯	Permethrin
w33044		稻瘟灵	Isoprothiolane
w33045		二嗪农	Diazinon
w33046		异稻瘟净	Iprobenfos（IBP）
w33047		*N*-甲基-1-萘基氨基甲酸酯（西维因、甲萘威）	Carbaryl
w33048		涕灭威	Aldicarb
w33049		草达灭	Molinate
w33050		噻草平/苯达松	Bentazone
w33051		呋喃丹	Carbofuran
w33052		溴氰菊酯	Deltamethrin
w33053		秋兰姆	Thiuram
w33054		异佛尔酮	Isophorone
w33055		硫丹硫酸盐	Endosulfan Sulfate
w33056		地乐酚	Dinoseb
w33057		杀草快	Diquat
w33058		仲丁威	Fenobucarb（BPMC）
w33059		异丙隆	Isoproturon
w33060		二甲戊乐灵	Pendimethalin
w33061		氟乐灵	Trifluralin
w33062		α-硫丹	α-Endosulfan
w33063		β-硫丹	β-Endosulfan
w33064		马来酐	Maleic Anhydride
w33065		噻酚	Thiophene
w33066		二硫化四乙基秋兰姆	Tetraethylthiuram Disulfide
w33067		异噁噻酰胺	Isoxicam
w33068		草藻灭	Endothall
w33069		达草止	Pyridate
w34000	消毒剂及其副产物		Disinfector and its Outgrowth
w34001		二氧化氯	Chlorine Dioxide
w34002		消毒剂及消毒副产物氯	Disinfectants and Disinfection

代码	类别名称	中文名称	英文名称
			By-products Chlorine
w34003		总三卤甲烷	Total Trihalomethanes（TTHMs）
w34004		卤乙酸	Haloacetic Acids（HAAs）
w34005		二氯乙酸	Dichloroacetic Acid
w34006		三氯乙酸	Trichloroacetic Acid
w34007		亚氯酸盐	Chlorite
w34008		氯胺	Chloramine
w34009		氯酸盐	Chlorate
w34010		溴酸盐	Bromate
w34011		臭氧	Ozone
w99000	其他有机物		Other Organic Compounds
w99001		有机氮	Organic Nitrogen
w99002		可吸附有机卤化物	Adsorbable Organic Halogens
w99003		环氧七氯	Heptachlor Epoxide
w99004		微囊藻毒素-LR	Microcyst Lin-LR
w99005		硫氰酸盐	Thiocyanate Thiocyanide
w99006		氨基乙二酰	Oxamyl（Vydate）
w99007		3-氯-4-二氯甲基-5-羟基-2（5H）-呋喃酮（MX）	3-Chloro-4-dichloromethyl-5-hydroxy-2（5H）-furanone
w99008		氯丙酮	Chloroacetone
w99009		乙腈	Acetonitrile
w99010		丙烯腈	Acrylonitrile
w99011		卤乙腈类	Halogenated Acetonitriles
w99012		氯乙腈	Cyanogen Chloride
w99013		二氯乙腈	Dichloroacetonitrile
w99014		三氯乙腈	Trichloroacetonitrile
w99015		二溴乙腈	Dibromoacetonitrile
w99016		氯溴乙腈	Bromochloroacetonitrile
w99017		丁烯腈-[2]	2-Butenenitrile
w99018		烷基磺酸钠	Sodium Alkane Sulfonate
w99019		烷基苯磺酸钠	Sodium Alkylbenezenesulfonate
w99020		十二烷基苯磺酸盐	Dodecylbenzene Sulfonate
w99021		对氯苯磺酸钠	Sodium 4-Chlorobenzenesulfonate
w99022		烷基硫酸盐	Alkyl Sulphate
w99023		三氯乙酸钠	Sodium Trichloroacetate
w99024		磺胺噻唑	Sulfathiazole

代码	类别名称	中文名称	英文名称
w99025		呋喃	Furan
w99026		1,3-二乙基-1,3-二苯基脲	*N,N'*-Diethyl-*N,N'*-diphenylurea
w99027		链霉素	Streptomycin
w99028		总硝基化合物	Total Nitrocompounds

8 XML 数据定义

8.1 水污染物名称代码数据结构图

为规范水污染物名称代码表在环境信息系统中的使用，定义基于 XML 的水污染物名称代码表的数据架构图如下：

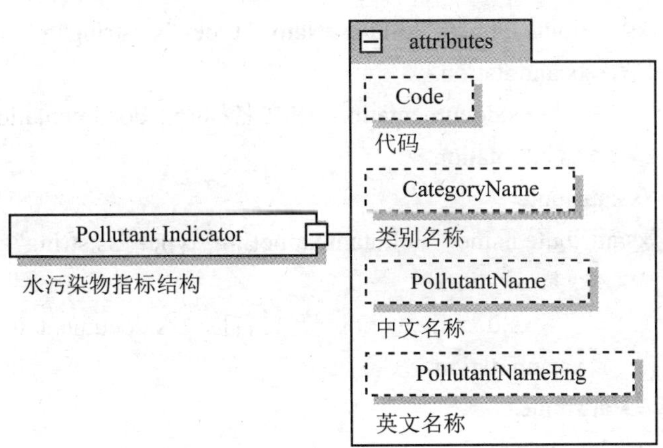

8.2 水污染物名称代码 Schema

```
<?xml version="1.0" encoding= "gb2312"?>
<xs:schema xmlns:xs="http://www.w3.org/2001/XMLSchema"
elementFormDefault="qualified" attributeFormDefault="unqualified">
    <xs:element name="PollutantIndicator">
        <xs:annotation>
            <xs:documentation>水污染物指标结构</xs:documentation>
        </xs:annotation>
        <xs:complexType>
            <xs:attribute name="Code">
                <xs:annotation>
                    <xs:documentation>代码</xs:documentation>
                </xs:annotation>
```

```
            <xs:simpleType>
                <xs:restriction base="xs:string">
                    <xs:length value="6"/>
                </xs:restriction>
            </xs:simpleType>
        </xs:attribute>
        <xs:attribute name="CategoryName" type="xs:string">
            <xs:annotation>
                <xs:documentation>类别名称</xs:documentation>
            </xs:annotation>
        </xs:attribute>
        <xs:attribute name="PollutantName" type="xs:string">
            <xs:annotation>
                <xs:documentation>中文名称</xs:documentation>
            </xs:annotation>
        </xs:attribute>
        <xs:attribute name="PollutantNameEng" type="xs:string">
            <xs:annotation>
                <xs:documentation>英文名称</xs:documentation>
            </xs:annotation>
        </xs:attribute>
    </xs:complexType>
  </xs:element>
</xs:schema>
```

附 录 A
（资料性附录）

水污染物及相关指标名称代码简表

表 A.1 列出“排放污染物申报登记统计表” 涉及的水污染物及相关指标代码、中英文名称，便于查询使用。表 A.1 所列水污染物及相关指标来自表 2。

原代码指《环境信息标准化手册》（第 3 卷）中“水环境信息管理编码”。

表 A.1　水污染物及相关指标名称代码简表

代码	中文名称	英文名称	原代码
w01001	pH 值	pH	1
w01002	色度	Color	2
w01012	悬浮物	Suspended Solids	3
w01017	五日生化需氧量	Biochemical Oxygen Demand after 5 Days（BOD_5）	10
w01018	化学需氧量	Chemical Oxygen Demand（COD）	11
w01020	总有机碳	Total Organic Carbon（TOC）	15
w20111	总汞	Mercury（total）	20
w20113	烷基汞	Alkyl Mercury	21
w20115	总镉	Cadmium（total）	22
w20116	总铬	Chromium（total）	23
w20117	六价铬	Chromium（Ⅵ）Compounds	24
w20118	三价铬	Chromium（Ⅲ）Compounds	25
w20119	总砷	Arsenic（total）	26
w20120	总铅	Lead（total）	27
w20121	总镍	Nickel（total）	28
w20122	总铜	Copper（total）	29
w20123	总锌	Zinc（total）	30
w20124	总锰	Manganese（total）	31
w20125	总铁	Iron（total）	32
w20126	总银	Silver（total）	33
w20127	总铍	Beryllium（total）	34
w20128	总硒	Selenium（total）	35
w20092	锡	Tin	36
w20023	硼	Boron	37
w20061	钼	Molybdenum	38

代码	中文名称	英文名称	原代码
w20012	钡	Barium	39
w20038	钴	Cobalt	40
w20089	铊	Thallium	41
w21003	氨氮（NH_3-N）	Ammonnia-Nitrogen	60
w99001	有机氮	Organic Nitrogen	61
w21004	凯氏氮	Kjeldahl Nitrogen	62
w21006	亚硝酸盐	Nitrite	63
w21007	硝酸盐（以 N 计）	Nitrate（measured as Nitrogen）	64
w21016	氰化物	Cyanide	70
w21019	硫化物	Sulphide	71
w21017	氟化物（以 F^-计）	Fluoride	72
w21018	碘化物	Iodide	73
w21021	硫氰化物	Rhodanide	74
w21030	铁（Ⅱ、Ⅲ）氰络合物	Ferrocyanide	75
w22001	石油类	Petroleum Oils	80
w22002	动植物油	Animal and Vegetable Oil	81
w22003	油	Oil	82
w21022	氯化物（以 Cl^-计）	Chloride	90
w21023	活性氯	Active Chlorine	91
w21024	余氯	Residual Chlorine	92
w21026	二氧化硫	Sulfur Dioxide	93
w21012	元素磷	Phosphorus	100
w21011	总磷（以 P 计）	Phosphorus（total）	101
w21015	磷酸盐	Phosphate	102
w21013	黄磷	Yellow Phosphorus	103
w33023	甲胺磷	Methamidophos	104
w23002	挥发酚	Volatile Phenols	110
w23003	苯酚	Hydroxybenzene	111
w23012	苯二酚	Dihydroxybenzne	112
w23017	苯甲酚	Cresol	113
w23018	间-甲酚	*m*-Methylphenol	114
w23019	氯酚类	Chlorophenols	115
w23020	2,4-二氯苯酚	2,4-Dichlorophenol	116
w23022	2,4,6-三氯苯酚	2,4,6-Trichlorophenol	117
w24004	三氯甲烷	Trichloromethane	130
w24009	三溴甲烷	Tribromomethane	131
w24006	一氯二溴甲烷	Dibromochloromethane	132
w24001	挥发性卤代烃	Volatile Halohydrocarbon	140
w24005	四氯甲烷（四氯化碳）	Tetrachloromethane	142

代码	中文名称	英文名称	原代码
w24046	氯乙烯	Vinyl Chloride	160
w24049	三氯乙烯	Trichloroethylene	161
w24050	四氯乙烯	Tetrachloroethylene	162
w25001	苯系物	Benzene Series	180
w25002	苯	Benzene	181
w25003	甲苯	Toluene	182
w25004	乙苯	Ethylbenzene	183
w25006	邻二甲苯	*o*-Xylenes	184
w25007	对二甲苯	*p*-Xylenes	185
w25008	间二甲苯	*m*-Xylenes	186
w26001	苯胺类	Anilines	200
w25009	氯代苯类	Chlorobenzenes	220
w25010	氯苯	Chlorobenzene	221
w25011	1,2-二氯苯	1,2-Dichlorobenzene	222
w25013	1,4-二氯苯	1,4-Dichlorobenzene	223
w25020	硝基氯苯	Nitrochlorobenzenes	240
w25021	对硝基氯苯	*p*-Chloronitrobenzene	241
w25022	2,4-二硝基氯苯	2,4-Dinitrochlorobenzene	242
w31001	甲醛	Formaldehyde	260
w31003	三氯乙醛	Trichloroacetaldehyde	270
w31004	丙烯醛	Acrolein	280
w99010	丙烯腈	Acrylonitrile	290
w25041	多环芳烃	Polycyclic Aromatic Hydrocarbons	300
w19004	彩色显影剂	Color Developing Agent	320
w19005	显影剂及氧化物总量	Developing Agent and Total Oxide	330
w33001	六六六	1,2,3,4,5,6-Hexachlorocyclohexane （mixture of isomers）	350
w33006	滴滴滴（DDD）	DDD	351
w33010	敌敌畏	Dichlorvos	352
w33011	敌百虫	Trichlorfon	353
w33051	呋喃丹	Carbofuran	354
w33018	有机磷农药	Organophosphorus Pesticide	370
w33019	乐果	Dimethoate	371
w33020	对硫磷	Parathion	372
w33021	甲基对硫磷	Parathion-methyl	373
w33022	马拉硫磷	Malathion	374
w29001	邻苯二甲酸酯类	Phthalate Esters	390
w29003	邻苯二甲酸二辛酯	Di-Sec-octyl Phthalate	391

代码	中文名称	英文名称	原代码
w29002	邻苯二甲酸二丁酯（酞酸二丁酯）	Di-*n*-butyl Phthalate	392
w23025	五氯酚	Pentachlorophenol	410
w23026	五氯酚钠	Sodium Pentachlorophenate	410
w99002	可吸附有机卤化物	Adsorbable Organic Halogens	420
w30010	硝化甘油	Nitroglycerin	430
w25023	硝基苯类	Nitrobenzene	440
w25024	二硝基甲苯	Dinitrotoluene	441
w25025	三硝基甲苯	Trinitrotoluene	442
w25026	环三亚甲基三硝胺（黑索今）	Cyclotrimethylene Trinitramine（RDX）	443
w21008	肼	Hydrazine	460
w26056	一甲基肼	Methyl Hydrazine	461
w26057	1,1-二甲基肼（偏二甲基肼）	1,1-Dimethyl Hydrazine	462
w26026	三乙胺	Triethylamine	480
w26028	二乙烯三胺	Diethylene Triamine	481
w21010	叠氮化物（以 N_3^-计）	Sodium Azide	500
w19002	阴离子表面活性剂	Anion Surface Active Agent	520
w21027	石棉（纤维＞10 μm）	Asbestos（fiber＞10micrometers）	530
w25043	苯并[*a*]芘	Benzo（*a*）Pyrene（PAHs）	540
w02003	粪大肠菌群	Fecal Coliform	550
w02004	总大肠菌群	Total Coliform	551
w02001	蛔虫卵	Ascaris Eggs	560
w03001	总α放射性	Total α-Ray Intensity	570
w03002	总β放射性	Total β-Ray Intensity	571

中华人民共和国国家环境保护标准

大气污染物名称代码

Codes for air pollutants

HJ 524—2009

前 言

为贯彻《中华人民共和国环境保护法》、《中华人民共和国大气污染防治法》，加强污染防治的监督管理，保障环境信息处理和交换工作有序开展，统一大气污染物的名称与代码，制定本标准。

本标准对环境管理、环境统计、环境监测、环境影响评价、排污权交易、污染事故应急处置、各类大气环境质量标准、各类大气污染物排放标准、环境保护国际履约、环境科学研究、环境工程、环境与健康等涉及的大气污染物及相关指标进行分类、列表并编写代码。

本标准规定了大气污染物的名称和代码。

本标准附录 A 为规范性附录。

本标准为首次发布。

本标准由环境保护部科技标准司组织制订。

本标准起草单位：环境保护部信息中心、江苏省环境信息中心。

本标准环境保护部 2009 年 12 月 30 日批准。

本标准自 2010 年 4 月 1 日起实施。

本标准由环境保护部解释。

1 适用范围

本标准对环境管理、环境统计、环境监测、环境影响评价、排污权交易、污染事故应急处置、各类大气环境质量标准、各类大气污染物排放标准、环境保护国际履约、环境科学研究、环境工程、环境与健康和实验室信息系统等业务涉及的大气污染物及相关指标进行分类、列表，规定了大气污染物名称代码。

适用于全国各级环境保护部门有关大气污染物的信息采集、交换、存储、加工、使用以及环境信息系统建设的管理工作。

2 规范性引用文件

本标准内容引用了下列文件中的条款。凡是不注日期的引用文件，其有效版本适用于本标准。

GB/T 7027 信息分类和编码的基本原则与方法

GB/T 10113 分类与编码通用术语

3 术语和定义

GB/T 10113 中确立的术语和定义，以及下列术语和定义适用于本标准。

3.1 大气 atmosphere

指包围地球表层的空气，由一定比例的氮、氧、二氧化碳、水蒸气以及其他微量气体、液体和固体杂质、微粒等组成的混合物。

3.2 废气 waste gas

指人类生活、工业生产或动力机械运转中所产生的对本过程无用的气体。

3.3 大气污染 air pollution

由于人类活动或自然过程，使得排放到大气中的物质的浓度及持续时间超过了一定尺度下大气环境所能允许的极限，达到有害程度，以致破坏生态系统和人类正常生存和发展的条件，对人、动植物以及设备、物质等方面直接或间接地造成危害的现象。

3.4 大气污染物 air pollutants

由于人类活动或自然过程排入大气的、浓度超过一定标准时对人或环境产生有害影响的物质。

3.5 大气污染指标 air pollution indicators

反映空气质量或污染程度，包括但不仅限于具体化学物质，涵盖物理指标、化学指标、热污染指标、生物指标、放射性指标、其他指标等。

3.6 大气污染指标分类 classification of air pollution indicators

根据大气污染物的物化特征、性质、结构及相关指标的特征，按一定的规则对其进行区分和归类的过程。通过分类可以将大气污染物及相关指标按类排列顺序，便于管理和使用。

3.7 大气污染物代码 codes for air pollutants

表示大气污染物及相关指标的一个或一组字符，具有层次性、唯一性。

3.8 大气污染物编码 encoding of air pollutants

在对大气污染物及相关指标调研、收集和分类的基础上，根据信息分类及编码原则规定，给大气污染物及相关指标赋予代码的过程。

3.9 大气污染物代码表 air pollutants code table

对大气污染物进行分类和编码后的表现形式。是将大气污染物及相关指标按照类别排列并列出每种大气污染物或相关指标的代码值。大气污染物名称代码表主要包括大气污染物及相关指标的代码、类别、中、英文名称、化学符号、CAS 号、别名等。

3.10 大气污染物代码表 XML 数据架构 XML schema for air pollutants code table

以 XML 方式描述、定义大气污染物代码表的数据架构，便于统一、规定各类环境信息系统中大气污染物代码表的存储和使用。

4 分类原则

4.1 科学性原则

根据大气污染物最稳定的属性及相关指标的性质和结构进行分类，适当结合应用习惯。

4.2 实用性原则

大气污染物分类类目设置要全面、实用，满足较长时期内我国环境管理业务中的大气污染物管理需求，受关注的、重要的污染物单独列出类别，突出重点、方便检索。针对我国环境在线监控系统建设的实际，与空气质量自动监测、气污染源在线监控相关的辅助参数、检测因子也纳入大气污染物名称代码表。

4.3 可扩延性原则

随着科学技术的发展和社会进步，会有更多新合成或新检出的大气污染物受到关注，因此在类目的扩展上预留空间，保证分类体系有一定适应性，可在本编码体系上进行延拓。

5 分类方法

5.1 基本方法

本标准中的基本分类方法遵循 GB/T 7027 的规定和要求。

5.2 大气污染物分类方法

根据大气污染物的物化性质和结构特征，适宜采用线分类方法进行分类，而对于一些特殊或使用频率高的类别宜采用面分类方法。大气污染物分类采用以线分类法为主、面分类法为补充的混合分类法。

大气污染物分类设一级类目，根据大气污染物的结构和物化特性将大气污染物分为 23 类。

6 编码原则与方法

6.1 编码原则

6.1.1 唯一性

对每一种大气污染物或相关指标分配一个代码，一个代码唯一标识一种大气污染物或相关指标。

6.1.2 合理性

代码结构与分类体系相适应。

6.1.3 可扩充性

留有适当的后备容量，以适应不断扩充的需要。

6.1.4 简明性

代码结构尽量简明，长度适当，以节省计算机等信息设备存贮空间和降低代码的出错率。

6.1.5 稳定性

大气污染物的代码一经确定，应保持不变。

6.1.6 规范性

代码的类型、结构以及编写格式统一。

6.2 编码方法

大气污染物编码采用层次码为主体，每层中采用顺序码。其中，层次码依据编码对象的分类层级将代码分成若干层级，并与编码对象的分类层次相对应；代码自左至右表示的层级由高至低，代码的左端为最高层级代码，右端为最低层级代码；采用固定递增格式。顺序码采用递增的数字码。

6.3 代码结构

大气污染物代码格式采用码位固定的字母数字混合格式。字母代码采用缩写码表示，即用“a”表示气；数字代码采用阿拉伯数字表示，即采用递增的数字码。

代码共分三层。第一层代码，用“a”表示气；第二层代码，表示大气污染物的类别，采用 2 位阿拉伯数字表示，即 01～99；第三层代码为污染物代码，采用 3 位阿拉伯数字表示，即 001～999，每一组阿拉伯数字表示一种污染物或相关指标。

二层及二层以上代码由上层代码加本层代码组成。代码结构如图 1 所示：

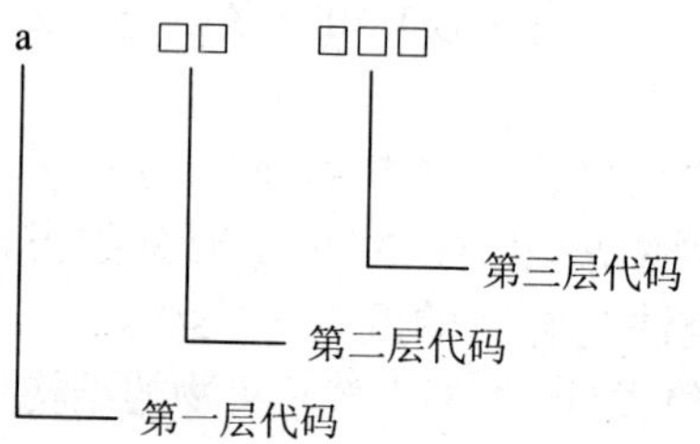

图 1 代码结构图

6.4 编码扩展方法

对于代码表中未列出的污染物或相关指标，可依据分类原则对其进行归类，在其相应类别中已有编码的基础上顺延赋码。

7 大气污染物分类与代码

7.1 大气污染物及相关指标分类

表 1 列出了大气污染物类别的代码、中英文名称及备注。

表 1 大气污染物及相关指标分类表

类别代码	中文名称	英文名称	备注
a01000	物理指标	Physical indicators	表示大气物理学特性的指标，包括环境自动监测、在线监控信息系统相关的辅助参数、检测因子
a02000	生物指标	Biological indicators	表示大气生物学特性的参数指标
a03000	放射性指标	Radioactive indicators	表示大气中放射性物质辐射强度或浓度的指标
a04000	热污染指标	Thermal pollution indicators	指导致环境温度变化并对环境和人类产生影响的指标
a05000	温室气体	Greenhouse gases	指大气中吸收和重新放出红外辐射的气体，这类气体能够产生“温室效应”，使地球表面升温
a06000	降水指标	Precipitation indicators	指降水量及降水中的离子组分等指标
a19000	其他指标	Other indicators	难以归入上述指标类别且按有关规定需要控制的污染指标
a20000	金属元素及其化合物	Metals and metallic compounds	大气中赋存的金属及其化合物
a21000	气态无机污染物	Gaseous inorganic pollutants	由无机物构成的气态污染物
a22000	油类	Oils	常温下为液态的憎水性物质的总称
a23000	酚类	Phenols	芳香烃环上的氢被羟基（—OH）取代的一类芳香族化合物，常温下具有挥发性、半挥发性
a24000	脂肪烃和卤代脂肪烃	Aliphatic hydrocarbons and Halogenated aliphatic hydrocarbons	具有脂肪族化合物基本属性的碳氢化合物叫做脂肪烃。卤代脂肪烃指脂肪烃上的氢被卤素取代生成的化合物
a25000	芳香族化合物	Aromatic compounds	包括芳烃、多环芳烃及其取代化合物
a26000	胺类	Amines	氨分子中的氢被烃基取代而生成的化合物

类别代码	中文名称	英文名称	备注
a27000	多氯联苯	Polychlorinated Biphenyls （PCBs）	许多联苯的含氯化合物的统称
a28000	醚类	Ethers	两个烃基通过氧原子相连形成的化合物
a29000	酯类	Esters	羧酸的一类衍生物，由羧酸与醇（酚）反应失水而生成的化合物
a30000	醇类	Alcohols	烃分子中一个或几个氢被羟基取代而生成的一类有机化合物
a31000	醛酮类	Aldehydes and Ketones	一种含有羰基的化合物
a32000	酸及酸酐	Acids and Anhydrides	由二分子一元羧酸或一分子多元羧酸脱水而成的一类羧酸衍生物
a33000	农药	Pesticides	为保障作物的成长所施用的杀虫、除草等药物的统称
a34000	颗粒物	Particulates	大气中的固体或液体颗粒状物质
a99000	其他有机物	Other organic compounds	难以归入上述类别且按有关规定需要控制的有机污染物

7.2　大气污染物及相关指标名称与代码

表 2 列出了 877 种大气污染物及相关指标的代码、中英文名称、化学符号、CAS 号及别名。

表 2　大气污染物及相关指标名称代码表

代码	类别	中文名称	英文名称	化学符号	CAS 号	别名
a01000	物理指标		Physical indicators			
a01001		温度	Temperature			
a01002		湿度	Humidity			
a01003		绝对湿度	Absolute humidity			
a01004		相对湿度	Relative humidity			
a01005		空气流速	Air flow velocity			
a01006		气压	Pressure			
a01007		风速	Wind speed			
a01008		风向	Wind direction			
a01009		新风量	Air change flow			
a01010		林格曼黑度	Lingeman blackness			
a01011		烟气流速	Flue gas velocity			
a01012		烟气温度	Flue gas temperature			

代码	类别	中文名称	英文名称	化学符号	CAS 号	别名
a01013		烟气压力	Flue gas pressure			
a01014		烟气含湿量	Flue gas humidity			
a01015		制冷温度	Refrigerating temperature			
a01016		烟道截面积	Flue sectional area			
a01017		烟气动压	Flue gas dynamic pressure			
a01018		增压风机电流	Booster fan current			
a01019		挡板门开度	Baffle gate opening degree			
a01020		能见度	Visibility			
a01021		浑浊度	Turbidity			
a02000	生物指标		Biological indicators			
a02001		菌落总数	Aerobic bacterial count			
a02002		霉菌数	Mould count			
a02003		真菌数	Fungi count			
a02004		植物叶片含硫量	Sulphuric concentration in plant leaves			
a02005		植物叶片含氟量	Fluorous concentration in plant leaves			
a02006		细菌总数	Total bacterial count			
a02007		链球菌数	Streptococci count			
a02008		溶血性链球菌	Streptococcus hemolyticus			
a02009		芽孢杆菌数	Bacillus count			
a02010		枯草杆菌蛋白酶	Subtilisin			
a03000	放射性指标		Radioactive indicators			
a03001		总α	Total α-ray intensity			
a03002		总β	Total β-ray intensity			
a03003		镭-226	Radium-226	^{226}Ra		
a03004		氚	Tritium	^{3}H 或 T		
a03005		放射性气溶胶	Radioactive aerosol			
a03006		放射性沉降灰	Radioactive fallout			
a03007		放射性核素	Radionuclides			
a03008		铀-238	Uranium-238	^{238}U		
a03009		钍-232	Thorium-232	^{232}Th		
a03010		铯-137	Cesium-137	^{137}Cs		
a03011		钾-40	Kalium-40	^{40}K		
a03012		铍-7	Beryllium-7	^{7}Be		

代码	类别	中文名称	英文名称	化学符号	CAS号	别名
a03013		碘	Iodine	I		
a03014		氡	Radon	Rn		
a03015		α射线强度	α-Ray intensity			
a03016		β射线强度	β-Ray intensity			
a03017		γ射线强度	γ-Ray intensity			
a03018		锶-90	Strontium-90	^{90}Sr		
a03019		碳-14	Carbon-14	^{14}C		
a03020		γ辐射空气吸收剂量率	γ-Ray absorbed dose rate in air			
a04000	热污染指标		Thermal pollution indicators			
a04001		城乡气温差	Air temperature difference between urban and rural area			
a04002		平均辐射温度	Average radiation temperature			
a04003		太阳辐射强度	Solar radiation intensity			
a04004		紫外线指数	Ultraviolet index			
a05000	温室气体		Greenhouse gases			
a05001		二氧化碳	Carbon dioxide	CO_2	124-38-9	
a05002		甲烷	Methane	CH_4	74-82-8	
a05003		氧化亚氮	Nitrous oxide	N_2O	10028-97-2	笑气
a05004		六氟化硫	Sulfur hexafluoride	SF_6	2551-62-4	
a05005		氢氟碳化物	Fluorocarbon（HFCs）			
a05006		全氟碳化物	Perfluorocarbons（PFCs）			
a05007		氟氯碳化物	Chlorofluorocarbons	CFCs		
a05008		三氯一氟甲烷	Trichlorofluoromethane	CCl_3F	75-69-4	CFC-11
a05009		二氯二氟甲烷	Dichlorodifuoromethane	CCl_2F_2	75-71-8	CFC-12
a05010		一氯三氟甲烷	Chlorotrifluoromethane	$CClF_3$	75-72-9	CFC-13
a05011		五氯一氟乙烷	Fluoropentachloroethane	C_2Cl_5F	354-56-3	CFC-111
a05012		四氯二氟乙烷	1,1,2,2-Tetrachloro-1,2-difluoroethane	$C_2Cl_4F_2$	76-12-0	CFC-112
a05013		三氯三氟乙烷	1,1,2-Trichloro-1,2,2-trifluoroethane	CCl_2FCClF_2	76-13-1	CFC-113
a05014		1,2-二氯四氟乙烷	1,2-Dichlorotetrafluoroethane	$CClF_2CClF_2$	76-14-2	CFC-114
a05015		一氯五氟乙烷	Chloropentafluoroethane	$CClF_2CF_3$	76-15-3	CFC-115

代码	类别	中文名称	英文名称	化学符号	CAS 号	别名
a05016		七氯一氟丙烷	1,1,1,2,2,3,3-Heptachloro-3-fluoro-propane	C_3FCl_7	422-78-6	CFC-211
a05017		六氯二氟丙烷	1,1,1,3,3,3-Hexachloro-2,2-difluoro-propane	$C_3F_2Cl_6$	3182-26-1	CFC-212
a05018		五氯三氟丙烷	Chlorofluorocarbon-213	$C_3F_3Cl_5$	2354-06-5	CFC-213
a05019		四氯四氟丙烷	Chlorofluorocarbon-214	$C_3F_4Cl_4$	29255-31-0	CFC-214
a05020		三氯五氟丙烷	Trichloropentafluoropropane	$C_3Cl_3F_5$	1599-41-3	CFC-215
a05021		二氯六氟丙烷	Dichlorohexafluoropropane	$C_3Cl_2F_6$	661-97-2	CFC-216
a05022		一氯七氟丙烷	Monochloroheptafluoropropane	C_3ClF_7	422-86-6	CFC-217
a05023		氢氯氟碳化物	Hydrochlorofluorocarbons（HCFCs）			
a05024		臭氧	Ozone	O_3	10028-15-6	
a06000	降水指标		Precipitation indicators			
a06001		降水量	Amount of precipitation			
a06002		降水类型	Precipitation type			
a06003		降水 pH 值	Precipitation pH value	pH		
a06004		电导率	Electrical conductivity			
a06005		硫酸根离子	Sulfate ion	SO_4^{2-}		
a06006		硝酸根离子	Nitrate ion	NO_3^-		
a06007		氟离子	Fluoride ion	F^-		
a06008		氯离子	Chloride ion	Cl^-		
a06009		铵离子	Ammonium ion	NH_4^+		
a06010		钙离子	Calcium ion	Ca^{2+}		
a06011		镁离子	Magnesium ion	Mg^{2+}		
a06012		钠离子	Sodium ion	Na^+		
a06013		钾离子	Potassium ion	K^+		
a06014		碳酸氢根离子	Bicarbonate ion	HCO_3^-		
a06015		溴离子	Bromine ion	Br^-		
a06016		甲酸根离子	Formic ion	$HCOO^-$		
a06017		醋酸根离子	Acetate ion	CH_3COO^-		
a06018		磷酸根离子	Phosphate ion	PO_4^{3-}		
a06019		亚硝酸根离子	Nitrite ion	NO_2^-		
a06020		亚硫酸根离子	Sulfite ion	SO_3^{2-}		
a19000	其他指标		Other indicators			
a19001		氧含量	Oxygen concentration			
a19002		臭气浓度	Odor concentration			

代码	类别	中文名称	英文名称	化学符号	CAS号	别名
a19003		烟气量	Flue gas amount			
a19004		硫酸盐化速率	Sulfation rate			
a19005		空气污染指数	Air pollution index			API
a19006		气溶胶光学厚度	Aerosol optical depth			AOD
a20000	**金属元素及其化合物**		Metals and metallic compounds			
a20001		铝及其化合物	Aluminum compounds			
a20002		铝	Aluminum	Al	7429-90-5	
a20003		锑及其化合物	Antimony compounds			
a20004		锑	Antimony	Sb	7440-36-0	
a20005		氧化锑	Antimony oxide	Sb_2O_5	1309-64-4	
a20006		砷及其化合物	Arsenic compounds			
a20007		砷	Arsenic	As	7440-38-2	
a20008		五氧化二砷	Arsenic pentoxide	As_2O_5	1303-28-2	
a20009		三氧化二砷	Arsenic trioxide	As_2O_3	1327-53-3	
a20010		砷化氢	Arsine	AsH_3	7784-42-1	
a20011		钡及其化合物	Barium compounds			
a20012		钡	Barium	Ba	7440-39-3	
a20013		氯化钡	Barium chloride	$BaCl_2$	10361-37-2	
a20014		氢氧化钡	Barium hydroxide	$Ba(OH)_2$	40226-30-0	
a20015		氧化钡	Barium oxide	BaO	1304-28-5	
a20016		铍及其化合物	Beryllium compounds			
a20017		铍	Beryllium	Be	7440-41-7	
a20018		氧化铍	Beryllium oxide	BeO	1304-56-9	
a20019		铋及其化合物	Bismuth compounds			
a20020		铋	Bismuth	Bi	7440-69-9	
a20021		碲化铋	Bismuth telluride	Bi_2Te_3	1304-82-1	
a20022		硼及其化合物	Boron compounds			
a20023		硼	Boron	B	7440-42-8	
a20024		氧化硼	Boron oxide	B_2O_3	1303-86-2	三氧化二硼
a20025		镉及其化合物	Cadmium compounds			
a20026		镉	Cadmium	Cd	7440-43-9	
a20027		氧化镉	Cadmium oxide	CdO	1306-19-0	
a20028		钙及其化合物	Calcium compounds			
a20029		钙	Calcium	Ca	7440-70-2	
a20030		氰氨化钙	Calcium cyanamide	$CCaN_2$	156-62-7	碳氮化钙
a20031		氧化钙	Calcium oxide	CaO	1305-78-8	

代码	类别	中文名称	英文名称	化学符号	CAS号	别名
a20032		铬及其化合物	Chromium compounds			
a20033		铬	Chromium	Cr	7440-47-3	
a20034		铬酸盐	Chromates			
a20035		重铬酸盐	Dichromates			
a20036		三氧化铬	Chromium trioxide	CrO_3	1333-82-0	
a20037		钴及其化合物	Cobalt compounds			
a20038		钴	Cobalt	Co	7440-48-4	
a20039		氧化钴	Cobalt oxide	CoO	11104-61-3	
a20040		铜及其化合物	Copper compounds			
a20041		铜	Copper	Cu	7440-50-8	
a20042		氧化铜	Copper oxide	CuO	1317-38-0	
a20043		铅及其化合物	Lead compounds			
a20044		铅	Lead	Pb	7439-92-1	
a20045		氧化铅	Lead oxide	PbO	1317-36-8	
a20046		硫化铅	Lead sulfide	PbS	1314-87-0	
a20047		四乙基铅	Tetraethyl lead	$C_8H_{20}Pb$	78-00-2	
a20048		锂及其化合物	Lithium compounds			
a20049		锂	Lithium	Li	7439-93-2	
a20050		氢化锂	Lithium hydride	HLi	7580-67-8	
a20051		镁及其化合物	Magnesium compounds			
a20052		镁	Magnesium	Mg	7439-95-4	
a20053		氧化镁	Magnesium oxide	MgO	1309-48-4	
a20054		锰及其化合物	Manganese compounds			
a20055		锰	Manganese	Mn	7439-96-5	
a20056		二氧化锰	Manganese dioxide	MnO_2	1313-13-9	
a20057		汞及其化合物	Mercury compounds			
a20058		汞	Mercury	Hg	7439-97-6	水银
a20059		氯化汞	Mercury chloride	$HgCl_2$	7487-94-7	
a20060		钼及其化合物	Molybdenum compounds			
a20061		钼	Molybdenum	Mo	7439-98-7	
a20062		氧化钼	Molybdenum oxide	MoO_3	1344-70-3	
a20063		镍及其化合物	Nickel compounds			
a20064		镍	Nickel	Ni	14332-32-2	
a20065		硝酸镍	Nickel nitride	$Ni(NO_3)_2$	14216-75-2	
a20066		氧化镍	Nickel oxide	NiO	1313-99-1	
a20067		钾及其化合物	Potassium compounds			
a20068		钾	Potassium	K	2023-69-5	

代码	类别	中文名称	英文名称	化学符号	CAS 号	别名
a20069		氯化钾	Potassium chloride	KCl	7447-40-7	
a20070		氢氧化钾	Potassium hydroxide	KOH	1310-58-3	
a20071		硒及其化合物	Selenium compounds			
a20072		硒	Selenium	Se	7782-49-2	
a20073		二氧化硒	Selenium dioxide	SeO_2	7446-08-4	
a20074		钠及其化合物	Sodium compounds			
a20075		钠	Sodium	Na	7440-23-5	
a20076		碳酸钠	Sodium carbonate	Na_2CO_3	497-19-8	
a20077		氢氧化钠	Sodium hydroxide	NaOH	1310-73-2	
a20078		锶及其化合物	Strontium compounds			
a20079		锶	Strontium	Sr	7440-24-6	
a20080		氯化锶	Strontium chloride	$SrCl_2$	10476-85-4	
a20081		氧化锶	Strontium oxide	SrO	1314-11-0	
a20082		钽及其化合物	Tantalum compounds			
a20083		钽	Tantalum	Ta	7440-25-7	
a20084		五氧化二钽	Tantalum pentaoxide	Ta_2O_5	1314-61-0	
a20085		碲及其化合物	Tellurium compounds			
a20086		碲	Tellurium	Te	13494-80-9	
a20087		氧化碲	Tellurium oxide	TeO	13451-18-8	
a20088		铊及其化合物	Thallium compounds			
a20089		铊	Thallium	Tl	7440-28-0	
a20090		氧化铊	Thallium oxide	Tl_2O	1314-32-5	
a20091		锡及其化合物	Tin compounds			
a20092		锡	Tin	Sn	7440-31-5	
a20093		二氧化锡	Tin dioxide	SnO_2	18282-10-5	
a20094		钛及其化合物	Titanium compounds			
a20095		钛	Titanium	Ti	7440-32-6	
a20096		四氯化钛	Titanium tetrachloride	$TiCl_4$	7550-45-0	
a20097		钨及其化合物	Tungsten compounds			
a20098		钨	Tungsten	W	12138-09-9	
a20099		碳化钨	Tungsten carbide	W_2C	12070-12-1	
a20100		钒及其化合物	Vanadium compounds			
a20101		钒	Vanadium	V	7440-62-2	
a20102		钒铁合金	Ferrovanadium alloy	FeV		
a20103		锌及其化合物	Zinc compound			
a20104		锌	Zinc	Zn	7740-66-6	
a20105		氧化锌	Zinc oxide	ZnO	1314-13-2	

代码	类别	中文名称	英文名称	化学符号	CAS 号	别名
a20106		锆及其化合物	Zirconium compounds			
a20107		锆	Zirconium	Zr	7440-67-7	
a20108		氧化锆	Zirconium oxide	ZrO_2	1314-23-4	
a21000	气态无机污染物		Gaseous inorganic pollutants			
a21001		氨	Ammonia	NH_3	7664-41-7	氨气
a21002		氮氧化物	Nitrogen oxides	NO_x		
a21003		一氧化氮	Nitric oxide	NO	10102-43-9	
a21004		二氧化氮	Nitrogen dioxide	NO_2	10102-44-0	
a21005		一氧化碳	Carbon monoxide	CO	630-08-0	
a21006		氟化氢	Hydrogen fluoride	HF	7664-39-3	
a21007		磷化氢	Phosphine	PH_3	7803-51-2	
a21008		肼	Hydrazine	H_4N_2	302-01-2	联氨
a21009		过氧化氢	Hydrogen peroxide	H_2O_2	7722-84-1	
a21010		叠氮酸	Hydrazoic acid	HN_3		
a21011		叠氮化钠	Sodium azide	NaN_3	26628-22-8	
a21012		元素磷	Phosphorus	P	7723-14-0	
a21013		黄磷	Yellow phosphorus	P_4	12185-10-3	
a21014		五硫化二磷	Phosphorus pentasulfide	P_2S_5	1314-80-3	
a21015		五氧化二磷	Phosphorus pentoxide	P_2O_5	1314-56-3	
a21016		三氯化磷	Phosphorus trichloride	PCl_3	7719-12-2	
a21017		氰化物	Cyanide		460-19-5	
a21018		氟化物	Fluoride		16984-48-8	
a21019		碘化物	Iodide	I		
a21020		硫酰氟	Sulfuryl fluoride	SO_2F_2	2699-79-8	氟化磺酰
a21021		氰化氢	Hydrogen cyanide	HCN	74-90-8	氢氰酸
a21022		氯	Chlorine	Cl_2	7782-50-5	氯气
a21023		二氧化氯	Chlorine dioxide	ClO_2	10049-04-4	
a21024		氯化氢	Hydrochloric acid	HCl	7647-01-0	盐酸
a21025		氯化亚砜	Thionyl chloride	$SOCl_2$	7719-09-7	
a21026		二氧化硫	Sulfur dioxide	SO_2	7446-09-5	亚硫酸酐
a21027		三氧化硫	Sulfur trioxide	S_2O_3	7446-11-9	
a21028		硫化氢	Hydrogen sulfide	H_2S	7783-06-4	氢硫酸
a22000	油类		Oils			
a22001		压凝汽油	Liquefied petroleum gas		68476-85-7	液化石油气
a22002		溶剂汽油	Solvent gasolines	C_3-C_4		
a22003		抽余油	Raffinate oil			

代码	类别	中文名称	英文名称	化学符号	CAS 号	别名
a22007		松节油	Turpentine oil	$C_8H_7ClN_2O$	8006-64-2	
a23000	酚		Phenols			
a23001		酚类	Phenols			
a23003		苯酚	Hydroxybenzene	C_6H_6O	108-95-2	羟基苯
a23004		甲基苯酚	Cresol	C_7H_8O	1319-77-3	甲基酚
a23005		2-甲基苯酚	2-Methylphenol	C_7H_8O	95-48-7	邻甲酚
a23006		3-甲基苯酚	3-Methylphenol	C_7H_8O	108-39-4	间甲酚
a23007		4-甲基苯酚	4-Methylphenol	C_7H_8O	106-44-5	对甲酚
a23008		2,4-二甲基苯酚	2,4-Xylenol	$C_8H_{10}O$	105-67-9	2,4-二甲酚
a23009		2,5-二甲基苯酚	2,5-Xylenol	$C_8H_{10}O$	95-87-4	
a23010		2,6-二甲基苯酚	2,6-Xylenol	$C_8H_{10}O$	576-26-1	
a23011		3,4-二甲基苯酚	3,4-Xylenol	$C_8H_{10}O$	95-65-8	
a23012		3,5-二甲基苯酚	3,5-Xylenol	$C_8H_{10}O$	108-68-9	
a23013		1,2-苯二酚	1,2-Benzenediol	$C_6H_6O_2$	120-80-9	邻苯二酚
a23014		1,3-苯二酚	1,3-Benzenediol	$C_6H_6O_2$	108-46-3	间苯二酚
a23015		1,4-苯二酚	1,4-Benzenediol	$C_6H_6O_2$	123-31-9	对苯二酚
a23020		2,4-二氯苯酚	2,4-Dichlorophenol	$C_6H_4Cl_2O$	120-83-2	2,4-二氯酚
a23021		4-氯-3-甲酚	4-Chloro-3-methylphenol	C_7H_7ClO	59-50-7	对氯间甲酚
a23022		2,4,5-三氯苯酚	2,4,5-Trichlorophenol	$C_6H_3OCl_3$	95-95-4	2,4,5-三氯酚
a23023		2,4,6-三氯苯酚	2,4,6-Trichlorophenol	$C_6H_3OCl_3$	88-06-2	2,4,6-三氯酚
a23024		2-氯酚	2-Chlorophenol	C_6H_5ClO	95-57-8	邻氯酚
a23025		五氯苯酚	Pentachlorophenol	C_6Cl_5OH	87-86-5	五氯酚
a23030		2-硝基苯酚	2-Nitrophenol	$C_6H_5\ NO_3$	88-75-7	邻硝基苯酚
a23031		4-硝基苯酚	4-Nitrophenol	$C_6H_5NO_3$	100-02-7	对硝基苯酚
a23033		2,4-二硝基苯酚	2,4-Dinitrophenol	$C_6H_4N_2O_5$	51-28-5	2,4-二硝基酚
a23034		2-甲基-4,6-二硝基苯酚	2-Methyl-4,6-dinitrophenol	$C_7H_6N_2O_5$	534-52-1	
a23035		邻仲丁基苯酚	2-sec-Butylphenol	$C_{10}H_{14}O$	89-72-5	
a23036		2,4,6-三硝基苯酚	2,4,6-Trinitrophenol	$C_6H_3N_3O_7$	88-89-1	苦味酸
a23037		2-萘酚	2-Naphthol	$C_{10}H_8O$	135-19-3	2-羟基萘
a24000	脂肪烃和卤代脂肪烃		Aliphatic hydrocarbons and halogenated aliphatic hydrocarbons			
a24001		乙烷	Ethane	C_2H_6	74-84-0	
a24002		丙烷	Propane	C_3H_8	74-98-6	
a24003		二氯甲烷	Dichloromethane	CH_2Cl_2	75-09-2	二叉二氯

代码	类别	中文名称	英文名称	化学符号	CAS 号	别名
a24004		三氯甲烷	Trichloromethane	$CHCl_3$	67-66-3	氯仿
a24005		四氯甲烷	Tetrachloromethane	CCl_4	56-23-5	四氯化碳
a24006		二溴一氯甲烷	Dibromochloromethane	$CHBr_2Cl$	124-48-1	氯二溴甲烷
a24007		一溴二氯甲烷	Bromodichloromethane	$CHBrCl_2$	75-27-4	二氯溴甲烷
a24008		溴甲烷	Bromomethane	CH_3Br	74-83-9	甲基溴
a24009		三溴甲烷	Tribromomethane	$CHBr_3$	75-25-2	溴仿
a24010		硝基甲烷	Nitromethane	CH_3NO_2	75-52-5	
a24011		2-甲基戊烷	2-Methylpentane	C_6H_{14}	107-83-5	二甲基丙基甲烷
a24012		2,2,4-三甲基戊烷	2,2,4-Trimethylpentane	C_8H_{18}	540-84-1	异辛烷
a24013		三氯硝基甲烷	Nitrotrichloromethane	CCl_3NO_2	76-06-2	氯化苦
a24014		三氟甲烷	Trifluoromethane	CHF_3	75-46-7	氟仿
a24015		氯乙烷	Chloroethane	C_2H_5Cl	75-00-3	乙基氯
a24016		1,1-二氯乙烷	1,1-Dichloroethanc	$C_2H_4Cl_2$	75-34-3	乙叉二氯
a24017		1,2-二氯乙烷	1,2-Dichloroethane	$C_2H_4Cl_2$	107-06-2	二氯乙烷
a24018		1,1,1-三氯乙烷	1,1,1-Trichloroethane	$C_2H_3Cl_3$	71-55-6	甲基氯仿
a24019		1,1,2-三氯乙烷	1,1,2-Trichloroethane	$C_2H_3Cl_3$	79-00-5	
a24020		1,1,2,2-四氯乙烷	1,1,2,2-Tetrachloroethane	$C_2H_2Cl_4$	79-34-5	四氯化乙炔
a24021		六氯乙烷	Hexachloroethane	C_2Cl_6	67-72-1	六氯化碳
a24022		硝基乙烷	Nitroethane	$C_2H_5NO_2$	79-24-3	
a24023		环氧乙烷	Ethylene oxide	C_2H_4O	75-21-8	氧化乙烯
a24024		环氧氯丙烷	Epichlorohydrin	C_3H_5ClO	106-89-8	3-氯-1,2-环氧丙烷
a24025		环丙烷	Cyclopropane	C_3H_6	75-19-4	三亚甲基
a24026		环氧丙烷	Propylene oxide	C_3H_6O	75-56-9	氧化丙烯
a24027		1,2-二氯丙烷	1,2-Dichloropropane	$C_3H_6Cl_2$	78-87-5	氯化丙烯
a24028		1,3-二氯丙烷	1,3-Dichloropropane	$C_3H_6Cl_2$	142-28-9	氯化三亚甲基
a24029		1,2-二溴-3-氯丙烷	1,2-Dibromo-3-chloropropane(DBCP)	$C_3H_5Br_2Cl$	96-12-8	
a24030		1-硝基丙烷	1-Nitropropane	$C_3H_7NO_2$	108-03-2	
a24031		2-硝基丙烷	2-Nitropropane	$C_3H_7NO_2$	79-46-9	2-NP
a24032		三氯丙烷	Trichloropropane	$C_3H_5Cl_3$	96-18-4	
a24033		八氟丙烷	Octafluoropropane	C_3F_8	76-19-7	

代码	类别	中文名称	英文名称	化学符号	CAS 号	别名
a24034		1,2-二溴乙烷	1,2-Dibromoethane	$C_2H_4Br_2$	106-93-4	乙撑二溴
a24035		四溴甲烷	Tetrabromomethane	CBr_4	558-13-4	四溴化碳
a24036		环己烷	Cyclohexane	C_6H_{12}	110-82-7	六氢化苯
a24037		正丁烷	*n*-Butane	C_4H_{10}	106-97-8	丁烷
a24038		异丁烷	Isobutane	C_4H_{10}	75-28-5	2-甲基丙烷
a24039		正戊烷	*n*-Pentane	C_5H_{12}	109-66-0	戊烷
a24040		新戊烷	*neo*-Pentane	C_5H_{12}	463-82-1	2,2-二甲基丙烷
a24041		异戊烷	Isopentane	C_5H_{12}	78-78-4	2-甲基丁烷
a24042		正己烷	Hexane	C_6H_{14}	110-54-3	己烷
a24043		正庚烷	*n*-Heptane	C_7H_{16}	142-82-5	庚烷
a24044		正壬烷	Nonane	C_9H_{20}	111-84-2	壬烷
a24045		乙烯	Ethylene	C_2H_4	74-85-1	
a24046		氯乙烯	Vinyl chloride	C_2H_3Cl	75-01-4	乙烯基氯
a24047		1,1-二氯乙烯	1,1-Dichloroethylene	$C_2H_2Cl_2$	75-35-4	乙烯叉二氯
a24048		1,2-二氯乙烯	1,2-Dichloroethylene	$C_2H_2Cl_2$	540-59-0	
a24049		三氯乙烯	Trichloroethylene	C_2HCl_3	79-01-6	乙炔化三氯
a24050		四氯乙烯	Tetrachloroethylene	C_2Cl_4	127-18-4	全氯乙烯
a24051		氟乙烯	Fluoroethylene	C_2H_3F	75-02-5	乙烯基氟
a24052		1,1-二氟乙烯	1,1-Difluoroethylene	$C_2H_2F_2$	75-38-7	偏二氟乙烯
a24053		丙烯	Propylene	C_3H_6	115-07-1	
a24054		1,3-二氯丙烯	1,3-Dichloropropene	$C_3H_4Cl_2$	10061-01-5	
a24055		六氟丙烯	Hexafluoropropylene	$C_3H_2F_6$	116-15-4	全氟丙烯
a24056		丙二烯	Propadiene	C_3H_4	463-49-0	
a24057		3-氯-1-丙烯	3-Choro-1-propene	C_3H_5Cl	107-05-1	三氯丙烯
a24058		异丁烯	Isobutene	C_4H_8	115-11-7	2-甲基丙烯
a24059		丁烯	Butylene	C_4H_8	106-98-9	
a24060		2-丁烯	2-Butylene	C_4H_8	107-01-7	
a24061		异戊二烯	Isoprene	C_5H_8	78-79-5	异戊间二烯
a24062		氯丁二烯	Chloroprene	C_4H_5Cl	126-99-8	β-氯丁二烯
a24063		顺式-2-丁烯	*cis*-2-Butylene	C_4H_8	590-18-1	顺-2-丁烯
a24064		反式-2-丁烯	*trans*-2-Butylene	C_4H_8	624-64-6	反-2-丁烯

代码	类别	中文名称	英文名称	化学符号	CAS 号	别名
a24065		六氯环戊二烯	Hexachlorocyclopentadiene	C_5Cl_6	77-47-4	全氯环戊二烯
a24066		二聚环戊二烯	Dicyclopentadiene	$C_{10}H_{12}$	77-73-6	双环戊二烯
a24067		1,4-戊二烯	1,4-Pentadiene	C_5H_8	591-93-5	
a24068		正癸烷	Decane	$C_{10}H_{22}$	124-18-5	
a24069		七氯	Heptachlor	$C_{10}H_5Cl_7$	76-44-8	七氯-四氢-甲撑茚
a24070		正辛烷	Octane	C_8H_{18}	111-65-9	辛烷
a24071		丁基环乙烷	Butylcyclohexane	$C_{10}H_{20}$	1678-93-9	
a24072		1,4-二噁烷	1,4-Dioxane	$C_4H_8O_2$	123-91-1	二氧六环
a24073		癸硼烷	Decaborane	$B_{10}H_{14}$	17702-41-9	十硼烷
a24074		1-戊烯	1-Pentene	C_5H_{10}	109-67-1	正戊烯
a24075		2-戊烯	2-Pentene	C_5H_{10}	109-68-2	β-戊烯
a24076		顺式-2-戊烯	*cis*-2-Pentene	C_5H_{10}	627-20-3	顺-2-戊烯
a24077		反式-2-戊烯	*trans* 2 Pentene	C_5H_{10}	646-04-8	反-2-戊烯
a24078		1,3-丁二烯	1,3-Butadiene	C_4H_6	106-99-0	联乙烯
a24079		乙炔	Acetylene	C_2H_2	74-86-2	电石气
a24080		丙炔	Propyne	C_3H_4	74-99-7	甲基乙炔
a24081		1-丁炔	1-Butyne	C_4H_6	107-00-6	乙基乙炔
a24082		环氧丁烷	1,2-Epoxybutane	C_4H_8O	106-88-7	1,2-氧化丁烯
a24083		乙硼烷	Diborane	B_2H_6	19287-45-7	二硼烷
a24084		甲基环己烷	Methyl cyclohexane	C_7H_{14}	108-87-2	
a24085		四氢化萘	Tetraline	$C_{10}H_{12}$	119-64-2	
a24086		石蜡烟	Paraffin wax fume		8002-74-2	
a24087		碳氢化合物	Hydrocarbon			烃
a24088		非甲烷碳氢化合物	Non-methane hydrocarbons			非甲烷总烃
a24089		甲基氟	Fluoromethane	CH_3F	593-53-3	氟甲烷
a24090		氟乙烷	Fluoroethane	C_2H_5F	353-36-6	乙基氟
a24091		1,1-二氟乙烷	1,1-Difluoroethane	$C_2H_4F_2$	75-37-6	氟利昂-152
a24092		1,1,1-三氟乙烷	1,1,1-Trifluoroethane	$C_2H_3F_3$	420-46-2	氟利昂-143
a24093		四氟甲烷	Tetrafluoromethane	CF_4	75-73-0	四氟化碳
a24094		六氟乙烷	Hexafluoroethane	C_2F_6	76-16-4	全氟乙烷
a24095		八氟环丁烷	Octafluorocyclobutane	C_4F_8	115-25-3	全氟环丁烷

代码	类别	中文名称	英文名称	化学符号	CAS 号	别名
a24096		四氟乙烯	Tetrafluoroethylene	C_2F_4	116-14-3	全氟乙烯
a24097		八氟异丁烯	Octafluoroisobutylene	C_4F_8	382-21-8	全氟异丁烯
a24098		八氟-2-丁烯	Octafluorobut-2-ene	C_4F_8	360-89-4	全氟-2-丁烯
a24099		氯甲烷	Methyl chloride	CH_3Cl	74-87-3	甲基氯
a24100		碘甲烷	Iodomethane	CH_3I	74-88-4	甲基碘
a24101		三碘甲烷	Triiodomethane	CHI_3	75-47-8	碘仿
a24102		一氯二氟甲烷	Monochlorodifluoromethane	$CHClF_2$	75-45-6	氟利昂-22
a24103		溴氯二氟甲烷	Bromochlorodifluoromethane	$CBrClF_2$	353-59-3	一溴一氯二氟甲烷
a24104		二氯一氟甲烷	Dichlorofluoromethane	$CHCl_2F$	75-43-4	一氟二氯甲烷
a24105		溴三氟甲烷	Bromotrifluoromethane	$CBrF_3$	75-63-8	三氟溴甲烷
a24106		一氯二氟乙烷	Chlorodifluoroethane	$C_2H_3ClF_2$	75-68-3	1,1-二氟-1-氯乙烷
a24107		一氯三氟乙烷	Chlorotrifluoroethane	$C_2H_2ClF_3$	75-88-7	氯三氟乙烷
a24108		一氯四氟乙烷	Chlorotetrafluoroethane	C_2HF_4Cl	63938-10-3	R124
a24109		1,1-二氯-1-硝基乙烷	1,1-Dichloro-1-nitroethane	$C_2H_3Cl_2NO_2$	594-72-9	
a24110		反式-1,2-二氯乙烯	*trans*-1,2-Dichloroethylene	*trans*-$C_2H_2Cl_2$	156-60-5	1,2 二氯乙烯
a24111		顺式-1,2-二氯乙烯	*cis*-1,2-Dichloroethylene	*cis*-$C_2H_2Cl_2$	156-59-2	
a24112		反式-1,3-二氯丙烯	*trans*-1,3-Dichloropropene	*trans*-$C_3H_4Cl_2$	10061-02-6	
a24113		六氯-1,3-丁二烯	Hexachloro-1,3-butadiene	C_4Cl_6	87-68-3	全氯丁二烯
a24114		溴乙烯	Vinyl bromide	C_2H_3Br	593-60-2	乙烯基溴
a24115		氯三氟乙烯	Chlorotrifluoroethylene	C_2ClF_3	79-38-9	三氟氯乙烯
a24116		二氯代乙炔	Dichloroacetylene	C_2Cl_2	7572-29-4	二氯乙炔
a25000	**芳香族化合物**		Aromatic compounds			
a25001		联苯	Biphenyl	$C_{12}H_{10}$	92-52-4	苯基苯
a25002		苯	Benzene	C_6H_6	71-43-2	精苯
a25003		甲苯	Toluene	C_7H_8	108-88-3	甲基苯

代码	类别	中文名称	英文名称	化学符号	CAS 号	别名
a25004		乙苯	Ethylbenzene	C_8H_{10}	100-41-4	乙基苯
a25005		二甲苯	Xylene	C_8H_{10}	1330-20-7	
a25006		1,2-二甲基苯	1,2-Dimethylbenzene	C_8H_{10}	95-47-6	邻二甲苯
a25007		1,3-二甲基苯	1,3-Dimethylbenzene	C_8H_{10}	108-38-3	间二甲苯
a25008		1,4-二甲基苯	1,4-Dimethylbenzene	C_8H_{10}	106-42-3	对二甲苯
a25009		对氯甲苯	*p*-Chlorotoluene	C_7H_7Cl	106-43-4	
a25010		氯苯	Chlorobenzene	C_6H_5Cl	108-90-7	一氯代苯
a25011		1,2-二氯苯	1,2-Dichlorobenzene	$C_6H_4Cl_2$	95-50-1	邻二氯苯
a25012		1,3-二氯苯	1,3-Dichlorobenzene	$C_6H_4Cl_2$	541-73-1	间二氯苯
a25013		1,4-二氯苯	1,4-Dichlorobenzene	$C_6H_4Cl_2$	106-46-7	对二氯苯
a25014		1-乙基-4-甲基苯	1-Ethyl-4-methyl-benzene	C_9H_{12}	622-96-8	
a25015		1,2,4-三氯苯	1,2,4-Trichlorobenzene	$C_6H_3Cl_3$	120-82-1	三氯苯
a25016		二乙烯基苯	Divinylbenzene	$C_{10}H_{10}$	1321-74-0	苯二乙烯
a25017		2,5-二溴甲苯	2,5-Dibromotoluene	$C_7H_6Br_2$	615-59-8	
a25018		4-叔丁基甲苯	4-*tert*-Butyltoluene	$C_{11}H_{16}$	98-51-1	对叔丁基甲苯
a25019		1,2,4-三甲基苯	1,2,4-Trimethylbenzene	C_9H_{12}	95-63-6	偏三甲苯
a25020		1,2,3-三甲基苯	1,2,3-Trimethylbenzene	C_9H_{12}	526-73-8	连三甲苯
a25021		1,3,5-三甲基苯	1,3,5-Trimethylbenzene	C_9H_{12}	108-67-8	均三甲苯
a25022		2,4-二硝基氯苯	2,4-Dinitrochlorobenzene	$C_6H_3ClN_2O_4$	97-00-7	
a25023		硝基苯	Nitrobenzene	$C_6H_5NO_2$	98-95-3	密斑油
a25024		二硝基甲苯	Dinitrotoluene	$C_7H_6N_2O_4$	25321-14-6	地恩梯
a25025		三氯甲苯	Trichlorotoluene	$C_7H_5Cl_3$	98-07-7	苄川三氯
a25026		环三亚甲基三硝胺	Cyclotrimethylene trinitramine	$C_3H_6N_6O_6$	121-82-4	黑索今
a25027		四氯硝基苯	1,2,4,5-Tetrachloro-3-nitro-benzene	$C_6HCl_4NO_2$	117-18-0	
a25028		五氯硝基苯	Pentachloronitrobenzene	$C_6Cl_5NO_2$	82-68-8	土粒散
a25029		4-硝基甲苯	4-Nitrotoluene	$CH_3C_6H_4NO_2$	99-99-0	对硝基甲苯
a25030		2,4-二硝基甲苯	2,4-Dinitrotoluene	$C_7H_6N_2O_4$	121-14-2	
a25031		2,6-二硝基甲苯	2,6-Dinitrotoluene	$C_7H_6N_2O_4$	606-20-2	
a25032		2,4,6-三硝基甲苯	2,4,6-Trinitrotoluene	$C_7H_5N_3O_6$	118-96-7	梯恩梯
a25033		正丙苯	*n*-Propylbenzene	C_9H_{12}	103-65-1	丙基苯
a25034		异丙苯	Isopropylbenzene	C_9H_{12}	98-82-8	异丙基苯
a25035		1,2-二硝基苯	*o*-Dinitrobenzene	$C_6H_4N_2O_4$	528-29-0	邻二硝基苯
a25036		1,3-二硝基苯	*m*-Dinitrobenzene	$C_6H_4N_2O_4$	99-65-0	间二硝基苯
a25037		1,4-二硝基苯	*p*-Dinitrobenzene	$C_6H_4N_2O_4$	100-25-4	对二硝基苯

代码	类别	中文名称	英文名称	化学符号	CAS 号	别名
a25038		乙烯基苯	Styrene	C_8H_8	100-42-5	苯乙烯
a25039		氧化苯乙烯	Styrene oxide	C_8H_8O	96-09-3	1,2-环氧乙基苯
a25040		苯可溶物	Benzene-soluble Organics			BSO
a25041		苯并[*e*]芘	Benzo[*e*]pyrene	$C_{20}H_{12}$	192-97-2	
a25042		多环芳烃	Polycyclic aromatic hydrocarbons			
a25043		芘	Pyrene	$C_{16}H_{10}$	129-00-0	
a25044		苯并[*a*]芘	Benzo[*a*]pyrene	$C_{20}H_{12}$	50-32-8	3,4- 苯并芘
a25045		1,12-苯并芘	1,12-Benzoperylene	$C_{22}H_{12}$	191-24-2	苯并[g,h,i]芘
a25046		茚并[1,2,3-*cd*]芘	Indeno[1,2,3-*cd*]pyrene	$C_{22}H_{12}$	193-39-5	2,3-(邻亚苯基)芘
a25047		蒽	Anthracene	$C_{14}H_{10}$	120-12-7	
a25048		苯并[*a*]蒽	Benzo[*a*]anthracene	$C_{18}H_{12}$	56-55-3	苄蒽
a25049		二苯并[*a,h*]蒽	Dibenzo[*a,h*]anthracene	$C_{22}H_{14}$	53-70-3	
a25050		荧蒽	Fluoranthene	$C_{16}H_{10}$	206-44-0	
a25051		苯并[*b*]荧蒽	Benzo[*b*]fluoranthene	$C_{20}H_{12}$	205-99-2	
a25052		苯并[*k*]荧蒽	Benzo[*k*]fluoranthene	$C_{20}H_{12}$	207-08-9	
a25053		吡啶	Pyridine	C_5H_5N	110-86-1	氮杂苯
a25054		4-硝基氯苯	4-Nitrochlorobenzene	$NO_2C_6H_4Cl$	100-00-5	对硝基氯苯
a25055		4-硝基联苯	4-Nitrobiphenyl	$C_{12}H_9NO_2$	92-93-3	对硝基联苯
a25056		4-氨基联苯	4-Aminobiphenyl	$C_{12}H_{11}N$	92-67-1	对氨基联苯
a25057		溴苯	Bromobenzene	C_6H_5Br	108-86-1	
a25058		*β*-丙醇酸内酯	*β*-Propiolactone	$C_3H_4O_2$	57-57-8	丙醇酸内酯
a25059		萘	Naphthalene	$C_{10}H_8$	91-20-3	并苯
a25060		2-氯萘	2-Chloronaphthalene	$C_{10}H_7Cl$	91-58-7	*β*-氯萘
a25061		1-甲基萘	1-Methylnaphthalene	$C_{11}H_{10}$	90-12-0	*α*-甲基萘
a25062		苊烯	Acenaphthylene	$C_{12}H_8$	208-96-8	
a25063		二氢苊	Acenaphthene	$C_{12}H_{10}$	83-32-9	
a25064		芴	Fluorene	$C_{13}H_{10}$	86-73-7	
a25065		菲	Phenanthrene	$C_{14}H_{10}$	85-01-8	
a25066		1,2-苯并[*a*]菲	Chrysene	$C_{18}H_{12}$	218-01-9	䓛
a25067		苯醌	Benzoquinone	$C_6H_4O_2$	106-51-4	对苯醌
a25068		1-氯-甲基苄	Chloromethylbenzene	C_7H_7Cl	100-44-7	氯化苄

代码	类别	中文名称	英文名称	化学符号	CAS 号	别名
a25069		2-氯苯乙烯	2-Chlorostyrene	C_8H_7Cl	2039-87-4	邻氯苯乙烯
a25070		氧芴	Dibenzofuran	$C_{12}H_8O$	132-64-9	环氧联苯
a25071		萘烷	Decahydronaphthalene	$C_{10}H_{18}$	91-17-8	十氢化萘
a25072		四氢呋喃	Tetrahydrofuran	C_4H_8O	109-99-9	氧杂环戊烷
a25073		二噁英	Dioxins			
a25074		1,2,3,4,6,7,8-七氯二苯并-对-二噁英	1,2,3,4,6,7,8-Heptachlorodibenzo-*p*-dioxin	$C_{12}HCl_7O_2$	35822-46-9	
a25075		1,2,3,4,7,8-六氯二苯并-对-二噁英	1,2,3,4,7,8-Hexachlorodibenzo-*p*-dioxin	$C_{12}H_2Cl_6O_2$	39227-28-6	
a25076		1,2,3,7,8-五氯二苯并-对-二噁英	1,2,3,7,8-Pentachlorodibenzo-*p*-dioxin	$C_{12}H_3Cl_5O_2$	40321-76-4	
a25077		1,2,3,4,6,7,8,9-八氯二苯并-对-二噁英	Octachlorodibenzo-*p*-dioxin	$C_{12}Cl_8O_2$	3268-87-9	
a25078		六氯萘	Hexachloronaphthalene	$C_{10}H_2Cl_6$	1335-87-1	
a25079		氯萘	Chloronaphthalene	$C_{10}H_7Cl$	90-13-1	
a25080		2-甲基萘	2-Methylnaphthalene	$C_{11}H_{10}$	91-57-6	*β*-甲基萘
a25081		茚	Indene	C_9H_8	95-13-6	苯并环丙烯
a25082		苝	Perylene	$C_{20}H_{12}$	198-55-0	
a25083		六苯并苯	Coronene	$C_{24}H_{12}$	191-07-1	六苯并苯
a26000	**胺类**		**Amines**			
a26001		苯胺类	Anilines			
a26002		4,4′-二氨基联苯	4,4′-Diaminodiphenyl	$C_{12}H_{12}N_2$	92-87-5	联苯胺
a26003		1,2-苯二胺	1,2-Benzenediamine	$C_6H_8N_2$	95-54-5	邻苯二胺
a26004		1,4-苯二胺	1,4-Benzenediamine	$C_6H_8N_2$	106-50-3	对苯二胺
a26005		苯胺	Aniline	C_6H_7N	62-53-3	氨基苯
a26006		2-甲基苯胺	2-Methylaniline	C_7H_9N	95-53-4	邻甲苯胺
a26007		*N,N*-二甲基苯胺	*N,N*-Dimethylaniline	$C_8H_{11}N$	121-69-7	二甲苯胺
a26008		*N*-苯基苯胺	*N*-Phenylaniline	$C_{12}H_{11}N$	122-39-4	二苯胺
a26009		*N*-甲基苯胺	*N*-Methylaniline	C_7H_9N	100-61-8	甲苯胺
a26010		*N,N*-二乙基苯胺	*N,N*-Diethylaniline	$C_{10}H_{15}N$	91-66-7	
a26011		4,4-亚甲基双苯胺	4,4′-Methylene dianiline	C_6H_6ClN	95-51-2	

代码	类别	中文名称	英文名称	化学符号	CAS 号	别名
a26012		N-异丙基苯胺	*N*-Isopropylaniline	$C_9H_{13}N$	768-52-5	异丙苯胺
a26013		3,3′-二氯联苯胺	3,3′-Dichlorobenzidine	$C_{12}H_{10}Cl_2N_2$	91-94-1	3,3′-二氯联苯-4,4′-二胺
a26014		2,6-二氯硝基苯胺	2,6-Dichloro-p-nitro aniline	$C_6H_4Cl_2N_2O_2$	99-30-9	氯硝胺
a26015		二硝基苯胺	Dinitroaniline	$C_6H_5N_3O_4$		
a26016		对硝基苯胺	*p*-Nitroaniline	$C_6H_6N_2O_2$	100-01-6	4-硝基苯胺
a26017		N-亚硝基二苯胺	*N*-Nitrosodiphenylamine	$C_{12}H_{10}N_2O$	86-30-6	
a26018		2,4-二硝基苯胺	2,4-Dinitroaniline	$C_6H_5N_3O_4$	97-02-9	
a26019		2,6-二硝基苯胺	2,6-Dinitroaniline	$C_6H_5N_3O_4$	606-22-4	
a26020		一甲胺	Methylamine	CH_5N	74-89-5	氨基甲烷
a26021		二甲胺	Dimethylamine	C_2H_7N	124-40-3	N-甲基甲胺
a26022		三甲胺	Trimethylamine	C_3H_9N	75-50-3	无水三甲胺
a26023		3,5-二硝基苯胺	3,5-Dilnitroaniline	$C_6H_5N_3O_4$	618-87-1	
a26024		乙胺	Ethylamine	C_2H_7N	75-04-7	氨基乙烷
a26025		二乙胺	Diethylamine	$C_4H_{11}N$	109-89-7	二乙基胺
a26026		N,N-二乙基乙胺	Triethylamine	$C_6H_{15}N$	121-44-8	三乙胺
a26027		1,2-二氨基乙烷	1,2-Diaminoethane	$C_2H_8N_2$	107-15-3	乙二胺
a26028		3,3′-二甲基联苯胺	3,3′-Dimethylbenzidine	$C_{14}H_{16}N_2$	119-93-7	邻联甲苯胺
a26029		3,3′-二甲氧基联苯胺	3,3′-Dimethoxybenzidine	$C_{14}H_{16}N_2O_2$	119-90-4	邻联大茴香胺
a26030		2,4-甲苯二胺	2,4-Toluene diamine	$C_7H_{10}N_2$	95-80-7	2,4-二胺
a26031		异丙胺	Isopropylamine	C_3H_9N	75-31-0	2-丙胺
a26032		N-硝二甲胺	*N*-Nitrodimethylamine	$C_2H_6N_2O_2$	4164-28-7	N-硝基二甲胺
a26033		止丁胺	*n*-Butylamine	$C_4H_{11}N$	109-73-9	1-氨基丁烷
a26034		环己胺	Cyclohexylamine	$C_6H_{13}N$	108-91-8	六氢苯胺
a26035		对茴香胺	*p*-Anisidine	C_7H_9NO	104-94-9	4-氨基苯甲醚
a26036		邻茴香胺	*o*-Anisidine	C_7H_9NO	90-04-0	3,3′-二甲氧基联苯胺

代码	类别	中文名称	英文名称	化学符号	CAS 号	别名
a26037		二乙撑三胺	Diethylenetriamine	$C_4H_{13}N_3$	111-40-0	二亚乙基三胺
a26038		*N*-亚硝基二甲胺	*N*-Nitrosodimethylamine	$C_2H_6N_2O$	62-75-9	*N*-二甲基亚硝胺
a26039		*N*-亚硝基二乙胺	*N*-Nitrosodiethylamine	$C_4H_{10}N_2O$	55-18-5	*N*-二乙基亚硝胺
a26040		氯胺	Chloramine	ClH_2N	10599-90-3	化合氯余
a26041		乙醇胺	Monoethanolamine	C_2H_7NO	141-43-5	2-羟基乙胺
a26042		乙酰胺	Acetamide	C_2H_5NO	60-35-5	醋酰胺
a26043		*N,N*-二甲基乙酰胺	N,N-Dimethylacetamide	C_4H_9NO	127-19-5	二甲基乙酰胺
a26044		*N*-甲基-*N*-亚硝基脲	N-Methyl-*N*-nitrosourea	$C_2H_5N_3O_2$	684-93-5	亚硝基甲脲
a26045		*N*-二正丙基亚硝胺	N-Dipropylnitrosamine	$C_6H_{14}N_2O$	621-64-7	
a26046		己内酰胺	Caprolactam	$C_6H_{11}NO$	105-60-2	ε-己内酰胺
a26047		四氟（代）肼	Tetrafluorohydrazine	N_2F_4	10036-47-2	
a26048		丙烯酰胺	Acrylamide	C_3H_5NO	79-06-1	
a26049		氮丙啶	Ethyleneimine	C_2H_5N	151-56-4	环氮乙烷
a26050		2-甲基氮丙啶	2-Methyl aziridine	C_3H_7N	75-55-8	丙烯亚胺
a26051		*N,N*-二甲基甲酰胺	*N,N*-Dimethylformamide	C_3H_7NO	68-12-2	甲酰二甲胺
a26052		二乙醇胺	Diethanolamine	$C_4H_{11}NO_2$	111-42-2	2,2′-二羟基二乙胺
a26053		4,4′-二氨基-3,3′-二氯二苯甲烷	4,4′-Methylenebis（2-chloroaniline）	$C_{13}H_{12}Cl_2N_2$	101-14-4	
a26055		1,2-二苯肼	1,2-Diphenylhydrazine	$C_{12}H_{12}N_2$	122-66-7	肼撑苯
a26056		甲基肼	Methyl hydrazine	CH_6N_2	60-34-4	甲基联胺
a26057		1,1-二甲基肼	1,1-Dimethyl hydrazine	$C_2H_8N_2$	57-14-7	偏二甲基肼
a26058		尿素	Urea	CH_4N_2O	57-13-6	
a27000	多氯联苯		Polychlorinated Biphenyls（PCBs）			
a27001		多氯联苯	Polychorinated biphenyls	$C_{12}H_{10}$-XCl_X	1336-36-3	氯化联苯
a27002		亚老哥尔 1016	Aroclor 1016	$C_{12}H_8Cl_2$\ $C_{12}H_7Cl_3$	12674-11-2	PCB 1016
a27003		亚老哥尔 1221	Aroclor 1221	$C_{12}H_8Cl_2$\ $C_{12}H_9Cl$	11104-28-2	PCB 1221

代码	类别	中文名称	英文名称	化学符号	CAS 号	别名
a27004		亚老哥尔 1232	Aroclor 1232	$C_{12}H_8Cl_2$\ $C_{12}H_9Cl$\ $C_{12}H_7Cl_3$	11100-14-4	PCB 1232
a27005		亚老哥尔 1242	Aroclor 1242	$C_{12}H_8Cl_2$\ $C_{12}H_7Cl_3$\ $C_{12}H_6Cl_4$	53469-21-9	PCB 1242
a27006		亚老哥尔 1248	Aroclor 1248	$C_{12}H_7Cl_3$\ $C_{12}H_6Cl_4$\ $C_{12}H_5Cl_5$	37324-23-5	PCB 1248
a27007		亚老哥尔 1254	Aroclor 1254	$C_{12}H_6Cl_4$\ $C_{12}H_5Cl_5$\ $C_{12}H_4Cl_6$	11097-69-1	PCB 1254
a27008		亚老哥尔 1260	Aroclor 1260	$C_{12}H_5Cl_5$\ $C_{12}H_4Cl_6$\ $C_{12}H_2Cl_8$	11096-82-5	PCB 1260
a27009		2,4′-二氯联苯	2,4′-Dichlorobiphenyl	$C_{12}H_8Cl_2$	34883-43-7	PCB 8
a27010		2,2′,5-三氯联苯	2,2′,5-Trichlorobiphenyl	$C_{12}H_7Cl_3$	37680-65-2	PCB 18
a27011		2,4,4′-三氯联苯	2,4,4′-Trichlorobiphenyl	$C_{12}H_7Cl_3$	7012-37-5	PCB 28
a27012		2,2′3,5′-四氯联苯	2,2′,3,5′-Tetrachlorobiphenyl	$C_{12}H_6Cl_4$	41464-39-5	PCB 44
a27013		2,2′,5,5′-四氯联苯	2,2′,5,5′-Tetrachlorobiphenyl	$C_{12}H_6Cl_4$	35693-99-3	PCB 52
a27014		2,3′,4,4′-四氯联苯	2,3′,4,4′-Tetrachlorobiphenyl	$C_{12}H_6Cl_4$	32598-10-0	PCB 66
a27015		3,3′,4,4′-四氯联苯	3,3′,4,4′-Tetrachlorobiphenyl	$C_{12}H_6Cl_4$	32598-13-3	PCB 77
a27016		2,2′,4,5,5′-五氯联苯	2,2′,4,5,5′-Pentachlorobiphenyl	$C_{12}H_5Cl_5$	37680-73-2	PCB 101
a27017		2,3,3′,4,4′-五氯联苯	2,3,3′,4,4′-Pentachlorobiphenyl	$C_{12}H_5Cl_5$	32598-14-4	PCB 105
a27018		2,3,4,4′,5-五氯联苯	2,3′,4,4′,5-Pentachlorobiphenyl	$C_{12}H_5Cl_5$	31508-00-6	PCB 118
a27019		3,3′,4,4′,5-五氯联苯	3,3′,4,4′,5-Pentachlorobiphenyl	$C_{12}H_5Cl_5$	57465-28-8	PCB 126
a27020		2,2′,3,3′,4,4′-六氯联苯	2,2′,3,3′,4,4′-Hexachlorobiphenyl	$C_{12}H_4Cl_6$	38380-07-3	PCB 128
a27021		2,2′,3,4,4′,5′-六氯联苯	2,2′,3,4,4′,5′-Hexachlorobiphenyl	$C_{12}H_4Cl_6$	35065-28-2	PCB 138

代码	类别	中文名称	英文名称	化学符号	CAS 号	别名
a27022		2,2′,4,4′,5,5′- 六氯联苯	2,2′,4,4′,5,5′-Hexachlorobiphenyl	$C_{12}H_4Cl_6$	35065-27-1	PCB 153
a27023		2,2′,3,3′,4,4′,5-七氯联苯	2,2′,3,3′,4,4′,5-Heptachlorobiphenyl	$C_{12}H_3Cl_7$	35065-30-6	PCB 170
a27024		2,2′,3,4,4′,5,5′-七氯联苯	2,2′,3,4,4′,5,5′-Heptachlorobiphenyl	$C_{12}H_3Cl_7$	35065-29-3	PCB 180
a27025		2,2′,3,4,5,5′,6-七氯联苯	2,2′,3,4′,5,5′,6-Heptachlorobiphenyl	$C_{12}H_3Cl_7$	52663-68-0	PCB 187
a27026		2,2′,3,3′,4,4′,5,6-八氯联苯	2,2′,3,3′,4,4′,5,6-Octachlorobiphenyl	$C_{12}H_2Cl_8$	52663-78-2	PCB 195
a27027		2,2′,3,3′,4,4′,5,5′,6-九氯联苯	2,2′,3,3′,4,4′,5,5′,6-Nonachlorobiphenyl	$C_{12}HCl_9$	40186-72-9	PCB 206
a27028		2,2′,3,3′,4,4′,5,5′,6,6′-十氯联苯	2,2′,3,3′,4,4′,5,5′,6,6′-Decachlorobiphenyl	$C_{12}Cl_{10}$	2051-24-3	PCB 209
a28000	醚类		Ethers			
a28001		甲硫醚	Dimethyl sulfide	C_2H_6S	75-18-3	二甲硫
a28002		甲醚	Dimethyl ether	C_2H_6O	115-10-6	二甲醚
a28003		乙醚	Ethyl ether	$C_4H_{10}O$	60-29-7	二乙基醚
a28004		甲乙醚	Methyl ethyl ether	C_3H_8O	540-67-0	乙甲醚
a28005		异丙醚	Isopropyl ether	$C_6H_{14}O$	108-20-3	
a28006		甲基叔丁基醚	Methyl *tert*-butyl ether	$C_5H_{12}O$	1634-04-4	甲基特丁基醚
a28007		双(氯异丙基)醚	Dichloroisopropyl ether	$C_6H_{12}Cl_2O$	108-60-1	二氯异丙醚
a28008		苯基醚	Phenyl ether	$C_{12}H_{10}O$	101-84-8	二苯醚
a28009		2-氯乙基乙烯醚	2-Chloroethyl vinyl ether	C_4H_7ClO	110-75-8	乙烯(2-氯乙基)醚
a28010		二甲二硫醚	Dimethyl disulfide	$C_2H_6S_2$	624-92-0	二甲二硫
a28011		4-溴联苯醚	4-Bromophenyl phenyl ether	$C_{12}H_9BrO$	101-55-3	BDE 3
a28012		乙二醇单甲醚	Ethylene glycol monomethyl ether（EM）	$C_3H_8O_2$	109-86-4	
a28013		二缩水甘油醚	Diglycidyl ether	$C_6H_{10}O_3$	2238-07-5	
a28014		正丁缩水甘油醚	*n*-Butyl glycidyl ether	$C_7H_{14}O_2$	2426-08-6	
a28015		二丙二醇甲醚	Dipropylene glycol monomethyl ether	$C_7H_{16}O_3$	34590-94-8	二丙二醇单甲醚
a28016		双(2-氯乙氧基)甲烷	Bis(2-chloroethoxy)methane	$C_5H_{10}Cl_2O_2$	111-91-1	

代码	类别	中文名称	英文名称	化学符号	CAS 号	别名
a28017		二氯甲醚	Dichloromethyl ether	$C_2H_4Cl_2O$	542-88-1	双氯甲醚
a28018		氯甲基甲醚	Chloromethylmethyl ether	C_2H_5ClO	107-30-2	
a28019		苄基氯甲基醚	Benzylchloromethyl ether	C_8H_9ClO	3587-60-8	
a28020		2,2′-二氯乙醚	Dichloroethyl ether	$C_4H_8Cl_2O$	111-44-4	二氯乙醚
a28021		4-氯二苯醚	4-Chlorodiphenylether	$C_{12}H_9ClO$	7005-72-3	对氯二苯醚
a28022		多溴联苯醚	Polybrominated diphenyl ethers（PBDEs）			
a28023		4,4′-二溴联苯醚	4,4′-Dibromodiphenyl ether	$C_{12}H_8Br_2O$	2050-47-7	BDE 15
a28024		2,4,4′-三溴联苯醚	2,4,4′-Tribromodiphenyl ether	$C_{12}H_7Br_3O$	41318-75-6	BDE 28
a28025		2′,3,4-三溴联苯醚	2′,3,4-Tribromodiphenyl ether	$C_{12}H_7Br_3O$	147217-78-5	BDE 33
a28026		2,2′,4,4′-四溴联苯醚	2,2′,4,4′-Tetrabromodiphenyl ether	$C_{12}H_6Br_4O$	5436-43-1	BDE 47
a28027		2,3′,4,4′-四溴联苯醚	2,3′,4,4′-Tetrabromodiphenyl ether	$C_{12}H_6Br_4O$	189084-61-5	BDE 66
a28028		2,2′,3,4,4′-五溴联苯醚	2,2′,3,4,4′-Pentabromodiphenyl ether	$C_{12}H_5Br_5O$	182346-21-0	BDE 85
a28029		2,2′,4,4′,5-五溴联苯醚	2,2′,4,4′,5-Pentabromodiphenyl ether	$C_{12}H_5Br_5O$	60348-60-9	BDE 99
a28030		2,2′,4,4′,6-五溴联苯醚	2,2′,4,4′,6-Pentabromodiphenyl ether	$C_{12}H_5Br_5O$	189084-64-8	BDE 100
a28031		2,2′,3,4,4′,5′-六溴联苯醚	2,2′,3,4,4′,5′-Hexabromodiphenyl ether	$C_{12}H_4Br_6O$	182677-30-1	BDE 138
a28032		2,2′,4,4′,5,5′-六溴联苯醚	2,2′,4,4′,5,5′-Hexabromodiphenyl ether	$C_{12}H_4Br_6O$	68631-49-2	BDE 153
a28033		2,2′,4,4′,5,6′-六溴联苯醚	2,2′,4,4′,5,6′-Hexabromodiphenyl ether	$C_{12}H_4Br_6O$	207122-15-4	BDE 154
a28034		2,2′,3,4,4′,5′,6-七溴联苯醚	2,2′,3,4,4′,5′,6-Heptabromodiphenyl ether	$C_{12}H_3Br_7O$	207122-16-5	BDE 183
a28035		2,2′,3,4,4′,5,5′,6-八溴联苯醚	2,2′,3,4,4′,5,5′,6-Octabromodiphenyl ether	$C_{12}H_2Br_8O$	337513-72-1	BDE 203
a28036		2,2′,3,3′,4,4′,5,5′,6-九溴联苯醚	2,2′,3,3′,4,4′,5,5′,6-Nonabromodiphenyl ether	$C_{12}HBr_9O$	63387-28-0	BDE 206

代码	类别	中文名称	英文名称	化学符号	CAS号	别名
a28037		过氧化苯甲酰	Decabromodiphenyl ether	$C_{12}Br_{10}O$	1163-19-5	BDE 209
a29000	**酯类**		**Esters**			
a29001		甲酸甲酯	Methyl formate	$C_2H_4O_2$	107-31-3	
a29002		邻苯二甲酸二丁酯	Dibutyl phthalate	$C_{16}H_{22}O_4$	84-74-2	二丁基酞酸酯
a29003		邻苯二甲酸二正辛酯	Di-sec-octyl phthalate	$C_{24}H_{38}O_4$	117-84-0	酯酞酸二辛酯
a29004		甲酸乙酯	Ethyl formate	$C_3H_6O_2$	109-94-4	蚁酸乙酯
a29005		邻苯二甲酸二甲酯	Dimethyl phthalate	$C_{10}H_{10}O_4$	131-11-3	酞酸二甲酯
a29006		邻苯二甲酸二乙酯	Diethyl phthalate	$C_{12}H_{14}O_4$	84-66-2	酞酸二乙酯
a29007		丁基邻苯二甲酸苄酯	Butyl benzyl phthalate	$C_{19}H_{20}O_4$	85-68-7	丁苄基酞酸酯
a29008		氨基甲酸乙酯	Urethane	$C_3H_7NO_2$	51-79-6	脲烷
a29009		叔丁基甲酸酯	*tert*-Butylformate	$C_5H_{10}O_2$	762-75-4	
a29010		乙酸丙酯	Propyl acetate	$C_5H_{10}O_2$	109-60-4	醋酸正丙酸
a29011		乙酸甲酯	Methyl acetate	$C_3H_6O_2$	79-20-9	醋酸甲酯
a29012		乙酸戊酯	Amyl acetate	$C_7H_{14}O_2$	628-63-7	醋酸戊酯
a29013		2-乙氧基乙基乙酸酯	2-Ethoxyethyl acetate	$C_6H_{12}O_3$	111-15-9	乙二醇乙醚醋酸酯
a29014		丙烯酸甲酯	Methyl acrylate	$C_4H_6O_2$	96-33-3	败脂酸甲酯
a29015		甲基丙烯酸甲酯	Methyl methacrylate	$C_5H_8O_2$	80-62-6	异丁烯酸甲酯
a29016		2-甲氧基乙酸乙酯	2-Methoxyethyl acetate	$C_5H_{10}O_3$	110-49-6	乙二醇独甲醚乙酸酯
a29017		乙酸乙酯	Ethyl acetate	$C_4H_8O_2$	141-78-6	醋酸乙酯
a29018		丙烯酸乙酯	Ethyl acrylate	$C_5H_8O_2$	140-88-5	
a29019		氯乙酸甲酯	Methyl chloroacetate	$C_3H_5ClO_2$	96-34-4	氯醋酸甲酯
a29020		氯乙酸乙酯	Ethyl chloroacetate	$C_4H_7ClO_2$	105-39-5	
a29021		1,3-二甲基丁基醋酸酯	1,3-Dimethylbutyl acetate	$C_8H_{16}O_2$	108-84-9	乙酸仲己酯
a29022		乙酸丁酯	Butyl acetate	$C_6H_{12}O_2$	123-86-4	醋酸丁酯
a29023		丙烯酸正丁酯	Butyl acrylate	$C_7H_{12}O_2$	141-32-2	丙烯酸丁酯
a29024		丙烯酸丙酯	Propyl acrylate	$C_6H_{10}O_2$		

代码	类别	中文名称	英文名称	化学符号	CAS 号	别名
a29025		丙烯酸戊酯	Amyl acrylate	$C_8H_{14}O_2$		
a29026		乙酸乙烯酯	Vinyl acetate	$C_4H_6O_2$	108-05-4	
a29027		甲基丙烯酸环氧丙酯	Glycidyl methacrylate	$C_7H_{10}O_3$	106-91-2	缩水甘油甲基丙烯酸酯
a29028		甲基丙烯酸正丁酯	Methacrylic acid-butyl ester	$C_8H_{14}O_2$	97-88-1	异丁酸正丁酯
a29029		1,3-丙磺酸内酯	1,3-Propane sultone	$C_3H_6O_3S$	1120-71-4	丙磺酸内酯
a29030		二乙基硫酸酯	Diethyl sulfate	$C_4H_{10}O_4S$	64-67-5	硫酸二乙酯
a29031		硫酸二甲酯	Dimethyl sulfate	$C_2H_6O_4S$	77-78-1	硫酸甲酯
a29032		三氟甲基次氟酸酯	Trifluoromethyl hypofluorite	CF_4O	373-91-1	
a29033		三甲苯磷酸酯	Tricresyl phosphate	$C_{21}H_{21}O_4P$	1330-78-5	
a29034		磷酸二丁基苯酯	Dibutyl phenyl phosphate	$C_{14}H_{23}O_4P$	2528-36-1	
a29035		乙二醇二硝酸酯	Glycol dinitrate	$C_2H_4N_2O_6$	628-96-6	
a29036		异氰酸甲酯	Methyl isocyanate	C_2H_3NO	624-83-9	甲基异氰酸酯
a29037		异佛尔酮二异氰酸酯	Isophorone diisocyanate	$C_{12}H_{18}N_2O_2$	4098-71-9	
a29038		多苯基多次甲基多异氰酸酯	Polyphenyl polymethylene isocyanate	$[C_6H_3(NCO)CH_2]_n$	9016-87-9	粗 MDI、聚甲烯化合物
a29039		二苯基甲烷二异氰酸酯	Methylene diphenyl diisocyanate	$C_{15}H_{10}N_2O_2$	101-68-8	二苯基甲烷-4,4′-二异氰酸酯
a29040		1,6-己二异氰酸甲酯	1,6-Hexane diisothiocyanate	$C_8H_{12}N_2S_2$	5586-70-9	
a29041		己二异氰酸酯	1,6-Diisocyanato-hexane	$C_8H_{12}N_2O_2$	822-06-0	异氰酸六亚甲酯
a29042		异氟尔酮二异氰酸酯	Isophorone diisocyanate	$C_2H_6ClO_3P$	16672-87-0	
a29043		2,4-二异酸甲苯酯	2,4-Toluene diisocyanate	$C_9H_6N_2O_2$	584-84-9	2,4-甲苯二异氰酸酯
a29044		*n*-乳酸正丁酯	*n*-Butyl lactate	$C_7H_{14}O_3$	138-22-7	
a29045		1,4-丁内酯	1,4-Butyrolactone	$C_4H_6O_2$	96-48-0	
a29046		4,4′-二氯二苯乙醇酸乙酯	Chlorobenzilate	$C_{16}H_{14}Cl_2O_3$	510-15-6	乙酯杀螨醇
a29047		酞酸酯类	Phthalate esters(PAEs)			

代码	类别	中文名称	英文名称	化学符号	CAS 号	别名
a29048		邻苯二甲酸二(2-乙基己)酯	Bis(2-ethylhexyl) phthalate	$C_{24}H_{38}O_4$	117-81-7	邻苯二酸二辛酯
a30000	醇类		Alcohols			
a30001		甲醇	Methanol	CH_4O	67-56-1	木酒精
a30002		甲硫醇	Methyl mercaptan	CH_4S	74-93-1	巯基甲烷
a30003		乙醇	Ethanol	C_2H_6O	64-17-5	酒精
a30004		甲基环己醇	Methyl cyclohexanol	$C_7H_{14}O$	25639-42-3	
a30005		2-甲氧基乙醇	2-Methoxyethanol	$C_3H_8O_2$	109-86-4	
a30006		乙二醇	Ethylene glycol	$C_2H_6O_2$	107-21-1	甘醇
a30007		丙醇	Propanol	C_3H_8O	71-23-8	
a30008		异丙醇	Isopropanol	C_3H_8O	67-63-0	
a30009		2-乙氧基乙醇	2-Ethoxyethanol	$C_4H_{10}O_2$	110-80-5	
a30010		三硝酸甘油酯	Nitroglycerine	$C_3H_5N_3O_9$	55-63-0	硝化甘油
a30011		2-丁氧基乙醇	2-Butoxyethanol	$C_6H_{14}O_2$	111-76-2	
a30012		1,3-二氯丙醇	1,3-Dichloropropanol	$C_3H_6Cl_2O$	96-23-1	
a30013		氯乙醇	Ethylene chlorohydrin	C_2H_5ClO	107-07-3	
a30014		丁醇	Butanol	$C_4H_{10}O$	71-36-3	正丁醇
a30015		甲氧基丙醇	Methoxypropanol	$C_4H_{10}O_2$	1589-47-5	2-甲氧基丙醇
a30016		戊醇	Pentanol	$C_5H_{12}O$	30899-19-5	
a30017		正戊醇	1-Pentanol	$C_5H_{12}O$	71-41-0	1-戊醇
a30018		仲戊醇	2-Pentanol	$C_5H_{12}O$	6032-29-7	2-戊醇
a30019		3-戊醇	3-Pentanol	$C_5H_{12}O$	584-02-1	
a30020		己二醇	1,6-Hexanediol	$C_6H_{14}O_2$	107-41-5	
a30021		环己醇	Cyclohexanol	$C_6H_{12}O$	108-93-0	六氢苯酚
a30022		硫醇	Mercaptans			
a30023		乙硫醇	Ethyl mercaphtan	C_2H_6S	75-08-1	硫氢乙烷
a30024		正辛醇	*n*-Octanol	$C_8H_{18}O$	589-98-0	
a30025		正丁基硫醇	*n*-Butyl mercaptan	$C_4H_{10}S$	109-79-5	
a30026		二丙酮醇	Diacetone alcohol	$C_6H_{12}O_2$	123-42-2	
a30028		丙烯醇	Allyl alcohol	C_3H_6O	107-18-6	
a31000	醛酮类		Aldehydes and ketones			
a31001		甲醛	Formaldehyde	CH_2O	50-00-0	福尔马林
a31002		乙醛	Acetaldehyde	C_2H_4O	75-07-0	醋醛
a31003		丙醛	Propionaldehyde	C_3H_6O	123-38-6	正丙醛
a31004		丙烯醛	Acrolein	C_3H_4O	107-02-8	烯丙醛
a31005		丁醛	*n*-Butylaldehyde	C_4H_8O	123-72-8	正丁醛

代码	类别	中文名称	英文名称	化学符号	CAS 号	别名
a31006		2-呋喃甲醛	Furfural	$C_5H_4O_2$	98-01-1	糠醛
a31007		异丁醛	Isobutyl aldehyde	C_4H_8O	78-84-2	
a31008		异狄氏剂醛	Endrin aldehyde	$C_{12}H_8Cl_6O$	7421-93-4	
a31009		己醛	Hexanal	$C_6H_{12}O$	66-25-1	
a31010		戊醛	Pentanal	$C_5H_{10}O$	110-62-3	
a31011		异戊醛	3-Methyl-butanal isovaleraldehyde	$C_5H_{10}O$	590-86-3	
a31012		庚醛	Heptaldehyde	$C_7H_{14}O$	111-71-7	
a31013		辛醛	Octanal	$C_8H_{16}O$	124-13-0	
a31014		壬醛	Nonanal	$C_9H_{18}O$	124-19-6	
a31015		2-甲基丙烯醛	2-Methyl propenal	C_4H_6O	78-85-3	异丁烯醛
a31016		β-甲基丙烯醛	Crotonaldehyde	C_4H_6O	123-73-9	巴豆醛
a31017		2-丁烯醛	2-Butenal	C_4H_6O	4170-30-3	
a31018		苯甲醛	Benzaldehyde	C_7H_6O	100-52-7	
a31019		2-甲基苯甲醛	2-Methyl-benzaldehyde	C_8H_8O	529-20-24	邻甲基苯甲醛
a31020		3-甲基苯甲醛	3-Methyl-benzaldehyde	C_8H_8O	620-23-5	间甲基苯甲醛
a31021		4-甲基苯甲醛	4-Methyl-benzaldehyde	C_8H_8O	104-87-0	对甲基苯甲醛
a31022		氯乙醛	Chloroacetaldehyde	C_2H_3ClO	107-20-0	一氯乙醛
a31023		三氯乙醛	Paraldehyde	C_2HCl_3O	75-87-6	聚醋醛
a31024		丙酮	Acetone	C_3H_6O	67-64-1	二甲酮
a31025		2-丁酮	2-Butanone	C_4H_8O	78-93-3	甲乙酮
a31026		3-戊酮	3-Pentanone	$C_5H_{10}O$	96-22-0	
a31027		2-已酮	2-Hexanone	$C_6H_{12}O$	591-78-6	甲基丁基甲酮
a31028		环已酮	Cyclohexanone	$C_6H_{10}O$	108-94-1	
a31029		2-甲基环已酮	2-Methyl cyclohexanone	$C_7H_{12}O$	583-60-8	
a31030		甲基异丁基甲酮	Methyl isobutyl ketone	$C_6H_{12}O$	108-10-1	4-甲基-2-戊酮
a31031		乙基异戊基甲酮	Ethyl isoamyl ketone	$C_8H_{16}O$	541-85-5	
a31032		3-辛酮	3-Octanone	$C_8H_{16}O$	106-68-3	乙基正戊基甲酮
a31033		苯乙酮	Acetophenone	C_8H_8O	98-86-2	伊皮恩
a31034		二苯乙酮	2-Phenyl-acetophenon	$C_{14}H_{12}O$	451-40-1	
a31035		二异丁基甲酮	Diisobutyl ketone	$C_9H_{18}O$	108-83-8	二异丁基甲酮

代码	类别	中文名称	英文名称	化学符号	CAS 号	别名
a31036		乙烯酮	Ethenone	C_2H_2O	463-51-4	
a31037		双乙烯酮	Diketene	$C_4H_4O_2$	674-82-8	
a31038		4-甲基-3-戊烯-2-酮	4-Methyl-3-penten-2-one	$C_6H_{10}O$	141-79-7	异亚丙基丙酮
a31039		2-氯代苯乙酮	2-Chloroacetophenone	C_8H_7ClO	532-27-4	2-氯苯乙酮；氯乙酰苯
a31040		六氟丙酮	Hexafluoroacetone	C_3F_6O	684-16-2	
a32000	**酸及酸酐**		**Acids and Anhydrides**			
a32001		甲酸	Methanoic acid	CH_2O_2	64-18-6	
a32002		丙酸	Propionic acid	$C_3H_6O_2$	79-09-4	初油酸
a32003		草酸	Oxalic acid	$C_2H_2O_4$	144-62-7	乙二酸
a32004		对苯二甲酸	*p*-Phthalic acid	$C_8H_6O_4$	100-21-0	松油苯二甲酸
a32005		氨二氯苯酸	Chloramben	$C_7H_5Cl_2NO_2$	133-90-4	
a32006		乙酐	Acetic anhydride	$C_4H_6O_3$	108-24-7	醋酸酐
a32007		邻苯二甲酸酐	Phthalic anhydride	$C_8H_4O_3$	85-44-9	苯酐
a32010		乙酸	Acetic acid	$C_2H_4O_2$	64-19-7	醋酸
a32011		氯乙酸	Chloroacetic acid	$C_2H_3ClO_2$	79-11-8	氯醋酸
a32021		丙烯酸	Acrylic acid	$C_3H_4O_2$	79-10-7	2-丙烯酸
a33000	**农药**		**Pesticides**			
a33001		六六六	1,2,3,4,5,6-Hexachlorocyclohexane（Mixture of isomers）			
a33002		*α*-六六六	*α*-Hexachlorocyolohexane	$C_6H_6Cl_6$	319-84-6	
a33003		*β*-六六六	*β*-Hexachlorocyolohexane	$C_6H_6Cl_6$	319-85-7	
a33004		*δ*-六六六	*δ*-Hexachlorocyolohexane	$C_6H_6Cl_6$	319-86-8	
a33005		*γ*-六六六	*γ*-Hexachlorocyolohexane	$C_6H_6Cl_6$	58-89-9	林丹；1,2,3 ,4,5,6-六氯环己烷
a33006		4,4′-DDD	4,4′-DDD	$C_{14}H_{10}Cl_4$	72-54-8	滴滴滴
a33007		4,4′-DDT	4,4′-DDT	$C_{14}H_9Cl_5$	50-29-3	双对氯苯基三氯乙烷，DDT
a33008		2,4-二氯苯氧基乙酸	2,4-Dichlorophenoxyacetic acid	$C_8H_6Cl_2O_3$	94-75-7	2,4-D
a33009		氯丹	Chlordane	$C_{10}H_6Cl_8$	57-74-9	八氯-六氯-甲撑茚
a33010		敌敌畏	Dichlorovos(DDV)	$C_4H_7Cl_2O_4P$	62-73-7	2,2-二氯乙烯基二甲基磷酸酯

代码	类别	中文名称	英文名称	化学符号	CAS号	别名
a33011		敌百虫	Trichlorfon	$C_4H_8Cl_3O_4P$	52-68-6	
a33012		百菌清	Chlorothalonil	$C_8Cl_4N_2$	1897-45-6	四氯间苯二腈
a33013		甲氧氯	Methoxychlor	$C_{16}H_{15}Cl_3O_2$	72-43-5	甲氧滴滴涕
a33014		2,3,7,8-四氯二苯并对二噁英	2,3,7,8-Tetrachlorodibenzo-*p*-dioxin（TCDD）	$C_{12}H_4Cl_4O_2$	1746-01-6	
a33015		有机氯农药	Organochlorine pesticides			
a33016		艾氏剂	Aldrin	$C_{12}H_8Cl_6$	309-00-2	六氯-六氢-二甲撑萘
a33017		异狄氏剂	Endrin	$C_{12}H_8Cl_6O$	72-20-8	
a33018		有机磷农药	Organophosphorus pesticide			
a33019		乐果	Dimethoate	$C_5H_{12}NO_3PS_2$	60-51-5	O,O-二甲基-S-二硫代磷酸酯
a33020		对硫磷	Parathion	$C_{10}H_{14}O_5NSP$	56-38-2	一六〇五
a33021		甲基内吸磷	Methyl demeton	$C_6H_{15}O_3PS_2$	8022-00-2	甲基一〇五九
a33022		马拉硫磷	Malathion	$C_{10}H_{19}O_6PS_2$	121-75-5	马拉松
a33023		狄氏剂	Dieldrin	$C_{12}H_8Cl_6O$	60-57-1	六氯-环氧八氢-二甲撑萘
a33024		敌草隆	Diuron	$C_9H_{10}Cl_2N_2O$	330-54-1	3-(3,4-二氯苯基)-1
a33025		内吸磷	Systox	$C_8H_{19}O_3PS_2$	8065-48-3	一〇五九
a33026		氯氰菊酯	Cypermethrin	$C_{22}H_{19}Cl_2NO_3$	52315-07-8	（1*R,S*）-顺,反式*α*-2,2-二甲基-3-（2,2-二氯乙烯基)环丙烷羧酸-（±）-氰基-3-苯氧基苄酯
a33027		苯硫磷	Phenyl-phosphonothioic acid *o*-(4-nitrophenyl) ester	$C_{14}H_{14}NO_4P_5$	2104-64-5	*O*-乙基-*O*-（4-硝基苯基）苯基硫代磷酸酯

代码	类别	中文名称	英文名称	化学符号	CAS号	别名
a33028		2,2-双(4-氯苯基)-1,1-二氯乙烯	1,1-Dichloro-2,2-bis (*p*-chlorophenol) ethylene	$C_{14}H_8Cl_4$	72-55-9	DDE;4,4′-DDE
a33029		六氯苯	Hexachlorobenzene	C_6Cl_6	118-74-1	灭黑穗药
a33030		倍硫磷	Fenthion	$C_{10}H_{15}O_3PS_2$	55-38-9	百治屠
a33031		毒杀芬	Toxaphene	$C_{10}H_{10}Cl_8$	8001-35-2	氯化莰
a33032		久效磷	Monocrotophos	$C_7H_{14}NO_5P$	2157-98-4	
a33033		磷胺	Phosphamidon	$C_{10}H_{19}ClNO_5P$	13171-21-6	大灭虫
a33034		氧化乐果	Omethoate	$C_5H_{12}NO_4PS$	1113-02-6	氧乐果
a33035		乙酰甲胺磷	Acephate	$C_4H_{10}NO_3PS$	30560-19-1	*O*,*S*-二甲基乙酰基硫代磷酰胺酯
a33036		甲基对硫磷	Parathion methyl	$C_8H_{10}NO_5PS$	298-00-0	*O*,*O*-二甲基-*O*-(对硝基苯基)硫代磷酸酯
a33037		除草醚	Nitrofen	$C_{12}H_7O_3Cl_2N$	1836-75-5	硝基酚酸
a33038		甲拌磷	Phorate	$C_7H_{17}O_2PS_3$	298-02-2	西梅脱
a33039		三氯硫磷	Sulfochloride	$SPCl_3$	3982-91-0	硫代磷酰氯
a33040		二氯二苯乙醇酸乙酯	Chlorfenson	$C_{12}H_8C_{12}O_3S$	80-33-1	杀螨酯
a33041		残杀威	Propoxur	$C_{11}H_{15}NO_3$	114-26-1	安丹
a33042		氰戊菊酯	Fenvalerate	$C_{25}H_{22}ClNO_3$	51630-58-1	
a33043		克菌丹	Captan	$C_9H_8C_{13}NO_2S$	133-06-2	开谱丹
a33044		杀螟松	Sumithion	$C_9H_{12}NO_5PS$	122-14-5	速灭虫
a33045		异稻瘟净	Kitazin-*p*	$C_{13}H_{21}O_3PS$	26087-47-8	异丙稻瘟净
a33046		敌蚜胺	Fluoroacetamide	C_2H_4FNO	640-19-7	2-氟乙酰胺
a33047		西维因	Carbaryl	$C_{12}H_{11}NO_2$	63-25-2	1-萘基-*N*-甲基氨基甲酸酯
a33053		溴氰菊酯	Deltamethrin	$C_{22}H_{19}Br_2NO_3$	52918-63-5	敌杀死
a33055		1,1,3-三甲基环己烯酮	3,5,5-Tirmethyl-2-cyclohexen-1-one	$C_9H_{14}O$	78-59-1	异佛尔酮
a33056		硫丹硫酸酯	Endosulfan sulfate	$C_9H_6Cl_6O_4S$	1031-07-8	

代码	类别	中文名称	英文名称	化学符号	CAS 号	别名
a33063		氟乐灵	Trifluralin	$C_{13}H_{16}F_3N_3O_4$	1582-09-8	茄科宁
a33064		α-硫丹	α-Endosulfan	$C_9H_6Cl_6O_3S$	959-98-8	
a33065		β-硫丹	β-Endosulfan	$C_9H_6Cl_6O_3S$	33213-65-9	
a33066		顺丁烯二酸酐	Maleic anhydride	$C_4H_2O_3$	108-31-6	马来酸酐
a34000	**颗粒物**		**Particulates**			**尘**
a34001		总悬浮颗粒物（空气动力学当量直径 100 μm 以下）	Total suspended particulates	TSP		
a34002		可吸入颗粒物（空气动力学当量直径 10 μm 以下）	Particles less than 10 μm in diameter	PM_{10}		飘尘
a34003		细微颗粒物(空气动力学当量直径 5 μm 以下)	Particles less than 5 μm in diameter	PM_5		
a34004		细微颗粒物（空气动力学当量直径 2.5 μm 以下）	Particles less than 2.5 μm in diameter	$PM_{2.5}$		
a34005		亚微米颗粒物（空气动力学当量直径 1.0 μm 以下）	Particles less than 1.0 μm in diameter	$PM_{1.0}$		
a34006		40 μm 沙尘气溶胶粒子	Sand and dust particles less than 40 μm in diameter	DM_{40}		
a34007		30 μm 气溶胶粒子	Particles less than 30 μm in diameter	PM_{30}		
a34008		黑碳气溶胶	Black carbon aerosol	BC		
a34009		元素碳	Elemental carbon	EC		
a34010		有机碳	Organic carbon	OC		
a34011		降尘	Dust fall			
a34012		粉尘	Dust			
a34013		烟尘	Smoke			
a34014		水泥尘	Cement dust			
a34015		矿渣棉尘	Slag dust			
a34016		石英粉尘	Silica dust			
a34017		炭黑尘	Carbon black dust			
a34018		石棉尘	Asbestos dust		1332-21-4	纤维

代码	类别	中文名称	英文名称	化学符号	CAS 号	别名
a34019		玻璃棉尘	Fibrous glass dust			
a34020		染料尘	Dye dust			
a34021		氮肥尘	Nitrogen fertilizer dust			
a34022		磷肥尘	Phosphate fertilizer dust			
a34023		耐火材料尘	Refractory dust			
a34024		石灰粉尘	Lime dust			
a34025		砖瓦粉尘	Brick dust			
a34026		采石尘	Quarry dust			
a34027		硅尘。	Silicious dust			
a34028		煤尘	Coal dust			
a34029		石墨尘	Graphite dust			
a34030		电镀抛光尘	Electroplated-polishing dust			
a34031		粮食加工尘	Grain-processing dust			
a34032		有机化工尘	Organic chemical dust			
a34033		黑色冶金尘	Ferrous metallurgy dust			
a34034		多种纤维尘	Fiber dust			
a34035		细矿物纤维	Mineral fiber dust			
a34036		五氧化二钒烟尘	Vanadium pentoside fume and dust	V_2O_5	7440-62-6	
a34037		氯化锌烟	Zinc chloride fume	$ZnCl_2$	7646-85-7	氯化锌
a34038		沥青烟	Asphalt fume		8052-42-4	煤焦油沥青挥发物
a34039		硫酸雾	Sulfuric acid mist			
a34040		铬酸雾	Chromic mist			
a34041		油烟	Oil smoke			
a34042		苛性碱	Caustic alcali			
a34043		焦炉逸散物	Coke oven emissions			
a34044		花粉	Pollen			
a34045		致敏花粉	Allergic pollen			
a34046		尘螨	Dust mite			
a99000	**其他有机物**		Other organic compounds			
a99001		氨基氰	Cyanamide	CH_2N_2	420-04-2	
a99002		甲基丙烯腈	2-Methyl-2-propenenitrile	C_4H_5N	126-98-7	2-甲基-2-丙烯腈
a99003		邻氯苄叉丙二腈	[(2-Chlorophenyl)methylene] malononitrile	$C_{10}H_5ClN_2$	2698-41-1	邻氯苄叉缩丙二腈

代码	类别	中文名称	英文名称	化学符号	CAS号	别名
a99004		丙酮氰醇	Acetone cyanohydrin	C_4H_7NO	75-86-5	2-羟基异丁腈
a99005		2-*N*-二丁氨基乙醇	2-*N*-Dibutylaminoethanol	$C_{10}H_{23}NO$	102-81-8	
a99006		2-二乙氨基乙醇	2-Diethylaminoethanol	$C_6H_{15}NO$	100-37-8	*N,N*-二乙基乙醇胺
a99007		2-氨基吡啶	2-Diaminopyridine	$C_5H_6N_2$	504-29-0	α-吡啶胺
a99008		氯丙酮	Chloroacetone	C_3H_5ClO	78-95-5	
a99009		乙腈	Acetonitrile	C_2H_3N	75-05-8	甲基氰
a99010		丙烯腈	Acrylonitrile	C_3H_3N	107-13-1	乙烯基氰
a99011		奥克托今	Octogen	$C_4H_8N_8O_8$	2691-41-0	环四亚甲基四硝胺
a99012		4-氨基-*N,N*-二甲基苯胺	*N,N*-Dimethyl-1,4-phenylenediamine	$C_8H_{12}N_2$	99-98-9	*N,N*-二甲基对苯二胺
a99013		对二甲胺基偶氮苯	*p*-Dimethyl aminoazobenzene	$C_{14}H_{15}N_3$	60-11-7	
a99014		二氯硅烷	Dichlorosilane	Cl_2H_2Si	4109-96-0	
a99015		二甲基二氯硅烷	Dimethyldichlorosilane	$C_2H_6Cl_2Si$	75-78-5	二氯二甲基硅烷
a99016		甲基氯硅烷	Methylchlorosilane	CH_5ClSi	993-00-0	氯甲基硅烷
a99017		糠醇	Furfuryl alcohol	$C_5H_6O_2$	98-00-0	氧茂甲醇
a99018		考的松	Cortisone	$C_{21}H_{28}O_5$	53-06-5	
a99019		硫化羰	Carbonyl sulfide	COS	463-58-1	氧硫化碳
a99020		三氟乙酰氯	Trifluoroacetyl chloride	C_2ClF_3O	354-32-5	氯化三氟乙酰
a99021		氯乙酰氯	Chloroacetyl chloride	$C_2H_2Cl_2O$	79-40-9	
a99022		二甲基氨基甲酰氯	Dimethyl carbamyl chloride	C_3H_6ClNO	79-44-7	*N,N*-二甲氨基甲酰氯
a99023		亚硝酰氯	Nitrosyl chloride	$ClNO$	2696-92-6	氯化亚硝酰
a99024		羰酰氟	Carbonyl fluoride	CF_2O	353-50-4	氟氧化碳
a99025		呋喃	Furan	C_4H_4O	110-00-9	
a99026		吗啉	Morpholine	C_4H_9NO	110-91-8	1,4-氧氮杂环己烷
a99027		*N*-乙基吗啉	*N*-Ethylmorpholine	$C_6H_{13}NO$	100-74-3	
a99028		*N*-亚硝基吗啉	*N*-Nitrosomorpholine	$C_4H_8N_2O_2$	59-89-2	
a99029		喹啉	Quinoline	C_9H_7N	91-22-5	氮杂萘

代码	类别	中文名称	英文名称	化学符号	CAS号	别名
a99030		三氯氧磷	Phosphorus oxychloride	$POCl_3$	10025-87-3	氧氯化磷
a99031		乙基汞	Diethyl mercury	$C_4H_{10}Hg$	627-44-1	二乙基汞
a99032		二甲基汞	Dimethyl mercury	C_2H_6Hg	593-74-8	
a99033		双硫醒	Disulfiram	$C_{10}H_{20}N_2S_4$	97-77-8	双硫仑
a99034		亚乙基硫脲	Ethlene thiourea	$C_3H_6N_2S$	96-45-7	
a99035		α-萘基硫脲	α-Naphthylthiourea	$C_{11}H_{10}N_2S$	86-88-4	安妥
a99036		乙酰水杨酸	Aspirin	$C_9H_8O_4$	50-78-2	阿司匹林
a99037		重氮甲烷	Diazomethane	CH_2N_2	334-88-3	叠氮甲烷
a99038		二月桂酸二丁基锡	Ditin butyl dilaurate	$C_{32}H_{64}O_4Sn$	77-58-7	二月桂酸二正丁基锡
a99039		三氟化氮	Nitrogen trifluoride	NF_3	7783-54-2	
a99040		三氟化氯	Chlorine trifluoride	ClF_3	7990-91-2	
a99041		三氟化硼	Boron trifluoride	BF_3	7637-07-2	氟化硼
a99042		三氯化硼	Boron trichloride	BCl_3	10294-34-5	氯化硼
a99043		三氯氢硅	Trichlorosilane	$SiHCl_3$	10025-78-2	三氯硅烷
a99044		五羰基铁	Iron pentacarbonyl	C_5FeO_5	13463-40-6	
a99045		三乙基氯化锡	Triethyltin chloride	$C_6H_{15}ClSn$	994-31-0	
a99046		双(巯基乙酸)二辛基锡	Bis(marcaptoacetate)dioctyl tin	$C_{36}H_{72}O_4S_2Sn$	26401-97-8	
a99047		四氟化硅	Silicon tetrafluoride	SiF_4	7783-61-1	氟化硅
a99048		四氟化硫	Sulphur tetrafluoride	SF_4	7783-60-0	
a99049		光气	Phosgene	$COCl_2$	75-44-5	碳酰氯
a99050		纤维素	Cellulose	$(C_6H_{10}O_5)_n$	9004-34-6	
a99051		二硫化碳	Carbon disulfide	CS_2	75-15-0	
a99052		炔诺孕酮	Norgestrel	$C_{22}H_{28}O_2$	6533-00-2	18-甲基炔诺酮
a99053		硝基胍	Nitroguanidine	$CH_4N_4O_2$	556-88-7	
a99054		总挥发性有机物	Total volatile organic compounds	TVOCs		
a99055		碳氢化合物＋氮氧化物	$HC+NO_x$			
a99056		4,4′-二氨基二苯甲烷	4,4′-Methylenedianiline	$C_{13}H_{14}N_2$	101-77-9	
a99057		氨基磺酸铵	Ammonium sulfamate	$H_6N_2O_3S$	7773-06-0	
a99058		六甲基磷酸三胺	Hexamethylphosphoramide	$C_6H_{18}N_3OP$	680-31-9	六磷胺
a99059		过氧化苯甲酰	Benzoyl peroxide	$C_{14}H_{10}O_4$	94-36-0	过氧化二苯甲酰

8 XML 数据定义

为规范大气污染物名称代码表在环境信息系统中的使用，定义基于 XML 的大气污染物名称代码表的数据架构图如下：

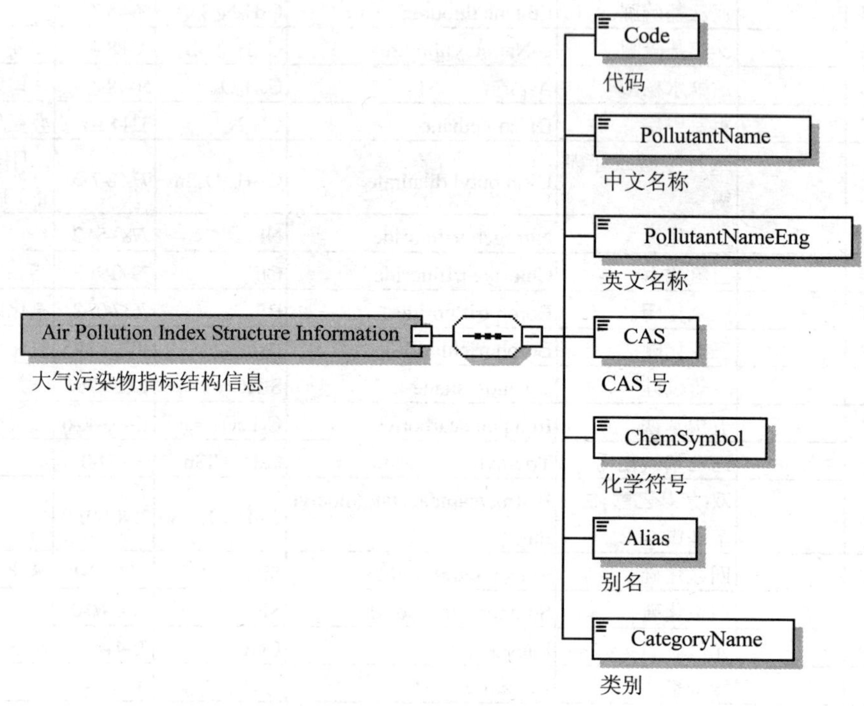

图 2　大气污染物数据架构图

大气污染物名称代码表的 XML 数据架构描述如下：

```
<?xml version="1.0" encoding= "gb2312"?>
<xs:schema xmlns="http://www.mep.gov.cn/epiDATA"
xmlns:xs="http://www.w3.org/2001/XMLSchema"
targetNamespace="http://www.mep.gov.cn/epiDATA" elementFormDefault="qualified">
    <xs:element name="AirPollutIndicatStructInfo">
        <xs:annotation>
            <xs:documentation>大气污染物指标结构信息</xs:documentation>
        </xs:annotation>
        <xs:complexType>
            <xs:sequence>
```

```
<xs:element name="Code">
    <xs:annotation>
        <xs:documentation>代码</xs:documentation>
    </xs:annotation>
    <xs:simple Type>
        <xs:restriction base="xs:string">
            <xs:length value="6"/>
            <xs:pattern value="a\d{5}"/>
        </xs:restriction>
    </xs:simple Type>
</xs:element>
<xs:element name="PollutantName">
    <xs:annotation>
        <xs:documentation>中文名称</xs:documentation>
    </xs:annotation>
    <xs:simpleType>
        <xs:restriction base="xs:string">
            <xs:maxLength value="100"/>
        </xs:restriction>
    </xs:simple Type>
</xs:element>
<xs:element name="PollutantNameEng" type="xs:string">
    <xs:annotation>
        <xs:documentation>英文名称</xs:documentation>
    </xs:annotation>
</xs:element>
<xs:element name="CAS">
    <xs:annotation>
        <xs:documentation>CAS号</xs:documentation>
    </xs:annotation>
    <xs:simple Type>
        <xs:restriction base="xs:string">
            <xs:pattern value="\d{2,6}-\d{2}-\d{1}"/>
        </xs:restriction>
    </xs:simple Type>
</xs:element>
```

```
<xs:element name="ChemSymbol">
    <xs:annotation>
        <xs:documentation>化学符号</xs:documentation>
    </xs:annotation>
    <xs:simple Type>
        <xs:restriction base="xs:string">
            <xs:maxLength value="30"/>
        </xs:restriction>
    </xs:simple Type>
</xs:element>
<xs:element name="Alias">
    <xs:annotation>
        <xs:documentation>别名</xs:documentation>
    </xs:annotation>
    <xs:simple Type>
        <xs:restriction base="xs:string">
            <xs:maxLength value="100"/>
        </xs:restriction>
    </xs:simple Type>
</xs:element>
<xs:element name="CategoryName">
    <xs:annotation>
        <xs:documentation>类别</xs:documentation>
    </xs:annotation>
    <xs:simple Type>
        <xs:restriction base="xs:string">
            <xs:maxLength value="20"/>
        </xs:restriction>
    </xs:simple Type>
</xs:element>
</xs:sequence>
</xs:complex Type>
</xs:element>
</xs:schema>
```

附　录　A

（规范性附录）

大气污染物及相关指标名称代码简表

表 A.1 列出“排放污染物申报登记统计表”涉及的大气污染物及相关指标代码、中英文名称，便于查询使用。表 A.1 所列大气污染物及相关指标来自表 2。

表 A.1　大气污染物及相关指标名称代码简表

代码	中文名称	英文名称
a01010	林格曼黑度	Lingeman blackness
a05001	二氧化碳	Carbon dioxide
a05002	甲烷	Methane
a19002	臭气浓度	Odor concentration
a20016	铍及其化合物	Beryllium compounds
a20025	镉及其化合物	Cadmium compounds
a20043	铅及其化合物	Lead compounds
a20057	汞及其化合物	Mercury compounds
a20063	镍及其化合物	Nickel compounds
a20091	锡及其化合物	Tin compounds
a21001	氨	Ammonia
a21002	氮氧化物	Nitrogen oxides
a21005	一氧化碳	Carbon monoxide
a21018	氟化物	Fluoride
a21021	氰化氢	Hydrogen cyanide
a21022	氯	Chlorine
a21024	氯化氢	Hydrochloric acid
a21026	二氧化硫	Sulfur dioxide
a21028	硫化氢	Hydrogen sulfide
a23001	酚类	Phenols
a24046	氯乙烯	Vinyl chloride
a24087	碳氢化合物	Hydrocarbon
a25002	苯	Benzene
a25003	甲苯	Toluene
a25005	二甲苯	Xylene

代码	中文名称	英文名称
a25010	氯苯	Chlorobenzene
a25023	硝基苯	Nitrobenzene
a25040	苯可溶物	Benzene-soluble organics
a25044	苯并[*a*]芘	Benzo[*a*]pyrene
a26001	苯胺类	Anilines
a26022	三甲胺	Trimethylamine
a28001	甲硫醚	Dimethyl sulfide
a28010	二甲二硫醚	Dimethyl disulfide
a30001	甲醇	Methanol
a30002	甲硫醇	Methyl mercaptan
a30022	硫醇	Mercaptans
a31001	甲醛	Formaldehyde
a31002	乙醛	Acetaldehyde
a31004	丙烯醛	Acrolein
a34013	烟尘	Smoke
a34014	水泥尘	Cement dust
a34015	矿渣棉尘	Slag dust
a34016	石英粉尘	Silica dust
a34017	炭黑尘	Carbon black dust
a34018	石棉尘	Asbestos dust
a34019	玻璃棉尘	Fibrous glass dust
a34020	染料尘	Dye dust
a34038	沥青烟	Asphalt fume
a34039	硫酸雾	Sulfuric acid mist
a34040	铬酸雾	Chromic mist
a34041	油烟	Oil smoke
a99010	丙烯腈	Acrylonitrile
a99049	光气	Phosgene
a99051	二硫化碳	Carbon disulfide

中华人民共和国国家环境保护标准

废水排放去向代码

Codes for wastewater discharge direction

HJ 523—2009

前 言

为贯彻《中华人民共和国环境保护法》，防治环境污染，改善环境质量，促进环境信息化建设，建立和完善环境信息化标准体系，为环境信息处理和交换提供技术支撑，规范废水排放去向分类和表示，制定本标准。

本标准为首次发布。

本标准由环境保护部科技标准司组织制订。

本标准主要起草单位：环境保护部信息中心、安徽省环境信息中心。

本标准由环境保护部2009年12月30日批准。

本标准自2010年4月1日起实施。

本标准由环境保护部解释。

1 适用范围

本标准确定了废水排放去向的分类与代码。废水排放包括工业废水、生活废水、污水处理设施以及垃圾填埋厂、堆肥厂、焚烧厂、危险废物处置厂等设施的排水。

本标准适用于废水排放信息采集、交换、加工、使用和环境信息系统建设的管理工作。

2 规范性引用文件

本标准内容引用了下列文件中的条款。凡是不注日期的引用文件，其有效版本适用于本标准。

HJ/T 416—2007　环境信息术语

HJ/T 417—2007　环境信息分类与代码

3 术语和定义

HJ/T 416—2007 及 HJ/T 417—2007 中确立的术语和定义，以及下列术语和定义适用于本标准。

废水排放去向 wastewater discharge direction

根据废水排放的各种去向，按排放地划定的分类。

4 废水排放去向分类及编码方法

废水排放去向按面分类法分为 10 类。代码采用一位英文大写字母表示，按英文字母顺序编码。

5 代码表

表 1 废水排放去向代码表

代码	废水排放去向分类	说明
A	直接进入海域	
B	直接进入江河、湖、库等水环境	
C	进入城市下水道（再入江河、湖、库）	
D	进入城市下水道（再入沿海海域）	
E	进入城市污水处理厂	对进入城镇污水收集系统的污水进行净化处理的污水处理厂
F	直接进入污灌农田	
G	进入地渗或蒸发地	
H	进入其他单位	
L	工业废水集中处理厂	通过开发区的建设、城市规划、产业整合，在工业废水排放集中区建设的工业废水处理厂，它通过污水收集系统实现工业废水的集中处理
K	其他	包括回喷、回填、回灌、回用等

中华人民共和国国家环境保护标准

地表水环境功能区类别代码（试行）

Codes for surface-water environmental function zone categories

HJ 522—2009

前　言

为贯彻实施《中华人民共和国环境保护法》，防治环境污染，改善环境质量，促进环境信息化建设，建立和完善环境信息化标准体系，为环境信息处理和交换提供技术支撑，规范地表水环境功能区类别标识，制定本标准。

本标准为首次发布。

本标准由环境保护部科技标准司组织制订。

本标准起草单位：环境保护部信息中心、安徽省环境信息中心。

本标准环境保护部 2009 年 12 月 31 日批准。

本标准自 2010 年 4 月 1 日起实施。

本标准由环境保护部解释。

1　适用范围

本标准规定了地表水环境功能区的类别与代码。

本标准中水环境功能区类别代码对象为中华人民共和国领域内江河、湖泊、运河、渠道、水库等具有使用功能的地表水水域。

本标准适用于地表水环境信息采集、交换、加工、使用和环境信息系统建设的管理工作。

2　规范性引用文件

本标准内容引用了下列文件中的条款。凡是不注日期的引用文件，其有效版本适用于本标准。

GB 3838　地表水环境质量标准

GB/T 7027　信息分类和编码的基本原则与方法

HJ/T 416—2007　环境信息术语

HJ/T 417—2007　环境信息分类与代码

3 术语和定义

HJ/T 416—2007 及 HJ/T 417—2007 中确立的术语和定义，以及下列术语和定义适用于本标准。

水环境功能区 water environmental function zone

根据水域使用功能、水环境污染状况、水环境承受能力（环境容量）、社会经济发展需要以及污染物排放总量控制的要求，划定的具有特定功能的水环境。

4 分类方法

4.1 基本方法

本标准的基本分类方法遵循 GB/T 7027 中的规定和要求。

4.2 地表水环境功能区分类方法

采用以面分类法为主、线分类法为补充的混合分类法进行分类。

设一级类目，根据《中华人民共和国水污染防治法》和 GB 3838 的规定要求分为 9 类。

5 分类编码

5.1 编码原则

5.1.1 唯一性

每一种地表水环境功能区类别仅有一个代码，一个代码仅表示唯一的一种地表水环境功能区类别。

5.1.2 合理性

代码结构与分类体系相适应。

5.1.3 可扩充性

留有适当的后备容量，以便适应不断扩充的需要。

5.1.4 简单性

代码结构尽量简明，长度适当，以节省微机存储空间和降低代码的出错率。

5.1.5 稳定性

地表水环境功能区类别代码一经确定，只要名称没有发生变化，应保持不变。

5.1.6 规范性

代码的类型、结构以及编写格式应统一。

5.2 编码方法

采用层次编码方法，每层均采用数字编码。

地表水环境功能区类别代码自左至右表示的层级由高至低，代码的左端为最高位层级代码，右端为最低位层级代码。采用固定递增格式，顺序码采用递增的数字码。

5.3 代码组成

地表水环境功能区类别代码用两位阿拉伯数字表示，即 01～99。

6 地表水环境功能区类别与代码

地表水环境功能区类别代码如表 1 所示。

表 1 地表水环境功能区类别代码表

代码	地表水环境功能区类别名称	说明
10	**自然保护区**	对有代表性的自然生态系统、珍稀濒危野生动植物物种的天然集中分布区、有特殊意义的自然遗迹等保护对象所在的陆地水体，依法划出一定面积予以特殊保护和管理的区域
11	国家级自然保护区	在国内外有典型意义、在科学上有重大国际影响或者有特殊科学研究价值的自然保护区，列为国家级自然保护区 执行地表水环境质量 I 类标准
12	地方级自然保护区	除国家级自然保护区外，其他具有典型意义或者重要科学研究价值的自然保护区列为地方级自然保护区 执行地表水环境质量 I 类或 II 类标准
20	**饮用水水源保护区**	国家为防治饮用水水源地污染、保证水源地环境质量而划定，并要求加以特殊保护的一定面积的水域和陆域
21	一级保护区	保护区内水质主要是保证饮用水卫生的要求 水质不得低于地表水环境质量 II 类标准
22	二级保护区	在正常情况下满足水质要求，在出现污染饮用水源的突发情况下，保证有足够的采取紧急措施的时间和缓冲地带 水质不得低于地表水环境质量III类标准，并保证流入一级保护区的水质满足一级保护区水质标准的要求
23	准保护区	为了在保障水源水质的情况下兼顾地方经济的发展，通过对其提出一定的防护要求来保证饮用水水源地水质 水质标准应保证流入二级保护区的水质满足二级保护区水质标准的要求
30	**渔业用水区**	鱼、虾、蟹、贝类的产卵场、索饵场、越冬场、洄游通道和养殖鱼、虾、蟹、贝类、藻类等水生动植物的水域
31	珍贵鱼类保护区	执行地表水环境质量 II 类标准
32	一般鱼类用水区	执行地表水环境质量III类标准
40	**工业用水区**	各工矿企业生产用水的集中取水点所在水域的指定范围，执行地表水环境质量IV类标准

代码	地表水环境功能区类别名称	说明
50	**农业用水区**	灌溉农田、森林、草地的农用集中提水站所在水域的指定范围，执行地表水环境质量Ⅴ类标准
60	**景观娱乐用水区**	具有保护水生生态的基本条件、供人们观赏娱乐、人体非直接接触的水域 天然浴场、游泳区等直接与人体接触的景观娱乐用水区执行地表水环境质量Ⅱ类标准 国家重点风景游览区及与人体非直接接触的景观娱乐水体执行地表水环境质量Ⅳ类标准 一般景观用水区执行地表水环境质量Ⅴ类标准
70	**混合区**	污水与清水逐渐混合、逐步稀释、逐步达到地表水环境功能区水质要求的水域 混合区不执行地表水质量标准，是位于排放口与水环境功能区之间的劣Ⅴ类水域
80	**过渡区**	水质功能相差较大（两个或两个以上水质类别）的地表水环境功能区之间划定的、使相邻水域管理目标顺畅衔接的过渡水质类别区域 执行相邻地表水环境功能区对应高低水质类别之间的中间类别水质标准
90	**保留区**	目前尚未开发或开发利用程度不高，为今后开发利用预留的水域 保留区内的水质应维持现状不受破坏

中华人民共和国国家环境保护标准

废水排放规律代码（试行）

Codes for wastewater discharging

HJ 521—2009

前 言

为贯彻《中华人民共和国环境保护法》，保障废水治理和管理工作有序开展，统一废水排放规律分类与代码，制定本标准。

本标准规定了废水排放规律类别和对应的代码。

本标准为首次发布。

本标准由环境保护部科技标准司组织制订。

本标准起草单位：环境保护部信息中心、北京思路创新科技有限公司。

本标准由环境保护部 2009 年 12 月 30 日批准。

本标准自 2010 年 4 月 1 日起实施。

本标准由环境保护部解释。

1 适用范围

本标准规定了废水的排放规律类别和代码。

本标准适用于各级环境保护部门废水排放规律信息采集、交换、加工、使用和环境信息系统建设的管理工作。

2 规范性引用文件

本标准内容引用了下列文件中的条款。凡是不注日期的引用文件，其有效版本适用于本标准。

GBJ 125—89　给水排水设计基本术语标准

GB/T 7027　信息分类和编码的基本原则与方法

GB/T 10113　分类与编码通用术语

HJ/T 416—2007　环境信息术语

HJ/T 417—2007　环境信息分类与代码

3 术语和定义

GBJ 125—89、GB/T 10113—2003、HJ/T 416—2007 及 HJ/T 417—2007 中确立的术语和定义，以及下列术语和定义适用于本标准。

3.1 废水排放规律 wastewater discharging rules

在考察周期（一年）内，废水的各个排放状态之间的联系。废水排放状态指标的监测按国家相关监测技术规范执行。检修期不列入考察周期范围。

3.2 （有）规律 regular

指废水的各个排放状态（流量）之间的联系不断重复出现，其变化态势具有一定的必然性。

3.3 无规律 irregular

指废水的各个排放状态（流量）的变化态势无必然性，无法预见下一状态。

3.4 连续 continuous

指废水流量始终大于 0。

3.5 间断 Intermittent

指废水流量在 0 与非 0 之间转换。

3.6 稳定 stable

指流量相对标准偏差不超过 20%的排放状态。

相对标准偏差计算公式为：

$$\mathrm{RSD}=\frac{\sqrt{\dfrac{\sum_{i=1}^{n}(x_i-X)^2}{n-1}}}{X}\times 100\%$$

式中：$X=\dfrac{\sum_{i=1}^{n}x_i}{n}$；

x_i—— 考察周期内第 i 个流量监测值；

n—— 考察周期内监测次数，要求不少于《排放污染物申报登记报表》中填报的次数。

3.7 不稳定 unstable

指流量相对标准偏差超过 20%的排放状态。

3.8 周期性 periodical

从任一排放状态开始发生变化，经过一段时间（周期）或这段时间的整数倍后，总是恢复到开始的状态，并重复原来的变化。

3.9 冲击型 impactive

突发事件导致的废水排放，具有不可预见性，如暴雨冲刷或突发事故。

4 分类原则

4.1 科学性原则

根据废水排放状态的关键指标——流量，划分废水排放规律类别，兼顾废水排放规律的时间维度。

4.2 系统性原则

将废水排放规律按一定排列顺序予以系统化，形成合理的科学分类体系。

4.3 可扩展性原则

考虑到废水排放、水污染防治和管理的业务发展，废水排放规律类别设置收容类目，预留空间，以保证分类体系有一定弹性，同时为本分类体系的延拓细化创造条件。

4.4 兼容性原则

与已有的相关国家标准和行业标准保持一致。

4.5 综合实用性原则

废水排放规律的类别划分在满足废水排放规律分类总体要求的基础上，尽量满足污染源监管和污水排放控制的业务管理需求，符合环境统计、排污申报登记、总量减排控制等实际需要。

5 分类方法

5.1 基本方法

本标准的基本分类方法遵循 GB/T 7027—2002 的规定和要求。

5.2 废水排放规律分类方法

废水排放规律分类采用混合分类法。结合水污染防治和管理的实际业务工作，从废水排放流量角度描述废水排放规律，再根据需要分次要的面，采用面分类方法；在各个面下采用线分类法进行下一层分类。

示例：

按废水排放流量分类	
按连续性分类	按稳定性分类
连续	稳定
间断	不稳定 　有规律 　无规律
……	……

6 分类编码

6.1 编码原则

6.1.1 规范性

在废水排放规律代码体系中，代码的类型、结构以及编写格式必须统一。

6.1.2 唯一性

每一个废水排放规律类别仅有一个代码，一个代码表示唯一的一种废水排放规律。

6.1.3 合理性

废水排放规律代码结构要与其分类体系相适应。

6.1.4 可扩充性

对废水排放规律的编码要留有适当的后备容量，以适应扩充需要。

6.1.5 简单性

代码结构应尽量简洁，方便使用者填写，同时节省微机存储空间、降低代码的出错率，提高处理效率。

6.1.6 稳定性

废水排放规律代码一经确定，应保持不变。

6.2 编码方法

废水排放规律类别的编码方法采用并置码。各属性面无编码。各属性面下的线分类方法划分的类别代码以分层顺序编码为主，但是，以下类别采用特殊代码：

a）含否定意义的类别代码为0。这些类别包括“间断”（不连续）、“不稳定”、“无规律”；

b）收容类目“其他”的代码为9；

c）废水排放规律的码长一致。对于类别划分较粗而导致的码长不足，以英文小写字母“x”补足。

6.3 代码结构

类目代码中，各属性面下按线分类方法划分的类别代码逐层顺序排列。代码按不同主属性面分段并置。废水排放规律的代码结构如图1所示。

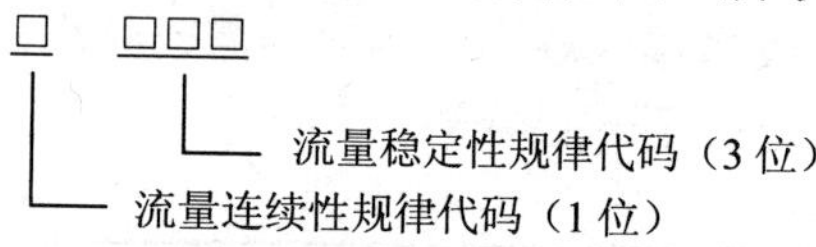

图1 代码结构图

各位代码含义见表1。

表1 废水排放规律代码含义表

代码位置	含义	
第1位	流量	是否连续
第2位		是否稳定
第3位		是否有规律
第4位		特殊规律

示例：某废水A为流量间断而拥有周期性规律，其代码为0011；某废水B为流量连续稳定，其代码为11xx。

7　废水排放规律类别与代码表

7.1　废水排放流量规律类别代码表

7.1.1　废水排放流量连续性规律代码表

表 2　废水排放规律代码表　第 1 位代码（流量连续性）

第 1 位	含义
1	连续
0	间断

7.1.2　废水排放流量稳定性规律代码表

表 3　废水排放规律代码表　2～4 位代码（流量稳定性）

<table>
<tr><th colspan="2">第 2 位</th><th colspan="2">第 3 位</th><th colspan="2">第 4 位</th></tr>
<tr><th>代码</th><th>含义</th><th>代码</th><th>含义</th><th>代码</th><th>含义</th></tr>
<tr><td>1</td><td>稳定</td><td>x</td><td>—</td><td>x</td><td>—</td></tr>
<tr><td rowspan="4">0</td><td rowspan="4">不稳定</td><td rowspan="2">1</td><td rowspan="2">有规律</td><td>1</td><td>周期性</td></tr>
<tr><td>9</td><td>其他</td></tr>
<tr><td rowspan="2">0</td><td rowspan="2">无规律</td><td>1</td><td>冲击型</td></tr>
<tr><td>9</td><td>其他</td></tr>
</table>

7.2　废水排放规律代码表

表 4 为废水排放规律代码表。

表 4　废水排放规律代码表

<table>
<tr><th colspan="8">按废水排放流量分类</th></tr>
<tr><th colspan="2">按连续性分类</th><th colspan="6">按稳定性分类</th></tr>
<tr><th colspan="2">第 1 位</th><th colspan="2">第 2 位</th><th colspan="2">第 3 位</th><th colspan="2">第 4 位</th></tr>
<tr><th>代码</th><th>含义</th><th>代码</th><th>含义</th><th>代码</th><th>含义</th><th>代码</th><th>含义</th></tr>
<tr><td>1</td><td>连续</td><td>1</td><td>稳定</td><td>x</td><td>—</td><td>x</td><td>—</td></tr>
<tr><td rowspan="4">0</td><td rowspan="4">间断</td><td rowspan="4">0</td><td rowspan="4">不稳定</td><td rowspan="2">1</td><td rowspan="2">有规律</td><td>1</td><td>周期性</td></tr>
<tr><td>9</td><td>其他</td></tr>
<tr><td rowspan="2">0</td><td rowspan="2">无规律</td><td>1</td><td>冲击型</td></tr>
<tr><td>9</td><td>其他</td></tr>
</table>

7.3　废水排放规律代码速查表

根据表 2、表 3、表 4 形成了表 5 废水排放规律代码速查表，可以直接使用表 5 中的废水排放规律代码。

表 5　废水排放规律代码速查表

废水排放规律代码	废水排放规律情况
11xx	废水连续排放，流量稳定
1011	废水连续排放，流量不稳定，但有周期性规律
1019	废水连续排放，流量不稳定，但有规律，且不属于周期性规律
1001	废水连续排放，流量不稳定，属于冲击型排放
1009	废水连续排放，流量不稳定且无规律，但不属于冲击型排放
01xx	废水间断排放，排放期间流量稳定
0011	废水间断排放，排放期间流量不稳定，但有周期性规律
0019	废水间断排放，排放期间流量不稳定，但有规律，且不属于非周期性规律
0001	废水间断排放，排放期间流量不稳定，属于冲击型排放
0009	废水间断排放，排放期间流量不稳定且无规律，但不属于冲击型排放

8　XML 数据定义

8.1　废水排放规律代码数据结构图

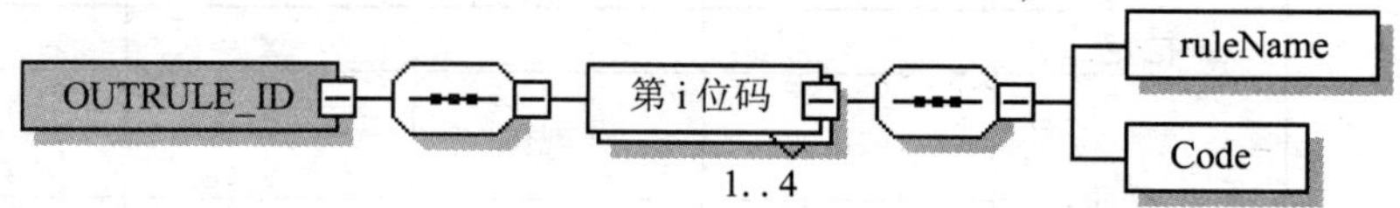

8.2　废水排放规律代码 Schema

```
<?xml version="1.0" encoding= "gb2312"?>
<xs:schema                                xmlns:xs="http://www.w3.org/2001/XMLSchema"
elementFormDefault="qualified" attributeFormDefault="unqualified">
    <xs:element name="OUTRULE_ID">
        <xs:complex Type>
            <xs:sequence>
                <xs:element name="第 i 位码" maxOccurs="4">
                    <xs:complex Type>
                        <xs:sequence>
                            <xs:element name="ruleName"/>
                            <xs:element name="Code"/>
                        </xs:sequence>
                    </xs:complex Type>
                </xs:element>
            </xs:sequence>
        </xs:complex Type>
    </xs:element>
</xs:schema>
```

中华人民共和国国家环境保护标准

废水类别代码（试行）

Codes for wastewater categories

HJ 520—2009

前　言

为贯彻《中华人民共和国环境保护法》，保障废水治理和管理工作有序开展，统一废水分类与编码要求，制定本标准。

本标准根据环境管理、环境统计、环境监测、环境影响评价、排放污染物申报登记等工作及各类水体环境质量标准、水污染物排放标准等涉及的废水分类需要，规定了废水类别及与之相对应的代码。

本标准为首次发布。

本标准由环境保护部科技标准司组织制订。

本标准起草单位：环境保护部信息中心、北京思路创新科技有限公司。

本标准环境保护部2009年12月30日批准。

本标准自2010年4月1日起实施。

本标准由环境保护部解释。

1　适用范围

本标准根据环境管理、环境统计、环境监测、环境影响评价、排放污染物申报登记等工作及各类水体环境质量标准、水污染物排放标准的需要，规定了废水类别及与之相对应的代码。

本标准适用于废水信息采集、交换、加工、使用和环境信息系统建设的管理工作。

2　规范性引用文件

本标准内容引用了下列文件中的条款。凡是不注日期的引用文件，其有效版本适用于本标准。

GB/T 4754—2002　国民经济行业分类

GB/T 7027　信息分类和编码的基本原则与方法

GB/T 10113　分类与编码通用术语

GB 21904—2008　化学合成类制药工业水污染物排放标准

GBJ 125—89　给水排水设计基本术语标准

HJ/T 416—2007　环境信息术语

HJ/T 417—2007　环境信息分类与代码

3　术语和定义

GBJ 125—89、GB/T 10113—2003、GB/T 4754—2002、HJ/T 416—2007 及 HJ/T 417—2007 中确立的术语和定义适用于本标准。

生活污水　domestic sewage，domestic wastewater

居民在日常生活中排出的废水。

4　分类原则

4.1　科学性原则

按照决定废水基本水质特性（主要污染物种类及其浓度）的关键因素——废水来源（污染源）进行分类。主要按照直接决定废水基本水质特性的行业和工艺阶段进行废水分类。同时考虑环境管理和污染预防控制等应用过程的需要和习惯。

4.2　系统性原则

将废水类别按一定排列顺序予以系统化，并形成一个合理的科学分类体系。

4.3　可扩展性原则

考虑到不同行业废水排放和水污染防治与管理业务的发展，废水类别应设置收容类目，预留空间，以保证分类体系有一定弹性，同时为废水分类体系的延拓细化创造条件。

4.4　兼容性原则

充分研究与废水相关的国家标准、行业标准和国际标准，与水污染物排放标准、国民经济行业分类等已有相关标准一致。

4.5　综合实用性原则

废水类别划分应从系统工程角度出发，将局部问题放在系统整体中处理，达到系统最优。立足于废水治理的总体目标，尽量满足污染源监管和污水排放控制的业务管理需求，符合环境统计、排污申报登记、总量减排控制等实际需要。

5　分类方法

5.1　基本方法

基本分类方法遵循 GB/T 7027—2002 的规定和要求。

5.2　废水分类方法

根据废水来源、所属行业和工艺阶段，采用线分类法进行分类。

废水分类的一级类目按照 GB/T 4754—2002 和 HJ/T 417—2007 中污染源信息类

别进行划分，并按 HJ/T 417—2007 中污染源信息类别的顺序排列。包括地表径流等较特殊的废水。其下位类根据行业、废水性质、水污染防治需要等进行分类。

6 分类编码

6.1 编码原则

6.1.1 规范性

在废水类别代码体系中，代码的类型、结构以及编写格式必须统一。

6.1.2 唯一性

每一个废水类别仅有一个代码，一个代码只表示唯一的一个废水类别。

6.1.3 合理性

废水类别代码的结构要与其分类体系相适应。

6.1.4 可扩充性

对废水类别的编码要留有适当的后备容量，以便适应不断扩充的需要。

6.1.5 简单性

代码结构应尽量简洁，以方便使用者填写，减少微机存贮空间和代码的出错率，提高处理效率。

6.1.6 稳定性

废水类别代码一经确定，应保持不变。

6.2 编码方法

废水类别编码为层次码，每层中采用顺序码。其中，层次码依据编码对象的分类层级将代码分成若干层级，并与分类对象的分类层次相对应；代码自左至右表示的层级由高至低，代码的左端为最高位层级代码，右端为最低位层级代码；采用固定递增格式。顺序码采用递增的数字码。

6.3 代码组成

废水类别类目层次分为四级，即一级类目、二级类目、三级类目和四级类目。类目层次可根据发展需要增加。

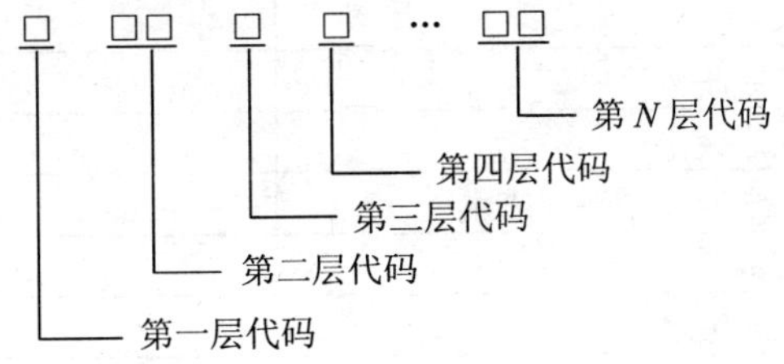

图 1 代码结构

示例：某废水 A 为煤炭洗选废水，查询代码表时，其代码为 1062，仅有 4 位数字，但在填写报表（要求在报表中提供 5 个空格）时应填写 10620。

类目代码用阿拉伯数字表示。第二层代码采用 2 位阿拉伯数字表示，即 01～99；第一层、第三层及第四层采用 1 位阿拉伯数字表示，即 1～9。一级类目代码由第一层代码组成，二级及以上类目代码由上层类代码加本层代码组成。代码结构如图 1 所示。废水类别代码使用时应完整填写 5 位数字。对于类别划分较粗而导致的码长不足，以 0 补足。

7 废水类别与代码表

表 1 列出了废水类别的代码、类目名称及备注，废水分类一级类目包括工业废水、农业废水、生活污水、交通运输废水、服务业废水、集中式污染治理设施废水、地表径流和其他废水。

表 1　废水类别代码表

代码	类目名称	备注
1	工业废水	详细类别及代码见表 2
106	煤炭开采和洗选业废水	
107	石油和天然气开采业废水	
108	黑色金属矿采选业废水	
109	有色金属矿采选业废水	
110	非金属矿采选业废水	
111	其他矿采选废水	
113	农副食品加工业废水	
114	食品制造业废水	
115	饮料制造业废水	
116	烟草制品业废水	
117	纺织业废水	
119	皮革、毛皮、羽毛（绒）及其制造业废水	
120	木材加工及木、竹、藤、棕、草制品废水	
121	家具制造废水	
122	造纸及纸制品业废水	
125	石油加工和炼焦废水	
126	化学原料及化学制品制造业废水	
127	医药制造业废水	
128	化学纤维制造业废水	
129	橡胶制品制造业废水	
130	塑料制品业废水	
131	非金属矿物制品业废水	
132	黑色金属冶炼及压延加工业废水	

代码	类目名称	备注
133	有色金属冶炼及压延加工业废水	
138	机械制造业废水	
140	电子工业废水	
143	废弃资源和废旧材料回收加工业废水	
144	电力、热力的生产和供应业废水	
146	水的生产和供应业废水	
147	施工废水	施工工地污染源排放的施工作业废水。而施工工地的生活污水属于“3 生活污水”
150	核与放射性废水	将石油加工、炼焦及核燃料加工业中的核燃料加工业归类为核与放射性废水
151	消防废水	包括消防演练和实战产生的废水
175	实验室废水	不包括实验室废液
199	其他工业废水	
2	**农业废水**	
201	畜禽养殖业废水	
2011	集约式畜禽养殖业废水	
2012	散养式畜禽养殖业废水	
2019	其他畜禽养殖业废水	
202	水产养殖业废水	
203	种植业废水	
299	其他农业废水	
3	**生活污水**	
301	城镇居民生活污水	
302	农村居民生活污水	
399	其他生活污水	
4	**交通运输废水**	机动车的洗车废水纳入服务业废水的汽车、摩托车维护与保养服务业废水中
401	轨道运输废水	
4011	车身清洗废水	
4012	车上生活废水	
4019	其他轨道运输废水	
402	船舶废水	
4021	洗舱水	
4022	压舱水	
4023	机舱舱底水	
4024	货舱舱底水	

代码	类目名称	备注
4025	船舶生活污水	
4029	其他船舶废水	
403	飞机废水	
4031	飞机发动机清洗废水	
4032	机身清洗废水	
4033	机上生活污水	
4039	其他飞机废水	
499	其他交通废水	
5	**服务业废水**	
501	医院废水	
502	餐饮业废水	
503	娱乐服务业废水	
504	住宿业废水	
505	居民服务业废水	
506	汽车、摩托车维护与保养服务业废水	
599	其他服务业废水	
6	**集中式污染治理设施废水**	
601	污水处理厂废水	
602	一般垃圾渗滤液	
603	危险废物处置厂废水	
6031	危险废物渗滤液	
6032	危险废物处置设备冷却水	
6033	危险废物处置车间和设备冲洗废水	
6039	其他危险废物处置厂废水	
604	医疗废物处置厂废水	
6041	医疗废物渗滤液	
6042	医疗废物处置设备冷却水	
6043	医疗废物处置车间和设备冲洗废水	
6044	医疗废物处置厂设备内腔和废气冷凝液	
6045	消毒废水	
6049	其他医疗废物处置厂废水	
699	其他集中式污染治理设施废水	
7	**地表径流**	
701	路面径流	
7011	城市道路径流	指城市内部道路的路面径流
7012	公路径流	指城市间道路的路面径流
7019	其他路面径流	

代码	类目名称	备注
702	居民文教区地表径流	
703	工业区地表径流	
704	商业区地表径流	
705	商业与居民混合区地表径流	
706	工业、商业与居民混合区地表径流	
799	其他地表径流	
9	**其他废水**	

表 2 列出了工业废水的详细类别及代码。

表 2　工业废水详细类别与代码表

代码			类目名称	备注
106			**煤炭开采和洗选业废水**	
	1061		煤炭开采废水	
	1062		煤炭洗选废水	
107			**石油和天然气开采业废水**	
	1071		原油开采废水	
	1072		天然气开采废水	
	1073		油页岩开采废水	
	1079		与石油和天然气开采有关的服务活动产生的废水	
108			**黑色金属矿采选业废水**	
	1081		铁矿采选废水	
	1082		锰矿采选废水	
	1083		铬矿采选废水	
	1089		其他黑色金属矿采选废水	
109			**有色金属矿采选业废水**	
	1091		常用有色金属矿采选废水	
		10911	铜矿采选废水	
		10912	铅锌矿采选废水	
		10913	镍钴矿采选废水	
		10914	锡锑汞矿采选废水	
		10915	锑矿采选废水	
		10916	铝矿采选废水	
		10917	镁矿采选废水	包括作耐火材料的菱镁矿采选废水
		10918	汞矿采选废水	

代码			类目名称	备注
		10919	其他常用有色金属矿采选废水	
	1092		贵金属矿采选废水	
		10921	金矿采选废水	
		10922	银矿采选废水	
		10929	其他贵金属矿采选废水	
	1093		稀有稀土金属矿采选废水	
		10931	钨钼矿采选废水	
		10932	稀土金属矿采选废水	
		10933	放射性金属矿采选废水	
		10939	其他稀有金属矿采选废水	
	1099		其他有色金属矿采选废水	
110			**非金属矿采选业废水**	
	1101		建筑材料采选废水	包括土砂石、耐火土石等开采废水
	1102		化学矿采选废水	
		11021	硫矿采选废水	包括硫铁矿、硫黄矿等采选废水
		11022	磷矿采选废水	包括磷灰石、鸟粪层等采选废水
		11023	钾盐采选废水	
		11024	硼矿采选废水	
		11029	其他化学矿采选废水	包括天然碱、天然芒硝、天然硝石、明矾石、砷矿等采选废水
	1103		采盐废水	
	1109		石棉及其他非金属矿采选	
		11091	石棉采选废水	
		11092	云母采选废水	
		11093	宝石、玉石采选废水	
		11094	石膏采选废水	
		11095	石墨采选废水	
		11096	水晶采选废水	
		11099	其他非金属矿采选废水	包括金刚石、滑石、蛭石、瓷土、珍珠岩等非金属矿采选废水
111			**其他矿采选废水**	
113			**农副食品加工业废水**	
	1133		植物油加工废水	

代码			类目名称	备注
	1134		制糖废水	
	1135		屠宰及肉类加工废水	
	1139		其他农副食品加工废水	包括饲料加工、水产品加工、蔬菜、水果和坚果加工、淀粉及淀粉制品的制造、豆制品制造、蛋品加工等
114			**食品制造业废水**	
	1145		罐头食品制造业废水	
	1146		发酵制品业废水	
		11461	味精工业废水	
		11462	柠檬酸工业废水	
		11469	其他发酵制品业废水	包括氨基酸、酵母、酶制剂及其他发酵制品业
	1149		其他食品制造业废水	
115			**饮料制造业废水**	
	1151		酒精制造废水	指发酵酒精的生产，不包括合成酒精、木材水解酒精的生产
	1152		酒的制造废水	
		11521	白酒制造废水	
		11522	啤酒制造废水	
		11523	黄酒制造废水	
		11524	葡萄酒制造废水	
		11529	其他酒的制造废水	
	1153		软饮料制造废水	
		11531	碳酸饮料制造废水	
		11532	瓶（罐）装饮用水制造废水	
		11533	果菜汁及果菜汁饮料制造废水	
		11534	含乳饮料和植物蛋白饮料制造废水	
		11535	固体饮料制造废水	
		11539	茶饮料及其他软饮料制造废水	
	1154		精制茶加工废水	
	1159		其他饮料制造废水	
116			**烟草制品业废水**	
117			**纺织业废水**	
	1171		棉纺及棉制品加工废水	
	1172		毛纺织加工废水	包括毛涤加工、毛纺、毛织毛制品等，见 GB/T 4754—2002

代码			类目名称	备注
	1173		麻纺织废水	
	1174		丝绢纺织废水	包括丝绢纺及丝制品业，见 GB/T 4754—2002
	1175		化纤纺织废水	
	1176		印染、漂染废水	包括棉、麻、丝、毛印染、漂染
	1179		其他纺织业废水	
119			**皮革、毛皮、羽毛（绒）及其制品业废水**	
	1192		制革业废水	
	1193		毛皮鞣制废水	
	1199		其他皮革、毛皮、羽绒及其制品废水	
120			**木材加工及木、竹、藤、棕、草制品业废水**	
121			**家具制造业废水**	
122			**造纸及纸制品业废水**	
	1221		植物纤维造纸制浆黑液（红液）废水	
	1222		植物纤维造纸制浆中段废水	
	1223		造纸白水	
	1224		废纸造纸制浆废水	
	1229		其他造纸及纸制造废水	
125			**石油加工和炼焦废水**	
	1251		石油加工废水	包括页岩原油、煤炼油、合成液体燃料生产、天然原油、人造原油加工、液化气、干气、烷基苯、石油沥青等生产废水
	1252		炼焦含酚废水	
	1253		煤气生产含酚废水	
	1254		煤制品生产废水	
	1259		其他石油加工及炼焦废水	
126			**化学原料及化学制品制造业废水**	
	1261		基础化学原料制造废水	
		12611	无机酸制造废水	
		12612	电石渣废水	
		12613	制碱含汞废水	
		12614	制碱其他废水	
		12615	无机盐制造废水	
		12619	其他基础化学原料制造废水	

代码		类目名称	备注
	1262	肥料制造废水	
	12621	氮肥制造废水	
	12622	磷肥制造废水	
	12623	钾肥制造废水	
	12624	复混肥料制造废水	
	12625	有机肥料及微生物肥料制造废水	
	12629	其他肥料制造废水	
	1263	农药制造废水	
	12631	化学农药制造废水	包括酰胺类、杂环类、苯氧羧酸类、磺酰脲类、有机硫类、菊酯类、有机磷类、有机氯类、氨基甲酸酯类农药制造废水。见 GB 21523—2008 分类
	12632	生物化学农药及微生物农药制造废水	
	12639	其他农药制造废水	
	1264	涂料、油墨、颜料及类似产品制造废水	
	12641	涂料制造废水	
	12642	油墨及类似产品制造废水	
	12643	颜料制造废水	
	12644	染料制造废水	
	12645	密封用填料及类似品制造废水	
	1265	合成材料制造废水	
	12651	塑料制造废水	
	12652	合成橡胶制造废水	
	12653	合成纤维单体制造废水	
	12654	有机硅氟材料制造废水	
	12655	合成氨制造废水	
	12659	其他合成材料制造废水	
	1266	专用化学产品制造废水	
	12661	化学试剂、助剂制造废水	包括航天推进剂制造废水
	12663	林产化学产品制造废水	
	12664	炸药及火工产品制造废水	
	12666	环境污染处理专用药剂材料制造废水	
	12667	动物胶制造废水	
	12669	其他专用化学产品制造废水	

代码			类目名称	备注
	1267		日用化学产品制造废水	
		12671	肥皂及合成洗涤剂制造废水	
		12672	合成脂肪酸制造废水	
		12679	其他日用化学产品制造废水	
127			**医药制造业废水**	见 GB 21904—2008 分类
	1271		化学合成类制药废水	
	1272		发酵类制药废水	
	1273		提取类制药废水	
	1274		中药类制药废水	
	1275		生物工程类制药废水	
	1276		混装制剂类制药废水	
	1279		其他医药制造业废水	
128			**化学纤维制造业废水**	
	1281		化纤浆粕废水	
	1282		合成纤维制造废水	包括锦纶、涤纶、腈纶、维纶等纤维制造废水
	1283		黏胶纤维制造废水	
	1289		其他纤维制造废水	
129			**橡胶制品业废水**	
130			**塑料制品业废水**	
	1301		人造革制造废水	
	1304		泡沫塑料制造废水	
	1309		其他塑料制品制造废水	
131			**非金属矿物制品业废水**	
	1311		水泥制造废水	
	1312		石棉废水	
	1313		建筑材料制造废水	
		13131	建筑材料制品制造废水	
		13134	防水建筑材料制品制造废水	
		13139	其他建筑材料制造废水	
	1314		玻璃制品制造废水	
	1315		陶瓷制品制造废水	
	1316		耐火材料制品制造废水	
	1319		其他非金属矿物制品制造废水	
132			**黑色金属冶炼及压延加工业废水**	
	1321		黑色金属冶炼冲渣水	

代码			类目名称	备注
	1322		黑色金属冶炼冷却水	不包括专管外排的间接冷却水
	1323		黑色金属冶炼酸洗水	
	1324		黑色金属压延加工废水	
	1329		其他黑色金属冶炼及压延加工业废水	
133			**有色金属冶炼及压延加工业废水**	
	1331		常用有色金属冶炼废水	
		13311	铜冶炼废水	
		13312	铅锌冶炼废水	
		13313	镍钴冶炼废水	
		13314	锡冶炼废水	
		13315	锑冶炼废水	
		13316	铝冶炼废水	
		13317	镁冶炼废水	
		13318	汞冶炼废水	
		13319	其他常用有色金属冶炼废水	
	1332		贵金属冶炼废水	金、银贵金属冶炼废水
	1333		稀有稀土金属冶炼废水	
	1334		有色金属合金制造废水	
	1335		有色金属压延加工废水	
	1339		其他有色金属冶炼及压延加工业废水	
138			**机械制造业废水**	根据工艺过程分类
	1381		机械加工废水	包括兵器加工废水
	1382		表面处理废水	
		13821	表面电化学处理废水	
		13822	表面化学处理废水	
		13823	表面热加工处理废水	
		13829	其他表面处理废水	
	1389		其他机械制造业废水	
140			**电子工业废水**	
143			**废弃资源和废旧材料回收加工业废水**	
	1431		金属废料和碎屑的加工处理废水	
	1432		非金属废料和碎屑的加工处理废水	
	1439		其他废弃资源和废旧材料回收加工废水	
144			**电力、热力的生产和供应业废水**	不包括核电站废水

代码			类目名称	备注
146			**水的生产和供应业废水**	
	1461		自来水的生产和供应业废水	
	1469		其他水的处理、利用与分配产生废水	
147			**施工废水**	施工工地污染源排放的施工作业废水。而施工工地的生活污水属于“3 生活污水”
150			**核与放射性废水**	
	1501		放射性金属采选废水	
	1502		核燃料与原料加工废水	
	1503		核辐射加工废水	
	1504		放射性化学产品制造废水	
	1505		核电站废水	
	1509		其他核与放射性废水	
151			**消防废水**	包括消防演练和实战产生的废水
175			**实验室废水**	不包括实验室废液
	1752		工程和技术实验室废水	
	1753		农业实验室废水	
	1754		医学实验室废水	
	1759		其他实验室废水	
199			**其他工业废水**	

8 XML 数据定义

8.1 废水类别代码数据结构图

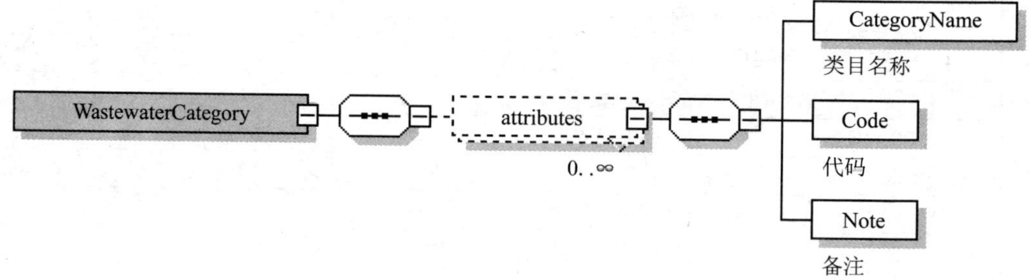

8.2 废水类别代码 Schema

```
<?xml version="1.0" encoding= "gb2312"?>
```

```
<xs:schema                    xmlns:xs="http://www.w3.org/2001/XMLSchema"
elementFormDefault="qualified" attributeFormDefault="unqualified">
    <xs:element name="WastewaterCategory">
        <xs:complex Type>
            <xs:sequence>
                <xs:element name="attributes" minOccurs="0" maxOccurs="unbounded">
                    <xs:complex Type>
                        <xs:sequence>
                            <xs:element name="categoryName">
                                <xs:annotation>
                                <xs:documentation>类目名称</xs:documentation>
                                </xs:annotation>
                            </xs:element>
                            <xs:element name="Code">
                                <xs:annotation>
                                    <xs:documentation>代码</xs:documcntation>
                                </xs:annotation>
                            </xs:element>
                            <xs:element name="Note">
                                <xs:annotation>
                                    <xs:documentation>备注</xs:documentation>
                                </xs:annotation>
                            </xs:element>
                        </xs:sequence>
                    </xs:complex Type>
                </xs:element>
            </xs:sequence>
        </xs:complex Type>
    </xs:element>
</xs:schema>
```

中华人民共和国国家环境保护标准

燃烧方式代码

Codes for Combustion Method Classification

HJ 518—2009

前言

为促进环境信息化建设，建立和完善环境信息化标准体系，为环境信息处理和交换提供技术支撑，保障燃烧方式类别信息处理和交换工作有序开展，统一燃烧方式分类与代码，制定本标准。

本标准规定了燃烧方式的分类和代码。

本标准为首次发布。

本标准由环境保护部科技标准司组织制订。

本标准起草单位：环境保护部信息中心、北京科技大学。

本标准环境保护部 2009 年 12 月 21 日批准。

本标准自 2010 年 3 月 1 日起实施。

本标准由环境保护部解释。

1 适用范围

本标准规定了燃烧方式的分类和代码。

本标准适用于全国各级环境保护部门有关燃烧方式的信息采集、交换、加工、使用以及环境管理信息系统建设的管理工作。

2 规范性引用文件

本标准内容引用了下列文件中的条款。凡是不注日期的引用文件，其有效版本适用于本标准。

GB/T 7027　　信息分类和编码的基本原则与方法

3 术语和定义

下列术语和定义适用于本标准。

3.1 燃烧方式分类

根据燃烧方式分类的信息属性或特征，按一定的规则对其进行区分和归类的过程，即为燃烧方式建立起一定的分类系统和排列顺序。

3.2 类

一组具有共同属性的事物的集合，又称类目。

3.3 分类体系

分类后所形成的相互关联的类目的整体。

3.4 燃烧方式代码

表示燃烧方式类目的一个或一组字符。

3.5 燃烧方式编码

在燃烧方式分类的基础上，给燃烧方式类目赋予代码的过程。

3.6 代码表

对燃烧方式进行分类后的表现形式。本标准中的代码表主要包括燃烧方式类目的代码、名称和备注等。

4 分类原则

4.1 科学性原则

按照燃烧方式最稳定的信息属性及其中存在的逻辑关联作为分类的依据，并考虑燃烧方式的特征与发展要求。

4.2 实用性原则

燃烧方式分类时，类目设置应全面、实用，受关注的、重要的燃烧方式应作为一级类目列出。

4.3 稳定性原则

燃烧方式分类时，应结合我国多年来燃烧技术工作成果，并考虑一些部门正在使用的分类与编码。

4.4 可扩展性原则

在燃烧方式类目的扩展上预留空间，保证分类体系有一定弹性，可在本分类体系上进行延拓细化。在保持分类体系的前提下，允许在最后一级分类下制定适用的分类细则。

4.5 兼容性原则

与国内已有的相关信息分类标准相协调，保持继承性和实际使用的延续性，并与相关国际标准相符。

5 分类方法

5.1 基本方法

本标准的基本分类方法遵循 GB/T 7027 中的规定和要求。

5.2　燃烧方式分类方法

本标准对燃烧反应床层形式、燃烧设备及燃烧机理采用以面分类法，对具体燃烧过程、燃烧参数以及燃烧污染特性采用线分类法。

燃烧方式分类设一级类目，根据具体燃烧过程、燃烧参数以及燃烧污染特性分为六类。

6　燃烧方式编码

6.1　编码原则

6.1.1　唯一性

每一种燃烧方式仅有一个代码，一个代码仅表示一种燃烧方式。

6.1.2　合理性

代码结构与分类体系相适应。

6.1.3　可扩充性

留有适当的后备容量，以适应不断扩充的需要。

6.1.4　简单性

代码结构尽量简明，长度适当，以节省机器存贮空间和降低代码的出错率。

6.1.5　稳定性

燃烧方式代码一经确定，应保持不变。

6.1.6　规范性

代码的类型、结构以及编写格式统一。

6.2　编码方法

燃烧方式的编码方法采用层次编码法，每层均采用数字编码。

燃烧方式代码自左至右表示的层级由高至低，代码的左端为最高位层级代码，右端为最低层级代码。采用固定递增格式。顺序码采用递增的数字码。

6.3　代码组成

燃烧方式代码用两位阿拉伯数字表示，即01～99。

7　燃烧方式分类与代码

表1列出了燃烧方式类目的名称、代码及相应的备注。

表1　燃烧方式代码表

代码	类目名称	备注
10	固定床燃烧（层燃）	
11	顺流式固定床燃烧	包括各种机械炉排燃烧与下饲式加煤固定床燃烧
12	逆流式固定床燃烧	指一般人工加煤固定炉排燃烧
20	流化床燃烧	

代码	类目名称	备注
21	鼓泡流化床燃烧	
22	循环流化床燃烧	
30	气流床燃烧（室燃）	
31	煤粉火炬燃烧	指煤粉在气流携带下完成的燃烧，形成一定形状的煤粉火焰
32	煤粉旋风炉燃烧	包括液态排渣方式和固态排渣方式
33	喷雾燃烧	以各种方式将液体燃料进行雾化后与空气混合进行的燃烧过程，应用于工业炉窑、锅炉以及燃气轮机，不包括内燃机中的燃烧
34	煤气燃烧	包括扩散燃烧、预混燃烧以及预混—扩散燃烧，形成一定形状的火焰，不包括内燃机中的燃烧
35	蓄热式高温空气助燃燃烧	指通过蓄热式热交换方式将助燃空气（或煤气）预热至 800℃以上所进行的燃烧
36	富氧空气助燃燃烧	指有高于空气氧浓度的助燃空气参与的燃烧
40	内燃机燃烧	
41	点燃式内燃机燃烧	包括汽油发动机、压缩天然气、液化石油气和煤层气发动机中的燃烧
42	压燃式内燃机燃烧	
50	特殊燃烧方式	
51	脉动燃烧	
52	脉冲爆震燃烧	
53	超声速燃烧	
54	火箭推进剂燃烧	包括各种火箭推进剂的燃烧过程
90	其他燃烧方式	

中华人民共和国国家环境保护标准

燃料分类代码

Codes for Fuel Classification

HJ 517—2009

前　言

为促进环境信息化建设，建立和完善环境信息化标准体系，为环境信息处理和交换提供技术支撑，保障燃料类别信息处理和交换工作有序开展，统一燃料分类与代码，制定本标准。

本标准规定了燃料的分类和代码。

本标准为首次发布。

本标准由环境保护部科技标准司组织制订。

本标准起草单位：环境保护部信息中心、北京科技大学。

本标准环境保护部 2009 年 12 月 21 日批准。

本标准自 2010 年 3 月 1 日起实施。

本标准由环境保护部解释。

1　适用范围

本标准规定了燃料类别信息的分类和代码。

本标准适用于全国各级环境保护部门燃料类别的信息采集、交换、加工、使用以及环境管理信息系统建设的管理工作。

2　规范性引用文件

本标准内容引用了下列文件中的条款。凡是不注日期的引用文件，其有效版本适用于本标准。

GB 252—2000　　轻柴油
GB 253—2008　　煤油
GB 438—1977　　1 号喷气燃料
GB 5751—86　　中国煤炭分类
GB 1787—2008　　航空活塞式发动机燃料

GB 1788—1979　2 号喷气燃料
GB 6537—2006　3 号喷气燃料
GB 11174—1997　液化石油气
GB 17820—1999　天然气
GB 17930—2006　车用汽油
GB 18047—2000　车用压缩天然气
GB 18351—2004　车用乙醇汽油
GB 19159—2003　车用液化石油气
GB/T 1996—2003　冶金焦炭
GB/T 7027　信息分类和编码的基本原则与方法
GB/T 8729—1988　铸造焦炭
GB/T 13612—2006　人工煤气
GB/T 17411—1998　船用燃料油
GB/T 19147—2003　车用柴油
GB/T 19204—2003　液化天然气的一般性质
GB/T 20828—2007　柴油机燃料调合用生物柴油（BD100）
GJB 560—88　5 号喷气燃料
GJB 1603—93　6 号喷气燃料
SH 0348—92　4 号喷气燃料
SH/T 0356—1996　炉用燃料油
SH/T 0527—92　延迟石油焦（生焦）

3 术语和定义

下列术语和定义适用于本标准。

3.1 燃料类别信息

根据燃料类别的信息属性或特征，按一定的规则对其进行区分和归类的过程，即为燃料类别建立起一定的分类系统和排列顺序。

3.2 类

一组具有共同属性的事物的集合，又称类目。

3.3 分类体系

分类后所形成的相互关联的类目的整体。

3.4 燃料分类代码

表示燃料类目的一个或一组字符。

3.5 燃料分类编码

给燃料类目赋予代码的过程。

3.6　代码表

燃料分类后的表现形式。燃料分类代码表主要包括一、二级类目的代码、类目名称和备注等。

4　分类原则

4.1　科学性原则

按照燃料类目最稳定的信息属性及其中存在的逻辑关联作为分类的依据，并考虑燃料类别的特征与发展要求。

4.2　实用性原则

燃料类目进行分类时，类目设置应全面、实用，受关注的、重要的燃料类别作为一级类目列出。

4.3　稳定性原则

燃料分类时，应结合我国燃料分类研究工作成果，并考虑一些部门正在使用的分类与编码。

4.4　可扩展性原则

在燃料类目的扩展上预留空间，保证分类体系有一定弹性，可在本分类体系上进行延拓细化。在保持分类体系的前提下，允许在最后一级分类下制定适用的分类细则。

4.5　兼容性原则

与国内已有的相关信息分类标准相协调，保持继承性和实际使用的延续性，并与相关国际标准相符。

4.6　针对性原则

对一些重要和使用频率较高的燃料类目单独列出，有针对性地进行较为详细的分类。

5　分类方法

5.1　基本方法

本标准的基本分类方法遵循 GB/T 7027 中的规定和要求。

5.2　燃料分类方法

根据燃料物质状态的类别适宜采用面分类方法，而对于燃料来源、组成或加工状态特征的不同，宜采用线分类方法进行分类。本标准采用面分类法为主，线分类法为辅的混合分类法。

燃料分类设一级类目和二级类目，各类目又根据燃料来源、组成或加工状态特征分为若干类。

6　燃烧方式编码

6.1　编码原则

6.1.1　唯一性

在一个分类体系中，每一个燃料类目仅有一个代码，一个代码仅表示一个燃料类目。

6.1.2 合理性

代码结构与分类体系相适应。

6.1.3 可扩充性

留有适当的后备容量，以适应不断扩充的需要。

6.1.4 简单性

代码结构尽量简明，长度尽量短，以节省机器存贮空间和降低代码的出错率。

6.1.5 稳定性

燃料分类的代码一经确定，应保持不变。

6.1.6 规范性

代码的类型、结构以及编写格式必须统一。

6.2 编码方法

燃料分类的编码方法采用层次编码法，采用字母和数字混合编码。字母表示燃料的基本属性，数字表示燃料的大类、小类和燃烧污染属性。燃料分类代码自左至右表示的层级由高至低，代码的左端为最高位层级代码，右端为最低层级代码。除燃料大类和燃烧污染属性未知代码外，数字码采用固定递增格式。顺序码采用递增的数字码。

6.3 代码组成

燃料分类代码由四段字符组成。第一段表示燃料的基本属性，第二段表示燃料的大类，第三段表示燃料的小类或名称，第四段表示燃料的燃烧污染属性，即灰分含量和硫分含量。

燃料的基本属性代码用英文字母表示，其中“f”表示普通燃料，“n”表示核燃料。燃料的大类代码按使用时燃料的物理形态分为固体燃料、液体燃料和气体燃料三大类，分别用阿拉伯数字 1、2 和 3 表示。燃料的小类或名称用两个阿拉伯数字表示，其中第二位（即个位数）为“0”时即为燃料的小类。燃料的燃烧污染属性用两位阿拉伯数字表示：第 1 位表示燃料灰分含量，取值为 0～4，9；第 2 位表示燃料硫分含量，取值为 0～3，9。代码结构如图 1 所示。

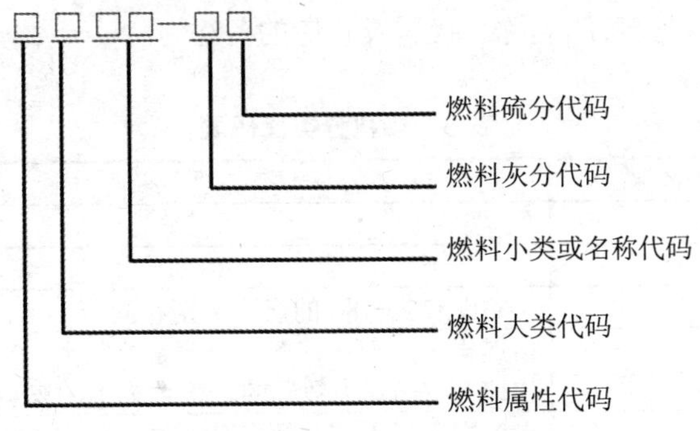

图 1 代码结构说明图

6.4　燃料灰分和硫分含量代码取值

燃料灰分代码取值列于表 1。

表 1　燃料灰分含量代码取值表

固体燃料	空气干燥基灰分质量分数/%					
	0	≤10	10～20	20～30	≥30	未知
	0	1	2	3	4	9
液体燃料	0					
气体燃料	0					

燃料硫分代码取值列于表 2。

表 2　燃料硫分含量代码取值表

固体燃料	空气干燥基硫分质量分数/%				
	0	≤1	1～2	≥2	未知
	0	1	2	3	9
液体燃料	燃料硫分质量分数/%				
	0	≤1	1～2	≥2	未知
	0	1	2	3	9
气体燃料	硫化氢与二氧化硫体积分数之和/%				
	0	≤1	1～2	≥2	未知
	0	1	2	3	9

示例：某烟煤干燥无灰基挥发分质量分数为 25%，空气干燥基灰分质量分数为 8%，空气干燥基硫分质量分数为 0.6%，其燃料代码为 f113—11。

7　燃料分类与代码

表 3 列出了燃料类目的名称、代码及相应的备注。

表 3　燃料分类代码表

代码	类目名称	备注
f100	固体燃料	
f110	煤炭	
f111	无烟煤	与 GB 5751—86 的煤炭类别相同
f112	低挥发分烟煤	指煤炭干燥无灰基挥发分质量分数为 10%～20%的烟煤，即 GB 5751—86 中数码的十位数为 1 的煤炭类别
f113	中挥发分烟煤	指煤炭干燥无灰基挥发分质量分数为 20%～28%的烟煤，即 GB 5751—86 中数码的十位数为 2 的煤炭类别

代码	类目名称	备注
f114	中高挥发分烟煤	指煤炭干燥无灰基挥发分质量分数为 28%～37%的烟煤，即 GB 5751—86 中数码的十位数为 3 的煤炭类别
f115	高挥发分烟煤	指煤炭干燥无灰基挥发分质量分数＞37%的烟煤，即 GB 5751—86 中数码的十位数为 4 的煤炭类别
f116	褐煤	与 GB 5751—86 的煤炭类别相同
f120	其他天然矿物固体燃料	
f121	石煤	
f122	泥炭	
f123	煤矸石	
f124	油页岩	
f125	碳沥青	
f126	天然焦	
f130	人工固体燃料	
f131	焦炭	包括 GB/T 1996—2003、GB/T 8729—1988
f132	型煤	
f133	石油焦	SH/T 0527—92
f134	木炭	
f135	蜡	
f140	生物质固体燃料	
f141	生物质燃料	指多年生木质和一年生草本以及秸秆等原生生物质
f142	生物质制品燃料	指经过加工的生物质，如生物质致密成型燃料
f150	固体可燃废物	
f151	城市生活垃圾	
f152	医疗垃圾	
f153	城市污泥	包括：污水处理厂的污泥
n160	核燃料	
n161	核燃料	
n162	乏燃料	
f170	浆体燃料	指固体可燃物粉末与水或其他液体混合而成的固—液两相浆体燃料
f171	水煤浆	包括普通商品水煤浆、精细水煤浆、煤泥水煤浆
f172	其他浆体燃料	包括石油焦—水混合物燃料、沥青—水混合物燃料以及其他可燃固体与水或其他液体混合而成的固—液两相浆体燃料
f180	固体火箭燃料	
f181	固体火箭推进剂	
f190	其他固体燃料	
f200	液体燃料	
f210	石油及石油制品	
f211	原油	
f212	汽油	包括 GB 17930—2006、GB 18351—2004、GB 1787—2008
f213	煤油(喷气燃料、一般煤油)	包括 GB 438—1977、GB 1788—1979、GB 6537—1994、SH 0348—92、GJB 560—88、GJB 1603—93 和 GB 253—2008

代码	类目名称	备注
f214	柴油	包括 GB/T 19147—2003、GB 252—2000
f215	燃料油	包括 GB/T 17411—1998 和 SH/T 0356—1996
f220	煤炭加工制取燃料油	
f221	煤焦油	
f222	煤液化油	指以煤炭为原料通过各种直接液化和间接液化工艺得到的燃料油
f230	其他天然矿物加工制取燃料油	
f231	页岩油	
f240	生物液体燃料	
f241	生物柴油	GB/T 20828—2007
f242	醇类燃料	主要包括生物甲醇燃料和生物乙醇燃料
f250	液体火箭燃料	
f251	液体火箭燃料推进剂	
f290	其他液体燃料	
f300	气体燃料	
f310	天然气体燃料	
f311	天然气	包括 GB 17820—1999、GB 18407—2000 和 GB/T 19204—2003
f312	煤层气	
f320	冶金工艺过程副产煤气	
f321	焦炉煤气	指焦炉炼焦生产得到的副产煤气
f322	高炉煤气	指高炉炼铁生产得到的副产煤气
f323	转炉煤气	指转炉炼钢生产得到的副产煤气
f324	焦炉—高炉—转炉混合煤气	指按一定比例将焦炉煤气、高炉煤气和转炉煤气进行混合后得到的煤气
f330	石油炼制过程副产燃气	
f331	炼厂干气	
f332	液化石油气	包括 GB11174—1997 和 GB 19159—2003
f340	人造煤气	
f341	空气煤气	指在煤气发生炉中以空气为气化剂连续操作得到的煤气
f342	混合煤气	指在目前发生炉中以空气—水蒸气为气化剂连续操作得到的煤气
f343	人工煤气	GB/T 13612—2006
f350	有机物发酵分解后制取的燃气	
f351	沼气	指用农作物秸秆、杂草以及家畜的粪便等有机物经发酵分解后制取的气体燃料
f390	其他气体燃料	

五

环境保护工程技术规范

中华人民共和国国家环境保护标准

大气污染治理工程技术导则

Technical guidelines for air pollution control projects

HJ 2000—2010

前　言

为贯彻《中华人民共和国环境保护法》、《中华人民共和国清洁生产促进法》和《中华人民共和国大气污染防治法》，规范大气污染治理工程的建设和运行管理，防治环境污染，保护环境和人体健康，制定本标准。

本标准规定了大气污染治理工程的通用技术要求。

本标准为首次发布。

本标准由环境保护部科技标准司组织制订。

本标准主要起草单位：中国环境保护产业协会（电除尘委员会）、中钢集团天澄环保科技股份有限公司、武汉科技大学、大拇指环保科技集团（福建）有限公司、解放军防化研究院、中国新时代国际工程公司、武汉凯迪电力环保有限公司、西安建筑科技大学。

本标准环境保护部 2010 年 12 月 27 日批准。

本标准自 2011 年 3 月 1 日起实施。

本标准由环境保护部解释。

1　适用范围

本标准规定了大气污染治理工程在设计、施工、验收和运行维护中的通用技术要求。

本标准为环境工程技术规范体系中的通用技术规范。

对于已有相应的工艺技术规范或重点污染源技术规范的工程，应同时执行本标准和相应的工艺技术规范或重点污染源技术规范；对于没有工艺技术规范或重点污染源技术规范的工程，应执行本标准。

本标准可作为大气污染治理工程环境影响评价、设计、施工、验收及运行与管理的技术依据。

2 规范性引用文件

本标准内容引用了下列文件中的条款。凡是不注日期的引用文件，其有效版本适用于本标准。

GB 150 钢制压力容器

GB 755 旋转电机 定额和性能

GB 3095 环境空气质量标准

GB 4387 工业企业厂内铁路、道路运输安全规程

GB 8978 污水综合排放标准

GB/T 6719 袋式除尘器技术要求

GB 12158 防止静电事故通用导则

GB 12348 工业企业厂界环境噪声排放标准

GB/T 13347 石油气体管道阻火器

GB 14554 恶臭污染物排放标准

GB 15577 粉尘防爆安全规程

GB 16297 大气污染物综合排放标准

GB 18218 危险化学品重大危险源辨识

GB 19517 国家电气设备安全技术规范

GB 20101 涂装作业安全规程 有机废气净化装置安全技术规定

GB 50003 砌体结构设计规范

GB 50007 建筑地基基础设计规范

GB 50009 建筑结构荷载规范

GB 50010 混凝土结构设计规范

GB 50011 建筑抗震设计规范

GB 50013 室外给水设计规范

GB 50014 室外排水设计规范

GB 50015 建筑给排水设计规范

GB 50016 建筑设计防火规范

GB 50017 钢结构设计规范

GB 50019 采暖通风与空气调节设计规范

GB 50040 动力机器基础设计规范

GB 50051 烟囱设计规范

GB 50057 建筑物防雷设计规范

GB 50058 爆炸和火灾危险环境电力装置设计规范

GB 50060—2008 3～110 kV 高压配电装置设计规范

GB 50116 火灾自动报警系统设计规范

GB 50140　建筑灭火器配置设计规范
GB 50160　石油化工企业设计防火规范
GB 50187　工业企业总平面设计规范
GB 50191　建筑物抗震设计规范
GB 50202　建筑地基基础工程施工质量验收规范
GB 50203　砌体工程施工质量验收规范
GB 50204　混凝土结构工程施工质量验收规范
GB 50205　钢结构工程施工质量验收标准规范
GB 50217　电力工程电缆设计规范
GB 50229　火力发电厂与变电站设计防火规范
GB 50231　机械设备安装工程施工及验收通用规范
GB 50236　现场设备、工业管道焊接工程施工及验收规范
GB 50254　电气装置安装工程低压电器施工及验收规范
GB 50255　电气装置安装工程电力变流设备施工及验收规范
GB 50256　电气装置安装工程起重机电气装置施工及验收规范
GB 50257　电气装置安装工程爆炸和火灾危险环境电气装置施工及验收规范
GB 50258　电气装置安装工程 1 kV 及以下配线工程施工及验收规范
GB 50259　电气装置安装工程电气照明装置施工及验收规范
GB 50275　压缩机、风机、泵安装工程施工及验收规范
GB 50300　建筑工程施工质量验收统一标准
GB 50336　建筑中水设计规范
GBJ 87　工业企业噪声控制设计规范
GBZ 1　工业企业设计卫生标准
GBZ 2.1　工作场所有害因素职业接触限值　第 1 部分：化学有害因素
GBZ 2.2　工作场所有害因素职业接触限值　第 2 部分：物理有害因素
GB/T 13466　交流电气传动风机（泵类、空气压缩机）系统经济运行通则
GB/T 13468　泵类系统电能平衡的测试与计算方法
GB/T 13469　离心泵、混流泵、轴流泵与旋涡泵系统经济运行
GB/T 13931　电除尘器　性能测试方法
GB/T 16157　固定污染源排气中颗粒物测定与气态污染物采样方法
GB/T 19839　工业燃油燃气燃烧器通用技术条件
GB/T 28001　职业健康安全管理体系　规范
GB/T 50102　工业循环水冷却设计规范
HJ 435　钢铁工业除尘工程技术规范
HJ 462　工业锅炉及炉窑湿法烟气脱硫工程技术规范
HJ 562　火电厂烟气脱硝工程技术规范　选择性非催化还原法

HJ 563　火电厂烟气脱硝工程技术规范　选择性催化还原法
HJ/T 75　固定污染源烟气排放连续监测技术规范
HJ/T 76　固定污染源排放烟气连续监测系统技术要求及检测方法
HJ/T 178　火电厂烟气脱硫工程技术规范　烟气循环流化床法
HJ/T 179　火电厂烟气脱硫工程技术规范　石灰石/石灰-石膏法
HJ/T 284　环境保护产品技术要求　袋式除尘器用电磁脉冲阀
HJ/T 288　环境保护产品技术要求　湿式烟气脱硫除尘装置
HJ/T 319　环境保护产品技术要求　花岗石类湿式烟气脱硫除尘装置
HJ/T 320　环境保护产品技术要求　电除尘器高压整流电源
HJ/T 321　环境保护产品技术要求　电除尘器低压控制电源
HJ/T 322　环境保护产品技术要求　电除尘器
HJ/T 324　环境保护产品技术要求　袋式除尘器用滤料
HJ/T 325　环境保护产品技术要求　袋式除尘器滤袋框架
HJ/T 326　环境保护产品技术要求　袋式除尘器用覆膜滤料
HJ/T 327　环境保护产品技术要求　袋式除尘器滤袋
HJ/T 328　环境保护产品技术要求　脉冲喷吹类袋式除尘器
HJ/T 329　环境保护产品技术要求　回转反吹袋式除尘器
HJ/T 330　环境保护产品技术要求　分室反吹类袋式除尘器
HJ/T 386　环境保护产品技术要求　工业废气吸附净化装置
HJ/T 387　环境保护产品技术要求　工业废气吸收净化装置
HJ/T 388　环境保护产品技术要求　工业有机废气催化净化装置
DLGJ 56　火力发电厂和变电所照明设计技术规定
DL/T 514　燃煤电厂电除尘器
DL/T 620　交流电气装置的过电压保护和绝缘配合
DL/T 657　火力发电厂模拟量控制系统验收测试规程
DL/T 658　火力发电厂开关量控制系统验收测试规程
DL/T 659　火力发电厂分散控制系统验收测试规程
DL/T 5041　火力发电厂厂内通信设计技术规定
DL/T 5044　电力工程直流系统设计技术规程
DL/T 5153　火力发电厂厂用电设计技术规定
DL/T 5136　火力发电厂变电所二次接线设计技术规程
DL/T 5137　电测量及电能计量装置设计技术规程
DL/T 5190.5　电力建设施工及验收技术规范　第 5 部分：热工自动化
DL/T 5403　火电厂烟气脱硫工程调整试运及质量验收评定规程
HGJ 32　橡胶衬里化工设备
HGJ 209　钢结构、管道涂装技术规程

HG/T 3797　玻璃鳞片衬里胶泥
HG/T 20649　化工企业总图运输设计规范
JB/T 6407　电除尘器调试、运行、维修安全技术规范
JB/T 8471　袋式除尘器安装技术要求与验收规范
JB/T 8536　电除尘器机械安装技术条件
JB/T 8690　工业通风机噪声限值
JB/T 10341　滤筒式除尘器
JGJ 79　建筑地基处理设计规范
SH 3063　石油化工企业可燃气体和有毒气体检测报警设计规范
YBJ 52　钢铁企业总图运输设计规范
YSJ 001　有色金属企业总图运输设计规范
《建设项目环境保护管理条例》（国务院令　第 253 号）
《危险化学品安全管理条例》（国务院令　第 344 号）
《建设项目竣工环境保护验收管理办法》（国家环境保护总局令　第 13 号）
《污染源自动监控管理办法》（国家环保局令　第 28 号）
《建设项目环境保护设计规定》（国家计委、国务院环保委员会 [1987] 002 号）
《压力容器安全技术监察规程》（国家质量技术监督局 [1999] 154 号）
《建设项目环境保护设施竣工验收监测技术要求》（国家环境保护总局 [2000] 38 号附件）
《建筑工程设计文件编制深度规定》（建质 [2003] 84 号）

3　术语和定义

下列术语和定义适用于本标准。

3.1　除尘　dust removing

指治理烟（粉）尘污染的工艺，由集尘罩、管道、除尘器、风机、排气筒以及系统辅助装置组成。

3.2　除尘器　dust collector

指将颗粒物从含尘气体中分离出来的设备。

3.3　卸、输灰系统　dust handling system

指将除尘器收集的粉尘输送至指定地点的成套装置。

3.4　集气（尘）罩　dust/ash-collecting hood

指收集污染气体的装置，可直接安装于气体污染源的上部、侧部或下部。

3.5　烟气调质　flue gas conditioning

指通过化学或物理方法调整烟气（尘）物理化学性质的方法。

3.6　液气比　liquid-gas ratio

指吸收工艺中，处理单位体积废气所使用的吸收液体积，单位为 L/m^3。

3.7 变压吸附 pressure swing adsorption

指在一定温度下，采用较高压力（高压或常压）完成吸附，而采用较低的压力（常压或负压）完成脱附的操作方法。

3.8 变温吸附 temperature swing adsorption

指在常压下，利用吸附剂的平衡吸附量随温度升高而降低的特性，采用常温吸附、升温脱附的操作方法。

3.9 挥发性有机化合物 volatile organic compounds

指常温下饱和蒸汽压大于 70 Pa、常压下沸点在 260℃以下的有机化合物，或在 20℃条件下蒸汽压大于或等于 10 Pa 具有相应挥发性的全部有机化合物。

3.10 空速 space velocity

指催化转化法工艺中，单位体积的填料（催化剂）在单位时间内所处理的气体量。单位为 m^3/（$m^3 \cdot h$），可简化为时间 h^{-1}。

4 总体要求

4.1 大气污染治理工程应满足《建设项目环境保护管理条例》和《建设项目竣工环境保护验收管理办法》的要求。

4.2 大气污染治理工程应遵循综合治理、循环利用、达标排放和总量控制的原则。

4.3 大气污染治理工程应由具有国家相应设计资质的单位进行设计，设计深度应符合《建筑工程设计文件编制深度规定》的规定，满足环境影响报告书、审批文件及本技术规范的要求。

4.4 大气污染治理工程应采取各种有效措施，控制污染源有组织排放，减少污染气体的处理量。

4.5 大气污染治理过程中应减少二次污染。对产生的二次污染，应执行国家和地方环境保护法规和标准的有关规定，进行治理后达标排放，满足总量控制要求。二次污染的治理方案宜与企业生产中的相关处理工艺相结合，充分利用企业已有资源。

4.6 运输、装卸和贮存有毒有害气体或粉尘物质，应采取密闭措施或其他防护措施。在城市市区进行建设施工的工程，应按照当地环境保护的规定，采取防治扬尘防噪声污染的措施，对施工产生的废水、垃圾等进行处理处置。

4.7 大气污染控制工程的总图布置应符合《建设项目环境保护设计规定》的规定。净化系统、主体设备和辅助设施等的总图布置应符合 GBZ 1、GB 50016、GB 50187、GB 4387、YBJ 52、HG/T 20649、SDGJ 10、YSJ 001 和 JBJ 79 等国家及行业相关的防火、安全、卫生、交通运输和环保设计规范、规定和规程的要求。

4.8 大气污染控制工程不宜靠近、穿越人口密集的区域，布置于主导风向的下风侧。

4.9 净化系统的位置应靠近污染源集中的地方，充分利用地形条件，便于灰渣、浆、污水排放和净化后气体的排放。

4.10 净化系统的主体设备之间应留有足够的安装和检修空间。主体设备应按工艺流程紧凑、合理布置，主体设备周边应设有运输通道和消防通道，满足防火、安全、运行维护等设计规范的要求，并应保证起吊设施作业条件。主体设备布置应考虑强烈振动和噪声对周围环境的影响，厂界噪声应符合 GB 12348 的规定。

4.11 易燃易爆及其他化学危险品应按相关标准和规范分类布置，设定安全卫生防护距离。

4.12 大气污染治理工程应按照《污染源自动监控管理办法》的规定安装大气污染物排放连续监测装置，并与环保部门监控中心联网。连续监测装置应符合 HJ/T 76 的规定，运行和维护应符合 HJ/T 75 的规定，排放监测的样品采集方法应符合 GB/T 16157 的规定。

4.13 大气污染治理工程的控制水平应与生产工艺相适应。生产企业应把大气污染治理设施作为生产系统的一部分进行管理。

4.14 大气污染治理工程的设计、施工、验收和运行除符合本标准规定外，还应遵守国家现行的有关法律、法令、法规、标准和行业规范的规定。

5 污染气体的收集和输送

5.1 污染气体的收集

5.1.1 对产生逸散粉尘或有害气体的设备，宜采取密闭、隔离和负压操作措施。在确定密闭罩的吸气口位置、结构和风速时，应使罩口呈微负压状态，罩内负压均匀，防止粉尘或有害气体外逸，并避免物料被抽走。

5.1.2 污染气体应尽可能利用生产设备本身的集气系统进行收集，逸散的污染气体采用集气（尘）罩收集。配置的集气（尘）罩应与生产工艺协调一致，尽量不影响工艺操作。在保证功能的前提下，集气（尘）罩应力求结构简单，造价低廉，便于安装和维护管理。

5.1.3 当不能或不便采用密闭罩时，可根据工艺操作要求和技术经济条件选择适宜的其他敞开式集气（尘）罩。集气（尘）罩应尽可能包围或靠近污染源，将污染物限制在较小空间内，减少吸气范围，便于捕集和控制污染物。

5.1.4 集气（尘）罩的吸气方向应尽可能与污染气流运动方向一致，利用污染气流的动能，避免或减弱集气（尘）罩周围紊流、横向气流等对抽吸气气流的干扰与影响。

5.1.5 吸气点的排风量应按防止粉尘或有害气体扩散到周围环境空间为原则确定。

5.2 污染气体的输送

5.2.1 集气（尘）罩收集的污染气体应通过管道输送至净化装置。管道布置应结合生产工艺，力求简单、紧凑、管线短、占地空间少。

5.2.2 管道布置宜明装，并沿墙或柱集中成行或列，平行敷设。管道与梁、柱、墙、设备及管道之间应按相关规范设计间隔距离，满足施工、运行、检修和热胀冷缩的要求。

5.2.3 管道宜垂直或倾斜敷设。倾斜敷设时，与水平面的倾角应大于 45°，管道敷设应便于放气、放水、疏水和防止积灰。

5.2.4　管道材料应根据输送介质的温度和性质确定，所选材料的类型和规格应符合相关设计规范和产品技术要求。

5.2.5　管道系统宜设计成负压，如必须正压时，其正压段不宜穿过房间室内，必须穿过房间时应采取措施防止介质泄漏事故发生。

5.2.6　含尘气体管道的气流应有足够的流速防止积尘，其流速应符合 GB 50019 的规定。对易产生积尘的管道，应设置清灰孔或采取清灰措施。

5.2.7　输送含尘浓度高、粉尘磨琢性强的含尘气体时，除尘管道中易受冲刷部位应采取防磨措施，可加厚管壁或采用碳化硅、陶瓷复合管等管材。

5.2.8　输送含湿度较大、易结露的污染气体时，管道必须采取保温措施，必要时宜增设加热装置。

5.2.9　输送高温气体的管道，应采取热补偿措施。

5.2.10　输送易燃易爆污染气体的管道，应采取防止静电的接地措施，且相邻管道法兰间应跨接接地导线。

5.2.11　管道的漏风量应根据管道长短及其气密程度，按系统风量的百分率计算。一般送、排风系统管道漏风率宜采用 3%～8%，除尘系统的漏风率宜采用 5%～10%。

5.2.12　通风、除尘管网应进行阻力平衡计算。一般系统并联管路压力损失的差额不应超过 15%，除尘系统的节点压力差额不应超过 10%，否则应调整管径或安装压力调节装置。

5.2.13　输送污染气体的管道应设置测试孔和必要的操作平台。

5.3　污染气体的排放

5.3.1　污染气体通过净化设备处理达标后由排气筒排入大气。

5.3.2　排气筒的高度应按 GB 16297 和行业、地方排放标准的规定计算出的排放速率确定，排气筒的最低高度应同时符合环境影响报告批复文件要求。

5.3.3　排气筒结构应符合 GB 50051 的规定。

5.3.4　应根据使用条件、功能要求、排气筒高度、材料供应及施工条件等因素，确定采用砖排气筒、钢筋混凝土排气筒或钢排气筒。

5.3.5　排气筒的出口直径应根据出口流速确定，流速宜取 15 m/s 左右。当采用钢管烟囱且高度较高时或烟气量较大时，可适当提高出口流速至 20～25 m/s。

5.3.6　应当根据批准的环境影响评价文件的要求在排气筒上建设、安装自动监控设备及其配套设施或预留连续监测装置安装位置。排气筒或烟道应按 GB/T 16157 设置永久性采样孔，必要时设置测试平台。

5.3.7　排放有腐蚀性的气体时，排气筒应采用防腐设计。

5.3.8　大型除尘系统排气筒底部应设置比烟道底部低 0.5～1.0 m 的积灰坑，并应设置清灰孔，多雨地区大型除尘系统排气筒应考虑排水设施。

5.3.9　非防雷保护范围的排气筒，应装设避雷设施。

5.3.10 对于可能影响航空器飞行安全的烟囱，应按 GB 50051 设置航空障碍灯和标志。

5.4 风机

5.4.1 风机应符合国家和行业相应产品标准，其选型应满足所处理介质的要求。输送有爆炸和易燃气体的应选防爆型风机。当离心通风机布置在非爆炸环境场所时，宜选择风机叶轮防爆而风机电机不防爆的防爆风机；输送煤粉的应选择煤粉风机；输送有腐蚀性气体的应选择防腐风机；在高温场合工作或输送高温气体的应选择高温风机；输送浓度较大的含尘气体应选用排尘风机等。

5.4.2 通风管网的计算风量、风压不能直接用于风机和电机选型，应按 GB 50019 及相应行业技术规范的规定考虑系统漏风、管网压力损失、电机轴功率和安全系数附加等因素。

5.4.3 风机选择应使工作点处在高效率区域，风机的最高效率不宜低于 85%，同时还应考虑风机工作的稳定性。

5.4.4 采用并联风机作业时，其风量和风压按 GB 50019 有关规定确定。

5.4.5 变负荷运行的净化治理系统中，风机宜配置与工艺设备连锁控制的变频调速装置。

5.4.6 风机电机应根据风机使用情况设置启动保护装置，并按照生产工艺要求和节能原则设置调节装置（液力耦合器以及变频调节器等）；对介质温度波动大的系统，采取保护措施，防止冷态运转时造成的电机过载。

6 典型工艺

6.1 除尘

6.1.1 一般规定

6.1.1.1 除尘工艺应根据生产工艺合理配置，控制和减少无组织排放，设备或除尘系统排放至大气的气体应符合 GB 16297 和行业、地方排放标准及总量控制的限值。岗位粉尘浓度应符合 GBZ 2.1、GBZ 2.2 的规定。

6.1.1.2 除尘工艺设计除应符合本标准的规定之外，还应遵守 GB 50019 及 GBZ 1 中有关除尘设计的相应规定。

6.1.1.3 对除尘器收集的粉尘或排出的污水，根据生产条件、除尘器类型、粉尘的回收价值、粉尘的特性和便于维护管理等因素，按照国家、行业、地方相关标准以及 GBZ 1 的要求，采取妥善的回收和处理措施。污水的排放应符合 GB 8978 的要求。

6.1.1.4 除尘器宜布置在除尘工艺的负压段上。当布置在正压段时，电除尘器应采用热风清扫，袋式除尘器应保证清灰压力大于系统操作压力，配套风机应考虑防磨措施。

6.1.1.5 除尘工艺的场地标高、场地排水和防洪等均应符合 GB 50187 的规定。

6.1.2 含尘气体的预处理

6.1.2.1 当含尘气体的浓度高于除尘器的允许浓度时，进入除尘器之前应设置预处理设施，预处理设施应简单、可靠、压力损失小。

6.1.2.2　当含尘气体温度高于除尘器和风机所允许的工作温度时，应采取冷却降温措施。烟气降温应优先考虑余热利用。

6.1.2.3　袋式除尘器处理含炽热颗粒物的含尘气体时，在除尘器之前应设有火花捕集器。

6.1.2.4　袋式除尘器进风口应设有气流分布装置或导流装置。

6.1.2.5　当粉尘比电阻过高或过低时，应优先选用袋式除尘器。由于条件所限必须采用电除尘器时，应对烟气进行调质处理或采取其他有效措施，满足电除尘器的使用条件。

6.1.3　除尘器

6.1.3.1　选择除尘器应主要考虑如下因素：

a）烟气及粉尘的物理、化学性质；

b）烟气流量、粉尘浓度和粉尘允许排放浓度；

c）除尘器的压力损失以及除尘效率；

d）粉尘回收、利用的价值及形式；

e）除尘器的投资以及运行费用；

f）除尘器占地面积以及设计使用寿命；

g）除尘器的运行维护要求。

6.1.3.2　除尘器主要有机械式除尘器、湿式除尘器、袋式除尘器和静电除尘器。

6.1.3.3　机械除尘器：包括重力沉降室、惯性除尘器和旋风除尘器等。机械除尘器宜用于处理密度较大、颗粒较粗的粉尘，在多级除尘工艺中作为高效除尘器的预除尘。

a）重力沉降室适用于捕集粒径大于 50 μm 的尘粒，惯性除尘器适用于捕集粒径 10 μm 以上的尘粒，旋风除尘器适用于捕集粒径 5 μm 以上的尘粒；

b）重力沉降室和惯性除尘器宜设置在除尘系统的转弯、变径和汇合等部位，通过重力和惯性去除粉尘；

c）旋风除尘器并联使用时，应采用同型号设备，合理设计连接风管，避免各除尘器之间产生串流现象，降低效率。旋风除尘器不宜串联使用，必须串联时，应采用不同性能的旋风除尘器，并将低效者设于前级。

6.1.3.4　湿式除尘器：包括喷淋塔、填料塔、筛板塔（又称泡沫洗涤器）、湿式水膜除尘器、自激式湿式除尘器和文氏管除尘器等。

a）湿式除尘器适用于捕集粒径 1 μm 以上的尘粒；

b）进入文丘里、喷淋塔等洗涤式除尘器的含尘质量浓度宜控制在 100 g/m^3 以下；

c）高湿烟气和亲水性粉尘的净化，可选择湿式除尘器，但应考虑冲洗和清理；

d）需同时除尘和净化有害气体时，可采用湿式除尘器，对腐蚀性气体，应采取防腐措施；

e）湿式除尘器不适用于疏水性粉尘、遇水后产生可燃或有爆炸危险、易结垢粉尘；

f）湿式除尘器有冻结可能时，应采取防冻措施；

g）湿式除尘器产生的含尘废水，应采取处理措施，达标排放。

6.1.3.5 袋式除尘器：包括机械振动袋式除尘器、逆气流反吹袋式除尘器和脉冲喷吹袋式除尘器等。

a）袋式除尘器属高效除尘设备，宜用于处理风量大、浓度范围广和波动较大的含尘气体；

b）烟气进入袋式除尘器时，应将烟气温度降至滤料可承受的长期使用温度范围内，且高于烟气露点温度10℃以上，并应选用具有耐高温性能的滤料；

c）处理高湿气体应选用具有抗结露性能的滤料；

d）处理易燃、易爆含尘气体时，应选用具有抗静电性能的滤料，对外壳接地，设置防爆设施；

e）滤袋的过滤风速应根据粉尘性质、滤料种类和清灰方式等因素确定，入口含尘浓度高时取较低的风速，入口含尘浓度低时取较高的风速；

f）粉尘具有较高的回收价值或烟气排放标准很严格时，宜采用袋式除尘器，焚烧炉除尘装置应选用袋式除尘器；

g）袋式除尘器应符合 HJ/T 328、HJ/T 329、HJ/T 330 的规定，滤筒式除尘器应符合 JB/T 10341 的规定；

h）袋式除尘器部件、滤料应符合 HJ/T 284、HJ/T 324、HJ/T 325、HJ/T 326、HJ/T 327 的规定。

6.1.3.6 静电除尘器：包括板式静电除尘器和管式静电除尘器。

a）静电除尘器属高效除尘设备，宜用于处理大风量的高温烟气；

b）静电除尘器适用于捕集电阻率在 $1\times10^4\sim5\times10^{10}$ Ω·cm 范围内的粉尘；

c）静电除尘器的电场风速及比集尘面积，应根据烟气、粉尘性质和要求达到的除尘效率确定；

d）对净化湿度大的气体或露点温度高的气体，应采取保温或加热措施，防止结露；

e）静电除尘器应符合 DL/T 514、HJ/T 322、HJ/T 320、HJ/T 321 的规定，应由具有国家相应设计制造资质的单位设计制造。

6.1.3.7 电袋复合除尘器是在一个箱体内安装电场区和滤袋区，有机结合静电除尘和过滤除尘两种机理的一种除尘器。

a）电袋复合除尘器适用于电除尘难以高效收集的高比阻、特殊煤种等烟尘的净化处理；

b）电袋复合除尘器适用于去除 0.1 μm 以上的尘粒；

c）电袋复合除尘器适用于对运行稳定性要求高和粉尘排放浓度要求严格的烟

气净化。

6.1.4 卸灰、输灰

6.1.4.1 除尘器的卸灰装置应根据粉尘的状态（干或湿）、粉尘性质、卸灰制度（间歇或连续）、排灰量和除尘器排出口的压力等选择。

6.1.4.2 卸、输灰系统设备选型的原则应为：后一级处理能力高于前一级处理能力。

6.1.4.3 除尘器输灰装置宜采用螺旋输送机、埋刮板输送机和气力输送方式。应因地制宜，选择经济适宜的输灰方式。

6.1.4.4 当除尘器收集的灰尘含湿量大、灰尘成分易黏接时，不宜采用气力输灰方式，应采用机械输送方式。

6.1.4.5 干式除尘器的灰斗及中间贮灰斗的卸灰口，宜设置插板阀、卸灰阀和伸缩节。

6.1.4.6 对于处理过程中产生的粉尘应优先考虑回收利用。除尘器收集的灰尘外运时，应避免粉尘二次污染，宜采用粉尘加湿、卸灰口吸风或无尘装车装置等处理措施。在条件允许的情况下，宜选用真空吸引压送罐车。

6.1.5 配套设施

6.1.5.1 袋式除尘器清灰及除尘工艺阀门驱动所需压缩空气应尽量取自生产厂区压缩空气管网。

6.1.5.2 袋式除尘器的压缩空气供应系统由除油、除水、净化装置、贮气罐和调压装置等组成。贮气罐应尽量靠近用气点，调压装置应设在贮气罐之后。

6.1.5.3 寒冷地区应防止压缩空气供应系统结冰，输气管网应保温，必要时应采取伴热措施。压缩空气品质应保证达到在相应额定压力下压缩空气不出现结露现象。

6.1.5.4 高温、高湿烟气采用干式除尘器时，除尘器应整体保温，必要时应增设伴热系统及循环风加热系统。

6.1.5.5 处理煤气等易爆气体时应采用氮气等惰性气体作为袋式除尘器的清灰介质。

6.1.5.6 电除尘器高压电源分户外式和户内式。户外式布置应在高压整流变压器旁同时配置高压隔离开关柜，户内式布置应在变压器室内布置高压隔离开关。

6.1.5.7 电除尘器高压整流变压器与电场之间应配置阻尼电阻，电阻功率应大于实际功率的 3 倍以上，并应有良好的通风散热空间。

6.1.6 控制及检测

6.1.6.1 除尘工艺控制及检测应包括系统的运行控制、参数检测、状态显示和工艺联锁等。

6.1.6.2 除尘工艺应按照 GB 50019 中有关规定的要求，采用集中和就地两种控制方式，或者单独采用某一种控制方式。

6.1.6.3 除尘工艺集中控制的设备，应设现场手动控制装置，并可通过远程自动/手动转换开关实现自动与就地手动控制的转换。

6.1.6.4 除尘工艺运行控制应包括系统与除尘器的启停顺序、系统与生产工艺设备的联锁、运行参数的超限报警及自动保护等功能。

6.1.6.5　与生产工艺紧密相关的除尘工艺，宜在生产工艺控制室及除尘工艺控制室分别设置操作系统，并随时显示其工作状态。除尘工艺控制室应尽量靠近除尘器。

6.1.6.6　除尘工艺的运行检测、显示及报警项目宜包括以下内容：

a）除尘器进、出口介质流量、全压静压及压差、温度、湿度、粉尘浓度及要求的气体浓度；

b）高温烟气降温设备进、出口介质流量、全压静压及压差、温度、湿度；

c）风机轴承温度，电机轴承温度、转子、定子温度、振幅、转速；

d）除尘工艺配套的油循环系统及冷却介质的流量、温度、压力；

e）大型电机电流、电压；

f）电除尘器各电场一、二次电流和电压；

g）脉冲袋式除尘器的清灰气源压力和喷吹压力。

6.1.6.7　电除尘器和袋式除尘器的性能检测应按 GB/T 13931 和 GB/T 6719 的规定进行。

6.1.6.8　固定污染源有组织排放的样品采集应按 GB/T 16157 执行，监测项目应按 GB 16297 及相关行业排放标准确定。

6.2　气态污染物吸收

6.2.1　一般规定

6.2.1.1　吸收法净化气态污染物是利用气体混合物中各组分在一定液体中溶解度的不同而分离气体混合物的方法。主要适用于吸收效率和速率较高的有毒的有害气体的净化。

6.2.1.2　吸收系统应包括集气罩、废气预处理、吸收液（浆液）制备和供应系统、吸收装置、控制系统、副产物的处置与利用装置、风机、排气筒、管道等。

6.2.1.3　吸收工艺的选择应考虑：废气流量、浓度、温度、压力、组分、性质、吸收剂性质、再生、吸收装置特性以及经济性因素等。

6.2.1.4　高温气体应采取降温措施；对于含尘气体，需回收副产品时应进行预除尘。

6.2.1.5　吸收工艺的主体装置和管道系统，应根据处理介质的性质选择适宜的防腐材料和防腐措施，必要时应采取防冻、防火和防爆措施。

6.2.2　吸收装置

6.2.2.1　常用的吸收装置有填料塔、喷淋塔、板式塔、鼓泡塔、湍球塔和文丘里等。

6.2.2.2　吸收装置应具有较大的有效接触面积和处理效率，较高的界面更新强度，良好的传质条件，较小的阻力和较高的推动力。

6.2.2.3　吸收塔的选择：

a）填料塔宜用于小直径塔及不易吸收的气体，不宜用于气液相中含有较多固体悬浮物的场合；

b）板式宜用于大直径塔及容易吸收的气体；

c）喷淋塔宜用于反应吸收快、含有少量固体悬浮物、气体量大的吸收工艺；

d）鼓泡塔宜用于吸收反应较慢的气体。

6.2.2.4　吸收塔选型设计：

a）根据被吸收气体、吸收液、吸收塔型式和要求的吸收效率，应选择技术经济合理的空塔气速；

b）吸收塔的高度应能保证气液有足够的有效接触时间；

c）对于易吸收的气体宜取小的液气比，不易吸收的气体宜取较大的液气比，特别难吸收的气体或一些特殊场合，宜采用大的液气比；

d）吸收塔的气体出口处应设置除雾装置；

e）吸收塔的气体进口段应设气流分布装置；

f）吸收液喷淋效果应均匀，防止沟流和壁流现象的发生。

6.2.2.5　选择吸收剂时，应遵循以下原则：

a）对被吸收组分有较强的溶解能力和良好的选择性；

b）吸收剂的挥发度（蒸气压）低；

c）黏度低，化学稳定性好，腐蚀性小，无毒或低毒、难燃；

d）价廉易得，易于重复使用；

e）有利于被吸收组分的回收利用或处理。

6.2.2.6　吸收装置的设计应符合 HJ/T 387 的规定。

6.2.3　吸收液后处理

6.2.3.1　吸收液宜循环使用或经过进一步处理后循环使用，不能循环使用的应按照相关标准和规范处理处置，避免二次污染。

6.2.3.2　使用过的吸收液采用沉淀分离再生时，沉淀池的容积应满足沉淀分离的要求；采用化学置换再生时，应保证再生反应时间；采用蒸发结晶回收和蒸馏分离时，应采用节能工艺设计。

6.2.3.3　吸收液再生过程中产生的副产物应回收利用，产生的有毒有害产物应按照有关规定处理处置。

6.2.4　吸收装置配套设施

6.2.4.1　当气体温度高于吸收操作温度时，气体进入吸收装置前应进行冷却。

6.2.4.2　当需要降温的废气含有粉尘时，预除尘和冷却应同时进行。

6.2.4.3　吸收剂制备和供应系统应保证吸收剂的供给，设有富裕量，并设置计量装置。

6.2.4.4　对于较大型的吸收系统，应设置自动控制系统，采用可编程控制器（PLC）或集中分散控制系统（DCS）控制。

6.3　气态污染物吸附

6.3.1　一般规定

6.3.1.1　吸附法净化气态污染物是利用固体吸附剂对气体混合物中各组分吸附选择性的不同而分离气体混合物的方法，主要适用于低浓度有毒有害气体净化。

6.3.1.2　吸附工艺分为变温吸附和变压吸附，本标准中的吸附指变温吸附。

6.3.1.3 吸附系统包括集气罩、废气预处理、吸附装置、脱附（回收）系统、控制系统、副产物的处置与利用装置、风机、排气筒和管道等。

6.3.2 预处理

6.3.2.1 废气预处理应除去颗粒物、油雾、难脱附的气态污染物，并调节气体温度、湿度、浓度和压力等满足吸附工艺操作的要求。

6.3.2.2 进入吸附床的废气温度宜控制在40℃以下。

6.3.2.3 进入吸附床的易燃、易爆气体浓度应调节至其爆炸极限下限的50%以下。

6.3.2.4 颗粒物去除宜采用过滤及洗涤等方法，进入吸附装置的废气中颗粒物质量浓度应低于5 mg/m^3。

6.3.3 吸附装置

6.3.3.1 常用的吸附设备有固定床、移动床和流化床。工业应用宜采用固定床。

6.3.3.2 吸附工艺的选择：

a）吸附工艺的规模和流程应依据污染气体的流量、温度、压力、组分、性质、进口浓度及排放浓度，污染物产生方式（连续或间歇、均匀或非均匀）和安全等因素进行综合选择；

b）吸附工艺的选择应同时考虑脱附工艺、吸附剂再生工艺、脱附后污染物的处理利用和经济性因素等各个环节；

c）污染物浓度过高时，可采用前级冷凝、吸收的多级处理方式，降低浓度，减缓吸附剂的过快饱和；

d）对连续排放的气体污染物，应采用连续式吸附流程，对间断排放的气体污染物，可采用间断式吸附流程；

e）整体工艺流程节能环保，投资少，运行费用低。

6.3.3.3 吸附设备的选型设计：

a）设备性能结构应在最佳状态下运行，处理能力大、效率高、气流分布均匀，具有足够的气体流通面积和停留时间；

b）净化效率、吸附剂利用率、床层厚度之间存在一定的反比例关系，在满足排放标准的前提下，应遵循适当、节约和合理的原则进行选择；

c）吸附剂用量应根据吸附剂对吸附质的吸附量通过经验公式计算或实验确定；

d）对于连续排放且气量大的污染气体，优先选用流化床。

6.3.3.4 常用吸附剂包括：活性炭（包括活性炭纤维）、分子筛、活性氧化铝和硅胶等。选择吸附剂时，应遵循以下原则：

a）比表面积大，孔隙率高，吸附容量大；

b）吸附选择性强；

c）有足够的机械强度、热稳定性和化学稳定性；

d）易于再生和活化；

e）原料来源广泛，价廉易得。

6.3.3.5 吸附装置用于处理易燃、易爆气体时，应符合安全生产及事故防范的相关规定。除控制处理气体的浓度之外，在管道系统的适当位置，应安装符合 GB/T 13347 规定的阻火装置。接地电阻应小于 2 Ω。

6.3.3.6 选择固定床时，应设置气流的均匀分布装置。选择的气流速度、污染气体在床层内的停留时间应满足气体净化达标排放的要求，并最大限度地减小阻力，增大推动力。固定床吸附净化装置应符合 HJ/T 386 的规定。

6.3.3.7 固定床吸附器吸附层的风速应根据吸附剂的材质、结构和性能确定；采用颗粒状活性炭时，宜取 0.20～0.60 m/s；采用活性炭纤维毡时，宜取 0.10～0.15 m/s；采用蜂窝状吸附剂时，宜取 0.70～1.20 m/s。对于废气浓度特别低或有特殊要求的场合，风速可适当增加。

6.3.4 脱附和脱附产物处理

6.3.4.1 脱附操作可采用升温、降压、置换、吹扫和化学转化等脱附方式或几种方式的组合。

6.3.4.2 脱附系统主要包括脱附气源、换热器、脱附产物的分离与回收装置和管道等。

6.3.4.3 脱附气源可用热空气、热烟气和低压水蒸气。

6.3.4.4 当回收脱附产物时，换热器应保证脱附后气体应达到设计要求的冷却水平。

6.3.4.5 有机溶剂的脱附宜选用水蒸气和热空气，当回收的有机溶剂沸点较低时，冷凝水宜使用低温水；对不溶于水的有机溶剂冷凝后直接回收，对溶于水的有机溶剂应进一步分离回收。

6.3.4.6 采用活性炭做吸附剂时，脱附气的温度宜控制在 120℃以下。

6.3.5 控制要求

6.3.5.1 对于处理气量大于 1 000 m^3/h 的工艺应装设自动控制系统，采用可编程控制器（PLC）或分散控制系统（DCS）控制。

6.3.5.2 控制内容包括：风机和泵的运行控制、吸附和脱附的时间切换、吸附床层温度的显示和超温报警、冷却系统的起停等。

6.4 气态污染物催化燃烧

6.4.1 一般规定

6.4.1.1 催化燃烧法净化气态污染物是利用固体催化剂在较低温度下将废气中的污染物通过氧化作用转化为二氧化碳和水等化合物的方法。

6.4.1.2 催化燃烧系统应由气体收集装置、催化燃烧装置、管道、风机、排气筒和控制系统等组成。

6.4.1.3 催化燃烧装置宜用于由连续、稳定的生产工艺产生的固定源气态及气溶胶态有机化合物的净化。

6.4.2 预处理

6.4.2.1 进入反应器的废气应进行预处理，去除废气中的颗粒物和催化剂毒物，并调整废气中有机物的浓度和废气的温度湿度满足催化燃烧的要求。

6.4.2.2　颗粒物去除宜采用过滤及喷淋等方法，进入催化燃烧装置中的废气颗粒物质量浓度应低于 10 mg/m^3。

6.4.2.3　废气中催化剂毒物的去除宜采用喷淋及吸收等方法。

6.4.2.4　进入催化燃烧装置的废气温度应加热到催化剂的起燃温度。

6.4.2.5　催化燃烧装置的进气温度宜低于 400℃，否则应进行降温处理。

6.4.3　性能要求

6.4.3.1　经过催化燃烧净化后排放的废气应达到国家或地方排放标准，净化效率不应低于 95%。

6.4.3.2　选择换热器时应进行热平衡计算。当废气中有机物燃烧产生的热量不足以维持催化剂床层自持燃烧所需要的热量时，应在进入催化燃烧反应器前对废气进行加热升温到催化剂的起燃温度。

6.4.3.3　当废气中含有腐蚀性气体时，反应器内壁和换热器主体应选用防腐等级不低于 316 L 的不锈钢材料。

6.4.3.4　选择的催化剂使用温度宜为 200～700℃，并能承受 900℃短时间高温冲击，正常工况下使用寿命应大于 8 500 h。

6.4.3.5　催化剂床层的设计空速应考虑催化剂的种类、载体的型式、废气的组分等因素，宜大于 10 000/h，但不宜高于 40 000/h。

6.4.3.6　催化燃烧装置预热室的预热温度宜在 250～350℃，不宜超过 400℃。

6.4.4　控制要求

6.4.4.1　催化燃烧工艺应装设自动控制系统，采用 PLC 或 DCS 控制。

6.4.4.2　催化燃烧工艺的控制内容包括：风机、阀门的开启与关闭，加热室、热交换室、反应室的温度控制等。

6.4.4.3　加热室和反应室内部应设具有自动报警功能的多点温度检测装置，并与温度调节装置联锁。所用温度传感器应按相关的技术标准和规范进行标定后使用。

6.4.5　安全要求

6.4.5.1　催化燃烧装置的进、出口处宜设置废气浓度检测装置，定时或连续检测进、出口处的气体浓度。进入催化燃烧装置的有机废气浓度应控制在其爆炸极限下限的 25%以下。对于混合有机化合物，其控制浓度根据不同化合物的浓度比例和其爆炸下限值进行计算与校核。

6.4.5.2　催化床应设置防爆泄压装置，防爆泄压装置的设计、制造、运行和检验应符合《压力容器安全技术监察规程》的规定。

6.4.5.3　催化燃烧装置前应安装符合 GB/T 13347 规定的阻火器。

6.4.5.4　催化燃烧装置应整体保温，外表面温度不大于 60℃。

6.4.5.5　催化燃烧装置前应设置事故应急排空管，排空装置与冲稀阀、报警联动，用排空放散防止爆炸。

6.4.5.6 催化燃烧工艺应采用具有防爆功能的风机、电机和电控柜。

6.4.5.7 其他安全要求应符合 GB 20101 的规定。

6.4.5.8 催化燃烧工艺应远离油库、储油槽、溶剂存放地以及其他可以引起爆炸的化学品存放地，满足消防、安全、环保的安全保护距离要求，消防安全保护距离应该按相关的技术标准和规范进行核定。

6.5 气态污染物热力燃烧

6.5.1 一般规定

6.5.1.1 热力燃烧法（包括蓄热燃烧法）净化气态污染物是利用辅助燃料燃烧产生的热能、废气本身的燃烧热能，或者利用蓄热装置所贮存的反应热能，将废气加热到着火温度，进行氧化（燃烧）反应。

6.5.1.2 热力燃烧系统包括过滤器、燃烧器、点火设备、燃烧室、蓄热室、热交换器、风机、管道（包括燃料输送管道）、排气筒、自控装置及切换阀门、阻火防爆装置、安全联锁装置等。

6.5.1.3 热力燃烧工艺适用于处理连续、稳定生产工艺产生的有机废气。

6.5.1.4 热力燃烧工艺应保证足够的辅助燃料和电力供应。

6.5.2 预处理

6.5.2.1 进入燃烧室的废气应进行预处理，去除废气中的颗粒物（包括漆雾）。

6.5.2.2 颗粒物去除宜采用过滤及喷淋等方法，进入热力燃烧工艺中的颗粒物质量浓度应低于 50 mg/m^3。

6.5.2.3 当有机废气中含有低分子树脂、有机颗粒物、高沸点芳烃和溶剂油等，容易在管道输送过程中形成颗粒物时，应按物质的性质选择合适的喷淋吸收、吸附、静电和过滤等预处理措施。

6.5.2.4 在热力燃烧工艺的安全放散装置后、燃烧室和蓄热室前，应设置去除颗粒物的过滤器，并设压差计，当过滤器的压差超过设定最大压差时，应立即清理或更换过滤材料。

6.5.3 性能要求

6.5.3.1 有机废气经过热力燃烧净化后的排放应满足国家或地方排放标准的要求。

6.5.3.2 热力燃烧工艺宜在有机废气进入系统前和净化后的总汇集管段上按照 GB/T 16157 的要求设置采样口。

6.5.3.3 进入热力燃烧工艺的有机废气浓度应控制在其爆炸极限下限的 25%以下，对于混合有机化合物，其有机物浓度应根据不同有机化合物的浓度比例和其爆炸下限值进行计算与校核。

6.5.3.4 热力燃烧工艺的主要性能如表 1 所示：

6.5.3.5 热力燃烧工艺的设计，除了考虑系统正常稳定运行的工况参数外，还应考虑在各种事故状态下排放有机废气的组分、温度、压力、最大排放量及其持续时间、波动范围等控制参数和相应的防火、防爆和防毒等安全措施。

表 1　主要性能指标

序号	项　目	单　位	一般取值范围	备　注
1	处理气体流量	m^3/h	按设计任务要求确定	根据工艺生产要求、环境标准和车间卫生标准确定
2	燃烧室与蓄热室工作温度	℃	720～810	根据有机废气性质，在保证达标排放的情况下，可适当降低
3	换热器出口温度	℃	≤400	应考虑余热的充分利用
4	噪声	dB（A）	≤85	—
5	燃烧与蓄热设备外壁温度	℃	≤60	炉门、检修门、防爆口、传感器安置部位等局部区域≤70℃
6	净化效率	%	≥95	—

6.5.3.6　热力燃烧工艺的设计，应考虑：

a）燃烧与蓄热工艺流程对燃料平衡的要求；

b）工艺正常稳定运行、开停工、事故处理、维修吹扫、防爆和阻火过程等对燃烧室、蓄热室、燃烧器、风机、防爆口、阻火器和检测控制系统的要求。

6.5.3.7　热力燃烧净化工艺的隔热、保温层应采用阻燃材料。

6.5.4　控制要求

6.5.4.1　热力燃烧工艺的控制范围包括：废气预处理装置、燃烧室、蓄热室、管道与燃料输送系统、气流调节控制装置与阀门、辅助加热装置、热交换器、阻火器、防爆装置和自动消防设备等。

6.5.4.2　热力燃烧的控制系统应根据工艺要求对浓度、温度、压力和废气流量等工艺参数进行自动检测和控制。浓度、温度、流量和压力传感器应根据测量范围和灵敏度要求进行选择，并按相关的技术标准和规范对其进行标定后使用。

6.5.4.3　热力燃烧工艺的燃烧器和点火设备的气体进出口处、燃烧室和蓄热室内部应设具有自动报警功能的多点温度检测装置，并与温度调节装置联锁。

6.5.4.4　燃烧室和蓄热室内部的两个相邻温度测试点之间距离不宜大于 1 m，测试点与设备内壁之间距离不宜小于 60 cm。

6.5.4.5　自动控制系统采用 PLC 或 DCS 控制。

6.5.5　安全要求

6.5.5.1　热力燃烧工艺的燃烧室、蓄热室应设置温度检测及点火报警联锁装置，当温度过低或火焰熄灭时，立即发出报警信号，关闭有机废气进气阀门，启动安全放散装置。

6.5.5.2　热力燃烧工艺的燃烧室、蓄热室的进口应设置有机废气浓度检测和报警联锁装置，当气体浓度达到有机废气爆炸极限下限的 25%时，立即发出报警信号，启动安全放散装置。

6.5.5.3　热力燃烧工艺的燃烧器应设置燃烧安全保护装置。该装置应包括燃料输送管紧急切断阀、燃烧监视装置和相应的检测控制系统。

6.5.5.4　在过滤器后、热力燃烧室或蓄热室前，应设置阻火器。阻火器的阻火性能应符合 GB/T 13347 的规定。

6.5.5.5　热力燃烧工艺设置区域宜设置可燃气体报警器。凡使用可燃气体和有毒气体检测报警仪的场所，应配备必要的标定设备和标准气体。

6.5.5.6　热力燃烧工艺的管道和设备均应可靠接地，设置专用的静电接地体，并应符合 GB 12158 的规定。

6.5.5.7　热力燃烧工艺的燃烧室、蓄热室前的管道顶部应设置压力计、安全泄放装置（安全阀或爆破片装置）。安全泄放装置的设计、制造、运行和检验应符合《压力容器安全技术监察规程》的规定。

6.5.5.8　其他安全要求执行 GB 20101、GB/T 19839、SH 3063 和 SH/T 3113。

6.5.5.9　热力燃烧工艺应远离油库、储油槽、溶剂存放地和其他可以引起爆炸的化学品存放地。建设地点应满足消防、安全和环境保护的安全防护距离要求，且按相关的技术标准和规范进行核定。

7　主要气态污染物的处理技术

7.1　二氧化硫

7.1.1　二氧化硫治理工艺及选用原则

7.1.1.1　二氧化硫治理工艺划分为湿法、干法和半干法，常用工艺包括石灰石/石灰-石膏法、烟气循环流化床法、氨法、镁法、海水法、吸附法、炉内喷钙法、旋转喷雾法、有机胺法、氧化锌法和亚硫酸钠法等。

7.1.1.2　二氧化硫治理应执行国家或地方相关的技术政策和排放标准，满足总量控制的要求。

7.1.1.3　燃煤电厂烟气脱硫应符合以下规定：

a）采用石灰石/石灰-石膏法工艺时应符合 HJ/T 179 的规定；

b）采用烟气循环流化床工艺时应符合 HJ/T 178 的规定；

c）燃用高硫燃料的锅炉，当周围 80 km 内有可靠的氨源时，经过技术经济和安全比较后，宜使用氨法工艺，并对副产物进行深加工利用；

d）燃用低硫燃料的海边电厂，经过技术经济比较和海洋环保论证，可使用海水法脱硫或以海水为工艺水的钙法脱硫。

7.1.1.4　工业锅炉/炉窑应因地制宜、因物制宜、因炉制宜选择适宜的脱硫工艺，采用湿法脱硫工艺应符合 HJ/T 288、HJ/T 319 和 HJ 462 的规定。

7.1.1.5　钢铁行业根据烟气流量和二氧化硫体积分数，结合吸收剂的供应情况，宜选用半干法、氨法、石灰石/石灰-石膏法脱硫工艺。

7.1.1.6　有色冶金工业中硫化矿冶炼烟气中二氧化硫体积分数大于 3.5%时，应以生产硫酸为主。烟气制造硫酸后，其尾气二氧化硫体积分数仍不能达标时，应经脱硫或其他方法处理达标后排放。

7.1.2　技术要求

7.1.2.1　脱硫塔的结构型式、材质和防腐防磨措施应根据脱硫工艺的要求选择。塔体材质宜使用碳素钢、玻璃钢、水泥和非金属砌块等；防腐材料宜使用玻璃钢、橡胶、鳞片树脂和合金等。

7.1.2.2　强制氧化系统中宜使用氧化风机。根据氧化空气流量和所需压力，氧化风机可选用离心式、罗茨式、活塞式和螺杆式。

7.1.2.3　烟气脱硫工艺需要的动力宜由单独设置的增压风机提供，增压风机的流量裕度宜为 10%，温度裕度宜为 10℃，压力裕度为 20%，有一定的工况波动调节能力，与上游引风机有较好的协调性，并根据气体介质的露点温度决定是否需要采取保温及防腐措施。

7.1.2.4　氨法脱硫工艺的储氨区应布置在通风条件良好、厂区边缘安全地带；还应根据市场条件和厂内场地条件设置适当的硫酸铵包装及存放场地。设备和建（构）筑物应满足 GB 50160 和 GB 50058 的要求。

7.1.2.5　湿式脱硫工艺喷淋层宜采用碳钢双面衬胶或增强玻璃钢（FRP）材料防腐防磨。

7.1.2.6　为防止浆液沉淀，箱、罐和塔器等设备中应设置搅拌器。搅拌器的设计应进行水力模拟或计算，保证一定的搅拌强度，避免搅拌死区。搅拌器应工作平稳，桨叶和轴采取防腐防磨措施。

7.1.2.7　吸收液的雾化宜采用压力雾化或机械雾化，喷嘴材质宜采用合金、碳化硅和陶瓷等。

7.1.2.8　浆液泵的泵壳、叶轮、轴和密封材料等应耐腐蚀、耐磨损。

7.1.2.9　脱硫副产物的固液分离脱水装置宜采用蒸发式、过滤式、重力式和离心式。

7.1.2.10　干法/半干法脱硫工艺中吸收剂宜多次循环利用。吸收剂循环通常使用气力式或机械式循环槽。循环槽应有自动调节负荷装置，便于维护，可靠性高，能连续稳定运行。

7.1.2.11　脱硫装置的自动控制宜采用 DCS 控制系统，并与生产主体设备的控制系统有可靠的数据传送。

7.2　氮氧化物

7.2.1　氮氧化物控制措施及选用原则

7.2.1.1　控制燃烧产生的氮氧化物（NO_x）应优先采用低氮燃烧技术。当不能满足环保要求时，应增设选择性催化还原（SCR）、选择性非催化还原（SNCR）等烟气脱硝装置。

7.2.1.2　燃煤电厂燃用烟煤、褐煤时，宜采用低氮燃烧技术；燃用贫煤、无烟煤以及环境敏感地区不能达到环保要求时，应增设烟气脱硝系统。

7.2.1.3 采用 SCR 脱硝装置时，应优先采用高尘布置方案。

7.2.1.4 选择烟气脱硝方式时，应考虑对锅炉的影响。

7.2.2 技术要求

7.2.2.1 喷氨混合系统应考虑防腐、防堵和耐磨，并具有良好的热膨胀性、抗热变形性和抗振性。在喷氨混合系统上游和下游宜设置导流或整流装置。

7.2.2.2 脱硝反应器宜采用钢结构，设计抗爆压力应与主机相同，合理设计空速。SCR 反应器入口的烟气流速偏差、烟气流向偏差、烟气温度偏差以及 NH_3/NO_x 摩尔比偏差应控制在合适的范围内，氨的逃逸率应符合 HJ 562 和 HJ 563 的要求。

7.2.2.3 还原剂主要有液氨、氨水和尿素等，还原剂的选择应综合考虑储运和经济性。使用液氨或氨水作为还原剂时，应符合 GB 18218、GB 50058 和 GB 50160 的要求；采用尿素制氨时，可采用热解或水解法。

7.2.2.4 催化剂的选型宜与脱硝工艺和污染物气体特性相匹配。

7.2.2.5 反应器应至少设置一层催化剂备用层并一次建成，以满足不同生产阶段对 NO_x 排放的要求及催化剂更换要求。

7.2.2.6 再生的催化剂使用时，其转化率等性能应当达到新的催化剂的 90%以上。

7.2.2.7 脱硝装置设计时，应考虑催化剂失效后的再生或废弃处理措施。

7.2.2.8 工艺设计前，脱硝工艺宜进行数值模拟和物理模化试验，保证气流及还原剂进入催化剂时均匀分布。

7.2.2.9 设置脱硝装置时，应同步考虑主机下游部件的防腐蚀和防堵塞措施。

7.2,2.10 SCR 和 SNCR 工艺的总平面布置应符合 GB 50058 及 GB 50160 等防火、防爆有关规范的规定。

7.2.2.11 还原剂储运制备系统的布置应考虑主风向的影响。系统区域内应按照相关规范设有运输、消防和疏散通道。地上、半地下的储罐或储罐组应设置非燃烧、耐腐蚀材料的防火堤，系统周围应就地设置排水沟。区域内应设风向指示标，并安装摄像头。

7.2.2.12 还原剂储运和制备区域应有应急处理安全防范设施。

7.3 挥发性有机化合物（VOCs）

7.3.1 主要挥发性有机化合物

挥发性有机化合物废气主要包括低沸点的烃类、卤代烃类、醇类、酮类、醛类、醚类、酸类和胺类等。

应当重点控制在石油化工、制药、印刷、造纸、涂料装饰、表面防腐、交通运输、金属电镀和纺织等行业排放废气中的挥发性有机化合物。

7.3.2 挥发性有机化合物的基本处理技术

7.3.2.1 回收类方法：主要有吸附法、吸收法、冷凝法和膜分离法等。

7.3.2.2 消除类方法：主要有燃烧法、生物法、低温等离子体法和催化氧化法等。

7.3.3 挥发性有机物处理技术的选用原则

7.3.3.1 吸附法适用于低浓度挥发性有机化合物废气的有效分离与去除，是一种广泛应用的化工工艺单元，由于每单元吸附容量有限，宜与其他方法联合使用。

7.3.3.2　吸收法宜用于废气流量较大、浓度较高、温度较低和压力较高的挥发性有机化合物废气的处理。工艺流程简单，可用于喷漆、绝缘材料、黏接、金属清洗和化工等行业应用。

7.3.3.3　冷凝法宜用于高浓度的挥发性有机化合物废气回收和处理属高效处理工艺，宜作为降低废气有机负荷的前处理方法，与吸附法、燃烧法等其他方法联合使用，回收有价值的产品。

7.3.3.4　膜分离法宜用于较高浓度挥发性有机化合物废气的分离与回收，属高效处理工艺，选择时，应考虑预处理成本、膜元件造价、寿命、堵塞等因素。

7.3.3.5　燃烧法宜用于处理可燃、在高温下可分解和在目前技术条件下还不能回收的挥发性有机化合物废气，燃烧法应回收燃烧反应热量，提高经济效益。

7.3.3.6　生物法宜在常温、适用于处理低浓度、生物降解性好的各类挥发性有机化合物废气，对其他方法难处理的含硫、含氮、苯酚和氰等的废气可采用特定微生物氧化分解的生物法。

a）生物过滤法：宜用于处理气量大、浓度低和浓度波动较大的挥发性有机化合物废气，可实现对各类挥发性有机化合物的同步去除，工业应用较为广泛；

b）生物洗涤法：宜用于处理气量小、浓度高、水溶性较好和生物代谢速率较低的挥发性有机化合物废气；

c）生物滴滤法：宜用于处理气量大、浓度低，降解过程中产酸的挥发性有机化合物废气，不宜处理入口浓度高和气量波动大的废气。

7.3.3.7　低温等离子体法、催化氧化法和变压吸附法等工艺，宜用于气体流量大、浓度低的各类挥发性有机化合物废气处理。

7.3.4　技术要求

7.3.4.1　应依据达标排放要求，选择单一方法或联合方法处理挥发性有机化合物废气。

7.3.4.2　可以采用吸附剂浸渍法提高吸附剂的吸附容量和选择性，加强吸附法的处理效果，相关技术要求应符合 6.3 的要求。

7.3.4.3　采用吸收法应定期更换吸收剂，相关技术要求符合 6.2 的要求。

7.3.4.4　挥发性有机化合物废气体积分数在 0.5%以上时宜采用冷凝法处理，冷凝过程宜采用恒定温度下用增大压力的办法来实现，也可在恒定压力的条件下用降低温度的办法来实现。应根据实际净化要求和成本预算选择合适的工艺过程。

7.3.4.5　挥发性有机化合物废气体积分数在 0.1%以上时宜采用膜分离法处理，应采取防止膜堵塞的措施。气体分离膜材料应具有高的透气性、较高的机械强度及化学稳定性和良好的成膜加工性能。

7.3.4.6　采用燃烧法处理挥发性有机化合物废气时应重点避免二次污染。如废气中含有硫、氮和卤素等成分时，燃烧产物应按照相关标准处理处置，如采用催化燃烧后的催化剂。辅助燃烧的燃料，相关技术要求应符合 6.4、6.5 的要求。

7.3.4.7　挥发性有机化合物废气体积分数在 0.1%以下时宜采用生物法处理，含氯较多的挥发性有机化合物废气不宜采用生物降解。采用生物法处理时应监控各项工艺参数在要求的范围内，对于难氧化的恶臭物质应后续采取其他工艺去除，避免二次污染。

7.4　恶臭

7.4.1　恶臭气体的种类

7.4.1.1　含硫的化合物：如硫化氢、二氧化硫、硫醇、硫醚类等。

7.4.1.2　含氮的化合物：如胺、氨、酸胺、吲哚类等。

7.4.1.3　卤素及衍生物：如卤代烃等。

7.4.1.4　氧的有机物：如醇、酚、醛、酮、酸、酯等。

7.4.1.5　烃类：如烷、烯、炔烃以及芳香烃等。

7.4.2　恶臭气体的基本处理技术

7.4.2.1　物理学方法：主要有水洗法、物理吸附法、稀释法和掩蔽法。

7.4.2.2　化学方法：主要有药液吸收（氧化吸收、酸碱液吸收）法，化学吸附（离子交换树脂、碱性气体吸附剂和酸性气体吸附剂）法和燃烧（直接燃烧和催化氧化燃烧）法。

7.4.2.3　生物学方法：主要有生物过滤法，生物吸收法和生物滴滤法。

7.4.3　恶臭气体处理技术的选用原则

7.4.3.1　当难以用单一方法处理以达到恶臭气体排放标准时，宜采用联合脱臭法。

7.4.3.2　物理类的处理方法宜作为化学或生物处理的预处理，在达到排放标准要求的前提下也可作为唯一的处理工艺。

7.4.3.3　化学吸收类处理方法宜用于处理大气量、高、中浓度的恶臭气体。在处理大流量气体方面工艺成熟，净化效率相对不高，处理成本相对较低。

7.4.3.4　化学吸附类的处理方法宜用于处理低浓度、多组分的恶臭气体。属常用的脱臭方法之一，净化效果好，吸附剂的再生较困难，处理成本相对较高。

7.4.3.5　化学燃烧类的处理方法宜用于处理连续排气、高浓度的可燃性恶臭气体，净化效率高，处理费用高。

7.4.3.6　化学氧化类的处理方法宜用于处理高、中浓度的恶臭气体，净化效率高，处理费用高。

7.4.3.7　生物类处理方法宜用于气体浓度波动不大，浓度较低或复杂组分的恶臭气体处理，净化效率较高。

7.4.4　技术要求

7.4.4.1　采用化学吸收类处理方法时应重点控制二次污染，依据不同的恶臭气体组分选择合适的吸收剂，相关技术要求符合 6.2 的要求。

7.4.4.2　采用化学吸附类的处理方法应选择与恶臭气体组分相匹配的吸附剂，按照工艺要求，对温度和含尘量进行严格控制，相关技术要求应符合 6.3 的要求。

7.4.4.3 采用化学燃烧类的处理方法时应对机械设备采取防腐蚀措施，使恶臭气体与燃料气充分混合并完全燃烧，控制末端形成的二次污染。相关技术要求应符合 6.4、6.5 的要求。

7.4.4.4 采用化学氧化类的处理方法时应依据不同的恶臭气体组分选择合适的氧化媒介及工艺条件。

7.4.4.5 采用生物类处理方法时应依据实际恶臭气体性质筛选，驯化微生物，实时监测微生物代谢活动的各种信息。

7.4.4.6 在排放浓度满足排放标准时，可考虑采用稀释法和掩蔽法。

7.5 卤化物气体

7.5.1 主要卤化物

7.5.1.1 在大气污染治理方面，卤化物主要包括无机卤化物气体和有机卤化物气体。

7.5.1.2 有机卤化物（卤代烃类）气体属挥发性有机化合物为重点关注的气态污染物质。有机卤化物气体治理技术参照 7.3、7.4 的要求。

7.5.1.3 重点控制的无机卤化物废气包括：氟化氢、四氟化硅、氯气、溴气、溴化氢和氯化氢（盐酸酸雾）等。

7.5.1.4 重点控制在化工、橡胶、制药、水泥、化肥、印刷、造纸、玻璃和纺织等行业排放废气中的无机卤化物。

7.5.2 卤化物气体的基本处理技术

7.5.2.1 物理化学类方法：固相（干法）吸附法、液相（湿法）吸收法和化学氧化脱卤法；

7.5.2.2 生物学方法：生物过滤法，生物吸收法和生物滴滤法。

7.5.3 卤化物气体处理技术的选用原则

7.5.3.1 在对无机卤化物废气处理时应首先考虑其回收利用价值。如氯化氢气体可回收制盐酸，含氟废气能生产无机氟化物和白炭黑等。

7.5.3.2 吸收和吸附等物理化学方法在资源回收利用和卤化物深度处理上工艺技术相对成熟，优先使用物理化学类方法处理卤化物气体。

7.5.3.3 吸收法治理含氯或氯化氢（盐酸酸雾）废气时，宜采用碱液吸收法。

7.5.3.4 垃圾焚烧尾气中的含氯废气宜采用碱液或碳酸钠溶液吸收处理。

7.5.3.5 吸收法治理含氟废气，吸收剂宜采用水、碱液或硅酸钠。

a）对于低浓度氟化氢废气，宜采用石灰水洗涤；

b）用水吸收氟化氢时生成氢氟酸，同时有硅胶生成，应注意随时清理，防止系统堵塞。

7.5.3.6 电解铝行业治理含氟废气宜采用氧化铝粉吸附法。

7.5.4 技术要求

7.5.4.1 治理设备应特别考虑卤化物对金属的腐蚀特点，选择合适的防腐材料。

7.5.4.2 用水吸收含氟废气宜采用多级吸收，吸收装置宜采用文丘里洗涤器、喷射式洗涤器等，也可采用湍球塔、空塔等。

7.5.4.3　用吸收法处理含氯、氯化氢废气时宜采用湍球塔、喷淋塔或填料塔，设备材料宜采用聚氯乙烯、橡胶衬里或玻璃鳞片树脂衬里。用氢氧化钠作吸收剂时，应注意降温并保持较高的 pH 值。

7.5.4.4　采用氧化铝粉吸附法治理含氟废气的主要工艺要求如下：

a）输送床净化工艺：输送床（管道）内流速一般为 15～18 m/s，排出气体经除尘器净化达标后排空，吸附饱和的氧化铝送往电解槽炼铝；

b）沸腾床（流化床）净化工艺：沸腾床层上氧化铝的静止高度可为 30～40 mm，床内气体流速约为 0.28 m/s，净化后的气流经除尘器净化达标后排空，吸附饱和的氧化铝送往电解槽炼铝。

7.5.4.5　利用吸收工艺的相关技术要求应符合 6.2 的要求；利用吸附工艺的相关技术要求应符合 6.3 的要求。

7.6　重金属

7.6.1　主要重金属

大气中应重点控制的重金属污染物有：汞、铅、砷、镉、铬及其化合物。

7.6.2　重金属废气的基本处理技术

7.6.2.1　重金属废气的基本处理方法包括：过滤法，吸收法，吸附法，冷凝法和燃烧法。

7.6.2.2　考虑重金属不能被降解的特性，大气污染物中重金属的治理应重点关注：

a）物理形态：应从气态转化为液态或固态，达到重金属污染物从气相中脱离的目的；

b）化学形态：应控制重金属元素价态朝利于稳定化、固定化和降低生物毒性的方向进行，如在富含氯离子和氢离子的废气中，Cd（元素镉）易生成挥发性更强的 CdCl，不利于将废气中的镉去除，应控制反应体系中氯离子和氢离子的浓度；

c）二次污染：应按照相关标准要求处理重金属废气治理中使用过的洗脱剂，吸附剂和吸收液，避免二次污染。

7.6.2.3　应当重点控制在石油化工、金属冶炼、垃圾焚烧、电镀电解、电池、钢铁、涂料、表面防腐、机械制造和交通运输等行业排放废气中的重金属污染物。

7.6.3　汞及其化合物废气处理

7.6.3.1　汞及其化合物废气一般处理方法是：吸收法、吸附法、冷凝法和燃烧法。

7.6.3.2　冷凝法宜用于净化回收高浓度的汞蒸气，可采取常压和加压两种方式，常作为吸收法和吸附法净化汞蒸气的前处理。

7.6.3.3　针对不同的工业生产工艺，较为成熟的吸收法处理工艺有：

a）高锰酸钾溶液吸收法适用于处理仪表电器厂的含汞蒸气，循环吸收液宜为 0.3%～0.6% $KMnO_4$ 溶液，$KMnO_4$ 利用率较低，应考虑吸收液的及时补充；

b）次氯酸钠溶液吸收法适用于处理水银法氯碱厂含汞氢气，吸收液宜为 NaCl 与 NaClO 的混合水溶液，此吸收液来源广，但此工艺流程复杂，操作条件不易控制；

c）硫酸-软锰矿吸收法适用于处理炼汞尾气以及含汞蒸气，吸收液为硫酸-软锰矿的悬浊液；

d）氯化法处理汞蒸气：烟气进入脱汞塔，在塔内与喷淋的 $HgCl_2$ 溶液逆流洗涤，烟气中的汞蒸气被 $HgCl_2$ 溶液氧化生成 Hg_2Cl_2 沉淀，从而将汞去除。Hg_2Cl_2 沉淀剧毒，生产过程中需加强管理和操作。

7.6.3.4 充氯活性炭吸附法宜用于含汞废气处理。活性炭层需预先充氯，含汞蒸气需预除尘，汞与活性炭表面的 Cl_2 反应生成 $HgCl_2$，达到除汞目的。

7.6.3.5 燃烧法宜用于燃煤电厂含汞烟气的处理。采用循环流化床燃煤锅炉，燃烧过程中投加石灰石，烟气采用电除尘器或袋除尘器净化。

7.6.3.6 废气中重点控制的汞的化合物包括氯化汞和雷汞。

a）活性炭吸附法宜用于氯乙烯合成气中氯化汞的净化；

b）氨液吸收法宜用于氯化汞生产废气的净化；

c）消化吸附法宜用于雷汞的处理。

7.6.4 铅及其化合物废气处理

7.6.4.1 铅及其化合物废气宜用吸收法处理。

7.6.4.2 酸液吸收法适用于净化氧化铅和蓄电池生产中产生的含铅烟气，也可用于净化熔化铅时所产生的含铅烟气。宜采用二级净化工艺：第一级用袋滤器除去较大颗粒；第二级用化学吸收。吸收剂（醋酸）的腐蚀性强，应选用防腐蚀性能高的设备。

7.6.4.3 碱液吸收法适用于净化化铅锅、冶炼炉产生的含铅烟气。含铅烟气进入冲击式净化器进行除尘及吸收。吸收剂 NaOH 溶液腐蚀性强，应选用防腐蚀性能高的设备。

7.6.5 砷、镉、铬及其化合物废气处理

7.6.5.1 砷、镉、铬及其化合物废气通常采用吸收法和过滤法处理。

7.6.5.2 含砷烟气宜采用冷凝-除尘-石灰乳吸收法处理工艺。含砷烟气经冷却至 200℃以下，蒸汽状态的氧化砷迅速冷凝为微粒，经袋除尘器净化后，尾气进入喷雾塔，用石灰乳洗涤，净化后，尾气除雾，经引风机排空。含砷烟气也可在塑料板（或管）制成的吸收器内装入强酸性饱和高锰酸钾溶液，进行多级串联鼓泡吸收。

7.6.5.3 镉、铬及其化合物废气宜采用袋式除尘器在风速小于 1 m/min 时过滤处理。烟气温度较高需要采取保温措施。

7.6.6 技术要求

利用吸收工艺的相关技术要求应符合 6.2 的要求；利用吸附工艺的相关技术要求应符合 6.3 的要求；利用燃烧工艺的相关技术要求应符合 6.4 和 6.5 的要求。

8 公用

8.1 室外给水设计应符合 GB 50013 的要求，室外排水设计应符合 GB 50014 的要求，建筑给水排水设计应符合 GB 50015 的要求，建筑中水设计应符合 GB 50336 的要求，工业循环水冷却设计应符合 GB/T 50102 的要求。

8.2 消防及火灾报警应符合 GB 50016、GB 50140 和 GB 50116 的要求。

8.3 建（构）筑物应符合 GB 50009、GB 50010、GB 50017、GB 50003、GB 50011、GB 50191、GB 50007 和 JGJ 79 的要求。

8.4 电气系统应符合 GB 50229、GB 50217、GB 50057、GB 50060、GB 50058、GB 50116、DL/T 5153、DL/T 5136、DL/T 620、DL/T 5137、DL/T 5041、DL/T 5044、DLGJ 56 和 SDJ 26 的要求。

8.5 热工自动化应符合 GB 50229、GB 50116、GB 50217、NDGJ 16、SDJ 26、DL/T 5190.5、DL/T 657、DL/T 658 和 DL/T 659 的规定。

8.6 泵的型式有离心泵、旋涡泵、混流泵、轴流泵、往复泵、转子泵等，泵的型式和材料应根据介质特性、现场安装条件、流量、扬程等选择。泵与管道、槽、塔连接时应在出入口部分加装伸缩节，以减小振动对管道及设备的影响，泵的运行应符合 GB/T 13466、GB/T 13468、GB/T 13469 的要求。

8.7 阀的型式有闸阀、截止阀、止回阀、调节阀、旋塞阀、碟阀、安全阀、疏水阀、底阀和球阀等，阀的型式和材料应根据介质特性、功能要求、流量和压力等选择。阀的安装应注意位置、体位和介质流向等。

8.8 电动机的结构型式及保护方式应满足使用场所的环境条件，各项参数选择应技术经济合理，有适当的备用余量，并符合 GB 755 及 GB 19517 的要求。

8.9 金属和非金属材料应符合 GB 150、HGJ 209、HG/T 3797 和 HGJ 32 的要求。

9 安全与职业卫生

9.1 一般规定

9.1.1 大气污染治理工程在设计、建设和运行过程中，应高度重视劳动安全和职业卫生，采取相应措施，消除事故隐患，防止事故发生。

9.1.2 安全和职业卫生设施应与污染治理工程同时设计、同时施工和同时投产使用。

9.1.3 应对劳动者进行劳动安全与职业卫生培训，提供所需的防护用品，定期进行健康检查。

9.1.4 污染治理工程的设计、建设，应采取有效的隔声、消声、绿化等降低噪声的措施，噪声和振动控制的设计应符合 GBJ 87 及 GB 50040 的要求，风机噪声应符合 JB/T 8690 的要求。室内噪声和振动应符合 GBZ 1 的要求。

9.2 安全

9.2.1 大气污染治理工程在设计、安装、调试、运行和维修过程中应始终贯彻“安全第一、预防为主”的原则，遵守安全技术规程和相关设备安全性要求的规定。

9.2.2 大气污染治理工程的防火、防爆设计应符合 GB 50016、GB 50058、GB 15577 的要求。

9.2.3 危险化学品的使用应符合《危险化学品安全管理条例》的要求。

9.2.4 建立并严格执行经常性和定期性的安全检查制度，制定安全事故应急预案。

9.2.5 可能突然放散大量有害气体或爆炸危险气体的建筑物，应设置事故通风装置。

9.2.6 输送和储存易燃、易爆物质的设备和管道应设置泄爆装置，并采取防静电接地措施，不得使用易积累静电的绝缘材料。

9.2.7 处理易燃易爆气体时，除控制处理气体的浓度、温度之外，在管道系统的适当位置，应安装符合相关规定的阻火装置。

9.2.8 电除尘器的壳体应可靠接地，接地电阻应不大于 2 Ω。

9.2.9 输送、处理高温气体的管道和设备应设置保温层或安全防护距离，防止烫伤。

9.2.10 外表面温度高于 60℃的管道和输送有爆炸危险物质的管道，其外表面之间及与建筑物之间应按规定设计安全距离。

9.3 职业卫生

9.3.1 职业卫生体系应符合 GB/T 28001 的要求。职业卫生设计应符合 GBZ 1、GBZ 2.1、GBZ 2.2 的要求。

9.3.2 操作（控制）室和工作岗位应采取采暖、通风、防尘和隔声等措施，防止职业病发生，保护劳动者健康。

10 工程施工与验收

10.1 一般规定

10.1.1 污染治理工程应按工程设计图纸、技术文件和设备安装图纸等要求组织施工。

10.1.2 污染治理工程施工单位，应具有与该工程相应的资质等级。

10.1.3 污染治理工程建设单位应成立专门的项目管理机构，参与设计会审、设备监制、施工质量检查，制定运行和维护规章制度；培训工人，组织、参与工程各阶段验收、调试和试运行；并建立设备安装及运行档案。

10.1.4 与生产工程同步建设的大气污染治理工程应与生产工程同时验收；现有生产设备配套或改造的治理设施应进行单独验收。

10.2 施工

10.2.1 大气污染治理工程施工和设备安装应符合相应的国家或行业规范。

10.2.2 施工单位应根据施工要求制定完善的施工组织设计。

10.2.3 施工使用的材料、半成品和部件应符合国家现行标准和设计要求，并取得供货商的合格证书，严禁使用不合格产品。

10.2.4 设备安装之前应对土建工程按安装要求进行验收，验收记录和结果应作为工程竣工验收资料之一。

10.2.5　对国外引进专用设备除应按供货商提供的设备技术规范、合同规定和商检文件执行外，还应符合我国现行国家或行业工程施工及验收标准要求。

10.2.6　袋式除尘器安装应符合 JB/T 8471 的要求；电除尘器的安装应符合 DL/T 514 的要求。

10.2.7　压缩机、风机和泵的安装应符合 GB 50275 的要求。

10.2.8　管道的安装应符合 GB 50236 的要求。

10.2.9　电除尘器的调试应符合 JB/T 6407 的要求。

10.2.10　固定床吸附净化装置安装应符合 HJ/T 386 的要求；工业废气吸收净化装置安装应符合 HJ/T 387 的要求；工业有机废气催化净化装置安装应符合 HJ/T 388 的要求。

10.2.11　连续监测装置的安装应符合 HJ/T 76 的要求。

10.3　工程验收

10.3.1　土建工程验收应符合 GB 50300、GB 50202、GB 50203、GB 50204 和 GB 50205 及相关验收规范的要求。

10.3.2　安装工程验收应符合 GB 50231、GB 50236、GB 50275、GB/T 13931、HJ/T 76、JB/T 8471、GB 50254、GB 50255、GB 50256、GB 50257、GB 50258、GB 50259、JB/T 8536、JB/T 9688、DL/T 5403 和安装文件的有关要求。

10.3.3　工程完工后，施工单位向建设单位提交工程竣工验收申请。验收程序和内容按建设项目竣工验收程序执行。

10.3.4　工程竣工验收依据主管部门的批准文件、设计文件及设计变更文件、合同及其附件和设备技术文件等。

10.4　工程环境保护验收

10.4.1　竣工环境保护验收应符合《建设项目竣工环境保护验收管理办法》以及行业环境保护验收规范的要求。

10.4.2　建设单位应结合试运行组织具备相应资质的单位进行性能试验。性能试验报告和工程质量验收报告作为环境保护验收的技术依据。

10.4.3　验收监测应符合《建设项目环境保护设施竣工验收监测技术要求》的规定。

10.4.4　污染治理设施的自动连续监测及数据传输系统，应与治理工程同时进行环境保护验收。

11　运行维护

11.1　设备的运行和维护应符合设备说明书和相关技术规范的规定。

11.2　污染治理设施在正常运行工况下，处理效果应满足国家或地方排放标准。

11.3　污染治理设施投入运行后，未经当地环境保护行政主管部门批准，不得停止运行或拆除。

11.4　生产单位应设立环境保护管理部门，配备管理人员、技术人员和必要的设备，制定治理系统运行及维护的规章制度，主要设备的运行、维护和操作规程。

11.5　污染治理设施的操作和维护应责任到人。岗位工人应通过培训考核上岗，熟悉本岗位运行及维护要求，遵守劳动纪律，执行操作规程。

11.6　严格执行交接班工作制度，岗位工人应填写运行记录，运行记录定期上报企业生产和环保管理部门，并存档。

11.7　污染治理设施中的易损设备、配件和通用材料，应由生产单位按机械设备管理规程和工艺安全运行要求储备，保证治理设施的正常运行。

11.8　应制定污染治理系统大、中检修计划和应急预案。污染治理系统检修时间应与工艺设备同步，对治理系统和设备应进行随检和定检，检修和检查结果应记录并存档。

11.9　应及时发现和处理检测仪器的故障，并定期校准。

中华人民共和国国家环境保护标准

火电厂烟气脱硫工程技术规范　氨法

Technical specifications for ammonia flue gas desulfurization projects of thermal power plant

HJ 2001—2010

前　言

为贯彻《中华人民共和国环境保护法》和《中华人民共和国大气污染防治法》，规范火电厂氨法烟气脱硫工程建设，改善环境质量，制定本标准。

本标准对火电厂氨法烟气脱硫工程的设计、施工、验收、运行和维护等提出了技术要求。

本标准为首次发布。

本标准的附录 A 为资料性附录。

本标准由环境保护部科技标准司组织制订。

本标准主要起草单位：中国环境保护产业协会、江苏新世纪江南环保有限公司、国电环境保护研究院、云南亚太环境工程设计研究有限公司。

本标准由环境保护部 2010 年 12 月 17 日批准。

本标准自 2011 年 3 月 1 日起实施。

本标准由环境保护部解释。

1　适用范围

本标准规定了火电厂氨法烟气脱硫工程的设计、施工、验收、运行和维护等技术要求。

本标准适用于 100 MW 及以上火电机组氨法烟气脱硫工程，可作为环境影响评价、工程咨询、设计、施工、环境保护验收及建成后运行与管理的技术依据。

100 MW 以下机组的火电机组、工业炉窑或工业锅炉的氨法烟气脱硫工程可参照执行。

2　规范性引用文件

本标准内容引用了下列文件中的条款。凡是未注明日期的引用文件，其有效版本适用于本标准。

GB 535　硫酸铵

GB 536　液体无水氨

GB 2440　尿素

GB 3559　农业用碳酸氢铵

GB/T 4272　设备及管道绝热技术通则

GB/T 12801　生产过程安全卫生要求总则

GB 13223　火电厂大气污染物排放标准

GB 14679　空气质量　氨的测定　次氯酸钠-水杨酸分光光度法

GB/T 16157　固定污染源排气中颗粒物测定与气态污染物采样方法

GB 16297　大气污染物综合排放标准

GB/T 23349　肥料中砷、镉、铅、铬、汞生态指标

GB 50009　建筑结构荷载规范

GB 50011　建筑抗震设计规范

GB 50016　建筑设计防火规范

GB 50019　采暖通风与空气调节设计规范

GB 50033　建筑采光设计标准

GB 50046　工业建筑防腐蚀设计规范

GB 50057　建筑物防雷设计规范

GB 50058　爆炸和火灾危险环境电力装置设计规范

GB 50116　火灾自动报警系统设计规范

GB 50160　石油化工企业设计防火规范

GB 50219　水喷雾灭火系统设计规范

GB 50222　建筑内部装修设计防火规范

GB 50229　火力发电厂与变电站设计防火规范

GB 50243　通风与空调工程施工质量验收规范

GBJ 87　工业企业噪声控制设计规范

GBZ 1　工业企业设计卫生标准

GBZ 2.1　工作场所有害因素职业接触限值　第 1 部分：化学有害因素

HJ 533　环境空气和废气　氨的测定　纳氏试剂分光光度法

HJ 562　火电厂烟气脱硝工程技术规范　选择性催化还原法

HJ/T 75　固定污染源烟气排放连续监测技术规范（试行）

HJ/T 76　固定污染源烟气排放连续监测系统技术要求及检测方法

HJ/T 179　火电厂烟气脱硫工程技术规范　石灰石/石灰-石膏法

HJ/T 255　建设项目竣工环境保护验收技术规范　火力发电厂

DL 5000　火力发电厂设计技术规程

DL 5053　火力发电厂劳动安全和工业卫生设计规程

DL/T 748.10　火力发电厂锅炉机组检修导则　第10部分：脱硫装置检修

DL/T 808　副产硫酸铵

DL/T 986　湿法烟气脱硫工艺性能检测技术规范

DL/T 5035　火力发电厂采暖通风与空气调节设计技术规程

DL/T 5153　火力发电厂厂用电设计技术规定

DL/T 5196　火力发电厂烟气脱硫设计技术规程

DL/T 5403　火电厂烟气脱硫工程调整试运及质量验收评定规程

HG 1—88　工业氨水

《危险化学品安全管理条例》（中华人民共和国国务院令　第344号）

《危险化学品生产储存建设项目安全审查办法》（国家安全生产监督管理局、国家煤矿安全监察局令　第17号）

《建设项目（工程）竣工验收办法》（计建设[1990]1215号）

《建设项目竣工环境保护验收管理办法》（国家环境保护总局令　第13号）

3　术语和定义

3.1　脱硫系统　desulfurization system

脱除烟气中二氧化硫（SO_2）的氨法烟气脱硫装置。

3.2　氨法烟气脱硫　ammonia flue gas desulfurization

以氨基物质作吸收剂，脱除烟气中的 SO_2 并回收副产物（如硫酸铵等）的湿式烟气脱硫工艺。简称氨法。

3.3　吸收剂　absorbent

脱硫系统中用于脱除 SO_2 等有害物质的反应剂。

3.4　副产物　by-product

吸收剂与烟气中 SO_2 等反应后生成的物质，以及对反应生成物质进一步加工形成的物质。

3.5　氨回收率　ammonia recovery rate

脱硫系统副产物中氨的量与用于脱硫的氨的量之比。以副产硫酸铵为例，按式（1）计算：

$$\text{氨回收率}=\frac{X\times Y+\sum_{i=1}^{n}(X_{i2}\times Y_{i2}-X_{i1}\times Y_{i1})}{X_1\times Y_1}\times 2M_1/M_2\times 100\% \tag{1}$$

式中：X——计算期（计算期宜为3 d以上）生产的硫酸铵产品的质量，kg；

Y——计算期生产的硫酸铵产品中平均硫酸铵质量分数，%；

X_1——计算期内投入吸收剂的总质量，kg；

Y_1——投入的吸收剂含氨的质量分数，%；

X_{i1}、X_{i2} —— 计算期期初、期末时系统中第 i 项设备中副产物总质量，kg；

Y_{i1}、Y_{i2} —— 计算期期初、期末时系统中第 i 项设备中副产物中氨及铵盐折算硫酸铵的质量分数，%；

n —— 脱硫系统中存有副产物的设备数；

M_1 —— 氨的相对分子质量；

M_2 —— 硫酸铵的相对分子质量。

3.6 增压风机 booster fan

为克服脱硫系统的烟气阻力增加的风机。

3.7 氧化风机 oxidation fan

提供氧气（空气）用于将脱硫生成的亚硫酸（氢）铵氧化成硫酸铵的设备。

3.8 氨逃逸质量浓度 ammonia slip

脱硫系统运行时，吸收塔出口单位烟气体积（101.325 kPa、0℃，干基，过剩空气系数 1.4）中氨的质量，一般用 mg/m^3 表示。

3.9 氧化率 oxidation rate

副产物中硫酸（氢）盐物质的量占亚硫酸（氢）盐及硫酸（氢）盐物质的量的总和的百分比，按式（2）计算：

$$氧化率=\frac{n_1}{n_1+n_2}\times 100\% \qquad (2)$$

式中：n_1 —— 副产物中硫酸（氢）盐的物质的量，mol；

n_2 —— 副产物中亚硫酸（氢）盐离子的物质的量，mol。

3.10 吸收塔内饱和结晶 saturation crystal in absorber

在吸收塔内，利用进口烟气的热量，使副产物溶液达到饱和并析出晶体的过程。简称塔内结晶。

3.11 吸收塔外蒸发结晶 evaporative crystal out of absorber

在吸收塔外，利用蒸汽等热源，将副产物溶液进行蒸发并析出晶体的过程。简称塔外结晶。

4 污染物与污染负荷

4.1 主要污染物与污染负荷

4.1.1 进入脱硫系统的烟气中 SO_2 含量按 HJ/T 179 的规定计算。

4.1.2 进入脱硫系统的烟气中烟尘含量应不影响副产物质量及装置正常运行。

4.2 烟气条件的确定

4.2.1 新建机组建设脱硫系统时，其设计工况宜采用锅炉最大连续工况（BMCR）、燃用设计燃料时的烟气参数。校核工况宜采用锅炉经济运行工况（ECR）、燃用最大含硫量燃料时的烟气参数。

4.2.2 现有机组建设氨法烟气脱硫系统时，其设计工况和校核工况宜根据脱硫系统入口处实测烟气参数结合设计参数确定，并充分考虑燃料的变化趋势。

4.2.3 烟气参数应按 GB/T 16157 测试。

4.3 SO_2脱除效果

脱硫系统的 SO_2 排放浓度应符合国家或地方的相关标准，且满足排放总量的要求，脱硫效率按 HJ/T 179 进行计算。

5 总体要求

5.1 一般规定

5.1.1 脱硫系统应根据当地吸收剂来源、副产物市场、安全环境等条件进行技术经济比较后确定。

5.1.2 脱硫系统应根据企业的规划及实际情况选择与其生产条件相适应的工艺及设备，宜选择安全、环保、节能的工艺和设备。

5.1.3 脱硫系统所需水、电、气、汽等公用工程宜尽量利用电厂主体工程设施。

5.1.4 脱硫系统应设置有效的安全、消防、卫生设施，控制有害物质产生与扩散。

5.1.5 新建发电机组的吸收塔设计使用寿命应不小于 30 年，现有发电机组的吸收塔设计寿命不应低于发电机组寿命。

5.1.6 脱硫系统的设计脱硫效率应不小于 95%。

5.1.7 氨逃逸质量浓度应低于 10 mg/m^3。氨回收率应不小于 96.5%。

5.1.8 脱硫系统应装设符合 HJ/T 76 要求的烟气排放连续监测系统（CEMS），并按照 HJ/T 75 的要求进行连续监测。

5.1.9 烟囱的设计、建造及改造等应符合安全、环境影响环保评价的要求，并应注意考虑对脱硫系统的影响。已建电厂建设脱硫系统时，应对现有烟囱进行检测、分析后确定改造方案。

5.2 工程构成

5.2.1 氨法烟气脱硫工程的设计对象和范围应根据工程实际进行界定。设计对象一般包括系统的工艺、设备、土建、电气、控制、消防、暖通、给排水等；设计范围一般包括从锅炉引风机出口烟道到烟囱进口的所有工艺系统、公用系统和辅助系统等。

5.2.2 工艺系统包括烟气系统、吸收剂储存供给系统、吸收系统、副产物处理系统和事故排空系统等。

5.2.3 公用系统包括蒸汽系统、压缩空气系统、工艺水及循环冷却水系统等。

5.2.4 辅助系统包括电气系统、仪表及控制系统、土建、采暖通风及空调、给排水系统、消防等。

5.3 总平面布置

5.3.1 一般规定

5.3.1.1 总平面布置应符合 GB 50016、GB 50160 和 DL/T 5196 的规定。

5.3.1.2 副产物处理系统应结合工艺流程和场地条件因地制宜布置。一般可布置在与吸收循环系统相对独立的交通便利的区域，吸收循环系统与副产物处理系统间的物料可用管道输送。

5.3.1.3　副产物仓库应布置在交通顺畅的道路边，并便于自然通风。

5.3.2　交通运输

5.3.2.1　副产物处理系统及仓库之间宜设顺畅的运输通道。

5.3.2.2　当吸收剂为液氨时可以用槽罐车或管道输送，总图布置应符合 HJ 562 的相关规定。

5.3.3　管线布置

5.3.3.1　管线综合布置应根据总平面布置、管内介质、施工及维护检修等因素确定，在平面及空间上应与主体工程相协调。现有厂区的脱硫系统边界管道宜利用原有管廊敷设。

5.3.3.2　集中管廊布置时，含有腐蚀性介质管道宜布置在下层，公用工程管道、电缆桥架宜布置在上层。

5.3.3.3　管线的附属构筑物（如补偿器、检查井等）应相互交错布置，避免冲突。地上管线较多时，尽可能共架（共杆）布置。

5.3.3.4　在多层管廊上布置液氨管道时应与蒸汽管道、电缆等分层布置。单层管廊布置时，液氨管道与蒸汽管道、电缆的布置间距应符合安全、检修等规范。

5.3.3.5　液氨罐区的配管管架应为滑动结构。

5.3.3.6　电缆敷设设计应避免腐蚀性介质接触，宜架空或采取防腐措施埋地。

6　工艺设计

6.1　工艺路线

6.1.1　氨法烟气脱硫工艺

氨法烟气脱硫工艺主要分为吸收工艺和副产物处理工艺两部分。工艺流程示意图见图 1。详细典型的氨法烟气脱硫工艺流程参见附录 A。

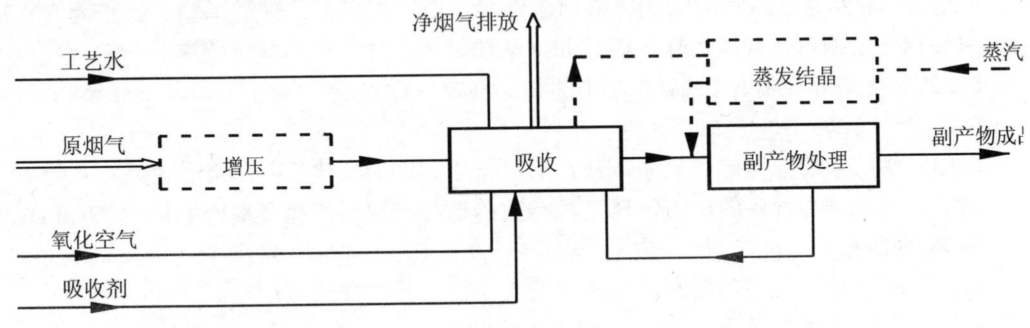

注：1．蒸发结晶只在塔外蒸发结晶工艺中配置。

2．锅炉引风机可以克服脱硫系统阻力时可不配置增压风机。

图 1　氨法烟气脱硫工艺流程示意图

6.1.2 吸收工艺（副产硫酸铵）

原烟气进入吸收塔，含氨的吸收液吸收烟气中的SO_2，脱硫后的净烟气经除雾按要求排放。吸收液吸收烟气中的SO_2后在吸收塔的氧化池或独立的氧化设施中被氧化成硫酸铵，所形成的硫酸铵溶液（或浆液）送副产物处理系统。

6.1.3 副产物处理工艺（副产硫酸铵）

副产物（硫酸铵）处理工艺可分为塔内结晶和塔外结晶两种。结晶形成的浆液经固液分离、干燥、包装得成品硫酸铵。

6.2 吸收剂储存供给系统

6.2.1 吸收剂的选择与制备

6.2.1.1 吸收剂的质量宜符合表1的要求。

表1 吸收剂质量要求

吸收剂	液氨	氨水[a]	碳铵	尿素
宜执行标准	GB 536合格品 氨含量99.6%	HG 1—88 农用品	GB 3559 合格品	GB 2440 农用合格品
[a] 可在脱硫系统水平衡允许范围内降低氨水浓度要求。				

6.2.1.2 吸收剂应根据来源情况及当地条件进行安全、经济、环保等综合评价后选择，并采取安全防护措施。

6.2.1.3 使用焦化、化工等副产氨或氨水等吸收剂进行脱硫时，应保证副产物质量及系统正常运行。

6.2.1.4 使用固体吸收剂脱硫时宜设置溶解设施将其配制成水溶液使用。

6.2.2 吸收剂的储存

6.2.2.1 吸收剂储量宜满足3～7 d用量，可根据输送距离远近及供应能力增减储量。

6.2.2.2 液氨通常用常温卧式罐或球罐储存，由专用槽车、管道运输。氨水为常压密封储存，用槽车或管道运输。碳铵和尿素通常为固体，宜散料或袋装。

6.2.2.3 液氨的储存应按HJ 562中的相关规定执行。

6.3 烟气系统

6.3.1 烟气系统应考虑脱硫系统建设后烟气压力降的变化，选择合适的烟气系统动力设备，所配动力设备的压力、风量等参数的选择及设备选型可参照HJ/T 179和DL/T 5196的要求。

6.3.2 需设置烟气再热器时，可选择气气换热、蒸汽加热等形式。

6.3.3 烟气系统宜参照HJ/T 179要求进行防腐。

6.4 吸收系统

6.4.1 一般规定

6.4.1.1 吸收系统应能满足技术性能要求，宜选用占地少、流程短、节能低耗的工艺及设备。

6.4.1.2　吸收系统应设置事故槽（池）。当全厂采用相同的脱硫工艺系统时，宜合用一套。事故槽（池）的容量宜不小于容积最大的吸收塔最低运行液位时的总容量。

6.4.1.3　浆液槽（池）应有防腐措施并设有防沉积或堵塞装置。

6.4.1.4　吸收液系统应减少尘、油及其他杂质进入，必要时宜配置相应的除杂质设施。

6.4.2　吸收塔

6.4.2.1　吸收塔的液气比应达到脱硫系统的要求，喷淋层不应少于 2 层。

6.4.2.2　应采用低压力降的吸收塔型式，吸收塔压力降应低于 1 500 Pa。

6.4.2.3　吸收塔的顶部或出口烟道上应设除雾器。在正常运行工况下，除雾器出口烟气中的雾滴质量浓度应不大于 75 mg/m^3。

6.4.2.4　吸收塔内部结构、液气比及喷淋层的设置应保证吸收液及烟气的充分接触，在保证脱硫效率的同时控制氨逃逸。

6.4.2.5　吸收塔塔外应设置供检修维护的平台和扶梯。

6.4.3　吸收液循环泵

6.4.3.1　吸收液循环泵宜根据工艺特点设置，至少设置两台。

6.4.3.2　吸收液循环泵及其他主要工艺泵应保证其可靠性，宜设备用。

6.4.4　氧化风机

宜根据工艺要求的风量及压头进行选型，至少有一台备用。

6.4.5　管道

6.4.5.1　含有结晶的浆液管道设计应符合 DL/T 5196 的要求。

6.4.5.2　管道内应避免浆液沉积，浆液管道上应设排空和冲洗的设施。

6.5　副产物处理系统

6.5.1　一般规定

6.5.1.1　应根据技术要求及市场条件选择副产物品种及质量等级，不得影响脱硫系统的主要技术性能。

6.5.1.2　副产物质量宜达到国家或行业标准要求，并定期评估杂质对副产物产品品质的影响，可根据用途确定检测指标及检测方法。

6.5.1.3　农用硫酸铵的氧化率应不小于 98.5%，重金属含量应满足 GB/T 23349 要求，其他指标宜达到 GB 535 农用合格品以上标准，不得低于 DL/T 808 指标的要求。

6.5.1.4　副产物车间应根据产品性质、加工用途进行设计和设备布置。

6.5.1.5　副产物处理系统应考虑原烟气含尘量对副产物品质的影响，必要时应设置除灰设备并考虑滤渣堆放和运输。

6.5.1.6　副产物处理系统产能及设备选型需适应脱硫系统负荷变化，产能应达到脱硫系统满负荷运行时的 150%。

6.5.2　副产物结晶

副产物结晶方案应通过经济技术比较确定，宜选用塔内结晶、多效蒸发结晶、蒸汽喷射泵等节能工艺和设备。

6.5.3 固液分离

6.5.3.1 固液分离流程宜包括分级分离、过滤脱水等工序。

6.5.3.2 固液分离设备的容量应满足晶体含量波动的要求，宜备用一台（套）设备或主件。

6.5.3.3 固液分离系统后的硫酸铵水分含量宜≤5%（质量比）。

6.5.4 干燥

6.5.4.1 干燥设备型式应根据物料产量、含水量、杂质含量等选择，并综合考虑能耗和占地面积等。干燥设备厂房面积和高度应能满足工艺布置和通风除尘的要求。

6.5.4.2 干燥设备的热源可采用锅炉热风或蒸汽等，不宜直接使用原烟气作干燥热源。

6.5.4.3 干燥后的管路、料仓宜密闭。干燥气排放应符合 GB 16297 的规定。

6.5.5 包装

6.5.5.1 副产物硫酸铵应按 GB 535、DL/T 808 的规定及用户要求进行包装和储存。其他副产物应参照相关国家或行业标准执行。

6.5.5.2 包装设备应选用扬尘少的称重及包装方式，并配置通风、收尘系统。

6.6 二次污染物控制措施

6.6.1 脱硫系统应防止工艺废水排放。

6.6.2 脱硫系统的设计、建设应采取有效的隔声、消声、绿化等降低噪声的措施，噪声和振动控制的设计应符合 GBJ 87、GBZ 1 等相应的规定。

6.6.3 厂区及厂界环境中 NH_3、SO_2、尘等污染物浓度应符合 GBZ 2.1 等规定的限值。

7 主要工艺设备和材料

7.1 材料选择

7.1.1 吸收塔塔体及内构件应选择合适的材质。塔体及塔内支撑件宜采用碳钢内衬玻璃鳞片涂料或衬胶、合金钢等，选用的吸收塔主材应有控制其质量与安全的措施。塔内其他构件宜采用玻璃钢、聚丙烯（PP）、合金钢及碳钢衬防腐材料。

7.1.2 吸收液用泵宜选用全合金或钢衬胶材质，浆液管道宜选用玻璃钢、钢衬塑或钢衬胶材质，固液分离设备与吸收接触部分宜选用合金钢、玻璃钢等材质。

7.2 设备选择

7.2.1 设备选型和配置应满足长期稳定运行的要求。

7.2.2 吸收塔的数量应根据锅炉容量、台数、吸收塔的容量、操作弹性、可靠性和布置条件等确定。

7.2.3 连续运转的关键设备宜至少在线备用一台（套），在线备用困难时至少库存一台（套）主机或备品、备件备用。

8 检测与过程控制

8.1 一般规定

8.1.1 检测与过程控制宜符合 DL/T 5196 的规定。

8.1.2 现场仪表应满足氨法烟气脱硫工作介质要求，严格禁锢。

8.1.3 新建机组同步建设脱硫系统时，宜将脱硫系统的控制纳入机组单元控制系统。

8.1.4 现有机组建设脱硫系统时，可设置独立的脱硫控制室。当条件具备时，可将脱硫系统控制室与主机（锅炉）集控室合并，或将脱硫系统的控制纳入已经建成的机组单元控制系统。

8.1.5 脱硫系统控制宜采用分散控制系统（DCS）或可编程逻辑控制器（PLC），其功能包括数据采集和处理、模拟量控制、顺序控制及联锁保护、脱硫厂用电源系统监控等。

8.1.6 副产物处理系统、烟气再热器、卸氨系统等可设置辅助专用就地控制设备。

8.2 热工自动化

8.2.1 数据采集和处理系统（DAS）采集处理的参数宜包括系统工况及工艺系统的运行参数、主要设备的运行状态、主要阀门的启闭状态及调节阀门的开度、主要的电气参数等。

8.2.2 模拟量控制系统（MCS）主要的调节项目宜包括槽（池）液位控制、吸收液的pH 值控制、蒸发结晶温度控制、干燥温度的控制等。

8.2.3 顺序控制（SCS）功能组应包括烟气系统功能组、吸收系统功能组、公用工程系统功能组和副产物处理系统功能组等。

8.2.4 联锁保护由控制软件内部组态连接来实现，联锁保护的条件包括锅炉主燃料跳闸（MFT）、锅炉油枪投入、除尘器故障、进口温度异常、进口压力异常、出口压力异常、脱硫系统入口烟尘含量超标、风机故障及事故联锁等。应设置关键设备的本体联锁保护、箱罐液位联锁、管道设备冲洗联锁等。

8.3 主要工艺过程控制

8.3.1 应设置吸收塔的进口、出口的 SO_2 的检测装置，并据此计算并控制吸收剂的加入量，应设置吸收液 pH 值的检测装置以辅助控制吸收剂加入量。

8.3.2 宜设置包括槽（池）液位、吸收液的 pH 值、吸收液密度（浓度）、蒸发结晶温度、干燥温度等检测仪表，并据此进行工艺控制维持系统稳定运行。

8.3.3 吸收塔出口宜配备氨检测仪，烟气的氨逃逸浓度在线检测困难时应增加取样分析检测频率。

8.4 氨罐区检测

8.4.1 氨罐上应布置压力、温度和液位检测设备。氨罐区及相应的区域应设置氨泄漏检测报警仪。

8.4.2 氨罐区为Ⅱ类防爆区域，所有现场检测仪表防爆等级应不低于 ExdⅡBT4。

8.5 工业电视

宜设置与电厂主装置相统一的工业电视系统。

8.6 分析检测

8.6.1 应配备对进厂吸收剂、脱硫副产物等分析检测的手段。

8.6.2 烟气测试方法依据 GB 16297、GB 13223、GB/T 16157 进行。

8.6.3 环境中氨的检测宜按 GB 14679 或 HJ 533 执行。烟气中氨的检测宜用稀硝酸吸收烟气中的氨，参照 GB 14679 或 HJ 533 进行抽样并分析样品中 NH_4^+、SO_4^{2-}、Cl^-的量，然后计算得出烟气中氨的浓度。烟气中氨也可使用电化学传感器法、快速检测管法进行检测。

8.6.4 日常分析检测内容见表 2。

表 2 日常分析检测内容

序号	类别	介质名称	分析项目指标	检测方案	检测频率
1	原料	吸收剂	有效成分含量、杂质	取样分析	1 次/批
2	烟气	进、出口烟气	SO_2、NO_x、O_2、H_2O、尘	取样分析	1 次/月
3	烟气	出口烟气	NH_3	取样分析	1 次/月
4	中控	吸收液	硫酸铵、亚硫酸（氢）铵	取样分析	1 次/d
5	中控	吸收液	pH 值、密度	取样分析	2 次/班
6	中控	产出液	pH 值及含固量	取样分析	2 次/班
7	产品	硫酸铵	含氮量、水分、游离酸	取样分析	1 次/班
注：日常运行宜以在线检测仪表为依据，定期进行分析检测对在线检测仪表校正。					

8.7 火灾探测及报警系统

8.7.1 火灾探测及报警系统应符合 GB 50229 的规定，设备选型宜与主厂房一致，火灾报警控制屏宜布置在脱硫控制室。

8.7.2 脱硫区的火灾探测及报警系统宜与全厂火灾探测及报警系统实现通信。

9 辅助系统

9.1 电气系统

9.1.1 供电系统

9.1.1.1 供电设备及系统的设置应符合 DL/T 5153 及 DL/T 5196 的规定。

9.1.1.2 液氨罐应采取二类防雷措施，并符合 GB 50057 的规定。

9.1.1.3 液氨罐防爆区域范围按 GB 50058 执行。

9.1.2 通信系统

脱硫系统应设置与电厂主厂房统一的生产行政通信及调度通信系统。

9.2 建筑与结构

9.2.1 建筑

9.2.1.1 一般规定

a）脱硫系统建筑设计应根据工艺流程、使用要求、自然条件、建筑地点等因素进行整体布局，同时应考虑与建筑周围环境的协调，满足功能要求。

b）建筑物的防火设计应符合 GB 50016 的要求。

c）建筑物的噪声设计应符合 GBJ 87 的规定。

d）建筑物的防腐设计应符合 GB 50046 的规定。

e）脱硫区域的建筑设计除执行本规定外，应符合国家和行业的现行有关设计标准的规定。

9.2.1.2 采光和照明

a）脱硫系统的建筑宜优先考虑天然采光，建筑物室内天然采照度应符合 GB 50033 的要求；

b）脱硫系统的建筑宜采用自然通风，墙上和楼层上的通风孔应合理布置，避免气流短路和倒流，并应减少气流死角。

9.2.1.3 室内外装修及防腐

a）建筑的室内外墙面应根据使用和外观需要进行处理，地面和楼面材料除工艺要求外，宜采用耐磨、易清洁的材料。

b）直接接触腐蚀性介质（如氨水、吸收液等）的设备基础、地面和楼面、沟渠应进行防腐。长期接触吸收液的地面和沟渠防腐可使用耐酸石板或砖（灰缝为树脂胶泥）、树脂稀胶泥或砂浆、沥青砂浆、聚合物水泥砂浆等，少量或偶尔接触的也可用水玻璃混凝土、耐酸石板或砖（灰缝为水玻璃胶泥或砂浆、沥青胶泥、聚合物水泥砂浆等）。

9.2.2 结构

9.2.2.1 土建结构的设计应符合现行国家规范及行业标准的要求。

9.2.2.2 作用在屋面、楼（地）上的设备荷载和管道荷载（包括设备及管道的自重，设备、管道及容器中的填充物重） 检修、施工安装时的载荷应按活荷载考虑，荷载取值应符合 GB 50009 的要求。

9.2.2.3 建筑物的抗震设计应符合 GB 50011 的要求。

9.3 暖通与给排水

9.3.1 一般规定

采暖通风与空气调节应符合 GB 50243、GB 50019、DL/T 5196 及 DL/T 5035 的规定。

9.3.2 采暖

9.3.2.1 脱硫系统的建筑物采暖宜与机组主厂区其他建筑物一致。当机组主厂区设有集中采暖系统时，采暖热源宜由主厂区采暖系统提供。

9.3.2.2 在集中采暖地区，值班室应设采暖设备。脱硫区域建筑物室内无人员活动或每名工人占用的建筑面积较大时（≥50 m^2），房间冬季采暖设计温度应不低于5℃。在休息地点设采暖设施时，采暖室内设计温度应不低于18℃。

9.3.2.3 室内采暖管道、支架及附件应做防腐处理，采暖管道保温材料应选用不燃材料。

9.3.2.4 副产物处理系统的建筑物采暖选用散热器应耐腐蚀，不易积尘，便于清扫。

9.3.3 通风

9.3.3.1 副产物处理系统的厂房、副产物仓库等建筑应尽量采用自然通风，自然通风达不到卫生和生产要求时，可采用机械通风或自然与机械的联合通风。

9.3.3.2 副产物处理系统的厂房等有可能逸出大量有害物质的场所，应设计事故通风设施，事故通风换气次数不小于12次/h。

9.3.3.3 通风系统的设备、管道及附件均应防腐，风管材料宜选用耐腐蚀的复合材料。

9.3.4 空气调节

脱硫区域配电间及其他建筑在夏季对室内温度有要求的房间，当室内外空气温差较大时，宜利用室外空气降低室内温度。当室内外空气温差较小时，宜采用直接蒸发式冷风机组降低室内温度。

9.3.5 给排水

9.3.5.1 给排水应符合DL 5000的规定。

9.3.5.2 给排水系统划分应与现有系统或拟建设项目的给排水系统一致。

9.3.5.3 脱硫系统应设置事故排水的应急措施，工艺废水应汇集回收。

9.3.6 保温

应根据气象条件及工艺要求进行管道及设备的保温设计，管道及设备的保温设计应符合GB/T 4272的要求。

9.4 消防

9.4.1 脱硫系统涉及的物料应按国家相关规定确定其危险类别。

9.4.2 消防设计应符合国家相关规定。新建电厂脱硫系统的消防站（队）宜由全厂统一设置；现有电厂加装脱硫系统时，尽量利用已有的消防设施、消防给水系统，在脱硫系统内布置消防给水管网及消防器材。

9.4.3 脱硫系统消防用水应从消防管网的主管接入，消防给水管道的公称直径应不小于100 mm。室外消火栓的间距应不大于120 m，其保护半径应不大于150 m。

9.4.4 氨罐区消防给水量按4 h、30 L/s计算，并符合GB 50016的要求。

9.4.5 氨罐区的消火栓应设置在防火堤或防护墙外。距罐壁15 m范围内的消火栓，不应计算在该罐可使用的数量内。

9.4.6 氨罐区应设置消防通道，当储量达1 500 m^3时应设置环形车道。消防车道可利用交通道路，但要满足消防车道通行和停靠要求。

9.4.7 储存液氨的罐区应设置符合GB 50219规定的水喷雾灭火系统。

10 劳动安全与职业卫生

10.1 一般规定

10.1.1 脱硫系统的设计、制造、安装、使用和维修过程中应重视职业人员的安全与卫生防护。应遵守以下原则：

a）建设、运行中污染物的防治与排放应执行国家环境保护法规和标准的有关规定；

b）可行性研究阶段应有环境保护、劳动安全和工业卫生的论证内容。在初步设计阶段，应提出深度符合要求的环境保护、劳动安全和工业卫生专篇；

c）建设单位在脱硫系统建成运行的同时，安全和卫生设施应同时建成运行。

10.1.2 安全与卫生的设计应安全可靠、技术先进、经济合理、互相协调一致，宜达到本质安全化、符合人机工程学原则。

10.1.3 劳动安全和工业卫生设计应符合 DL 5053 及其他相关规定。安全管理应符合 GB 12801 的有关规定。

10.1.4 防火、防爆设计应符合 GB 50016、GB 50160、GB 50222 和 GB 50229 等标准的规定。

10.1.5 室内防尘、防噪声与振动、防电磁辐射、防暑与防寒等职业卫生要求应符合 GBZ 1 的规定。

10.1.6 建立并严格执行安全检查制度，及时消除事故隐患，防止事故发生。

10.1.7 应配备个人安全与卫生防护设施，包括防尘防毒防噪声等防护服、逃生器械、急救用品等防护用品。

10.1.8 采用液氨作为吸收剂时，应执行 GB/T 12801、《危险化学品安全管理条例》和《危险化学品生产储存建设项目安全审查办法》等标准条例的有关规定。

10.2 氨的安全卫生措施

10.2.1 氨罐区应进行全面监控，严密监视氨罐安全状态。建立氨罐区定期检查和危险源安全管理档案制度；对存在事故隐患和缺陷的危险源应及时整改，不能立即整改的，应采取切实可行的安全措施。

10.2.2 氨罐区应具有氨泄漏紧急处置措施，包括应在脱硫系统区域设置报警设施、喷淋系统及方向标和洗眼器。氨泄漏检测报警仪设置数量宜参照 GB 50116 配置。

10.2.3 液氨的装卸应采用万向充装管道系统。

10.2.4 氨罐和氨管道防火防爆措施：

a）应设置可靠的防火防爆措施和火灾报警系统，合理选择和配备消防设施；

b）贮罐和管线在安装投用前、检修前、检修后的投用前应使用氮、蒸汽等介质置换或保护，经检测合格后方可使用或检修；

c）在氨罐区敷设电缆时，应采取阻燃措施或采用阻燃电缆；

d）应有消除静电和防雷击等措施，设备、管线应接地。

10.2.5 氨罐区应标识安全标志、紧急疏散、急救通道等标识，应设置黄色区域警戒线、警示标识和中文警示说明。液氨管道应设置识别色、识别符号和安全标识。

10.2.6　氨罐和氨管道在调试、投运前应建立安全、卫生管理制度，落实安全、卫生管理措施。

11　施工与验收

11.1　施工

11.1.1　脱硫系统的工程总承包、设计、施工单位应具有相应的资质。

11.1.2　工程施工应符合国家和行业相应专项工程施工规范、施工程序及管理文件的要求。

11.1.3　储气罐、液氨罐、液氨管道等压力容器及其配套项目施工前应向特种设备主管部门办理相关手续，施工过程中接受其监督。

11.1.4　工程施工中采用的工程技术文件、承包合同文件对施工质量验收的要求不得低于国家相关专项工程规范的规定。

11.1.5　应具备下列条件方可进行工程施工：

a）设计施工图纸、有关技术文件及必要的安装使用说明书已齐全；

b）施工图纸经过会审；

c）经过技术交底和必要的技术培训等技术准备工作；

d）施工现场具备施工条件；

e）经审批的相关文件、手续等均已齐全。

11.1.6　工程施工应按设计文件、施工图纸和设备安装使用说明书的规定进行，工程变更应取得设计单位确认并出具设计变更文件后再进行施工。

11.1.7　工程施工所用的设备、材料、器件等应有产品合格证书、产品性能检测报告。主要材料应有进场复验报告。

11.1.8　工程施工除遵守相关的施工技术规范以外，还应遵守相关的劳动安全及卫生、消防等规定。

11.1.9　液氨罐、液氨管道及其配套件应由具有相应资质的单位进行设计、制造、安装、监理、检验。

11.2　竣工验收

11.2.1　竣工验收应按《建设项目（工程）竣工验收办法》、各专业验收规范和本规范有关规定组织。

11.2.2　储气罐、液氨罐、液氨管道等压力容器及其配套件应经特种设备主管部门验收。

11.2.3　竣工验收的依据应包括设计文件和设计变更文件、工程合同、设备供货合同和合同附件、设备技术文件、专项工程施工与验收规范、国家现行有关标准的规定及其他相关文件。

11.3　调试考核

11.3.1　脱硫系统的调试验收应按 DL/T 5403 执行，调试工作分为分部试运（包括设备和分系统试运）、整套启动试运（包括整套启动调试优化和满负荷试运）两个阶段。

11.3.2　按分系统试运、具备整套启动试运、带负荷调试、满负荷试运等阶段进行调试工作。调整试运质量的检验及评定，应按检验项目、分项、专业、阶段、整套试运等顺序依次进行，最后进行工程质量总评。

11.3.3　脱硫系统调整试运前，应在施工（含单机试运）质量检验评定合格，且有完整原始记录的基础上，进行质量检查及评定。

11.3.4　在脱硫系统调整试运中，调试人员应对各检验项目的质量进行全数检查，建设单位和试运验收组可视情况作全数检查或随机抽查。

11.3.5　对整体启动试运行中出现的问题应及时消除。在整体启动试运行及满负荷调试优化后，进行满负荷试运行考核，技术指标达到设计要求后，建设单位向有审批权的环境保护行政主管部门提出生产试运行申请。经批准后，方可进行生产试运行。

11.4　竣工环境保护验收

11.4.1　脱硫系统的工程竣工环保验收应符合 HJ/T 255 和《建设项目竣工环境保护验收管理办法》规定的条件，在生产试运行期间应对工程进行性能试验，性能试验报告应作为环境保护验收的重要内容。

11.4.2　脱硫系统的性能试验宜参照 DL/T 986 进行，宜在脱硫设备整体试运行结束 2 个月后、6 个月内的适当时间进行。

11.4.3　脱硫系统的性能试验包括功能试验、技术性能试验、设备试验和材料试验。其中，技术性能试验至少应包括以下项目：

a）脱硫效率；

b）氨逃逸浓度；

c）脱硫系统压力降；

d）吸收剂、水、电等消耗量；

e）脱硫副产物产量及质量；

f）氨回收率；

g）合同约定的其他试验项目。

11.4.4　脱硫系统的工程竣工环境保护验收的主要技术依据应符合环境保护行政主管部门的要求。

12　运行与维护

12.1　一般规定

12.1.1　脱硫系统的运行、维护及安全管理除应符合本规范外，还应符合国家有关标准的规定。

12.1.2　脱硫系统运行应在满足设计工况的条件下进行，并根据工艺要求，定期对设备、电气、自控仪表及建（构）筑物进行检查维护，确保系统稳定可靠运行。

12.1.3　应建立脱硫系统运行维护的管理制度，包括运行、操作和维护规程；建立整个脱硫系统及主要设备运行状况的台账制度。

12.2 人员与运行管理

12.2.1 宜成立脱硫系统运行的专门管理部门，并配备相应的人员。

12.2.2 应对脱硫系统的管理和运行人员进行定期培训，使管理和运行人员系统掌握正常运行的操作和应急情况的处理措施。氨罐区操作人员应经主管部门培训考核合格后持证上岗。

12.2.3 运行操作人员上岗前应进行以下内容的专业培训：

a）启动前的检查和启动要求的条件；

b）处置设备的正常运行，包括设备的启动和关闭；

c）控制、报警和指示系统的运行和检查，以及必要时的纠正操作；

d）最佳的运行温度、压力、脱硫效率的控制和调节，以及保持设备良好运行的条件；

e）设备运行故障的发现、检查和排除；

f）事故或紧急状态下的操作和事故处理；

g）设备日常和定期维护；

h）设备运行及维护记录，以及其他事件的记录和报告。

12.2.4 应建立脱硫系统运行状况、设施维护和生产活动等记录制度，主要记录内容包括：

a）系统启动、停止时间；

b）吸收剂进厂质量分析数据、进厂数量和进厂时间；

c）系统运行工艺控制参数记录，至少应包括脱硫系统进出口 SO_2 含量、烟气温度、烟气流量、烟气压力、用水量和用氨量；

d）主要设备的运行和维修情况的记录；

e）烟气连续监测数据记录；

f）副产物处理系统运行情况的记录；

g）生产事故及处置情况的记录；

h）定期检测、评价及评估情况的记录等。

12.2.5 运行人员应按照规定做好交接班制度和巡检制度，液氨或氨水的装卸应加强监控。

12.3 维护

12.3.1 脱硫系统的维护保养应纳入全厂的维护保养计划中。脱硫系统检修宜按 DL/T 748.10 进行。

12.3.2 维护人员应根据规定定期检查、更换或维修设备及其部件。

12.3.3 维护人员应做好维护保养记录。

12.3.4 液氨罐及其配套件应定期由具有相应资质的单位检验。

附　录　A
（资料性附录）
典型工艺流程

A.1　氨法烟气脱硫工艺流程分类

氨法烟气脱硫工艺流程按主要工序工艺及设备的差异分类如下：

a）按副产物的结晶方式分：塔内饱和结晶、塔外蒸发结晶等，其中塔外蒸发结晶又分为单效蒸发、二效蒸发等。

b）按塔型式分：复合塔型、双塔型等。

c）按脱硫系统的烟气动力源分：设置增压风机；不设增压风机；原引风机增容。

还可按吸收剂、副产物、氧化形式等进行分类。

脱硫系统的工艺流程通过以上分类可组合成多种工艺流程，以下只是其中两种典型流程。

A.2　典型的塔内饱和结晶——不设增压风机的氨法烟气脱硫工艺流程

流程说明：

a）锅炉引风机来的原烟气进入吸收塔，通过吸收液洗涤脱除 SO_2 后，烟气成为湿的净烟气，净烟气经除雾器除去雾滴后经净烟道进烟囱排放。

b）吸收液与烟气中 SO_2 反应后在吸收塔的氧化池被氧化风机来的空气氧化成硫酸铵。

c）吸收液在与原烟气接触过程中水被蒸发，在塔内吸收液喷淋过程中形成硫酸铵结晶。

d）含硫酸铵结晶的吸收液送副产物处理系统，经旋流器、离心机的固液分离产生湿硫酸铵，湿硫酸铵进干燥机干燥后成干硫酸铵，干硫酸铵经包装后得成品硫酸铵。

e）吸收液在循环的过程中根据脱硫需要从吸收剂储存系统的氨罐补充吸收剂。

A.3　典型的塔外蒸发结晶（二效）——设置增压风机的氨法烟气脱硫工艺流程

流程说明：

a）锅炉引风机来的原烟气通过增压风机增压后进入吸收塔，通过吸收液洗涤脱除 SO_2 后烟气成为湿的净烟气，净烟气经吸收塔内的除雾器除去雾滴后通过塔顶设置的直排烟囱排放。

b)吸收液与烟气中 SO_2 反应后在吸收塔的氧化池被氧化风机来的空气氧化成硫酸铵。

c) 硫酸铵溶液送副产物处理系统的二效蒸发结晶系统，将水分蒸发后形成硫酸铵结晶。

d) 含硫酸铵结晶的浆液送旋流器、离心机进行固液分离产生湿的硫酸铵，湿的硫酸铵进干燥机干燥后形成干的硫酸铵，干的硫酸铵经包装后得成品硫酸铵。

e) 吸收液在循环的过程中根据脱硫需要从吸收剂储存系统的氨罐补充吸收剂。

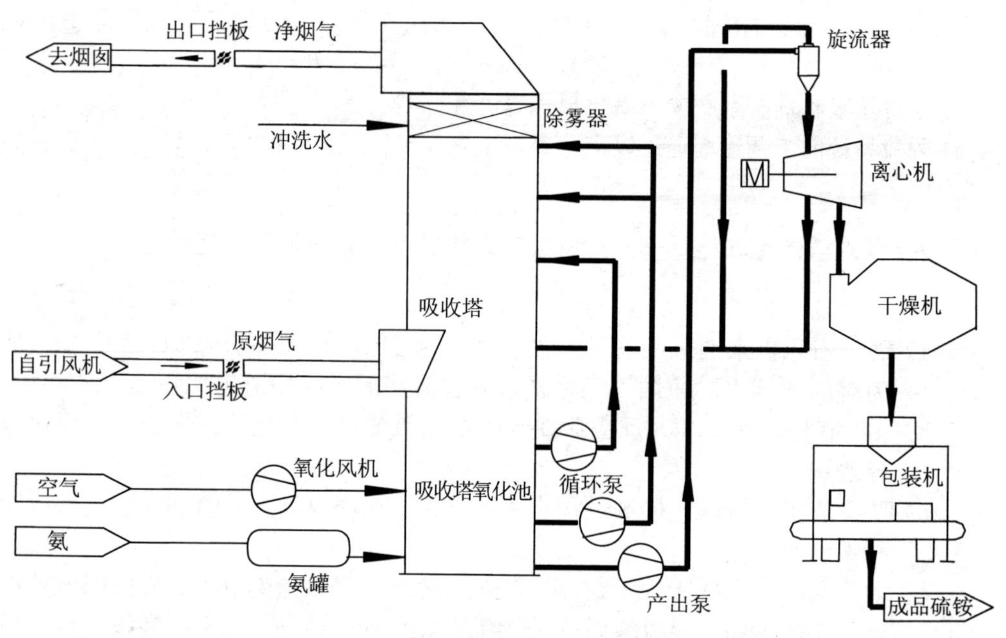

图 A.1　塔内饱和结晶——不设增压风机的氨法烟气脱硫工艺流程图

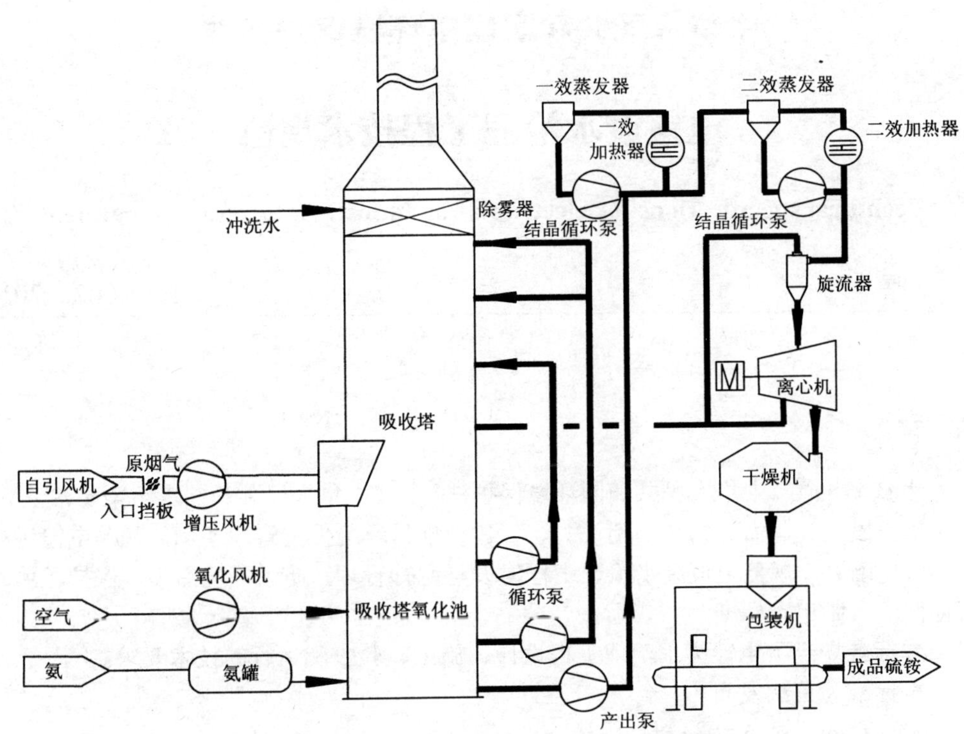

图 A.2　塔外蒸发结晶（二效）——设置增压风机的氨法烟气脱硫工艺流程图

中华人民共和国国家环境保护标准

电镀废水治理工程技术规范

Technical specifications for electroplating industry wastewater treatment

HJ 2002—2010

前 言

为贯彻执行《中华人民共和国环境保护法》、《中华人民共和国水污染防治法》、《中华人民共和国海洋污染防治法》、《建设项目环境保护管理条例》和《电镀污染物排放标准》，规范电镀废水治理工程建设与运行管理，防治环境污染，保护环境和人体健康，制定本标准。

本标准规定了电镀废水治理工程设计、施工、验收和运行的技术要求。

本标准为首次发布。

本标准的附录 A 为资料性附录。

本标准由环境保护部科技标准司组织制订。

本标准主要起草单位：北京中兵北方环境科技发展有限责任公司、中国兵器工业集团公司。

本标准环境保护部 2010 年 12 月 17 日批准。

本标准自 2011 年 3 月 1 日起实施。

本标准由环境保护部解释。

1 适用范围

本标准规定了电镀废水治理工程设计、施工、验收和运行的技术要求。

本标准适用于电镀废水治理工程的技术方案选择、工程设计、施工、验收、运行等的全过程管理和已建电镀废水治理工程的运行管理，可作为环境影响评价、环境保护设施设计与施工、建设项目竣工环境保护验收及建成后运行与管理的技术依据。

2 规范性引用文件

本标准内容引用了下列文件中的条款。凡是不注日期的引用文件，其有效版本适用于本标准。

GB 12348　工业企业厂界环境噪声排放标准

GB 15562.2　环境保护图形标志　固体废物贮存（处置）场

GB 18597　危险废物贮存污染控制标准

GB 21900　电镀污染物排放标准

GB 50009　建筑结构荷载规范

GB 50016　建筑设计防火规范

GB 50052　供配电系统设计规范

GB 50054　低压配电设计规范

GB 50141　给水排水构筑物施工及验收规范

GB 50191　构筑物抗震设计规范

GB 50194　工程施工现场供用电安全规范

GB 50204　混凝土结构工程施工质量验收规范

GB 50231　机械设备安装工程施工及验收通用规范

GB 50268　给水排水管道工程施工及验收规范

GB 50303　建筑电气工程施工质量验收规范

GBJ 13　室外给水设计规范

GBJ 22　厂矿道路设计规范

GBJ 87　工业企业噪声控制设计规范

GBJ 136　电镀废水治理设计规范

HJ/T 212　污染源在线自动监控（监测）系统数据传输标准

HJ/T 283　环境保护产品技术要求　厢式压滤机和板框压滤机

HJ/T 353　水污染源在线监测系统安装技术规范（试行）

HJ/T 355　废水在线监测系统的运行维护技术规范

HJ/T 314　清洁生产标准　电镀行业

《建设项目（工程）竣工验收办法》（计建设[1990]1215 号）

《建设项目竣工环境保护验收管理办法》（国家环境保护总局令　第 13 号）

3　术语和定义

下列术语和定义适用于本标准。

3.1　电镀废水　wastewater of electroplating

指电镀生产过程中排放的各种废水，包括镀件酸洗废水、漂洗废水、钝化废水、刷洗地坪和极板的废水、由于操作或管理不善引起的“跑、冒、滴、漏”产生的废水，废水处理过程中自用水以及化验室排水等。

3.2　重金属废水　wastewater containing heavy metals

指电镀生产中排放的含有镉、铬、铅、镍、银、铜、锌等金属离子的废水。根据废水中所含重金属元素，又分别称为含镉废水、含铬废水、含铅废水、含镍废水、含银废水、含铜废水、含锌废水等。

3.3　电镀混合废水　mix-wastewater of electroplating

指电镀生产排放的不同镀种和不同污染物混合在一起的废水。包括经过预处理的含氰废水和含铬废水。

3.4　电镀污泥　electroplating sludge

指电镀废水治理过程中产生的化学污泥。

4　污染物和污染负荷

4.1　电镀废水分类

电镀废水一般按废水所含污染物类型或重金属离子的种类分类，如酸碱废水、含氰废水、含铬废水、含重金属废水等。当废水中含有一种以上污染物时（如氰化镀镉，既有氰化物又有镉），一般仍按其中一种污染物分类；当同一镀种有几种工艺方法时，也可按不同工艺再分成小类，如焦磷酸镀铜废水、硫酸铜镀铜废水等。将不同镀种和不同污染物混合在一起的废水统称为电镀混合废水。

4.2　主要污染物和浓度范围

电镀废水的主要污染物及其质量浓度范围可参考附录 A。

4.3　设计水量和设计水质

4.3.1　新建电镀废水处理工程的设计水量和设计水质应根据批准的环境影响评价文件，并考虑一定的设计余量确定。

设计水量水质也可采取实测数据，其中设计水量可按实测值的 110%～120%进行确定。没有实测条件的，可采用类比调查数据；无类比数据时，也可按电镀车间（生产线）总用水量的 85%～95%估算废水的处理量。无水质数据的，可参考表 1 给出的主要污染物浓度范围确定。

4.3.2　进入治理设施的废水进水浓度，应满足设计进水要求，达不到要求的应进行预处理。

4.3.3　废水处理后，需回用的应满足回用工序的用水水质要求。废水排放应符合 GB 21900 或地方排放标准规定，或满足环境影响评价审批文件要求。

5　总体要求

5.1　一般规定

5.1.1　电镀企业应推行清洁生产，提高清洗效率，减少废水产生量。有条件的企业，废水处理后应回用。

5.1.2　新建电镀企业（或生产线），其废水处理工程应与主体工程同时设计、同时施工、同时投入使用。

5.1.3　电镀废水治理工程的建设规模应根据废水设计水量确定；工艺配置应与企业生产系统相协调；分期建设的应满足企业总体规划的要求。

5.1.4 电镀废水应分类收集、分质处理。其中，规定在车间或生产设施排放口监控的污染物，应在车间或生产设施排放口收集和处理；规定在总排放口监控的污染物，应在废水总排放口收集和处理。含氰废水和含铬废水应单独收集与处理。电镀溶液过滤后产生的滤渣和报废的电镀溶液不得进入废水收集和处理设施。

5.1.5 电镀废水治理工程在建设和运行中，应采取消防、防噪、抗震等措施。处理设施、构（建）筑物等应根据其接触介质的性质，采取防腐、防漏、防渗等措施。

5.1.6 废水总排放口应安装在线监测系统，并符合 HJ/T 353、HJ/T 355 和 HJ/T 212 的要求。

5.1.7 电镀污泥属于危险废物，应按规定送交有资质的单位回收处理或处置。电镀污泥在企业内的临时贮存应符合 GB 18597 的规定。

5.1.8 电镀废水处理站应设置应急事故水池，应急事故水池的容积应能容纳 12～24 h 的废水量。

5.1.9 电镀废水处理工程建设项目，除应遵循本规范和环境影响评价审批文件要求外，还应符合国家基本建设程序以及国家有关标准、规范和规划的规定。

5.2 工程构成

5.2.1 电镀废水治理工程项目主要包括：废水处理构（建）筑物与设备，辅助工程和配套设施等。

5.2.2 废水处理构（建）筑物与设备包括：废水收集、调节、提升、预处理、处理、回用与排放、污泥浓缩与脱水和药剂配制、自动检测控制等。

5.2.3 辅助工程包括：厂（站）区道路、围墙、绿地工程；独立的供电工程和供排水工程、供压缩空气；专用的化验室、控制室、仓库、维修车间、污泥临时堆放场所等。

5.2.4 配套设施包括：办公室、休息室、浴室、卫生间等。

5.2.5 废水处理站应按照国家和地方的有关规定设置规范排污口。

5.3 工程选址与总体布置

5.3.1 废水处理工程选址应符合规划要求并具有良好的工程地质条件；宜靠近电镀生产车间，废水可自流进入废水处理站；便于施工、维护和管理；处理后的废水有良好的排放条件。

5.3.2 废水处理站平面布置应满足各处理单元的功能和处理流程要求，建（构）筑物及设施的间距应紧凑、合理，并满足施工、安装的要求；各类管线连接应简捷，避免相互干扰；通道设置宜方便维修管理及药剂和污泥运送。

5.3.3 废水处理站工艺设备宜按处理流程和废水性质分类布置，设备、装置排列整齐合理，便于操作和维修。寒冷地区，其室外管道和装置应保温。

5.3.4 废水处理所用的材料、药剂等不应露天堆放。应根据需要设置存放场所，废水处理站应设污泥临时堆放场地，采取相应的防腐、防渗、防雨淋等措施，并符合 GB 18597 的规定。

5.3.5 废水处理站应设地面冲洗水和设备渗漏水的收集系统，并排入废水调节池。

5.3.6 废水处理站的建筑造型应简洁美观，与周围环境相协调。废水处理站周围应绿化。

6 工艺设计

6.1 酸、碱废水

6.1.1 酸、碱废水的处理应首先利用酸、碱废水本身的自然中和或利用酸、碱废液、废渣等相互中和处理。

6.1.2 电镀预处理工序的酸、碱废水混合后，一般呈酸性，宜以中和酸为主。处理酸性废水，当没有碱性废物可利用时，可采用碱性药剂中和或过滤中和。当废水中含有多种金属离子时，宜采用药剂中和。

6.1.3 中和反应会产生大量沉渣，应通过沉淀予以去除。当沉渣量少时，可采用竖流式沉淀池和连续排渣；当沉渣量大，重力排泥困难时，可采用平流式沉淀池，沉渣用吸泥机排出。

6.1.4 酸、碱废水中和反应后所产生的干污泥量，宜通过试验确定。当无条件试验时，可按处理废水体积的0.1%～0.25%估算。

6.2 含氰废水

6.2.1 一般规定

6.2.1.1 含氰废水应单独处理。在处理前，不得与其他废水混合。

6.2.1.2 废水中氰离子质量浓度小于 50 mg/L 时，宜采用碱性氯化法处理；废水中氰离子质量浓度大于 50 mg/L 时，宜采用电解处理技术。臭氧处理含氰废水，对进水氰离子质量浓度没有限制，但含有络合氰根离子的废水，不宜采用臭氧处理。

6.2.1.3 含氰废水处理应避免铁、镍离子混入。

6.2.1.4 含氰废水经过处理，游离氰达到控制要求后可进入混合废水处理系统，去除重金属离子。

6.2.1.5 处理过程可能产生少量 CNCl 气体，故应在密闭和通风条件下操作，并采取防护措施。收集的气体应经过处理后，通过排气筒排放。

6.2.2 碱性氯化处理技术

6.2.2.1 废水处理量较小、水质浓度变化不大的，宜采用间歇式一级氧化处理；废水处理量较大、水质浓度变化幅度较大，而且对排放水质要求较高的，宜采用连续式二级氧化处理。

6.2.2.2 含氯氧化剂宜选用次氯酸钠、二氧化氯、液氯等。选取氧化剂既要考虑经济性，又要注重安全性。

6.2.2.3 采用碱性氯化处理含氰废水时，宜采用图 1 所示的基本工艺流程：

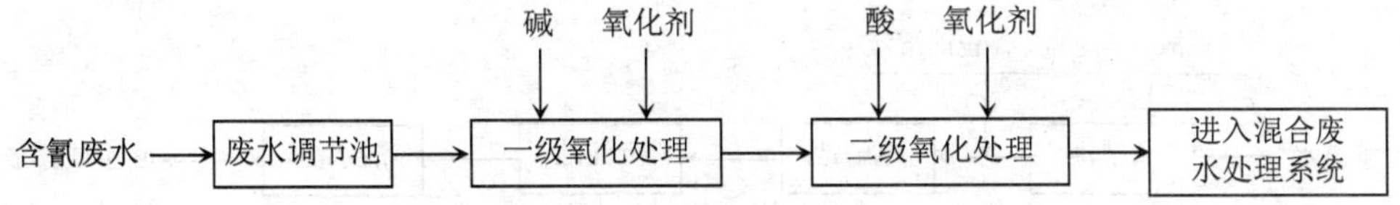

图 1　碱性氯化处理含氰废水基本工艺流程

6.2.2.4　采用碱性氯化处理含氰废水时，应满足以下技术条件和要求：

a）氧化剂的投入量应通过试验确定。当无条件试验时，其投入量宜按氰离子与活性氯的重量比计算确定。其重量比：当一级氧化处理时宜为 1∶3～1∶4；二级氧化处理时宜为 1∶7～1∶8。一级氧化和二级氧化所需氧化剂应分阶段投加，投加比为 1∶1；

b）pH 值控制和反应时间：一级氧化的 pH 值应控制在 10～11，反应时间宜为 10～15 min；二级氧化的 pH 值应控制在 6.5～7.0，反应时间宜为 10～15 min；

c）有效氯的投加量可采用氧化还原电位（ORP）自动控制。一级处理，ORP 达到 300 mV 时反应基本完成；二级处理，ORP 需达到 650 mV；

d）废水温度宜控制在 15～50℃。反应后废水中余氯量应在 2～5 mg/L 范围内。

6.2.3　臭氧氧化处理技术

6.2.3.1　臭氧氧化处理含氰废水时，宜采用图 2 所示的基本工艺流程：

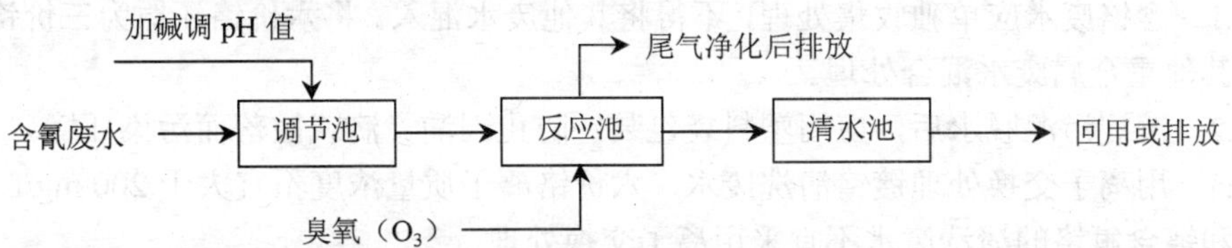

图 2　臭氧氧化处理含氰废水基本工艺流程

6.2.3.2　臭氧氧化处理含氰废水时，应满足以下技术条件和要求：

a）臭氧投量：一级氧化反应理论投量质量比为 $m(CN^-)$∶$m(O_3)$=1∶1.85；二级氧化反应理论投量质量比为 $m(CN^-)$∶$m(O_3)$=1∶4.61。实际投药比要比理论值大，应根据实验确定；

b）对游离氰根，去除率达 97%时，接触时间不宜少于 15 min；去除率达 99%时，接触时间不宜少于 20 min。反应池尾气应收集并经碱液吸收后排放；

c）pH 值应控制在 9～11；

d）如采用亚铜离子为催化剂，可缩短反应时间。

6.2.4　电解处理技术

6.2.4.1　电解处理含氰废水宜采用图 3 所示的基本工艺流程：

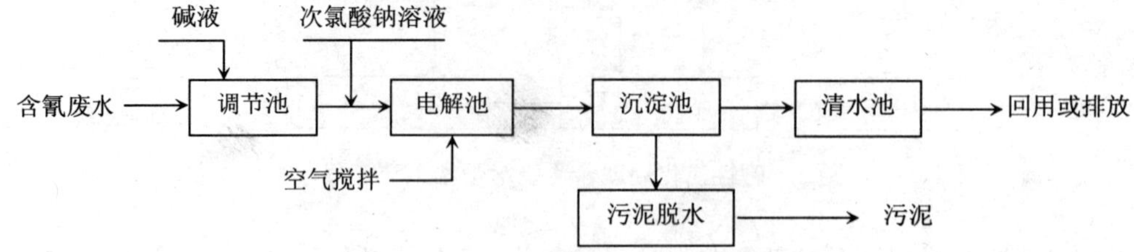

图 3　电解处理含氰废水基本工艺流程

6.2.4.2　采用电解处理含氰废水，宜满足以下技术条件和要求：

a）废水的 pH 值宜控制在 9～10，可用 NaOH 溶液进行调节；

b）NaCl 投加量可按氰浓度的 30～60 倍估算；

c）电解槽净极距宜采用 20～30 cm；

d）阳极电流密度宜控制在 0.3～0.5 A/dm^2，槽电压宜为 6～8.5V；

e）采用空气搅拌，用气量为 0.1～0.5 $m^3/(min \cdot m^3)$，空气压力为（0.5～1.0）$\times 10^5$ Pa;

f）产生的沉淀物沉淀困难时，可投加混凝剂。

6.3　含铬废水

6.3.1　一般规定

6.3.1.1　含铬废水应单独收集处理，不得将其他废水混入。将六价铬还原为三价铬后，可与其他重金属废水混合处理。

6.3.1.2　沉淀污泥脱水后，应用塑料袋包装，防止因漏、滴或散落而污染环境。

6.3.1.3　用离子交换处理镀铬清洗废水，六价铬离子质量浓度不宜大于 200 mg/L；镀黑铬和镀含氟铬的清洗废水不宜采用离子交换处理。

6.3.2　亚硫酸盐还原处理技术

6.3.2.1　亚硫酸盐还原法处理含铬废水，宜采用图 4 所示的基本工艺流程：

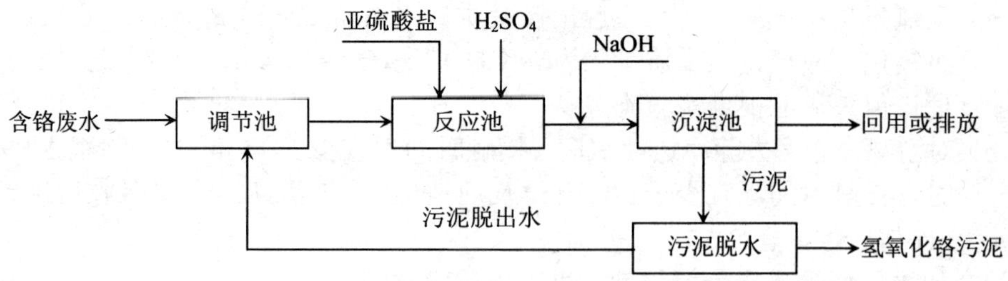

图 4　亚硫酸盐还原处理含铬废水基本工艺流程

6.3.2.2　亚硫酸盐还原法处理含铬废水，应满足以下技术条件和要求：

a）可采用间歇式及连续式处理。采用间歇处理时，调节池容积按平均每小时废水流量的 4～8 h 计算；采用连续式处理时，可适当减小调节池容量，并设置自动检测与投药装置；

b）亚硫酸盐宜选用亚硫酸氢钠、亚硫酸钠、焦亚硫酸钠等；

c）进水 pH 值宜控制在 2.5～3.0；ORP 宜控制在 230～270 mV；反应时间宜控制在 20～30 min；

d）亚硫酸盐的投加量应通过试验确定，也可按表 1 给出的参考值选择；

表 1　亚硫酸盐与六价铬的投量比（质量比）

亚硫酸盐种类	理论值投量比	实际使用量
六价铬：亚硫酸氢钠	1：3	1：4～5
六价铬：亚硫酸钠	1：3.6	1：4～5
六价铬：焦亚硫酸钠	1：2.74	1：3.5～4

e）废水经还原反应后，宜加碱调废水 pH 值 7～8，使三价铬沉淀，反应时间应大于 20 min，反应后的沉淀时间宜为 1.0～1.5 h；

f）沉淀剂宜为氢氧化钠、氢氧化钙、碳酸钙等。通常根据价格、沉淀速率、污泥生成量、脱水效果和污泥是否回收进行选择。

6.3.2.3　亚硫酸盐还原的反应池应满足处理一次的周期时间。反应池内宜采用机械搅拌，不宜采用空气搅拌。反应池和沉淀池宜设于地面，同时加盖，并设通风装置。

6.3.3　硫酸亚铁-石灰处理技术

6.3.3.1　含铬废水采用硫酸亚铁-石灰处理时，基本工艺流程见图 4。其中还原剂采用硫酸亚铁，中和剂采用石灰。

6.3.3.2　采用硫酸亚铁-石灰处理含铬废水时，应满足以下技术条件和要求：

a）运行条件应符合表 2 的基本要求；

表 2　硫酸亚铁处理含铬废水的运行条件

<table>
<tr><th>六价铬质量浓度/（mg/L）</th><th>加药前调 pH 值</th><th>投药量（质量比）
六价铬：硫酸亚铁</th><th>反应后调 pH 值</th><th>搅拌时间/
min</th></tr>
<tr><td><25</td><td rowspan="4">2～3</td><td>1：（40～50）</td><td rowspan="4">7.5～8.5</td><td>搅拌混匀即可</td></tr>
<tr><td>25～50</td><td>1：（35～40）</td><td>5～10</td></tr>
<tr><td>50～100</td><td>1：（30～35）</td><td>10～20</td></tr>
<tr><td>>100</td><td>1：30</td><td>20</td></tr>
</table>

b）连续处理时，反应时间应大于 30 min；间歇处理时，反应时间宜为 2～4 h；

c）反应时宜采用空气搅拌或机械搅拌；

d）石灰的投加量宜控制为：$m(Cr^{6+})$∶$m[Ca(OH)_2]$＝1∶（8～15）。

6.3.4 微电解处理技术

6.3.4.1 采用微电解处理含铬废水时，宜采用图 5 所示的基本工艺流程：

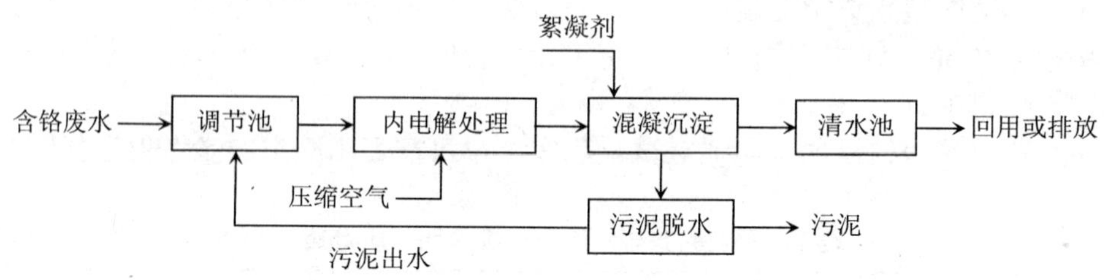

图 5 微电解处理含铬废水基本工艺流程

6.3.4.2 采用微电解处理含铬废水时，应满足以下技术条件和要求：

a）处理废水量大于或等于 5 m^3/h 时，可采用连续式处理；小于 5 m^3/h 时，宜采用间歇式处理；

b）进水 pH 值宜控制在 2～4，微电解装置的出水应加碱调 pH 值为 8～9。

6.3.4.3 铁屑在填装设备前，应进行除杂、除油和除锈处理。在运行过程中，为防止铁屑结块，应定时对其进行气水联合反冲，反冲洗水应进入污泥沉淀池。

6.3.4.4 在设施检修或停运期间，微电解装置内的铁屑填料层必须保持用水浸没，防止空气氧化和板结。

6.3.5 离子交换处理技术

6.3.5.1 离子交换处理含铬废水宜采用图 6 所示的基本工艺流程。

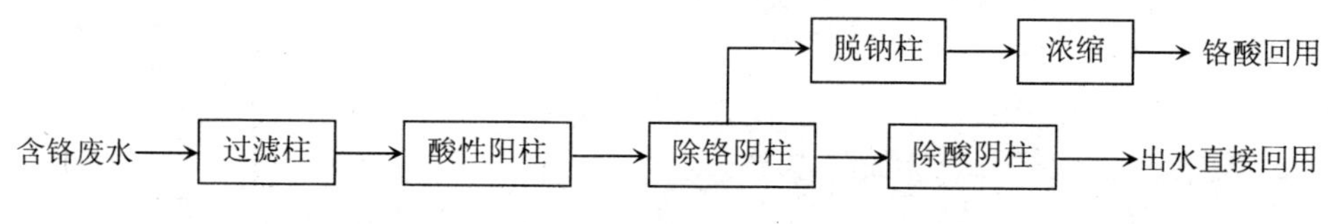

图 6 离子交换处理含铬废水基本工艺流程

6.3.5.2 离子交换处理含铬废水的设计、运行除符合 GBJ 136 中的条件外，还应满足以下技术条件和要求：

a）进水六价铬离子质量浓度不宜大于 200 mg/L；

b）进入阴柱废水的 pH 值应控制在 5 以下；

c）阴柱的再生剂宜选用工业用氢氧化钠，再生液用除盐水配制；阴柱的清洗水宜用除盐水。清洗终点 pH 值应控制在 8～10；

d）阳柱的再生剂宜用工业用盐酸；阳柱的清洗水可用自来水。清洗终点 pH

值为 2～3。

6.3.5.3　离子交换树脂再生时的淋洗水，含六价铬离子部分应返回调节池；含酸、碱和重金属离子部分应经处理达标后回用或排放。

6.4　重金属废水

6.4.1　一般规定

6.4.1.1　当废水中含有氰化物时，应先去除氰化物；如废水中含有六价铬离子，应将六价铬还原为三价铬，再处理废水中的重金属离子。

6.4.1.2　离子交换处理某类重金属废水时，不得将其他镀种废水、冲刷地坪等废水混入。离子质量浓度不宜大于 200 mg/L。离子交换处理重金属废水的设计、运行控制技术条件和参数，应符合 GBJ 136 中的相关规定和要求。过滤柱、交换柱的反洗、淋洗等排水应全部进入电镀废水处理系统，处理达标后回用或排放。

6.4.1.3　采用反渗透装置处理重金属废水，应采取杀菌消毒和控制结垢的预处理措施。反渗透装置产生的浓缩水，应通过生化处理系统，处理达标后排放。

6.4.2　含镉废水

6.4.2.1　氢氧化物沉淀处理技术

6.4.2.1.1　当废水中的镉以离子形式存在时，可采用氢氧化物沉淀处理技术。

6.4.2.1.2　采用氢氧化物沉淀处理含镉废水时，宜采用图 7 所示的基本工艺流程：

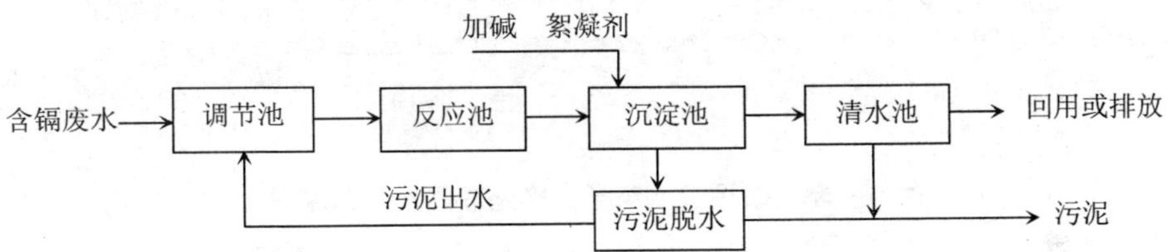

图 7　化学沉淀处理含镉废水基本工艺流程

6.4.2.1.3　采用氢氧化物沉淀处理含镉废水时，应满足以下技术条件和要求：

a）废水中镉离子质量浓度不宜大于 50 mg/L；

b）可采用聚合硫酸铁为絮凝剂，聚丙烯酰胺或硫化铁为助凝剂。絮凝剂的投加量宜为 40 mg/L；

c）反应池宜设搅拌。混合反应时，废水 pH 值宜控制在 9 左右；反应时间宜为 10～15 min；

d）沉淀时间应大于 30 min。

6.4.2.2　硫化物沉淀处理技术

6.4.2.2.1　采用硫化物沉淀处理含镉废水时，宜采用图 8 所示的基本工艺流程：

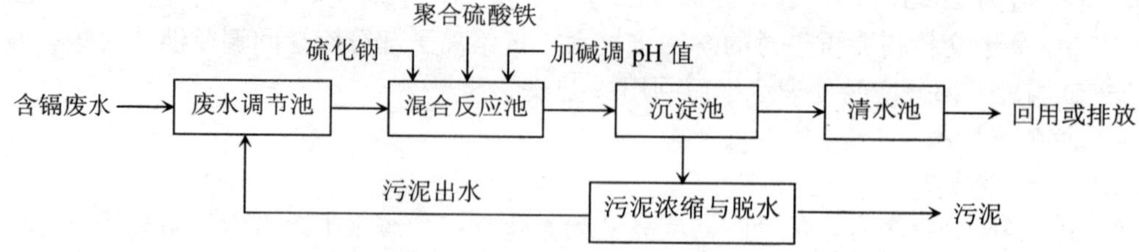

图 8　硫化物沉淀处理含镉废水基本工艺流程

6.4.2.2.2　采用硫化镉沉淀处理含镉废水时，应满足以下技术条件和要求：

a）硫化钠投加量宜为 100 mg/L 左右；

b）聚合硫酸铁或其他铁盐投加量为 30～40 mg/L；

c）反应 pH 值范围为 7～9；

d）反应搅拌时间 10 min；沉淀时间为 30 min。

6.4.2.3　离子交换处理技术

6.4.2.3.1　氰化镀镉废水宜采用图 9 所示的基本工艺流程；无氰镀镉废水宜采用图 10 所示的基本工艺流程：

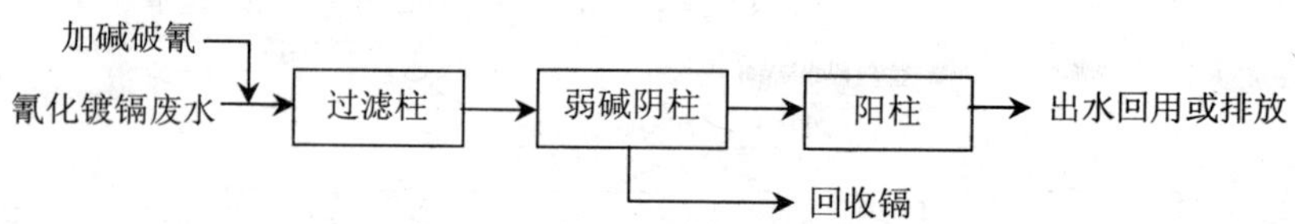

图 9　氰化镀镉废水离子交换处理基本工艺流程

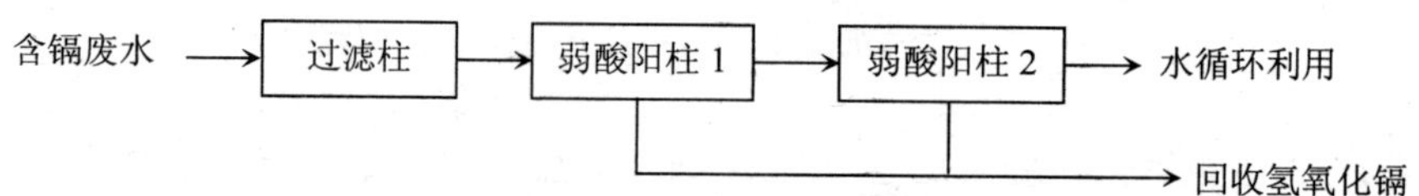

图 10　无氰镀镉废水离子交换处理基本工艺流程

6.4.2.3.2　采用离子交换处理含镉废水，应满足以下技术条件和要求：

a）进水中镉离子质量浓度不宜大于 100 mg/L；

b）废水中的镉以 Cd^{2+}形式存在时，宜用酸性阳离子交换树脂处理；废水中的镉以各种络合阴离子形式存在时，宜选用阴离子交换树脂处理；

c）吸附饱和后的阴离子交换树脂，宜选用 NH_4NO_3 和氨水混合液作为再生剂进行再生，每小时用量为 4 倍于树脂体积，再生速度用 1～2 倍每小时树脂体积；

d）阳离子树脂交换柱应与阴离子树脂交换柱同步再生。再生剂为 2 mol/L 的盐酸，再生流速为 0.5 m/h，再生剂用量为 2 倍于树脂体积。阳离子树脂交换柱洗脱液进入中和池处理。

6.4.2.4　化学沉淀-反渗透处理技术

6.4.2.4.1　化学沉淀-反渗透组合技术适宜于氰化镀镉槽中清洗废水的处理，基本工艺流程见图 11：

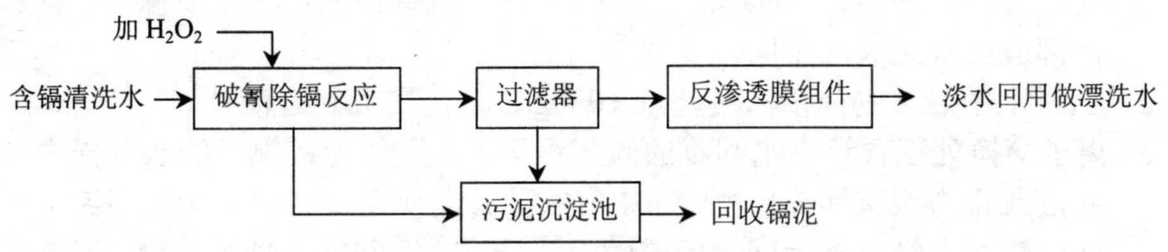

图 11　化学沉淀-反渗透联合处理氰化镀镉废水基本工艺流程

6.4.2.4.2　采用反渗透处理含镉清洗水时，应符合以下技术条件和要求：

a）对单纯的硫酸镉废水，宜采用醋酸纤维膜进行反渗透分离；

b）对氰化镀镉漂洗废水，宜选用稳定性、抗氧化性、抗酸性和抗碱性良好的反渗透膜；

c）废水进入反渗透器前，需采用 H_2O_2 进行破氰和镉沉淀，废水经反应沉淀后，上清液再通过反渗透浓缩分离；

d）投加 H_2O_2 时，应不断搅拌。H_2O_2 的投量为理论值的 1.3～1.5 倍。

6.4.3　含镍废水

6.4.3.1　化学沉淀处理技术

采用化学沉淀处理含镍废水时，宜采用图 4 所示的基本处理单元。同时，应满足以下技术条件和要求：

a）在废水中投加氢氧化钠，反应 pH 值应大于 9；

b）反应时间不宜少于 20 min，并采用机械搅拌；

c）为加快悬浮物沉淀，可投加铁盐混凝剂。

6.4.3.2　离子交换处理技术

6.4.3.2.1　离子交换处理镀镍清洗废水，宜采用图 12 所示的双阳柱全饱和基本工艺流程：

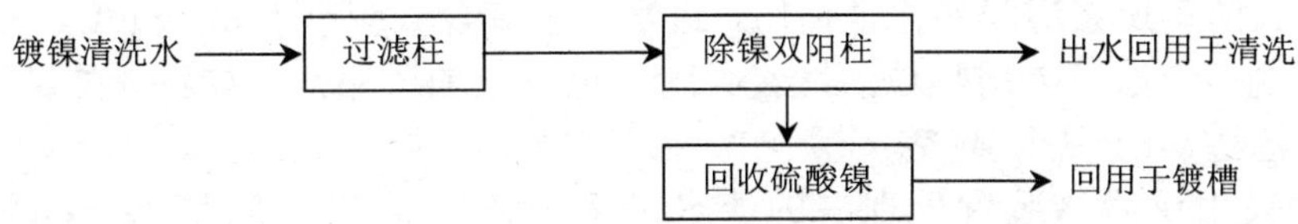

图 12　离子交换处理镀镍清洗水基本工艺流程

6.4.3.2.2 采用离子交换处理镀镍清洗水时，应满足以下技术条件和要求：

a）进水镍离子质量浓度不宜大于 200 mg/L。

b）阳离子交换剂宜采用凝胶型强酸阳离子交换树脂、大孔型弱酸阳离子交换树脂或凝胶型弱酸阳离子交换树脂，均应以钠型投入运行。

c）强酸阳离子交换树脂在交换、再生等过程中胀缩率较小，而弱酸阳离子交换树脂的胀缩率很大，当树脂由 Na 型转化为 Ni 型或 H 型时，其体积比（Ni 型/Na 型或 H 型/Na 型）达 0.5～0.6，因此，在设计交换柱时，树脂层上部应留有足够的空间。

d）当进水中悬浮物质量浓度超过 10 mg/L 时，应设置过滤柱。

e）离子交换处理含镍废水回收的硫酸镍溶液，宜作为镀镍槽的蒸发损失的补充液或作为调整镀镍槽槽液 pH 值的调整液使用。其中，镀光亮镍生产工艺的清洗水经处理后回收的硫酸镍溶液，应返回镀光亮镍镀槽，不可回用于半光亮镍镀槽。

f）当回收的硫酸镍溶液中含有的硫酸钙、硫酸镁、硫酸钠等杂质超过镀镍槽液允许限值时，应进行净化后才能回用。

6.4.3.3 反渗透处理技术

6.4.3.3.1 采用反渗透处理镀镍清洗水时，宜采用图 13 所示的基本工艺流程。

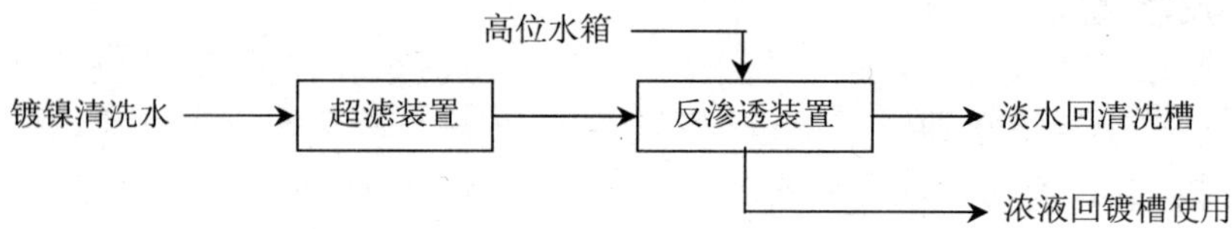

图 13 反渗透处理含镍清洗水基本工艺流程

6.4.3.3.2 采用反渗透处理镀镍清洗水时，应满足以下技术条件和要求：

a）采用反渗透膜分离处理镀镍清洗水时，镀件的清洗方式必须采用二级、三级或多级逆流漂洗，以减少反渗透装置的容量。

b）在反渗透装置上方应设一个高位水箱，当高压泵停止工作时，水就自动从高压水箱流经管膜内，使膜保持湿润；高压水管路上应装有安全阀门，并设旁通管路。一旦压力超过工作压力，安全阀自动降压，原液经旁通管路流回原液槽。

c）为防止反渗透膜的化学损伤，进水中余氯含量应小于 0.1 mg/L。去除氧化剂的方法可采用颗粒活性炭吸附，也可投加还原剂（如亚硫酸氢钠），并通过 ORP 进行监控。

d）采用反渗透装置处理后的淡水可用于镀件漂洗，浓液可直接返回镀镍槽使用。

6.4.4　含铜废水

6.4.4.1　离子交换处理技术

6.4.4.1.1　离子交换处理氰化镀铜和铜锡合金废水时，宜采用图 14 所示的基本工艺流程。如废水中含钙、镁离子浓度较高时，可在阴离子交换柱前增设 H 型弱酸阳离子交换柱。

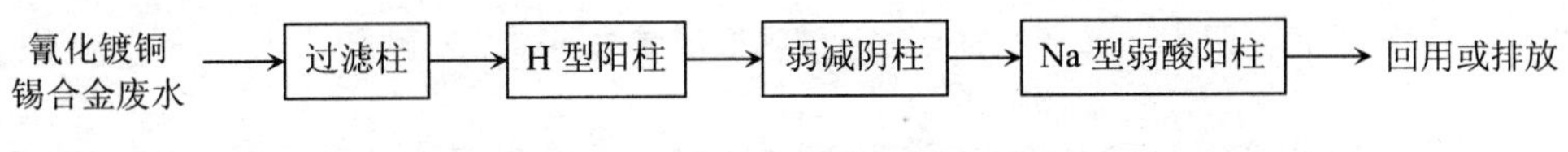

图 14　离子交换处理氰化镀铜锡合金废水基本工艺流程

6.4.4.1.2　采用离子交换处理氰化镀铜和铜锡合金废水时，应满足以下技术条件和要求：

a）进水中总氰离子质量浓度不宜大于 100 mg/L。

b）阴树脂饱和后，应在负压条件下加酸进行再生。阴树脂再生柱下方应设置一个敞口碱槽，槽内贮存溶液量应大于 1/2 树脂量、碱液浓度不低于 10 mol/L。

c）处理装置所在场地应有每小时换气 8～12 次的机械通风设施。通风设施的电气开关应安装在门外或门口。

d）阴树脂再生，应严格遵守以下规定：

①在树脂再生的整个过程中，非特殊情况不得中断。操作人员必须完成再生、淋洗等全过程后才能离开岗位；

②在再生过程中，不准停止负压系统，特殊情况需要停止时，必须首先关闭树脂再生柱、碱液吸收罐、破氰反应罐所有阀门；

③碱液吸收罐内氢氧化钠溶液浓度应不小于 2.8 mol/L，负压系统的循环水箱内循环水应呈碱性。

e）在运行和再生等过程排出的反洗水、淋洗水、废再生液以及更新后排出的循环水等，均含有氰离子，应经破氰处理。

6.4.4.1.3　采用离子交换处理硫酸铜镀铜废水时，宜采用图 15 所示的双阳柱全饱和基本工艺流程，并满足以下技术条件和要求：

a）可与电解联合使用，从再生洗脱液中回收铜；

b）处理系统循环水的补充水应用除盐水；

c）阳柱再生宜采用硫酸作为再生液，同时避免循环水中混入钙、镁离子。如再生洗脱液中有硫酸钙、硫酸镁白色沉淀时，应通过静止沉淀和过滤除去；

d）处理后水应循环利用。

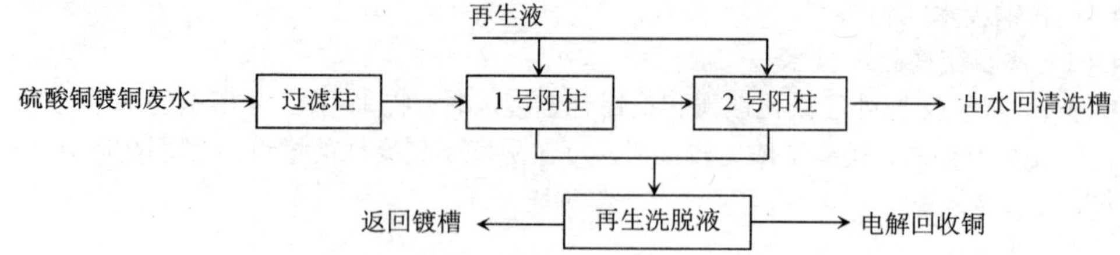

图 15　离子交换处理硫酸铜镀铜废水基本工艺流程

6.4.4.1.4　采用离子交换处理焦磷酸铜镀铜废水时，宜采用图 16 所示的双阴柱全饱和基本工艺流程，并应满足以下技术条件和要求：

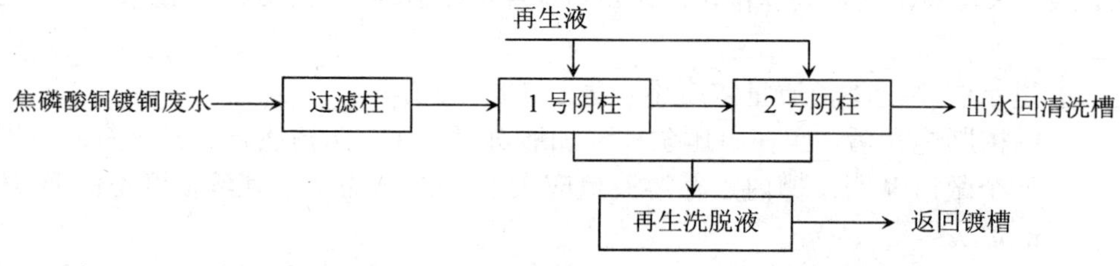

图 16　离子交换处理焦磷酸铜镀铜废水基本工艺流程

a）再生柱的洗脱液，含有较高浓度的铜离子，可直接回镀槽作为补充液使用；

b）如运行中循环水和补充水采用自来水，由于自来水中钙、镁等离子形成白色沉淀，加重了过滤柱负荷，所以，应在过滤柱前增设一个阳柱。

6.4.4.2　电解处理技术

采用电解处理含铜废水并回收铜时，宜采用图 17 所示基本工艺流程，并满足以下技术条件和要求：

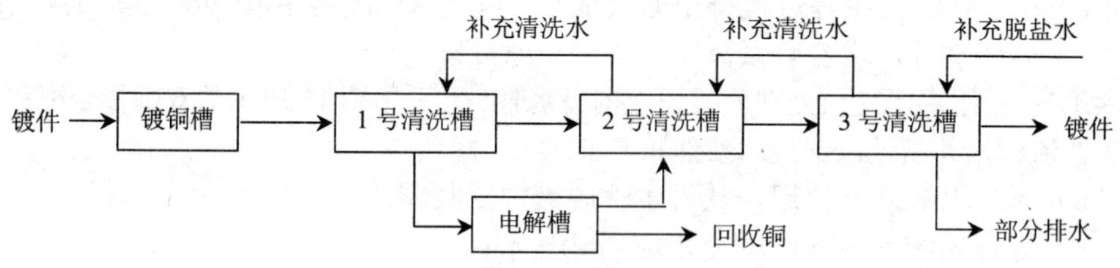

图 17　电解处理镀铜废水基本工艺流程

a）电解槽宜采用无隔膜、单极性平板电极。电解槽电源可采用直流电源。电解槽和电源设备均应可靠接地；

b）电解槽的阳极材料宜采用不溶性材质，阴极材料宜采用不锈钢板或铜板，并宜设置2套；

c）当废水含铜质量浓度大于 700 mg/L 时，阴极电流密度宜采用 0.5～1.0 A/dm^2；当废水含铜质量浓度小于700 mg/L时，阴极电流密度宜采用0.1～0.5 A/dm^2，硫酸铜废水的电流密度可略高于氰化镀铜废水。

6.4.5 含锌废水

6.4.5.1 化学沉淀处理技术

6.4.5.1.1 采用化学沉淀处理碱性锌酸盐镀锌清洗废水时，宜采用图18所示的基本工艺流程，并满足以下技术条件和要求：

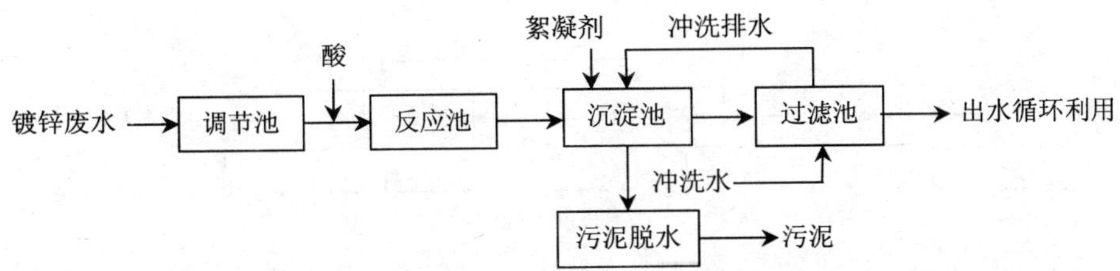

图18 化学沉淀处理碱性锌酸盐镀锌废水基本工艺流程

a）废水中锌离子含量不宜大于50 mg/L；

b）废水进水的pH值宜控制在9～12；

c）反应时间宜采用5～10 min；

d）絮凝剂宜采用碱式氯化铝，其投加量宜为15 mg/L（以铝离子计）；

e）经处理后的清洗水可循环利用，但每天应补充10%～15%的新鲜水量；

f）含锌污泥（含水率99.7%）的体积宜按处理废水体积的4%～8%确定。

6.4.5.1.2 采用化学沉淀处理铵盐镀锌废水时，宜采用图19所示的基本工艺流程，并满足以下技术条件和要求：

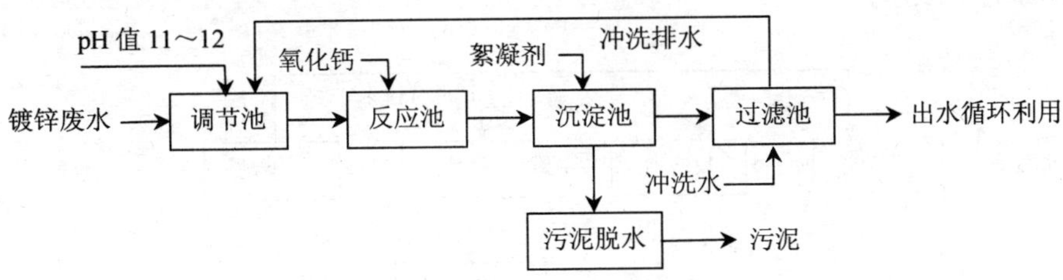

图19 化学沉淀处理铵盐镀锌废水基本工艺流程

a）采用石灰处理铵盐镀锌废水时，石灰宜先调制成石灰乳后投加；氧化钙投加量（质量比）宜为 $m(Ca^{2+})$ ∶ $m(Zn^{2+})$＝3 ∶ 1～4 ∶ 1；

b）处理时可用石灰（按计算量）和氢氧化钠调整废水 pH 值 11～12，pH 值不能超过 13，搅拌 10～20 min；

c）如废水中含有六价铬离子，宜投加硫酸亚铁，将六价铬还原为三价铬，硫酸亚铁的投加量根据六价铬离子浓度及废水中存在的亚铁离子总量确定，助凝剂宜采用阴离子型或非离子型的聚丙烯酰胺，投加量为 5～10 mg/L。

6.4.5.2 离子交换处理技术

6.4.5.2.1 采用离子交换处理钾盐镀锌废水时，宜采用图 20 所示的双阳柱全饱和基本工艺流程：

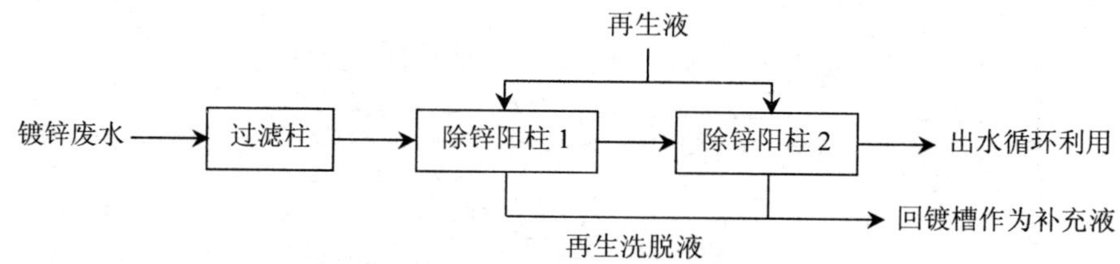

图 20 离子交换处理钾盐镀锌废水基本工艺流程

6.4.5.2.2 采用离子交换处理钾盐镀锌废水时，应满足以下技术条件和要求：

a）过滤柱滤料采用活性炭时，宜用 3.0 mol/L HCl 活性炭体积量的 2 倍用量再生，再生时间为 50 min，再生后用自来水清洗到出水 pH 值为 7 左右即可投入运行；

b）交换柱再生洗脱液含有较高浓度的锌离子，可直接回镀槽作为补充液使用。若洗脱液中带有铁离子量过多时，可用氢氧化钠调整 pH 值到 3 以上，使氢氧化铁沉淀后再回用。

6.4.6 含铅废水

采用磷酸盐沉淀处理含铅废水时，宜采用图 21 所示的基本工艺流程，并满足以下技术条件和要求：

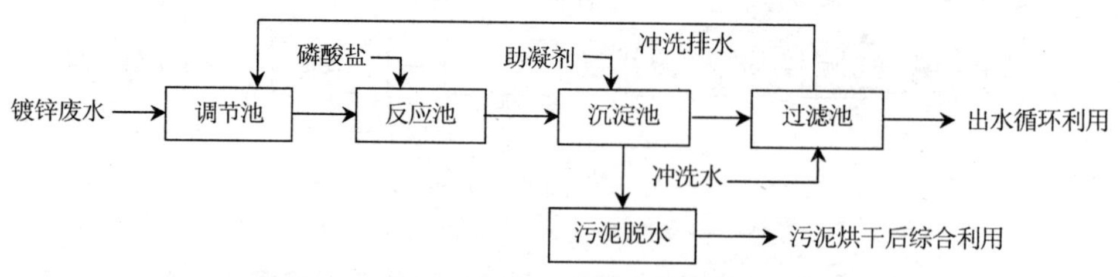

图 21 磷酸盐沉淀处理含铅废水基本工艺流程

a）沉淀剂宜采用磷酸钠；磷酸钠的投加量应根据试验确定；

b）反应时可投加助凝剂，助凝剂宜选用聚丙烯酰胺（PAM），其投加量宜控制在 5 mg/L；

c）磷酸钠和 PAM 不宜同时加入，应先加磷酸钠，0.5 min 后再加入 PAM；

d）沉淀后的沉渣经烘干脱水后，可用作塑料稳定剂。

6.4.7　含银废水

6.4.7.1　用电解回收银时，一级回收槽内废水中银离子质量浓度宜在 200～600 mg/L。

6.4.7.2　用电解处理氰化镀银废水时，可采用图 22 所示基本工艺流程。当清洗槽排水中氰离子浓度超过排放标准时，应经化学处理。

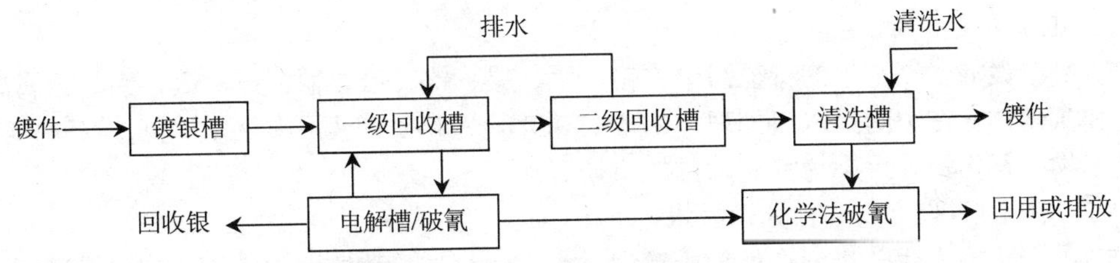

图 22　镀银废水处理基本工艺流程

6.4.7.3　回收槽的补充水应采用除盐水。

6.4.7.4　电解槽宜采用无隔膜、单极性平板电极电解槽或同心双筒电极旋流式电解槽。电解槽的电源，可采用直流电源或脉冲电源，但应通过技术经济比较确定。电解槽和电源设备应可靠接地。

6.4.7.5　电解槽的阴极材料可采用不锈钢，并宜设两套。阳极材料应根据废水性质和电解槽形式确定。

6.4.7.6　电解设备的选择应根据每小时镀件带出槽液银（或氰）离子量来确定。电解设备阴极析出银量可按式（1）计算：

$$M_x = IK\eta \tag{1}$$

式中：M_x—— 电解设备阴极析出银量，g/h；

I—— 采用的电流值，A；

K—— 银的电化当量，$K = 4.025$ g/（A·h）；

η—— 阴极电流效率，按设备给出值选（一般应为 20%～50%）。

电解设备阴极析出银量，应大于 1.3 倍的每小时镀件带出槽液银离子量。

6.4.7.7　采用旋流电解处理含银废水并回收银时，还应满足以下技术条件和要求：

a）阴、阳极间距宜控制在 5～10 mm；

b）旋流电解提取白银的最佳工艺条件宜采用：槽电压 1.8～2.2 V，电流密度

0.17～0.6 A/dm^3，电流效率 70%～80%，旋流量 400～600 L/h，阴离子起始质量浓度为 0.5～5 g/L；

c）电解破氰的最佳工艺条件宜采用：槽电压 3～4 V，电流密度 10～13 A/dm^3，氯化钠质量分数 3%～5%，氰酸根去除率大于 99%；

d）镀银漂洗水或老化液经回收白银，完成破氰后，若氰离子浓度仍不符合排放标准，可使用化学法破氰。

6.4.8 含氟废水的处理

对含氟废水宜采用石灰-硫酸铝处理，先向废水中投加石灰乳，调节废水 pH 值到 6～7.5，然后再投加硫酸铝或碱式氯化铝，其投加量与除氟效果成正比，具体投加量应通过试验确定。由于电镀工艺中使用氢氟酸量不多，一般不单独处理。

6.5 电镀混合废水

6.5.1 电镀混合废水中的特征污染物铬、镉、铅、镍、银、铜、锌、铁、铝等金属离子和氰化物应在车间排水口处理；COD、BOD、总磷、总氮、氨氮、色度、石油类、悬浮物、氟化物等污染物宜在总排放口处理。

6.5.2 微电解-膜分离联合处理技术

6.5.2.1 微电解-膜分离联合处理电镀混合废水时，宜采用图 23 所示的基本工艺流程：

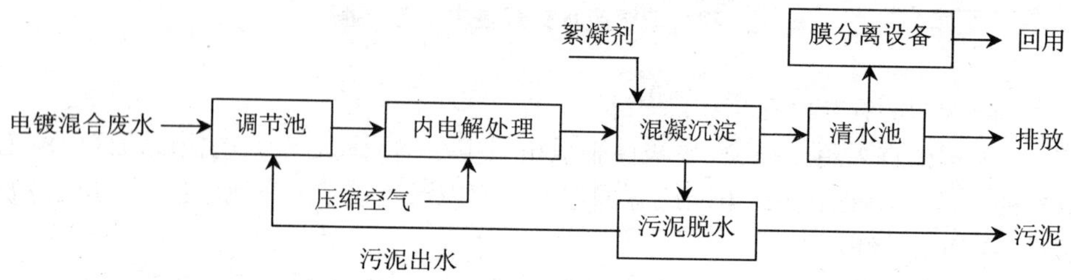

图 23 微电解-膜分离联合处理含铬废水基本工艺流程

6.5.2.2 采用微电解-膜分离联合处理电镀混合废水时，宜满足以下技术条件和要求：

a）微电解处理设备的材质宜选用不锈钢或碳钢，内壁应做防腐处理。

b）铸铁屑粒径宜大于 5 mm；装填高度不宜小于 1.5 m。

c）进水 pH 值宜控制在 2～5；废水与铁屑填料的接触时间不宜少于 20 min。

d）处理系统在运行期间，应定时向微电解设备自动通入压缩空气。空气通入量为 0.1～0.13 m^3/（min·m^2）；压力为 0.3～0.7 MPa；通气时间为 1～3 min；脉冲频率宜为 2～5 s；周期宜为 1～2 h。如采用溶气水，溶气水与原水的比例可为 30%～50%，或视溶气水对反应器填料层冲击强度确定。溶气罐的水力停留时间宜设置为 3 min 左右。

e）微电解设备出水应用碱（或石灰乳）调 pH 值为 8～11 进行固液分离，为加快污泥沉淀，可适当投加助凝剂。

f）当采用连续式处理时，宜设水质自动检测和投药自动控制装置；间歇循环式处理废水，内电解设备内的流速不宜低于 20 m/h，填料的装填高度不宜低于 1.5 m。间歇循环处理以六价铬达标为终点，调整循环池内废水 pH 值为 8～11 进行固液分离。

g）微电解设备在检修或不运行期间，应保持设备内的水位始终浸没铁屑填料。如设备维修需将废水排空时，其设备维修和注满水的时间间隔应不超过 4 h。

h）微电解与膜分离联合处理电镀混合废水时，应根据回用水水质、水量要求，选择膜分离工艺形式。对膜分离产生的浓水，宜进入有机废水生化处理系统，经处理达标后排放。

6.5.3 凝聚沉淀处理技术

6.5.3.1 电镀混合废水中含有三价铬、铜、镍、锌、铁以及少量的铅时，宜采用硫酸亚铁作为还原剂，每种重金属离子质量浓度不宜超过 30～40 mg/L。废水中的悬浮物总量不宜超过 600 mg/L。

6.5.3.2 电镀混合废水中含有铬、铜、镍、锌时，处理过程中 pH 值宜控制在 8～9 范围内；当有镉离子时，废水 pH 值应大于或等于 10.5，同时应防止混合废水中两性金属的再溶解。

6.5.3.3 处理过程中，可根据需要投加絮凝剂和助凝剂，其品种和投加量应通过实验确定。

6.5.3.4 处理后出水一般可用作镀前预处理用水，可作为冲洗地坪或冲洗厕所卫生设备等用水。

6.5.4 生物处理技术

6.5.4.1 电镀废水中的 COD、石油类、总磷、氨氮与总氮等污染物，应采用生物处理达标后排放。

6.5.4.2 生物处理电镀混合废水，宜采用图 24 所示的基本工艺流程：

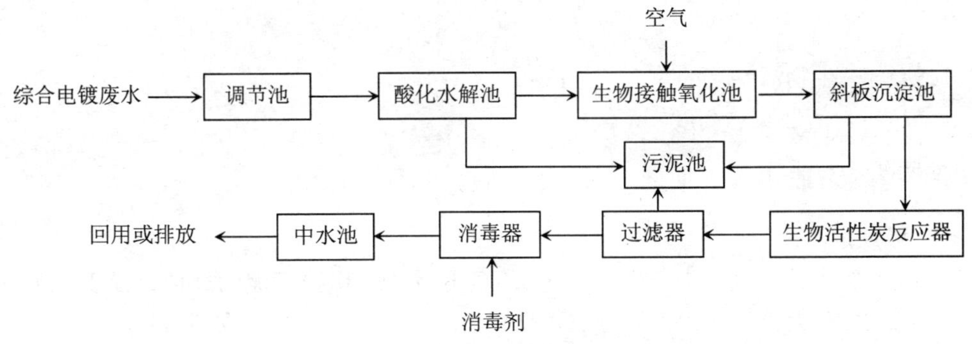

图 24 生物处理综合电镀废水基本工艺流程

6.5.4.3 由于铬、铅、镉、铜、锌、铁等重金属对微生物均有毒害作用，所以，进入生物处理系统的重金属离子应经过预处理。

6.5.4.4 宜根据综合电镀废水的水质，合理选用酸化水解池作为初级处理、生物活性炭作为二级处理，高效过滤器、药剂消毒作为深度处理工艺。

6.5.4.5 处理过程中所产生的污泥，经管道汇集后自流入污泥浓缩池，经浓缩、脱水后外运集中处理，上清液重新流回调节池。

6.5.4.6 为保证整个处理系统的安全可靠运行，生物接触氧化池和高效过滤器应设有反冲洗管路，反冲洗水来自自来水或该流程处理后的出水。

6.5.4.7 生物接触氧化池宜按一级、二级两格串联布置，水力停留时间不小于 4 h（一级 2.6 h、二级 1.4 h）。池中应设有立体弹性填料，框架为碳钢结构，内外涂防腐涂料，池底应设有微孔曝气软管布气，气水比宜按（10～15）：1 考虑。

6.5.4.8 生物活性炭的主要设计和运行参数宜满足以下要求：

a）活性炭粒径：0.9～1.2 mm；床高：2～4 m；空床停留时间：20～30 min；体积负荷（BOD）：0.25～0.75 kg/（$m^3 \cdot d$）；水力负荷：8～10 m^3/（$m^2 \cdot h$）；

b）生物活性炭的有效体积（活性炭体积）宜按式（2）计算：

$$V = \frac{Q(S_0 - S_e)}{N_V} \qquad (2)$$

式中：V—— 有效体积，m^3；

Q—— 废水平均日流量，m^3/d；

S_0—— 进水 BOD 值，mg/L；

S_e—— 出水 BOD 值，mg/L；

N_V—— 容积去除负荷（BOD），g/（$m^3 \cdot d$），一般取 0.5～1 g/（$m^3 \cdot d$）。

c）生物活性炭的总面积宜按式（3）计算：

$$A = \frac{V}{H} \qquad (3)$$

式中：A—— 生物活性炭的总面积，m^2；

H—— 活性炭总高度，m。

7 污泥浓缩与脱水

7.1 一般规定

7.1.1 电镀废水处理过程中产生的污泥属于危险废物。电镀污泥的处理处置要体现资源化、减量化和无害化。应首先考虑回收其中的重金属，不能回收利用时，应妥善保管，防止二次污染。

7.1.2 电镀污泥的回收和综合利用应优先利用本单位的生产工艺。污泥脱水、干燥程度及其构筑物和设备的选择，应根据回收和综合利用的要求确定。

7.1.3　不具备综合利用条件、需要对电镀污泥进行处理处置的，应按照国家有关危险废物转移联单管理办法的规定办理相应的手续，交由有资质的单位进行处理与处置。

7.1.4　电镀污泥的浓缩、固液分离构筑物和设备的排水，应收集到废水调节池。

7.2　污泥浓缩

7.2.1　沉淀池排出的污泥，在脱水前宜先进行浓缩。

7.2.2　沉淀池排出的污泥含水率，如无试验资料或类似处理运行数据可参考时，石灰法可按 99.5%～98.0%选用。同一处理方法有污泥回流时，沉淀池排出的污泥较无污泥回流时的污泥含水率要小。浓缩后污泥在无试验资料或类似处理运行数据可参考时，含水率可按 98%～96%选用。

7.2.3　浓缩池的排泥可采用水力排泥和斗式排泥。其中，斗式排泥时污泥斗壁与水平面夹角为 55°～60°。多斗排泥时应每斗设单独的排泥管和排泥阀。

7.2.4　间歇式浓缩池应在不同高度设置排出澄清水的设施。浓缩池位于地下时宜加盖。

7.3　污泥脱水

7.3.1　污泥脱水可采用污泥脱水设备进行机械脱水，也可通过污泥干化场自然脱水。污泥脱水设备的选型应根据污泥性能和脱水要求，经技术经济比较后确定。

7.3.2　污泥脱水设备可采用各种类型的压滤机，其过滤强度和滤饼含水率可由试验或参照类似污泥脱水运行数据确定。当缺乏有关资料时，对石灰法处理废水，有沉渣回流且脱水前不加絮凝剂，压滤后的滤饼含水量可为 82%～80%，过滤强度可为 6～8 kg/（m^2·h）（干基）。当沉渣中硫酸钙含量高时，滤饼含水率可取 75%或更小。

污泥脱水用厢式压滤机和板框压滤机的选用，应符合 HJ/T 283 的规定。

7.3.3　污泥脱水设备的配置应符合以下要求：

a）压滤机宜单列布置；

b）有滤饼贮斗或滤饼堆放场地，其容积或面积根据滤饼外运条件确定；

c）应考虑滤饼外运的设施和通道。

7.3.4　脱水后的污泥，应用塑料袋进行包装后，存放在具有防雨淋、防渗、防扬散、防流失的场所，并应按照 GB 15562.2 的规定，设置明显标识，按 GB 18597 要求进行管理。

7.3.5　压滤机的设计工作时间每班不宜大于 6 h。

7.3.6　污泥在脱水前是否投加絮凝剂，可通过试验和技术经济比较后确定。

8　主要工艺设备（设施）和材料

8.1　一般规定

8.1.1　废水处理主要工艺设备（设施）和材料应根据处理基本工艺流程设计和选型，其设计参数应满足基本工艺流程对设备（设施）处理效果的要求。

8.1.2 主要设备和材料，属于已颁布产品标准的，其性能要求应符合其产品标准要求。对于非标设备和材料，其加工质量要求和使用寿命不得低于产品说明书规定的技术指标与使用期限，且应具有良好的防腐蚀性。

8.1.3 主要设备或处理构筑物应不少于 2 个（或分成 2 格）。当废水流量小，调节池容量大，且每天工作时间较少的废水处理站，也可考虑只设 1 个。

8.2 格栅

8.2.1 在废水进入废水处理站或水泵集水池前应设置格栅。

8.2.2 格栅栅条空隙宽度一般可采用 10～15 mm，水泵集水池前的格栅空隙宽度应满足水泵要求。格栅采用人工或机械清理。

8.2.3 当废水呈酸性时，格栅应采用不锈钢或其他耐腐蚀材料。

8.3 废水调节池

8.3.1 连续处理的废水处理站应设置废水调节池。调节池容积应根据废水量变化规律计算确定，一般能收集 4～8 h 废水量。当废水处理站需要处理初期雨水时，调节池还应考虑初雨水量，其调节池容积按电镀生产厂区污染面积和降雨量计算。

8.3.2 调节池应方便沉渣清理，悬浮物较多的废水宜采用机械清理。

8.3.3 调节池应根据废水的性质采取相应的防腐措施。

8.4 污水泵

8.4.1 水泵的选型和台数应与废水的水质、水量及处理系列相适应，宜按每个系列的处理水量选 1 台工作泵，1 台备用泵。

8.4.2 抽升腐蚀性废水，应选用耐腐蚀的水泵、管道和配件。泵房地面应防腐。

8.4.3 抽升可能产生有毒、有害气体的污水泵房，应设计为单独的建筑物，并有可靠的通风设施。

8.5 混合反应池

8.5.1 水处理药剂与废水的混合与反应，宜采用机械搅拌或水力搅拌。间歇处理废水可采用压缩空气搅拌。

8.5.2 药剂与废水混合时间为 3～5 min，反应时间为 10～30 min。

8.5.3 药剂与废水混合反应过程中，如产生有害气体，则混合池和反应池应加盖密闭，设通风设施。混合池和反应池不宜采用压缩空气搅拌。

8.5.4 混合和反应池都应设排空管，排空管应通向调节池。

8.5.5 混合和反应池应根据废水水质采取相应的防腐措施。

8.6 沉淀池

8.6.1 沉淀池的设计参数应根据废水处理试验数据或参照类似废水处理的沉淀池运行资料确定。当没有试验条件和缺乏有关资料时，其设计参数可参考表 3。

8.6.2 斜板（管）设计一般采用斜板间距（斜管直径）50～80 mm，其斜长不小于 1.0 m，倾角 60°。

8.6.3 有污泥回流的斜板（管）沉淀池，回流污泥根据工艺要求可与药剂同时加入到废水混合池，或与药剂混合后加入到废水中，或先与废水混合后再投加药剂。其计算流量应为废水和回流污泥之和。

表 3 工业废水沉淀池设计参数

池型	表面负荷/ [m^3/（m^2·h）]	沉淀时间/ h	固体通量/ [kg/（m^2·d）]	出水堰负荷/ [m^3/（d·m）]	池深/ m
竖流式	0.7～1.2	1.5～2.0	40～60	100～130	＞5
辐流式	1.2～1.5	1.0～1.5	50～70	100～150	3～3.5
斜管式	3～4	1.0～1.5	50～70	100～300	＞5.5
澄清池	1.2～1.5	1.5	70～80	100～200	＞5

8.6.4 斜板（管）沉淀池的排泥宜采用机械排泥或排泥斗。沉淀池排泥斗的斗壁与水平面的夹角，圆斗不宜小于 55°，方斗不宜小于 60°，每个泥斗应设单独的排泥管和排泥阀。

8.7 过滤池

8.7.1 废水经加药沉淀后，是否需要过滤，应根据出水水质要求确定。

8.7.2 当需要设计过滤池时，可参照 GBJ 13 中有关规定。

8.7.3 过滤池的反冲洗水应返回废水调节池，不得直接外排。

9 检测与过程控制

9.1 电镀废水治理工程应根据工艺要求，在调节池、中间水池、污泥浓缩池、清水池等水池设液位控制仪，并有高/低位接点输出，可自动及手动控制泵的启停。

9.2 废水处理站的处理水量宜采用流量计控制；pH 值调节宜采用 pH 计；加药系统宜采用氧化还原电位仪（ORP）等控制加药量，缺药时可自动报警。

9.3 自动控制系统应设配电柜和控制柜。控制分自动和手动互切换双回路控制系统，并具有自动保护和声光报警功能。

9.4 有条件的企业，应在含氰废水处理单元和含铬废水处理单元安装游离氰和六价铬在线检测系统。

9.5 电镀废水处理站应设水质监测化验室，应具备监测分析所有需要控制的污染项目（如六价铬、总铬、总铅、总镉、总镍、总银、铜、锌、铁、铝、氰化物、pH 值、COD、总磷、总氮、氨氮、氟化物、色度、悬浮物等）的能力。并按照检测项目配置相应的监测分析仪器和玻璃器皿。

10 辅助工程

10.1 电气

10.1.1 废水处理站的供电等级，应与生产车间相同。独立的废水处理站供电宜按二级负荷设计。

10.1.2　低压配电设计应符合 GB 50054 的规定。

10.1.3　供配电系统应符合 GB 50052 的规定。

10.1.4　建设工程施工现场供用电安全应符合 GB 50194 的规定。

10.2　给水、排水和消防

10.2.1　废水处理站排水宜采用重力流排放。

10.2.2　给水管与处理装置衔接时应采取防止污染给水系统的措施。

10.2.3　废水处理站消防设计应符合 GB 50016 的有关规定，并配置消防器材。

10.3　采暖通风

10.3.1　地下构筑物应有通风设施。

10.3.2　在寒冷地区，处理构筑物和管线应有防冻措施。当采暖时，处理构筑物室内温度可按 5℃设计；加药间、化验室和操作室等的室内温度可按 15℃设计。

10.4　建筑、结构、道路与绿化

10.4.1　处理构筑物应符合 GB 50009 和 GB 50191 的有关规定，并采取防腐蚀、防渗漏措施。

10.4.2　处理水池等构筑物应设排空设施，排出的水应回流到调节池。

10.4.3　废水处理站内道路应符合 GBJ 22 的有关规定。

10.4.4　废水处理站的绿化面积，可根据实际情况确定。

11　劳动安全与职业卫生

11.1　劳动安全

11.1.1　高架处理构筑物应设置栏杆、防滑梯、照明和避雷针等安全设施。各构筑物应设有便于行走的操作平台、走道板、安全护栏和扶手，栏杆高度和强度应符合国家有关劳动安全规定。

11.1.2　所有正常不带电的电气设备的金属外壳均应采取接地或接零保护；钢结构、排气管、排风管和铁栏杆等金属物应采用等电位连接。

11.1.3　各种机械设备裸露的传动部分应设置防护罩，不能设置防护罩的应设置防护栏杆，周围应保持一定的操作活动空间。

11.1.4　地下构筑物应有清理、维修工作时的安全措施。主要通道处应设置安全应急灯。在设备安装和检修时应有相应的保护设施。

11.1.5　存放有害化学物质的构筑物应有良好的通风设施和阻隔防护设施。有害或危险化学品的贮存应符合国家相关规定的要求。

11.1.6　废水调节池如需顶盖，则应留有排气孔。

11.1.7　废水处理站危险部位应有安全警示标志。并配置必要的消防、安全、报警与简单救护等设施。

11.2 职业卫生

11.2.1 废水处理设施在建设、运行过程中产生的废气、废水、废渣、噪声及其他污染物排放应严格执行国家环境保护法规、标准和批复的环境影响评价文件的有关规定。

11.2.2 废水处理设备的噪声应符合 GB 12348 的规定，对建筑物内部设施噪声源控制应符合 GBJ 87 中的有关规定。

11.2.3 噪声控制应优先采取噪声源控制措施。废水处理站不宜采用高噪声风机。

11.2.4 加药设施附近应有保障工作人员卫生安全的设施。

11.2.5 加氯间的设计应符合 GBJ 13 的有关规定。

11.2.6 加药间宜与药剂库毗邻，根据具体情况设置搬运、起吊设备和计量设施。

11.2.7 药剂贮量一般不少于 15 d 的投药量，也可根据药剂用量和当地药剂供应条件等合理确定。

12 工程施工与验收

12.1 一般规定

12.1.1 承担电镀废水治理工程的设计单位、施工单位应具备相应的工程设计资质或施工资质。

12.1.2 施工单位应按照设计图纸、技术文件、设备图纸等组织施工。施工过程中，应做好材料设备、隐蔽工程和分项工程等中间环节的质量验收；隐蔽工程应经过中间验收合格后，方可进行下一道工序施工。

12.1.3 施工中所使用的设备、材料、器件等应符合现行国家标准和设计要求，并取得供货商的产品合格证书。不得使用不合格产品。设备安装应符合 GB 50231 的规定。

12.1.4 管道工程的施工和验收应符合 GB 50268 的规定；混凝土结构工程的施工和验收应符合 GB 50204 的规定；构筑物的施工和验收应符合 GB 50141 的规定。

12.1.5 施工单位除应遵守相关的技术规范外，还应遵守国家有关部门颁布的劳动安全及卫生、消防等国家强制性标准。

12.1.6 电镀废水治理工程施工与验收应有施工监理单位参加。

12.2 工程施工

12.2.1 土建施工

12.2.1.1 在土建施工前，应认真了解设计图纸和设备安装对土建的要求，了解预留预埋件的位置和做法，对有高程要求的设备基础要严格控制在设备要求的误差范围内。

12.2.1.2 在进行结构设计时应充分考虑池体的抗浮，施工过程中应计算池体的抗浮稳定性及各施工阶段的池体自重与水的浮力之比，检查池体能否满足抗浮要求。

12.2.1.3 各类水池宜采用钢筋混凝土结构。土建施工应重点控制池体的抗浮处理、地基处理、池体抗渗处理，满足设备安装对土建施工的要求。

12.2.1.4 在软弱地基上施工且构筑物荷载不大时，应采取适当的措施对地基进行处理，必要时可采用桩基。

12.2.1.5 施工过程中应加强建筑材料和施工工艺的控制，杜绝出现裂缝和渗漏。出现渗漏处，应会同设计等有关方面确定处理方案，彻底解决问题。

12.2.1.6 模板、钢筋、混凝土分项工程应严格执行 GB 50204 规定。其中，模板架设应有足够强度、刚度和稳定度，表面平整无缝隙，尺寸正确；钢筋规格、数量准确，绑扎牢固应满足搭接长度要求，无锈蚀；混凝土配合比、施工缝预留、伸缩缝设置、设备基础预留孔及预埋螺栓位置均应符合规范和设计要求，冬季施工应注意防冻。

12.2.2 设备安装

12.2.2.1 设备基础应按照设计要求和图纸规定浇筑，混凝土标号、基面位置高程应符合说明书和技术文件规定。混凝土基础应平整坚实，并有隔振措施。预埋件水平度及平整度应符合 GB 50231 规定。地脚螺栓应按照原机出厂说明书的要求预埋，位置应准确，安装应稳定。安装好的机械应严格符合外型尺寸的公称允许偏差，不允许超差。

12.2.2.2 各种机电设备安装后应进行试车。试车应满足下列要求：

a）启动时应按照标注箭头方向旋转，启动运转应平稳，运转中无振动和异常声响；

b）运转齿合与差动机构运转应按产品说明书的规定同步运行，没有阻塞、碰撞现象；

c）运转中各部件应保持动态所应有的间隙，无抖动晃摆现象；

d）试运转用手动或自动操作，设备全程完整动作 5 次以上，整体设备应运行灵活，并保持紧张状态；

e）各限位开关运转中应动作及时，安全可靠；

f）电极运转中温升应在正常值范围内；

g）各部轴承注加规定润滑油，应不漏、不发热，温升小于 60℃。

12.3 工程验收

12.3.1 电镀废水治理工程竣工验收应按《建设项目（工程）竣工验收办法》、相应专业验收规范和本标准的有关规定进行。

12.3.2 建筑电气工程施工质量验收应符合 GB 50303 的规定。各设备、构（建）筑物单体按国家或行业的有关标准、规范验收后，应进行清水连通启动验收和整体调试。

12.3.3 试运行应在系统通过整体调试、各环节运转正常、技术指标达到设计和合同要求后启动。

12.3.4 电镀废水治理工程验收应提供以下资料：主管部门的批准文件；经批准的设计文件和设计变更文件；工程合同；设备供货合同和合同附件；设备技术文件和技术说明书；专项设备施工验收文件和工程监理报告。

12.4 环境保护验收

12.4.1 电镀废水治理工程试运行期应进行性能试验。废水处理工程性能试验应包括以下内容：最大处理水量试验；最大处理效率试验；污泥脱水试验；电能和药剂消耗试验；运行稳定性试验。

12.4.2　电镀废水治理工程环境保护验收应按《建设项目环境保护竣工验收管理办法》的规定进行，并提供以下技术资料：项目审批文件；批准的设计文件和设计变更文件；性能试验报告；验收监测报告；试运行期连续运行报告（一般不少于30个工作日）及完整的试运行记录；管理制度与岗位操作规程。

12.4.3　电镀废水治理设施经环境保护竣工验收合格后，可正式投入使用。

13　运行与维护

13.1　一般规定

13.1.1　电镀废水处理站应建立操作规程、运行记录、水质检测、设备检修、人员上岗培训、应急预案、安全注意事项等处理设施运行与维护的相关制度，适时监控运行效果，加强处理设施的运行、维护与管理。

13.1.2　电镀企业应将废水处理设施作为生产系统的组成部分进行管理，应配备专职人员负责废水处理设施的操作、运行和维护。废水处理设备设施每年进行一次检修，其日常维护与保养应纳入企业正常的设备维护管理工作。

13.1.3　电镀企业不得擅自停止电镀废水治理设施的正常运行。因维修、维护致使处理设施部分或全部停运时，应事先征得当地环保部门的批准。

13.1.4　电镀废水处理站的运行记录和水质检测报告作为原始记录，应妥善保存，不得丢失或撕毁。

13.2　人员与运行管理

13.2.1　废水处理站的操作人员应经过岗位技能培训，熟悉废水处理的整体工艺、相关技术条件和设施、运行操作的基本要求，能够合理处置运行过程中出现的各种故障与技术问题。

13.2.2　废水处理站的操作人员应严格按照操作规程要求，运行、维护和管理废水处理设施，检查记录处理构筑物、设备、电器和仪表的运行状况。

13.2.3　操作人员应遵守岗位职责，如实填写运行记录。运行记录的内容应包括：水泵及相关处理设备/设施的启动-停止时间、处理水量、水温、pH值；电器设备的电流、电压、检测仪器的适时检测数据；投加药剂名称、调配浓度、投加量、投加时间、投加点位；处理设施运行状况与处理后出水情况等。

13.2.4　废水处理站的操作人员应做好交接班记录。非操作人员不得擅自启动、关闭废水处理设备。

13.2.5　废水处理站的操作人员应根据处理设施、设备的使用情况，提出检修内容与检修周期；对可能出现故障的设备和装置应提出具体的维护与维修措施。

13.2.6　当发现废水处理设施运行不正常或处理效果出现较大波动，不能满足排放要求时，应及时采取措施，进行调整。

13.2.7　废水处理站的操作人员应负责应急事故水池等应急设施的日常管理，并根据处理工艺特点与污染物特性，制定出生产事故、废水污染物负荷突变等突发情况下的应急调节措施。

13.3 水质检测

13.3.1 电镀废水处理站应设置水质监控点，适时检测与监控处理设施的运行状况与处理效果。

13.3.2 水质监控点应符合以下要求：当对废水处理系统的整体效率进行监控时，水质监控点应设在废水处理设施的总进水口和总排水口；当对处理设施各单元的处理效率进行监控时，监控点应设在处理单元的进水口和单元的排水口。

13.3.3 电镀废水处理站在运行期间，每天均应根据设施的运行状况，对处理水质进行检测，并建立水质检测报告制度。检测项目、采样点、采样频率、采用的监测分析方法应按照 GB 21900 所规定的要求进行。已安装在线监测系统的，也应定期取样，进行人工检测，比对数据。

13.3.4 在检测分析过程中，应及时、真实填写原始记录，不得凭追忆事后补填或抄填。

13.3.5 检测报告应执行三级审核制。第一级审核应校对原始记录的完整性和规范性，仪器设备、分析方法的适用性和有效性，检测数据和计算结果的准确性，校对人员应在原始记录上签名；第二级审核应校核检测报告和原始记录的一致性，报告内容完整性、数据准确性和结论正确性；第三级审核应检查检测报告是否经过了校核，报告内容的完整性和符合性，监测结果的合理性和结论的正确性。第二、第三级校核、审核后，均应在检测报告上签名。

附 录 A

（资料性附录）

电镀废水的来源、主要成分及其质量浓度范围

表 A.1 电镀废水的来源、主要成分及其质量浓度范围

废水种类	废水来源	废水主要成分	主要污染物质量浓度范围
酸碱废水	镀前处理、冲洗地坪	各种酸类和碱类等	酸、碱废水混合后，一般呈酸性，pH 值 3～6
含氰废水	氰化镀工序	氰络合金属离子、游离氰等	pH 值 8～11，总氰根离子 10～50 mg/L
含铬废水	粗化、镀铬、钝化、化学镀铬、阳极化处理	六价铬、铜等金属离子	pH 值 4～6，六价铬离子 10～200 mg/L
含镉废水	无氰镀镉、氰化镀镉	镉离子、游离氰离子	pH 值 8～11，镉离子≤50 mg/L，游离氰离子 10～50 mg/L
含镍废水	镀镍、化学镀镍	镀镍：硫酸镍、氯化镍、硼酸、添加剂 化学镍：硫酸镍、络合剂、还原剂	镀镍：pH 值 6 左右，镍离子≤100 mg/L 化学镍：pH 值取决于溶液类型，镍离子≤50 mg/L
含铜废水	酸性镀铜、焦磷酸盐镀铜、氰化镀铜、镀铜锡合金、镀铜锌合金	酸性镀铜废水：硫酸铜、硫酸 焦磷酸盐镀铜：焦磷酸铜、焦磷酸钾、柠檬酸钾、氨三乙酸以及添加剂	酸性铜：pH 值 2～3，铜离子≤100 mg/L 焦磷酸铜：pH 值 7 左右，铜离子≤50 mg/L
含锌废水	碱性锌酸盐镀锌	锌离子、氢氧化钠和部分添加剂等	pH 值＞9，锌离子≤50 mg/L
	钾盐镀锌	锌离子、氯化钾、硼酸和部分光亮剂	pH 值 6 左右，锌离子≤50 mg/L
	硫酸锌镀锌	硫酸锌、部分光亮剂	pH 值 6～8，锌离子≤50 mg/L
	铵盐镀锌	氯化锌、氯化铵、锌的络合物和添加剂	pH 值 6～9，锌离子≤50 mg/L
含铅废水	氟硼酸盐镀铅、镀铅锡铜合金	氟硼酸铅、氟硼酸根、氟离子	pH 值 3 左右，铅离子 150 mg/L 左右，氟离子 60 mg/L 左右
含银废水	氰化镀银、硫代硫酸盐镀银	银离子、游离氰离子	pH 值 8～11，银离子≤50 mg/L，游离氰离子 10～50 mg/L
含氟废水	冷封闭	镍离子、氟离子	pH 值 6 左右，镍离子≤20 mg/L，氟离子≤20 mg/L
混合废水	电镀前处理和清洗	铜、锌、镍、三价铬等重金属离子	pH 值 4～6，铜、锌、镍、三价铬等重金属离子均≤100 mg/L

中华人民共和国国家环境保护标准

制革及毛皮加工废水治理工程技术规范

Technical specifications for tannery industry wastewater treatment

HJ 2003—2010

前　言

为贯彻《中华人民共和国环境保护法》和《中华人民共和国水污染防治法》，规范制革及毛皮加工废水治理工程的建设与运行管理，防治环境污染，保护环境和人体健康，制定本标准。

本标准规定了制革及毛皮加工废水治理工程设计、施工、验收和运行管理的技术要求。

本标准为首次发布。

本标准的附录 A、附录 B、附录 C 为资料性附录。

本标准由环境保护部科技标准司组织制定。

本标准主要起草单位：山东省环境保护科学研究设计院、山东省皮革研究所、山东省皮革协会。

本标准环境保护部 2010 年 12 月 17 日批准。

本标准自 2011 年 3 月 1 日起实施。

本标准由环境保护部解释。

1　适用范围

本标准规定了制革及毛皮加工废水治理工程的总体要求、工艺设计、检测控制、施工验收、运行维护等的技术要求。

本标准适用于以生皮为原料，采用铬鞣工艺的制革及毛皮加工废水治理工程，可作为环境影响评价、可行性研究、设计、施工、安装、调试、验收、运行和监督管理的技术依据，采用其他原料和鞣制工艺的制革及毛皮加工企业和集中加工区的废水治理工程可参照执行。

2　规范性引用文件

本标准内容引用了下列文件中的条款。凡是不注日期的引用文件，其有效版本适

用于本标准。

GB 4284　农用污泥中污染物控制标准

GB 5085.3　危险废物鉴别标准　浸出毒性鉴别

GB 7251　低压成套开关设备和控制设备

GB 12348　工业企业厂界环境噪声排放标准

GB 12801　生产过程安全卫生要求总则

GB 14554　恶臭污染物排放标准

GB 15562.1　环境保护图形标志　排放口（源）

GB 18484　危险废物焚烧污染控制标准

GB 18597　危险废物贮存污染控制标准

GB 18598　危险废物安全填埋污染控制标准

GB 18599　一般工业固体废物贮存、处置场污染控制标准

GB 50014　室外排水设计规范

GB 50015　建筑给水排水设计规范

GB 50016　建筑设计防火规范

GB 50019　采暖通风与空气调节设计规范

GB 50033　建筑采光设计标准

GB 50034　建筑照明设计标准

GB 50037　建筑地面设计规范

GB 50046　工业建筑防腐蚀设计规范

GB 50052　供配电系统设计规范

GB 50053　10 kV 及以下变电所设计规范

GB 50054　低压配电设计规范

GB 50055　通用用电设备配电设计规范

GB 50057　建筑物防雷设计规范

GB 50069　给水排水工程构筑物结构设计规范

GB 50093　自动化仪表工程施工及验收规范

GB 50108　地下工程防水技术规范

GB 50116　火灾自动报警系统设计规范

GB 50168　电气装置安装工程电缆线路施工及验收规范

GB 50169　电气装置安装工程接地装置施工及验收规范

GB 50187　工业企业总平面设计规范

GB 50204　混凝土结构工程施工质量验收规范

GB 50208　地下防水工程质量验收规范

GB 50222　建筑内部装修设计防火规范

GB 50231　机械设备安装工程施工及验收通用规范

GB 50236　现场设备、工业管道焊接工程施工及验收规范
GB 50243　通风与空调工程质量验收规范
GB 50254　电气装置安装工程低压电器施工及验收规范
GB 50255　电气装置安装工程电力变流设备施工及验收规范
GB 50256　电气装置安装工程起重机电气装置施工及验收规范
GB 50257　电气装置安装工程爆炸和火灾危险环境电气装置施工及验收规范
GB 50268　给水排水管道工程施工及验收规范
GB 50275　压缩机、风机、泵安装工程施工及验收规范
GB 50334　城市污水处理厂工程质量验收规范
GB 50336　建筑中水设计规范
GB 50395　视频安防监控系统工程设计规范
GB/T 16483　化学品安全技术说明书　内容和项目顺序
GB/T 18920　城市污水再生利用　城市杂用水水质
GB/T 19837　城市给排水紫外线消毒设备
GB/T 19923　城市污水再生利用　工业用水水质
GB/T 50335　污水再生利用工程设计规范
GBJ 115　工业电视系统工程设计规范
GBJ 125　给水排水设计基本术语标准
GBJ 141　给水排水构筑物施工及验收规范
GBZ 1　工业企业设计卫生标准
GBZ 2.1　工作场所有害因素职业接触限值　第 1 部分：化学有害因素
GBZ 2.2　工作场所有害因素职业接触限值　第 2 部分：物理有害因素
HJ/T 91　地表水和污水监测技术规范
HJ/T 92　水污染物排放总量监测技术规范
HJ/T 96　环境保护产品技术要求　pH 水质自动分析仪技术要求
HJ/T 101　环境保护产品技术要求　氨氮水质自动分析仪技术要求
HJ/T 242　环境保护产品技术要求　污泥脱水用带式压榨过滤机
HJ/T 247　环境保护产品技术要求　竖轴式机械表面曝气装置
HJ/T 250　环境保护产品技术要求　旋转式细格栅
HJ/T 251　环境保护产品技术要求　罗茨鼓风机
HJ/T 252　环境保护产品技术要求　中、微孔曝气器
HJ/T 259　环境保护产品技术要求　转刷曝气装置
HJ/T 261　环境保护产品技术要求　压力溶气气浮装置
HJ/T 262　环境保护产品技术要求　格栅除污机
HJ/T 265　环境保护产品技术要求　刮泥机
HJ/T 266　环境保护产品技术要求　吸泥机

HJ/T 272　环境保护产品技术要求　化学法二氧化氯消毒剂发生器
HJ/T 277　环境保护产品技术要求　旋转式滗水器
HJ/T 278　环境保护产品技术要求　单级高速曝气离心鼓风机
HJ/T 279　环境保护产品技术要求　推流式潜水搅拌机
HJ/T 280　环境保护产品技术要求　转盘曝气装置
HJ/T 282　环境保护产品技术要求　浅池气浮装置
HJ/T 283　环境保护产品技术要求　厢式压滤机和板框压滤机
HJ/T 336　环境保护产品技术要求　潜水排污泵
HJ/T 354　水污染源在线监测系统验收技术规范
HJ/T 369　环境保护产品技术要求　水处理用加药装置
HJ/T 377　环境保护产品技术要求　化学需氧量（COD_{Cr}）水质在线自动监测仪
CECS 111　寒冷地区污水活性污泥法处理设计规程
CECS 112　氧化沟设计规程
CJJ 60　城市污水处理厂运行、维护及其安全技术规程
LD 35　制革安全卫生规程
NY/T 1220.2　沼气工程技术规范　第 2 部分：供气设计
NY/T 1222　规模化畜禽养殖场沼气工程设计规范
QB/T 1261　毛皮工业术语
QB/T 2262　皮革工业术语
《建设项目（工程）竣工验收办法》（计建设[1990]1215 号）
《建设项目竣工环境保护验收管理办法》（国家环境保护总局令　第 13 号）
《排污口规范化整治技术要求》（试行）（环监[1996]470 号）
《污染源自动监测管理办法》（国家环境保护总局令　第 28 号）

3　术语和定义

QB/T 2262、QB/T 1261、GBJ 125 中的术语及下列术语和定义适用于本标准。

3.1　制革及毛皮集中加工区　leather and fur central processing zone

指由制革及毛皮加工工业为主的企业组成的，企业分布相对集中、区内功能齐全且相对独立的区域。

3.2　含硫废水　sulfur-containing wastewater

指制革工艺中采用灰碱法脱毛时产生的浸灰废液及相应的水洗工序废水。

3.3　脱脂废水　degreasing wastewater

指在制革及毛皮加工脱脂工序中，采用表面活性剂对生皮油脂进行处理所形成的废液及相应的水洗工序废水。

3.4　含铬废水　chromium-containing wastewater

指在铬鞣及铬复鞣工序中产生的废铬液及相应的水洗工序废水。

3.5　综合废水　integrated wastewater

指制革及毛皮加工企业或集中加工区产生的与生产直接或间接相关的排往综合废水处理工程内的各种废水的统称（如生产工艺废水、厂区生活污水等）。

3.6　制革及毛皮加工污泥　sludge

指在制革及毛皮加工废水治理过程中产生的污泥。

3.7　含铬污泥　chrome sludge

指含铬废水预处理过程中产生的污泥。

3.8　预处理　pretreatment

指为减轻综合废水处理负荷，回收有价值物质，对制革及毛皮加工生产过程中产生的污染物含量高且回收价值大或污染严重的废水进行初步净化的过程，也称为分类处理。

3.9　一级处理　primary treatment

指综合废水处理工程内以固液分离为主体的初级净化过程。

3.10　二级处理　secondary treatment

指综合废水处理工程内经一级处理后以生化处理为主体的净化过程。

3.11　深度处理　advanced treatment

指综合废水处理工程内进一步去除二级处理不能完全去除的污染物的净化过程。

4　废水水量和水质

4.1　废水水量

4.1.1　制革及毛皮加工废水水量可按下式计算：

$$Q_Y = Q_i + Q_j \tag{1}$$

$$Q_i = \sum q_i (1-\alpha) = \beta Q \tag{2}$$

式中：Q_Y—— 综合废水量（以生皮计），m^3/t；

Q_i—— 生产废水量（以生皮计），m^3/t；

Q_j—— 其他废水量（以生皮计），m^3/t，包括地面冲洗水和生活污水等，应参照 GB 50015、GB 50336 等标准确定；

q_i—— 各生产工序废水量（以生皮计），m^3/t，可参照附录 A 确定；

Q—— 生产用水量（以生皮计），m^3/t，可根据生产用水定额确定；

α—— 废水回用率，%，即回用废水量与废水产生量的比值，应根据废水实际回用情况或水平衡图确定；

β—— 按给水量计算排水量的折减系数，应根据企业生产工艺及给排水设施水平等因素确定，一般取 80%～90%。

4.1.2　典型制革废水量可参照表 1，典型毛皮加工废水量可参照表 2。

表 1　典型制革企业单位生皮综合废水量(1)

皮革种类	牛皮	猪皮	山羊皮	绵羊皮
废水量（以生皮计）/（m^3/t）	40～75	45～100	45～75	40～75
注：（1）按生皮质量核算：黄牛皮 20 kg/张，猪皮（盐）5 kg/张，羊皮（盐）3 kg/张。				

表 2　典型毛皮加工企业单位生皮综合废水量

毛皮种类	羊剪绒（盐湿皮）	水貂（干板）	狐狸（干板）	猸子（盐湿皮）	兔皮（盐湿皮）
废水量（以生皮计）/（m^3/t）	70～140	50～90	110～160	80～100	80～110

4.1.3　生产废水量变化系数是指最大日最大时废水量与最大日平均时（生产设计规模）废水量的比值，其值应结合企业实际生产情况确定，当无相关资料时，可参照表 3。

表 3　废水量变化系数

废水来源	皮革集中加工区	制革企业	毛皮加工企业
变化系数	1.5～2.0	1.6～3.0	2.0～4.0

4.2　废水水质

4.2.1　废水水质可按下式计算：

$$C_i = \frac{W_i}{q_i} \times 1\,000 \qquad (3)$$

$$C_Y = \frac{\sum W_i(1-\eta_i) + W_j}{Q_Y} \times 1\,000 \qquad (4)$$

式中：C_i—— 各生产工序废水污染物质量浓度，mg/L；

C_Y—— 综合废水污染物质量浓度，mg/L；

W_i—— 各生产工序废水污染物产生量（以生皮计），kg/t，可参照附录 B 确定；

W_j—— 其他废水污染物产生量（以生皮计），kg/t，应参照 GB 50014、GB 50336 等标准确定；

η_i—— 各生产工序废水预处理污染物去除率，%，可参照附录 C.1。

4.2.2　典型制革废水水质可参照表 4，典型毛皮加工废水水质可参照表 5。

表4　典型制革废水水质范围[1]

废水种类	pH	COD_{Cr}/（mg/L）	BOD_5/（mg/L）	SS/（mg/L）	S^{2-}/（mg/L）	总铬/（mg/L）	氨氮/(mg/L)	总氮/(mg/L)	动植物油/（mg/L）
含硫废水	12～14	5 000～40 000	2 500～10 000	3 000～20 000	800～5 000	—	50～100	80～150	150～800
脱脂废水	11～13	10 000～30 000	3 000～8 000	3 000～5 000	—	—	—	—	4 000～10 000
含铬废水	3.5～5	3 000～6 500	600～1 200	600～2 000	—	600～2 500	150～400	200～500	400～800
综合废水	8～10	3 000～4 000	1 200～1 800	2 000～4 000	40～100	30～80[2]	200～600	250～800	250～2 000

注：（1）表中综合废水水质为未进行预处理的水质。
（2）含铬废水经预处理后，综合废水总铬质量浓度为 0.1～1.5 mg/L。

表5　典型毛皮加工废水水质范围[1]

废水种类	pH	COD_{Cr}/（mg/L）	BOD_5/（mg/L）	SS/（mg/L）	总铬/（mg/L）	氨氮/（mg/L）	总氮/（mg/L）	动植物油/（mg/L）
含铬废水	3.5～5	2 000～4 000	400～1 000	400～1 500	300～700	40～100	80～250	300～600
综合废水	8～10	1 500～3 500	600～1 200	1 000～2 500	10～20[2]	60～120	150～250	300～1 500

注：（1）表中综合废水水质为未进行预处理的水质。
（2）含铬废水经预处理后，综合废水总铬质量浓度为 0.1～1.0 mg/L。

5　总体要求

5.1　一般规定

5.1.1　应从废水的产生、处理和排放全过程进行控制，采用清洁生产技术，提高资源、能源利用率，降低污染物的产生量和排放量，预防污染环境。

5.1.2　制革及毛皮加工废水宜采用清污分流、雨污分流。

5.1.3　应以企业生产情况及发展规划为依据，贯彻国家产业政策和行业污染防治技术政策，统筹集中与分散、现有与新（扩、改）建的关系。

5.1.4　经处理后排放的废水应符合环境影响评价批复文件和相关排放标准的要求。

5.1.5　应配套建设二次污染的预防措施，保证污泥、恶臭、噪声等污染物排放满足 GB 14554 和 GB 12348 等相关环保标准的要求。

5.1.6　应按照《排污口规范化整治技术要求（试行）》建设废水排放口，设置符合

GB/T 15562.1 要求的废水排放口标志，并按照《污染源自动监控管理办法》安装污染物排放连续监测设备。

5.2 建设规模

5.2.1 建设规模应根据废水治理工程服务范围内的现有水量、水质和预期变化情况综合确定；现有企业应以实测数据为依据，新（扩、改）建企业应采用类比或物料衡算的方法确定。

5.2.2 预处理工程建设规模应与其相关生产单元的建设规模相匹配，按最大日流量计算。

5.2.3 综合废水处理工程的建设规模应符合下列要求：

a）格栅、预沉池等调节池前废水处理构筑物按最大日最大时流量计算；

b）调节池及其后废水处理构筑物按最大日平均时流量计算；

c）回用水处理系统根据可利用源水的水质、水量和回用环节，经水量平衡和技术经济分析后确定；

d）污泥处理与处置系统按最大日平均时污泥量计算。

5.3 项目构成

5.3.1 制革及毛皮加工废水治理工程由主体工程、配套工程和生产管理设施构成。

5.3.2 主体工程主要包括含硫废水预处理、脱脂废水预处理、含铬废水预处理和综合废水处理工程，其中的综合废水处理工程包括废水处理系统、回用水系统、污泥处理与处置系统和臭气处理系统：

a）废水处理系统包括一级处理、二级处理和深度处理单元；

b）回用水系统包括回用水贮存、输配和监控单元；

c）污泥处理与处置系统包括污泥均质、浓缩、脱水和最终处置单元；

d）臭气处理系统包括臭气收集和处理单元。

5.3.3 配套工程包括电气自动化、供排水和消防、采暖通风与空调、建筑结构、检测与过程控制等。

5.3.4 生产管理设施包括办公用房、值班室等。

5.4 厂址选择和总体布置

5.4.1 厂址选择和总体布置应纳入制革及毛皮加工企业或集中加工区总体规划，并满足环境影响评价、审批文件的要求。

5.4.2 总体布置应根据区内各建筑物和构筑物的功能和流程要求，结合厂址地形、气候和地质条件，经技术经济比较确定，并符合下列要求：

a）总平面布置合理、紧凑，满足施工、维护和管理等要求，并留有发展及设备更换的余地；

b）竖向布置应充分利用原有地形，尽可能做到土方平衡，降低运行电耗；

c）合理布置超越管线和维修放空设施，并确保不合格的放空水或污泥得到妥善处理和处置；

d）材料、药剂、污泥、废渣等不得露天堆放，存放场所应进行防渗及防水处理。

5.4.3 厂址选择、平面和竖向设计、总图运输、管线综合及绿化布置应根据项目组成情况确定，符合 GB 50187、GB 50014 和行业标准的规定。

6 工艺设计

6.1 一般规定

6.1.1 应优先采用处理效率高、节约能源、投资省的处理工艺，确保废水治理工程稳定、可靠、安全运行。

6.1.2 宜将综合废水处理工程，特别是生化处理单元设计成平行的两条线，其工艺设计应符合 GB 50014 中的相关规定。

6.1.3 厌氧技术的选用应充分考虑制革废水中硫化物、硫酸盐、铬、中性盐、低碳氮比（COD_{Cr}/TN）等对厌氧菌的抑制作用，加强清洁生产措施，尽量降低废水中毒性污染因子浓度。

6.2 处理工艺

6.2.1 提倡分类处理和集中处理相结合。含铬废水应先经预处理达标后再与其他废水混合处理，含硫废水和脱脂废水宜进行预处理，其工艺流程如图 1 所示：

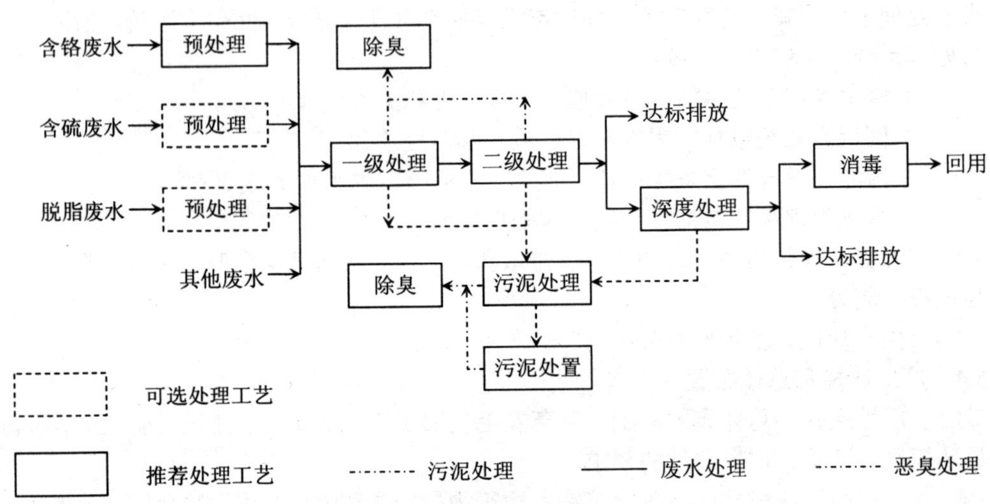

图 1 制革及毛皮加工废水治理工程工艺流程

6.2.2 处理效率应通过试验或同类企业类比资料确定。当无资料时，预处理工程处理效率可参照附录 C.1，综合废水处理工程处理效率可参照附录 C.2。

6.2.3 应根据现行的国家和地方排放标准、污染物的来源及性质、排水去向确定制革及毛皮加工废水处理程度，选择相应的处理级别和处理工艺。

6.2.4　排入集中加工区废水处理厂（站）的企业宜根据集中加工区要求选用预处理或预处理+一级处理工艺；排入城镇污水处理厂的企业宜根据污水处理厂接管要求选择预处理+一级或预处理+一级处理+二级处理工艺；直接排入自然水体的企业应根据排放标准要求选择预处理+一级处理+二级处理或预处理+一级处理+二级处理+深度处理工艺。

6.3　技术要求

6.3.1　含铬废水预处理

6.3.1.1　应结合生产工艺采用循环或碱沉淀技术处理含铬废水，处理后废水的铬含量达标后方可排入综合废水处理工程。

6.3.1.2　碱沉淀处理技术的工艺要求：

a）碱沉淀处理技术包括格栅、贮存、反应、压滤、水洗、酸化和陈化等工序。

b）碱沉淀常用的沉淀剂包括 MgO、NaOH、$Ca(OH)_2$、Na_2CO_3 和 $NaAlO_2$ 等，宜选用 MgO 和 NaOH，投料量宜根据化学平衡计算确定，控制铬液 pH 值在 8.5～10.0 的范围内。

c）贮液池的贮液时间宜大于 2 d，碱沉淀工艺的反应时间宜为 1～2 h，沉降时间应大于 3 h。

d）沉淀分离出的铬泥宜采用板框压滤机压滤，压滤周期 4～6 h，处理能力约 1.5 kg/（m^2·次）。

e）酸化反应采用机械搅拌或空气搅拌的方式，反应 pH 宜为 2.0～2.3，反应时间应大于 1 h，沉降时间宜为 3～4 h。

f）硫酸用量应根据回收液中铬的含量进行确定，按下式计算：

$$M = \frac{AV}{B} \times 1.93 \tag{5}$$

式中：M—— 硫酸用量，g；

A—— 废铬液中 Cr_2O_3 的含量，g/L；

V—— 废铬液量，L；

B—— 工业硫酸的质量分数，%。

g）回收铬液宜经陈化后使用，陈化时间宜为 5～7 d，陈化后的 pH 值应达到 2.5～2.8。

6.3.1.3　循环处理技术包括直接循环利用和浸酸/鞣制循环利用处理技术，循环处理技术一般包括格栅、贮存、净化、补铬、调节、回用等工序，控制参数应结合生产工艺、产品种类经试验确定后选用。

6.3.2　含硫废水预处理

6.3.2.1　含硫废水预处理包括催化氧化、化学混凝和酸化回收硫化氢等工艺，处理前应采用专用管道收集，格栅拦截。

6.3.2.2　催化氧化处理技术的工艺要求：

a）催化氧化处理技术宜采用锰盐催化氧化技术，使用的催化剂有硫酸锰、氯化锰和高锰酸钾等，常用硫酸锰，其投加量宜为硫化物含量的 5%；

b）催化氧化反应过程中，宜控制 pH 值在 10.5～13.0 范围内，反应温度 15～40℃，催化氧化反应时间大于 6 h；

c）反应池曝气应采用鼓风（大孔或中孔）曝气或机械曝气形式，采用鼓风曝气时，供氧量（氧/S^{2-}）应大于 1.1 kg/kg，采用机械曝气时曝气功率（S^{2-}）宜大于 0.6 kW/kg，并应满足搅拌的要求。

6.3.2.3 化学混凝处理技术的工艺要求：

a）化学混凝处理技术包括混凝和沉淀（或气浮）2 个单元；

b）化学混凝处理技术处理含硫废水常用铁盐、铝盐等混凝剂，为了提高混凝效果也可采用复配混凝剂或与有机高分子混凝剂联用，使用前应根据废水水质特性，通过试验确定适宜的配方；

c）采用硫酸亚铁作混凝剂，反应前可用酸将含硫废水 pH 值调至 8～9，反应终点宜控制 pH 值至 7 左右；

d）混凝时间宜为 10～15 min；

e）沉淀时间宜为 3.0～5.0 h，表面负荷宜为 0.8～1.5 m^3/（m^2·h）；

f）采用气浮工艺时，其设计参数宜通过试验确定，当无相关资料时，表面负荷宜取 1.5～2.5 m^3/（m^2·h）。

6.3.2.4 酸化回收硫化氢的工艺要求：

a）酸化回收硫化氢包括酸化反应、固液分离和碱吸收 3 个单元；

b）应用酸将酸化反应器中废液 pH 值调至 4.0～4.5，酸化反应时间宜大于 6 h；

c）宜由真空泵连续抽出酸化反应器中的 H_2S 至吸收塔，整个反应过程中，吸收系统应保持在负压状态；

d）应采用 NaOH 配置吸收液；

e）酸化后的废液应通过固液分离的方式分离出其中的蛋白质；

f）分离后的废液可根据废液性质和生产工艺情况经再生后循环利用，可使用 CaO 作再生剂，再生废液应将 pH 值调整到 12 左右。

6.3.3 脱脂废水预处理

6.3.3.1 脱脂废水预处理包括酸提取和气浮等工艺，处理前应采用专用管道收集，格栅拦截和隔油措施。

6.3.3.2 酸提取处理脱脂废水包括破乳、皂化、酸化和水洗工序，各工序的控制参数可参照表 6。

6.3.3.3 气浮处理工艺设计见 6.3.2.3 条第 f）款。

6.3.4 综合废水处理

6.3.4.1 综合废水处理工程前应设置粗格栅和细格栅，其工艺要求如下：

表 6　酸提取工艺主要设计参数

工序	pH 值	温度/℃	操作时间/h	备注
破乳	4	60	2.5～3	pH 为反应终点控制值
皂化	11～12	沸腾	1	pH 为反应终点控制值
酸化	4	—	2～3	pH 为反应终点控制值
水洗	6～7	40～60	—	洗 3 次

a）采用机械清除时，粗格栅间隙宜为 10～20 mm，采用人工清除时宜为 15～25 mm，格栅设置在水泵前应满足水泵要求；

b）细格栅宜选用具有自清能力的旋转机械格栅，格栅间隙宜为 2～5 mm；

c）格栅上部应设置工作平台，其高度应高出格栅前最高设计水位 0.5 m，工作平台上应有安全和冲洗设施；

d）栅渣宜通过机械输送，脱水后外运。

6.3.4.2　综合废水进入调节池前应经过沉砂或预沉处理，其工艺要求如下：

a）宜选用平流沉砂池或曝气沉砂池，池面应设浮渣或油脂刮除设施；

b）预沉池停留时间宜为 40～120 min，有效水深宜为 2.0～3.0 m，池面应设有浮渣或油脂刮除设施，也可设置油脂回收设施；

c）沉砂池及预沉池宜采用机械排除泥砂方式，池底应考虑防淤措施，采用重力排除泥砂时，排砂管和排泥管应考虑防堵或清通措施。

6.3.4.3　综合废水处理工程应设置调节池，其工艺要求如下：

a）调节池容积应根据废水在生产周期内的变化曲线采用图解法计算确定，单独制革及毛皮加工企业的调节时间宜大于 20 h，集中加工区的调节时间宜大于 16 h。当二级处理采用 SBR 处理工艺时，可根据工程规模和工艺流程适当减少调节池的容积；

b）当调节池兼作综合废水事故池时，其容积计算应考虑事故排放的容量，可按照 2 h 的废水最大时排放量确定；

c）当初期雨水需要处理时，调节池应考虑初期雨水的储存容量，储存雨水量的确定应符合 GB 50014 的规定，初期雨水的时间应根据雨水收集系统的设置状况、路面材料、污染物性质和降雨等情况确定，当缺乏相关资料时，可取 10～15 min；

d）调节池内应设置混合设施，当设置潜水推进器时，混合功率为 2～8 W/m^3，当采用曝气（中孔或大孔）设备时，曝气量不宜小于 3 m^3/（$m^2 \cdot h$），当调节池兼有预生化或（催化）氧化等功能时，其曝气量还应满足工艺需氧量的要求，曝气设备应考虑防堵塞措施；

e）调节池底部应设有集水坑，池底应有不小于 0.01 的坡度，坡向集水坑，池壁应设置爬梯；

f）调节池应设置液位控制和报警装置。

6.3.4.4　综合废水处理工程应设置沉淀池，沉淀分为初次沉淀池、混凝沉淀池和二次沉淀池，沉淀池的形式应根据处理规模、工艺特点和场地地质条件等因素确定，可选用平流式、辐流式和竖流式等池型，其工艺要求如下：

a）沉淀池主要设计参数参照表 7；

表 7　沉淀池主要设计参数

沉淀池类型		沉淀时间/h	表面负荷/[m^3/（m^2·h）]	污泥含水率/%	固体负荷/[kg/（m^2·d）]
初次沉淀池		1.5～3.0	1.0～2.0	97～98.5	—
混凝沉淀池	二次沉淀池前	2.0～3.0	1.0～1.6	96～98	—
	二次沉淀池后	2.5～4.0	0.8～1.2	98～99.5	—
二次沉淀池	生物膜后	2.0～4.0	0.8～1.5	96～98	≤150
	活性污泥后	3.5～5.0	0.5～0.8	99.0～99.4	≤150

b）初次沉淀池宜采用机械排泥，并应有浮渣刮除设施；

c）应适当增大初次沉淀池深度，增加污泥区容积；

d）当采用斜板（管）沉淀池时，其表面负荷可按比普通沉淀池的表面负荷提高 1～2 倍考虑。

6.3.4.5　可在技术经济论证的基础上，采用水解酸化或厌氧处理工艺对综合废水进行处理，其工艺要求如下：

a）采用水解酸化处理工艺时，水解酸化时间宜取 6～12 h；

b）宜采用常温或中温发酵工艺，反应器中的混合液温度宜控制在 25～35℃的范围内；

c）制革废水厌氧单元宜采用二步厌氧或与其他废水混合处理的工艺，毛皮加工废水可采用一步厌氧工艺；

d）二步厌氧酸化段可采用厌氧填充床或厌氧接触反应器，甲烷化段和一步厌氧可采用 UASB 反应器；

e）酸化反应器中混合液的 pH 应控制在 7.5 以下，硫化物容积负荷（S^{2-}）宜为 1.5～3 kg/m^3，COD_{Cr}容积负荷（COD_{Cr}）宜为 25～45 kg/（m^3·d），污泥产率 2%～4%；

f）厌氧接触反应器后的沉淀池表面负荷宜为 1.0～1.4 m^3/（m^2·d），沉淀时间宜为 3.0～5.0 h，污泥回流比宜为 30%～50%；

g）甲烷化段的 UASB 反应器容积负荷（COD_{Cr}）宜为 5～15 kg/（m^3·d），水力停留时间宜大于 12 h；

h）甲烷化段产生的混合生物气体宜净化后收集在沼气储柜中并作为燃料加以利用，生物气的净化、贮存技术可参照 NY/T 1222 和 NY/T 1220.2 的规定。

6.3.4.6 废水好氧生化处理宜选用有机负荷低、抗冲击负荷能力强、具有脱氮功能的工艺，如 A/O、氧化沟、SBR 和接触氧化等，其工艺设计应符合 CECS 112、CECS 111 等标准的规定，并满足以下要求：

a）生物反应池的容积宜采用硝化、反硝化动力学公式计算确定，并应充分考虑冬季低水温对去除碳源污染物和脱氮的影响，必要时可采取降低负荷、保温或增温等措施；

b）好氧生化处理单元的主要设计参数参照表 8；

表 8 好氧生化处理单元主要设计参数

好氧单元类型	污泥质量浓度/（g/L）	污泥负荷（COD_{Cr}/MLSS）/（kg/kg）	容积负荷（COD_{Cr}）/[kg/（$m^3 \cdot d$）]	水力停留时间/h	污泥回流比/%	运行周期/h	充水比/%
氧化沟	3.0～5.0	0.12～0.20	0.4～1.0	30～54 (1)	60～100	—	—
A/O	3.0～5.0	0.15～0.20	0.5～1.4	30～50 (1)	60～100	—	—
SBR	3.0～5.0	0.16～0.32	0.5～1.6	30～60	—	8～12	15～30
接触氧化	—	—	0.8～1.8	16～36 (1)	—	—	—
注：（1）水力停留时间为废水在好氧区和缺氧区内的总停留时间。							

c）为强化氨氮的去除效果，可采用两段好氧生化处理工艺，当采用两段好氧工艺时，前段生化反应池以去除 COD_{Cr} 为主，后段反应池以去除氨氮为主；

d）好氧区（池）pH 值宜为 7～8，剩余碱度宜大于 70 mg/L（以 $CaCO_3$ 计）；

e）宜通过投加碱提高废水的剩余碱度，当采用 A/O 工艺时，可通过增加缺氧池容积，提高回收碱度量，投加碱量（以 $CaCO_3$ 计）可按下式计算：

$$W=7.14\times\Delta N_1-3\times\Delta N_2-0.15\times\Delta C-W_1+W_2 \tag{6}$$

式中：W—— 加碱量，kg/d；

ΔN_1—— 硝化氮量，kg/d；

ΔN_2—— 反硝化脱氮量，kg/d；

ΔC—— COD_{Cr} 去除量，kg/d；

W_1—— 进水碱度量，kg/d；

W_2—— 出水碱度量，kg/d。

f）生物反应池中好氧区的废水需氧量（O_2/COD_{Cr}）应根据去除的含碳有机物、

氨氮的硝化、反硝化程度等确定，也可采用 0.7～1.4 kg/kg 进行估算；

g）曝气设备应能根据废水水质、水量调节供氧量，较大规模的综合废水处理工程宜能自动调节供氧量；

h）曝气池应考虑设置泡沫消除设施，可采用添加消泡剂、喷水消泡和机械消泡等措施。

6.3.4.7　废水深度处理可采用混凝、沉淀（或澄清、气浮）、过滤、曝气生物滤池和硫酸亚铁-双氧水催化氧化（也称 Fenton 氧化）工艺，其工艺设计应符合 GB/T 50335 的规定，并满足以下要求：

a）采用混凝、沉淀（或澄清、气浮）工艺时，混合段速度梯度 G 值 300～600 s^{-1}，混合时间 30～120 s，反应段速度梯度 G 值 30～60 s^{-1}，反应时间 5～20 min，澄清池上升流速 0.4～0.6 mm/s，停留时间 1.5～2.0 h，气浮池气水接触时间 30～100 s，表面负荷 6～9 m^3/（m^2·h），水力停留时间 20～40 min，沉淀池相关参数见 6.3.4.4 条中规定；

b）采用过滤工艺时，进水悬浮物宜小于 50 mg/L，过滤池工艺设计应符合 GB 50335 的规定，并参照同类企业运行数据，过滤器的选用和工艺设计应根据设备供应商提供的资料和同类企业运行数据确定；

c）采用曝气生物滤池工艺时，COD_{Cr} 容积负荷宜为 0.3～1.5 kg/（m^3·d），氨氮（NH_3-N）容积负荷宜为 0.3～0.8 kg/（m^3·d），有效停留时间宜大于 3 h，宜选用球形轻质多孔陶粒滤料或塑料球形滤料，也可采用颗粒活性炭滤料，宜采用气水联合反冲洗，通过长柄滤头实现，反冲洗强度应根据采用的滤料确定，过滤前可采用臭氧氧化等措施改变原始化合物的结构，提高废水的可生化性；

d）采用 Fenton 氧化工艺时，试剂投加量应通过实验确定，氧化反应时间宜为 30～60 min，反应 pH 值宜为 3～5，氧化反应后的废水应加碱中和，中和反应时间宜大于 10 min，中和反应后的废水应通过沉淀（气浮）分离出废水中的含铁悬浮物，可投加 PAM 强化混凝效果，混凝沉淀（气浮）的技术要求参见 6.3.4.7 条第 a）款；

e）当有脱盐要求时，可增加离子交换、超滤、纳滤、反渗透等技术中的一种或几种组合；

f）当有回用要求时，深度处理后的废水应进行消毒处理，宜采用二氧化氯、紫外线等消毒技术，采用氯化消毒时，加氯量宜为有效氯 5～10 mg/L，消毒接触时间应大于 30 min；采用紫外线消毒时，紫外线剂量可按 20～30 mW·s/cm^2 确定。

6.3.5　废水回用

6.3.5.1　废水回用应以本厂回用为主、厂外回用为辅。

6.3.5.2　在满足生产工艺要求的前提下，制革及毛皮加工企业应提高水的循环利用率，尽量回收有用原料，控制排入综合废水处理工程内的废水及污染物量。

6.3.5.3 处理后的综合废水可作为准备工段和废水处理工程某些工序的生产用水、厂区环境保洁及其他用水，其回用水质应根据用水环节参照 GB/T 18920 和 GB/T 19923 等国家标准。

6.3.5.4 综合废水回用水贮存、输配和监测应符合 GB/T 50335 的规定。

6.3.6 污泥处理与处置

6.3.6.1 制革及毛皮加工废水产生的污泥包括预处理污泥、综合废水处理物化污泥和剩余污泥；其中预处理污泥和综合废水处理物化污泥量应根据处理工艺按照化学反应物料平衡计算确定，综合废水处理剩余污泥量可参照 GB 50014 的规定。

6.3.6.2 以生皮为原料进行估算，经脱水后的含铬废水处理污泥产生量（DS/生皮）为 20～30 kg/t，综合废水处理生化处理前物化污泥产生量（DS/生皮）为 100～220 kg/t，生化处理剩余污泥量（DS/生皮）为 20～40 kg/t，生化处理后物化污泥产生量（DS/生皮）为 15～25 kg/t；以盐湿皮为原料进行估算，其污泥产量为生皮产量的 15%～30%。

6.3.6.3 含铬废水处理产生的含铬污泥，可根据皮革生产需求制成铬鞣剂，回用于鞣制过程，不能利用的应按危险废物处置。

6.3.6.4 综合废水处理过程中产生的污泥经鉴别为危险废物的按危险废物处置，经鉴别为一般固体废物的按一般固体废物处置；鉴别方法应按照 GB 5085.3 等相关标准执行。

6.3.6.5 污泥处理工艺应根据污泥的最终处置方式确定，并符合下列要求：

a）污泥浓缩可采用重力浓缩、机械浓缩和气浮浓缩工艺，当采用重力浓缩时，污泥固体负荷宜为 20～40 kg/（m^2·d），浓缩时间不宜小于 16 h，当采用机械浓缩时，应根据设备供应商提供的资料和同类企业运行数据确定，经试验和技术经济分析后，也可采用气浮浓缩工艺；

b）应设置污泥均质池，均质池内应设置潜水搅拌器等设备，均质池内的停留时间应根据排泥方案确定，一般为 6～10 h；

c）污泥应进行脱水，污泥脱水机械的类型应按污泥的性质、产生量和脱水要求，经技术经济比较后确定，宜选用离心脱水机，当污泥量较少时，可选用厢式、板框压滤机；

d）污泥在脱水前，应加药调理，污泥加药后，应立即混合反应，进入脱水机，药剂种类和投加量应通过试验确定，污泥脱水前的含水率宜小于 98%，污泥脱水后的含水率应小于 80%。

6.3.6.6 污泥的最终处置主要包括综合利用、焚烧和填埋等途径，应优先考虑综合利用，并符合以下要求：

a）污泥综合利用应因地制宜，考虑农用应慎重，按 GB 4284 等相关标准执行，土地利用应严格控制污泥和土壤中积累的重金属及其他有毒物质含量，生产建材应满足相关产品质量的要求；

b）污泥填埋应符合 GB 18597、GB 18598 和 GB 18599 等标准的规定；

c）污泥的干化焚烧宜集中进行，实施中应参照 GB 50014、GB 18484 等标准的规定。

6.3.7 臭气处理

6.3.7.1 应有效控制恶臭污染源，并符合下列技术要求：

a）优化工艺单元设计，减少废水收集及治理系统臭气的产生和散发；

b）定期清理格栅、沉砂池、预沉池、调节池、水解池、污泥池等工艺单元中的浮渣，及时处置工艺过程中产生的栅渣、污泥等污染物；

c）实时投加或喷洒化学除臭剂。

6.3.7.2 宜对臭气进行收集、处理和排放，并符合下列技术要求：

a）采取密闭、局部隔离及负压抽吸等措施，集中收集工艺过程（格栅、沉砂池、预沉池、调节池、水解池、污泥池、污泥脱水机等）中产生的臭气；

b）污水泵房、污泥脱水间、加药间等应设置通风或臭气收集设施，并确保排放废气符合现行国家标准的要求。

6.3.7.3 宜采用物理、生物、化学除臭等工艺处理集中收集的臭气，并符合下列技术要求：

a）采用离子除臭工艺前应对臭气进行过滤净化，宜控制进气湿度小于 85%，温度小于 65℃，放电电压小于 3 kV，离子产生量大于 1.0×10^6 个/cm^3，臭氧质量浓度小于 0.2 mg/m^3，臭气停留时间 1.0～2.0 s。

b）采用生物滤池工艺时，填料孔隙率 40%～80%，填料有机质含量 25%～55%，填料厚度 1.0～1.5 m，反应温度 15～35℃，湿度 50%～65%，液体投配率 0.7～1.4 m^3/（m^3·d），臭气停留时间 30～90 s。

c）采用化学洗涤工艺时，填料高度 1.8～3.0 m，液气比 1.5～2.5，臭气停留时间 1.5～3 s，宜采用次氯酸钠、高锰酸钾、双氧水、氢氧化钠等洗涤液。

7 主要工艺设备和材料

7.1 配置要求

7.1.1 常用设备包括泵、曝气设备、格栅、刮吸泥机、滗水器、脱水机、加药和消毒设备等。

7.1.2 格栅除污机、潜水推进器、表面曝气机、滗水器等宜按双系列或多系列分别配置。

7.1.3 加药设备应按加入药液的种类和处理系列分别配置。

7.1.4 水泵、污泥泵、加药泵、鼓风机等应设置备用设备。

7.1.5 泵类、曝气装置、加药装置等宜储备核心部件和易损部件。

7.2 设备选型与防腐

7.2.1 设备和材料应从工程设计、招标采购、施工安装、运行维护、调试验收等环节进行控制，选用满足工艺、符合下列标准要求的产品：

a）旋转式细格栅应符合 HJ/T 250 的规定，格栅除污机应符合 HJ/T 262 的规定；

b）潜水排污泵应符合 HJ/T 336 的规定；

c）单机高速曝气离心鼓风机应符合 HJ/T 278 的规定，罗茨风机应符合 HJ/T 251 的规定；

d）竖轴式机械表面曝气机应符合 HJ/T 247 的规定，横轴式转刷曝气装置应符合 HJ/T 259 的规定，转盘曝气装置应符合 HJ/T 280 的规定；

e）鼓风式中、微孔曝气器应符合 HJ/T 252 的规定；

f）潜水推流搅拌机应符合 HJ/T 279 的规定；

g）旋转式滗水器应符合 HJ/T 277 的规定；

h）刮泥机应符合 HJ/T 265 的规定，吸泥机应符合 HJ/T 266 的规定；

i）气浮装置应符合 HJ/T 261 和 HJ/T 282 的规定；

j）污泥脱水用厢式压滤机和板框压滤机应符合 HJ/T 283 的规定，带式压滤机应符合 HJ/T 242 的规定；

k）加药设备应符合 HJ/T 369 的规定；

l）化学法二氧化氯消毒剂发生器应符合 HJ/T 272 的规定，紫外线消毒设备应符合 GB/T 19837 的规定。

7.2.2 应对易腐蚀的设备、管渠及材料采取相应的防腐蚀措施，根据腐蚀性质，结合当地情况，因地制宜地选用经济合理、技术可靠的防腐蚀措施，并应达到国家现行有关标准的规定，有条件的企业宜采用耐腐蚀材料。

8 检测与过程控制

8.1 检测

8.1.1 应根据处理工艺和管理要求设置水量计量、水位观察、水质观测、取样监测化验、药品计量的仪器、仪表，对废水治理工程主要参数进行定期检测和监测，对重点控制指标实现在线检测和监测。

8.1.2 用于为废水治理工程实现闭环控制和性能考核提供数据的在线检测装置，其检测点分别设在受控单元内或进、出口处，采样频次和检测项目应根据工艺控制要求确定。

8.1.3 用于环保部门监测验证污染排放指标的在线监测装置，其采样点、采样频次和监测项目应符合排放标准、HJ/T 91 和 HJ/T 92 等国家相关标准的规定，并与监控中心联网。

8.1.4 检测项目及位置应符合以下要求：

a）预处理应检测进、出口流量、温度、pH、SS、特征污染物（如硫化物、总铬、氨氮）及投药量、产泥量等指标；

b）一级处理宜检测进、出口流量、pH、SS、COD_{Cr}、特征污染物（如硫化物、总铬、氨氮）及投药量、产泥量等指标；

c）水解酸化池宜检测进、出口的 pH、H_2S、ORP、COD_{Cr} 和 BOD_5 和反应池

内的污泥浓度等指标；

d）厌氧处理单元应检测进、出口的 pH、H_2S、COD_{Cr}、BOD_5 和沼气产生量，以及反应池内的挥发酸和污泥浓度等指标；

e）好氧生化单元应检测废水进、出口的 pH、碱度、COD_{Cr}、BOD_5、硫化物、氨氮、SS 以及反应池内的 DO、碱度、污泥沉降比和污泥浓度等指标；

f）深度处理单元宜检测进、出口 pH、COD_{Cr}、BOD_5、SS、氨氮、总铬和六价铬等指标。

8.1.5　现场检测仪表宜具备防腐、防爆、抗渗漏、防结垢、自清洗等功能。

8.1.6　宜采用符合 HJ/T 96、HJ/T 101、HJ/T 377 等规定的监测仪器。

8.2　过程控制

8.2.1　应根据工程规模、工艺流程和运行管理要求选择适合的控制方式，确定参数控制要求。

8.2.2　小型综合废水处理工程的主要生产工艺单元可采用自动控制，较大规模的综合废水处理工程宜采用集中管理和监视、分散控制的计算机控制系统。

8.2.3　综合废水处理工程的过程控制应参照 GB 50014 的规定。

9　主要辅助工程

9.1　电气自动化

9.1.1　废水治理工程电气专业的技术要求应与生产过程中相应专业的技术要求一致，工作电源的引接和操作室设置应与生产过程统筹考虑，高、低电压等级和用电中性接地方式应与生产设备一致。

9.1.2　电气系统设计应符合 GB 50052、GB 50053、GB 50054、GB 50055、GB 7251 和 GB 50057 等现行国家和行业标准的规定，照明设计应符合 GB 50034 的规定。

9.1.3　控制系统应在满足系统出水水质、节能、经济、安全和适用的前提下，运行可靠，便于维护和管理，自动化控制水平应根据废水处理规模、水质处理要求、企业经济条件等因素合理确定。

9.1.4　自动化控制系统设计应符合国际标准化组织或国家颁布的相关标准及要求，工业电视系统应符合 GBJ 115 和 GB 50395 的规定。

9.2　供排水和消防

9.2.1　废水治理工程供排水和消防系统应与生产系统统筹考虑，生活用水、生产用水及消防设施应符合 GB 50015、GB 50016 和 GB 50222 等国家现行标准的规定。

9.2.2　废水治理工程区内给水管网宜采用生产、生活和消防联合供水系统。

9.2.3　回用水输配系统应独立设置，其供水管道宜采用塑料给水管、塑料和金属复合管或其他给水管材，并应根据使用要求安装计量装置。

9.2.4　废水治理工程的火灾危险类别属于丁（戊）类（厌氧单元除外），耐火等级的判定应与其相关的生产装置统筹考虑，变、配电间、控制室、化验室应按不低于二级耐火等级设计，其他建（构）筑物的耐火等级应不低于三级；当含有厌氧处理单元时，厌氧单元生产的火灾危险性为甲类，防火等级应按一级耐火等级设计。

9.3 采暖通风与空调

9.3.1 建筑物内应有采暖通风与空气调节系统，并应符合 GB 50019 等国家现行标准的规定。

9.3.2 废水治理工程采暖系统设计应与生产车间统一规划，热源宜由厂区或集中加工区采暖系统提供；当建筑物机械通风不能满足工艺对室内温度、湿度要求时应设空调装置。

9.3.3 各类建、构筑的通风设计应符合下列原则：

a）加盖构筑物应设通风设施；

b）有可能放散有毒和有害气体的建筑物，应根据满足室内最高允许浓度所需换气次数确定通风量，室内空气严禁再循环，有条件宜设有毒有害气体的检测和报警装置；

c）有防爆要求的车间应设事故通风，事故风机应为防爆型，事故风机可兼作夏季通风用。

9.4 建筑结构

9.4.1 建筑的造型应简洁、新颖，建筑风格宜与整个废水治理工程相协调。

9.4.2 厂房建筑、防腐、采光和结构应符合 GB 50037、GB 50046、GB 50033 等现行国家标准的规定。

9.4.3 应根据不同地区气候条件的差异采用不同的结构形式，严寒地区的建筑结构应采取防冻措施。

9.4.4 构筑物应符合 GB 50069 和 GB 50108 等现行国家标准的规定。

10 劳动安全与职业卫生

10.1 劳动安全

10.1.1 劳动安全管理应符合 GB 12801 和 LD35 的规定。

10.1.2 应对工作人员进行必要的培训，并且提供工作人员所需的防护用品。

10.1.3 应建立并严格执行经常性的和定期的安全检查制度，及时消除事故隐患，防止事故发生。

10.1.4 应按照 GB/T 16483 等标准的要求管理和使用工艺过程中的化学药剂。

10.1.5 应有必要的安全防护和报警装置，并在厂区各明显位置配有禁烟、防火和限速等标志。

10.1.6 应制定火警、易燃、爆炸、自然灾害等意外事件的应急预警预案。

10.2 职业卫生

10.2.1 职业卫生应符合 GBZ 1、GBZ 2.1 和 GBZ 2.2 的规定。

10.2.2 职业病防护设备、防护用品应确保处于正常工作状态，不得擅自拆除或停止使用。

10.2.3 具有有害气体、易燃气体、异味、粉尘和环境潮湿的场所，应有良好的通风设施。

11 施工与验收

11.1 工程施工

11.1.1 工程施工应符合国家和行业施工程序及管理文件的要求。

11.1.2 工程设计、施工单位应具有与该工程相应的资质等级。

11.1.3 建筑、安装工程应符合施工设计文件、设备技术文件的要求，对工程的变更应取得设计单位的设计变更文件后再进行施工。

11.1.4 工程施工中使用的设备、材料、器件等应符合相关的国家标准，并应取得产品合格证后方可使用。

11.1.5 施工单位应遵守相关的工程施工技术规范等国家标准的要求。

11.2 工程验收

11.2.1 与生产工程同步建设的废水治理工程应与生产工程同时验收，升级改造的废水治理工程应单独进行验收。

11.2.2 废水治理工程分两个阶段进行验收，第一阶段为建设项目竣工验收，第二阶段为建设项目竣工环境保护验收。

11.2.3 应按《建设项目（工程）竣工验收办法》、《建设项目竣工环境保护验收管理办法》及相关专业现行验收规范组织验收。

11.2.4 配套建设的废水在线监测系统应与废水治理工程同时进行建设项目竣工环境保护验收，验收的程序和内容应符合 HJ/T 354 的规定。

11.2.5 应依据主管部门的批准（核准）文件、设计文件、设计变更文件、工程合同、设备供货合同、项目环评审批文件、各类污染物环境监测报告、试运行期间废水在线监测报告、完整的启动试运行记录等进行废水治理工程的验收。

11.2.6 相关专业验收的程序和内容应符合 GB 50093、GB 50168、GB 50169、GB 50204、GB 50208、GB 50231、GB 50236、GB 50243、GB 50254、GB 50257、GB 50268、GB 50275、GB 50334 和 GBJ 141 等标准的规定。

12 运行和维护

12.1 一般规定

12.1.1 运行和维护应符合国家现行法律法规及标准的规定。

12.1.2 应配备环境保护专职技术人员和水质监测仪器。

12.1.3 应确保稳定运行达标率 100%，设备综合完好率大于 90%。

12.2 运行

12.2.1 岗位工作人员应通过培训考核后上岗，使其熟悉设备运行和维护的具体要求，具有熟练的操作技能。

12.2.2　岗位工作人员应定期进行培训，对其掌握废水治理工艺、设备的操作、维护和管理技能进行评估，采取有效措施持续提高其专业技能。

12.2.3　应制定水处理工程的操作规程、工作制度、定期巡检制度和维护管理制度等；运行人员应按制度履行职责，确保系统经济稳定运行。

12.2.4　综合废水治理工程的运行管理宜参照 CJJ 60 的规定。

12.3　维护保养

12.3.1　废水治理工程应在满足设计工况的条件下运行，并根据工艺要求，定期对各类工艺、电气、自控设备仪表及建（构）筑物进行检查和维护。

12.3.2　废水治理设施的维护保养应纳入全厂的维护保养计划中，使废水治理设施的计划检修时间与相关工艺设施同步。

12.4　记录

12.4.1　应建立废水治理工程运行、设施维护和生产活动等的记录制度，主要记录内容包括：

a）启动、停止时间；

b）运行工艺控制参数；

c）废水监测数据、废水排放、污泥处理情况；

d）药剂进厂质量分析数据，进厂数量，进厂时间；

e）污泥鉴别情况；

f）污泥、栅渣的出厂数量、时间，处置地点、处置情况；

g）主要设备的运行和维修情况；

h）生产事故及处置情况；

i）定期检测及评估情况等。

12.4.2　应制定统一的记录格式，并按格式填写，确保填写内容准确、及时、完整，不得随意涂改。

12.4.3　所有记录应制定清单，以备查询，对于需长期保存的记录应交档案室存档保管。

12.5　应急措施

12.5.1　应根据生产及周围环境情况，制定各种可能的突发性事故的应急预案，配备人力、设备、通信等资源，使治理工程具备应急处置的条件。

12.5.2　废水治理工程发生异常情况或重大事故，应及时分析，启动应急预案，并按规定向有关部门报告。

12.5.3　应建设含铬废水的事故贮池，制定相应的事故防控措施，杜绝事故排放。

12.5.4　应设置危险气体（甲烷、硫化氢）和危险化学品的控制与防护设施。

附　录　A
（资料性附录）
制革及毛皮加工工序废水量

A.1　制革工序废水量

典型制革工序废水量如表 A.1 所示。

表 A.1　典型制革工序废水量（以生皮计）　　单位：m^3/t

生皮种类	浸水	脱脂	浸灰/脱毛	脱灰/软化	浸酸鞣铬	复鞣加脂	整饰	其他[(1)]	合计
牛皮	6～14	0～4	6～11	8～13	3～6	12～19	4～6	1～2	40～75
猪皮	8～18	4～6	7～16	8～20	4～8	10～24	3～6	1～2	45～100
羊皮	7～15	2～6	6～10	9～14	3～6	10～16	2～6	1～2	40～75
注：（1）其他废水包括车间冲洗、配套工程排水和生活污水等。									

A.2　毛皮加工工序废水量

典型毛皮加工工序废水量如表 A.2 所示。

表 A.2　典型毛皮加工工序废水量（以生皮计）　　单位：m^3/t

生皮种类	前处理	浸酸、鞣制	整饰等	合计
羊剪绒（盐湿皮）	38～76	9～18	23～46	70～140
水貂（干板）	12～22	12～22	26～46	50～90
狐狸（干板）	40～58	26～38	44～64	110～160
猾子（盐湿皮）	19～24	14～18	47～58	80～100
兔皮（盐湿皮）	29～38	22～29	29～38	80～105

附　录　B
（资料性附录）

制革及毛皮加工废水污染物产生量及工序产污率

B.1　制革及毛皮加工废水污染物产生量

典型制革及毛皮加工废水单位生皮污染物产生量如表B.1所示。

表B.1　典型制革及毛皮加工废水污染物产生量（以生皮计）　　单位：kg/t

污染指标	COD_{Cr}	SS	BOD_5	氨氮	总氮	总铬	硫化物	硫酸盐	动植物油
制革废水	150～250	100～150	70～110	15～30	20～40	2～5	3～10	30～70	20～100
毛皮加工废水	70～150	50～80	35～60	2～5	7～12	1～4	—	15～20	15～65

B.2　制革废水工序产污率

典型制革废水工序产污率如表B.2所示。

表B.2　典型制革废水工序产污率　　单位：%

生产单元	污染指标						
	COD_{Cr}	SS	氨氮	总氮	总铬	硫化物	硫酸盐
浸水	12～18	12～20	—	3～8	—	—	—
浸灰	50～55	50～60	5～15	35～40	—	92～97	—
脱灰/软化	10～15	8～10	65～75	40～45	—	3～8	15～25
浸酸鞣铬	5～10	4～6	5～10	8～12	70～80	—	55～60
复鞣加脂染色	10～15	10～15	1～3	3～8	20～25	—	15～20

B.3　毛皮加工废水工序产污率

典型毛皮加工废水工序产污率如表B.3所示。

表B.3　典型毛皮加工废水工序产污率　　单位：%

生产单元	污染指标					
	COD_{Cr}	SS	氨氮	总氮	总铬	硫酸盐
前处理	65～75	70～80	65～75	65～75	—	—
浸酸鞣铬	15～20	10～15	15～20	15～20	80～85	80～85
整饰等	10～15	10～15	10～15	10～15	15～20	15～20

附　录　C

（资料性附录）

制革及毛皮加工废水治理工程典型工艺处理效率

C.1　制革及毛皮加工废水典型预处理工艺处理效率

制革及毛皮加工废水典型预处理工艺处理效率如表 C.1 所示。

表 C.1　制革及毛皮加工废水典型预处理工艺处理效率

废水种类	处理技术	主要工艺环节	处理效率/%				
			SS	COD_{Cr}	动植物油	S^{2-}	总铬
含硫废水	酸化回收	格栅（筛网）、酸化、固液分离	55～80	55～75	—	＞90	—
	催化氧化	格栅（筛网）、催化氧化	—	10～20	—	＞90	—
	化学混凝	格栅（筛网）、混凝沉淀（气浮）	60～80	55～75	—	＞95	—
脱脂废水	酸提取	格栅、隔油、酸提取	75～85	＞90	＞95	—	—
	气浮	格栅、隔油、气浮	80～90	＞90	＞95	—	—
含铬废水	碱沉淀	格栅、碱沉淀、压滤、水洗、陈化	70～90	60～80	—	—	＞99

C.2　制革及毛皮加工综合废水典型处理工艺处理效率

制革及毛皮加工综合废水典型处理工艺处理效率如表 C.2 所示。

表 C.2　制革及毛皮加工综合废水典型处理工艺处理效率

处理程度	处理技术	主要工艺环节	处理效率/%			
			SS	COD_{Cr}	BOD	NH_3-N
一级	自然沉淀	格栅、沉砂、调节、沉淀	45～65	40～50	30～45	—
	混凝沉淀	格栅、预沉、调节、混凝沉淀	70～90	50～70	45～65	—
	混凝气浮	格栅、预沉、调节、混凝气浮	80～90	60～70	55～65	—
二级	活性污泥	活性污泥生物反应池、二次沉淀池	75～90	80～90	90～98	50～95
	生物膜	生物膜反应池、二次沉淀池	80～90	80～90	90～98	65～95
	厌氧好氧	水解（厌氧）、好氧	85～90	85～90	95～98	70～95
深度	混凝沉淀	混凝沉淀（澄清、气浮）、（过滤）	50～75	15～30	15～25	—
	曝气生物滤池	混凝沉淀+过滤	30～50	15～40	50～80	70～90
	Fenton 氧化	Fenton 氧化+混凝沉淀	50～70	＞60	＞50	—

中华人民共和国国家环境保护标准

屠宰与肉类加工废水治理工程技术规范

Technical specifications for slaughterhouse and meat processing wastewater treatment projects

HJ 2004—2010

前　言

为贯彻《中华人民共和国环境保护法》、《中华人民共和国水污染防治法》、《建设项目环境保护管理条例》及其他相关法律法规，规范屠宰与肉类加工废水治理工程的建设与运行管理，防治环境污染，保护环境与人体健康，制定本标准。

本标准规定了屠宰与肉类加工废水治理工程设计、施工、验收和运行管理等方面的相关技术要求。

本标准为首次发布。

本标准由环境保护部科技标准司组织制订。

本标准起草单位：环境保护部华南环境科学研究所。

本标准由环境保护部 2010 年 12 月 17 日批准。

本标准自 2011 年 3 月 1 日起实施。

本标准由环境保护部解释。

1　适用范围

本规范规定了屠宰与肉类加工废水治理工程设计、施工、验收和运行管理的技术要求。

本规范适用于配套新建、改建、扩建屠宰场与肉类加工厂的废水治理工程，可作为此类项目环境影响评价、可行性研究、工程设计、施工管理、竣工验收、环境保护验收及运行管理等工作的技术依据。

2　规范性引用文件

本规范内容引用了下列文件中的条款。凡是不注明日期的引用文件，其有效版本适用于本标准。

GB 8978　污水综合排放标准

GB 12694 肉类加工厂卫生规范
GB 13457 肉类加工工业水污染物排放标准
GB 18078 肉类联合加工厂卫生防护距离标准
GB 50014 室外排水设计规范
GB 50015 建筑给水排水设计规范
GB 18596 畜禽养殖业污染物排放标准
GB 4284 农用污泥中污染物控制标准
GB 5084 农田灌溉水质标准
GB 14554 恶臭污染物排放标准
GB 50009 建筑结构荷载规范
GB 50016 建筑设计防火规范
GB 50052 供配电系统设计规范
GB 50054 低压配电设计规范
GB 50069 给水排水工程构筑物结构设计规范
GB 50187 工业企业总平面设计规范
GB 50194 建设工程施工现场供用电安全规范
GB 50303 建筑电气工程施工质量验收规范
GB 50317 猪屠宰与分割车间设计规范
GBJ 22 厂矿道路设计规范
GB 3096 声环境质量标准
GB 12348 工业企业厂界环境噪声排放标准
GBJ 87 工业企业噪声控制设计规范
GB/T 18883 室内空气质量标准
GB/T 18920 城市污水再生利用 城市杂用水水质
GB/T 4754 国民经济行业分类
HJ/T 15 环境保护产品技术要求 超声波明渠污水流量计
HJ/T 96 pH 水质自动分析仪技术要求
HJ/T 101 氨氮水质自动分析仪技术要求
HJ/T 103 总磷水质自动分析仪技术要求
HJ/T 212 污染源在线自动监控（监测）系统数据传输标准
HJ/T 242 环境保护产品技术要求 带式压榨过滤机
HJ/T 245 环境保护产品技术要求 悬挂式填料
HJ/T 246 环境保护产品技术要求 悬浮填料
HJ/T 250 环境保护产品技术要求 旋转式细格栅
HJ/T 251 环境保护产品技术要求 罗茨鼓风机
HJ/T 252 环境保护产品技术要求 中、微孔曝气器

HJ/T 262　环境保护产品技术要求　格栅除污机
HJ/T 263　环境保护产品技术要求　射流曝气器
HJ/T 281　环境保护产品技术要求　散流式曝气器
HJ T 283　环境保护产品技术要求　厢式压滤机和板框压滤机
HJ/T 335　环境保护产品技术要求　污泥浓缩带式脱水一体机
HJ/T 336　环境保护产品技术要求　潜水排污泵
HJ/T 337　环境保护产品技术要求　生物接触氧化成套装置
HJ/T 353　水污染源在线监测系统安装技术规范（试行）
HJ/T 354　水污染源在线监测系统验收技术规范
HJ/T 355　水污染源在线监测系统运行与考核技术规范
HJ/T 369　环境保护产品技术要求　水处理用加药装置
CJ 3082　污水排入城市下水道水质标准
CECS 97　鼓风曝气系统设计规程
《建设项目（工程）竣工验收办法》（计建设[1990] 1215 号）
《建设项目环境保护竣工验收管理办法》（国家环境保护总局令　第 13 号）
《污染源自动监控管理办法》（国家环境保护总局令　第 28 号）

3　术语和定义

下列术语和定义适用于本标准。

3.1　屠宰场　slaughterhouse

指宰杀禽畜及进行初级加工的场所。

3.2　肉类加工厂　meat processing factory

指用于动物肉类食品生产、加工的场所。

3.3　屠宰过程 slaughtering process

指屠宰时进行的圈栏冲洗、宰前淋洗、宰后烫毛或剥皮、开腔、劈半、解体、内脏洗涤及车间冲洗等过程。

3.4　屠宰废水　slaughterhouse wastewater

指屠宰过程中产生的废水，主要含有血污、油脂、碎肉、畜毛、未消化的食物及粪便、尿液等。

3.5　肉类加工过程　meat processing

指肉类加工时进行的洗肉、加工、冷冻等过程。

3.6　肉类加工废水　meat processing wastewater

指肉类加工过程中产生的废水，主要含有碎肉、脂肪、血液、蛋白质、油脂等。

3.7　废水再用　wastewater reuse

指废水经过深度处理后实现废水资源化利用。

3.8 恶臭污染物 odor pollutants

指一切刺激嗅觉器官引起人们不愉快及损害生活环境的气体物质。（GB 14554—1993）

4 污染物与污染负荷

4.1 污染物

屠宰与肉类加工废水中含有的主要污染物包括 COD_{Cr}、BOD_5、SS、氨氮及动植物油等。

4.2 废水量

4.2.1 屠宰废水量

屠宰废水量可根据如下公式进行计算：

$$Q=q\times S \tag{1}$$

式中：Q —— 每日产生的屠宰废水量，m^3/d；

q —— 单位屠宰动物废水产生量，m^3/头或 m^3/100 只；

S —— 每日屠宰动物总数量，头/d 或 100 只/d。

单位屠宰动物废水产生量可根据表 1、表 2 数据进行取值。

表 1 单位屠宰动物废水产生量（畜类） 单位：m^3/头

屠宰动物类型	牛	猪	羊
屠宰单位动物废水产生量	1.0～1.5	0.5～0.7	0.2～0.5

表 2 单位屠宰动物废水产生量（禽类） 单位：m^3/100 只

屠宰动物类型	鸡	鸭	鹅
屠宰单位动物废水产生量	1.0～1.5	2.0～3.0	2.0～3.0

4.2.2 肉类加工的废水量与加工规模、种类及工艺有关。单独的肉类加工厂废水量应根据实际情况具体确定，一般不应超过 5.8 m^3/t（原料肉），有分割肉、化制等工序的企业每加工 1 t 原料肉可增加排水量 2 m^3；肉类加工厂与屠宰场合建时，其废水量可按同规模的屠宰场及肉类加工厂分别取值计算。

4.2.3 按全厂用水量估算总废水排放量时，废水量宜取全厂用水量的 80%～90%。

4.3 废水水质

废水水质的确定应以实际监测数据为准。

无监测数据时，屠宰废水水质取值可参照表 3，肉类加工废水水质取值可参照表 4。

表 3　屠宰废水水质设计取值　　　　单位：mg/L（pH 值除外）

污染物指标	COD_{Cr}	BOD_5	SS	氨氮	动植物油	pH
废水浓度范围	1 500～2 000	750～1 000	750～1 000	50～150	50～200	6.5～7.5

表 4　肉类加工废水水质设计取值　　　　单位：mg/L（pH 值除外）

污染物指标	COD_{Cr}	BOD_5	SS	氨氮	动植物油	pH
废水浓度范围	800～2 000	500～1 000	500～1 000	25～70	30～100	6.5～7.5

5　总体要求

5.1　一般规定

5.1.1　屠宰与肉类加工废水治理工程的建设应符合当地有关规划，合理确定近期与远期、处理与利用的关系。

5.1.2　屠宰与肉类加工行业应积极采用节能减排及清洁生产技术，不断改进生产工艺，降低污染物产生量和排放量，防止环境污染。

5.1.3　出水直接向周边水域排放时，应按国家和地方有关规定设置规范化排污口。排放水质应满足国家、行业、地方有关排放标准规定及项目环境影响评价审批文件有关要求。

5.1.4　应根据屠宰场和肉类加工厂的类型、建设规模、当地自然地理环境条件、排水去向及排放标准等因素确定废水处理工艺路线及处理目标，力求经济合理、技术先进可靠、运行稳定。

5.1.5 主要废水处理设施应按不少于两格或两组并联设计，主要设备应考虑备用。

5.1.6　废水处理构筑物应设检修排空设施，排空废水应经处理达标后外排。

5.1.7　屠宰与肉类加工废水处理工艺应包含消毒及除臭单元。

5.1.8　建议有条件的地方可进行屠宰与肉类加工废水深度处理，实现废水资源化利用。

5.1.9　废水处理厂（站）应按照《污染源自动监控管理办法》和地方环保部门有关规定安装废水在线监测设备。

5.2　设计规模

5.2.1　设计规模应根据生产工艺类型、产量及最大生产能力条件下的排水量综合考虑后确定。

5.2.2　废水水量、水质应以实测数据为准，缺少实测数据时可参考表 1、表 2、表 3 和表 4。

5.3　项目构成

5.3.1　本废水治理工程主要包括处理构筑物、工艺设备、配套设施以及运行管理设施。

5.3.2　处理工艺主要包括预处理、生化处理、深度处理、恶臭污染处理及污泥处理等。

5.3.3 工艺设备包括机械格栅、污水泵、三相分离器、曝气风机、曝气器、污泥脱水机等。

5.3.4 配套设施包括供配电、给排水、消防、通信、暖通、检测与控制、绿化等。

5.3.5 运行管理设施包括办公用房、分析化验室、库房、维修车间等。

5.4 总平面布置

5.4.1 总平面布置应满足 GB 50187 的相关规定。

5.4.2 应根据处理工艺流程和各构筑物的功能要求，综合考虑地形、地质条件、周围环境、建构筑物及各设施相互间平面空间关系等因素，在满足国家现行相关技术规范基础上，确定废水治理工程总体布置。按远期总处理规模预留场地并注意近远期之间的衔接。

5.4.3 废水治理工程应独立布置在厂区主导风向的下风向，各处理单元平面布置尽量紧凑（中小规模的废水处理构筑物可采用一体式构建），力求土建施工方便，设备安装、各类管线连接简捷且便于维护管理。

5.4.4 工艺流程、处理单元的竖向设计应充分利用场地地形，以符合排水通畅、降低能耗、平衡土方等方面要求。

5.4.5 应设置管理及辅助建筑物，其面积应结合处理工程规模及处理工艺等实际情况确定。

5.4.6 应根据需要设置存放材料、药剂、污泥、废渣等场所，不得露天堆放。

6 工艺设计

6.1 工艺选择原则

6.1.1 工艺选择应以连续稳定达标排放为前提，选择成熟、可靠的废水处理工艺。

6.1.2 应根据废水的水量、水质特征、排放标准、地域特点及管理水平等因素确定工艺流程及处理目标。

6.1.3 在达标排放的前提下，优先选择低运行成本、技术先进的处理工艺。处理工艺过程应尽可能做到自动控制。

6.1.4 屠宰与肉类加工废水处理应采用生化处理为主、物化处理为辅的组合处理工艺，并按照国家相关政策要求，因地制宜考虑废水深度处理及再利用。

6.2 屠宰与肉类加工废水处理工艺

屠宰与肉类加工废水治理工程典型工艺流程如图 1 所示。

6.3 废水处理主体单元

6.3.1 预处理

屠宰与肉类加工废水工程的预处理部分主要包括：粗（细）格栅、沉砂池、隔油池、集水池、调节池和初沉池等。

6.3.1.1 格栅

a）调节池前应设置粗格栅和细格栅，并按最大时废水量设计。

b）处理废水量较大、漂浮杂物较多时，宜采用具有自动清洗功能的机械格栅。

c）应特别注意禽类与畜类屠宰加工废水处理的细格栅设备选型差异，废水中含有较多羽毛等漂浮物时必须设置专用的细格栅、水力筛或筛网等。

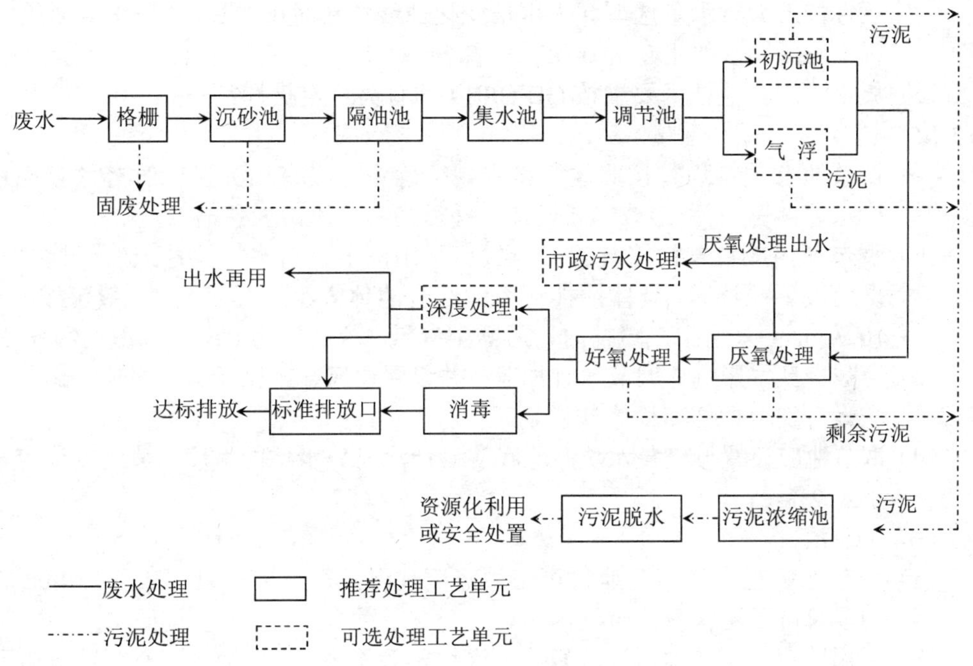

图 1　屠宰与肉类加工废水治理工程典型工艺流程

6.3.1.2　沉砂池

a）沉砂池设在格栅之后，隔油池之前，可与隔油池合建。

b）采用平流式沉砂池时，最大流速应为 0.3 m/s，最小流速为 0.15 m/s，水力停留时间宜为 30～60 s。

c）采用旋流式沉砂池时，旋流速度应为 0.6～0.9 m/s，表面负荷约为 200 $m^3/(m^2 \cdot h)$，水力停留时间宜为 20～30 s。

6.3.1.3　隔油池

a）隔油池设置在调节池之前，沉砂池之后，对于大中型规模的废水治理工程，隔油池应设有撇油刮渣设施。

b）平流式隔油池停留时间一般为 1.5～2.0 h，斜板隔油池停留时间一般不大于 0.5 h。

c）含油脂较低的肉类加工厂废水可根据实际情况不单独设置隔油池。

6.3.1.4　集水池

a）当车间排水口管道埋深较大时，为减少调节池的埋深，便于施工，应设置集水池。

b）集水池有效容积应不小于该池最大工作水泵 5 min 的出水量，废水提升水泵宜按最大时水量选型（无水量变化曲线资料时可按 3～4 倍平均流量），每小时启动次数不超过 6 次。

c）集水池的其他技术要求按 GB 50014 的有关规定执行。

6.3.1.5　调节池

a）调节池有效容积宜按照生产排水规律确定，没有相关资料时有效容积宜按水力停留时间 10～24 h 设计，并适当考虑事故应急需要。

b）调节池内应设置搅拌装置，一般可采用液下（潜水）搅拌或空气搅拌。采用液下搅拌时，具体搅拌功率应结合池体大小进行确定，一般可按 5～10 W/m^3；采用空气搅拌时，所需空气量（标态）为 0.6～0.9 $m^3/(h\cdot m^3)$。

c）为减少臭气影响，调节池宜加盖，并设置通风、排风及除臭设施；调节池应设有安全栏杆和检修扶梯。

d）调节池应设置排空集水坑，池底应设计流向集水坑的坡度，坡度设计应不小于 2%。

6.3.1.6　初沉池

a）调节池后宜设置初沉池，可采用竖流式沉淀池。对于规模大于 3 000 t/d 的项目可采用辐流式沉淀池。

b）采用竖流式沉淀池时宽（直径）深比一般不大于 3，池体直径（或正方形一边）不宜大于 8 m。不设置反射板时的中心流速不应大于 30 mm/s，设置反射板时的中心流速可取 100 mm/s。

c）沉淀池的水力停留时间应大于 1 h，但不宜大于 3 h；其他设计参见 GB 50014 的有关规定。

6.3.1.7　气浮

a）气浮可作为调节池后用于去除残留于废水中粒径较小的分散油、乳化油、绒毛、细小悬浮颗粒等杂物的一种备选技术。对于含有较多油脂和绒毛肉类加工厂废水，宜采用气浮工艺，以保证后续厌氧等处理单元的稳定运行及处理效果。

b）气浮的设计可参见相关废水气浮处理技术规范进行。

6.3.2　生化处理

生化处理是屠宰与肉类加工废水治理工程的核心，主要去除废水中可降解有机污染物及氨氮等营养型污染物。生化处理部分主要包括厌氧处理和好氧处理。

6.3.2.1　厌氧处理

屠宰与肉类加工废水一般宜采用的厌氧工艺为：升流式厌氧污泥床（UASB）或

水解酸化技术。

（1）UASB

a）UASB 尤其适用于中高有机负荷、水量水质较稳定、悬浮物浓度较低时的废水处理。

b）UASB 应按容积负荷设计，并按水力停留时间校核，水力停留时间宜取 16～24 h。宜采用常温或中温厌氧；当水温较低时，宜设置加热装置和隔热保温层。不同温度下的容积负荷率可参考表 5。

表 5 不同温度条件下的 UASB 容积负荷率（COD_{Cr}） 单位：kg /（$m^3 \cdot d$）

指标	常温（15～30℃）	中温（30～35℃）
容积负荷率	2～5	5～10

UASB 有效容积的计算可参考以下公式：

$$V_R = \frac{QS_0}{N_V} \tag{2}$$

或

$$V_R = Q \times \mathrm{HRT} \tag{3}$$

式中：V_R —— 厌氧反应器的有效容积，m^3；

Q —— 设计流量，m^3/d；

S_0 —— 进水有机物（COD_{Cr}）质量浓度，kg/m^3；

N_V —— 容积负荷（COD_{Cr}），kg/（$m^3 \cdot d$）；

HRT——水力停留时间，d。

c）UASB 的设计应符合下列规定：

① UASB 的高度不宜超过 8 m，推荐反应器污泥床有效高度为 3.0～3.5 m。

② 当废水处理量较大时，宜采用多个 UASB 反应器并联运行。

③ 应保证 UASB 内 pH 值维持在 6.8～7.6 之间；必要时应加入 $Ca(OH)_2$、$NaHCO_3$、Na_2CO_3 等调节控制碱度，使 pH 值保持在 6.8 以上。

④ 三相分离器中沉淀区的斜壁角度应不小于 45°，沉淀区表面负荷应在 0.75 m^3/（$m^2 \cdot h$）以下（无斜管时），或 1.0～1.5 m^3/（$m^2 \cdot h$）（有斜管时），三相分离器缝隙流速不大于 2 m/h。

⑤ UASB 宜设置污泥界面测定点、采样点、温度监测点等。

⑥ UASB 应考虑配套沼气能源回收利用或安全燃烧高空排放处理装置。

⑦ UASB、沼气能源回收利用或安全处理装置应符合 GB 50016 中的有关消防安全设计规定。

（2）水解酸化技术

a）水解酸化技术适用于较高容积负荷、水质水量波动变化较大时的废水处理。

b）宜采用常温水解酸化。通常按水力停留时间设计，有机容积负荷校核，水力停留时间一般为 4～10 h，容积负荷（COD_{Cr}）为 4.8～12.0 kg/（m^3·d）。

c）水解酸化池一般采用上向流式，最大上升流速应小于 2.0 m/h。

d）设计水解酸化池温度应控制在 15℃以上，以 20～30℃为宜。

e）水解酸化池可根据实际需要悬挂一定生物填料，填料高度一般应为水解酸化池的有效池深的 1/2～2/3 为宜。

6.3.2.2　好氧处理

好氧处理宜采用具有脱氮除磷功能的序批式活性污泥技术（SBR）或生物接触氧化技术，有条件时亦可采用膜生物反应器（MBR）工艺。

（1）SBR 工艺

a）SBR 工艺尤其适合废水间歇排放、流量变化大的废水处理。

b）本规范中所指的 SBR 工艺包括传统 SBR、改良型 SBR（改良式序列间歇反应器 MSBR、循环式活性污泥系统 CASS 及循环式活性污泥技术（CAST）等工艺。

c）SBR 反应池应设置两个或两个以上并联交替运行。

d）采用 SBR 工艺处理屠宰场与肉类加工厂废水时，污泥负荷（BOD_5/MLVSS）宜取 0.1～0.4 kg/（kg·d）；总运行周期为：6～12 h，其中五个过程的水力停留时间可分别设计为：进水期 1～2 h，反应期 4～8 h，沉淀期 1～2 h，排水期 0.5～1.5 h，闲置期 1～2 h。各工序具体取值按实际工程废水水质条件确定。

e）屠宰场与肉类加工厂废水的氨氮和水温是设计计算中考虑的重点因素。通常需按最低废水水温（结合氨氮出水标准）计算硝化反应速率、校核反应器容积。

f）SBR 工艺其他设计细节可参照 GB 50014 及有关设计手册等有关规定进行。

（2）接触氧化工艺

a）接触氧化工艺广泛适用于不同规模的屠宰场与肉类加工厂废水治理工程，尤其适用于场地面积小、水量小、有机负荷波动大的情况。

b）接触氧化工艺所使用的填料应采用轻质、高强度、防腐蚀、化学和生物稳定性好的材料，并应保证其易于挂膜、水力阻力小、比表面积大或孔隙率高。

c）生物接触氧化工艺的水力停留时间一般取 8～12 h，填料容积负荷率（BOD_5）应为 1.0～1.5 kg/（m^3·d）。

d）屠宰场和肉类加工厂废水处理工程常采用竖流式沉淀池作为二沉池。可根据有关的设计手册及实际工程经验选取表面负荷、沉淀时间等设计参数。

竖流式沉淀池表面负荷一般取值为：0.6～0.8 m^3/（m^2·h），斜管沉淀池表面负荷一般取值为：1.0～1.5 m^3/（m^2·h），沉淀池的水力停留时间应大于 1 h，但不宜大于 3 h。

e）对于规模大于 3 000 t/d 的项目，可采用辐流式沉淀池。有关设计参考初沉池，按照 GB 50014 的有关规定执行。

f）其他设计细节可参照 HJ/T 337、GB 50014 的有关规定进行。

（3）MBR 工艺

a）MBR 工艺适用于占地面积小且出水水质要求高的废水处理。

b）膜生物反应器分为内置式和外置式两种，宜选用内置式中空纤维膜组件（HF）或平板膜（PF）MBR 工艺。

c）膜通量等参数以实验数据或膜组件供应商数据为准。中空纤维膜组件的膜通量一般可设计为 8～15 L/(m^2·h)，平板膜的膜通量一般可设计为 14～20 L/（m^2·h）。

d）MBR 反应器主要工艺参数：水力停留时间一般为 8～16 h，MBR 其他主要设计运行参数见表 6。

e）应考虑膜污染的控制、膜清洗技术及维修措施。

表 6　膜生物反应器（MBR）的工艺参数

项目	内置式 MBR	外置式 MBR
污泥浓度/（mg/L）	8 000～12 000	10 000～15 000
污泥负荷（COD_{Cr}/MLVSS）/[kg/（kg·d）]	0.10～0.30	0.30～0.60
剩余污泥产泥系数（MLVSS/COD_{Cr}）/（kg/kg）	0.10～0.30	0.10～0.30

6.3.2.3　消毒

（1）屠宰场与肉类加工厂废水必须进行消毒处理。

（2）一般采用二氧化氯或次氯酸钠进行消毒，消毒接触时间不应小于 30 min，有效质量浓度不应小于 50 mg/L。

（3）可兼顾考虑废水脱色处理与消毒。

6.4　深度处理

6.4.1　地方环保部门对废水处理及排放有严格要求时应进行深度处理。

6.4.2　达标排放废水的深度处理宜采用生物处理和物化处理相结合的工艺，如曝气生物滤池（BAF）、生物活性炭、混凝沉淀、过滤等。具体选用何种组合方式及相关工艺参数应通过试验确定。再用水应以项目场内为主，厂外区域为辅。

6.4.3　其他设计细节可参照 GB 50335 相应规定执行。

6.4.4　再用水用作厂区冲洗地面、冲厕、冲洗车辆、绿化、建筑施工等用途时，其水质应符合 GB/T 18920。

6.5 恶臭污染物控制

6.5.1 屠宰场与肉类加工厂的恶臭治理对象主要包括屠宰临时圈养区、屠宰场区及废水处理厂（站）的臭气源。

6.5.2 有恶臭源的废水处理单元（调节池、进水泵站、厌氧、污泥储存、污泥脱水等）宜设计为密闭式，并配备恶臭集中处理设施，将各工艺过程中产生的臭气集中收集处理，减少恶臭对周围环境的污染。

6.5.3 常规恶臭控制工艺包括物理脱臭、化学脱臭及生物脱臭等，本类废水治理工程宜选用生物填料塔型过滤技术、生物洗涤技术、活性炭吸附等脱臭工艺。

6.5.4 屠宰场与肉类加工厂恶臭污染物的排放浓度应符合 GB 14554 的规定。

6.6 污泥处理单元

6.6.1 污泥包括物化沉淀污泥和生化剩余污泥，其中以生化剩余污泥为主。

6.6.2 生化剩余污泥量根据有机物浓度、污泥产率系数进行计算；物化污泥量根据悬浮物浓度、加药量等进行计算。不同处理工艺产生的剩余污泥量（DS/BOD_5）不同，一般可按 0.3～0.5 kg/kg 设计，污泥含水率 99.3%～99.4%。

6.6.3 宜设置污泥浓缩贮存池。一般可采用重力式污泥浓缩池，污泥浓缩时间宜按 16～24 h 设计，浓缩后污泥含水率应不大于 98%。

6.6.4 污泥脱水前应进行污泥加药调理。药剂种类应根据污泥性质和干污泥的处理方式选用，投加量通过试验或参照同类型污泥脱水的数据确定。

6.6.5 污泥脱水机类型应根据污泥性质、污泥产量、脱水要求等进行选择，脱水污泥含水率应小于 80%。

6.6.6 屠宰与肉类加工废水处理中产生的剩余污泥可作农用或与城市污水厂污泥一并处理，作农用时应符合 GB 4284 的规定。当采用卫生填埋处置或单独处置时，污泥含水率应小于 60%。

6.6.7 脱水污泥严禁露天堆放，并应及时外运处理。污泥堆场的大小按污泥产量、运输条件等确定。污泥堆场地面应有防渗、防漏、防雨水等措施。

7 主要工艺设备和材料

7.1 曝气设备

7.1.1 应选用氧利用效率高、混合效果好、质量可靠、阻力损失小、容易安装维修及不易产生堵塞的产品。适宜于本类废水的主要曝气方式有鼓风曝气、射流曝气等。

7.1.2 应选用符合国家或行业标准规定的产品，具体要求如下：

a）中、微孔曝气器应符合 HJ/T 252 的规定；

b）射流曝气器应符合 HJ/T 263 的规定；

c）散流式曝气器应符合 HJ/T 281 的规定；

d）其他新型曝气器宜以实验数据或产品认证材料为准。

7.2 风机

7.2.1 风机应选用高效、节能、使用方便、运行安全，噪声低、易维护管理的机型。由于屠宰与肉类加工废水治理工程常属中小规模，宜选用罗茨鼓风机，并设置降噪措施。

7.2.2 风机选型具体计算应考虑如下因素确定：

a）按废水水质影响系数α取 0.8～0.85，β系数取 0.9～0.97 修正供氧量；

b）当废水水温较高或较低时应进行温度系数修正；

c）空气密度和含氧量应根据当地大气压进行修正；

d）采用罗茨风机时，出口风量应根据进口风量及风量影响系数进行修正；

e）风压应根据风机特性、空气管网损失、曝气器的阻力、曝气器安装水深等计算确定；

f）风机的设置台数，应根据总供风量、所需风压、选用风机单机性能曲线、气温污水负荷变化情况等综合确定。

7.2.3 选用风机时，应符合国家或行业标准规定的产品，罗茨鼓风机应符合 HJ/T 251 的规定。

7.2.4 应至少设置 1 台备用风机。

7.2.5 其他设计细节可参照 CECS 97 相应规定执行。

7.3 格栅

7.3.1 旋转式细格栅应符合 HJ/T 250 的规定。

7.3.2 格栅除污机应符合 HJ/T 262 的规定。

7.4 脱水机

7.4.1 污泥脱水用厢式压滤机和板框压滤机应符合 HJ/T 283 的规定。

7.4.2 带式压榨过滤机应符合 HJ/T 242 的规定。

7.4.3 污泥浓缩带式脱水一体机应符合 HJ/T 335 的规定。

7.5 加药设备

加药设备应符合 HJ/T 369 的规定。

7.6 泵

潜水排污泵应符合 HJ/T 336 的规定。其他类型的泵应符合国家节能等方面的要求。

7.7 填料

悬挂式填料应符合 HJ/T 245 的规定，悬浮填料应符合 HJ/T 246 的规定。

7.8 监测系统

监测系统及安装应符合 HJ/T 353 的规定，采用符合 HJ/T 15、HJ/T 96、HJ/T 101、HJ/T 103、HJ/T 377 等规定的监测仪器。

7.9 其他设备、材料

其他机械、设备、材料应符合国家或行业标准的规定。

8 检测与过程控制

8.1 为保证废水处理设施运行的连续性和可靠性，提高自动化控制水平，废水处理厂（站）宜采用 PLC 集散型控制。

8.2 废水处理厂（站）宜根据工艺控制要求设置 pH 计、流量计、液位控制器、溶氧仪等装置。

8.3 废水处理厂（站）宜按国家和地方环保部门有关规定安装废水在线监测系统，并与相关环境管理监控中心联网。

8.4 废水在线监测系统的数据传输应符合 HJ/T 212 的规定。

9 主要辅助工程

9.1 电气

9.1.1 独立处理厂（站）供电宜按二级负荷设计，厂内处理厂（站）供电等级，应与生产车间相等。

9.1.2 低压配电设计应符合 GB 50054 设计规范的规定。

9.1.3 供配电应符合 GB 50052 设计规范的规定。

9.1.4 工艺装置的中央控制室的仪表电源应配备在线式不间断供电电源设备（UPS）。

9.1.5 建设工程施工现场供用电安全应符合 GB 50194 规范的规定。

9.2 空调与暖通

9.2.1 地下构筑物应有通风设施。

9.2.2 在北方寒冷地区，处理构筑物应有防冻措施。当采暖时，处理构筑物室内温度可按 5℃设计；加药间、检验室和值班室等的室内温度按不低于 15℃设计。

9.3 给排水与消防

9.3.1 废水治理工程的给排水与消防应同生产企业车间等一并规划、设计、配置设施，废水治理工程区内应实行雨污分流。

9.3.2 处理厂（站）排水一般宜采用重力流排放；当遇到潮汛、暴雨，排水口标高低于地表水水位时，应设闸门和排水泵站。

9.3.3 处理厂（站）消防设计应符合 GB 50016 的有关规定，易燃易爆的车间或场所应按消防部门要求设置消防器材。

9.4 道路与绿化

9.4.1 处理厂（站）内道路应符合 GBJ 22 的有关规定。

9.4.2 屠宰与肉类加工废水治理工程的绿化应与总厂统一设计布置，绿化布置方案要满足有关技术规范等对绿化率的要求。

9.4.3 屠宰与肉类加工废水治理工程内应尽可能种植能吸收臭气、有净化空气作用的植物作为绿化隔离带，以减少臭气和噪声对环境的影响；但厂区内不宜种植高大的树种，以防树叶落入水池引起设备堵塞。

10 劳动安全与职业卫生

10.1 废水治理工程在设计、施工和运行过程中，必须高度重视安全卫生问题，严格执行国家及地方的有关规定，采取有效的应对措施和预防手段。

10.2 废水处理厂（站）应建立明确的岗位责任制，各工种、岗位应按工艺特征和要求制定相应的安全操作规程、注意事项等。

10.3 废水处理厂（站）内应有必要的安全、报警等装置，应制定意外事件的应急预案；生产作业区应配备消防器材；厂区各明显位置应配有禁烟、防火、限速和用电警告等标志。

10.4 废水处理厂（站）应具备设备日常维护、保养与检修、突发性故障时的应急处理能力。

10.5 应为职工配备必要的劳动安全卫生设施和劳动防护用品，各种设施及防护用品应由专人维护保养，保证其完好、有效；各岗位操作人员上岗时必须穿戴相应的劳保用品。

10.6 各种机械设备裸露的传动部分或运动部分应设置防护罩或防护栏杆，周围应保持 定的操作活动空间，以免发生机械伤害事故。

10.7 各构筑物应设有便于行走的操作平台、走道板、安全护栏和扶手，栏杆高度和强度应符合国家有关安全生产规定。

10.8 设备安装和检修时应有相应的警示、保护设施，必须多人同时作业。

10.9 具有有害气体、易燃气体、异味、粉尘和环境潮湿的场所，应有良好的通风设施。

10.10 高架处理构筑物应设置适用的栏杆、防滑梯和避雷针等安全设施，构筑物的避雷、防暴装置的维修应符合气象和消防部门的规定。

10.11 所有正常不带电的电气设备其金属外壳均应采取接地或接零保护，钢结构、排气管、排风管和铁栏杆等金属物应采用等电位联接后宜作保护接地。

10.12 明装金属构件应采取良好防腐蚀措施，且应固定牢靠。

11 施工与验收

11.1 工程施工

11.1.1 屠宰与肉类加工废水治理工程的设计、施工单位应具备国家相应工程设计资质、施工资质。

11.1.2 废水治理工程的设计、施工应符合国家建设项目管理要求。

11.1.3 废水处理厂（站）建设、运行过程中产生的噪声及其他污染物排放应严格执行国家环境保护法规和标准的有关规定。

11.1.4 废水治理工程施工中所使用的设备、材料、器件等应符合相关的国家标准，并具备产品质量合格证。

11.1.5　按照环境管理要求需要安装在线监测系统的，应执行 HJ/T 353、HJ/T 354、HJ/T 355。

11.1.6　废水治理工程施工单位除应遵守相关的技术规范外，还应遵守国家有关部门颁布的劳动安全及卫生、消防等国家强制性标准。

11.2　工程调试及竣工验收

11.2.1　废水治理工程验收应按《建设项目（工程）竣工验收办法》、相应专业验收规范和本标准的有关规定进行组织。工程竣工验收前，不得投入生产性使用。

11.2.2　建筑电气工程施工质量验收应符合 GB 50303 规范的规定。

11.2.3　各设备、构筑物、建筑物单体按国家或行业的有关标准（规范）验收后，废水处理设施应进行清水联通启动、整体调试和验收。

11.2.4　应在通过整体调试、各环节运转正常、技术指标达到设计和合同要求后进入生产试运行。

11.2.5　试运行期间应进行水质检测，检测指标应至少包括：

a）各处理单元中 pH 值、温度、水量；

b）各单元进、出水主要污染物浓度，如悬浮物、化学需氧量、生化需氧量、氨氮、总氮、总磷、动植物油及色度。

11.3　环境保护验收

11.3.1　废水治理工程环境保护验收除应满足《建设项目竣工环境保护验收管理办法》规定的条件外，在生产试运行期还应对废水治理工程进行调试和性能试验，试验报告应作为环境保护验收的重要内容。

11.3.2　废水治理工程环境保护验收应严格按照工程环境影响评价报告的批复执行。经环境保护竣工验收合格后，废水治理工程方可正式投入使用。

11.3.3　屠宰与肉类加工废水治理工程环境保护验收的主要技术文件应包括：

— 项目环境影响报告审批文件；

— 批准的设计文件和设计变更文件；

— 废水处理工程调试报告；

— 具有资质的环境监测部门出具的废水处理验收监测报告；

— 试运行期连续监测报告（一般不少于 1 个月）；

— 完整的启动试运行、生产试运行记录等；

— 废水处理设施运行管理制度、岗位操作规程等。

12　运行与维护

12.1　一般规定

12.1.1　废水治理工程应由各类具有执业资质、持上岗证书的技术人员、管理人员进行操作和管理。

12.1.2　未经当地环境保护行政主管部门批准，废水处理设施不得停止运行。由于紧急事故造成设施停止运行时，应立即报告当地环境保护行政主管部门。

12.1.3 废水处理由第三方运营时，运营方必须具有相应等级环境污染治理设施运营资质。

12.1.4 废水治理工程应健全规章制度、岗位操作规程和质量管理等文件。

12.2 人员与运行管理

12.2.1 实施质量控制，保证废水治理工程的正常运行及运行质量。

12.2.2 运行人员应定期进行岗位培训，持证上岗。运行管理人员上岗前均应进行相关法律法规和专业技术、安全防护、紧急处理等理论知识和操作技能的培训。

12.2.3 各岗位人员应严格按照操作规程作业，如实填写运行记录，并妥善保存。

12.2.4 严禁非本岗位人员擅自启、闭岗位设备，管理人员不得违章指挥。

12.2.5 废水处理厂（站）的运行应达到以下技术指标：运行率 100%（以实际天数计），达标率大于 95%（以运行天数和主要水质指标计），设备的综合完好率大于 90%。

12.2.6 废水处理厂（站）设备的日常维护、保养应纳入正常的设备维护管理工作，根据工艺要求，定期对构筑物、设备、电气及自控仪表进行检查维护，确保处理设施稳定运行。

12.2.7 宜每日监测厌氧反应器内液体的 pH 值、温度及内部沼气压力、产气量等指标，并根据监测数据及时调整厌氧反应器运行工况或采取相应措施。各项目的检测方法应符合国家有关规定。

12.2.8 臭气收集、除臭装置应保持良好的工作状态，室内臭气浓度应符合 GB/T 18883 的规定，适合操作人员长期在岗工作。

12.2.9 格栅、沉砂池等其他设施的运行管理可参照 CJJ 60 及 CJJ/T 30 的有关规定执行。

12.2.10 发现异常情况时，应采取相应解决措施并及时上报有关主管部门。

12.3 环境管理

12.3.1 废水处理厂（站）的噪声应符合 GB 3096 和 GB 12348 的规定，建筑物内部设施噪声源控制应符合 GBJ 87 中的有关规定。

12.3.2 废水处理厂（站）区内各类地点的噪声控制宜采取以隔音为主，辅以消声、隔振、吸音等综合治理措施。宜采用低噪声设备及作减振方式安装。

12.3.3 应保持废水处理厂（站）内环境整洁，并采取灭蝇、灭蚊、灭鼠措施。

12.4 水质管理

12.4.1 废水处理厂（站）运行过程应定期采样分析，常规指标包括：化学需氧量、生化需氧量、悬浮物、污泥浓度（MLSS）、SVI 指数、氨氮、总氮、总磷、pH、色度等。

12.4.2 已安装在线监测设备的，也应定期进行取样，进行人工监测，比对在线监测数据。

12.4.3 生产周期内每间隔 4 h 采样一次，每日采样次数不少于三次，可分别分析或混合分析，其中化学需氧量、悬浮物、pH、镜检、色度等每天至少分析一次，生化需氧量至少每周分析一次。

12.4.4　水质取样应在废水处理排放口或根据处理工艺控制点取样。

12.5　应急措施

12.5.1　企业应编制事故应急预案（包括环保应急预案）。应急预案包括：应急预警、应急响应、应急指挥、应急处理等方面的内容，制定相应的应急处理措施，并配套相应的人力、设备、通信等应急处理的必备条件。

12.5.2　废水治理设施发生异常情况或重大事故时，应及时分析解决，并按应急预案中的规定向有关主管部门汇报。

中华人民共和国国家环境保护标准

人工湿地污水处理工程技术规范

Technical specification of constructed wetlands for wastewater treatment engineering

HJ 2005—2010

前 言

为贯彻《中华人民共和国环境保护法》和《中华人民共和国水污染防治法》，规范我国人工湿地污水处理工程的建设、运行、维护和管理，制定本标准。

本标准规定了人工湿地污水处理工程有关设计、施工和运行维护的技术要求。

本标准为首次发布。

本标准由环境保护部科技标准司组织制订。

本标准起草单位：沈阳环境科学研究院。

本标准由环境保护部 2010 年 12 月 17 日批准。

本标准自 2011 年 3 月 1 日起实施。

本标准由环境保护部解释。

1 适用范围

本标准规定了人工湿地污水处理工程的总体要求、工艺设计、施工与验收、运行与维护等技术要求。

本标准适用于城镇生活污水、城镇污水处理厂出水及与生活污水性质相近的其他污水处理工程，可作为人工湿地污水处理工程设计、施工、建设项目竣工环境保护验收及建成后运行与维护的技术依据。

2 规范性引用文件

本标准内容引用了下列文件中的条款。凡是不注日期的引用文件，其有效版本适用于本标准。

GB 12348 工业企业厂界环境噪声排放标准

GB/T 12801 生产过程安全卫生要求总则

GB 14554 恶臭污染物排放标准

GB 18918　城镇污水处理厂污染物排放标准
GB 50003　砌体结构设计规范
GB 50011　建筑抗震设计规范
GB 50013　室外给水设计规范
GB 50014　室外排水设计规范
GB 50015　建筑给水排水设计规范
GB 50016　建筑设计防火规范
GB 50019　采暖通风与空气调节设计规范
GB 50034　工业企业照明设计规范
GB 50040　动力机器基础设计规范
GB 50052　供配电系统设计规范
GB 50053　10 kV 及以下变电所设计规范
GB 50054　低压配电设计规范
GB 50069　给水排水工程构筑物结构设计规范
GB 50070　混凝土结构设计规范
GB 50140　建筑灭火器配置设计规范
GB 50204　混凝土结构工程施工质量验收规范
GB 50231　机械设备安装工程施工及验收通用规范
GB 50268　给水排水管道工程施工及验收规范
GB 50335　污水再生利用工程设计规范
GBJ 87　工业企业厂界噪声控制设计规范
GBJ 141　给水排水构筑物施工及验收规范
GB/T 13663　给水用聚乙烯（PE）管材
HJ/T 15　环境保护产品技术要求　超声波明渠污水流量计
HJ/T 96　pH 水质自动分析仪技术要求
HJ/T 101　氨氮水质自动分析仪技术要求
HJ/T 103　总磷水质自动分析仪技术要求
HJ/T 353　水污染源在线监测系统安装技术规范
HJ/T 354　水污染源在线监测系统验收技术规范
HJ/T 355　水污染源在线监测系统运行与考核技术规范
HJ/T 377　环境保护产品技术要求　化学需氧量（COD_{Cr}）水质在线自动监测仪
CJJ 17　城市生活垃圾卫生填埋技术规范
CJJ 60　城市污水处理厂运行、维护及其安全技术规程
建设项目竣工环境保护验收管理办法（国家环境保护总局令　第 13 号）

3 术语和定义

下列术语和定义适用于本标准。

3.1 人工湿地 constructed wetland

指用人工筑成水池或沟槽，底面铺设防渗漏隔水层，充填一定深度的基质层，种植水生植物，利用基质、植物、微生物的物理、化学、生物三重协同作用使污水得到净化。按照污水流动方式，分为表面流人工湿地、水平潜流人工湿地和垂直潜流人工湿地。

3.2 表面流人工湿地 surface flow constructed wetland

指污水在基质层表面以上，从池体进水端水平流向出水端的人工湿地。

3.3 水平潜流人工湿地 horizontal subsurface flow constructed wetland

指污水在基质层表面以下，从池体进水端水平流向出水端的人工湿地。

3.4 垂直潜流人工湿地 vertical subsurface flow constructed wetland

指污水垂直通过池体中基质层的人工湿地。

3.5 预处理 pretreatment

指为满足工程总体要求、人工湿地进水水质要求及减轻湿地污染负荷，在人工湿地前设置的处理工艺，如格栅、沉砂、初沉、均质、水解酸化、稳定塘、厌氧、好氧等。

3.6 后处理 aftertreatment

指为满足出水达标排放或回用要求，在人工湿地后设置的处理工艺，如活性炭吸附、混凝沉淀、过滤、消毒、稳定塘等。

3.7 基质 bed filler

指提供人工湿地植物与微生物生长并对污染物起过滤、吸收作用的填充材料，包括土壤、砂、砾石、沸石、石灰石、页岩、塑料、陶瓷等。

3.8 水力停留时间 hydraulic retention time

指污水在人工湿地内的平均驻留时间。潜流人工湿地的水力停留时间按式（1）计算：

$$t=\frac{V\times\varepsilon}{Q} \tag{1}$$

式中：t —— 水力停留时间，d；

V —— 人工湿地基质在自然状态下的体积，包括基质实体及其开口、闭口孔隙，m^3；

ε —— 孔隙率，%；

Q —— 人工湿地设计水量，m^3/d。

3.9 表面有机负荷 organic surface loading

指每平方米人工湿地在单位时间去除的五日生化需氧量。按式（2）计算：

$$q_{os}=\frac{Q\times(C_0-C_1)\times10^{-3}}{A} \tag{2}$$

式中：q_{os}—— 表面有机负荷，kg/（$m^2\cdot d$）；

Q —— 人工湿地设计水量，m^3/d；

C_0 —— 人工湿地进水 BOD_5 质量浓度，mg/L；

C_1 —— 人工湿地出水 BOD_5 质量浓度，mg/L；

A —— 人工湿地面积，m^2。

3.10 表面水力负荷 hydraulic surface loading

指每平方米人工湿地在单位时间所能接纳的污水量。按式（3）计算：

$$q_{hs}=\frac{Q}{A} \tag{3}$$

式中：q_{hs}—— 表面水力负荷，m^3/（$m^2\cdot d$）；

Q —— 人工湿地设计水量，m^3/d；

A —— 人工湿地面积，m^2。

3.11 水力坡度 hydraulic slope

指污水在人工湿地内沿水流方向单位渗流路程长度上的水位下降值。按式（4）计算：

$$i=\frac{\Delta H}{L}\times100\% \tag{4}$$

式中：i —— 水力坡度，%；

ΔH —— 污水在人工湿地内渗流路程长度上的水位下降值，m；

L——污水在人工湿地内渗流路程的水平距离，m。

4 设计水量和设计水质

4.1 设计水量

设计水量的确定应符合 GB 50014 中的有关规定。

4.2 设计水质

4.2.1 当工程接纳城镇生活污水时，其设计水质可参照 GB 50014 中的有关规定；接纳与生活污水性质相近的其他污水时，其设计水质可通过调查确定。

4.2.2 当工程接纳城镇污水处理厂出水时，其设计水质应按 GB 18918 中的规定取值。

4.2.3 人工湿地系统进水水质应满足表 1 的规定。

4.3 人工湿地系统污染物去除效率

人工湿地系统污染物去除效率可参照表 2 中数据取值。

表 1　人工湿地系统进水水质要求　　单位：mg/L

人工湿地类型	BOD_5	COD_{Cr}	SS	NH_3-N	TP
表面流人工湿地	≤50	≤125	≤100	≤10	≤3
水平潜流人工湿地	≤80	≤200	≤60	≤25	≤5
垂直潜流人工湿地	≤80	≤200	≤80	≤25	≤5

表 2　人工湿地系统污染物去除效率　　单位：%

人工湿地类型	BOD_5	COD_{Cr}	SS	NH_3-N	TP
表面流人工湿地	40～70	50～60	50～60	20～50	35～70
水平潜流人工湿地	45～85	55～75	50～80	40～70	70～80
垂直潜流人工湿地	50～90	60～80	50～80	50～75	60～80

5　总体要求

5.1　建设规模

5.1.1　应综合考虑服务区域范围内的污水产生量、分布情况、发展规划以及变化趋势等因素，并以近期为主，远期可扩建规模为辅的原则确定。

5.1.2　建设规模按以下规则分类：

a）小型人工湿地污水处理工程的日处理能力＜3 000 m^3/d；

b）中型人工湿地污水处理工程的日处理能力 3 000～10 000 m^3/d；

c）大型人工湿地污水处理工程的日处理能力≥10 000 m^3/d。

注：下限值含该值，上限值不含该值。

5.2　工程项目构成

5.2.1　工程项目主要包括：污水处理构（建）筑物与设备、辅助工程和配套设施等。

5.2.2　污水处理构（建）筑物与设备包括：预处理、人工湿地、后处理、污泥处理、恶臭处理等系统。

5.2.3　辅助工程包括：厂区道路、围墙、绿化、电气系统、给排水、消防、暖通与空调、建筑与结构等工程。

5.2.4　配套设施包括：办公室、休息室、浴室、食堂、卫生间等生活设施。

5.2.5　人工湿地系统可由一个或多个人工湿地单元组成，人工湿地单元包括配水装置、集水装置、基质、防渗层、水生植物及通气装置等。

5.3　场址选择

5.3.1　应符合当地总体发展规划和环保规划的要求，以及综合考虑交通、土地权属、土地利用现状、发展扩建、再生水回用等因素。

5.3.2 应考虑自然背景条件，包括土地面积、地形、气象、水文以及动植物生态因素等，并进行工程地质、水文地质等方面的勘察。
5.3.3 应不受洪水、潮水或内涝的威胁，且不影响行洪安全。
5.3.4 宜选择自然坡度为0～3%的洼地或塘，以及未利用土地。
5.4 总平面布置
5.4.1 应充分利用自然环境的有利条件，按建（构）筑物使用功能和流程要求，结合地形、气候、地质条件，便于施工、维护和管理等因素，合理安排，紧凑布置。
5.4.2 厂区的高程布置应充分利用原有地形，符合排水通畅、降低能耗、平衡土方的要求；多单元湿地系统高程设计应尽量结合自然坡度，采用重力流形式，需提升时，宜一次提升。
5.4.3 应综合考虑人工湿地系统的轮廓、不同类型人工湿地单元的搭配、水生植物的配置、景观小品设施营建等因素，使工程达到相应的景观效果。

6 工艺设计

6.1 一般规定
6.1.1 工艺设计应综合考虑处理水量、原水水质、占地面积、建设投资、运行成本、排放标准、稳定性，以及不同地区的气候条件、植被类型和地理条件等因素，并应通过技术经济比较确定适宜的方案。
6.1.2 预处理、后处理、污泥处理、恶臭处理等系统设计应符合 GB 50014 及相关行业规范中的有关规定。
6.1.3 人工湿地系统由多个同类型或不同类型的人工湿地单元构成时，可分为并联式、串联式、混合式等组合方式。
6.2 工艺流程

按工程接纳的污水类型，基本工艺流程如下：

a）当工程接纳城镇生活污水及与生活污水性质相近的其他污水时，基本工艺流程为：

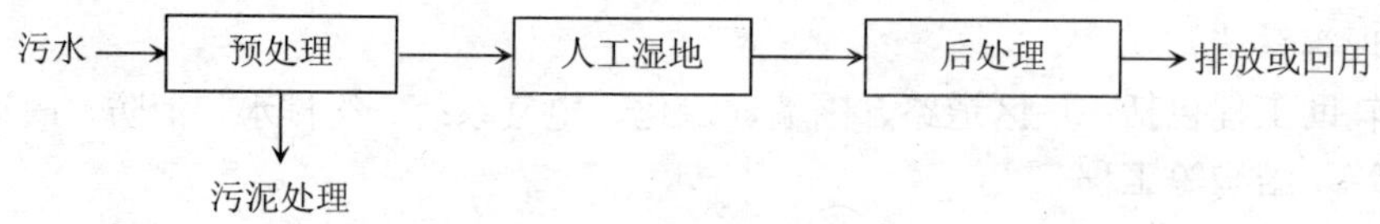

图1 工程接纳城镇生活污水或与生活污水性质相近的其他污水的工艺流程图

b）当工程接纳城镇污水处理厂出水时，基本工艺流程为：

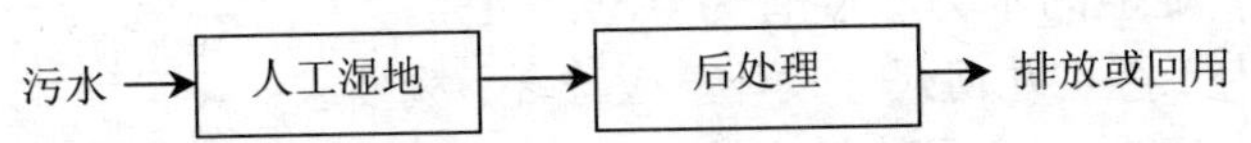

图 2　工程接纳城镇污水处理厂出水的工艺流程图

6.3　预处理

6.3.1　预处理的程度和方式应综合考虑污水水质、人工湿地类型及出水水质要求等因素，可选择格栅、沉砂、初沉、均质等一级处理工艺，物化强化法、AB 法前段、水解酸化、浮动生物床等一级强化处理工艺，以及 SBR、氧化沟、A/O、生物接触氧化等二级处理工艺。

6.3.2　污水的 BOD_5/COD_{Cr} 小于 0.3 时，宜采用水解酸化处理工艺。

6.3.3　污水的 SS 含量大于 100 mg/L 时，宜设沉淀池。

6.3.4　污水中含油量大于 50 mg/L，宜设除油设备。

6.3.5　污水的 DO 小于 1.0 mg/L 时，宜设曝气装置。

6.4　人工湿地

6.4.1　设计参数

6.4.1.1　人工湿地面积应按五日生化需氧量表面有机负荷确定，同时应满足水力负荷的要求。

6.4.1.2　人工湿地的主要设计参数，宜根据试验资料确定；无试验资料时，可采用经验数据或按表 3 的数据取值。

表 3　人工湿地的主要设计参数

人工湿地类型	BOD_5 负荷/[kg/（$hm^2·d$）]	水力负荷/[m^3/（$m^2·d$）]	水力停留时间/d
表面流人工湿地	15～50	＜0.1	4～8
水平潜流人工湿地	80～120	＜0.5	1～3
垂直潜流人工湿地	80～120	＜1.0（建议值：北方：0.2～0.5；南方：0.4～0.8）	1～3

6.4.2　几何尺寸

6.4.2.1　潜流人工湿地几何尺寸设计，应符合下列要求：

a）水平潜流人工湿地单元的面积宜小于 800 m^2，垂直潜流人工湿地单元的面积宜小于 1 500 m^2；

b）潜流人工湿地单元的长宽比宜控制在 3∶1 以下；

c）规则的潜流人工湿地单元的长度宜为 20～50 m。对于不规则潜流人工湿地单元，应考虑均匀布水和集水的问题；

d）潜流人工湿地水深宜为 0.4～1.6 m；

e）潜流人工湿地的水力坡度宜为 0.5%～1%。

6.4.2.2 表面流人工湿地几何尺寸设计，应符合下列要求：

a）表面流人工湿地单元的长宽比宜控制在 3∶1～5∶1，当区域受限，长宽比＞10∶1 时，需要计算死水曲线；

b）表面流人工湿地的水深宜为 0.3～0.5 m；

c）表面流人工湿地的水力坡度宜小于 0.5%。

6.4.3 集、配水及出水

6.4.3.1 人工湿地单元宜采用穿孔管、配（集）水管、配（集）水堰等装置来实现集配水的均匀。

6.4.3.2 穿孔管的长度应与人工湿地单元的宽度大致相等。管孔密度应均匀，管孔的尺寸和间距取决于污水流量和进出水的水力条件，管孔间距不宜大于人工湿地单元宽度的 10%。

6.4.3.3 穿孔管周围宜选用粒径较大的基质，其粒径应大于管穿孔孔径。

6.4.3.4 在寒冷地区，集、配水及进、出水管的设置应考虑防冻措施。

6.4.3.5 人工湿地出水可采用沟排、管排、井排等方式，并设溢流堰、可调管道及闸门等具有水位调节功能的设施。

6.4.3.6 人工湿地出水量较大且跌落较高时，应设置消能设施。

6.4.3.7 人工湿地出水应设置排空设施。

6.4.4 清淤及通气

6.4.4.1 潜流人工湿地底部应设置清淤装置。

6.4.4.2 垂直潜流人工湿地内可设置通气管，同人工湿地底部的排水管相连接，并且与排水管道管径相同。

6.4.5 基质

6.4.5.1 基质的选择应根据基质的机械强度、比表面积、稳定性、孔隙率及表面粗糙度等因素确定。

6.4.5.2 基质选择应本着就近取材的原则，并且所选基质应达到设计要求的粒径范围。

6.4.5.3 对出水的氮、磷浓度有较高要求时，提倡使用功能性基质，提高氮、磷处理效率。

6.4.5.4 潜流人工湿地基质层的初始孔隙率宜控制在 35%～40%。

6.4.5.5 潜流人工湿地基质层的厚度应大于植物根系所能达到的最深处。

6.4.6 湿地植物选择与种植

6.4.6.1 人工湿地宜选用耐污能力强、根系发达、去污效果好、具有抗冻及抗病虫害能力、有一定经济价值、容易管理的本土植物。人工湿地出水直接排入河流、湖泊时，应谨慎选择“凤眼莲”等外来入侵物种。

6.4.6.2 人工湿地可选择一种或多种植物作为优势种搭配栽种，增加植物的多样性并具有景观效果。

6.4.6.3 潜流人工湿地可选择芦苇、蒲草、荸荠、莲、水芹、水葱、茭白、香蒲、千屈菜、菖蒲、水麦冬、风车草、灯芯草等挺水植物。表流人工湿地可选择菖蒲、灯芯草等挺水植物；凤眼莲、浮萍、睡莲等浮水植物；伊乐藻、茨藻、金鱼藻、黑藻等沉水植物。

6.4.6.4 人工湿地植物的栽种移植包括根幼苗移植、种子繁殖、收割植物的移植以及盆栽移植等。

6.4.6.5 人工湿地植物种植的时间宜为春季。

6.4.6.6 植物种植密度可根据植物种类与工程的要求调整，挺水植物的种植密度宜为9～25 株/m^2，浮水植物和沉水植物的种植密度均宜为 3～9 株/m^2。

6.4.6.7 垂直潜流人工湿地的植物宜种植在渗透系数较高的基质上。水平潜流人工湿地的植物应种植在土壤上。

6.4.6.8 应优先采用当地的表层种植土，如当地原土不适宜人工湿地植物生长时，则需进行置换。

6.4.6.9 种植土壤的质地宜为松软黏土—壤土，土壤厚度宜为 20～40 cm，渗透系数宜为 0.025～0.35 cm/h。

6.4.7 防渗层

6.4.7.1 人工湿地应在底部和侧面进行防渗处理，防渗层的渗透系数应不大于 10^{-8} m/s。

6.4.7.2 防渗层可采用黏土层、聚乙烯薄膜及其他建筑工程防水材料，可参照 CJJ 17 执行。

6.4.8 管材及闸阀

6.4.8.1 管材选用 PVC 或 PE 管时，应按 GB/T 13663 规定执行。

6.4.8.2 阀门选用应满足耐腐蚀性强、密封性好、操作灵活等要求。

6.4.8.3 水位控制闸板、可调堰等装置采用非标设计时，应考虑材质、控制方式、防腐及耐用等因素。

6.5 后处理

6.5.1 应根据污水排放标准的要求，选择是否设置消毒设施。当出水对病菌指标要求较高时，消毒应符合 GB 50014 中的有关规定。

6.5.2 人工湿地出水作为再生水利用时，应符合 GB 50335 中的有关规定。

6.6 二次污染控制措施

6.6.1 污泥处理与处置

6.6.1.1 预处理系统产生的污泥处理与处置应符合 GB 50014 中的有关规定。

6.6.1.2 人工湿地系统应定期清淤排泥。

6.6.2 恶臭处理

6.6.2.1 应设置除臭装置处理预处理设施产生的恶臭气体。

6.6.2.2 恶臭气体排放浓度应符合 GB 14554 中的有关规定。

6.6.3 噪声和振动防治

6.6.3.1 应采取隔声、消声、绿化等降低噪声的措施，厂界噪声应达到 GB 12348 中的有关规定。

6.6.3.2 设备间、鼓风机房等机械设备的噪声和振动控制的设计应符合 GB 50040 和 GBJ 87 中的有关规定。

6.7 突发事故应急措施

6.7.1 人工湿地系统应设置雨水溢流口、排洪沟渠等排洪设施。

6.7.2 人工湿地系统应设置超越管、溢流井等分流设施。

7 检测与过程控制

7.1 一般规定

7.1.1 应按国家现行的排放标准及环境保护部门的要求，设置相应的检测仪表和控制系统。

7.1.2 参与控制和管理的机电设备应设置工作和事故状态的检测装置。

7.1.3 安装在线监测系统的，应符合 HJ/T 353、HJ/T 354、HJ/T 355 中的有关规定。

7.1.4 所用监测仪器应符合 HJ/T 15、HJ/T 96、HJ/T 101、HJ/T 103、HJ/T 377 中的有关规定。

7.2 检测与控制

7.2.1 对工程各系统的进出水进行检测，主要包括流量、水位、水温、DO、pH、SS、BOD_5、COD_{Cr}、NH_3-N、硝酸盐、总磷等，其应按国家相关标准和规定执行。人工湿地系统的检测还应包括降雨量、湿地水位、植被株密度等，检测频率宜为降雨量、湿地水位每天 1 次，植被株密度每年 1 次。

7.2.2 大、中型人工湿地污水处理工程的主要处理工艺单元，应采用自动控制系统。小型人工湿地污水处理工程的主要处理工艺单元，可根据实际需要，采用自动控制系统。采用成套设备时，设备本身控制宜与系统控制结合。

7.2.3 自动控制系统可采用可编程序逻辑控制器（PLC）控制，实时监控运转情况，具备连锁、保护、报警等功能，可设集中和现场两种操作方式。

7.2.4 关键工艺控制参数，如预处理系统的流量、DO、SS、COD_{Cr} 等检测数据宜参与后续工艺控制。

8 主要辅助工程

8.1 电气系统

8.1.1 供电方式应根据用电要求，与当地电力部门协商确定。

8.1.2 供配电系统应符合 GB 50052 和 GB 50053 中的有关规定。

8.1.3 低压配电设计应符合 GB 50054 中的有关规定。

8.1.4 照明设计应符合 GB 50034 中的有关规定。

8.2 给水、排水及消防

8.2.1 应有可靠的供水水源和完善的供水设施。给水设计应符合 GB 50015 和 GB 50013 的有关规定。

8.2.2 排水设计应符合 GB 50014 中的有关规定。

8.2.3 管理区消防应符合 GB 50016 和 GB 50140 的有关规定。

8.3 采暖、通风与空调

8.3.1 建筑物的采暖与空调的设计应符合 GB 50019 的有关规定。

8.3.2 当建筑物的机械通风不能满足工艺对室内温度、湿度要求时，应设置空调装置。

8.4 建筑与结构

8.4.1 建筑的造型应简洁、新颖，并与周围环境相协调。建筑物的平面布置和空间布局应满足工艺设备布置要求，同时应考虑今后生产发展和技术改造的可能性。

8.4.2 建（构）筑物结构设计应符合 GB 50069 的有关规定。

8.4.3 人工湿地结构设计应符合 GB 50003 和 GB 50070 的有关规定。

8.4.4 建筑物抗震等设计应符合 GB 50011 的有关规定。

9 劳动安全与职业卫生

9.1 在设计、施工和生产过程中，劳动安全和卫生可参照 GB/T 12801 的有关规定。

9.2 工程建成运行的同时，应保证安全和卫生设施同时投入使用。

9.3 建立并严格执行定期和经常的安全检查制度，及时消除事故隐患，特别是秋季人工湿地收割植物应妥善处置，以免引起火灾。

10 施工与验收

10.1 一般规定

10.1.1 施工单位应具有国家相应的施工资质，除遵守相关的施工技术规范之外，还应遵守国家有关部门颁布的劳动安全及卫生、消防等国家强制性标准。

10.1.2 施工中使用的设备、材料、器件等应符合相关的国家标准，并应取得供货商的产品合格证后方可使用。

10.1.3 构筑物的施工和验收应符合 GBJ 141 的有关规定；混凝土结构工程的施工和验收应符合 GB 50204 的有关规定；设备安装和验收应符合 GB 50231 的有关规定；管道工程的施工和验收应符合 GB 50268 的有关规定。

10.2 施工

10.2.1 施工前期准备的主要任务是清除和平整场地。清除工程应包括运走场地内的垃圾、树木以及其他障碍物等。

10.2.2 潜流人工湿地周边护坡宜采用夯实的土壤构建，坡度宜为 4∶1～2∶1。在夯实过程中，应考虑土壤的湿度，不得在阴雨天施工。围堰建成后，应进行表面防护，如种植护坝植被。

10.2.3　基质铺设过程中应从选料、洗料、堆放、撒料四个方面加以控制。

10.2.4　基质应进行级配、清洁，保证填筑材料的含泥（砂）量和填料粉末含量小于设计要求值。

10.2.5　人工湿地植物宜从专门的水生植物基地采购，种植时应有专业人员指导。

10.2.6　人工湿地防渗材料采用聚乙烯膜时，应由专业人员用专业设备进行焊接，焊接结束后，需进行渗透试验。

10.3　环境保护验收

10.3.1　工程的环境保护验收应按《建设项目竣工环境保护验收管理办法》的规定进行。

10.3.2　在生产试运行期间应对其进行性能试验，性能试验报告应作为环境保护验收的重要内容。

10.3.3　工程的性能试验包括：功能试验、技术性能试验、设备和材料试验。其中，技术性能试验至少应包括以下项目：

a）处理污水量；

b）污水污染物的去除率；

c）污泥的处理情况；

d）电能消耗。

10.3.4　污水处理工程环境保护验收的主要技术依据包括：

a）项目环境影响报告书（表）审批文件；

b）各类污染物环境监测报告；

c）批准的设计文件和设计变更文件；

d）主要材料和设备的合格证或试验记录；

e）试运行期间污染物连续监测报告；

f）完整的启动试运行、生产试运行记录。

10.3.5　经竣工环境保护验收合格后，工程方可正式投入使用运行。

11　运行与维护

11.1　一般规定

11.1.1　工程的运行应符合 CJJ 60 中的有关规定，同时还应符合国家有关标准的规定。

11.1.2　运行人员、技术人员及管理人员应进行相关法律法规、专业技术、安全防护、应急处理等理论知识和操作技能的培训，运行人员应具备国家有关环境污染治理设施运营岗位合格证书。

11.1.3　工程在运行前应制定设备台账、运行记录、定期巡视、交接班、安全检查、应急预案等管理制度。

11.1.4　工艺设施和主要设备应编入台账，定期对各类设备、电气、自控仪表及建（构）筑物进行检修维护，确保设施稳定可靠运行。

11.1.5 工艺流程图、操作和维护规程等应示于明显部位，运行人员应按规程进行系统操作，并定期检查构筑物、设备、电器和仪表的运行情况。

11.1.6 各岗位人员在运行、巡视、交接班、检修等生产活动中，应做好相关记录。

11.1.7 应定期检测进出水水质，并定期对检测仪器、仪表进行校验。

11.1.8 应制定相应的事故应急预案，并报请环境行政管理部门批准备案。

11.2 人工湿地的管理与维护

11.2.1 人工湿地运行中应适时进行水位调节：

a）根据暴雨、洪水、干旱、结冰期等各种极限情况，可进行水位调节，不得出现进水端壅水现象和出水端淹没现象；

b）当人工湿地出现短流现象，可进行水位调节。

11.2.2 人工湿地植物管理维护可采用以下措施：

a）人工湿地栽种植物后即须充水，为促进植物根系发育，初期应进行水位调节；

b）植物系统建立后，应保证连续提供污水，保证水生植物的密度及良性生长；

c）应根据植物的生长情况，进行缺苗补种、杂草清除、适时收割以及控制病虫害等管理，不宜使用除草剂、杀虫剂等；

d）对大型人工湿地污水处理工程应考虑配置植物生物能利用的装置。

11.2.3 人工湿地在低温环境运行时，可采用以下措施：

a）做好人工湿地的保温措施，保证水温不低于 4℃；

b）定期做人工湿地的冻土深度测试，掌握人工湿地系统的运行状况；

c）强化预处理，减轻人工湿地系统的污染负荷。

11.2.4 潜流人工湿地运行防堵塞可采用以下措施：

a）控制污水进入人工湿地系统的悬浮物浓度；

b）定期启动清淤；

c）适当地采用间歇运行方式；

d）局部更换人工湿地系统的基质。

中华人民共和国国家环境保护标准

污水混凝与絮凝处理工程技术规范

Technical specifications for coagulation and flocculation process in wastewater treatment

HJ 2006—2010

前　言

为贯彻《中华人民共和国环境保护法》和《中华人民共和国水污染防治法》，规范污水混凝与絮凝处理工程建设，使其连续稳定运行、达标排放，防治水污染，改善环境质量，制定本标准。

本标准规定了污水处理工程中所采用的混凝与絮凝工艺的总体要求、工艺设计、设备选型、检测和控制、运行管理的技术要求。

本标准为首次发布。

本标准由环境保护部科技标准司组织制订。

本标准主要起草单位：江苏省环境科学研究院、东南大学、江苏鹏鹞环境工程设计院、扬州澄露环境工程有限公司。

本标准环境保护部 2010 年 12 月 17 日批准。

本标准自 2011 年 3 月 1 日起实施。

本标准由环境保护部解释。

1　适用范围

本标准规定了污水处理工程中所采用的混凝与絮凝工艺的总体要求、工艺设计、设备选型、检测和控制、运行管理的技术要求。

本标准适用于城镇污水或工业废水处理工程采用混凝与絮凝工艺的设计、施工、验收、运行管理，可作为可行性研究、环境影响评价、工艺设计、施工验收、运行管理的技术依据。

2　规范性引用文件

下列文件中的条款通过本标准的引用而成为本标准的条款。凡不注明日期的引用文件，其最新版本适用于本标准。

GB 4482　水处理剂　氯化铁

GB/T 22627—2008　水处理剂　聚氯化铝

GB/T 17514　水处理剂　聚丙烯酰胺

GB 50141　给水排水构筑物工程施工及验收规范

GB 50334　城市污水处理厂工程质量验收规范

GB 50204　混凝土结构工程施工质量验收规范

GB 50205　钢结构工程施工质量验收规范

HJ/T 355　水污染源在线监测系统运行与考核技术规范（试行）

CJJ 60　城市污水处理厂运行、维护及其安全技术规程

CJ/T51　城市污水水质检验方法标准

HG 2227　水处理剂　硫酸铝

3　术语和定义

下列术语和定义适用于本标准。

3.1　混凝　coagulation

指投加混凝剂，在一定水力条件下完成水解、缩聚反应，使胶体分散体系脱稳和凝聚的过程。

3.2　混合　mixing

指使投入的药剂迅速均匀地扩散于处理水中以创造良好的水解反应条件。

3.3　絮凝　flocculation

指完成凝聚的胶体在一定水力条件下相互碰撞、聚集或投加少量絮凝剂助凝，以形成较大絮状颗粒的过程。

3.4　混凝剂　coagulant

指为使胶体失去稳定性和脱稳胶体相互聚集所投加的药剂统称。

3.5　助凝剂　coagulant aids

指在水的沉淀、澄清过程中，为改善絮凝效果，另投加的辅助药剂。

3.6　穿孔旋流反应池　perforating rotational flow reactor

指水流通过设置的孔道在反应室之间形成旋流流态而完成絮凝过程的水池。

3.7　机械反应池　mechanical reactor

指采用机械搅拌的絮凝反应池。

3.8　折板反应池　folded plate reactor

指利用在水池中设置折板扰流单元以达到絮凝所要求的紊流状态的反应池。

3.9　网格（栅条）反应池　grid reactor

指在沿流程一定距离的过水断面中设置栅条或网格，促使水流流态变化完成絮凝过程的反应池。

3.10　药剂固定储备量　standby reserve

指为考虑非正常原因而在药剂仓库内存放的在一般情况下不准动用的储备量，简称药剂固定储备量。

3.11　药剂周转储备量　current reserve

指考虑药剂消耗量与供应量的差异所需的储备量，简称药剂周转储备量。

3.12　混凝沉淀法　coagulating sedimentation

指利用药剂完成混凝反应，使水中污染物凝聚成絮体，通过沉淀方法去除的组合方法。

4　污染物与污染负荷

4.1　混凝工艺可用于各种水量的城镇污水处理和工业废水处理。

4.2　混凝工艺对原水悬浮颗粒、胶体颗粒及相关有机物、色度物质、油类物质的浓度均无限制，处理效率则有所不同。

4.3　混凝工艺对悬浮颗粒、胶体颗粒、疏水性污染物具有良好的去除效果；对亲水性、溶解性污染物也有一定的絮凝效果。此外：

1）混凝工艺可用于不溶性大分子有机物的吸附凝聚处理。

2）混凝工艺可用于色度物质、腐殖酸、富里酸、表面活性剂等物质的脱稳凝聚处理。

3）混凝工艺可用于乳化液破乳、凝聚处理。

5　总体要求

5.1　混凝与絮凝处理工艺建设规模由处理水量确定，设计水量由工程最大水量确定。

5.2　混凝与絮凝处理工艺宜设置调节、隔油等预处理装置，后续工艺应设置沉淀池或气浮池等。当采用接触过滤时，混凝应直接连接滤池。

5.3　完成混凝反应的 pH 值根据投药品种与投药量有较大差别，最佳 pH 值应为 7～8.5。

5.4　混凝与絮凝处理工艺构筑物与沉淀或气浮配合时，高程布置时应设计水流自流进入后续设备。

5.5　投药设备及药剂混合设备应尽可能接近混凝工艺设施。

5.6　所有混凝设备、连接管道及投配、搅拌机械均应当有必要的防腐措施。

5.7　混凝工艺的泥水分离由后续沉淀或气浮设备完成，应根据国家相关管理要求统一考虑污泥处理。

5.8　原水中含有挥发性有害气体时应进行预处理。

6 工艺设计

6.1 一般规定

6.1.1 当处理污水量不大时（如 Q＜100 m^3/h），混凝工艺宜与沉淀池或气浮池合建。

6.1.2 投加药剂的种类及数量应根据原水水质（pH、碱度、SS 等）、污染物性质（如相对分子质量、分子结构、密度、浓度、疏水性等）试验确定。

6.1.3 混凝工艺应合理控制 pH，有条件时应设置 pH 自动控制仪，并与加药计量泵耦合。

6.1.4 药剂混合设备的选择应根据污水量、污水性质、pH 值、水温等条件综合分析后决定，常用的混合设备有管式混合器、机械混合器、水泵混合装置等。

6.1.5 反应池类型的选择应根据污水水质、设计生产能力、处理后水质要求，并考虑污水水温变化、进水水质水量均匀程度以及是否连续运转等因素，结合当地条件通过技术经济比较确定。

6.1.6 当污水 SS 较高或投药量较大时，应在反应设备中设排泥装置。

6.2 混凝剂与助凝剂的选择

6.2.1 混凝剂

6.2.1.1 常用的混凝剂宜按照表 1 采用。

表 1 常用的混凝剂及使用条件

<table>
<tr><th colspan="2">混凝剂</th><th>水解产物</th><th>适用条件</th></tr>
<tr><td rowspan="2">铝盐</td><td>硫酸铝
$Al_2(SO_4)_3 \cdot 18\,H_2O$</td><td>$Al^{3+}$、$[Al(OH)_2]^+$
$[Al_2(OH)_n]^{(6-n)+}$</td><td rowspan="2">适用于 pH 高、碱度大的原水。
破乳及去除水中有机物时，pH 宜在 4～7 之间。
去除水中悬浮物 pH 值宜控制在 6.5～8。
适用水温 20～40℃</td></tr>
<tr><td>明矾 $KAl(SO_4)_2 \cdot 12H_2O$</td><td>Al^{3+}、$[Al(OH)_2]^+$
$[Al_2(OH)_n]^{(6-n)+}$</td></tr>
<tr><td rowspan="2">铁盐</td><td>三氯化铁 $FeCl_3 \cdot 6H_2O$</td><td>$Fe(H_2O)_6^{3+}$
$[Fe_2(OH)_n]^{(6-n)+}$</td><td rowspan="2">对金属、混凝土、塑料均有腐蚀性。
亚铁离子须先经氧化成三价铁，当 pH 较低时须曝气充氧或投加助凝剂氯氧化。
pH 值的适用范围宜在 7～8.5 之间。
絮体形成较快，较稳定，沉淀时间短</td></tr>
<tr><td>硫酸亚铁 $FeSO_4 \cdot 7H_2O$</td><td>$Fe(H_2O)_6^{3+}$
$[Fe_2(OH)_n]^{(6-n)+}$</td></tr>
<tr><td rowspan="2">聚合盐类</td><td>聚合氯化铝
$[Al_2(OH)_nCl_{6-n}]_m$
PAC</td><td>$[Al_2(OH)_n]^{(6-n)+}$</td><td rowspan="2">受 pH 和温度影响较小，吸附效果稳定。
pH 为 6～9 适应范围宽，一般不必投加碱剂。
混凝效果好，耗药量少，出水浊度低、色度小，原水高浊度时尤为显著。
设备简单，操作方便，劳动条件好</td></tr>
<tr><td>聚合硫酸铁
$[Fe_2(OH)_n(SO_4)_{6-n}]_m$
PFS</td><td>$[Fe_2(OH)_n]^{(6-n)+}$</td></tr>
</table>

6.2.1.2 混凝剂品种的选择及其用量，应根据污水混凝沉淀试验结果或参照相似水质条件下的运行经验等，经综合比较确定。

6.2.1.3　铝盐混凝剂的选择

1）硫酸铝的质量应符合 HG 2227 要求，其中 Al_2O_3 的有效成分是主要指标，使用前应加以验证。

2）硫酸铝适用于原水 pH 高或碱度大的水质条件。

3）聚合氯化铝应选用碱化度 B 较高的产品。

4）聚合氯化铝的质量应符合 GB 15892 要求，其中最重要的是碱化度 B，要求 B 值应在 50%～80%。碱化度 B 按式（1）计算：

$$B = \frac{m(\mathrm{OH})}{3[m(\mathrm{Al})]} \times 100\% \tag{1}$$

式中：B —— 聚合氯化铝的碱化度；

$m(\mathrm{OH})$ —— 聚合氯化铝的[OH]物质的量；

$m(\mathrm{Al})$ —— 聚合氯化铝的[Al]物质的量。

5）聚合氯化铝在混凝过程中消耗碱度少，适应的 pH 范围宽。

6.2.1.4　铁盐混凝剂的选择

1）污水中含重金属离子时应优先选用铁盐混凝剂。

2）铁盐混凝剂使用不能过量，并应控制 pH 等反应条件。

3）三氯化铁腐蚀性强，防腐方法参见 6.3.2.3。

4）三氯化铁的质量应符合 GB 4482 要求，使用前应验证铁含量（以 Fe_2O_3 计），且不得带入其他污染物。

5）硫酸亚铁作混凝剂应保证原水具有足够的碱度和溶解氧。必要时应曝气充氧或投加氧化剂，通常控制 pH 大于 8～8.5。

氯气可作为硫酸亚铁混凝的氧化剂，加氯量可按式（2）计算：通常为 $FeSO_4 \cdot 7H_2O$ 的 1/8，

$$c = \frac{\alpha}{8} + \beta \tag{2}$$

式中：c —— Cl_2 投量，mg/L；

α —— 硫酸亚铁投量，mg/L，以 $FeSO_4 \cdot 7H_2O$ 计；

β —— Cl_2 过投量，1.5～2 mg/L。

6）使用铁盐混凝剂时应控制药剂中重金属离子及其他污染物，超过指标时不得使用。

6.2.2　絮凝剂与助凝剂的选择

6.2.2.1　常用絮凝剂有聚丙烯酰胺（PAM）、活化硅酸、骨胶等，其中最常用的是 PAM。活化硅酸用于低温低浊水时有效，在混凝反应完成后投加，要有适宜的酸化度和活化时间，配制较复杂。骨胶一般和三氯化铁混合使用。

6.2.2.2　PAM 的使用条件

1）PAM 应用于铝盐、铁盐混凝反应完成后的絮凝；其用量通常应小于 0.3～0.5

mg/L，投加点在反应池末端。

2）PAM 应设专用的溶解（水解）装置，溶解时间应控制在 45～60 min，药剂配置浓度应小于 2%，水解时间 12～24 h，水解度 30%～40%。

3）PAM 溶解配置完成后超过 48 h 不能继续使用。

4）PAM 常温下保存、贮存应考虑防冻措施。

6.2.2.3　助凝剂可选择氯（Cl_2）、石灰（CaO）、氢氧化钠（NaOH）等。

1）氯的使用条件：

- 当需处理高色度水、破坏水中残存有机物结构及去除臭味时，可在投混凝剂前先投氯，以减少混凝剂用量；
- 用硫酸亚铁作混凝剂时，可加氯促进二价铁氧化成三价铁。

2）石灰的使用条件：

- 需补充污水碱度时；
- 需去除水中的 CO_2，调整 pH 值时；
- 需增大絮凝体密度，加速絮体沉淀时；
- 需增强泥渣脱水性能时。

3）氢氧化钠的使用条件：

- 需调整水的 pH 值时。

6.3　混凝药剂的投配系统

6.3.1　一般规定

1）混凝剂和助凝剂品种的选择及其用量，应根据污水特性进行试验确定。

2）混凝剂投配系统的设备、管道应根据混凝剂性质采取相应的防腐措施。

3）混凝剂的投配方法宜采用液体投加方式。

4）混凝剂投加方式宜选择计量泵投加，也可采用泵前投加、水射器投加。

5）混凝剂的投加系统通常包括：药剂的储存、调制、提升、储液、计量和投加。

6.3.2　药剂的调制

6.3.2.1　药剂的调制方法

1）混凝剂的溶解和稀释方式应按投加量的大小、混凝剂性质确定，宜采用机械搅拌方式，也可采用水力或压缩空气等方式。

2）水力调制的供水水压应大于 0.2 MPa。

3）压缩空气调制可用于较大水量的污水处理厂（站）的药剂调制。控制曝气强度在 3～5 L/（$m^2 \cdot s$）；石灰乳液的调制不宜采用压缩空气方法。

6.3.2.2　溶解池与溶液池的容积分别按式（3）、式（4）计算：

$$W_1 = (0.2 \sim 0.3)W_2 \qquad (3)$$

$$W_2 = \frac{24 \times 100aQ}{1\,000 \times 1\,000cn} = \frac{aQ}{417cn} \qquad (4)$$

式中：W_1 —— 溶解池容积，m^3；

W_2 —— 溶液池容积，m^3；

α —— 混凝剂最大投加量，按无水产品计，mg/L，石灰最大用量按 CaO 计；

Q —— 处理的水量，m^3/h；

c —— 溶液浓度，%，一般采用 5～20（按混凝剂固体重量计算），或采用 5～7.5（扣除结晶水计），石灰乳采用 2～5（按纯 CaO 计）；

n —— 每日调制次数，应根据混凝剂投加量和配制条件等因素确定，一般不宜超过 3 次。

6.3.2.3　调制设备

1）溶解池及溶液池底坡度应不小于 0.02，池底应有排渣管，池壁应设超高，以防止溶液溢出。

2）溶解池及溶液池内壁需进行防腐处理。一般内壁涂衬环氧玻璃钢、辉绿岩、耐酸胶泥贴瓷砖或聚氯乙烯板等，当所用药剂腐蚀性不太强时，亦可采用耐酸水泥砂浆。

3）投药量较小时，亦可在溶液池上部设置淋溶斗以代替溶药池。

4）溶液池可高架式设置，以便能重力投加药剂。池周围应有工作台，在池内最高工作水位处宜设溢流装置。

5）投药量较小的溶液池可与溶药池合并。溶液池应设备用池。

6）药剂溶液池通常应设搅拌装置，搅拌转速一般为 10～15 r/min。

7）搅拌叶轮应根据需要安装转速调整装置。

6.3.3　药液的投加

6.3.3.1　药液提升应设药液提升设备，常用的有离心泵和水射器。

6.3.3.2　投加设备宜采用计量泵，并应设自动控制装置，自动调整加药量。

6.3.4　加药间及药库

6.3.4.1　一般规定

1）加药间宜与药库合并布置，室外储液池、加药间及药库位置应尽量靠近投药点，并设置在通风良好的地段。

2）药剂仓库和加药间应根据具体情况设置机械搬运设备。

6.3.4.2　加药间布置

1）加药间室内应设有冲洗设施，地坪应有排水沟。

2）药液输送管材一般可采用硬聚氯乙烯等塑料管。

3）溶液池边应设工作台，宽度以 1.5 m 为宜。

6.3.4.3　药库布置

1）药剂的固定储备量可按最大投药量的 7～15 d 用量计。

2）混凝剂堆放高度一般采用 1.5～2.0 m，当采用石灰时可为 1.5 m，当采用机械搬运设备时可适当增加。

3）必要时药库可设置电动葫芦或电动悬挂起重机等起重搬运设备。

4）应有良好的通风条件，并应防止药剂受潮。

6.4　混合设备的选择与设计

6.4.1　混合设备的选型

1）混合方式可采用管式混合器混合、水泵混合和机械混合。

2）混合设备的选型应根据污水水质情况和相似条件下的运行经验或通过试验确定。

3）管式混合器混合适用于原水水量稳定、不含纤维类物质，水泵有富余水头可利用的情况。

4）水泵混合适用于原水泥沙含量少、悬浮物浓度低，水泵离反应设备近的情况。

5）机械混合适用于原水成分复杂、水质水量多变的情况，混合池可与絮凝反应池合建。

6.4.2　一般规定

1）混合设备应采用快速混合方式。

2）高分子絮凝剂等增大凝絮作用的助凝剂不得在混合设备投加。

3）混合时间一般为 10～30 s。搅拌速度梯度 G 一般为 600～1 000 s^{-1}。

4）混合设施与后续处理构筑物尽可能采用直接连接方式。

5）混合设施与后续处理构筑物连接管道的流速宜采用 0.8～1.0 m/s。

6.4.3　水泵混合

1）应在每一水泵的吸水管上安装药剂投加管，并设置装有浮球阀的水封箱。

2）腐蚀性药剂不宜采用水泵混合方式。

3）水泵与处理构筑物的距离一般应小于 60 m。

6.4.4　管式混合器

1）分节数一般为 2～3 段，管中流速取 1.0～1.5 m/s。

2）重力投加时，管式混合器投加点应设在文丘里管或孔板的负压点。

3）投药点后的管内水头损失不小于 0.3～0.4 m。

4）投药点至管道末端絮凝池的距离应小于 60 m。

6.4.5　机械混合

6.4.5.1　机械混合的搅拌装置宜选用桨板式，也可选用螺旋桨式和透平式。

6.4.5.2　搅拌池有效容积 V 按式（5）计算：

$$V = Qt \tag{5}$$

式中：V —— 有效容积，m^3；

Q —— 混合搅拌池流量，m^3/s；

t —— 混合时间，一般可采用 10～30 s。

6.4.5.3　搅拌池当量直径 D 按式（6）计算：

当搅拌池为矩形时，其当量直径为：

$$D=\sqrt{\frac{4LB}{\pi}} \tag{6}$$

式中：D —— 搅拌池当量直径，m；

L —— 搅拌池长度，m；

B —— 搅拌池宽度，m。

6.4.5.4　混合有效功率 N_Q 按式（7）进行计算：

$$N_Q=\frac{\mu QtG^2}{1\,000} \tag{7}$$

式中：N_Q —— 混合搅拌的有效功率，kW；

μ —— 水的动力黏度，Pa·s；

Q —— 混合搅拌池流量，m^3/s；

t —— 混合时间，s；

G —— 速度梯度，s^{-1}。

6.4.5.5　搅拌器直径 d 按式（8）计算：

$$d=\left(\frac{1}{3}\sim\frac{2}{3}\right)D \tag{8}$$

式中：d —— 搅拌器直径，m；

D —— 搅拌池当量直径，m。

6.4.5.6　搅拌器外缘线速度 v=2～3 m/s。

6.4.5.7　搅拌器功率 N 按式（9）计算：

$$N=nC_S\frac{\rho\omega^3 lR^4\sin\theta}{8g}$$

$$\omega=\frac{2v}{d} \tag{9}$$

式中：N —— 搅拌器功率，kW；

C_S —— 阻力系数，$C_S\approx0.2\sim0.5$；

ρ —— 水的密度，kg/m^3；

ω —— 搅拌器旋转角速度，rad/s；

n —— 搅拌器桨叶数，片；

l —— 搅拌器桨叶长度，m；

R —— 搅拌器半径，m；

g —— 重力加速度，9.8 m/s^2；

θ —— 桨板折角，（°）。

6.4.5.8　电动机功率 N_A 按式（10）计算：

$$N_A = \frac{KN}{\eta} \tag{10}$$

式中：N_A —— 电动机功率，kW；

K —— 电动机工况系数，连续运行时，取 1.2；

η —— 机械传动总效率，%，η=0.5～0.7。

6.5　絮凝反应设备的选择与设计

6.5.1　絮凝反应设备的选型

1）反应池型式的选择应根据污水水质情况和相似条件下的运行经验或通过试验确定。

2）污水处理中常用竖流折板反应池、网格（栅条）反应池、机械反应池。

3）竖流折板反应池应用较广泛，适用于水量变化不大的大中型污水处理厂（站）。

4）网格（栅条）反应池适用于中小水量污水絮凝处理，可与沉淀池或气浮池合建，含纤维类、油类物质较多的污水不宜采用本反应池。

5）机械反应池适用于中小水量污水与各类工业废水混凝处理，可与沉淀池或气浮池合建；易于根据水质水量的变化调整水力条件；可根据反应效果调整药剂投加点，改善絮凝效果。

6）旋流反应池和涡流反应池宜用于水质水量较稳定的情况。

6.5.2　一般规定

1）根据污水特性及反应池型式的不同，反应时间 T 一般宜控制在 15～30 min。

2）反应池的平均速度梯度 G 一般取 70～20 s^{-1}，GT 值应为 10^4～10^5，速度梯度 G 及反应流速应逐渐由大到小。

3）反应池应尽量与沉淀池或者气浮池合并建造。如确需用管道连接时，其流速应小于 0.15 m/s。

4）反应池出水穿孔墙的过孔流速宜小于 0.10 m/s。

5）反应池宜优先采用机械搅拌方式。

6.5.3　竖流折板反应池

6.5.3.1　主要设计参数

1）竖流折板反应池一般分为三段。三段中的折板布置可分别采用异波折板、同波折板及平行直板。

2）各段的 G 值、T 值及 v 值可参考下列数据：

第一段（异波折板）：G=80 s^{-1}，T≥240 s，v=0.25～0.35 m/s；

第二段（同波折板）：G=50 s^{-1}，T≥240 s，v=0.15～0.25 m/s；

第三段（平行直板）：G=25 s^{-1}，T≥240 s，v=0.10～0.15 m/s。

3）折板夹角：可采用 90°～120°，折板长度：可采用 0.8～1.5 m。

6.5.3.2　单格池容 W 按式（11）计算：

$$W=\frac{QT}{60n} \tag{11}$$

式中：W —— 单格池容，m^3；

Q —— 设计水量，m^3/h；

T —— 反应时间，取 15～30 min；

n —— 池数，个。

6.5.3.3　折板反应池水头损失计算：

1）异波折板水头损失 H_1 按式（12）计算：

$$H_1=n_1(h_1+h_2)+h_3 \tag{12}$$

式中：H_1 —— 总水头损失，m；

n_1 —— 缩放组合的个数；

h_1 —— 渐放段水头损失，m，见式（13）；

h_2 —— 渐缩段水头损失，m，见式（14）；

h_3 —— 转弯或孔洞的水头损失，m，见式（15）。

$$h_1=\xi_1\frac{v_1^2-v_2^2}{2g} \tag{13}$$

式中：h_1 —— 渐放段水头损失，m；

ξ_1 —— 渐放段阻力系数ξ_1= 0.5；

v_1 —— 峰速 0.25～0.35 m/s；

v_2 —— 谷速 0.1～0.15 m/s；

g —— 重力加速度，9.8 m/s^2。

$$h_2=\left[1+\xi_2-\left(\frac{F_1}{F_2}\right)^2\right]\frac{v_1^2}{2g} \tag{14}$$

式中：h_2 —— 渐缩段水头损失，m；

ξ_2 —— 渐缩段阻力系数，ξ_2=0.1；

F_1 —— 相对峰的断面积，m^2；

F_2 —— 相对谷的断面积，m^2；

v_1 —— 同式（13）；

g —— 重力加速度，9.8 m/s^2。

$$h_3 = n_2 \xi_3 \frac{v_0^2}{2g} \tag{15}$$

式中：h_3 —— 转弯或孔洞的水头损失，m；

n_2 —— 转弯个数；

ξ_3 —— 转弯或孔洞处的阻力系数，上转弯ξ_3=1.8，下转弯或孔洞ξ_3=3.0；

v_0 —— 转弯或孔洞处流速，m/s；

g —— 重力加速度，9.8 m/s^2。

2）同波折板水头损失 H_2 按式（16）计算：

$$H_2 = n'h + h_3 \tag{16}$$

式中：H_2 —— 总水头损失，m；

n' —— 90°转弯的个数；

h —— 板间水头损失，m；见式（17）；

h_3 —— 上下转弯损失，m；见式（18）。

$$h = \xi \frac{v^2}{2g} \tag{17}$$

式中：h —— 板间水头损失，m；

ξ —— 每一 90° 弯道的阻力系数ξ=0.5；

v —— 板间流速=0.15～0.25 m/s；

g —— 重力加速度，9.8 m/s^2。

$$h_3 = n_2 \xi_3 \frac{v_0^2}{2g} \tag{18}$$

式中：h_3 —— 转弯或孔洞的水头损失，m；

n_2 —— 转弯个数；

ξ_3 —— 转弯或孔洞处的阻力系数，上转弯ξ_3=1.8，下转弯或孔洞ξ_3=3.0；

v_0 —— 转弯或孔洞处流速，m/s；

g —— 重力加速度，9.8 m/s^2。

3）平行直板水头损失 H_3 按式（19）计算：

$$H_3 = n''h \tag{19}$$

式中：H_3 —— 总水头损失，m；

n'' —— 180°转弯个数；

h —— 板间水头损失，m；见式（20）。

$$h = \xi \frac{v^2}{2g} \tag{20}$$

式中：h —— 板间水头损失，m；

v —— 平均流速，0.1～0.15 m/s；

ξ —— 转弯处阻力系数，ξ=3.0；

g —— 重力加速度，9.8 m/s^2。

4）折板反应池总水头损失 H 按式（21）计算：

$$H=H_1+H_2+H_3 \tag{21}$$

式中：H —— 反应池的总水头损失，m；

H_1 —— 第一段（异波折板）总水头损失，m；

H_2 —— 第二段（同波折板）总水头损失，m；

H_3 —— 第三段（平行直板）总水头损失，m。

6.5.3.4　竖流波形折板反应池

1）反应池宜设计成三级连续反应室，三级的容积设计应逐级成倍递增：$V_1:V_2:V_3$=1∶2∶4；平均流速成倍递减：$v_1:v_2:v_3$=4∶2∶1。

2）竖流波形折板反应器每格流速由 0.25 m/s 逐步递减至 0.05 m/s。反应室单位沿程水头损失相应由 300 Pa/m 递减至 50 Pa/m。

3）反应室的总水头损失为 30～35 cm。

6.5.4　网格（栅条）反应池

6.5.4.1　主要设计参数

1）反应池分格数分成 6～12 格；可大致按分格数均分成 3 段。

2）网格或栅条数前段、中段、末段可分别为 16 层、10 层、4 层。上下两层间距为 60～70 cm，每格的竖向流速前段至末段由 0.20～0.10 m/s 逐步递减。

3）三级反应池的网孔或栅孔流速分别为 0.25～0.30 m/s、0.22～0.25 m/s、0.10～0.22 m/s。

4）格栅反应池宜设排泥管，一般采用 DN100～150 mm 的穿孔管，并安装快开排泥阀。

6.5.4.2　网格反应池的计算

1）池体积 V 按式（22）计算：

$$V = \frac{QT}{60} \tag{22}$$

式中：V —— 池体积，m^3；

Q —— 流量，m^3/h；

T —— 反应时间，min，15～20 min。

2）池面积 A 按式（23）计算：

$$A=\frac{V}{H'} \tag{23}$$

式中：A —— 池面积，m^2；

V —— 同式（22）；

H' —— 有效水深，m，2～3 m。

3）分格面积 f 按式（24）计算：

$$f=\frac{Q}{v_0} \tag{24}$$

式中：f —— 分格面积，m^2；

Q —— 流量，m^3/h；

v_0 —— 竖井流速，m/s。

4）总水头损失 H 按式（25）计算：

$$H=\sum\xi_1\frac{v_1^2}{2g}+\sum\xi_2\frac{v_2^2}{2g} \tag{25}$$

式中：H —— 总水头损失，m；

ξ_1 —— 网格阻力系数，前、中、后段分别取 1.0、0.9、0.6；

v_1 —— 各段过网流速，m/s；

ξ_2 —— 孔洞阻力系数，取 3.0；

v_2 —— 各段孔洞流速，m/s；

g —— 重力加速度，9.8 m/s^2。

6.5.5 机械反应池

6.5.5.1 主要设计参数

1）反应池一般应设三格以上。各格设相应档数的搅拌器，搅拌器多用垂直轴。

2）桨叶可为平板型、叶轮式，桨叶中心线速度应为 0.5～0.2 m/s，各格线速度应逐渐减小。

3）垂直轴式的上桨板顶端应设于池子水面下 0.3 m 处，下桨板底端设于距池底 0.3～0.5 m 处，桨板外缘与池侧壁间距不大于 0.25 m。

4）每根搅拌轴上桨板总面积宜为水流截面积的 10%～20%，不宜超过 25%，桨板的宽长比为 1/15～1/10。

5）垂直轴式机械反应池应在池壁设置固定挡板。

6）反应池单格宜建成方形，单边尺寸宜＞800 mm，池深一般为 2.5～4 m，池边应设检修平台。

6.5.5.2　机械反应池计算

1）每池容积 W 按式（26）计算：

$$W=\frac{QT}{60n} \quad (26)$$

式中：W —— 每池容积，m^3；

Q —— 设计水量，m^3/h；

T —— 反应时间，一般为 15～30 min；

n —— 池数，个。

2）单格池边长 L 按式（27）计算：

$$L=\sqrt{\frac{W}{H}} \quad (27)$$

式中：L —— 单格池边长，m；

W —— 每池容积，m^3；

H —— 平均水深，m。

3）搅拌器转数 n_0 按式（28）计算：

$$n_0=\frac{60v}{\pi D_0} \quad (28)$$

式中：n_0 —— 搅拌器转数，r/min；

v —— 叶轮桨板中心点线速度，m/s；

D_0 —— 叶轮桨板中心点旋转直径。

4）搅拌器消耗的功率 N_0 按式（29）计算：

$$N_0=\sum_1^n \frac{\rho k l \omega^3}{8}(r_2^4-r_1^4) \quad (29)$$

式中：N_0 —— 搅拌器消耗的功率，kW；

y —— 每个叶轮上的桨板数目，个；

l —— 桨板长度，m；

r_2 —— 叶轮外缘半径，m；

r_1 —— 叶轮内缘半径，m；

ω —— 叶轮旋转的角速度，rad/s；

k —— 系数，当 $l/(r_2-r_1)>1$ 时，$k=1.1$；

ρ —— 污水的密度，kg/m^3。

5）每个叶轮所需电动机功率 N 按式（30）计算：

$$N=\frac{N_0}{\eta_1\eta_2} \quad (30)$$

式中：N —— 每个叶轮所需电动机功率，kW；

N_0 —— 搅拌器消耗的功率，kW；

η_1 —— 搅拌器机械总效率，采用 0.75；

η_2 —— 传动效率采用 0.6～0.95。

7 主要工艺设备和材料

7.1 机械混合与机械反应搅拌机的功率与转速应根据 6.4.4 及 6.6.4 设计要求选用，宜采用无级变速搅拌机。

7.2 管式混合器应安装文丘里管或孔板装置。

7.3 机械混合反应池采用钢板制作或混凝土浇筑时，都应考虑防腐，方法见 6.3.2.3。

7.4 计量泵选择与控制

1）计量泵一般采用隔膜泵，投加压力较高的场合宜采用柱塞泵。

2）计量泵应有备用，并尽量采用相同的型号和规格。

3）混凝剂或助凝剂的投加宜选用自动控制计量泵。

4）溶液投配管配备必要的溶液过滤器，防止计量仪表堵塞。

5）投加特殊药剂（加碱、酸、三氯化铁等）的加注系统应注意计量泵及系统配件材质的耐腐蚀要求。

8 检测与过程控制

8.1 采用混凝与絮凝工艺的污水处理厂（站）正常运行检测的项目和周期应符合 CJJ 60 的规定，化验检测方法应符合 CJ/T 51 的规定。

8.2 操作人员应经培训后持证上岗，并定期进行考核和抽检。操作人员应熟悉本标准规定的技术要求、单元混凝与絮凝工艺的技术指标及混凝与絮凝设施设备的运行要求，并按照混凝与絮凝工艺的操作和维护规程做好值班记录。

8.3 检测人员应经培训后持证上岗，应定期进行考核和抽检。检测人员应定期检测进出水水质，对检测仪器、仪表进行校验。

8.4 工业废水的混凝反应池宜设置 pH 在线监测系统。

8.5 混凝与絮凝工艺主要检测项目：进出水 COD、SS、pH 等，必要时增加色度、表面活性剂、油、原水 ζ 电位的测试。

8.6 混凝与絮凝工艺的水质检测应由污水处理厂（站）化验室统一负责。

9 主要辅助工程

9.1 供电系统需保证足够的供电可靠性，并设置相应的继电保护装置。

9.2 设备选型应考虑污水处理工艺的环境条件，应选择抗腐蚀，性能稳定，安全可靠的产品。

9.3 构筑物宜按照二类防雷保护设计。

9.4 控制系统宜采用 IPC 和 PLC 组成的集散型监控系统，一般由中控室和 PLC 控制站组成。

10 劳动安全与职业卫生

10.1 生产过程应采取相应的措施，避免水环境、大气、噪声以及固体废弃物的二次污染。

10.2 供电系统应设置相应的保护措施。

10.3 污水处理厂（站）应建立健全安全生产规章制度，专人专职具体监督防范，以确保正常生产和工人的人身安全。

10.4 敞开式水池应设计安全栏杆及防滑扶梯，并配备救生衣及救生圈。

10.5 按消防的有关规定配备必要的消防装置，严格执行建筑防火规范，留有足够的防火距离。

10.6 电力设施的选型与保护按国家有关规定进行，露天电气设备的安全防护按国家现行的有关规定执行。

11 施工与验收

11.1 混凝与絮凝工艺的施工与验收应符合 GB 50141、GB 50204 和 GB 50205 规定。

11.2 根据设计的进水水质、出水水质要求，检验相应的水质指标，如 COD、pH、色度、油、SS、浊度等，并应提交相关检测报告。

12 运行与维护

12.1 运行控制

12.1.1 进水水质调试

1）当进水的 pH 过高（或过低）时，宜加入酸（或碱）调节进水 pH。

2）当进水的温度过低，应适当增加混凝剂或助凝剂的投加量。

3）当进水碱度不足，应投加石灰、氢氧化钠或苏打增加碱度。

4）乳化液废水混凝破乳反应、印染废水脱色反应宜选择无机盐混凝剂，如硫酸铝或三氯化铁。

5）造纸白水的纸浆回收、化工废水中的大分子有机物以及涂装废水中涂料的凝聚等宜采用聚合氯化铝。

12.1.2 工艺调试

1）观察溶解池和溶液池有无沉淀，如产生结晶沉淀，应调整溶解池配药浓度，必要时进行排污。

2）测试计量泵的读数与投加量的标准曲线，核对计量泵的投加量，必要时做机械调整。

3）调整搅拌机转速、浆板（叶轮）半径等参数以保证混凝效果。

4）根据混凝效果或水的ζ电位，调整合理的药剂投加点。

5）尽可能少加 PAM 等高分子助凝剂。

6）根据形成矾花的大小、形态，合理调整混凝剂及助凝剂的投加量，调整搅拌机相关运行参数。

7）根据污水的特性（成分、浓度等）定时做烧杯试验，调整混凝剂种类、剂量、pH 值或搅拌机转速、桨板（叶轮）的大小及中心距等参数。

8）工业废水应根据进出水效果，调节混凝、助凝药剂投量。

12.2 维护保养

1）操作人员应严格执行设备操作规程，定时巡视设备运转是否正常，包括温升、响声、振动、电压、电流等，发现问题及时检查排除，并做好设备维修保养记录。

2）应注意观测搅拌机运转是否正常，搅拌轴及叶轮有否锈蚀或损坏。

3）应注意观测计量泵运转是否正常，计量仪表显示是否正确。

4）应注意检查检测与控制设备是否运行正常。

5）应保持设备各运转部位的润滑状态，及时添加润滑油、除锈；发现漏油、渗油情况应及时解决。

6）检查反应池内是否有积泥现象，必要时调整隔板的间距或排泥。

中华人民共和国国家环境保护标准

污水气浮处理工程技术规范

Technical specifications for floatation process in wastewater treatment

HJ 2007—2010

前　言

为贯彻《中华人民共和国环境保护法》和《中华人民共和国水污染防治法》，规范污水气浮处理工程建设，使其连续稳定运行、达标排放，防治水污染，改善环境质量，制定本标准。

本标准规定了污水处理工程中所采用气浮工艺的总体要求、工艺设计、设备选型、检测和控制、运行管理的技术要求。

本标准为首次发布。

本标准的附录 A 为规范性附录。

本标准由环境保护部科技标准司组织制订。

本标准主要起草单位：江苏省环境科学研究院、东南大学、江苏鹏鹞环境工程设计院、扬州澄露环境工程有限公司。

本标准环境保护部 2010 年 12 月 17 日批准。

本标准自 2011 年 3 月 1 日起实施。

本标准由环境保护部解释。

1　适用范围

本标准规定了污水处理工程中所采用气浮工艺的总体要求、工艺设计、设备选型、检测和控制、运行管理的技术要求。

本标准适用于城镇污水或工业废水处理工程采用气浮工艺的设计、施工、验收、运行管理，可作为可行性研究、环境影响评价、工艺设计、施工验收、运行管理的技术依据。

2　规范性引用文件

本标准内容引用了下列文件中的条款。凡是不注日期的引用文件，其有效版本适用于本标准。

GB 50141　给水排水构筑物工程施工及验收规范

GB 50204　混凝土结构工程施工质量验收规范

GB 50205　钢结构工程施工质量验收规范

HJ/T 355　水污染源在线监测系统运行与考核技术规范（试行）

CJJ 60　城市污水处理厂运行、维护及安全及安全技术规程

CJ/T 51　城市污水水质检验方法标准

3　术语和定义

下列术语和定义适用于本标准。

3.1　气浮　floatation

指通过某种方法产生大量微气泡，黏附水中悬浮和脱稳胶体颗粒，在水中上浮完成固液分离的一种过程。

3.2　电凝聚（电解）气浮法　electrolytic flotation

指废水在外电压作用下，利用可溶性阳极，产生大量金属离子及其缩聚物，对废水中的悬浮和脱稳胶体颗粒进行凝聚，而阴极则产生氢气，与絮体发生黏附，从而上浮分离。

3.3　惰性电极　inert electrode

指在电解气浮中，电极本身不参与反应的惰性材料电极。

3.4　静电压　static voltage

指电解气浮产生电解效应的临界电压（也称超电压）。

3.5　可溶性电极　soluble electrode

指在电解气浮中参与反应的电极，如铁板、铝板电极。

3.6　电流密度　current density

指电解气浮中通过单位面积极板上的电流量。

3.7　比电流　ratio current

指单位水流量通过的电流。

3.8　散气气浮　falloff floatation

指用机械方法破碎空气产生大量微气泡完成气浮的工艺。包括扩散板曝气气浮法和叶轮曝气气浮法两种。

3.9　真空气浮法　vacuum floatation

指在常压下对水进行充分曝气，使水中溶气趋于饱和后，将其连续送入真空气浮室中，溶气水中空气在真空下释放，黏附水中絮体上浮分离，处理水通过压力调节室连续排出的工艺方法。

3.10　加压溶气气浮　pressurized dissolved-air floatation

指使空气在一定压力作用下溶解于水中，达到饱和状态后再急速减压释放，空气以微气泡逸出，与水中杂质接触使其上浮的处理方法。

3.11 浅层气浮 shallow air flotation

指旋转布水与溶气释放同步进行的一种回转式浅层压力溶气气浮。

3.12 溶气饱和度 dissolved-air saturation

指在一定压力和温度条件下空气溶解于水中达到饱和的溶解度。

3.13 回流溶气 reflux dissolved-air

指将气浮池出水进行部分回流加压溶气并减压释放，与入流污水接触完成气浮的工艺。

3.14 全溶气 whole dissolved-air

指将全部入流污水进行加压溶气，再经过减压释放进入气浮池进行固液分离的一种工艺。

3.15 部分溶气 part dissolved-air

指将部分入流污水进行加压溶气，再经过减压释放进入气浮池进行固液分离的一种工艺。

3.16 释放器 releaser

指将溶气水突然减压，使水中饱和气体以微气泡形式释放出来的装置。

3.17 喷淋密度 spray density

指溶气罐中单位时间单位面积的喷淋水流量。

3.18 水力负荷 hydraulic loading

指单位时间内溶气罐单位过水面积通过的溶气水量。

3.19 表面负荷 surface loading

指单位时间内气浮池分离区单位表面积净化的水量。

4 污染物与污染负荷

4.1 气浮工艺的处理水量要求

气浮工艺适用于处理中小水量的工业废水或城镇综合污水。

4.2 气浮工艺的处理水质要求

1）气浮工艺处理对象为疏水性悬浮物（SS）及脱稳胶体颗粒，原水 SS 质量浓度可以高达 5 000～10 000 mg/L。

2）气浮池出水 SS 一般可小于 20～30 mg/L，出水直接排放时，应符合国家或地方排放标准的要求；排入下一级处理系统时，应满足下一级处理系统的进水水质要求。

3）水质、水量变化大的气浮工艺污水处理厂（站），应设置调节设施。

4.3 气浮工艺适合处理的污染物

1）气浮工艺适用于水中悬浮物分离及物料回收，对密度小的纤维类、油类、微生物、表面活性剂的分离尤具优势。

2）气浮工艺的主要类型有电解气浮法、叶轮气浮法、加压溶气气浮法、浅层气浮法等。

3）电解气浮可用于电镀含铬（Ⅵ）废水、含氰废水及其他有毒有害污染物的处理。

4）压力溶气气浮可用于含油废水、印染废水、含藻废水，经化学处理的化工废水等的处理，用于造纸废水的纸浆回收，生物处理活性污泥的分离。

5）叶轮气浮可用于含较高浓度悬浮物及表面活性物质的工业废水的处理。

6）浅层气浮可用于较大规模的污水处理，如生物处理活性污泥的分离，也可用于工业废水固相物质的回收。

5 总体要求

5.1 气浮池建设规模由处理水量确定，设计水量由工程最大水量确定。

5.2 气浮工艺处理工程根据需要在进水系统前应设格栅、筛网、沉砂池及混凝（破乳）反应预处理设施。某些特殊水质的工业废水应进行化学沉淀，化学氧化，泡沫分离，预沉淀等预处理；后续工艺有过滤、吸附、膜技术等深度处理方法。

5.3 压力容器气浮应设溶气罐、溶气泵、空压机、释放器等辅助设备。

5.4 电解气浮应设整流设备、直流电源，并考虑电容量需满足最大电功消耗要求。

5.5 叶轮气浮应设吸气管、高速叶轮装置。

5.6 所有气浮均应考虑释气水与原水的接触设施，刮泥、排泥设施，液位调整设施。

5.7 气浮池池深较浅，高程设计应考虑与后续设备的配置。

5.8 气浮浮渣应由刮泥设备收集后进行浓缩脱水处理；当原水含有挥发性有害气体时，应有相应的预处理装置。

6 工艺设计

6.1 气浮处理主要工艺类型及其适用条件

污水处理常用的气浮工艺类型见表1，可供气浮工艺选择时参考。

表1 污水处理常见气浮工艺特点及适用条件

型式	特点	适用条件
1. 电解气浮法	对工业废水具有氧化还原、混凝气浮等多种功能，对水质的适应性好，过程容易调整。装置设备化，结构紧凑，占地少，不产生噪声。耗电量较大	适用于小水量工业废水（Q<10～15 m^3/h）处理，对含盐量大、电导率高、含有毒有害污染物的污水处理具有独特的优点
2. 叶轮气浮法	结构简单，分离速度快，对高浓度悬浮物分离效果较好。供气量易于调整，对废水的适应性较好。装置设备化，结构紧凑，占地少。对混凝预处理要求较高	适用于处理水量中等（通常 Q<30～40 m^3/h），对较高浓度悬浮物及表面活性物质的工业废水的处理具有较好的优势

型式	特点	适用条件
3. 加压溶气气浮法	工艺成熟，工程经验丰富。负荷率高，处理效果好，处理能力大。可以做到全自动连续运行。泥渣含水率低，出水水质好。对不同悬浮物浓度的废水可分别采用全溶气、部分回流溶气等方式，适应性好。工艺稍复杂，管理要求较高	适用于不同水量，较高浓度悬浮性污染物，油类、微生物、纸浆、纤维的处理
4. 浅层气浮法	表面负荷高，分离速度快，效率高。污水处理高程易于布置。占地小，池深浅。钢设备可多块组合或架空布置	适用于大中小各种水量、悬浮类、纤维类、活性污泥类、油类物质的分离

6.2 气浮装置设计的一般规定

6.2.1 气浮池应设溶气水接触室完成溶气水与原水的接触反应。

6.2.2 气浮池应设水位控制室，并有调节阀门（或水位控制器）调节水位，防止出水带泥或浮渣层太厚。

6.2.3 穿孔集水管一般布置在分离室离池底 20～40 cm 处，管内流速为 0.5～0.7 m/s。孔眼以向下与垂线成 45° 交错排列，孔距为 20～30 cm，孔眼直径为 10～20 mm。

6.2.4 排渣周期视浮渣量而定，周期不宜过短，一般为 0.5～2 h。浮渣含水率在 95%～97%，渣厚控制在 10 cm 左右。

6.2.5 浮渣宜采用机械方法刮除。刮渣机的行车速度宜控制在 5 m/min 以内。刮渣方向应与水流流向相反，使可能下落的浮渣落在接触室。

6.2.6 气浮工艺设计时应考虑水温的影响。

6.3 电解气浮工艺设计

6.3.1 电解气浮工艺设计要点

1）电解气浮采用正负相间的多组电极，通以稳定或脉冲电流，通电方式可为串联或并联。

2）电解气浮可用惰性电极或可溶性电极，产生的效应与产物有所不同。

3）电解气浮采用惰性电极如钛板、钛镀钌板、石墨板等电极，产生氢、氧或氯等细微气泡；当采用可溶性铁板、铝板作为电极时，也称为电絮凝气浮，其产物是 Fe^{3+}、Al^{3+}及氢气泡等，此时产泥量较大。

4）电解气浮装置形式分竖流式及平流式，竖流式主要应用于较小水量的处理。

5）电解气浮池的结构包括整流栅、电极组、分离室、刮渣机、集水孔、水位调节器等。

6）电解气浮主要用于小水量工业废水处理，对含盐量大、电导率高、含有毒有害污染物废水的处理具有优势。

7）铁阳极电絮凝气浮用于含 Cr（Ⅵ）废水处理时，Cr（Ⅵ）质量浓度不宜大于 100 mg/L。

8）电解气浮用于含氰废水的处理时宜采用石墨惰性电极。

6.3.2　电解气浮设计参数

1）极板厚度 6～10 mm（可溶性阳极根据需要可加厚），极板净间距 15～20 mm；

2）电流密度一般应小于 150～200 A/m^2；

3）澄清区高度 1～1.2 m，分离区停留时间 20～30 min；

4）渣层厚度 10～20 cm；

5）单池宽度不应大于 3 m。

6.3.3　电极作用表面积，按式（1）计算：

$$S=\frac{EQ}{i} \quad (1)$$

式中：S —— 电极作用表面积，m^2；

E —— 比电流，A·h/m^3；

Q —— 污水设计流量，m^3/h；

i —— 电极电流密度，A/m^2。

通常，E、i 应通过试验确定，也可按表 2 取值。

表 2　不同废水的 E、i 值

废水种类	E/（A·h/m^3）	i/（A/m^2）
皮革、毛皮废水	300～600	50～100
化工废水	100～400	150～200
肉类加工废水	100～270	100～200
人造革废水	15～20	40～80
印染废水	15～20	100～150
含铬（Ⅵ）废水	200～250	50～100
含酚废水	300～500	150～300

6.3.4　电极板块数 n，按式（2）计算：

$$n=\frac{B-2l+1}{\delta+e} \quad (2)$$

式中：B —— 电解池的宽度，当处理水量 Q=50～100 m^3/h，B 取 1.5～2 m；

l —— 极板面与池壁的净距，取 50～100 mm；

δ —— 极板厚度，取 6～10 mm；

e —— 极板净距，取 15～20 mm。

6.3.5　单块极板面积，按式（3）计算：

$$A=\frac{S}{n-1} \quad (3)$$

式中：A —— 单块极板面积，m^2。

6.3.6　极板长度，按式（4）计算：

$$L_1 = \frac{A}{h_1} \tag{4}$$

式中：L_1 —— 极板长度，m；

h_1 —— 极板高度，取 0.4～1.5 m。

6.3.7　电极室长度，按式（5）计算：

$$L = L_1 + 2l \tag{5}$$

式中：L —— 电极室长度，m。

6.3.8　电极室总高度，按式（6）计算：

$$H = h_1 + h_2 + h_3 \tag{6}$$

式中：H —— 电极室总高度，m；

h_1 —— 极板高度，取 1.0～1.5 m；

h_2 —— 浮渣层高度，取 0.1～0.2 m；

h_3 —— 保护高度，取 0.3～0.5 m。

6.3.9　电极室容积，按式（7）计算：

$$V_1 = BHL \tag{7}$$

式中：V_1 —— 电极室容积，m^3。

6.3.10　分离室容积，按式（8）计算：

$$V_2 = Qt \tag{8}$$

式中：V_2 —— 分离室容积，m^3；

t —— 气浮分离时间，取 0.3～0.75 h。

6.3.11　电解气浮池容积，按式（9）计算：

$$V = V_1 + V_2 \tag{9}$$

式中：V —— 电解气浮池容积，m^3。

6.4　叶轮气浮工艺设计

6.4.1　叶轮气浮工艺设计要点

1）叶轮气浮池的结构包括叶轮、吸气管、分离室、刮渣机等。叶轮气浮中叶轮直径、转速及吸气管安装位置是设计的关键。

2）叶轮吸入气量应控制在合理的水平。

3）叶轮与导向叶片的间距设计应当准确。

4）叶轮气浮适用于处理中等水量，对高浓度悬浮物的废水分离效率较高。

6.4.2 叶轮气浮设计参数

1）叶轮直径 D=200～400 mm，最大不应超过 600 mm；

2）叶轮转速ω=900～1 500 r/min，圆周线速度 u=10～15 m/s；

3）叶轮与导向叶片的间距应调整在小于 7～8 mm；

4）气浮池水深一般为 H=2～2.5 m，不宜超过 3 m；

5）气浮池应为方形，单边尺寸不大于叶轮直径 D 的 6 倍。

6.4.3 气浮池总容积 W，按式（10）计算：

$$W=\alpha Qt \tag{10}$$

式中：W —— 气浮池总容积，m^3；

α —— 系数，一般为 1.1～1.2；

Q —— 处理废水量，m^3/min；

t —— 气浮分离时间，一般为 20～25 min。

6.4.4 气浮池总面积 F，按式（11）、式（12）、式（13）计算：

$$F=\frac{W}{h} \tag{11}$$

式中：F —— 气浮池总面积，m^2；

h —— 气浮池的工作水深，m，可用式（12）计算：

$$h=\frac{H}{\rho} \tag{12}$$

式中：ρ —— 气水混合体的密度，一般为 0.7 kg/L；

H —— 气浮池中的静水压力，可用式（13）计算：

$$H=\varphi\frac{u^2}{2g} \tag{13}$$

式中：φ —— 压力系数，其值等于 0.2～0.3；

u —— 叶轮的圆周线速度，m/s。

6.4.5 气浮池数（或叶轮数）n，按式（14）计算：

$$n=\frac{F}{f} \tag{14}$$

式中：f —— 单台气浮池面积，m^2。

6.4.6 叶轮气浮池边长 l，按式（15）计算：

$$l=\sqrt{f}=6D \tag{15}$$

式中：l —— 叶轮气浮池边长，m；

D —— 叶轮直径，m。

6.4.7 叶轮吸入的气水混合量 q，按式（16）计算：

$$q=\frac{Q\times 1\,000}{60n(1-\beta)} \tag{16}$$

式中：q —— 叶轮吸入的气水混合量，L/s；

β —— 曝气系数，根据试验确定，一般可取 0.3；

n —— 叶轮数。

6.4.8 叶轮转速ω，按式（17）计算：

$$\omega=\frac{60u}{\pi D} \tag{17}$$

式中：ω —— 叶轮转速，r/min。

6.4.9 叶轮所需功率 N，按式（18）计算：

$$N=\frac{\rho Hq}{102\eta} \tag{18}$$

式中：N —— 叶轮所需功率，kW；

η —— 叶轮效率，等于 0.2～0.3。

6.5 加压溶气气浮工艺设计

6.5.1 加压溶气气浮工艺设计要点

1）加压溶气气浮基本工艺流程主要有全溶气流程、部分溶气流程和回流加压溶气流程等。

2）回流加压溶气气浮适用于原污水悬浮性污染物浓度高，水量较大，有混凝、破乳预处理的污水。全溶气及部分溶气气浮适用于原污水分离悬浮物浓度较低，且不含纤维类物质的污水。

3）工艺流程由空气溶解设备（溶气罐、溶气水泵、空压机或射流器等）、溶气释放器和气浮池（接触室、分离室、水位控制室、刮渣机、集水管等）等组成。

4）接触室、分离室应分别保证气水接触时间或泥水分离时间。

5）水位控制室应设计安全可靠，便于调整的水位调节器。

6）刮渣机设计应考虑行程、速度可调和往复运转的功能。

7）溶气罐应保证气水接触的水力条件，工作压力通常为 0.4～0.5 MPa，溶气罐的自控设计要保证工况与空压机、溶气水泵的协调。

8）各释放器应设独立的快开阀及快速拆卸接口。

6.5.2 加压溶气气浮设计参数

1）气浮池的有效水深，一般取 2.0～2.5 m，平流式长宽比一般为 2∶1～3∶1，竖流式应为 1∶1。一般单格宽度不宜超过 6 m，长度不宜超过 15 m。

2）接触区水流上升速度，下端取 20 mm/s 左右，上端 5～10 mm/s，水力停留时间大于 1 min；接触区隔板垂直角度一般为 70° 。

3）分离区表面负荷（包括溶气水量）宜为 4～6 $m^3/(m^2·h)$，水力停留时间一般为 10～20 min。

4）回流溶气水的回流比（或溶气水比）应计算确定，一般为 15%～30%。

5）压力溶气罐应设压力表、水位计、安全阀并设水位、压力控制器自动控制。溶气罐必要时可装填料，一般采用阶梯环填料，填料层高度应为罐高的 1/2，并不少于 0.8 m，液位控制高为罐高的 1/4～1/2（从罐底计）；溶气罐设计工作压力一般为 0.4～0.5 MPa；溶气罐水力停留时间应大于 2～3 min（有填料时取低值），并应计算确定；溶气罐一般为立式，设计高径比应大于 2.5～4，有条件时取高值。在某些情况下满足水力条件时可设计成卧式。

6.5.3 主要工艺指标

1）气浮池所需空气量 Q_g

当有试验资料时，可按式（19）计算：

$$Q_g = \frac{\gamma Q R a_e \psi}{1\,000} \qquad (19)$$

式中：Q_g —— 气浮池所需空气量，kg/h；

γ —— 空气容重，g/L，见表 3；

Q —— 气浮池处理水量，m^3/h；

R —— 试验条件下回流比或溶气水回流比，%；

a_e —— 试验条件下释气量，L/m^3；

ψ —— 水温校正系数，1.1～1.3。

当无试验资料时，可按式（20）计算：

$$Q_g = \frac{\gamma C_s (fP-1) RQ}{1\,000} \qquad (20)$$

式中：C_s —— 在一定温度下，一个大气压时的空气溶解度，ml/L·atm，见表 3；

P —— 溶气压力，绝对压力，atm；

f —— 加压溶气系统的溶气效率，f=0.8～0.9。

表 3 空气在水中的溶解度

温度/℃	空气容重γ/（g/L）	空气溶解度 C_s/（mL/L·atm）
0	1.252	29.2
10	1.206	22.8
20	1.164	18.7
30	1.127	15.7
40	1.092	14.2

2）气浮某种物质的气固比α

气固比α与悬浮颗粒的疏水性有关，α为0.005～0.006，通常由试验确定。当无资料时，可按式（21）计算：

$$\alpha = \frac{Q_g}{QS_a} = \frac{\gamma C_s(fP-1)R}{1\,000 S_a} \tag{21}$$

式中：S_a—— 污水中悬浮物质量浓度，kg/m^3。

3）回流比R，可按式（22）计算：

$$R = \frac{Q_r}{Q} = \frac{1\,000\alpha S_a}{\gamma C_s(fP-1)} \tag{22}$$

式中：Q_r—— 溶气水量，m^3/h。

4）所需空压机额定气量Q_g'，可按式（23）计算：

$$Q_g' = \frac{\psi' Q_g}{60\gamma} \tag{23}$$

式中：Q_g'—— 所需空压机额定气量，m^3/min；

ψ'—— 安全系数，1.2～1.5。

5）溶气水量Q_r，可按式（24）计算：

$$Q_r = \frac{Q_g}{736 fPK_T} \tag{24}$$

式中：f—— 溶气效率，对装阶梯环填料的溶气罐可取0.9；

P—— 选定的溶气压力，atm；

K_T—— 溶解度系数，可根据水温查表4而得。

表4　不同温度下的K_T值

温度/℃	0	10	20	30	40	50
K_T值	0.038	0.029	0.024	0.021	0.018	0.016

6.5.4　气浮池本体

6.5.4.1　气浮池接触室

1）接触室表面积A_c，可按式（25）计算：

$$A_c = \frac{Q + Q_r}{3\,600 v_c} \tag{25}$$

式中：A_c—— 接触室表面积，m^2；

v_c—— 水流平均速度，通常取 10～20 mm/s。

2）接触室长度 L，可按式（26）计算：

$$L = \frac{A_c}{B_c} \tag{26}$$

式中：L—— 接触室长度，m；

B_c—— 接触室宽度，m。

3）接触室堰上水深 H_2，可按式（27）计算：

$$H_2 = B_c \tag{27}$$

式中：H_2—— 接触室堰上水深，m。

4）接触室气水接触时间 t_c，可按式（28）计算：

$$t_c = \frac{H_1 - H_2}{v_c} \tag{28}$$

式中：t_c—— 接触室气水接触时间，要求 t_c＞60 s；

H_1—— 气浮池分离室水深，通常为 1.8～2.2 m。

6.5.4.2 气浮分离室

1）分离室表面积 A_s，可按式（29）计算：

$$A_s = \frac{Q + Q_r}{3\,600 v_s} \tag{29}$$

式中：A_s —— 分离室表面积，m^2；

v_s —— 分离室水流向下平均速度，通常为 1～1.5 mm/s。

2）分离室长度 L_s，可按式（30）计算：

$$L_s = \frac{A_s}{B_s} \tag{30}$$

式中：L_s —— 分离室长度，m；

B_s—— 分离室宽度，m。

对矩形池，分离室的长宽比一般取 2∶1～3∶1。

3）气浮池水深 H，可按式（31）计算：

$$H = v_s t \tag{31}$$

式中：H —— 气浮池水深，m；

t —— 气浮池分离室停留时间，一般取 10～20 min。

4）气浮池容积 W，可按式（32）计算：

$$W = (A_c + A_s)H \tag{32}$$

式中：W —— 气浮池容积，m^3。

5）总停留时间 T 校核，可按式（33）计算：

$$T = \frac{60 \times W}{Q + Q_r} \tag{33}$$

式中：T —— 总停留时间，min。

6.5.4.3　水位控制室

水位控制室宽度 B 不小于 900 mm，以便安装水位调节器，并利于检修。水位控制室可设于分离室一端，其长度等于分离室宽度。水位控制室深度一般与气浮分离室同深。

6.5.5　溶气设备

溶气罐应设安全阀，顶部最高点应装排气阀。溶气水泵进入溶气罐的入口管道应设除污过滤器。溶气罐底部应装快速排污阀。

溶气罐应设水位、压力仪表及自控装置。

1）压力溶气罐直径 D_d，可按式（34）计算：

$$D_d = \sqrt{\frac{4 \times Q_r}{\pi I}} \tag{34}$$

式中：D_d —— 压力溶气罐直径，m；

I —— 单位罐截面积的水力负荷，一般为 80～150 $m^3/(m^2 \cdot h)$，填料罐选用 100～200 $m^3/(m^2 \cdot h)$。

2）溶气罐高度 Z，可按式（35）计算：

$$Z = 2Z_1 + Z_2 + Z_3 + Z_4 \tag{35}$$

式中：Z —— 溶气罐高度，m；

Z_1 —— 罐顶、底封头高度，m（根据罐直径而定）；

Z_2 —— 布水区高度，一般取 0.2～0.3 m；

Z_3 —— 贮水区高度，一般取 1.0 m；

Z_4 —— 填料层高度，当采用阶梯环时，可取 1.0～1.3 m。

3）溶气罐体积 V_d 复核，可按式（36）、式（37）计算：

$$V_d = \frac{\pi D_d^2}{4} \times Z \tag{36}$$

$$V_d = Q_r \times t_d \tag{37}$$

式中：V_d —— 溶气罐体积，m^3；

t_d —— 溶气水在溶气罐内停留时间，min。

当无填料时 t_d=3～3.5 min；当有填料时 t_d =2 min。

溶气罐 D_d、Z 应同时满足式（34）、式（35）、式（36）、式（37）的要求。

4）溶气罐高径比 Z / D_d

Z / D_d 宜为 2.5～4。

6.5.6　气浮池集水管、集渣槽

1）气浮池集水管

采用穿孔管，按分配流量及流速 0.4～0.5 m/s 确定管径。并令孔眼水头损失 h=0.3 m，按式（38）计算出孔口流速 v_0、孔眼尺寸和个数。

$$v_0 = \mu\sqrt{2gh} \tag{38}$$

式中：v_0 —— 孔眼流速，m/s；

μ —— 孔眼流速系数。

2）集渣槽

集渣槽断面设计可按单位时间的排泥量（包括抬高水位所带出的水量）进行选择。一般不小于 200 mm，当浮渣浓度较高时，集渣槽需有足够的坡度倾向排泥口，一般应大于 0.03～0.05。当集渣槽长度超过 5 m 时，应由两端向中间排泥。必要时可辅以冲洗水管。

6.5.7　溶气释放器

1）溶气释放器可选择 TJ 型或 TV 型。

2）溶气释放器个数 n，可按式（39）计算：

$$n = \frac{Q_r}{q} \tag{39}$$

式中：q —— 选定溶气压力下单个释放器的出流量，m^3/h。

3）溶气水由溶气罐至释放器的管道上应设快开阀。

4）释放器应考虑快速拆卸装置。

6.5.8　刮渣机

矩形气浮池应采用桥式刮渣机刮渣，跨度宜在 10 m 以下，集渣槽的位置可在池的一端或两端；

圆形气浮池宜采用行星式刮渣机，其适用范围在直径 2～10 m，集渣槽位置可在圆形池径向的任何部位。

6.6　浅层气浮的工艺设计

6.6.1　浅层气浮工艺设计要点

1）浅层气浮能有效发挥溶气释放的高密度微气泡与进水布水高浓度污染物密切接触作用，并充分利用回转过程中微气泡的延时黏附功能，从而提高气浮分离效率。

2）工艺设备由空气溶解设备、溶气释放器及气浮池组成。

3）进水配水管与溶气释放器安装在一个回转装置上，释放的微气泡与污水同步接触。表面负荷高，分离速度快、效率高。

4）池深较浅，作为末端处理时污水处理工艺的高程易于布置。

5）浅层气浮适用于大中型污水处理，主要用于活性污泥类物质的分离。可用于工业废水固相物质的回收。

6.6.2　浅层气浮的工艺特点

1）布水管与释气管同位布置。

2）表面负荷大，处理效率高。

3）占地小，池深浅。钢设备可多格组合或架空布置。

6.6.3　浅层气浮的主要设计参数

1）气浮池有效水深 0.5～0.6 m，圆形。

2）接触室上升流速下端取 20 mm/s，上端取 5～10 mm/s。水力接触时间 1～1.5 min。

3）分离区表面负荷 3～5 m^3/（m^2·h），水力停留时间 12～16 min。

4）布水机构的出水处应设整流器，原水与溶气水的配水量按分离区单位面积布水量均匀的原则设计计算。

5）布水机构的旋转速度应满足微气泡浮升时间的要求，通常按 8～12 min 旋转一周计算。

6）溶气水回流比应计算确定，一般应大于 30%。溶气罐通常可设计成立式（参见 6.5.4）。溶气水水力停留时间应计算确定，一般应大于 3 min。设计工作压力 0.4～0.5 MPa。

7）浅层气浮的其他设计方法基本同压力溶气气浮法，可参见 6.5。

7　主要工艺设备与材料

7.1　溶气泵应选用压力较高的多级泵，其工作压力为 0.4～0.6 MPa。

7.2　溶气罐为压力溶气设备，其设计方法详见 6.5.5，设计工作压力一般为 0.6 MPa，溶气罐顶部应设安全阀。溶气罐底部应设排污阀，溶气罐进水管应设除污器，溶气罐应具压力容器试验合格证方可使用。

7.3　溶气罐供气采用空压机，其工作压力为 0.6～0.7 MPa，供气量应满足溶气罐最大溶气量的要求。

7.4　溶气罐的压力与水位均应自动控制，并与溶气水泵联动。

7.5 释放器应满足水流量的要求，其与溶气罐连接管道应安装快开阀，释放管支管应安装快速拆卸管件，以利清洗。

7.6 气浮池应设刮渣机，并设可调节行程开关及调速仪表自动控制。

8 检测与过程控制

8.1 采用气浮工艺的污水处理厂（站）正常运行检测的项目和周期应符合 CJJ 60 的规定，化验检测方法应符合 CJ/T 51 的规定。

8.2 操作人员应经培训后持证上岗，并定期进行考核和抽检。操作人员应熟悉本标准规定的技术要求、单元气浮工艺的技术指标及气浮设施设备的运行要求，并按照气浮工艺的操作和维护规程做好值班记录。

8.3 检测人员应经培训后持证上岗，应定期进行考核和抽检。检测人员应定期检测进出水水质，对检测仪器、仪表进行校验。

8.4 气浮装置的溶气罐水位、水压，空压机压力，溶气水泵的启动与停止，溶气水的储水池、水位，刮渣机的行程与运行速度、周期等运行参数均应自动控制。

8.5 气浮工艺主要检测项目：进出水 SS、COD、浊度、出水水位等，必要时进行表面活性剂和泥渣含水率的监测，同时应监测溶气罐水位、压力，溶气泵的流量及其他工况，空压机的工作压力、供气量等。

8.6 气浮工艺的水质检测应由污水处理厂（站）化验室统一负责。

9 主要辅助工程

9.1 供电系统需保证足够的供电可靠性，并设置相应的继电保护装置。

9.2 设备选型应考虑污水处理工艺的环境条件，应选择抗腐蚀，性能稳定，安全可靠的产品。

9.3 构筑物宜按照二类防雷保护设计。

9.4 控制系统宜采用 IPC 和 PLC 组成的集散型监控系统，一般由中控室和 PLC 控制站组成。

10 劳动安全与职业卫生

10.1 生产过程应采取相应的措施，避免水环境、大气、噪声以及固体废弃物的二次污染。

10.2 供电系统应设置相应的保护措施，以降低由于断电、设备故障造成的影响。

10.3 污水处理厂（站）应建立健全安全生产规章制度，专人专职具体监督防范，以确保正常生产和工人的人身安全。

10.4 气浮池应设置安全栏杆及防滑扶梯，并配备救生衣及救生圈。

10.5 电解气浮应设通风装置。

10.6 含铬（Ⅵ）废水及含氰废水处理的泥渣为危险固废，应交由有资质的单位专门处理处置。

10.7　压力溶气罐应按要求定期到国家压力容器管理部门检测试验压力。

10.8　应按有关规定配备消防设施，严格执行建筑防火规范，留有足够的防火距离。

10.9　电力设施的选型与保护按国家有关规定进行，露天电气设备的安全防护按国家现行的有关规定执行。

11　施工与验收

11.1　气浮工艺的施工与验收应符合 GB 50141、GB 50204 和 GB 50205 规定。

11.2　根据设计的进水水质、出水水质要求，检验相应的水质指标，如 COD、SS、铬（Ⅵ）、铬（Ⅲ）、铁（Ⅲ）、氰（CN^-）、油、表面活性剂等，并应提交相关检测报告。

12　运行与维护

12.1　一般规定

1）气浮工艺污水处理厂（站）设施的运行、维护及安全管理应按照 CJJ 60 执行。

2）操作人员应严格执行设备操作规程，定时巡视设备运转是否正常，包括温升、响声、振动、电压、电流等，发现问题及时检查排除。

3）应保持设备各运转部位的润滑状态，及时添加润滑油、除锈；发现漏油、渗油情况应及时解决。

4）气浮前处理如为铁盐混凝，应定时排除沉泥及浮渣，以免结块。

5）有填料的溶气罐进水管设置的除污器应定时清洗，损坏时进行更换。溶气罐的填料也需定时排污、清洗。出水阀的开启度应与流量一致，发现不一致时应加以调整。溶气罐的安全阀应定期校正。

6）应做好设备维修保养记录。

12.2　电解气浮的运行控制

1）电解气浮处理含铬（Ⅵ）废水时，投加一定量食盐可防止阳极钝化，铁板需定时更换，原水铬（Ⅵ）质量浓度不宜大于 100 mg/L，pH 值为 4～6.5。

2）当原水电导较低时，可适当投加 Na_2SO_4、NaCl 提高原水导电性，降低电解电压。

12.3　叶轮气浮的运行控制

1）定时检查叶轮转动转速，观察吸气管位置，及时调整水深和吸气量。

2）定时调整叶轮与导向叶片的间距。

12.4　加压溶气气浮的运行控制

1）根据反应池的絮凝情况及气浮池出水水质，注意调节混凝剂的投加量。特别要防止加药管堵塞。

2）观察气浮池池面情况，如发现接触区局部冒出大气泡，应检查释放器堵塞情况。

3）掌握浮渣积累规律，确定刮渣周期。

4）观察并控制溶气罐合理水位，保证溶气效果。

5）调整空压机的供气量，保证溶气罐稳定的工作压力。

6）调整气浮池出水水位控制器，保证稳定的处理水量。

7）在冬季水温过低时期，可相应增加回流水量或溶气压力，保证出水水质。

8）做好日常的运行记录，包括处理水量、投药量、溶气水量、溶气罐压力、水温、耗电量、进出水水质、刮渣周期、泥渣含水率等。

12.5　浅层气浮的运行控制

1）主要调节方式同加压溶气气浮。

2）检查配水管的旋转速度，检查原水与溶气水的配水均匀性。

3）量筒试验观察微气泡的升流速度与气浮效果，必要时调整溶气水量。

4）检查浮渣的形成状况及含水率，调整刮渣机的刮泥厚度与回转速度。

5）气浮池间歇运行时应将浮渣及沉泥排清。

附　录　A

（规范性附录）

符　号

A.1　电解气浮工艺设计

A —— 单块极板面积；
B —— 电解池宽度；
E —— 比电流；
e —— 极板净距；
H —— 电极室总高度；
h_1 —— 极板高度；
h_2 —— 浮渣层高度；
h_3 —— 保护高度；
i —— 电极电流密度；
L —— 电极室长度；
L_1 —— 极板长度；
l —— 极板面与池壁的净距；
n —— 电极板块数；
Q —— 气浮池处理水量；
S —— 电极作用表面积；
t —— 气浮分离时间；
V —— 电解气浮池容积；
V_1 —— 电极室容积；
V_2 —— 分离室容积；
δ —— 极板厚度。

A.2　叶轮气浮工艺设计

D —— 叶轮直径；
F —— 气浮池总面积；
f —— 单台气浮池面积；
H —— 气浮池静水压力；
h —— 气浮池工作水深；
l —— 气浮池边长；

N —— 叶轮所需功率；
n —— 气浮池数（或叶轮数）；
Q —— 气浮池处理水量；
q —— 叶轮吸入的水汽混合量；
t —— 气浮分离时间；
u —— 叶轮圆周线速度；
W —— 气浮池总容积；
β —— 曝气系数；
φ —— 压力系数；
η —— 叶轮效率；
ρ —— 气水混合体密度；
ω —— 叶轮转速。

A.3 加压溶气气浮工艺设计

A_c —— 接触室表面积；
A_s —— 分离室表面积；
a_e —— 试验条件下释气量；
B_c —— 接触室宽度；
B_s —— 分离室宽度；
C_s —— 空气溶解度；
D_d —— 压力溶气罐直径；
f —— 溶气效率；
H —— 气浮池水深；
H_1 —— 气浮池分离室水深；
H_2 —— 接触室堰上水深；
h —— 孔眼水头损失；
I —— 单位罐截面积的水力负荷；
K_T —— 溶解度系数；
L —— 接触室长度；
L_s —— 分离室长度；
n —— 溶气释放器个数；
P —— 溶气压力；
Q —— 气浮池处理水量；
Q_g —— 气浮池所需空气量；
Q'_g —— 所需空压机额定气量；

Q_r —— 溶气水量；

q —— 选定溶气压力下单个释放器的出流量；

R —— 回流比；

S_a —— 污水中悬浮物浓度；

T —— 总停留时间；

t —— 气浮池分离室停留时间；

t_c —— 接触室气水接触时间；

t_d —— 溶气水在溶气罐内停留时间；

V_d —— 溶气罐体积；

v_c —— 水流平均速度；

v_0 —— 孔眼流速；

v_s —— 分离室水流向下平均速度；

W —— 气浮池总容积；

Z —— 溶气罐高度；

Z_1 —— 罐顶、底封头高度；

Z_2 —— 布水区高度；

Z_3 —— 贮水区高度；

Z_4 —— 填料层高度；

α —— 气固比；

γ —— 空气容重；

μ —— 孔眼流速系数；

ψ —— 水温校正系数；

ψ' —— 安全系数。

中华人民共和国国家环境保护标准

污水过滤处理工程技术规范

Technical specifications for filtration process in wastewater treatment

HJ 2008—2010

前　言

为贯彻《中华人民共和国环境保护法》和《中华人民共和国水污染防治法》，规范污水过滤处理工程建设，使其连续稳定运行、达标排放，防治水污染，改善环境质量，制定本标准。

本标准规定了污水处理工程中所采用的过滤工艺的总体设计、工艺设计、设备选型、检测和控制、运行管理的技术要求。

本标准为首次发布。

本标准由环境保护部科技标准司组织制订。

本标准主要起草单位：江苏省环境科学研究院、东南大学、扬州澄露环境工程有限公司、江苏鹏鹞环境工程设计院。

本标准环境保护部 2010 年 12 月 17 日批准。

本标准自 2011 年 3 月 1 日起实施。

本标准由环境保护部解释。

1　适用范围

本标准规定了污水处理工程中所采用的过滤工艺的总体要求、工艺设计、设备选型、检测与控制、施工验收、运行管理的技术要求。

本标准适用于城镇污水或工业废水处理工程过滤单元工艺的设计、施工验收、运行管理，可作为可行性研究、环境影响评价、工艺设计、工程验收、运行管理的技术依据。

2　规范性引用文件

本标准内容引用了下列文件中的条款。凡是不注日期的引用文件，其有效版本适用于本标准。

GB 50141　给水排水构筑物工程施工及验收规范

GB 50204　混凝土结构工程施工质量验收规范

GB 50205　钢结构工程施工质量验收规范

HJ/T 355　水污染源在线监测系统运行与考核技术规范（试行）

CJJ 60　城市污水处理厂运行、维护及安全及安全技术规程

CJ/T 51　城市污水水质检验方法标准

3　术语和定义

下列术语和定义适用于本标准。

3.1　过滤　filtration

指借助粒状材料或多孔介质截除水中杂质的过程。

3.2　滤料　filtering media

指过滤时用以去除水中杂物的粒状材料或多孔介质。

3.3　初滤水　initial filtered water

指在滤池反冲洗后，重新过滤的初始阶段滤后出水。

3.4　滤料有效粒径（d_{10}）　effective size of filtering media

指滤料经筛分后，小于总重量10%的滤料颗粒粒径。

3.5　滤料有效粒径（d_{80}）　effective size of filtering media

指滤料经筛分后，小于总重量80%的滤料颗粒粒径。

3.6　滤料不均匀系数（K_{80}）　uniformity coefficient of filtering media

指滤料经筛分后，小于总重量80%的滤料颗粒粒径与有效粒径之比。

3.7　均匀级配滤料　uniformly graded filtering media

指粒径比较均匀，不均匀系数（K_{80}）一般为1.3～1.4的滤料。

3.8　滤速　filtering rate

指在单位时间内单位过滤面积滤过的水量。

3.9　强制滤速　compulsory filtration rate

指部分滤格因进行检修或翻砂而停运时，在总滤水量不变的情况下其他运行滤格的滤速。

3.10　冲洗强度　wash rate

指单位时间内单位滤料面积的冲洗水量。

3.11　膨胀率　percentage of bed-expansion

指滤料层在反冲洗时的膨胀程度，以滤料层厚度的百分比表示。

3.12　冲洗周期（过滤周期、滤池工作周期）　filter runs

指滤池完成冲洗后开始运行到再次进行冲洗的整个间隔时间。

3.13　承托层　graded gravel layer

指为防止滤料漏入配水系统，在配水系统与滤料层之间铺垫的粒状材料。

3.14 表面冲洗 surface washing

指采用固定式或旋转式的水射流系统，对滤料表层进行冲洗的冲洗方式。

3.15 表面扫洗 surface sweep washing

指 V 形滤池反冲洗时，待滤水通过 V 形进水槽配水孔在水面横向将冲洗含泥水扫向中央排水槽的一种辅助冲洗方式。

3.16 普通快滤池 rapid filter

指传统的快滤池布置形式，滤料一般为单层细砂级配滤料或煤、砂双层滤料，冲洗采用单水冲洗，冲洗水由水塔（箱）或水泵供给。

3.17 虹吸滤池 siphon filter

指一种以虹吸管代替进水和排水阀门的快滤池形式。滤池各格出水互相连通，反冲洗水由未进行冲洗的其余滤格的滤后水供给。过滤方式为等滤速、变水位运行。

3.18 无阀滤池 valveless filter

指一种不设阀门的快滤池形式。在运行过程中，出水水位保持恒定，进水水位则随滤层的水头损失增加而不断在虹吸管内上升，当水位上升到虹吸管管顶，并形成虹吸时，即自动开始滤层反冲洗，冲洗排泥水沿虹吸管排出池外。

3.19 V 形滤池 V filter

指采用粒径较粗且较均匀滤料，在各滤格两侧设有 V 型进水槽的滤池布置形式。冲洗采用气水微膨胀兼有表面扫洗的冲洗方式，冲洗排泥水通过设在滤格中央的排水槽排出池外。

4 污染物与污染负荷

4.1 过滤工艺可用于各种水量、较低浓度悬浮物的分离。

4.2 过滤工艺主要用于水中细小悬浮物、脱稳胶体等物质的分离去除。适用于污水二级生物处理出水、工业废水化学沉淀、气浮出水，悬浮物（SS）＜20 mg/L 的过滤处理。

4.3 过滤工艺可用于污水深度处理，如活性炭吸附、膜技术、离子交换等的预处理时，要求滤池进水 SS＜10 mg/L。

4.4 过滤工艺可用于直接过滤（微絮凝接触过滤），进水 SS 可适当放宽，如 SS＜60 mg/L，而滤料粒径应相应增大。

5 总体要求

5.1 滤池建设规模由处理水量确定，设计水量由工程最大水量确定。

5.2 过滤工艺通常在前处理混凝沉淀、气浮等之后，高程布置需保证过滤水头的需要。需设置反冲洗储水池、冲洗水泵或水塔等。

5.3 滤池通常为对称布置（成双数），接近前处理设备（沉淀、气浮等）及后处理设备（消毒、清水池等）。

5.4 滤池除池深外，有一定水头损失，高程设置应考虑后续设备的配合。

5.5 过滤工艺无污泥产生，反冲洗出水应回流到集水井进行二次处理。

6 工艺设计

6.1 过滤的型式及其工艺特点和适用条件

污水处理中常用的过滤型式有：普通快滤池及其衍变形式（双阀滤池、翻板滤池和双层滤料滤池）、V 形滤池、重力式无阀滤池、压力滤池、转盘滤池等。其工艺特点及适用条件见表 1，可供滤池工艺选择时参考。

表 1 污水处理常见滤池工艺特点及适用条件

型式	特点	适用条件
1. 普通快滤池	有成熟的运行经验。采用砂滤料，材料便宜易得。采用大阻力配水系统，单池面积较大，池深较浅。可采用减速过滤，水质较好。但阀门较多，且必须设有全套冲洗装备	适用于各种水量的污水处理。产水率较高。单池面积不宜超过 50 m^2，可与沉淀池组合使用。水冲洗效果较差，有条件时宜采用表面冲洗或空气助洗设备
2. 双阀滤池	减少了阀门，相应降低了造价和检修工作量。但须设置全套冲洗设备，增加了形成虹吸的设备。其他特点同普通快滤池	与普通快滤池相同
3. 翻板滤池	滤料、滤层选择多样。滤料流失率低，滤料反冲洗后洁净度高，水头损失小。反冲洗系统布水、布气均匀。过滤周期长、截污量大，出水水质好。设备较多，一次性投资较大，而且运行电耗较高	适用于污水悬浮物含量较大的大、中水量污水处理。根据污水性质可选择不同滤料及级配
4. 双层滤料滤池	滤层含污能力大，可采用较高的滤速。减速过滤，水质较好。可利用现有普通快滤池改建。滤料选择要求高，滤料易流失。冲洗困难，易积泥球	适用于大、中水量污水处理，允许进水悬浮物浓度高。单池面积一般不宜太大。宜采用大阻力配水系统和辅助冲洗设备
5. V 形滤池	运行稳定可靠。采用砂滤料，滤床含污量大、周期长、滤速高、水质好、材料易得。滤料均匀级配，可适应不同悬浮物浓度的水质，自动化程度高。单池面积大，产水率高。具有气水反冲洗和水表面扫洗，冲洗效果好。但配套设备多，土建较复杂，池深较普通快滤池深	适用于大、中水量污水处理。要求进水 SS＜15 mg/L。要求配置自控系统
6. 重力式无阀滤池	不需设置阀门，自动冲洗，管理方便。可成套定型制作。但运行过程看不到滤层情况，清砂不便。单池面积较小。冲洗效果差，反洗时浪费一部分水量。变水位等速过滤，水质不如减速过滤	适用于小水量的污水处理。需要有可利用的高程，常与斜管沉淀池、加速澄清池配合使用

型式	特点	适用条件
7. 压力滤池	钢制设备，可成套定型制作，采用大阻力配水系统，反冲洗均匀。可直接利用余压出水变水头等速过滤，水质不如减速过滤。单池面积小，只能用于小水量	适用于无高程利用的小水量污水处理，出水可直接回用或排放。单池面积应小于 10 m^2
8. 转盘滤池	耐冲击负荷，过滤效率高。错流过滤，水头损失小，滤速快。全自动连续运行，反冲洗水量少，运行费用低。单位池容过滤总面积大，占地省。滤布具有疏油特性，表面杂质不易黏附，滤布易清洗，系统功能恢复快，自动化程度高，可整机设备化	适用于各种水量污水处理。可适应不同悬浮物浓度的水质

6.2 过滤工艺的一般规定

6.2.1 过滤工艺宜用于工业废水和城镇污水处理工程的深度处理单元。

6.2.2 滤池形式的选择应根据污水处理水量、进出水水质、运行管理水平、处理构筑物高程布置等因素，通过技术经济比较确定。快滤池（含普通快滤池、双阀滤池、翻板滤池、V 形滤池等）适用于大、中型污水处理厂（站），无阀滤池、压力滤池适用于小型污水处理厂（站），转盘滤池可用于不同规模的城镇污水及工业废水处理厂（站）。

6.2.3 滤料应有足够的机械强度和抗腐蚀性能，宜采用石英砂、无烟煤、陶粒和瓷砂等。在污水过滤过程中如无溶解性有害物质产生，也可选用聚丙烯塑料珠、纤维球等合成材料作为滤料。

6.2.4 滤池的分格数，应根据滤池型式、处理水量、操作运行和维护检修等通过技术经济比较确定，除无阀滤池、压力滤池和转盘滤池外原则上不宜少于 4 格。

6.2.5 滤池的单格面积应根据滤池型式、处理水质水量、操作运行水平、滤后水收集及冲洗水分配的均匀性，通过技术经济比较确定。

6.2.6 滤料层厚度（L）与有效粒径（d_{10}）之比：细砂及双层滤料过滤应大于 1 000；粗砂及三层滤料应大于 1 250。

6.2.7 滤池宜设有初滤水排放设施，初滤水应回流到水厂集水井，进行二次处理。

6.2.8 滤池冲洗方式优先采用气水联合冲洗方式。

6.2.9 滤池运行时应尽可能设置自动检测、控制系统，实现运行管理自动化。

6.3 滤速与滤料组成

6.3.1 滤池应按正常情况下的滤速设计，并以检修情况下的强制滤速校核。

6.3.2 滤池滤速及滤料组成宜按表 2 取用。污水过滤的滤速应高于给水过滤的滤速，滤料的粒径亦应相应加大，工程上应根据进水水质、滤后水水质要求、滤池构造等因素，通过试验或参照相似条件下已有滤池的运行经验确定。

表 2　滤池滤速及滤料组成

滤料种类	滤料组成			正常滤速/（m/h）	强制滤速/（m/h）
	粒径/mm	不均匀系数 K_{80}	厚度/mm		
单层粗砂滤料	石英砂 d_{10}=0.8	＜2.0	700	8～10	10～12
双层滤料	无烟煤 d_{10}=1.0	＜2.0	300～400	9～12	12～16
	石英砂 d_{10}=0.8	＜2.0	400		
均匀级配粗砂滤料	石英砂 d_{10}=1.0～1.3	＜1.4	1 200～1 500	8～10	10～12

6.3.3　当滤池采用大阻力配水系统时，其承托层宜按表 3 采用。

表 3　大阻力配水系统承托层材料、粒径与厚度　　单位：mm

层次（自上而下）	材　料	粒　径	厚　度
1	砾石	2～4	100
2	砾石	4～8	100
3	砾石	8～16	100
4	砾石	16～32	本层顶面应高出配水系统孔眼 100

6.4　配水、配气系统

6.4.1　设计要点

1）滤池配水、配气系统，应根据滤池形式、冲洗方式、单格面积、配水配气的均匀性等因素考虑选用。采用单水冲洗时，可采用穿孔管、滤头等配水系统；气水冲洗时，可选用长柄滤头、穿孔管等配水、配气系统。

2）干管（渠）顶上宜设排气管，排出口设在滤池水面以上。

3）长柄滤头配水、配气系统应按冲洗水量、冲洗气量，并根据下列数据通过计算确定：

- 配气干管进口处的流速为 10～15 m/s；
- 配水（气）渠配气孔出口流速为 10 m/s 左右；
- 配水干管进口端流速为 1.5 m/s；
- 配水（气）渠配水孔出口流速为 1～1.5 m/s。

4）配水（气）渠顶上宜设排气管，排出口设在滤池水面以上。

5）配水系统要求能均匀地收集滤后水和分配反冲洗水，并要求安装维修方便，不易堵塞，经久耐用。

6.4.2　滤池各类管（渠）流速的确定

进水管　0.8～1.2 m/s；　　出水管　1.0～1.5 m/s；

冲洗水　2.0～2.5 m/s；　　排水　1.0～1.5 m/s；

初滤水排放　3.0～4.5 m/s；　　输气管　10～15 m/s。

6.4.3　配水系统的水头损失计算

6.4.3.1　大阻力配水系统

1）大阻力配水系统应按冲洗流量，并根据下列数据通过计算确定：

· 大阻力穿孔管配水系统孔眼总面积与滤池面积之比（开孔比）宜为 0.20%～0.25%；

· 配水干管（渠）进口处的流速为 1.0～1.5 m/s；

· 配水支管进口处的流速为 1.5～2.0 m/s；

· 配水支管孔眼出口流速为 5～6 m/s。

2）配水系统水头损失，当按孔口的平均水头损失计算时，可采用式（1）：

$$h_2 = \frac{1}{2g}\left(\frac{q}{10\alpha\beta}\right)^2 \tag{1}$$

式中：h_2 —— 孔口平均水头损失，m；

q —— 冲洗强度，L/（$m^2 \cdot s$）；

α —— 流量系数，宜取 0.65；

β —— 孔眼总面积与滤池面积之比，采用 0.20%～0.25%。

3）承托层水头损失 h_3，可按式（2）计算：

$$h_3 = 0.022 H_1 q \tag{2}$$

式中：H_1 —— 承托层厚度，m。

4）滤料层水头损失 h_4，可按式（3）计算：

$$h_4 = \left(\frac{\gamma_1}{\gamma} - 1\right)(1 - m_0) H_2 \tag{3}$$

式中：γ_1 —— 滤料的相对密度；

γ —— 水的相对密度；

m_0 —— 滤料膨胀前的孔隙率（石英砂为 0.41）；

H_2 —— 滤层膨胀前厚度，m。

5）冲洗系统

水泵冲洗：采用水泵冲洗时，需考虑有备用措施。冲洗水泵的流量及扬程由式（4）、式（5）计算：

$$Q = qf \tag{4}$$

$$H = H_0 + h_1 + h_2 + h_3 + h_4 + h_5 \tag{5}$$

式中：Q —— 水泵出水量，L/s；

f —— 单个滤池面积，m^2；

H —— 水泵所需扬程，m；

H_0 —— 洗砂排水槽顶与吸水池最低水位高差，m；

h_1 —— 吸水池与滤池间冲洗管的沿程水头损失与局部水头损失之和，m；

h_5 —— 富余水头，h_5=1 m 左右。

水箱（水塔、水柜）冲洗：水箱中水深不宜超过 3 m，水箱应在滤池冲洗间歇时间内充满，并应有防止空气进入滤池的措施。水箱的容积可采用一次冲洗水量 1.5 倍，水箱底部高于洗砂排水槽顶的高度，可按式（6）计算：

$$H_0 = h_1 + h_2 + h_3 + h_4 + h_5 \tag{6}$$

式中：h_1 —— 冲洗水箱至滤池大阻力配水系统间的水头损失，m。

6.4.3.2　小阻力配水系统

1）小阻力滤头配水系统缝隙总面积与滤池面积之比宜为 1.0%～1.5%，在有条件时应取下限。

2）配水系统水头损失

水通过配水系统的孔眼时，呈紊流状态，其单水冲洗时的水头损失按式（7）计算：

$$h = \frac{1}{2g}(u_B / \alpha\beta)^2 \times 10^6 \tag{7}$$

式中：h —— 水流通过配水系统的水头损失，m；

u_B —— 冲洗强度，L/（$m^2 \cdot s$）。

流量系数α应试验确定，无试验数据时，宜参考表 4 选用。

表 4　流量系数α值

型　式	α	型　式	α
滤　头	0.8	钢筋混凝土栅条	0.6
缝式圆形栅条	0.85	孔　板	0.75
木栅条	0.6	滤　球	0.78

3）配水系统开孔比

开孔比β值可用式（8）表示：

$$\frac{\Delta v}{v}=(M\alpha\beta/2H)^2 \tag{8}$$

式中：Δv —— 孔口平均出流速度差，m/s；

v —— 孔口平均出流速度，m/s；

M —— 滤池长度，m；

H —— 配水室高度，m。

一般情况下，小阻力配水系统的开孔比宜保持在 1%～1.5%。

6.5 反冲洗方式

6.5.1 滤池冲洗方式的选择，应根据滤料层组成、配水配气系统型式，通过试验或参照相似条件下已有滤池的经验确定，宜按表 5 选用。

表 5 冲洗方式和程序

滤料组成	冲洗方式、程序
单层粗砂级配滤料	水冲或气冲—水冲
单层粗砂均匀级配滤料	气冲—气水同时冲—水冲
双层煤、砂级配滤料	水冲或气冲—水冲

6.5.2 单水冲洗滤池的反冲洗强度及冲洗时间宜按表 6 采用。

表 6 水冲洗强度及冲洗时间（水温 20℃时）

滤料组成	冲洗强度/[L/（m^2·s）]	膨胀率/%	冲洗时间/min
单层粗砂级配滤料	12～15	45	5～7
双层煤、砂级配滤料	13～16	50	6～8

注：1. 当采用表面冲洗设备时，冲洗强度可取低值。
2. 应考虑由于全年水温、水质变化因素，适当调整冲洗强度的可能。

1）单独用水反冲洗的计算

单独用水反冲洗必须设冲洗水泵或冲洗水塔(箱)，其设备布置和设计计算见 6.6.1 普通快滤池。

2）固定式表面冲洗的水反冲洗的计算

• 冲洗水头应通过计算确定，一般为 0.2 MPa；

• 穿孔管孔眼流速可按需要决定。亦可参考式（9）计算确定：

$$v_2=\frac{q\times10^3}{\varphi} \tag{9}$$

式中：q —— 表面冲洗强度，L/（m^2·s），一般为 2～3 L/（m^2·s）；

φ —— 穿孔管孔眼总面积与滤池面积之比，%，宜采用 0.20%～0.25%；

v_2 —— 穿孔管孔眼流速，m/s，一般为 6～8 m/s。

当 q 采用低值时，φ应采用低值；当 q 采用高值时，φ也应采用高值。

6.5.3　气水冲洗滤池的冲洗

6.5.3.1　气水冲洗滤池的冲洗强度及冲洗时间，宜按表 7 采用。

表 7　气水冲洗强度及冲洗时间

滤料种类	先气冲洗		气水同时冲洗			后水冲洗		表面扫洗	
	气强度/[L/（m^2·s）]	时间/min	气强度/[L/（m^2·s）]	水强度/[L/（m^2·s）]	时间/min	水强度/[L/（m^2·s）]	时间/min	水强度/[L/（m^2·s）]	时间/min
单层细砂级配滤料	15～20	2～3	—	—	—	8～10	4～5	—	—
双层煤、砂级配滤料	15～20	2～3	—	—	—	6.5～10	4～5	—	—
单层粗砂均匀级配滤料*	13～17	1～2	13～17	3～4	4～3	4～8	2～3	—	—
	13～17	1～2	13～17	2.5～3	5～4	4～6	2～3	1.4～2.3	全程
注：* 粗砂均匀级配滤料采用气水冲洗时冲洗周期宜采用 24～36 h。									

6.5.3.2　气水反冲洗空气供应方式

冲洗空气的供应，宜采用鼓风机直接供气，中小型滤池亦可采用空气压缩机—贮气罐组合供气方式。

1）鼓风机直接供气

先气后水冲洗时，鼓风机出口处的静压力应为输配气系统的压力损失和富余压力之和，按式（10）计算：

$$H_A = h_1 + h_2 + 9\,810Kh_3 + h_4 \tag{10}$$

式中：H_A —— 鼓风机出口处的静压，Pa；

h_1 —— 输气管道的压力总损失，Pa；

h_2 —— 配气系统的压力损失，Pa；

K —— 漏损系数（1.05～1.10）；

h_3 —— 配气系统出口至空气溢出面的水深，m；

h_4 —— 富余压力，取 4 900 Pa。

采用长柄滤头气水同时冲洗时，按式（11）计算：

$$H_A = h_1 + h_2 + h_4 + h_5 \tag{11}$$

式中：h_5 —— 气水室中的冲洗水水压，Pa；

其余同式（10）。

2）空压机串联贮气罐供气

空压机容量可按式（12）计算：

$$W=(0.06qFt-VP)K/t \tag{12}$$

式中：W —— 空压机容量，m^3/min；

q —— 空气冲洗强度，L/（$m^2\cdot s$）；

F —— 单个滤池面积，m^2；

t —— 单个滤池设计气冲时间，min；

V —— 中间贮气罐容积，m^3；

P —— 贮气罐可调节的压力倍数；

K —— 漏损系数（1.05～1.10）。

6.5.3.3　V 形滤池的冲洗计算详见 6.6.3。

6.6　各类滤池的设计方法

6.6.1　普通快滤池

设计要点：

1）滤速与滤料的设计参见 6.3。

- 滤料粒径可根据需要做出调整，粗粒滤料可达 1.2～2.0 mm。冲洗强度亦应作相应调整。有条件时可改造为气水联合冲洗；
- 根据污水性质必要时应选择耐腐蚀滤料，如多孔陶粒、瓷砂等；
- 处理含金属离子或原水 ζ 电位较高的粒子的废水，宜设金属屑滤料滤层；
- 反冲洗水力分级大，砂粒不均匀系数（K_{80}）应尽可能小，以免滤池水头损失增大。

2）配水系统宜采用大阻力配水系统。

3）滤层表面以上的水深，宜采用 1.5～2.0 m。

4）设计过滤周期宜为 12～24 h。

5）滤池底部宜设有排空管，其入口处设栅罩，池底坡度约 0.005，坡向排空管。

6）配水系统干管末端应装排气管，管径一般为 20～40 mm。排气管伸出滤池顶处应加截止阀。

7）间歇运行时间较长时，应预留初滤水排放管，按规定时间排水。

8）DN300 及以上的阀门及冲洗阀门一般采用电动、液动或气动阀。

9）每格滤池应设水头损失计及取样管。

10）密封渠道应设检修人孔。

6.6.2　设计数据与计算公式

6.6.2.1　滤池总面积、个数及单池尺寸

1）滤池总面积 F 按式（13）计算：

$$F = \frac{Q}{v(T_0 - t_0)} \tag{13}$$

式中：F——滤池总过滤面积，m^2；

Q——设计水量，m^3/d；

v——设计滤速，m/h；

T_0——滤池每日工作时间，h；

t_0——滤池每日冲洗过程的操作时间，h。

2）滤池个数：应根据技术经济比较确定，但不得少于两个。一般条件下选择原则：滤池个数多，单池面积小，配水均匀，冲洗效果好，可参见表 8 采用。

表 8　滤池个数

滤池总面积/m^2	滤池个数	滤池总面积/m^2	滤池个数
小于 30	2	150	4～6
30～50	3	200	5～6
100	3 或 4	300	6～8

3）单池尺寸：单个滤池面积按式（14）计算：

$$f = \frac{F}{N} \tag{14}$$

式中：F —— 滤池总面积，m^2；

N —— 滤池个数。

滤池可为正方形或矩形，长宽比为（1～1.5）∶1。

4）快滤池应采用大阻力配水系统。

6.6.2.2　滤池布置

1）当滤池个数大于 6 个时，宜用双行排列。

2）单个滤池面积大于 50 m^2 时，可考虑设置中央集水渠。

6.6.2.3　水头损失计算详见 6.5。

6.6.2.4　管（槽）流速，见 7.3.2。

6.6.3　快滤池的演变形式

6.6.3.1　双阀滤池

1）双阀滤池宜采用鸭舌阀式双阀滤池或虹吸管式双阀滤池。其计算参见 6.6.2 普通快滤池。

2）鸭舌阀式双阀滤池应适当提高冲洗强度、增加冲洗水量，适宜于水泵冲洗。

3）虹吸管式双阀滤池应设冲洗、清水两阀门和相应的冲洗设备（水泵或水箱）等，并采用真空系统控制虹吸进水管和虹吸排水管。

6.6.3.2　翻板滤池

翻板滤池宜采用无烟煤、石英砂双层滤料，其主要设计参数取用如下：

1）滤层厚度应不小于 1.5 m，承托层宜采用粗—细—粗的粒径分布。

2）翻板滤池宜采用小阻力配水系统，开孔率β宜取 1.2%～1.4%。

3）反冲洗方式宜采用气冲—气水冲—水冲的联合冲洗方式，相关系数见表 7。

4）反冲洗时滤层膨胀率宜为 15%～25%。

6.6.3.3　双层滤料滤池

双层滤料滤池的设计要点及数据如下：

1）一般的双层滤料及滤速选择见表 2。含短纤维及黏性污染物的废水，不宜用双层滤料滤池。

2）最大粒径的选择：根据反冲洗后两层滤料交界面控制混杂程度的要求，最大无烟煤粒径与最小石英砂的粒径比，按式（15）计算：

$$\frac{d'_{max}}{d_1} = K\frac{\gamma_1 - 1}{\gamma_2 - 1} \tag{15}$$

式中：d'_{max}—— 最大无烟煤粒径，mm；

d_1—— 最小石英砂粒径，mm；

γ_1—— 石英砂的相对密度，无资料时可取 2.65；

γ_2—— 无烟煤的相对密度，无资料时可取 1.82；

K—— 不均匀系数，一般采用 1.25～1.5。

3）冲洗排水槽顶距滤层表面高度 H，可按式（16）计算：

$$H = e_1H_1 + e_2H_2 + 2.5x + \delta + 0.075 \tag{16}$$

式中：H_1—— 石英砂层厚度，m；

H_2—— 无烟煤厚度，m；

e_1—— 石英砂层膨胀率，40%～50%；

e_2—— 无烟煤膨胀率，50%～60%；

x—— 槽宽的一半，m；

δ—— 槽底厚度，m。

6.6.4　V 形滤池

6.6.4.1　设计要点

1）滤层表面以上水深应不小于 1.2 m。

2）V 形滤池两侧进水槽的槽底配水孔口至中央排水槽边缘的水平距离宜在 3.5 m 以内，最大不得超过 5 m。表面扫洗配水孔的预埋管纵向轴线应保持水平。

3）V 形滤池水槽断面应按非均匀流满足配水均匀性要求计算确定，其斜面与池壁的倾斜度宜采用 45°～50°。

4）V 形滤池的进水系统应设置进水总渠，每格滤池进水应设可调整高度的堰板。

5）反冲洗空气总管的管底应高于滤池的最高水位。

6）V 形滤池长柄滤头配气配水系统的设计，应采取有效措施，控制同格滤池所有滤头、滤帽或滤柄顶表面在同一水平，其误差不得大于±5 mm。

7）V 形滤池的冲洗排水槽顶面宜高出滤料层表面 500 mm。

8）多格 V 形滤池的布置可采用单排及双排布置；当滤池的格数少于 3 个时，宜采用单排布置，超过 4 格宜采用双排布置。

6.6.4.2　设计数据

1）滤速与滤料的选择参见 6.3。

2）过滤周期，宜采用 24～48 h。

3）滤池个数及单池尺寸。

• 滤池个数：滤池个数的确定应作技术经济比较。无资料时，可参考表 9 选用。

表 9　滤池个数

滤池总过滤面积/m^2	滤池个数	滤池总过滤面积/m^2	滤池个数
小于 80	2	250～350	4～5
80～150	2～3	350～500	5～6
150～250	4	500～800	5～8

• 单池尺寸：单格滤池的宽度一般在 3.5 m 以内，最大不超过 5 m。无资料时，可参考表 10。

表 10　滤池尺寸及面积

宽度/m	长度/m	单格面积/m^2	双格面积/m^2
3.50	8.60～14.30	30.0～50.0	60.0～100.0
4.00	12.50～16.30	50.0～55.0	100.0～130.0
4.50	12.20～17.80	55.0～80.0	110.0～160.0
5.00	14.00～20.00	70.0～100.0	140.0～200.0

4）进水及布水系统

• 进水总渠设置溢流堰，堰顶高度根据设计允许的超负荷要求确定。

• 进水孔应有两个，即主进水孔及扫洗进水孔。主进水孔一般设气动或电动闸板阀，表面扫洗孔也可设手动闸板。

• 进水堰的堰板宜设计为可调式，以便调节单池进水量，使各池进水量相同。

• 进水槽的底面应与 V 型槽底平，不得高出。

• V 型槽在滤池过滤时处于淹没状态。槽内设计始端流速不大于 0.6 m/s。V 形槽底部的水平布水孔内径一般为 $\phi 20$～30，过孔流速 2.0 m/s 左右，孔中心一般低于用水单独冲洗时池内水面 50～150 mm。

5）冲洗水排水系统设计

• 排水槽底板以≥0.02 的坡度坡向出口；底板底面最低处应高出滤板底约 0.1 m，最高处高出 0.4～0.5 m；排水槽内的最高水面宜低于排水槽顶面 50～100 mm。排水槽底层为配气配水渠，两者的宽度宜一致。

• 滤池冲洗时，排水槽顶的水深（堰顶水深）按式（17）计算：

$$h_1 = \left[\frac{(q_1 + q_3)B}{0.42\sqrt{2g}}\right]^{\frac{2}{3}} \tag{17}$$

式中：h_1 —— 排水槽顶的水深，m；

q_1 —— 表面扫洗水强度，L/（$m^2 \cdot s$）；

q_3 —— 水冲洗强度，L/（$m^2 \cdot s$）；

B —— 单边滤床宽度，m；

g —— 重力加速度，9.8 m/s^2。

• 排水渠设在与管廊相对的一侧，槽出口设置电动或气动闸阀。

6）配水配气系统设计

• 配水配气系统设计一般原则

进气干管管顶宜与配水渠顶持平，冲洗水干管管底宜与配水渠底持平。

配气配水渠断面尺寸的确定应满足以下条件：

进口处冲洗水流速一般不大于 1.5 m/s；

进口处冲洗空气流速一般不大于 5 m/s；

断面尺寸应和排水槽及气水室相配合，并能满足施工要求。

• 气水室

配气孔顶宜与滤板板底相平，有困难时，可低于板底，但高差不宜超过 30 mm。过孔流速为 15 m/s 左右，通常预埋 UPVC（聚氯乙烯）管，配气孔平面配置时应注意避开滤板梁。

配水孔底应平池底，孔口流速为 1.0～1.5 m/s。

支承滤板的滤板梁应垂直于配气配水渠，且梁顶应留空气平衡缝，缝高 20～50 mm，长为 1/2 滤板长，在每块滤板长度的中间部位。

气水室宜设检查孔，检查孔可设在管廊侧池壁上。

• 滤头

配水配气系统应采用长柄滤头。

滤头个数的确定：开孔比（β值）应在 1.2%～2.4%之间。一般每平方米滤池面积布置 30～50 个。

滤头水头损失计算：

冲洗水通过长柄滤头的水头损失，按产品的实测资料确定。

冲洗空气通过长柄滤头的压力损失，按产品的实测资料确定。

冲洗水和空气同时通过长柄滤头时的水头损失，按产品实测资料确定，无资料时可按式（18）计算其水头损失增量：

$$\Delta h = 9\,810n(0.01 - 0.01v_1 + 0.12v_1^2) \tag{18}$$

式中：Δh —— 气水同时通过长柄滤头比单一水通过长柄滤头时的水头损失增量，Pa；

N —— 气水比；

v_1 —— 滤头中的水流速度，m/s。

V 形滤池冲洗水的供应，宜用水泵。水泵的能力应按单格滤池冲洗水量设计，并设计备用机组。

V 形滤池冲洗气源的供应，宜用鼓风机，并设置备用机组。

7）管（渠）流速

管（渠）设计流速可按 6.4.2 选用。

6.6.4.3 计算方法

1）过滤面积计算见式（13）、式（14）。

2）滤头个数，可按式（19）、式（20）计算：

$$n = \beta \frac{f}{f_1} \tag{19}$$

$$n_1 = \frac{n}{f} = \frac{\beta}{f_1} \tag{20}$$

式中：f —— 单池过滤面积，m^2；

n —— 单池滤头个数，个；

f_1 —— 每个滤头缝隙面积，m^2，宜取 0.000 25～0.000 65 m^2；

n_1 —— 每平方米滤板滤头个数，个，按滤头产品资料确定，一般为 30～55 个/m^2；

β —— 开孔比，宜取 1.2%～2.4%。

3）滤池高度，可按式（21）计算：

$$H = H_1 + H_2 + H_3 + H_4 + H_5 + H_6 + H_7 \tag{21}$$

式中：H —— 滤池高度，m；

H_1 —— 气水室高度，m，宜取 0.7～0.9 m；

H_2 —— 滤板厚度，m，宜取 0.1 m；

H_3 —— 承托层厚度，m，宜取 0.01～0.10 m；

H_4 —— 滤料层厚度，m，宜取 1.1～1.2 m；

H_5 —— 滤层上面水深，m，宜取 1.2～1.5 m；

H_6 —— 进水系统跌差，m（包括进水槽、孔洞水头损失及过水堰跌差），宜取 0.3～0.5 m；

H_7 —— 进水总渠超高，m，宜取 0.3 m。

4）冲洗水泵扬程，可按式（22）计算：

$$H_P = 9\,810 H_0 + (h_1 + h_2 + h_3 + h_4 + h_5) \tag{22}$$

式中：H_P —— 所需水泵扬程，Pa；

H_0 —— 洗砂排水槽顶与吸水池最低水位高差，m；

h_1 —— 水泵吸水口至滤池输水管道的总水头损失，Pa；

h_2 —— 配水系统水头损失，Pa，主要是滤头的水头损失；

h_3 —— 承托层水头损失，Pa，宜取 200 Pa；

h_4 —— 滤层水头损失，Pa，宜取 14 700 Pa；

h_5 —— 富余水头，宜取 9 810～18 620 Pa。

5）冲洗用鼓风机出口压力：

· 采用大阻力或长柄滤头先气后水冲洗时，可按式（23）计算：

$$P = P_1 + P_2 + KP_3 + P_4 \tag{23}$$

式中：P —— 鼓风机出口压力，Pa；

P_1 —— 抽气管道的压力损失，Pa；

P_2 —— 配气系统的压力损失，Pa；

P_3 —— 配气系统出口至空气溢出面水深，m；

K —— 系数，取 10 300～10 800；

P_4 —— 富余压力，取 4 900 Pa。

· 采用长柄滤头气水同时冲洗时，可按式（24）计算：

$$P = P_1 + P_2 + P_4 + P_5 \tag{24}$$

式中：P_5 —— 气水室中的冲洗水水压，Pa。

6.6.5 重力式无阀滤池

6.6.5.1 设计要点

1）无阀滤池平面为矩形，单格面积宜小于 25 m^2。通常两格合建，共用冲洗水箱。

2）无阀滤池的分格数，宜采用 2～3 格。

3）满足高程布置的条件时，无阀滤池的配水系统宜采用大阻力系统；采用小阻力配水系统时，开孔比应取低值，以保证反冲洗的效果及配水的均匀性。

4）每格无阀滤池应设单独的进水系统，并设置防止空气进入滤池的装置。

5）无阀滤池冲洗前的水头损失可采用 1.5 m。

6）过滤室内滤料表面以上的直壁高度，应等于冲洗时滤料的最大膨胀高度再加保护高度。

7）无阀滤池的反冲洗应设有辅助虹吸设施，并设调节冲洗强度和强制冲洗的装置。

6.6.5.2　设计数据

1）进水系统

• 当滤池采用双格组合时，进水箱可兼作配水用。两堰口的标高、厚度及粗糙度宜相同。堰口设置标高较为重要，可按下述关系式确定：

• 堰口标高=虹吸辅助管管口标高+进水管及虹吸上升管内各项水头损失+保证堰上自由出流的高度（100～150 mm）。

• 每格分配箱大小一般为（0.6 m×0.6 m）～（0.8 m×0.8 m）。

• 进水分配箱内应保持一定水深，一般考虑箱底与滤池冲洗水箱平。

• 进水管内流速一般采用 0.5～0.7 m/s。

• 进水管 U 形存水弯的底部中心标高可放在排水井井底标高处。

• 进水挡板直径应比虹吸上升管管径大 100～200 mm，距离管口 200 mm。

2）滤水系统

• 顶盖上下不能漏水，顶盖面与水平面间夹角为 10°～15°。

• 浑水区高度（不包括顶盖锥体部分高度）可按反冲洗时滤料层的最大膨胀高度，再适当增加 100 mm 安全高度确定。

3）配水系统

• 配水系统一般采用小阻力配水系统，有条件时可采用大阻力配水系统。

• 配水形式可选用滤帽或砾石承托层。

• 集水区要具有一定高度，一般可采用 300～500 mm（面积大时，采用较大值）。

• 出水管管径一般与进水管相同。

4）冲洗系统

• 冲洗水箱容积按一个滤池冲洗一次所需的水量确定。如采用双格滤池组合共用一个冲洗水箱，则水箱高度可降低一半。

• 虹吸管管径应根据冲洗水箱平均水位与排水井水封水位的高差及冲洗过程中平均冲洗强度下各项水头损失值的总和计算确定。虹吸下降管管径可比上升管管径小一个等级。

• 虹吸破坏管管径宜采用 15～20 mm，在破坏管底部应加装虹吸小斗。

• 无阀滤池应设有强制冲洗器。

6.6.5.3　计算公式

1）滤池面积，可按式（25）计算：

$$F = 1.04 \times \frac{Q}{v} \tag{25}$$

式中：F —— 滤池净面积，m^2；

Q —— 设计水量（考虑冲洗水量 4%），m^3/h；

v —— 滤速，m/h。

2）冲洗水箱高度及净面积（双格组合时），可按式（26）、式（27）计算：

$$H_{冲} = \frac{60Fqt}{2 \times 1\,000F'} \tag{26}$$

$$F' = F + f_2 \tag{27}$$

式中：$H_{冲}$ —— 冲洗水箱高度，m；

q —— 冲洗强度，L/（$m^2 \cdot s$）；

t —— 冲洗历时，min；

F' —— 冲洗水箱净面积，m^2；

f_2 —— 连通渠及斜边壁厚面积，m^2。

6.6.6　压力滤池

1）压力滤池宜采用钢结构，其内部结构与普通快滤池类似。

2）滤层厚度一般为 1.0～1.2 m。滤料应采用粗粒均匀级配滤料。

3）应采用大阻力配水系统。

4）周期运行末期水头损失允许值为 5～6 m。

5）应设置排空阀、压力表等。

6）压力滤池宜采用立式结构，其直径不宜大于 3 m。

7）压力滤池如需用于除乳化油，应设计成气水联合冲洗的压力滤器。将上层石英砂滤料更换为核桃壳滤料，即可成为除油过滤器。

6.6.7　转盘滤池

6.6.7.1　设计要点

1）进水水质 SS 宜小于 30 mg/L，瞬时 SS 不大于 80 mg/L，出水 SS 小于 5 mg/L。

2）滤布的平均滤速宜选用 7～10 m/h，短期可达 12 m/h。

3）峰值流量系数 1.1～1.4。

4）水流通过滤布水头损失 0.25～0.3 m。

5）反冲洗强度 300～350 L/（$m^2 \cdot s$），反冲洗时间一般为 1～2 min。

6.6.7.2　反冲洗

1）滤布过滤器反冲洗依靠控制滤布阻力，亦即池内水位，定时启动冲洗泵完成。

2）反冲洗压力根据管道阻力及滤布阻力等累加计算，一般为 5～6 kPa。

3）反冲洗过程为单组（单片或数片）逐组清洗，冲洗水量应满足单组转盘过滤面积和冲洗强度的乘积。

7　主要工艺设备和材料

7.1　滤料及承托层

1）滤料材料应根据处理污水的特性及要求决定，常用的有石英砂、无烟煤、陶粒和瓷砂等。

2）滤料粒径及不均匀系数、滤料厚度等可根据需要按 6.2.3 表 2 选择。

3）当滤池采用大阻力配水系统时，应增加承托层，其材料、粒径与厚度可按 6.3.3 表 3 采用。

7.2　风机、空压机、真空泵等

1）滤池反冲洗采用单一气冲及气水联合冲时所需空气的供应，宜采用鼓风机直接供气，中小型滤池亦可采用空压机—贮气罐组合方式供气。

2）鼓风机一般采用罗茨风机，其风量按 6.5.3.1 表 7 气冲洗滤池的供气强度及冲洗滤池面积计算；风压可按 6.5.3.1 式（10）、式（11）计算。

3）采用空压机供气应设贮气罐以稳定气压。空压机容量按 6.5.3.1 表 7 气冲洗滤池的供气强度及冲洗滤池面积计算或按 6.5.3.1 式（12）计算。空压机压力一般为 0.6 MPa。

4）虹吸管式双阀滤池的冲洗设备应采用真空系统，以控制虹吸进水管和虹吸排水管的运行，其吸气量按相关吸气管道容积计算。

7.3　冲洗水泵及水池

1）滤池反冲洗方式的单一水冲洗及气水联合冲洗的水供应设冲洗水泵。

2）冲洗水泵的流量按 6.5.2 表 6（单水冲洗滤池的反冲洗强度）及表 7（气水冲洗滤池的冲洗强度）及冲洗滤池面积计算。当同时有单水冲洗及气水联合冲洗时，水泵可合用，流量取上述计算值的较大值。

3）鸭舌阀式双阀滤池应适当提高冲洗强度、增大冲洗水量。

4）转盘过滤器反冲洗依靠控制滤布阻力，定时启动冲洗泵完成。冲洗泵流量由反冲洗强度[300～350 L/（m^2·s）]与转盘滤布面积计算；压力为滤布阻力与管道阻力之和（一般为 5～6 kPa）。

5）冲洗系统应根据冲洗水量设置冲洗水储水池，其容积可采用最大一次冲洗水量的 1.5 倍计算。

6）冲洗水箱（水塔、水柜）中水深不宜超过 3 m，并应在滤池冲洗间歇时间内充满，冲洗系统应有防止空气进入滤池的设施。冲洗水箱的容积宜为一次冲洗水量的 1.3～1.5 倍，水箱高度可按式（6）计算。

7.4　冲洗自控系统

1）鼓风机、空压机、真空泵系统均应安装超压泄气阀、稳压器、压力自控仪等仪表。

2）水泵冲洗系统均应安装有液位、水力损失仪、水质监控等仪表。

3）冲洗自控系统应设信息处理、时间程序控制微机控制系统。

7.5　滤池设置及管道

1）处理水量较大的滤池宜用钢筋混凝土结构，较小的滤池宜用钢结构。

2）单格滤池不宜过大。当滤池个数大于 6 个时，宜用双行排列，中间设置管廊及控制室。

3）为满足自控要求，阀门多采用电动蝶阀，小型的可采用电磁阀。

4）滤池连接管道工作压力不大，管道一般可采用低压焊接钢管。

8 检测与过程控制

8.1 采用过滤工艺的污水处理厂（站）正常运行检测的项目和周期应符合 CJJ 60 的规定，化验检测方法应符合 CJ/T 51 的规定。

8.2 过滤进出水 SS 及水头宜设置水质在线监测系统。

8.3 过滤工艺主要检测项目：进出水 SS、浊度、进出水水头，必要时进行氨氮、硝氮监测。

8.4 操作人员应经培训后持证上岗，并定期进行考核和抽检。操作人员应熟悉本标准规定的技术要求、单元过滤工艺的技术指标及过滤设施设备的运行要求，并按照过滤工艺的操作和维护规程做好值班记录。

8.5 检测人员应经培训后持证上岗，应定期进行考核和抽检。检测人员应定期检测进出水水质，对检测仪器、仪表进行校验。

8.6 过滤工艺的水质检测应由污水处理厂（站）化验室统一负责。

9 主要辅助工程

9.1 供电系统需保证足够的供电可靠性，并设置相应的继电保护装置。

9.2 设备选型应考虑污水处理工艺的环境条件，应选择抗腐蚀，性能稳定，安全可靠的产品。

9.3 构筑物宜按照二类防雷保护设计。

9.4 控制系统宜采用 IPC 和 PLC 组成的集散型监控系统，一般由中控室和 PLC 控制站组成。

10 劳动安全与职业卫生

10.1 生产过程应采取相应的措施，避免水环境、大气、噪声以及固体废弃物的二次污染。

10.2 供电系统应设置相应的保护措施，以降低由于断电、设备故障造成的影响。

10.3 污水处理厂（站）应建立健全安全生产规章制度，专人专职具体监督防范，以确保正常生产和工人的人身安全。

10.4 敞开式水池应设计安全栏杆及防滑扶梯，并配备救生衣及救生圈。

10.5 按消防的有关规定配备必要的消防装置，严格执行建筑防火规范，留有足够的防火距离。

10.6 电力设施的选型与保护按国家有关规定进行，露天电气设备的安全防护按国家现行的有关规定执行。

11 施工与验收

11.1 过滤工艺的施工与验收应符合 GB 50141、GB 50204 和 GB 50205 规定。

11.2 根据设计的进水水质、出水水质要求，检验相应的水质指标，如 COD、色度、油、SS、浊度等，并应提交相关检测报告。

12 运行与维护

12.1 一般规定

1）污水处理厂（站）的过滤单元设施的运行、维护及安全管理参照 CJJ 60 执行。

2）水质在线监测系统的运行维护应符合 HJ/T 355 的技术要求。

3）滤料需定期检查及更换不合格的零部件和易损件，定期翻罐清洗和补充，并及时检修滤头是否有损坏。翻洗周期在正常滤速下，一般为半年到一年。如发现过滤出水水质变差，则应提前进行翻洗。

4）应做好设备维修保养记录。

12.2 普通快滤池

1）多格滤池应并联使用，采用多格等速过滤、单格减速过滤的运行方式。

2）快滤池进水 SS 高于设计标准时，应及时调整进水流量。

3）初滤水应排空或返回至进水池。如初滤水较长时间不能达到出水水质要求，则应检修滤池或更换滤料。

4）运行时，当水头损失达到规定值时，应及时冲洗。

5）滤料应定期补充，补充的滤料应选用 d_{50} 粒径，或 d_{10}～d_{80} 的平均值。

6）水力冲洗强度及冲洗历时均应根据实际运行情况加以调整。

7）滤层表面滤料应粒度均匀，当出现粗滤料“泛出”现象时应及时检修配水系统。

8）快滤池阀门冬季应注意防冻，滤池不用时应将滤池水放空。

12.3 双阀滤池及翻板滤池

1）滤料及其级配可根据污水水质、悬浮物浓度做出适当的调整。

2）反冲洗应严格按照气水联合反冲洗的程序进行，并根据实际情况做出适当调整。

3）冲洗过程应排除附着在滤料上的小气泡才能进入过滤周期。

12.4 双层滤料滤池

1）当双层滤料滤池用于接触过滤时，应根据进出水水质的变化调节混凝剂投加量。

2）当原水碱度影响接触凝聚时，应考虑投加石灰等碱类，以调整碱度。

3）运行中应避免间歇运行和突然放大出水阀门。

12.5　V 形滤池

1）V 形滤池控制过程宜采用虹吸和闸阀自动控制，操作方式宜采用恒水位等速过滤，并通过调节出水系统阻力完成。

2）滤池虹吸管出水流量宜通过自动调节空气进入量控制虹吸管真空度，保持滤池水位恒定。

3）过滤时检测出水 SS 质量浓度，并以此调整滤速。

4）反冲洗时，观察横向水流能否带出水中悬浮物，对扫洗强度做适当调整。

5）根据实际进出水水质情况调整滤池气水反冲洗的强度及历时。

6）阀门控制系统可采用电动蝶阀控制和气动蝶阀控制。

7）出水阀的控制应由与滤池水位深度相关的信号系统控制。

8）滤池控制元件宜全部设置在控制柜内，并安装在管廊上部控制室。

12.6　重力式压力滤池

1）过滤时，观察排水井有无气泡逸出现象，相应调整配水渠进水速度或重新安装调整 U 形进水管。

2）出水 SS 质量浓度如较长时间达不到要求值，应反冲洗使之重新形成级配或更换滤料。

3）过滤阻力达到限值需要反冲洗时（将要形成虹吸时），虹吸下降管跑水又较长时间不能形成虹吸，此时应采用强制虹吸冲洗，并检修虹吸管。

4）应检查并调整排水井安装深度，避免影响冲洗强度。

5）应检查排水井水封深度，以保证形成良好的虹吸。

6）调整滤池上部虹吸破坏小斗的高度，以满足冲洗水量、冲洗历时的要求。

7）定期（半年到一年）翻洗滤料，并及时检修滤头。如发现过滤出水水质变差，应提前进行翻洗。

12.7　压力滤池

1）调整进水阀达到设计出水流量，如出水水质较差，应适当调小进水阀门。

2）开始过滤进水时，应首先打开滤池顶部排气阀排气。

3）初滤水应放空。

4）根据进出水管压力差确定反冲洗周期。

5）反冲洗时调整反冲洗管进水阀门以达到合适的冲洗强度。

6）压力滤池用于含油废水处理时，反冲洗时应先排水，使水面降到滤层表面上 20～30 cm；打开气冲装置，达到规定时间后关气；再进行水冲。

7）滤料应定期翻罐清洗，并作适当补充。补充的滤料粒径相当于原滤料的 d_{50}。

8）安全阀应定期检修调整，其额定压力应比过滤器的工作压力大 0.05 MPa。

12.8　转盘过滤器

1）调整滤池水位到设计低水位。

2）调整出水泵阀门到设计出水流量，如出水水质较差，应适当调小出水阀门。

3）水泵启动初期适当排气，初期滤后出水回流至转盘滤池。

4）滤池水位达到高值，水泵反冲控制系统自动启动，调整反冲洗泵阀门达到设计强度要求，并按设计要求设置冲洗时间及冲洗周期。

5）定期检查滤布的损坏情况，如发现出水水质突然变差，首先要检查滤布有无破损。

6）定期检查水位控制系统与水泵耦合系统的配合性和灵敏度。

中华人民共和国国家环境保护标准

酿造工业废水治理工程技术规范

Technical specifications for brewing industry wastewater treatment

HJ 575—2010

前　言

为贯彻《中华人民共和国环境保护法》和《中华人民共和国水污染防治法》，防止酿造工业废水污染，规范酿造工业废水治理工程设施建设和运行管理，防止环境污染，保护环境和人体健康，制定本标准。

本标准规定了酿造工业废水治理工程的技术要求。

本标准由环境保护部科技标准司组织制定。

本标准起草单位：中国环境保护产业协会（水污染治理委员会）、天津市环境保护科学研究院、北京市环境保护科学研究院。

本标准环境保护部 2010 年 10 月 12 日批准。

本标准自 2011 年 1 月 1 日起实施。

本标准由环境保护部解释。

1　适用范围

本标准规定了酿造工业废水治理工程的污染负荷、总体要求、工艺设计、设计参数与技术要求、工艺设备与材料、检测与过程控制、构筑物及辅助工程、劳动安全与职业卫生、施工与验收、运行与维护等技术要求。

本标准适用于酿造工业废水治理工程建设全过程的环境管理，可作为项目环境影响评价，工程的可行性研究、设计、施工、竣工、环境保护验收以及设施建成后运行等环境管理的技术依据。

2　规范性引用文件

本标准内容引用了下列文件中的条款。凡是不注日期的引用文件，其有效版本适用本标准。

GB 3836.1～17　爆炸性气体环境用电气设备

GB 8978　污水综合排放标准

GB 12348　工业企业厂界噪声标准
GB/T 12801　生产过程安全卫生要求总则
HJ 493—2009　水质采样　样品的保存和管理技术规定
GB 14554　恶臭污染物排放标准
GB 50011　建筑抗震设计规范
GB 50014　室外排水设计规范
GB 50015　建筑给水排水设计规范
GB 50016　建筑设计防火规范
GB 50040　动力机器基础设计规范
GB 50046　工业建筑防腐蚀设计规范
GB 50052　供配电系统设计规范
GB 50053　10 kV 及以下变电所设计规范
GB 50054　低压配电设计规范
GB 50057　建筑物防雷设计规范
GB 50069　给水排水工程构筑物结构设计规范
GB 50194　建设工程施工现场供用电安全规范
GB 50222　建筑内部装修设计防火规范
GB/T 18883　室内空气质量标准
GB/T 18920　城市污水再生利用　城市杂用水水质
GBJ 19　工业企业采暖通风及空气调节设计规范
GBJ 22　厂矿道路设计规范
GBJ 87　工业企业厂界噪声控制设计规范
GBZ 1　工业企业设计卫生标准
CJJ 31—89　城镇污水处理厂附属建筑和附属设备设计标准
CJJ 60　污水处理厂运行、维护及其安全技术规程
HJ/T 91　地表水和污水监测技术规范
HJ/T 242　环境保护产品技术要求　污泥脱水用带式压榨过滤机
HJ/T 245　环境保护产品技术要求　悬挂式填料
HJ/T 246　环境保护产品技术要求　悬浮填料
HJ/T 247　环境保护产品技术要求　竖轴式机械表面曝气装置
HJ/T 250　环境保护产品技术要求　旋转式细格栅
HJ/T 251　环境保护产品技术要求　罗茨鼓风机
HJ/T 252　环境保护产品技术要求　中、微孔曝气器
HJ/T 259　环境保护产品技术要求　转刷曝气装置
HJ/T 260　环境保护产品技术要求　鼓风式潜水曝气机
HJ/T 262　环境保护产品技术要求　格栅除污机

HJ/T 263　环境保护产品技术要求　射流曝气器
HJ/T 277　环境保护产品技术要求　旋转式滗水器
HJ/T 278　环境保护产品技术要求　单级高速曝气离心鼓风机
HJ/T 279　环境保护产品技术要求　推流式潜水搅拌机
HJ/T 280　环境保护产品技术要求　转盘曝气装置
HJ/T 281　环境保护产品技术要求　散流式曝气器
HJ/T 283　环境保护产品技术要求　厢式压滤机和板框压滤机
HJ/T 335　环境保护产品技术要求　污泥浓缩带式脱水一体机
HJ/T 336　环境保护产品技术要求　潜水排污泵
HJ/T 369　环境保护产品技术要求　水处理用加药装置
NY/T 1220.1　沼气工程技术规范　第 1 部分：工艺设计
NY/T 1220.2　沼气工程技术规范　第 2 部分：供气设计
《建设项目（工程）竣工验收办法》（国家计委　计建设[1990]215 号）
《建设项目环境保护竣工验收管理办法》（国家环境保护总局令　第 13 号）

3　术语和定义

3.1　酿造　brewing

指利用微生物或酶的发酵作用将农产品原料制成风味食品饮料的过程。

3.2　酿造工业　brewing industry

指食品工业中从事啤酒、白酒、黄酒、葡萄酒、酒精等酒类和醋、酱、酱油等调味品制造的工业行业。

3.3　酿造废水　brewing wastewater

指酿造工业排放的生产废水，以及固体、半固体废弃物和废液等综合利用时产生的废渣水。

酿造过程中特定生产工艺的某一生产工序排放的尚未与其他废水混合的废水称为酿造工艺废水 （brewing process wastewater）。

酿造产品生产过程中排放的各类废水的混合废水称为酿造综合废水（brewing comprehensive wastewater）。

酿造废水根据酿造产品的不同，可分为啤酒废水、白酒废水、黄酒废水、葡萄酒废水、酒精废水等，以及制醋废水、制酱废水和制酱油废水等。

3.4　洗涤废水　washing wastewater

指清洗酿造产品包装瓶、糖化锅、发酵罐等容器及管路时产生的废水。

3.5　锅底水　bottom pot water

指白酒生产中蒸酒工序产生的蒸煮锅底残液。

4 污染负荷

4.1 废水收集

4.1.1 酿造废水应遵循“清污分流，浓淡分家”的原则，根据污染物浓度进行分类收集。

4.1.2 酿造废水可参照表 1 的规定进行收集。

表 1 酿造废水分类收集要求

产品种类	需单独收集并进行回收处理或预处理的高浓度工艺废水	可混合收集并进行集中处理的中低浓度工艺废水
啤酒	麦糟滤液，废酵母滤液，容器管路一次洗涤废水	浸麦、容器管路洗涤废水、冷却等废水
白酒	锅底水、黄水、一次洗锅水	原料浸泡废水，容器管路洗涤废水、冷凝水
黄酒	米浆水（包括浸米水）、一次冲米水、酒糟滤液、洗带糟坛水等	洗滤布水、过滤水、淘米水、杀菌水、容器管路洗涤废水
葡萄酒	糟渣滤液、蒸馏残液，一次洗罐水	容器管路洗涤废水等
酒精	废醪液、酒精糟滤液、一次洗罐水	原料浸泡水、酒精糟蒸馏水、酒精蒸馏及 DDGS 蒸发冷凝水、容器管路洗涤废水等
酱油等	发酵滤液，一次洗罐水	原料浸泡水，洗罐和包装容器管路洗涤废水
注：高浓度工艺废水也包括酒糟渣液经固液分离综合利用后排出的滤液。综合利用或预处理后，其处理出水可混入综合废水。		

4.2 污染负荷

4.2.1 确定酿造废水的污染负荷应符合以下规定：

（1）各个生产工序排放的各种工艺废水应逐一进行废水排放量测量和水质取样化验；

（2）在工厂废水排放总口对综合废水排放总量和废水水质进行实际测量和取样化验；

（3）根据实际测量和检测取得的数据，分别计算各个生产工序的污染负荷和工厂排放总口的污染总负荷。

4.2.2 酿造废水也可根据生产实际进行物料平衡和水平衡测试确定污染负荷。

4.2.3 酿造废水排放量测量和水质取样化验应符合 HJ/T 91 的要求。

4.2.4 新建的酿造废水治理工程，可类比现有同等生产规模和相同生产工艺酿造工厂的排放数据确定酿造废水污染负荷。

4.2.5 在无法取得污染数据时，可参照表 2 中的数据取值。

表 2　各类酿造废水的污染负荷

产品种类	废水种类	单位产品废水产生量/(m^3/t)	废水中各类污染物的质量浓度						备注
			pH 值	COD/(mg/L)	BOD_5/(mg/L)	NH_3-N/(mg/L)	TN/(mg/L)	TP/(mg/L)	
啤酒	高浓度废水	0.2～0.6	4.0～5.0	20 000～40 000	9 000～26 000	—	280～385	5～7	
	综合废水	4～12	5.0～6.0	1 500～2 500	900～1 500	90～170	125～250	5～8	
白酒	高浓度废水	3～6	3.5～4.5	10 000～100 000	6 000～70 000	—	230～1 000	160～700	
	综合废水	48～63	4.0～6.0	4 300～6 500	2 500～4 000	30～45	80～150	20～120	
黄酒	高浓度废水	0.2～0.8	3.5～7.0	9 000～60 000	8 000～40 000	—	—	—	
	综合废水	4～14	5.0～7.5	1 500～5 000	1 000～3 500	30～35	—	—	
葡萄酒	高浓度废水	0.2～0.4	6.0～6.5	3 000～5 000	2 000～3 500	—	—	—	白兰地与其他果酒
	综合废水	4～10	6.5～7.5	1 700～2 200	1 000～1 500	10～25	—	—	
酒精	高浓度废水	7～12	3.0～4.5	70 000～150 000	30 000～65 000	80～250	1 000～10 000	—	糖蜜为原料
	高浓度废水	2～5	3.5～5.0	30 000～65 000	20 000～40 000	—	2 800～3 200	200～500	玉米与薯类为原料
	综合废水	18～35	5.0～7.0	14 000～28 500	8 000～17 000	20～36	—	—	
酱油、酱、醋	高浓度废水	0.3～1.0	6.0～7.5	3 000～6 000	1 400～2 500	—	300～1 500	60～350	盐 1%～5% 色度 80～300
	综合废水	1.8～2.8	7.0～8.0	250～550	120～300	—	30～150	15～30	

注：1. 高浓度废水指表 1 列举的各类高浓度工艺废水的混合废水。

2. 综合废水指表 1 列举的各类中、低浓度工艺废水的混合废水，以及高浓度工艺废水经厌氧预处理后排出的消化液和生产厂家自身排放的生活污水等。

3. 本表中的污染物负荷数据是根据《第一次全国污染源普查工业污染源排污系数手册》和酿造工业污染物排放实际情况综合评估给出，仅供在工程设计前无法取得实际测试数据时参考。

4.3 水量和水质的设计参数确定

4.3.1 设计水量和进水水质等设计参数应根据污染负荷的加权统计数据确定，或类比同等同类工厂确定。

4.3.2 酿造综合废水治理设施的出水水质，应根据当地人民政府环境保护行政主管部门的环境管理要求和处理出水排放去向，选择适用的排放标准，如GB 8978、相关地方排放标准和酿造行业污染排放标准等，并符合标准的规定。

4.3.3 本标准的技术基础支持酿造废水污染治理设施的处理出水满足 GB 8978 一级（B）标准规定的各项水质限值。当排放要求严于GB 8978的规定时，可调整废水处理工艺流程、增加处理单元。

4.3.4 设计水量、设计水质的取值宜在污染负荷原数值上增加设计裕量。处理出水的各项水质指标的运行控制值宜低于相应排放标准限值的10%～20%。

5 总体要求

5.1 一般规定

5.1.1 酿造废水治理工程设计除应遵守本标准外，还应符合国家现行的有关标准和技术规范的规定。

5.1.2 酿造生产工序排放的酒糟、废酵母、废硅藻土等固体物和废渣水严禁直接混入综合废水处理设施，应另行进行综合利用或减量化与无害化处理处置。

5.2 项目构成

5.2.1 酿造废水处理厂（站）的工程项目主要由废水处理构（建）筑物与设备、辅助工程和配套设施等构成。

5.2.2 废水处理构（建）筑物与设备包括：前处理、厌氧处理、好氧处理、沼气处置与利用、污泥处理、恶臭处理、排放与监测、废水回用等单元。

5.2.3 辅助工程和配套设施包括：厂（站）区道路、围墙、绿地工程，独立的供电工程和供排水工程等；专用的化验室、控制室、仓库、修理车间等工程和办公室、休息室、浴室、食堂、卫生间等生活设施。

5.2.4 废水处理厂（站）应按照国家和地方的有关规定设置规范化排污口。

5.3 建设规模

5.3.1 酿造废水治理工程的建设规模以处理设施每日处理的综合废水量（m^3/d）计。

5.3.2 酿造废水治理工程的建设规模按以下规则分类：

——小型酿造废水治理工程的日处理能力＜1 000 m^3/d；

——中型酿造废水治理工程的日处理能力 1 000～3 000 m^3/d；

——大型酿造废水治理工程的日处理能力 3 000～10 000 m^3/d；

——特大型酿造废水治理工程的日处理能力≥10 000 m^3/d。

5.3.3 应根据建设规模确定酿造废水治理工程的建设要求，并符合表3的规定。

表 3　酿造废水治理工程建设要求

酿造废水治理工程建设规模	废水治理工程主体构（建）筑物与设备	废水治理工程一般构（建）筑物与设备	厂站辅助工程	厂站配套设施
小型	按规范设计建设	根据需要选择	—	—
中型	按规范设计建设	根据需要选择	—	—
大型	按规范设计建设	按规范设计建设	根据需要选择	—
特大型	按规范设计建设	按规范设计建设	按规范设计建设	根据需要选择

注：1. 本表中的“规范”指本标准、CJJ 31—89 和 GB 50014。
2. “一般构（建）筑物与设备”指废水处理构（建）筑物与设备中生物处理以外的构（建）筑物。

5.4　厂（站）选址和总平面布置

5.4.1　大型和特大型新建酿造废水治理工程选址应符合 GB 50014 中的相关规定。

5.4.2　工程的平面布置应布局合理、节约用地；高程设计应降低水头损失，减少提升次数。

5.4.3　工程宜按双系列布置，构筑物及设备之间应留有一定空间。

5.4.4　废水处理厂（站）周围可根据场地条件进行适当的绿化或设置隔离带。

5.4.5　沼气利用等需要防火防爆的设施应设置在相对独立的区域，并考虑一定的防护距离。

6　工艺设计

6.1　酿造废水污染治理技术路线

6.1.1　依靠先进的管理技术、实用的治理技术和资源综合利用技术，实现全过程控制。

（1）贯彻全过程控制，从源头削减污染负荷，控制污染物的产生并减少排放；

（2）优先采用处理效率高、节省建设投资的处理工艺，追求运行费用、能耗、物耗最小化；

（3）保证酿造废水治理设施稳定达标、可靠、安全运行，且易于操作和维护；

（4）保证处理工艺流程完整，不减少处理单元、简化工程设计、缺省污染治理工程，工程设计应按照当地环境保护管理要求设置在线监测系统；

（5）重视防治二次污染，工程设计应考虑生产事故等非正常工况的污染防治应急措施。

6.1.2　实行清洁生产，加强生产工艺的用水管理和排放管理，减少废水产生量和排放量。

（1）加强对冷却水和冲洗水等低浓度工艺废水的循环利用和工艺套用；

（2）冲洗罐、釜、槽、坛、瓶等设备、容器和管路时，应采用“少量、多次”的冲洗方法或逆流漂洗方法；

（3）浓度高的酸性废液和碱性废液应单独收集并处置，不得形成冲击性排放；

（4）尽可能利用酸性工艺废水与碱性工艺废水之间的酸碱度实现废水的自然中和，并使混合后形成的综合废水的 pH 符合系统进水要求。

6.1.3　采取削减有机污染负荷的工艺废水单独收集、处理措施，控制综合废水处理系统的进水水质。

（1）含有大量固体物质（糟渣、酵母）的固态、半固态污染物应单独收集并回收处理；

（2）浓度较高且具有资源回收价值的工艺废水应单独收集并优先进行回收处理；

（3）浓度较高，但没有资源回收价值且超出综合废水集中处理系统进水要求的工艺废水应分别收集，在混入综合废水之前应进行污染负荷削减的处理；

（4）回收处理产生的尾水如污染物浓度仍较高，宜经过预处理后再混入综合废水进行集中处理；

（5）符合综合废水集中处理系统进水要求的工艺废水，应直接混入综合废水进行集中处理；

（6）酸性、碱性洗水应优先用于综合废水的 pH 调整，或经过中和处理后混入综合废水进行集中处理；

（7）数量少、非间歇排放，或不易分别收集的高浓度工艺废水（如啤酒行业的麦糟滤液、废酵母滤液、一次洗涤水等），在不影响综合废水处理系统进水水质要求的前提下，宜直接混入综合废水集中处理。

6.1.4　酿造废水总体上应采取“资源回收—厌氧生物处理—生物脱氮除磷处理—回用或排放”的分散与集中相结合的综合治理技术路线，其各部分的技术选用原则如下：

（1）资源回收一般采用固液分离、干燥等处理技术；

（2）厌氧生物处理宜采用两级厌氧处理技术，其中，一级厌氧发酵处理针对高浓度有机废水和废渣水，二级厌氧消化处理针对酿造综合废水；

（3）生物脱氮除磷处理一般采用“厌氧+缺氧+好氧+二沉/过滤”的污水活性污泥处理技术；

（4）废水回用的深度处理宜采用凝聚、过滤、膜分离等物化处理技术；

（5）污染负荷较低的啤酒等行业的酿造综合废水，宜采用一级厌氧生物处理；当两级厌氧生物处理不能满足酿造综合废水的处理要求时，应组合不同厌氧处理技术形成“多级厌氧”的厌氧组合工艺；

（6）资源回收产生的滤液、生物处理产生的剩余污泥、厌氧处理产生的沼气、沼液和沼渣，均应妥善处置和利用。

6.2　酿造废水污染治理工艺流程组合

6.2.1　各类酿造制品产生的工艺废水的水质差异较大，应结合生产实际，根据废水水质、污染性质和污染物浓度，决定资源回收的需要，选择厌氧生物处理的级数，优化酿造综合废水污染治理工艺流程和适宜的废水处理单元技术。

6.2.2　酿造废水污染治理工艺流程组合总框架图。

针对某一特定酿造废水进行工艺设计时，应依据图 1 进行有取舍的专门设计。

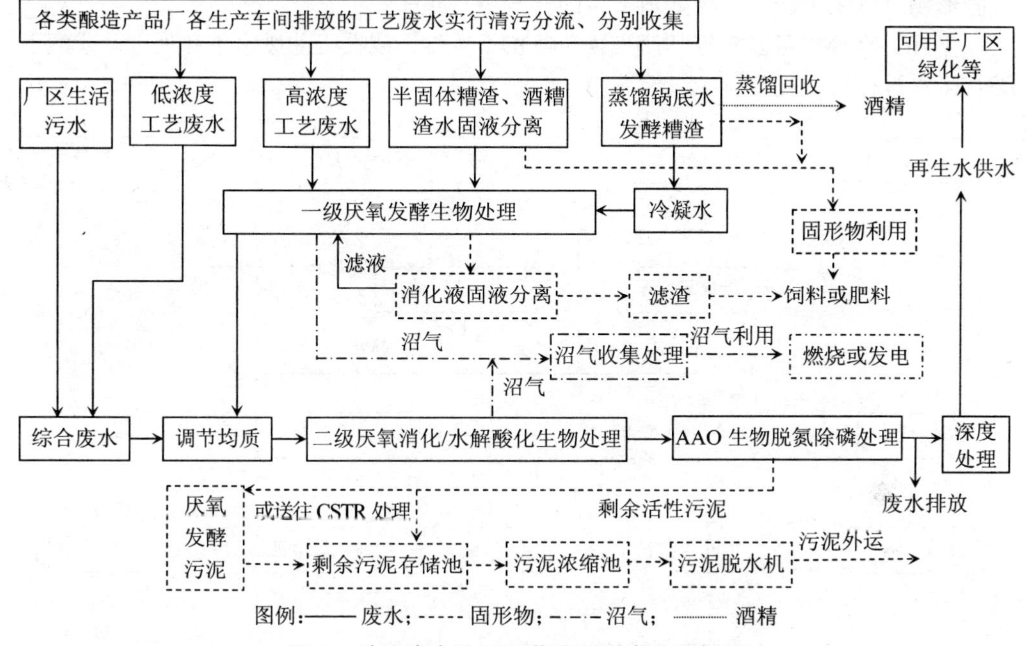

图 1　酿造废水治理工艺流程组合总框架图

6.3　废水的资源回收与循环利用

6.3.1　固形物回收。

固形物回收处理工艺流程见图 2。

（1）各类酒糟、葡萄酒渣和白酒锅底水等宜采用“蒸馏”工艺优先回收酒精；

（2）啤酒废水应回收麦糟和酵母，酵母废水和麦糟液应采取“离心”或“压榨”或“过滤”等固液分离方法回收酵母和麦糟并干燥制成饲料；

（3）采用固态发酵的白酒和酒精行业应回收固体酒糟，应采用“压榨+干燥”等工艺制高蛋白饲料；

（4）半固态发酵工艺产生的酒糟渣水，可采用“过滤+离心/压榨+干燥”工艺制高蛋白饲料；

（5）液态发酵工艺产生的废醪液，尤其是以糖蜜为原料的酒精废醪液，宜采用“蒸发/浓缩+干燥/焚烧”工艺制有机肥或无机肥；

（6）悬浮物浓度较高的工艺废水（如一次洗水），宜采用“混凝+气浮/沉淀”工艺进行固液分离，固形物经干燥，可回收利用制作饲料；

（7）葡萄渣皮、酒泥等经发酵可回收利用制成肥料；

（8）各类酒糟、酒糟渣水如不适宜回收饲料、肥料，可采取厌氧发酵技术集中回收沼气能源，沼气可替代酿造工厂燃煤的动力消耗；

（9）回收固形物产生的压榨滤液应送往一级厌氧反应器进行处理，湿酒糟等含水固形物可以采用厌氧生物处理产生的沼气进行烘干；

（10）冷凝水可以根据其污染物（COD）浓度，或按工艺废水单独处理，或混入综合废水进行集中处理。

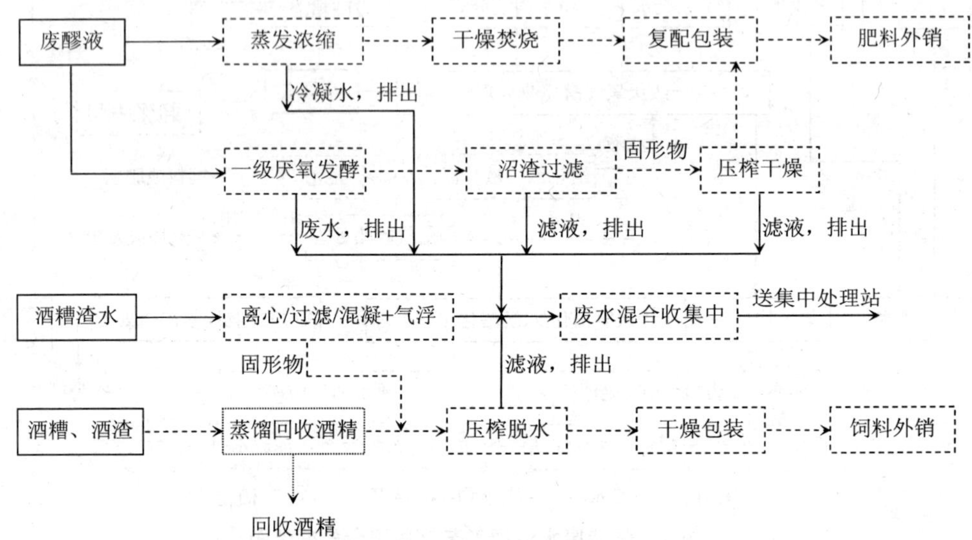

图 2　固形物回收处理工艺流程图

6.3.2　废水循环利用。

适宜循环利用的低浓度工艺废水的 COD 一般不超过 100 mg/L。此类废水的循环利用途径和方法如图 3 所示：

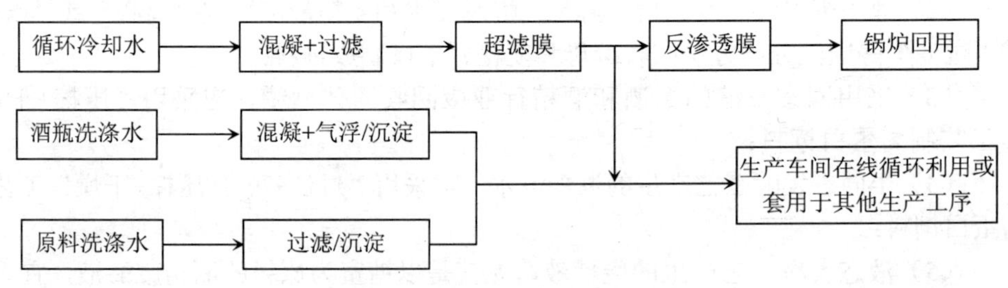

图 3　低浓度工艺废水循环利用工艺流程图

（1）冷却水宜采用“混凝+过滤+膜分离（除盐）”工艺进行循环处理，加强循环利用，提高浓缩倍数，减少新鲜水补充量和废水排放量；

（2）酒瓶洗涤废水宜通过采用“混凝+气浮/沉淀”或“过滤+膜分离”工艺的在

线处理，实现闭路循环；

（3）原料洗涤废水宜采用“过滤/沉淀”工艺实现循环利用或套用于其他生产工序。

6.3.3 污染物浓度较高的原料浸泡水、容器冲洗的一次洗水和蒸发、蒸馏的冷凝水不宜于循环利用，应混入综合废水进行集中处理。

6.3.4 酿造行业各类高浓度工艺废水选用回收处理技术和循环利用技术时，应进行处理工艺试验和技术经济比较。

6.4 高浓度工艺废水的一级厌氧发酵处理

6.4.1 一般规定。

6.4.1.1 污染物浓度超过综合废水集中处理系统进水要求的各类高浓度工艺废水和回收固形物产生的各种滤液（酒糟压榨清液或废醪液的滤液），应单独收集并进行削减污染负荷的一级厌氧发酵处理，符合综合废水处理系统的进水要求后方可混入综合废水。

6.4.1.2 对计划混入综合废水的各股工艺废水应测算其 COD 总量，根据其对综合废水进水水质和处理出水稳定达标可能造成的潜在影响，确定其污染负荷削减程度，或确定其是否需要采取一级厌氧发酵处理措施以削减污染负荷。

6.4.1.3 一级厌氧发酵处理应优先采用完全混合式厌氧发酵反应器（CSTR），也可以采用其他厌氧生物处理技术；厌氧生物处理宜根据污水悬浮物的浓度、自然气候条件和污水特性，以及与后续综合废水处理使用的相关厌氧工艺的匹配性，确定适宜的厌氧反应器。

6.4.1.4 当厌氧生物处理对进水悬浮固体（SS）浓度有要求时，宜采用物化处理工艺进行预处理；混凝剂和助凝剂的选择和加药量应通过试验筛选和确定，同时应考虑药剂对厌氧处理和综合废水集中处理系统中微生物的影响。

6.4.2 一级厌氧发酵处理。

6.4.2.1 作为一级厌氧发酵处理，可供选择的厌氧反应器包括：完全混合式厌氧反应器（CSTR）、升流式厌氧污泥床（UASB）、厌氧颗粒污泥膨胀床（EGSB）、气提式内循环厌氧反应器（IC）等技术。

6.4.2.2 薯类酒精和糖蜜酒精的废醪液、黄酒的浸米水和洗米水、白酒的锅底水和黄水、葡萄酒渣水，以及上述酒类生产设备的一次洗水和酒糟等固形物回收的压榨滤液等高浓度有机物、高浓度悬浮物的工艺废水，应优先选用“完全混合式厌氧反应器（CSTR）”。

6.4.2.3 玉米、小麦酒精，啤酒、酱、酱油、醋等行业的高浓度工艺废水，可以选用厌氧颗粒污泥膨胀床（EGSB）等类型的厌氧反应器，或者选用“混凝+气浮/沉淀+厌氧”的“物化+生化”的组合处理技术。

6.4.3 高浓度工艺废水一级厌氧发酵处理工艺流程如图 4 所示。

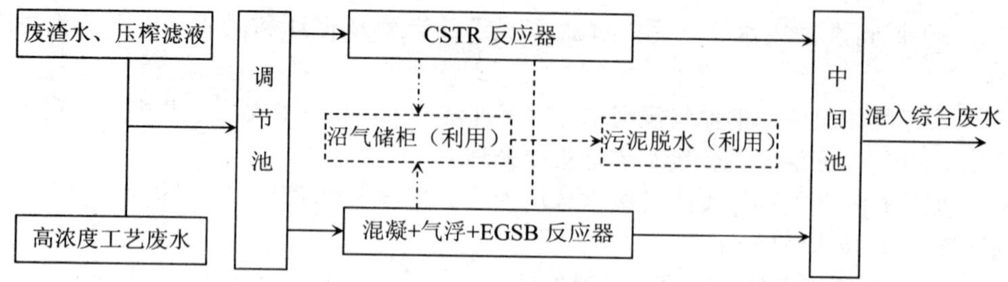

图 4　高浓度工艺废水一级厌氧发酵处理工艺流程图

6.4.4　各类高浓度工艺废水进入一级厌氧发酵处理系统前，应对进水水质进行必要的调整，使水温、pH、SS、SO_4^{2-}等指标满足厌氧生化反应的要求。

6.4.5　一级厌氧处理出水的 COD 应符合酿造综合废水集中处理系统中二级厌氧处理的进水要求。

6.4.6　一级厌氧处理的设计参数应根据废水处理工艺试验确定，应考虑与后续集中处理的衔接。

6.5　综合废水的集中处理

6.5.1　酿造综合废水集中处理应根据进水水质和排放要求，采用“前处理+厌氧消化处理+生物脱氮除磷处理+污泥处理”的单元组合工艺流程。

6.5.2　前处理。

6.5.2.1　前处理包括中和、匀质（调节）、拦污、混凝、气浮/沉淀等处理单元。其中，匀质（调节）处理单元是必选的前处理单元技术，其他前处理单元技术的取舍应根据综合废水的水质特性和设施建设要求确定。

6.5.2.2　酿造废水的 pH 调节应尽可能依靠各类工艺废水与酸、碱废水混合后的自然中和，混合后废水的 pH 值如仍不符合进水要求，可以利用废碱液进行中和。

6.5.2.3　前处理工艺流程图如图 5 所示。

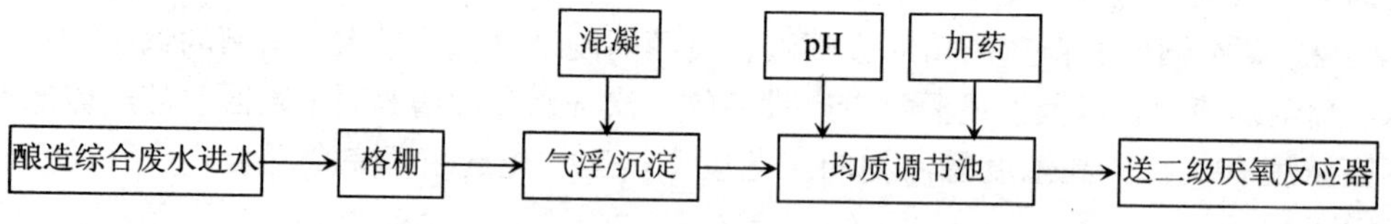

图 5　综合废水前处理系统工艺流程图

6.5.3　二级厌氧消化处理

6.5.3.1　相对于高浓度工艺废水厌氧预处理，酿造综合废水处理的厌氧系统是二级厌氧消化处理。

6.5.3.2 “二级厌氧消化处理”适用于处理高浓度工艺废水的一级厌氧处理出水，也适于直接处理啤酒、葡萄酒、酱、酱油、醋等酿造制品的酿造综合废水。

6.5.3.3 采用“二级厌氧消化处理”工艺应根据系统的进水水质选择适宜的厌氧反应器。

6.5.3.4 二级厌氧消化处理工艺流程如图6所示。

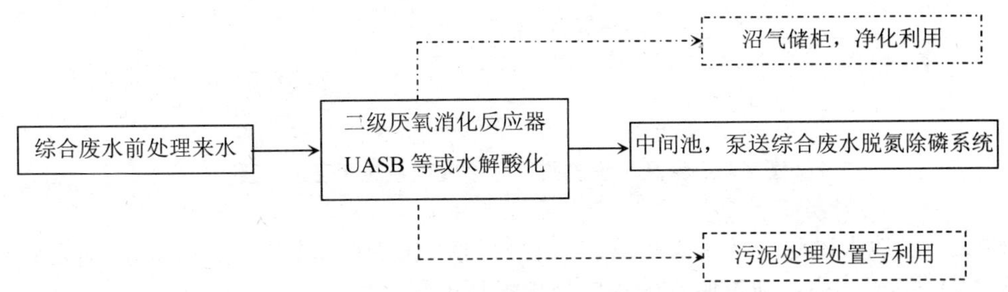

图6 二级厌氧消化处理系统工艺流程图

6.5.4 生物脱氮除磷处理

6.5.4.1 酿造综合废水的生物脱氮除磷处理系统包括：厌氧段（除磷时）、缺氧段（脱氮时）、好氧曝气反应池、二沉池等，宜根据有机碳、氮、磷等污染物去除要求，选择相关处理单元技术。

6.5.4.2 可选用缺氧/好氧法（A/O）、厌氧/缺氧/好氧法（A/A/O）、序批式活性污泥法（SBR）、氧化沟法、膜生物反应器法（MBR）等活性污泥法污水处理技术，也可选用接触氧化法、曝气生物滤池法（BAF）和好氧流化床法等生物膜法污水处理技术。

6.5.4.3 综合废水的污染负荷超过系统进水要求时，应通过调节厌氧处理效率、增加厌氧或好氧的级数等措施削减污染物；废水性质（B/C、C/N等）不符合进水要求时，应采取技术措施调整或者增加化学法高级氧化处理单元。

6.5.4.4 综合废水中含有较高的氮、磷污染物时，应选用具有较高脱氮除磷功能的兼氧工艺：

（1）脱氮处理时，可采用“缺氧/好氧”工艺；

（2）需要进行除磷脱氮处理时，应采用“厌氧/缺氧/好氧”工艺，也可根据废水水质情况采用化学除磷方法。

6.5.4.5 中型以上规模处理设施的二沉池宜采用辐流式，小规模的二沉池宜采用竖流式沉淀池。

6.5.4.6 生物脱氮除磷处理工艺流程如图7所示。

6.6 深度处理

6.6.1 一般规定

6.6.1.1 酿造综合废水需要回用时，应根据回用途径在综合废水二级生化处理出水的基础上进行深度处理。

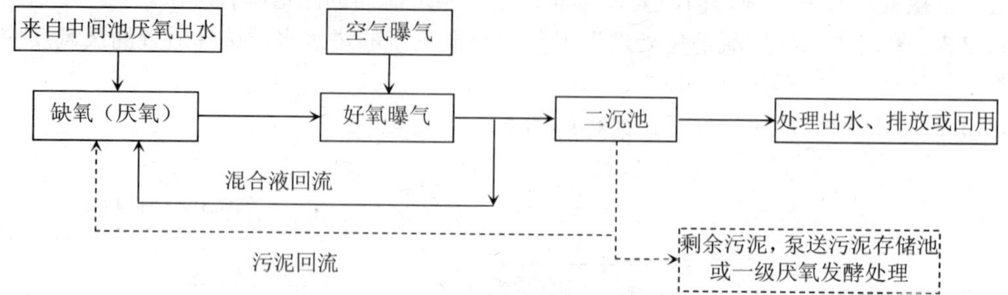

图 7　综合废水生物脱氮除磷处理系统工艺流程图

6.6.1.2　当地人民政府环境保护行政主管部门对酿造废水排放有更高要求时[达到一级（A）标准]，也可通过废水的深度处理提高出水水质。

6.6.1.3　深度处理工艺技术的选用，应进行处理工艺试验，并进行技术经济比较后确定。

6.6.1.4　深度处理出水宜优先选择作为厂区绿地浇灌和景观用水等回用途径，也可回用于冲洗水、原料洗涤水和浸泡水等水质要求不高的酿造产品生产工艺。

6.6.1.5　应根据回用途径确定相应的回用水水质标准，但最低用水要求不得低于 GB/T 18920 的规定。

6.6.2　工艺组合

6.6.2.1　深度处理可采用完全物化工艺，如“混凝+沉淀”，或“混凝+气浮+吸附”，或“高级氧化”，或“膜分离”工艺；也可采用“生化+物化”的单元组合工艺，如“膜生物反应器（MBR）”或“曝气生物滤池（BAF）+过滤”等。

6.6.2.2　对水质要求不高的生产工艺用水或绿化用水等一般性回用处理可选择混凝沉淀、混凝气浮和高效过滤等单元技术或单元技术组合流程。

6.6.2.3　涉及酿造工艺控制用水的回用水处理应采用吸附处理、高级氧化处理、膜分离处理等单元技术或单元技术组合流程。

6.7　污泥处理

6.7.1　酿造综合废水的污泥处理包括污泥浓缩、污泥脱水、污泥处置等处理单元。

6.7.2　污泥浓缩宜采用浓缩池工艺，也可以采用机械浓缩工艺。

6.7.3　污泥脱水可根据污泥产生量选用离心机、板框压滤机或带式压榨过滤机。

6.7.4　污泥的处置途径

（1）一级厌氧采用完全混合厌氧反应器（CSTR）的情况下，好氧污泥经浓缩后可以送往完全混合厌氧反应器（CSTR）进行厌氧消化处理；

（2）脱水的厌氧消化污泥堆肥烘干后可以作为肥料利用；

（3）脱水污泥无利用途径时应送往指定的垃圾填埋场进行填埋处置；

（4）洗瓶废水沉淀产生的化学污泥脱水处理后宜送往动力锅炉与煤混烧处置。

6.8 沼气利用

6.8.1 厌氧处理的沼气利用系统包括：沼气贮存柜、沼气净化器、沼气燃烧/换热器等。大型沼气利用系统应包括沼气锅炉、沼气发电机等。

6.8.2 大型和特大型规模的酿造废水治理设施，其厌氧产生的沼气宜进行发电利用，达到一定发电规模时应鼓励沼气电并入电网。替代和补偿酿造工业生产及废水治理设施的自用电力时，宜遵循“以沼定电”、“尽产尽用”的原则。

6.8.3 中、小型规模的酿造废水治理设施应结合生产实际情况进行沼气利用，如用于厌氧换热的热源、回收固形物的干燥，或作为补充燃料供给动力锅炉直接燃烧，或设置火炬以排空燃烧，不得将沼气以直排方式排放。

6.8.4 宜根据沼气利用途径，对沼气进行脱硫和脱水的净化处理。脱硫宜采用装填脱硫剂的脱硫塔净化法或生物脱硫法。

6.9 二次污染防治

6.9.1 恶臭治理

6.9.1.1 格栅间、调节池、水解酸化池、生物处理池、污泥储池、污泥脱水处理间等位置应设置臭气收集装置，并进行除臭处理。

6.9.1.2 大型和特大型酿造废水处理厂（站）的构筑物宜采取密闭收集措施。

6.9.1.3 除臭工艺宜采用物理、化学和生物法相结合的组合技术，常用的除臭工艺包括：吸附、臭氧氧化或光催化氧化、碱吸收、生物吸附或生物过滤等。

6.9.1.4 废水处理设施的恶臭气体排放浓度应符合 GB 14554 的规定。

6.9.1.5 酿造工厂排放的各类废渣应堆放在密闭车间，并设置废气收集、处理装置。可采取喷洒化学药剂、生物制剂的方法进行除臭。

6.9.2 噪声和振动防治

6.9.2.1 应采取隔声、消声、绿化等降低噪声的措施，厂界噪声应达到 GB 12348 的规定。

6.9.2.2 设备间、鼓风机房的噪声和振动控制的设计应符合 GB 50040 和 GBJ 87 的规定。

6.9.2.3 设备间应具有良好的隔声和消声设计，选用性能良好的声学材料进行防护。

6.9.2.4 机械设备的安装应考虑隔振、隔声、消声等噪声和振动控制措施，特大噪声发生源，如鼓风机和水泵等应专门配置消声装置。

6.10 事故与应急处理

6.10.1 酿造废水处理设施应单独设置事故池。调节池不得作为事故池使用。发生事故时，应将废水输送到事故池储存。

6.10.2 发生事故时，可采取如下应急处理技术：

（1）采取向事故池曝气的方式进行空气氧化处理；

（2）投加混凝药剂进行凝聚分离处理；

（3）投加特效工程生物菌剂进行生物氧化处理等。

6.10.3 生产恢复正常或废水处理设施排除故障后，可将事故池存放的废水均量输送到综合废水处理系统进行达标排放的处理。不得从事故池直接向厂外排放废水。

6.10.4 酿造工厂停产维修期间，如废水处理设施也相应停运，应采用事故池收集处理设施停运维修期间企业所排放的生活污水和其他废水。

7 工程设计参数与技术要求

7.1 前处理

7.1.1 格栅。

7.1.1.1 调节池前应分别设置粗、细格栅，或水力筛、旋转筛网。粗、细格栅的栅条间隙宜分别为 3.0～10.0 mm 和 0.5～3.0 mm。

7.1.1.2 格栅渠的设计应符合 GB 50014 中的相关规定。

7.1.1.3 中、小型规模的酿造综合废水治理设施的格栅渠可与调节池合并设计。

7.1.2 调节池。

7.1.2.1 酿造综合废水治理设施应设置调节池，应具备均质、均量、防止沉淀、调节 pH、补加碱度等功能。

7.1.2.2 调节池的水力停留时间（HRT）宜为 6～12 h，中、小型规模的综合废水治理设施设置的调节池的有效容积不宜低于日排水量的 50%。

7.1.2.3 调节池宜采用预曝气或机械搅拌方式实现水质均质功能，曝气量宜为 0.6～0.9 $m^3/(m^3 \cdot h)$，或控制气水比为 7：1～10：1。机械搅拌功率宜根据水质波动程度采用 4～8 W/m^3。

7.1.2.4 调节池可视水质情况和处理工艺需要，在出水端设置去除浮渣和清除杂物的处理装置，并安装补碱药剂等自动投加设备。

7.1.2.5 调节池中废水的 pH 应控制在 6.5～7.8。应设置在线 pH 自动检测仪和中和剂的自动投加装置。

7.1.3 进水悬浮物高时，应另设置“混凝+沉淀/气浮”处理单元，并增设自动投药装置。混凝剂选择与药剂投加量由工艺试验确定。混凝搅拌池的水力停留时间≥0.5 h，沉降/气浮的水力停留时间≥1.0 h。混凝单元的 COD 去除率宜控制在 20%～50%，SS 去除率≥95%。

7.1.4 当综合废水中 SO_4^{2-}超过 4 500 mg/L 时，宜对废水进行脱硫处理。

7.2 厌氧生物处理

7.2.1 厌氧反应器的进水应符合以下条件。

7.2.1.1 一级厌氧反应器：

（1）工艺废水的 COD＜100 000 mg/L、悬浮物（SS）＜50 000 mg/L 时，宜选用完全混合式厌氧发酵反应器（CSTR）；

（2）工艺废水的 COD＜30 000 mg/L、悬浮物（SS）＜500 mg/L 时，宜选用厌氧颗粒污泥膨胀床反应器（EGSB）。

7.2.1.2　二级厌氧反应器：

（1）综合废水的 COD＜3 000 mg/L、悬浮物（SS）＜500 mg/L 时，宜选用升流式厌氧污泥床反应器（UASB）；

（2）综合废水的 COD＜1 000 mg/L 时，宜选用水解酸化厌氧反应器。

7.2.2　厌氧生物处理单元的污染物（COD）去除率应符合如下规定。

7.2.2.1　高浓度工艺废水的 COD 去除率：

（1）一级厌氧处理选用 CSTR 时，COD 去除率应＞80%；

（2）一级厌氧处理选用 EGSB 时，COD 去除率应＞85%。

7.2.2.2　综合废水的 COD 去除率：

（1）二级厌氧处理选用 UASB 时，COD 去除率应＞90%；

（2）二级厌氧处理选用水解酸化工艺时，COD 去除率应＞35%。

7.2.3　应根据工艺试验结果确定各类厌氧反应器的设计、运行参数。当缺少试验资料时可参考表 4 的数据进行工程设计。

表 4　厌氧反应器的设计、运行参数

厌氧工艺方法	容积负荷（COD）/[kg/（m^3·d）]	反应温度/℃	污泥产率（MLSS/COD）/（kg/kg）	沼气产率（COD）/（m^3/kg）	有效水深/m	上升流速/（m/h）
一级厌氧处理（CSTR）	6～10	55±2	—	0.45～0.55	—	—
一级厌氧处理（EGSB）	15～40	55±2	0.05～0.10	0.35～0.45	14～18	5～15
二级厌氧处理（UASB）	5～7	35±2	0.05～0.10	0.35～0.45	4～8	0.5～1.0
二级厌氧处理（水解）	2.3～4.5	25±2	—	—	4～6	1.5～3.0

7.2.4　厌氧反应器后宜设置缓冲池，水力停留时间（HRT）宜为 1.0～1.5 h。

7.2.5　厌氧反应器的设计应符合相应的工程技术规范。厌氧反应器可采用钢筋混凝土结构或钢结构，钢结构需要采取保温措施。厌氧反应器应根据设计进水流量，设置 2 个或 2 个以上的反应器。单体厌氧反应器的容积不宜大于 2 000 m^3。

7.2.6　采用厌氧颗粒污泥膨胀床反应器（EGSB）和升流式厌氧污泥床反应器（UASB）时，如进水悬浮物（SS）浓度过高，应增设“混凝+气浮/沉淀”的预处理单元。

7.2.7　采用水解酸化厌氧反应器应从底部进水，布水系统应保证布水均匀。应在底部设置潜水搅拌器，以防止污泥沉降。潜水搅拌器的机械搅拌功率宜采用 2～4 W/m^3。

7.2.8　完全混合式厌氧消化反应器（CSTR）的高径比宜为（1.5～2）：1；宜采用连续搅拌，搅拌功率宜为 0.001～0.005 W/m^3。反应器处理高浓度酿造废水时，其水力停留时间（HRT）宜按 4～10 d 设计，或污泥浓度宜按 4～10 g/L 控制。

7.3 生物脱氮除磷处理

7.3.1 生物脱氮除磷处理系统的进水应符合以下要求：

（1）系统进水化学需氧量（COD）宜≤1 000 mg/L；

（2）水温宜为 12～37℃、pH 宜为 6.5～9.5、营养组合比（碳：氮：磷）宜为 100：5：1；

（3）污水中五日生化需氧量（BOD_5）与化学需氧量（COD）之比（B/C）宜＞0.3；

（4）去除氨氮时，进水总碱度（以 $CaCO_3$ 计）与氨氮（NH_3-N）的比值宜＞7.14；

（5）去除总氮时，五日生化需氧量（BOD_5）与总凯氏氮（TN）之比（C/N）宜＞4，总碱度（以 $CaCO_3$ 计）与氨氮（NH_3-N）的比值宜＞3.6；

（6）去除总磷时，五日生化需氧量（BOD_5）与总磷（TP）之比（C/P）宜＞17；

（7）好氧池（区）的剩余碱度宜＞70 mg/L。

7.3.2 生物脱氮除磷处理系统的污染物去除率应符合以下要求：

（1）生物脱氮除磷处理系统的 COD 去除率应＞90%；

（2）BOD_5 去除率应＞95%；

（3）氨氮（NH_3-N）去除率应＞80%；

（4）总磷（TP）去除率应＞80%。

7.3.3 应根据工艺试验结果确定各类设计、运行参数，其工程设计应符合相应的工程技术规范要求和 GB 50014 中的相关规定。当缺少试验资料时可参考表 5 的数据设计。

表 5 好氧反应器的设计、运行参数

工艺方法	污泥负荷（BOD_5/MLVSS）/[kg/（kg·d）]	需氧量（O_2/BOD_5）/（kg/kg）	污泥浓度（MLSS）/（kg/m^3）	污泥产率系数（VSS/BOD_5）（kg/kg）	有效水深/m	总水力停留时间/h
厌氧、缺氧、好氧活性污泥法	0.05～0.20	1.1～2.0	2.0～4.0	0.4～0.8	4～6	A：1～3 O：7～15
序批式活性污泥法（SBR）	0.05～0.10	1.5～2.0	2.0～4.0	0.3～0.6	4～6	20～30
氧化沟活性污泥法	0.05～0.15	1.1～2.0	2.0～6.0	0.2～0.6	4～8	A：1～3 O：9～23
膜生物反应器法（MBR）	0.10～0.40	1.5～2.0	6.0～12.0 10～40（外置）	0.47～1.0	4～6	4～12
接触氧化法*	0.6～1.0 [kg/（m^3·d）]	1.2～1.4	0.5～4.0	0.35～0.40	3～5	8～20

注：* 接触氧化法污泥负荷为每天单位体积填料的 BOD_5 的量。

7.3.4 采用生物膜法的接触氧化工艺时，其技术要求如下：

（1）应选用性能优良的高效生物膜填料，固定生物膜填料的钢架应选用 314 不锈钢材质；

（2）应采取底部进水的方式，并设置布水器使废水均匀进入反应池，废水上升流速宜为 0.5～1.0 m/h；

（3）好氧池应保持足够的充氧曝气，溶解氧（DO）应大于 2.0 mg/L，气水比宜控制在 5∶1～20∶1。

7.3.5 酿造综合废水进水水质不符合 7.3.1 的各项要求时，应采取相应的水质改善措施进行调整，如进行补碱，或增加水解酸化处理单元对大分子物质进行生物降解，或采用高级氧化技术予以化学分解。

7.3.6 脱氮时，混合液的回流比宜为 100%～400%；除磷时，污泥的回流比宜为 50%～100%。

7.4 污泥处理

7.4.1 污泥处理工程设计应符合 GB 50014 的相关规定。

7.4.2 生化污泥产生量应根据有机物浓度、污泥产率系数进行计算；当缺乏资料时，可参考表 5 的数值。物化污泥量应根据废水浓度、悬浮物、药品投加量、有机物的去除率等进行计算。

7.4.3 脱水生化污泥的含水率应≤80%。脱水化学污泥的含水率应≤75%。

7.4.4 污泥浓缩脱水投加药剂的种类和投药量应根据试验确定，不宜过量投加。

7.4.5 污泥浓缩池的水力停留时间（HRT）应根据除磷的需要确定，一般宜为 2～4 h。

7.5 沼气利用

7.5.1 应根据厌氧反应器进水水质和沼气产率确定建设规模，其工程设计应符合 NY/T 1220.1 和 NY/T 1220.2 的规定。

7.5.2 沼气利用应设计隔离区，实行封闭管理，严格防火、防爆、防毒。

7.5.3 沼气利用系统应建设沼气储柜，储气柜的容积设计应根据不同的用途确定，沼气用于发电时储气柜的储存容量应满足 72 h 的沼气产生量，或符合有关标准的要求。

7.6 事故应急处理

7.6.1 事故池有效容积应大于发生事故时的最大废水产生量，或大于酿造工厂 24 h 的综合废水排放总量。

7.6.2 事故池应设置以备应急处理使用的表曝机、污水泵等设备。

7.6.3 事故池的池体超高宜为 700～1 000 mm。事故池应设置排泥设施和排泥泵。

8 主要工艺设备和材料

8.1 选型要求

8.1.1 酿造综合废水治理设施的关键设备和材料包括：格栅除污机、水泵、污泥泵、鼓风机、曝气机械和曝气装置、潜水推流搅拌机、自动加药装置、污泥浓缩脱水机械、生物膜填料、滗水器等。

8.1.2 所有关键设备和材料均应从工程设计、招标采购、施工安装、运行维护、调试验收等环节给予严格控制，选择满足工艺要求、符合相应标准的产品。

8.1.3 格栅除污机应优先选用回转式或钢索式，栅间隙应符合设计规定，负载运转下不得产生卡阻。

8.1.4 水泵、污泥泵应选用节能型，泵效率应大于 80%。应根据工艺要求选用潜水泵或干式泵。潜水污水泵应优先选用首次无故障时间大于 12 000 h 的产品，机械密封应无渗漏。

8.1.5 鼓风机应优先选用低噪声、低能耗、高效率的产品，运转噪声应小于等于 83 dB（A），出口风压应稳定。

8.1.6 表面曝气机械的理论动力效率应大于 3.5 kg/（kW·h），鼓风式曝气器的理论动力效率应大于 4.5 kg/（kW·h）。在满足工艺要求的前提下应优先选用竖轴式表面曝气机和鼓风式射流曝气器。

8.1.7 潜水推流搅拌机应密封良好、无渗漏，运转时保持反应池底边流速≥0.3 m/s。

8.1.8 加药装置应实现自动化运行控制。自动加药装置的计量精度应不低于 1‰。

8.1.9 中小型规模的酿造废水治理设施宜选用浓缩池浓缩污泥、板框（厢）式压滤机脱水的污泥处理模式，大型和特大型酿造废水治理设施宜选用污泥浓缩一体机的机械处理模式。

8.1.10 生物膜填料应优先选用技术性能高、使用寿命长的产品。填料的比表面积应大于 1 500 m^2/m^3。反应器的填料填充率应依据污泥容积负荷进行确定，宜控制在 20%～70%。

8.1.11 滗水器应启闭灵活，旋转接头无渗漏，匀速升降，并具有阻挡浮渣的功能。

8.2 性能要求

8.2.1 旋转式细格栅应符合 HJ/T 250 的规定，格栅除污机应符合 HJ/T 262 的规定。

8.2.2 潜水排污泵应符合 HJ/T 336 的规定。潜水推流搅拌机应符合 HJ/T 279 的规定。

8.2.3 采用鼓风曝气系统时，单级高速曝气离心鼓风机应符合 HJ/T 278 的规定，罗茨鼓风机应符合 HJ/T 251 的规定；鼓风式潜水曝气机应符合 HJ/T 260 的规定，鼓风式中、微孔曝气器应符合 HJ/T 252 的规定，鼓风式射流曝气器应符合 HJ/T 263 的规定，鼓风式散流曝气器应符合 HJ/T 281 的规定。

8.2.4 采用表面曝气机械时，竖轴式机械表面曝气机应符合 HJ/T 247 的规定，横轴式转刷曝气机应符合 HJ/T 259 的规定，转盘曝气机应符合 HJ/T 280 的规定。

8.2.5 加药设备应符合 HJ/T 369 的规定。污泥脱水用厢式压滤机和板框压滤机应符合 HJ/T 283 的规定，带式压榨过滤机应符合 HJ/T 242 的规定，污泥浓缩带式脱水一体机应符合 HJ/T 335 的规定。

8.2.6 悬挂式填料应符合 HJ/T 245 的规定，悬浮填料应符合 HJ/T 246 的规定。

8.2.7 滗水器应符合 HJ/T 277 的规定。

8.2.8 水泵、污泥泵、鼓风机、表面曝气机、潜水推流搅拌机的首次无故障时间应大于等于 10 000 h，使用寿命应大于等于 10 年；格栅除污机、污泥浓缩脱水机、滗水器的首次无故障时间应大于等于 6 000 h，使用寿命应大于等于 8 年；曝气装置、生物膜填料、自动加药装置的首次无故障时间应大于等于 4 000 h，使用寿命应大于等于 5 年。水质在线监测仪的测量与人工检测的偏差应不大于 5%。

8.3 配置要求

8.3.1 格栅除污机、污泥浓缩脱水机械、表面曝气机、滗水器等设备应按双系列或多系列生产线分别配置。

8.3.2 加药设备应按加入药液的种类和处理系列分别配置。每台加药设备应保持专机专用，且应配置备用的药液计量泵。

8.3.3 水泵、污泥泵、鼓风机、潜水推流搅拌机应设置备用设备。

8.3.4 曝气装置、生物膜填料、自动加药装置应储备核心部件和易损部件。

9 检测与过程控制

9.1 检测

9.1.1 大型和特大型酿造废水治理设施应设标准化验室，中、小型的酿造废水治理设施可在废水处理车间内设置化验室或化验台。

9.1.2 化验室或化验台应按照检测项目配备相应的检测仪器和设备。

9.1.3 厌氧处理单元宜检测废水进、出口的 pH（或挥发酸）、COD、BOD_5和沼气产生量，以及反应器内的碱度和污泥性状、污泥浓度等指标。

9.1.4 水解酸化处理单元宜检测废水进口的 pH（或挥发酸）、COD 和 BOD_5，以及废水出口的 NH_3-N、DO、污泥性状、污泥浓度等指标。

9.1.5 好氧处理单元宜检测废水进口的 pH、COD、BOD_5、TP、DO、NH_3-N、TN，以及反应池内的污泥性状、污泥浓度等指标。

9.1.6 二沉池处理单元宜检测出水 SS、COD、BOD_5、TP、NH_3-N、TN。

9.2 自动控制

9.2.1 酿造废水治理工程应根据工程的实际情况选用适合的自动控制方式。

9.2.2 应根据工程规模、工艺流程和运行管理要求确定控制要求和参数。

9.2.3 应采用集中管理、分散控制的自动化控制模式，设一套 PLC 控制器，必要时可下设现场 I/O 模块。

9.2.4 关键设备附近应设置独立的控制箱。同时保有“手动/自动”的运行控制切换功能。

9.2.5 现场检测仪表应具备防腐、防爆、抗渗漏、防结垢、自清洗等功能。

9.2.6 采用计算机控制管理系统时应符合 GB 50014 中的有关规定。

10 构筑物及辅助工程

10.1 污水处理厂（站）应采用单路供电加柴油发电机组的供电方式。柴油发电机组的容量应大于全厂（站）计算负荷的 50%。

10.2 低压配电设计应符合 GB 50054 的规定。

10.3 供配电系统应符合 GB 50052 的规定。

10.4 工程施工现场供用电安全应符合 GB 50194 的规定。

10.5 供电工程设计应符合 GB 50053 的规定。

10.6 防腐工程设计应符合 GB 50046 的规定。

10.7 防爆工程设计应符合 GB 50222 和 GB 3836 的规定。厌氧处理的沼气利用工程应列为重点防护，电气设备应符合 GB 3836 的规定。

10.8 抗震等级设计应符合 GB 50011 的规定。

10.9 防雷设计应符合 GB 50057 的规定。

10.10 构筑物结构设计应符合 GB 50069 的规定。

10.11 供水工程设计应符合 GB 50015 的规定。

10.12 排水工程设计应符合 GB 50014 的规定。

10.13 采暖通风工程设计应符合 GBJ 19 的规定。

10.14 厂区道路与绿化等工程设计应符合 GBJ 22 的规定。

11 劳动安全与职业卫生

11.1 劳动安全

11.1.1 酿造废水治理工程在建设和运行期间，应采取有效措施保护人身安全和身体健康。

11.1.2 安全管理应符合 GB 12801 中的有关规定。

11.1.3 应建立定期安全检查制度，及时消除事故隐患，防止事故发生。

11.1.4 劳动卫生与安全要求应符合 GBZ 1 的规定。

11.1.5 水处理构筑物应按照有关规定设置防护栏杆、防滑梯和救生圈等安全措施。

11.1.6 人员进入密闭的水处理构筑物检修时，应先进行不小于 1 h 的强制通风，经过仪器检测，确定符合安全条件时，人员方可进入。

11.1.7 机械设备的所有运转部位都应设置防护罩，检修时应断电，不得带电检修。

11.1.8 防火与消防工程设计应符合 GB 50016 的规定。

11.2 职业卫生

11.2.1 室内空气应保持清新。臭气浓度应符合 GB/T 18883 的规定。操作室空气环境应适合操作人员长期在岗工作。

11.2.2 应对直接接触污水的器具建立清洗和消毒的作业程序。

11.2.3 应向操作人员提供必要的劳动保护用品，以及浴室、更衣室等卫生设施。

11.2.4 应加强作业场所的职业卫生防护，做好隔声、减震和防暑、防毒等预防工作。

12 施工与验收

12.1 工程施工

12.1.1 酿造废水治理工程的施工应符合有关工程施工程序及管理文件的要求，执行国家相关强制性标准和技术规范。

12.1.2 酿造废水治理工程应按工程设计施工，工程变更应取得设计变更文件后再进行。

12.1.3 酿造废水治理工程施工中所使用的设备、材料、器件等应符合相关的国家和行业标准，在取得供应商的产品合格证后方可使用。关键设备还应向供应商索取产品出厂检验报告、型式检验报告和环保产品认证证书等技术文件。

12.1.4 应按照产品说明书进行设备安装，安装后应进行单机调试。

12.2 工程验收

12.2.1 酿造废水治理工程的竣工验收应按《建设项目（工程）竣工验收办法》的有关规定进行，竣工验收合格前不得投入生产性使用。

12.2.2 竣工验收应依据主管部门的批准文件、经批准的设计文件和设计变更文件、工程合同、设备供货合同和合同附件、设备技术文件和技术说明书及其他文件等进行。

12.2.3 竣工验收应分阶段进行，工程的设备安装、构筑物、建筑物等单项工程可随竣工随验收，工程全部竣工后应进行整体工程的竣工验收。

12.2.4 单项工程中的设备安装工程应在验收前进行单体设备调试和试运行；池体等构筑物建设工程的验收应事先进行注水试验；管道安装工程应在工程验收前先进行压力试验。

12.2.5 整体工程竣工验收前，应进行进清水联动试车和整体调试。联动试车应持续48 h 以上，各系统应运转正常，自动化控制系统应符合运行实际控制要求，各项技术指标均应达到设计要求和合同要求。

12.2.6 酿造废水治理工程的单项工程验收和整体工程竣工验收的任一环节出现问题都应进行整改，直至全部合格。

12.2.7 整体工程竣工验收合格后，方可进行酿造废水处理试运行。

12.3 环境保护验收

12.3.1 酿造废水污染治理工程环境保护竣工验收应按《建设项目环境保护竣工验收管理办法》的规定进行。

12.3.2 环境保护竣工验收应提交以下技术文件：

（1）《建设项目环境保护竣工验收管理办法》规定的所有文件；

（2）酿造废水治理工程的性能评估报告；

（3）试运行期连续检测数据（一般不少于 1 个月）；

（4）完整的启动试运行、生产试运行操作记录。

12.3.3 通过系统调试运行和性能试验，对酿造废水污染治理工程进行性能评估。性能试验至少应包括：

（1）耗电量测试，分别测量各主要设备单体运行和设施系统运行的电能消耗；

（2）充氧效果试验，测试氧转移系数、氧利用率、充氧量等参数，分析供氧效果；

（3）风机运行试验，测试单台风机运行和全部风机联动运行的供气量、风压、噪声等参数，包括启动和运行时的参数；

（4）满负荷运行测试，向处理系统通入最大流量的废水，考察各工艺单元、构筑物和设备的运行工况；

（5）活性污泥测试，引种、培育并驯化活性污泥，调整各反应器的运行工况和运行参数，检测各项参数，观察反应池污泥性状，直至污泥运行正常；

（6）剩余污泥量测试，测定剩余污泥产生量和污泥脱水效率等工艺参数；

（7）水质检测，在工艺要求的各个重要部位，按照规定频次、指标和测试方法进行水质检测，分析污染物去除效果；

（8）物化处理性能测试，工艺流程有物化处理单元的应按有关规定测试其运行参数；

（9）出水指标达标的环境监测，处理出水符合达标验收要求。

13 运行与维护

13.1 一般规定

13.1.1 酿造废水处理设施的运行管理除应符合本标准的规定外，还应符合国家现行有关法律、法规和标准的规定。

13.1.2 酿造废水处理设施的运行管理宜参照 CJJ 60 和相应工程技术规范的有关规定执行。

13.1.3 运行管理人员应具有相应的职业教育背景，并经过技术培训合格后方可上岗操作。

13.1.4 应制定运行管理、维护保养制度和岗位操作规程，执行运行、维护记录。

13.1.5 各处理单元、设备应按照设计要求运行，发现设备存在运转异常情况应及时采取维护修理措施，必要时应更换受损的部件。

13.1.6 设备进行现场大修或出厂大修时应提前制定替代运行预案。

13.1.7 酿造废水治理设施的设备完好率应达到 100%。

13.2 水质检测

13.2.1 酿造废水处理设施应配备专职水质分析化验人员，且具有相应环境监测职业资格并定期接受技术培训。

13.2.2 取样、样品处理与保存和分析化验等应符合 HJ/T 91 和 HJ 493—2009 的规定。

13.2.3 酿造废水处理设施正常运行时，pH、COD、DO、SS、ORP 等常规监测项目的取样和分析化验应每班不少于一次；污泥浓度、NH_3-N、TP、TN 等监测项目的取样和分析化验应每天不少于一次；BOD_5 等项目的取样和分析化验应每周不少于一次。

13.2.4 调试、停车后重新启动和发生突发事故时应增加监测项目的分析化验频率。

13.2.5 检验仪器应按规定由计量检验机构定期进行检验和校准。

13.3 厌氧处理单元的运行管理

13.3.1 进水 pH 值应控制在 6.5～8.0。

13.3.2 应控制进水碱度，可根据检测数据及时调整系统负荷或采取其他相应措施。

13.3.3 进水温度较低时应采取适当的加热措施，进水温度应符合反应条件（中温发酵：35℃，高温发酵：55℃，允许温差±2℃）。

13.3.4 厌氧反应器溢流管应保持畅通，并保持足够的水封高度。冬季应采取防止水封结冰的措施，每班检查一次。

13.3.5 液面下 1.0 m 处 DO 应小于 0.1 mg/L。

13.3.6 污泥浓度应大于 20 g/L。

13.4 水解酸化池的运行管理

13.4.1 进水 pH 应控制在 6.5～7.5。

13.4.2 污泥界面应控制在液面下 0.5～1.5 m。

13.4.3 污泥床的高度应控制在 2.0～2.5 m。

13.4.4 液面下 0.5 m 处 DO 宜＜0.3 mg/L，污泥床底部的 DO 宜＜0.2 mg/L。

13.4.5 污泥不能达到规定的要求时应加大污泥回流量。

13.5 生物脱氮除磷处理单元的运行管理

13.5.1 脱氮除磷处理单元运行管理应符合相应的工程技术规范。

13.5.2 缺氧段应搅拌，保持液面下 0.5 m 处 DO＜0.3 mg/L，液面下 1.0 m 处 DO＜0.2 mg/L。

13.5.3 好氧段反应区内 DO 不宜＜2.5 mg/L。如溶解氧不足应增加曝气量，反应池底部的曝气器应保持完好，如有损坏应及时修复或更换。

13.5.4 对活性污泥应加强观察，污泥出现不正常现象应及时采取调整措施。

13.5.5 应根据总氮去除效果，在 100%～400%范围内调整混合液的回流比。

13.5.6 应加强水质检测，发现 C/N 比不符合运行要求时，应补加碳源营养物。

13.6 恶臭控制系统的运行管理

13.6.1 臭气收集系统、处理系统应保持密闭和足够的风压，保证正常工作。

13.6.2 生物膜滤床应维持适宜的湿度，保证生物菌适合的生存繁殖条件。

13.6.3 滤床排放口应设置检测仪表，当废气不符合排放要求时应调整运行工况和参数。

中华人民共和国国家环境保护标准

厌氧-缺氧-好氧活性污泥法污水处理工程技术规范

Technical specifications for Anaerobic-Anoxic-Oxic activated sludge process

HJ 576—2010

前　言

为贯彻《中华人民共和国水污染防治法》，防治水污染，改善环境质量，规范厌氧-缺氧-好氧活性污泥法在污水处理工程中的应用，制定本标准。

本标准规定了采用厌氧-缺氧-好氧活性污泥法的污水处理工程工艺设计、电气、检测与控制、施工与验收、运行与维护的技术要求。

本标准的附录 A 为规范性附录。

本标准为首次发布。

本标准由环境保护部科技标准司组织制定。

本标准主要起草单位：中国环境保护产业协会（水污染治理委员会）、机科发展科技股份有限公司、北京城市排水集团有限责任公司、北京市市政工程设计研究总院。

本标准由环境保护部 2010 年 10 月 12 日批准。

本标准自 2011 年 1 月 1 日起实施。

本标准由环境保护部解释。

1　适用范围

本标准规定了采用厌氧-缺氧-好氧活性污泥法的污水处理工程工艺设计、电气、检测与控制、施工与验收、运行与维护的技术要求。

本标准适用于采用厌氧-缺氧-好氧活性污泥法的城镇污水和工业废水处理工程，可作为环境影响评价、设计、施工、验收及建成后运行与管理的技术依据。

2　规范性引用文件

本标准内容引用了下列文件中的条款。凡不注明日期的引用文件，其有效版本适用于本标准。

GB 3096　声环境质量标准
GB 12348　工业企业厂界环境噪声排放标准
GB 12523　建筑施工场界噪声限值
GB 12801　生产过程安全卫生要求总则
GB 18599　一般工业固体废物贮存、处置场污染控制标准
GB 18918　城镇污水处理厂污染物排放标准
GB 50014　室外排水设计规范
GB 50015　建筑给水排水设计规范
GB 50040　动力机器基础设计规范
GB 50053　10 kV 及以下变电所设计规范
GB 50187　工业企业总平面设计规范
GB 50204　混凝土结构工程施工质量验收规范
GB 50222　建筑内部装修设计防火规范
GB 50231　机械设备安装工程施工及验收通用规范
GB 50268　给水排水管道工程施工及验收规范
GB 50352　民用建筑设计通则
GBJ 16　建筑设计防火规范
GBJ 87　工业企业噪声控制设计规范
GB 50141　给水排水构筑物工程施工及验收规范
GBZ 1　工业企业设计卫生标准
GBZ 2　工作场所有害因素职业接触限值
CJ 3025　城市污水处理厂污水污泥排放标准
CJJ 60　城市污水处理厂运行、维护及其安全技术规程
CJ/T 51　城市污水水质检验方法标准
HJ/T 91　地表水和污水监测技术规范
HJ/T 242　环境保护产品技术要求　污泥脱水用带式压榨过滤机
HJ/T 251　环境保护产品技术要求　罗茨鼓风机
HJ/T 252　环境保护产品技术要求　中、微孔曝气器
HJ/T 278　环境保护产品技术要求　单级高速曝气离心鼓风机
HJ/T 279　环境保护产品技术要求　推流式潜水搅拌机
HJ/T 283　环境保护产品技术要求　厢式压滤机和板框压滤机
HJ/T 335　环境保护产品技术要求　污泥浓缩带式脱水一体机
HJ/T 353　水污染源在线监测系统安装技术规范（试行）
HJ/T 354　水污染源在线监测系统验收技术规范（试行）
HJ/T 355　水污染源在线监测系统运行与考核技术规范（试行）
《建设项目竣工环境保护验收管理办法》（国家环境保护总局，2001）

3　术语和定义

下列术语和定义适用于本标准。

3.1　厌氧-缺氧-好氧活性污泥法　anaerobicanoxicoxic activated sludge process

指通过厌氧区、缺氧区和好氧区的各种组合以及不同的污泥回流方式来去除水中有机污染物和氮、磷等的活性污泥法污水处理方法，简称 AAO 法。主要变形有改良厌氧缺氧好氧活性污泥法、厌氧缺氧缺氧好氧活性污泥法、缺氧厌氧缺氧好氧活性污泥法等。

3.2　厌氧池（区）　anaerobic zone

指非充氧池（区），溶解氧质量浓度一般小于 0.2 mg/L，主要功能是进行磷的释放。

3.3　缺氧池（区）　anoxic zone

指非充氧池（区），溶解氧质量浓度一般为 0.2～0.5 mg/L，主要功能是进行反硝化脱氮。

3.4　好氧池（区）　oxic zone

指充氧池（区），溶解氧质量浓度一般不小于 2 mg/L，主要功能是降解有机物、硝化氨氮和过量摄磷。

3.5　硝化　nitrification

指污水生物处理工艺中，硝化菌在好氧状态下将氨氮氧化成硝态氮的过程。

3.6　反硝化　denitrification

指污水生物处理工艺中，反硝化菌在缺氧状态下将硝态氮还原成氮气的过程。

3.7　生物除磷　biological phosphorus removal

指污泥中聚磷菌在厌氧条件下释放出磷，在好氧条件下摄取更多的磷，通过排放含磷量高的剩余污泥去除污水中磷的过程。

3.8　污泥停留时间　sludge retention time

指活性污泥在反应池（区）中的平均停留时间，也称作泥龄。

3.9　预处理　pretreatment

指进水水质能满足 AAO 的生化要求时，在 AAO 反应池前设置的常规处理措施。如格栅、沉砂池、初沉池、气浮池、隔油池、纤维及毛发捕集器等。

3.10　前处理　preprocessing

指进水水质不能满足 AAO 的生化要求时，根据调整水质的需要，在 AAO 反应池前设置的处理工艺。如水解酸化池、混凝沉淀池、中和池等。

3.11　标准状态　standard state

指大气压为 101 325 Pa、温度为 273.15 K 的状态。

4 总体要求

4.1 AAO 宜用于大、中型城镇污水和工业废水处理工程。

4.2 AAO 污水处理厂（站）应遵守以下规定：

a）污水处理厂厂址选择和总体布置应符合 GB 50014 的有关规定。总图设计应符合 GB 50187 的有关规定。

b）污水处理厂（站）的防洪标准不应低于城镇防洪标准，且有良好的排水条件。

c）污水处理厂（站）区建筑物的防火设计应符合 GBJ 16 和 GB 50222 的规定。

d）污水处理厂（站）区堆放污泥、药品的贮存场应符合 GB 18599 的规定。

e）在污水处理厂（站）建设、运行过程中产生的废气、废水、废渣及其他污染物的治理与排放，应执行国家环境保护法规和标准的有关规定，防止二次污染。

f）污水处理厂（站）的设计、建设应采取有效的隔声、消声、绿化等降低噪声的措施，噪声和振动控制的设计应符合 GBJ 87 和 GB 50040 的规定，机房内、外的噪声应分别符合 GBZ 2 和 GB 3096 的规定，厂界噪声应符合 GB 12348 的规定。

g）污水处理厂（站）的设计、建设、运行过程中应重视职业卫生和劳动安全，严格执行 GBZ 1、GBZ 2 和 GB 12801 的规定。污水处理工程建成运行的同时，安全和卫生设施应同时建成运行，并制定相应的操作规程。

4.3 城镇污水处理厂应按照 GB 18918 的有关规定安装在线监测系统，其他污水处理工程应按照国家或当地的环境保护管理要求安装在线监测系统。在线监测系统的安装、验收和运行应符合 HJ/T 353、HJ/T 354 和 HJ/T 355 的有关规定。

5 设计流量和设计水质

5.1 设计流量

5.1.1 城镇污水设计流量

5.1.1.1 城镇旱流污水设计流量应按式（1）计算：

$$Q_{dr} = Q_d + Q_m \tag{1}$$

式中：Q_{dr} —— 旱流污水设计流量，L/s；

Q_d —— 综合生活污水设计流量，L/s；

Q_m —— 工业废水设计流量，L/s。

5.1.1.2 城镇合流污水设计流量应按式（2）计算：

$$Q = Q_{dr} + Q_s \tag{2}$$

式中：Q —— 污水设计流量，L/s；

Q_{dr} —— 旱流污水设计流量，L/s；

Q_s —— 雨水设计流量，L/s。

5.1.1.3　综合生活污水设计流量为服务人口与相对应的综合生活污水定额之积。综合生活污水定额应根据当地的用水定额，结合建筑物内部给排水设施水平和排水系统普及程度等因素确定，可按当地相关用水定额的80%～90%设计。

5.1.1.4　综合生活污水量总变化系数应根据当地实际综合生活污水量变化资料确定，没有测定资料时，可按GB 50014中的相关规定取值，见表1。

表1　综合生活污水量总变化系数

平均日流量/（L/s）	5	15	40	70	100	200	500	≥1 000
总变化系数	2.3	2.0	1.8	1.7	1.6	1.5	1.4	1.3

5.1.1.5　排入市政管网的工业废水设计流量应根据城镇市政排水系统覆盖范围内工业污染源废水排放统计调查资料确定。

5.1.1.6　雨水设计流量参照GB 50014的有关规定。

5.1.1.7　在地下水位较高的地区，应考虑入渗地下水量，入渗地下水量宜根据实际测定资料确定。

5.1.2　工业废水设计流量

5.1.2.1　工业废水设计流量应按工厂或工业园区总排放口实际测定的废水流量设计。测试方法应符合HJ/T 91的规定。

5.1.2.2　工业废水流量变化应根据工艺特点进行实测。

5.1.2.3　不能取得实际测定数据时可参照国家现行工业用水量的有关规定折算确定，或根据同行业同规模同工艺现有工厂排水数据类比确定。

5.1.2.4　在有工业废水与生活污水合并处理时，工厂内或工业园区内的生活污水量、沐浴污水量的确定，应符合GB 50015的有关规定。

5.1.2.5　工业园区集中式污水处理厂设计流量的确定可参照城镇污水设计流量的确定方法。

5.1.3　不同构筑物的设计流量

5.1.3.1　提升泵房、格栅井、沉砂池宜按合流污水设计流量计算。

5.1.3.2　初沉池宜按旱流污水流量设计，并用合流污水设计流量校核，校核的沉淀时间不宜小于30 min。

5.1.3.3　反应池宜按日平均污水流量设计；反应池前后的水泵、管道等输水设施应按最高日最高时污水流量设计。

5.2　设计水质

5.2.1　城镇污水的设计水质应根据实际测定的调查资料确定，其测定方法和数据处理方法应符合HJ/T 91的规定。无调查资料时，可按下列标准折算设计：

a）生活污水的五日生化需氧量按每人每天25～50 g计算；

b）生活污水的悬浮固体量按每人每天40～65 g计算；

c）生活污水的总氮量按每人每天 5～11 g 计算；

d）生活污水的总磷量按每人每天 0.7～1.4 g 计算。

5.2.2 工业废水的设计水质，应根据工业废水的实际测定数据确定，其测定方法和数据处理方法应符合 HJ/T 91 的规定。无实际测定数据时，可参照类似工厂的排放资料类比确定。

5.2.3 生物反应池的进水应符合下列条件：

a）水温宜为 12～35℃、pH 值宜为 6～9、BOD_5/COD_{Cr} 的值宜不小于 0.3；

b）有去除氨氮要求时，进水总碱度（以 $CaCO_3$ 计）/氨氮（NH_3-N）的值宜≥7.14，不满足时应补充碱度；

c）有脱总氮要求时，进水的 BOD_5/总氮（TN）的值宜≥4.0，总碱度（以 $CaCO_3$ 计）/NH_3-N 的值宜≥3.6，不满足时应补充碳源或碱度；

d）有除磷要求时，进水的 BOD_5/总磷（TP）的值宜≥17；

e）要求同时脱氮除磷时，宜同时满足 c）和 d）的要求。

5.3 污染物去除率

AAO 污染物去除率宜按照表 2 计算。

表 2 AAO 污染物去除率

污水类别	主体工艺	污染物去除率/%					
		化学耗氧量（COD_{Cr}）	五日生化需氧量（BOD_5）	悬浮物（SS）	氨氮（NH_3-N）	总氮（TN）	总磷（TP）
城镇污水	预（前）处理+AAO反应池+二沉池	70～90	80～95	80～95	80～95	60～85	60～90
工业废水	预（前）处理+AAO反应池+二沉池	70～90	70～90	70～90	80～90	60～80	60～90

6 工艺设计

6.1 一般规定

6.1.1 出水直接排放时，应符合国家或地方排放标准要求；排入下一级处理单元时，应符合下一级处理单元的进水要求。

6.1.2 工艺设计在空间上宜具有明确的界限。

6.1.3 应根据进水水质特性和处理要求，选择适宜的工艺类型，在同等条件下，宜优先采用非变形 AAO 法。

6.1.4 进水水质、水量变化较大时，宜设置调节水质和水量的设施。

6.1.5 工艺设计应考虑具备可灵活调节的运行方式。

6.1.6 工艺设计应考虑水温的影响。

6.1.7 各处理构筑物的个（格）数不宜少于 2 个（格），并宜按并联设计。

6.1.8 进水泵房、格栅、沉砂池、初沉池和二沉池的设计应符合 GB 50014 中的有关规定。

6.2 预处理和前处理

6.2.1 进水系统前应设置格栅，城镇污水处理工程还应设置沉砂池。

6.2.2 生物反应池前宜设置初沉池。

6.2.3 当进水水质不符合 5.2.3 规定的条件或含有影响生化处理的物质时，应根据进水水质采取适当的前处理工艺。

6.3 厌氧好氧工艺设计

6.3.1 工艺流程

当以除磷为主时，应采用厌氧/好氧工艺，基本工艺流程如图 1 所示。

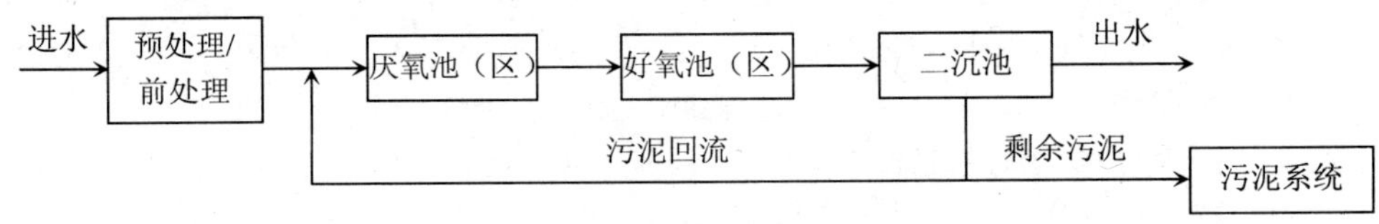

图 1 厌氧好氧工艺流程图

6.3.2 厌氧池（区）容积

厌氧池（区）的有效容积可按式（3）计算：

$$V_{\mathrm{p}}=\frac{t_{\mathrm{p}}Q}{24} \tag{3}$$

式中：V_{p}——厌氧池（区）容积，$\mathrm{m^3}$；

t_{p}——厌氧池（区）水力停留时间，h；

Q——污水设计流量，$\mathrm{m^3/d}$。

6.3.3 好氧池（区）容积

a）按污泥负荷计算：

$$V_0=\frac{Q(S_0-S_{\mathrm{e}})}{1\,000L_{\mathrm{s}}X} \tag{4}$$

$$X_{\mathrm{v}}=y\cdot X \tag{5}$$

式中：V_0——好氧池（区）的容积，$\mathrm{m^3}$；

Q——污水设计流量，$\mathrm{m^3/d}$；

S_0——生物反应池进水五日生化需氧量，mg/L；

S_{e}——生物反应池出水五日生化需氧量，mg/L，当去除率大于 90%时可不计；

X—— 生物反应池内混合液悬浮固体（MLSS）平均质量浓度，g/L；

X_v —— 生物反应池内混合液挥发性悬浮固体（MLVSS）平均质量浓度，g/L；

L_s —— 生物反应池的五日生化需氧量污泥负荷（BOD_5/MLSS），kg/（kg·d）；

y —— 单位体积混合液中，MLVSS 占 MLSS 的比例，g/g。

b）按污泥泥龄计算：

$$V_0 = \frac{QY\theta_c(S_0 - S_e)}{1\,000X_v(1 + K_{dT}\theta_c)} \tag{6}$$

$$K_{dT} = K_{d20} \cdot (\theta_T)^{T-20} \tag{7}$$

式中：V_0 —— 好氧池（区）的容积，m^3；

Q —— 污水设计流量，m^3/d；

Y —— 污泥产率系数（VSS/BOD_5），kg/kg；

θ_c —— 设计污泥泥龄，d；

S_0 —— 生物反应池进水五日生化需氧量，mg/L；

S_e —— 生物反应池出水五日生化需氧量，mg/L，当去除率大于 90%时可不计；

X_v —— 生物反应池内混合液挥发性悬浮固体（MLVSS）平均质量浓度，g/L；

K_{dT} —— T℃时的衰减系数，d^{-1}；

K_{d20} —— 20℃时的衰减系数，d^{-1}，宜取 0.04～0.075；

θ_T —— 水温系数，宜取 1.02～1.06；

T —— 设计水温，℃。

6.3.4 工艺参数

厌氧/好氧工艺处理城镇污水或水质类似城镇污水的工业废水时，主要设计参数宜按表 3 的规定取值。工业废水的水质与城镇污水水质相差较大时，设计参数应通过试验或参照类似工程确定。

表 3 厌氧好氧工艺主要设计参数

项目名称		符号	单位	参数值
反应池五日生化需氧量污泥负荷	BOD_5/MLVSS	L_s	kg/（kg·d）	0.30～0.60
	BOD_5/MLSS		kg/（kg·d）	0.20～0.40
反应池混合液悬浮固体（MLSS）平均质量浓度		X	g/L	2.0～4.0
反应池混合液挥发性悬浮固体（MLVSS）平均质量浓度		X_v	g/L	1.4～2.8
MLVSS 在 MLSS 中所占比例	设初沉池	y	g/g	0.65～0.75
	不设初沉池		g/g	0.5～0.65

项目名称		符号	单位	参数值
设计污泥泥龄		θ_c	d	3～7
污泥产率系数（VSS/BOD$_5$）	设初沉池	Y	kg/kg	0.3～0.6
	不设初沉池		kg/kg	0.5～0.8
厌氧水力停留时间		t_p	h	1～2
好氧水力停留时间		t_0	h	3～6
总水力停留时间		HRT	h	4～8
污泥回流比		R	%	40~100
需氧量（O_2/BOD$_5$）		O_2	kg/kg	0.7～1.1
BOD$_5$ 总处理率		η	%	80～95
TP 总处理率		η	%	75～90

6.4 缺氧好氧工艺设计

6.4.1 工艺流程

当以除氮为主时，应采用缺氧好氧工艺，基本工艺流程如图 2 所示。

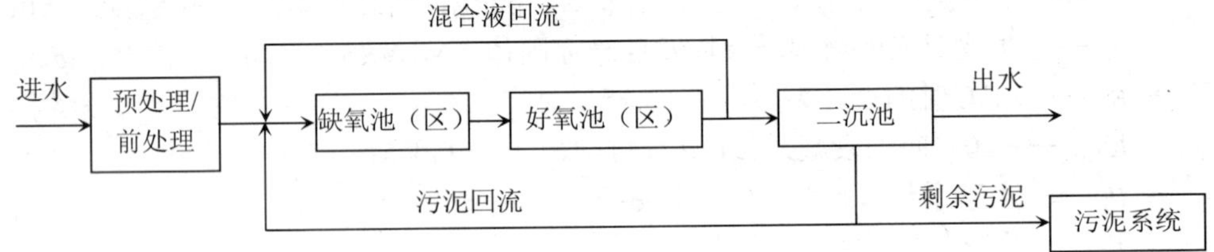

图 2　缺氧好氧工艺流程图

6.4.2 缺氧池（区）容积

缺氧池（区）有效容积可按式（8）计算：

$$V_n = \frac{0.001Q(N_k - N_{te}) - 0.12\Delta X_v}{K_{de(T)}X} \tag{8}$$

$$K_{de(T)} = K_{de(20)}1.08^{(T-20)} \tag{9}$$

$$\Delta X_v = yY_t \frac{Q(S_0 - S_e)}{1\,000} \tag{10}$$

式中：V_n —— 缺氧池（区）容积，m^3；

Q —— 污水设计流量，m^3/d；

N_k —— 生物反应池进水总凯氏氮质量浓度，mg/L；

N_{te} —— 生物反应池出水总氮质量浓度，mg/L；

ΔX_v —— 排出生物反应池系统的微生物量，kg/d；

$K_{de(T)}$ —— T℃时的脱氮速率（NO_3-N/MLSS），kg/（kg·d），宜根据试验资料确定，无试验资料时按式（9）计算；

X —— 生物反应池内混合液悬浮固体（MLSS）平均质量浓度，g/L；

$K_{de(20)}$ —— 20℃时的脱氮速率（NO_3-N/MLSS），kg/（kg·d），宜取 0.03～0.06；

T —— 设计水温，℃；

y —— 单位体积混合液中，MLVSS 占 MLSS 的比例，g/g；

Y_t —— 污泥总产率系数（MLSS/BOD_5），kg/kg，宜根据试验资料确定，无试验资料时，系统有初沉池时取 0.3～0.5，无初沉池时取 0.6～1.0；

S_0 —— 生物反应池进水五日生化需氧量浓度，mg/L；

S_e —— 生物反应池出水五日生化需氧量浓度，mg/L。

6.4.3 好氧池（区）容积

好氧池（区）容积可按式（11）计算：

$$V_0 = \frac{Q(S_0 - S_e)\theta_{c0} Y_t}{1\,000X} \tag{11}$$

$$\theta_{c0} = F\frac{1}{\mu} \tag{12}$$

$$\mu = 0.47\frac{N_a}{K_N + N_a}e^{0.098(T-15)} \tag{13}$$

式中：V_0 —— 好氧池（区）容积，m^3；

Q —— 污水设计流量，m^3/d；

S_0 —— 生物反应池进水五日生化需氧量质量浓度，mg/L；

S_e —— 生物反应池出水五日生化需氧量质量浓度，mg/L；

θ_{c0} —— 好氧池（区）设计污泥泥龄值，d；

Y_t —— 污泥总产率系数（MLSS/BOD_5），kg/kg，宜根据试验资料确定，无试验资料时，系统有初沉池时取 0.3～0.5，无初沉池时取 0.6～1.0；

X —— 生物反应池内混合液悬浮固体（MLSS）平均浓度，g/L；

F —— 安全系数，取 1.5～3.0；

μ —— 硝化菌生长速率，d^{-1}；

N_a —— 生物反应池中氨氮质量浓度，mg/L；

K_N —— 硝化作用中氮的半速率常数，mg/L，一般取 1.0；

T —— 设计水温，℃。

6.4.4 混合液回流量

混合液回流量可按式（14）计算：

$$Q_{Ri}=\frac{1\,000V_{n}K_{de(T)}X}{N_{t}-N_{ke}}-Q_{R} \tag{14}$$

式中：Q_{Ri} —— 混合液回流量，m^3/d；

V_n —— 缺氧池（区）容积，m^3；

$K_{de(T)}$ —— T℃时的脱氮速率（NO_3-N/MLSS），kg/（kg·d），宜根据试验资料确定，无试验资料时按式（9）计算；

X —— 生物反应池内混合液悬浮固体（MLSS）平均质量浓度，g/L；

N_t —— 生物反应池进水总氮质量浓度，mg/L；

N_{ke} —— 生物反应池出水总凯氏氮质量浓度，mg/L；

Q_R —— 回流污泥量，m^3/d。

6.4.5 工艺参数

缺氧好氧工艺处理城镇污水或水质类似城镇污水的工业废水时，主要设计参数宜按表 4 的规定取值。工业废水的水质与城镇污水水质相差较大时，设计参数应通过试验或参照类似工程确定。

表 4 缺氧好氧工艺设计参数

项目名称		符号	单位	参数值
反应池五日生化需氧量污泥负荷	BOD_5/MLVSS	L_s	kg/（kg·d）	0.07～0.21
	BOD_5/MLSS		kg/（kg·d）	0.05～0.15
反应池混合液悬浮固体（MLSS）平均质量浓度		X	kg/L	2.0～4.5
反应池混合液挥发性悬浮固体（MLVSS）平均质量浓度		X_v	kg/L	1.4～3.2
MLVSS 在 MLSS 中所占比例	设初沉池	y	g/g	0.65～0.75
	不设初沉池		g/g	0.5～0.65
设计污泥泥龄		θ_c	d	10～25
污泥产率系数（VSS/BOD_5）	设初沉池	Y	kg/kg	0.3～0.6
	不设初沉池		kg/kg	0.5～0.8
缺氧水力停留时间		t_n	h	2～4
好氧水力停留时间		t_0	h	8～12
总水力停留时间		HRT	h	10～16
污泥回流比		R	%	50～100
混合液回流比		R_i	%	100～400
需氧量（O_2/BOD_5）		O_2	kg/kg	1.1～2.0
BOD_5 总处理率		η	%	90～95
NH_3-N 总处理率		η	%	85～95
TN 总处理率		η	%	60～85

6.5　厌氧-缺氧-好氧工艺设计

6.5.1　需要同时脱氮除磷时，应采用厌氧-缺氧-好氧工艺，基本工艺流程如图 3 所示。

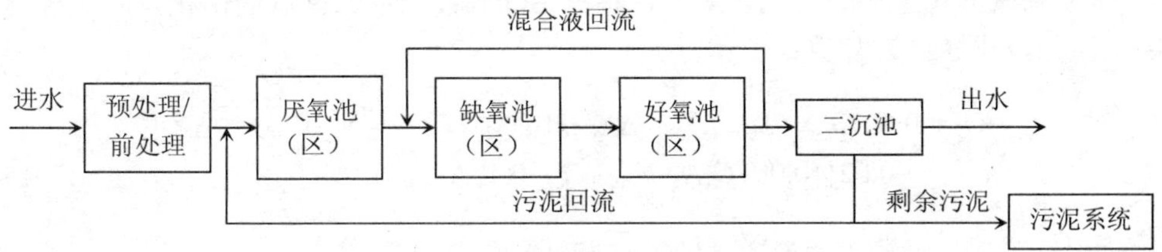

图 3　厌氧-缺氧-好氧工艺流程图

6.5.2　反应池的容积，宜按本标准第 6.3.2 条、第 6.4.2 条及第 6.4.3 条的规定计算。

6.5.3　厌氧-缺氧-好氧工艺处理城镇污水或水质类似城镇污水的工业废水时，主要设计参数宜按表 5 的规定取值。工业废水的水质与城镇污水水质相差较大时，设计参数应通过试验或参照类似工程确定。

表 5　厌氧-缺氧-好氧工艺主要设计参数

项目名称		符号	单位	参数值
反应池五日生化需氧量污泥负荷	BOD_5/MLVSS	L_s	kg/（kg·d）	0.07～0.21
	BOD_5/MLSS		kg/（kg·d）	0.05～0.15
反应池混合液悬浮固体（MLSS）平均质量浓度		X	kg/L	2.0～4.5
反应池混合液挥发性悬浮固体（MLVSS）平均质量浓度		X_v	kg/L	1.4～3.2
MLVSS 在 MLSS 中所占比例	设初沉池	y	g/g	0.65～0.7
	不设初沉池		g/g	0.5～0.65
设计污泥泥龄		θ_c	d	10～25
污泥产率系数（VSS/BOD_5）	设初沉池	Y	kg/kg	0.3～0.6
	不设初沉池		kg/kg	0.5～0.8
厌氧水力停留时间		t_p	h	1～2
缺氧水力停留时间		t_n	h	2～4
好氧水力停留时间		t_0	h	8～12
总水力停留时间		HRT	h	11～18
污泥回流比		R	%	40～100
混合液回流比		R_i	%	100～400
需氧量（O_2/BOD_5）		O_2	kg/kg	1.1～1.8
BOD_5 总处理率		η	%	85～95
NH_3-N 总处理率		η	%	80～90
TN 总处理率		η	%	55～80
TP 总处理率		η	%	60～80

6.6 曝气系统

6.6.1 需氧量的计算

a）好氧池（区）的污水需氧量，根据 BOD_5 去除率、氨氮的硝化及除氮等要求确定，并按式（15）计算：

$$O_2 = 0.001aQ(S_0 - S_e) - c\Delta X_v + b[0.001Q(N_k - N_{ke}) - 0.12\Delta X_v] \\ -0.62b[0.001Q(N_t - N_{ke} - N_{0e}) - 0.12\Delta X_v] \quad (15)$$

式中：O_2 —— 设计污水需氧量（O_2），kg/d；

a —— 碳的氧当量，当含碳物质以 BOD_5 计时，取 1.47；

Q —— 污水设计流量，m^3/d；

S_0 —— 生物反应池进水五日生化需氧量，mg/L；

S_e —— 生物反应池出水五日生化需氧量，mg/L；

c —— 细菌细胞的氧当量，取 1.42；

ΔX_v —— 排出生物反应池系统的微生物量（MLVSS），kg/d；

b —— 氧化每千克氨氮所需氧量，kg/kg，取 4.57；

N_k —— 生物反应池进水总凯氏氮质量浓度，mg/L；

N_{ke} —— 生物反应池出水总凯氏氮质量浓度，mg/L；

N_t —— 生物反应池进水总氮质量浓度，mg/L；

N_{0e} —— 生物反应池出水硝态氮质量浓度，mg/L。

b）选用曝气设备时，应根据不同设备的特征、位于水面下的深度、污水的氧总转移特性、当地的海拔高度以及预期生物反应池中的水温和溶解氧浓度等因素，将计算的污水需氧量按下列公式换算为标准状态下污水需氧量：

$$O_s = K_0 \cdot O_2 \quad (16)$$

其中：

$$K_0 = \frac{C_s}{\alpha(\beta C_{sm} - C_0) \times 1.024^{(T-20)}} \quad (17)$$

$$C_{sm} = C_{sw}\left(\frac{O_t}{42} + \frac{10 \times P_b}{2.068}\right) \quad (18)$$

$$O_t = \frac{21(1 - E_A)}{79 + 21(1 - E_A)} \times 100 \quad (19)$$

式中：O_s —— 标准状态下污水需氧量（O_2），kg/d；

K_0 —— 需氧量修正系数，采用鼓风曝气装置时按式（17）、式（18）、式（19）计算；

O_2——设计污水需氧量（O_2），kg/d；

C_s —— 标准状态下清水中饱和溶解氧质量浓度，mg/L，取 9.17；

α —— 混合液中总传氧系数与清水中总传氧系数之比，一般取 0.8～0.85；

β —— 混合液的饱和溶解氧值与清水中的饱和溶解氧值之比，一般取 0.9～0.97；

C_{sw} —— T℃、实际计算压力时，清水表面饱和溶解氧，mg/L；

C_0 —— 混合液剩余溶解氧，mg/L，一般取 2；

T —— 设计水温，℃；

C_{sm} —— T℃、实际计算压力时，曝气装置所在水下深处至池面的清水中平均溶解值，mg/L；

O_t —— 曝气池逸出气体中含氧，%；

P_b —— 曝气装置所处的绝对压力，MPa；

E_A —— 曝气设备氧的利用率，%。

c）采用鼓风曝气装置时，可按式（20）将标准状态下污水需氧量换算为标准状态下的供气量。

$$G_s = \frac{O_s}{0.28E_A} \tag{20}$$

式中：G_s —— 标准状态下的供气量，m^3/h；

O_s —— 标准状态下污水需氧量（O_2），kg/h；

E_A —— 曝气设备氧的利用率，%。

6.6.2 曝气方式的选择

6.6.2.1 曝气方式应结合供氧效率、能耗、维护检修、气温和水温等因素进行综合比较后确定。

6.6.2.2 大、中型污水处理厂宜选择鼓风式中、微孔水下曝气系统，小型污水处理厂可根据实际情况选择适当的曝气系统。

6.6.3 鼓风机与鼓风机房

6.6.3.1 应根据风量和风压选择鼓风机。大、中型污水处理厂宜选择单级高速离心鼓风机或多级低速离心鼓风机，小型污水处理厂和工业废水处理站可选择罗茨鼓风机。

6.6.3.2 单级高速离心鼓风机、罗茨鼓风机应分别符合 HJ/T 278 和 HJ/T 251 的规定。

6.6.3.3 鼓风机的备用应符合 GB 50014 的有关规定。

6.6.3.4 鼓风机及鼓风机房应采取隔音降噪措施，并符合 GB 12523 的规定。

6.6.4 曝气器

6.6.4.1 曝气器材质和形式的选择应考虑污水水质、工艺要求、操作维修等因素。

6.6.4.2 中、微孔曝气器的技术性能应符合 HJ/T 252 的规定。

6.6.4.3 好氧池（区）的曝气器应布置合理，不留有死角和空缺区域。

6.6.4.4 曝气器的数量应根据曝气池的供气量和单个曝气器的额定供气量及服务面积

确定。

6.6.4.5　AAO 曝气池的供气主管道和供气支管道的配置应当合理，末梢支管连接曝气器组的供气压力应满足曝气器的工作压力。

6.7　搅拌系统

6.7.1　厌氧池（区）和缺氧池（区）宜采用机械搅拌，宜选用安装角度可调的搅拌器。

6.7.2　机械搅拌器的选择应考虑设备转速、桨叶尺寸和性能曲线等因素。

6.7.3　机械搅拌器布置的间距、位置，应根据试验确定或由供货厂方提供。

6.7.4　应根据反应池的池形选配搅拌器，搅拌器应符合 HJ/T 279 的规定。

6.7.5　搅拌器的轴向有效推动距离应大于反应池的池长，并且应考虑径向搅拌效果。

6.7.6　每个反应池内宜设置 2 台以上的搅拌器，反应池若分割成若干廊道，每条廊道至少应设置 1 台搅拌器。

6.8　加药系统

6.8.1　外加碳源

6.8.1.1　当进入反应池的 BOD_5/总凯氏氮（TKN）小于 4 时，宜在缺氧池（区）中投加碳源。

6.8.1.2　投加碳源量按式（21）计算：

$$BOD_5 = 2.86 \times \Delta N \times Q \tag{21}$$

式中：BOD_5 —— 投加的碳源对应的 BOD_5 量，g/d;

ΔN —— 硝态氮的脱除量，mg/L；

Q —— 污水设计流量，m^3/d。

6.8.1.3　碳源储存罐容量应为理论加药量的 7～14 d 投加量，投加系统不宜少于 2 套，应采用计量泵投加。

6.8.2　化学除磷

6.8.2.1　当出水总磷不能达到排放标准要求时，宜采用化学除磷作为辅助手段。

6.8.2.2　最佳药剂种类、投加量和投加点宜通过试验或参照类似工程确定。

6.8.2.3　化学药剂储存罐容量应为理论加药量的 4～7 d 投加量，加药系统不宜少于 2 套，应采用计量泵投加。

6.8.2.4　接触铝盐和铁盐等腐蚀性物质的设备和管道应采取防腐措施。

6.9　回流系统

6.9.1　回流设施应采用不易产生复氧的离心泵、混流泵、潜水泵等设备。

6.9.2　回流设施宜分别按生物处理工艺系统中的最大污泥回流比和最大混合液回流比设计。

6.9.3　回流设备不应少于 2 台，并应设计备用设备。

6.9.4　回流设备宜具有调节流量的功能。

6.10　消毒系统

消毒系统的设计应符合 GB 50014 的有关规定。

6.11　污泥系统

6.11.1　污泥量设计应考虑剩余污泥和化学除磷污泥。

6.11.2　剩余污泥量应按式（22）计算：

a）按污泥泥龄计算：

$$\Delta X = \frac{V \cdot X}{\theta_c} \tag{22}$$

式中：ΔX —— 剩余污泥量（SS），kg/d；

V —— 生物反应池的容积，m^3；

X —— 生物反应池内混合液悬浮固体（MLSS）平均质量浓度，g/L；

θ_c —— 设计污泥泥龄，d。

b）按污泥产率系数、衰减系数及不可生物降解和惰性悬浮物计算：

$$\Delta X = YQ(S_0 - S_e) - K_d V X_v + fQ(SS_0 - SS_e) \tag{23}$$

式中：ΔX —— 剩余污泥量（SS），kg/d；

Y —— 污泥产率系数（VSS/BOD_5），kg/kg；

Q —— 污水设计流量，m^3/d；

S_0 —— 生物反应池进水五日生化需氧量，kg/m^3；

S_e —— 生物反应池出水五日生化需氧量，kg/m^3；

K_d —— 衰减系数，d^{-1}；

V —— 生物反应池的容积，m^3；

X_v —— 生物反应池内混合液挥发性悬浮固体（MLVSS）平均质量浓度，g/L；

f —— SS 的污泥转换率（MLSS/SS），g/g，宜根据试验资料确定，无试验资料时可取 0.5～0.7；

SS_0 —— 生物反应池进水悬浮物质量浓度，kg/m^3；

SS_e —— 生物反应池出水悬浮物质量浓度，kg/m^3。

6.11.3　化学除磷污泥量应根据药剂投加量计算。

6.11.4　污泥系统宜设置计量装置，可采用湿污泥计量和干污泥计量两种方式。

6.11.5　大型污水处理厂宜采用污泥消化方式实现污泥稳定，中小型污水处理厂（站）可采用延时曝气方式实现污泥稳定。

6.11.6　污泥处理和处置应符合 GB 50014 的规定，经处理后的污泥应符合 CJ 3025 的规定。

6.11.7　污泥脱水设备可选用厢式压滤机和板框压滤机、污泥脱水用带式压榨过滤机、污泥浓缩带式脱水一体机，所选用的设备应符合 HJ/T 283、HJ/T 242、HJ/T 335 的规定。

6.11.8　污泥脱水系统设计时宜考虑污泥处置的要求，并考虑脱水设备的备用。

7　检测与控制

7.1　一般规定

7.1.1　AAO 污水处理厂（站）运行应进行检测和控制，并配置相关的检测仪表和控制系统。

7.1.2　AAO 污水处理厂（站）应根据工程规模、工艺流程、运行管理要求确定检测和控制的内容。

7.1.3　自动化仪表和控制系统应保证 AAO 污水处理厂（站）的安全和可靠，方便运行管理。

7.1.4　计算机控制管理系统宜兼顾现有、新建和规划要求。

7.1.5　参与控制和管理的机电设备应设置工作和事故状态的检测装置。

7.2　过程检测

7.2.1　预处理单元宜设 pH 计、液位计、液位差计等，大型污水处理厂宜增设化学需氧量检测仪、悬浮物检测仪和流量计等。

7.2.2　宜设溶解氧检测仪和氧化还原电位检测仪等，大型污水处理厂宜增设污泥浓度计等。

7.2.3　宜设回流污泥流量计，并采用能满足污泥回流量调节要求的设备。

7.2.4　宜设剩余污泥宜设流量计，条件允许时可增设污泥浓度计，用于监测和统计污泥排出量。

7.2.5　总磷检测可采用实验室检测方式，除磷药剂根据检测设定值自动投加。

7.2.6　大型污水处理厂宜设总氮和总磷的在线监测仪，检测值用于指导工艺运行。

7.3　过程控制

7.3.1　AAO 污水处理厂（站）应根据其处理规模，在满足工艺控制条件的基础上合理选择集散控制系统（DCS）或可编程控制器（PLC）自动控制系统。

7.3.2　采用成套设备时，成套设备自身的控制宜与 AAO 污水处理厂（站）设置的控制系统结合。

7.4　自动控制系统

7.4.1　自动控制系统应具有数据采集、处理、控制、管理和安全保护功能。

7.4.2　自动控制系统的设计应符合下列要求：

a）宜对控制系统的监测层、控制层和管理层做出合理配置；

b）应根据工程具体情况，经技术经济比较后选择网络结构和通信速率；

c）对操作系统和开发工具要从运行稳定、易于开发、操作界面方便等多方面综合考虑；

d）厂级中控室应就近设置电源箱，供电电源应为双回路，直流电源设备应安全可靠；

e）厂、站级控制室面积应视其使用功能设定，并应考虑今后的发展；

f）防雷和接地保护应符合国家现行标准的要求。

8 电气

8.1 供电系统

8.1.1 工艺装置的用电负荷应为二级负荷。

8.1.2 中央控制室的自控系统电源应配备在线式不间断供电电源设备。

8.1.3 接地系统宜采用三相五线制系统。

8.2 低压配电

变电所及低压配电室的变配电设备布置，应符合国家标准 GB 50053 的有关规定。

8.3 二次线

8.3.1 工艺装置区的电气设备宜在中央控制室集中监控与管理，并纳入自动控制系统。

8.3.2 电气系统的控制水平应与工艺水平相一致，宜纳入计算机控制系统，也可采用强电控制。

9 施工与验收

9.1 一般规定

9.1.1 工程施工单位应具有国家相应的工程施工资质；工程项目宜通过招投标确定施工单位和监理单位。

9.1.2 应按工程设计图纸、技术文件、设备图纸等组织工程施工，工程的变更应取得设计单位的设计变更文件后方可实施。

9.1.3 施工前，应进行施工组织设计或编制施工方案，明确施工质量负责人和施工安全负责人，经批准后方可实施。

9.1.4 施工过程中，应做好设备、材料、隐蔽工程和分项工程等中间环节的质量验收；隐蔽工程应经过中间验收合格后，方可进行下一道工序施工。

9.1.5 管道工程的施工和验收应符合 GB 50268 的规定；混凝土结构工程的施工和验收应符合 GB 50204 的规定；构筑物的施工和验收应符合 GB 50141 的规定。

9.1.6 施工使用的设备、材料、半成品、部件应符合国家现行标准和设计要求，并取得供货商的合格证书，不得使用不合格产品。设备安装应符合 GB 50231 的规定。

9.1.7 工程竣工验收后，建设单位应将有关设计、施工和验收的文件立卷归档。

9.2 施工

9.2.1 土建施工

9.2.1.1 在进行土建施工前应认真阅读设计图纸和设备安装对土建的要求，了解预留预埋件的准确位置和做法，对有高程要求的设备基础应严格控制在设备要求的误差范围内。

9.2.1.2　生物反应池宜采用钢筋混凝土结构，应按设计图纸及相关设计文件进行施工，土建施工应重点控制池体的抗浮处理、地基处理、池体抗渗处理，满足设备安装对土建施工的要求。

9.2.1.3　需要在软弱地基上施工且构筑物荷载不大时，应采取适当的措施对地基进行处理，当地基下有软弱下卧层时，应考虑其沉降的影响，必要时可采用桩基。

9.2.1.4　模板、钢筋、混凝土分项工程应严格执行 GB 50204 的规定，并符合以下要求：

a）模板架设应有足够强度、刚度和稳定性，表面平整无缝隙，尺寸正确；

b）钢筋规格、数量准确，绑扎牢固并应满足搭接长度要求，无锈蚀；

c）混凝土配合比、施工缝预留、伸缩缝设置、设备基础预留孔及预埋螺栓位置均应符合规范和设计要求，冬季施工应注意防冻。

9.2.1.5　现浇钢筋混凝土水池施工允许偏差应符合表 6 有关规定。

表 6　现浇钢筋混凝土水池施工允许偏差

项次	项目		允许偏差/mm
1	轴线位置	底板	15
		池壁、柱、梁	8
2	高程	垫层、底板、池壁、柱、梁	±10
3	平面尺寸（混凝土底板和池体长、宽或直径）	$L \leqslant 20$ m	±20
		20 m $< L \leqslant$ 50 m	$\pm L/1\ 000$
		50 m $< L \leqslant$ 250 m	±50
4	截面尺寸	池壁、柱、梁、顶板	+10 −5
		洞、槽、沟净空	±10
5	垂直度	$H \leqslant 5$ m	8
		5 m $< H \leqslant$ 20 m	$1.5H/1\ 000$
6	表面平整度（用 2 m 直尺检查）		10
7	中心位置	预埋件、预埋管	5
		预留洞	10
注：L 为底板和池体的长、宽或直径；H 为池壁、柱的高度。			

9.2.1.6　处理构筑物应根据当地气温和环境条件，采取防冻措施。

9.2.1.7　处理构筑物应设置必要的防护栏杆，并采取适当的防滑措施，符合 GB 50352 的规定。

9.2.2　设备安装

9.2.2.1　设备基础应按照设计要求和图纸规定浇筑，混凝土标号和基面位置高程应符合说明书和技术文件规定。

9.2.2.2 混凝土基础应平整坚实，并有隔振措施。

9.2.2.3 预埋件水平度及平整度应符合 GB 50231 的规定。

9.2.2.4 地脚螺栓应按照原机出厂说明书的要求预埋，位置应准确，安装应稳固。

9.2.2.5 安装好的机械应严格符合外形尺寸的公称允许偏差，不允许超差。

9.2.2.6 机电设备安装后试车应满足下列要求：

a）启动时应按照标注箭头方向旋转，启动运转应平稳，运转中无振动和异常声响；

b）运转啮合与差动机构运转应按产品说明书的规定同步运行，没有阻塞和碰撞现象；

c）运转中各部件应保持动态所应有的间隙，无抖动晃摆现象；

d）试运转用手动或自动操作，设备全程完整动作 5 次以上，整体设备应运行灵活；

e）各限位开关运转中，动作及时，安全可靠；

f）电机运转中温升在正常值内；

g）各部轴承注加规定润滑油，应不漏、不发热，温升小于 60℃。

9.3 验收

9.3.1 工程验收

9.3.1.1 工程验收包括中间验收和竣工验收；中间验收应由施工单位会同建设单位、设计单位和质量监督部门共同进行；竣工验收应由建设单位组织施工、设计、管理、质量监督及有关单位联合进行。

9.3.1.2 中间验收包括验槽、验筋、主体验收、安装验收、联动试车。中间验收时应按相应的标准进行检验，并填写中间验收记录。

9.3.1.3 竣工验收应提供以下资料：

a）施工图及设计变更文件；

b）主要材料和制品的合格证或试验记录；

c）施工测量记录；

d）混凝土、砂浆、焊接及水密性、气密性等试验和检验记录；

e）施工记录；

f）中间验收记录；

g）工程质量检验评定记录；

h）工程质量事故处理记录。

9.3.1.4 竣工验收时应核实竣工验收资料，进行必要的复查和外观检查，并对下列项目做出鉴定，填写竣工验收鉴定书。竣工验收鉴定书应包括以下项目：

a）构筑物的位置、高程、坡度、平面尺寸、设备、管道及附件等安装的位置和数量；

b）结构强度、抗渗、抗冻等级；

c）构筑物的水密性；

d）外观，包括构筑物的裂缝、蜂窝、麻面、露筋、空鼓、缺边、掉角以及设备和外露的管道安装等是否影响工程质量。

9.3.1.5 生物池土建施工完成后应按照 GB 50141 的规定进行满水试验，地面以下渗水量应符合设计规定，最大不得超过 2 L/（m^2·d）。

9.3.1.6 泵房和风机房等都应按设计的最多开启台数进行 48 h 运转试验，测定水泵和污泥泵的流量和机组功率，有条件的应对其特性曲线进行检测。

9.3.1.7 鼓风曝气系统安装应平整牢固，曝气头无漏水现象，曝气管内无杂质，曝气量满足设计要求，曝气稳定均匀；曝气管应设有吹扫、排空装置。

9.3.1.8 闸门、闸阀不得有漏水现象。

9.3.1.9 排水管道应做闭水试验，上游充水管保持在管顶以上 2 m，外观检查应 24 h 无漏水现象。

9.3.1.10 空气管道应做气密性试验，24 h 压力降不超过允许值为合格。

9.3.1.11 进口设备除参照国内标准外，必要时应参照国外标准和其他相关标准进行验收。

9.3.1.12 仪表、化验设备应有计量部门的确认。

9.3.1.13 变电站高压配电系统应由供电局组织电检和验收。

9.3.2 环境保护验收

9.3.2.1 AAO 污水处理厂（站）验收前应进行调试和试运行，解决出现的问题，实现工艺设计目标，建立各设备和单元的操作规程，确定符合实际进水水量和水质的各项控制参数。

9.3.2.2 AAO 污水处理厂（站）在正式投入生产或使用之前，建设单位应向环境保护行政主管部门提出环境保护验收申请。

9.3.2.3 AAO 污水处理厂（站）竣工环境保护验收应按《建设项目竣工环境保护验收管理办法》的规定和环境影响评价报告的批复进行。

9.3.2.4 AAO 污水处理厂（站）验收前应结合试运行进行性能试验，性能试验报告可作为竣工环境保护验收的技术支持文件。性能试验内容包括：

a）各组建筑物都应按设计负荷，全流程通过所有构筑物；

b）测试并计算各构筑物的工艺参数；

c）测定全厂的格栅垃圾量、沉砂量和污泥量；

d）统计全厂进出水量、用电量和各单元用电量；

e）水质化验；

f）计算全厂技术经济指标，如 BOD_5 去除总量、BOD_5 去除单位能耗（kW·h/kg）、污水处理成本（元/kg）。

10 运行与维护

10.1 一般规定

10.1.1 AAO污水处理设施的运行、维护及安全管理应参照CJJ 60执行。

10.1.2 污水处理厂（站）的运行管理应配备专业人员。

10.1.3 污水处理厂（站）在运行前应制定设备台账、运行记录、定期巡视、交接班、安全检查等管理制度，以及各岗位的工艺系统图、操作和维护规程等技术文件。

10.1.4 操作人员应熟悉本厂（站）处理工艺技术指标和设施设备的运行要求，经过技术培训和生产实践，并考试合格后方可上岗。

10.1.5 各岗位的工艺系统图、操作和维护规程等应示于明显部位，运行人员应按规程进行系统操作，并定期检查构筑物、设备、电气和仪表的运行情况。

10.1.6 工艺设施和主要设备应编入台账，定期对各类设备、电气、自控仪表及建（构）筑物进行检修维护，确保设施稳定可靠运行。

10.1.7 运行人员应遵守岗位职责，坚持做好交接班和巡视。

10.1.8 应定期检测进出水水质，并定期对检测仪器、仪表进行校验。

10.1.9 运行中应严格执行经常性的和定期的安全检查，及时消除事故隐患，防止事故发生。

10.1.10 各岗位人员在运行、巡视、交接班、检修等生产活动中，应做好相关记录。

10.2 水质检验

10.2.1 污水处理厂（站）应设水质化验室，配备检测人员和仪器。

10.2.2 水质化验室内部应建立健全水质分析质量保证体系。

10.2.3 化验检测人员应经培训后持证上岗，并应定期进行考核和抽检。

10.2.4 化验检测方法应符合CJ/T 51的规定。

10.3 运行控制

10.3.1 运行中应定期检测各池的溶解氧（DO）和氧化还原电位（ORP）。

10.3.2 应经常观察活性污泥生物相、上清液透明度、污泥颜色、状态、气味等，定时检测和计算反映污泥特性的有关参数。

10.3.3 应根据观察到的现象和检测数据，及时调整进水量、曝气量、污泥回流量、混合液回流量、剩余污泥排放量等，保证出水稳定达标。

10.3.4 剩余污泥排放量应根据污泥沉降比、混合液污泥浓度和泥龄及时调整。

10.3.5 曝气池发生污泥膨胀、污泥上浮等不正常现象时，应分析原因，并针对具体情况，采取适当措施，调整系统运行工况。

10.3.6 当曝气池水温低时，可采用提高污泥浓度、增加泥龄等方法，保证污水的处理效果。

10.3.7 曝气池产生泡沫和浮渣时，应根据泡沫和浮渣的颜色、数量等分析原因，采取相应措施。

10.3.8　当出水氨氮超标时应通过以下方式进行调节：

a）减少剩余污泥排放量，提高泥龄；

b）提高好氧段 DO；

c）系统碱度不够时适当补充碱度。

10.3.9　当出水总氮超标时应通过以下方式进行调节：

a）降低缺氧段 DO；

b）提高进水中 BOD_5/TN 的比值；

c）增大好氧混合液回流量。

10.3.10　当出水总磷超标时应通过以下方式进行调节：

a）降低厌氧段 DO；

b）提高进水中 BOD_5/TP；

c）增大剩余污泥排放量；

d）采取化学除磷措施。

10.4　维护保养

10.4.1　应将生物反应池的维护保养作为全厂（站）维护的重点。

10.4.2　应定期检查曝气设备曝气均匀性，曝气不均匀、风机阻力升高时，应对曝气管路进行清洗；风机阻力减小时，应注意观察曝气头损坏情况，影响工艺运行时应更换。

10.4.3　当采用微孔曝气时，应经常排放空气管路中的存水。

10.4.4　曝气池应定期放空清理，检查构筑物完好情况。

10.4.5　应按照设备说明书要求，对曝气池中的设备定期进行维护保养。

10.4.6　应定期检查搅拌设备的运行状况，当搅拌设备振动较大时应提出水面进行检查维修。

10.4.7　应定期对生物反应池中的 DO 测定仪、ORP 计、NH_3-N 测定仪、硝态氮测定仪、污泥浓度计、污泥界面仪等仪表进行校正和维修保养。

10.4.8　操作人员应严格执行设备操作规程，定时巡视设备运转是否正常，包括温升、响声、振动、电压、电流等，发现问题应尽快检查排除。

10.4.9　应保持设备各运转部位良好的润滑状态，及时添加润滑油、除锈；发现漏油、渗油情况，应及时解决。

10.4.10　运行中应防止由于潜水搅拌机叶轮损坏或堵塞、表面空气吸入形成涡流、不均匀水流等引起的振动。

10.4.11　应做好设备维修保养记录。

附 录 A

（规范性附录）

AAO 法的主要变形及参数

A.1 改良厌氧缺氧好氧活性污泥法（UCT）

A.1.1 工艺流程

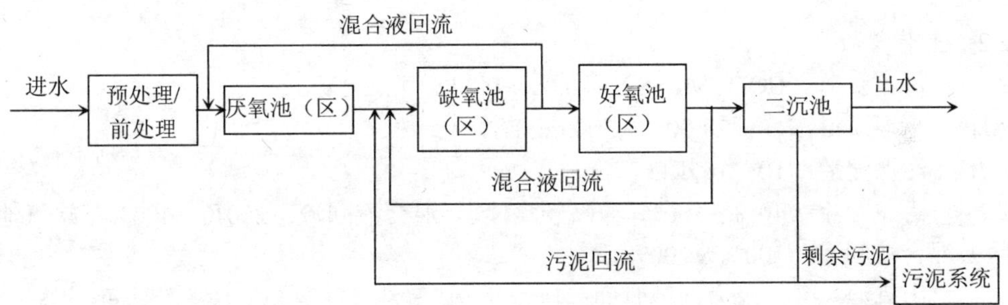

图 A.1 UCT 工艺流程图

A.1.2 工艺参数

A.1.2.1 污泥负荷（BOD_5/MLSS）：0.05～0.15 kg/（kg·d）。

A.1.2.2 污泥质量浓度：2 000～4 000 mg/L。

A.1.2.3 污泥泥龄：10～18 d。

A.1.2.4 污泥回流：40%～100%，好氧池（区）混合液回流：100%～400%，缺氧池（区）混合液回流：100%～200%。

A.1.2.5 厌氧池（区）水力停留时间：1～2 h，缺氧池（区）水力停留时间：2～3 h，好氧池（区）水力停留时间：6～14 h。

A.2 厌氧缺氧/缺氧好氧活性污泥法（MUCT）

A.2.1 工艺流程

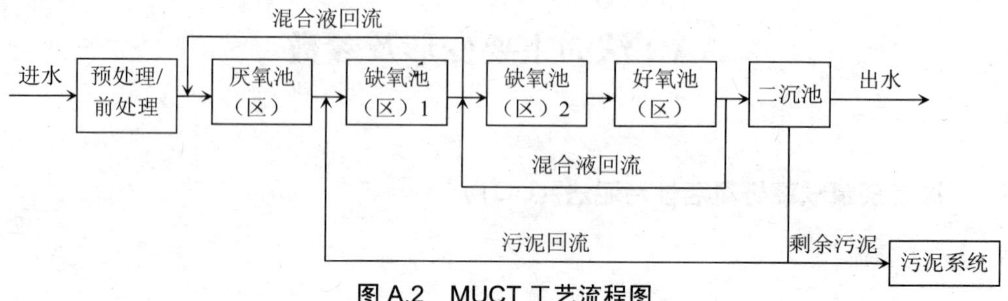

图 A.2 MUCT 工艺流程图

A.2.2 工艺参数

A.2.2.1 污泥负荷（BOD_5/MLSS）：0.05～0.2 kg/（kg·d）。

A.2.2.2 污泥质量浓度：2 000～4 500 mg/L。

A.2.2.3 污泥泥龄：10～16 d。

A.2.2.4 污泥回流：40%～100%，好氧池（区）混合液回流：200%～400%，缺氧池（区）混合液回流：100%～200%。

A.2.2.5 厌氧池（区）水力停留时间：1～2 h，缺氧池（区）1 水力停留时间：0.5～1 h，缺氧池（区）2 水力停留时间：1～2 h，好氧池（区）水力停留时间：6～14 h。

A.3 缺氧/厌氧缺氧好氧活性污泥法（JHB）

A.3.1 工艺流程

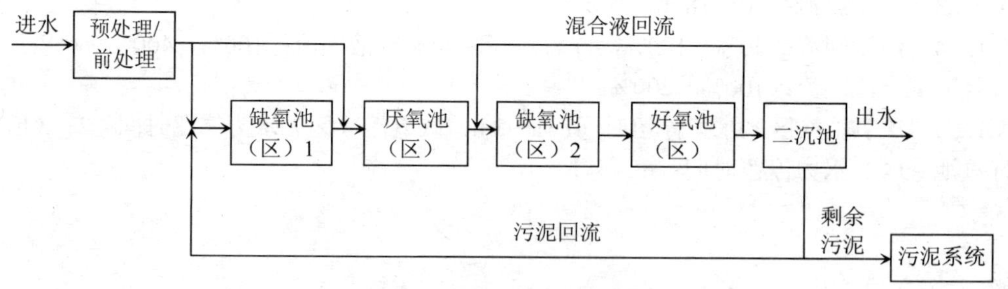

图 A.3 JHB 工艺流程图

A.3.2 工艺参数

A.3.2.1 污泥负荷（BOD_5/MLSS）：0.05～0.2 kg/（kg·d）。

A.3.2.2　污泥质量浓度：2 000～4 500 mg/L。

A.3.2.3　污泥泥龄：10～16 d。

A.3.2.4　污泥回流：40%～110%，好氧池（区）混合液回流：200%～400%。

A.3.2.5　进水分配比例：进缺氧池（区）10%～30%，进厌氧池（区）70%～90%。

A.3.2.6　缺氧池（区）1 水力停留时间：0.5～1 h，厌氧池（区）水力停留时间：1～2 h，缺氧池（区）2 水力停留时间：2～4 h，好氧池（区）水力停留时间：6～14 h。

A.4　缺氧/厌氧/好氧活性污泥法（RAAO）

A.4.1　工艺流程

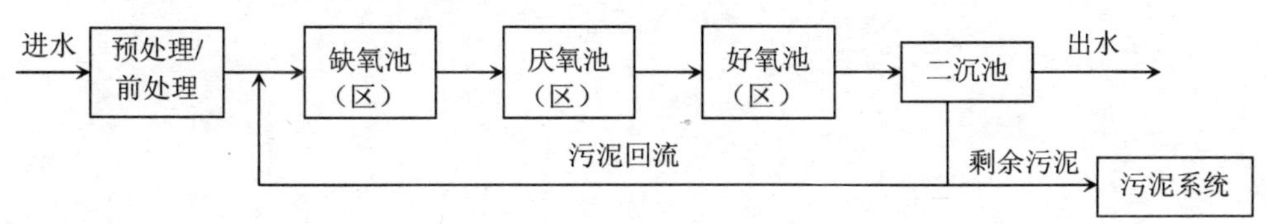

图 A.4　RAAO 工艺流程图

A.4.2　工艺参数

A.4.2.1　污泥负荷（BOD_5/MLSS）：0.05～0.15 kg/（kg·d）。

A.4.2.2　污泥质量浓度：2 000～5 000 mg/L。

A.4.2.3　好氧污泥泥龄：10～18 d。

A.4.2.4　污泥回流：40%～120%。

A.4.2.5　缺氧池（区）水力停留时间：2～4 h，厌氧池（区）水力停留时间：1～2 h，好氧池（区）水力停留时间：6～12 h。

A.5　多级缺氧好氧活性污泥法（MAO）

A.5.1　工艺流程

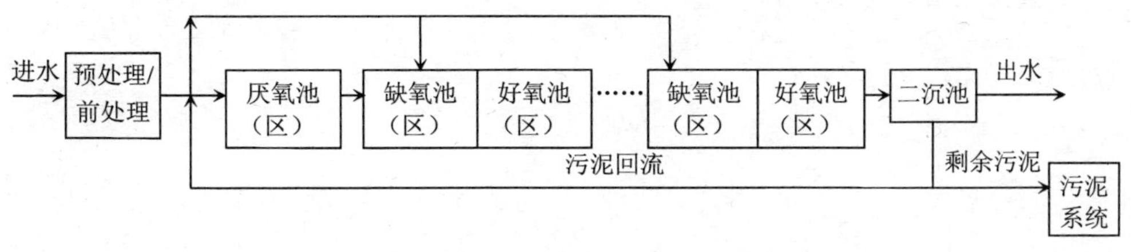

图 A.5　MAO 工艺流程图

A.5.2　工艺参数

A.5.2.1　污泥负荷（BOD_5/MLSS）：0.05～0.15 kg/（kg·d）。

A.5.2.2　污泥质量浓度：2 000～5 000 mg/L。

A.5.2.3　好氧污泥泥龄：10～18 d。

A.5.2.4　污泥回流：40%～100%。

A.5.2.5　进水分配比例：进厌氧池（区）30%～50%，进缺氧池（区）50%～70%。

A.5.2.6　厌氧池（区）水力停留时间：1～2 h，缺氧池（区）水力停留时间：2～4 h，好氧池（区）水力停留时间：6～12 h。

中华人民共和国国家环境保护标准

序批式活性污泥法污水处理工程技术规范

Technical specifications for sequencing batch reactor activated sludge process

HJ 577—2010

前　言

为贯彻《中华人民共和国水污染防治法》，防治水污染，改善环境质量，规范序批式活性污泥法在污水处理工程中的应用，制定本标准。

本标准规定了采用序批式活性污泥法的污水处理工程工艺设计、主要工艺设备、检测与控制、施工与验收、运行与维护的技术要求。

本标准的附录A为资料性附录。

本标准为首次发布。

本标准由环境保护部科技标准司组织制订。

本标准主要起草单位：中国环境保护产业协会（水污染治理委员会）、天津市环境保护科学研究院、安徽国祯环保节能科技股份有限公司。

本标准由环境保护部2010年10月12日批准。

本标准自2011年1月1日起实施。

本标准由环境保护部解释。

1　适用范围

本标准规定了采用序批式活性污泥法的污水处理工程工艺设计、主要工艺设备、检测与控制、施工与验收、运行与维护的技术要求。

本标准适用于采用序批式活性污泥法的城镇污水和工业废水处理工程，可作为环境影响评价、设计、施工、环境保护验收及设施运行管理的技术依据。

2　规范性引用文件

本标准内容引用了下列文件中的条款。凡是不注日期的引用文件，其有效版本适用于本标准。

GB 3096　声环境质量标准

GB 12348　工业企业厂界环境噪声排放标准

GB 12801　生产过程安全卫生要求总则
GB 18599　一般工业固体废物贮存、处置场污染控制标准
GB 18918　城镇污水处理厂污染物排放标准
GB 50014　室外排水设计规范
GB 50015　建筑给水排水设计规范
GB 50040　动力机器基础设计规范
GB 50053　10 kV 及以下变电所设计规范
GB 50187　工业企业总平面设计规范
GB 50204　混凝土结构工程施工质量验收规范
GB 50222　建筑内部装修设计防火规范
GB 50231　机械设备安装工程施工及验收通用规范
GB 50254　电气装置安装工程低压电器施工及验收规范
GB 50268　给水排水管道工程施工及验收规范
GB 50334　城市污水处理厂工程质量验收规范
GB 50352　民用建筑设计通则
GBJ 16　建筑设计防火规范
GBJ 87　工业企业噪声控制设计规范
GB 50141　给水排水构筑物工程施工及验收规范
GBZ 1　工业企业设计卫生标准
GBZ 2　工作场所化学有害因素职业接触限值
CJJ 60　城市污水处理厂运行、维护及其安全技术规程
HJ/T 91　地表水和污水监测技术规范
HJ/T 247　环境保护产品技术要求　竖轴式机械表面曝气装置
HJ/T 251　环境保护产品技术要求　罗茨鼓风机
HJ/T 252　环境保护产品技术要求　中、微孔曝气器
HJ/T 260　环境保护产品技术要求　鼓风式潜水曝气机
HJ/T 277　环境保护产品技术要求　旋转式滗水器
HJ/T 278　环境保护产品技术要求　单级高速曝气离心鼓风机
HJ/T 279　环境保护产品技术要求　推流式潜水搅拌机
HJ/T 353　水污染源在线监测系统安装技术规范（试行）
HJ/T 354　水污染源在线监测系统验收技术规范（试行）
HJ/T 355　水污染源在线监测系统运行与考核技术规范（试行）
《建设项目竣工环境保护验收管理办法》（国家环境保护总局，2001）

3　术语和定义

下列术语和定义适用于本标准。

3.1　序批式活性污泥法　sequencing batch reactor activated sludge process

指在同一反应池（器）中，按时间顺序由进水、曝气、沉淀、排水和待机五个基本工序组成的活性污泥污水处理方法，简称 SBR 法。其主要变形工艺包括循环式活性污泥工艺（CASS 或 CAST 工艺）、连续和间歇曝气工艺（DAT-IAT 工艺）、交替式内循环活性污泥工艺（AICS 工艺）等。

3.2　运行周期　treatment cycle

指一个反应池按顺序完成一次进水、曝气、沉淀、排水、待机工作程序的周期。一个运行周期所经历的时间称为周期时间。

3.3　进水工序　fill

指从反应池最低水位开始，充水至反应池最高水位停止的工序。进水工序可分为非限制曝气进水（进水同时曝气）和限制曝气进水（进水期不曝气）。一个运行周期内进水工序所经历的时间称为进水时间。

3.4　曝气工序　aeration/react

指对反应池中的污水进行曝气处理的工序。曝气工序可根据需要选择连续曝气或间歇曝气方式。一个运行周期内曝气所经历的时间称为曝气时间。

3.5　沉淀工序　settle

指反应池在停止曝气后进行静置沉淀，使泥水分离的工序。一个运行周期内沉淀工序所经历的时间称为沉淀时间。

3.6　排水工序　drawn

指将沉淀后的上清液撇除，至反应池最低水位的工序。一个运行周期内排水工序所经历的时间称为排水时间。

3.7　滗水　decanting

指在不扰动沉淀后的污泥层、挡住水面的浮渣不外溢的情况下，将上清液从水面撇除的操作。

3.8　待机时间　idle

指从一个周期停止排水到下一个周期开始进水所经历的时间。

3.9　反应时间　reaction time

指一个运行周期内进水工序和曝气工序中曝气停止所经历的时间。

3.10　生物选择区　biological selector

指设置在反应池的前端，使回流污泥和未被稀释的污水混合接触的预反应区。生物选择区的类型有好氧、缺氧和厌氧。

3.11　主反应区　main reaction zone

指 CASS 或 CAST 反应池内生物选择区以后的好氧反应区。

3.12　预处理　pretreatment

指进水水质能满足 SBR 工艺生化要求时，在 SBR 反应池前设置的处理措施。如格栅、沉砂池、初沉池、气浮池、隔油池、纤维及毛发捕集器等。

3.13　前处理　preprocessing

指进水水质不能满足 SBR 工艺生化要求时，根据调整水质的需要，在 SBR 反应池前设置的处理工艺。如水解酸化池、混凝沉淀池、中和池等。

3.14　标准状态　standard state

指大气压为 101 325 Pa、温度为 273.15 K 的状态。

4　总体要求

4.1　SBR 法宜用于中、小型城镇污水和工业废水处理工程。

4.2　应根据去除碳源污染物、脱氮、除磷、好氧污泥稳定等不同要求和外部环境条件，选择适宜的 SBR 法及其变形工艺。

4.3　应充分考虑冬季低温对 SBR 工艺去除碳源污染物、脱氮和除磷的影响，必要时可采取如下措施：降低负荷、减少排泥（增长泥龄）、调整厌氧及缺氧时段的水力停留时间、保温或增温等。

4.4　应根据可能发生的运行条件，设置不同的 SBR 工艺运行方案。

4.5　SBR 污水处理厂（站）应遵守以下规定：

a）污水处理厂厂址选择和总体布置应符合 GB 50014 的有关规定。总图设计应符合 GB 50187 的有关规定。

b）污水处理厂（站）的防洪标准不应低于城镇防洪标准，且有良好的排水条件。

c）污水处理厂（站）建筑物的防火设计应符合 GBJ 16 和 GB 50222 的规定。

d）污水处理厂（站）区堆放污泥、药品的贮存场应符合 GB 18599 的规定。

e）污水处理厂（站）建设、运行过程中产生的废气、废水、废渣及其他污染物的治理与排放，应执行国家环境保护法规和标准的有关规定，防止二次污染。

f）污水处理厂（站）的噪声和振动控制设计应符合 GBJ 87 和 GB 50040 的规定，机房内、外的噪声应分别符合 GBZ 2 和 GB 3096 的规定，厂界噪声应符合 GB 12348 的规定。

g）污水处理厂（站）的设计、建设、运行过程中应重视职业卫生和劳动安全，严格执行 GBZ 1、GBZ 2 和 GB 12801 的规定。污水处理工程建成运行的同时，安全和卫生设施应同时建成运行，并制定相应的操作规程。

4.6　城镇污水处理厂应按照 GB 18918 的相关规定安装在线监测系统，其他污水处理工程应按照国家或当地的环境保护管理要求安装在线监测系统。在线监测系统的安装、验收和运行应符合 HJ/T 353、HJ/T 354 和 HJ/T 355 的相关规定。

5　设计流量和设计水质

5.1　设计流量

5.1.1　城镇污水设计流量

5.1.1.1　城镇旱流污水设计流量应按下式计算。

$$Q_{dr} = Q_d + Q_m \quad (1)$$

式中：Q_{dr} —— 旱流污水设计流量，L/s；

Q_d —— 综合生活污水设计流量，L/s；

Q_m —— 工业废水设计流量，L/s。

5.1.1.2　城镇合流污水设计流量应按下式计算。

$$Q = Q_{dr} + Q_s \quad (2)$$

式中：Q —— 污水设计流量，L/s；

Q_{dr} —— 旱流污水设计流量，L/s；

Q_s —— 雨水设计流量，L/s。

5.1.1.3　综合生活污水设计流量为服务人口与相对应的综合生活污水定额之积。综合生活污水定额应根据当地的用水定额，结合建筑物内部给排水设施水平和排水系统普及程度等因素确定，可按当地相关用水定额的 80%～90%设计。

5.1.1.4　综合生活污水量总变化系数应根据当地实际综合生活污水量变化资料确定，没有测定资料时，可按 GB 50014 中的相关规定取值，见表 1。

表 1　综合生活污水量总变化系数

平均日流量/（L/s）	5	15	40	70	100	200	500	≥1 000
总变化系数	2.3	2.0	1.8	1.7	1.6	1.5	1.4	1.3

5.1.1.5　排入市政管网的工业废水设计流量应根据城镇市政排水系统覆盖范围内工业污染源废水排放统计调查资料确定。

5.1.1.6　雨水设计流量参照 GB 50014 的有关规定。

5.1.1.7　在地下水位较高的地区，应考虑入渗地下水量，入渗地下水量宜根据实际测定资料确定。

5.1.2　工业废水设计流量

5.1.2.1　工业废水设计流量应按工厂或工业园区总排放口实际测定的废水流量设计。测试方法应符合 HJ/T 91 的规定。

5.1.2.2　工业废水流量变化应根据工艺特点进行实测。

5.1.2.3　不能取得实际测定数据时可参照国家现行工业用水量的有关规定折算确定，或根据同行业同规模同工艺现有工厂排水数据类比确定。

5.1.2.4　在有工业废水与生活污水合并处理时，工厂内或工业园区内的生活污水量、沐浴污水量的确定，应符合 GB 50015 的有关规定。

5.1.2.5　工业园区集中式污水处理厂设计流量的确定可参照城镇污水设计流量的确定方法。

5.1.3　不同构筑物的设计流量

5.1.3.1　提升泵房、格栅井、沉砂池宜按合流污水设计流量计算。

5.1.3.2　初沉池宜按旱流污水流量设计，并用合流污水设计流量校核，校核的沉淀时间不宜小于 30 min。

5.1.3.3　反应池宜按日平均污水流量设计；反应池前后的水泵、管道等输水设施应按最高日最高时污水流量设计。

5.2　设计水质

5.2.1　城镇污水的设计水质应根据实际测定的调查资料确定，其测定方法和数据处理方法应符合 HJ/T 91 的规定。无调查资料时，可按下列标准折算设计：

a）生活污水的五日生化需氧量按每人每天 25～50 g 计算；

b）生活污水的悬浮固体量按每人每天 40～65 g 计算；

c）生活污水的总氮量按每人每天 5～11 g 计算；

d）生活污水的总磷量按每人每天 0.7～1.4 g 计算。

5.2.2　工业废水的设计水质，应根据工业废水的实际测定数据确定，其测定方法和数据处理方法应符合 HJ/T 91 的规定。无实际测定数据时，可参照类似工厂的排放资料类比确定。

5.2.3　SBR 进水应符合下列条件：

a）水温宜为 12～35℃、pH 值宜为 6～9、BOD_5/COD 的值宜不小于 0.3；

b）有去除氨氮要求时，进水总碱度（以 $CaCO_3$ 计）/氨氮（NH_3-N）的值宜不小于 7.14，不满足时应补充碱度；

c）有脱氮要求时，进水的 BOD_5/总氮（TN）的值宜不小于 4.0，总碱度（以 $CaCO_3$ 计）/氨氮的值宜不小于 3.6，不满足时应补充碳源或碱度；

d）有除磷要求时，进水的 BOD_5/总磷（TP）的值宜不小于 17；

e）要求同时脱氮除磷时，宜同时满足 c）和 d）的要求。

5.3　污染物去除率

SBR 污水处理工艺的污染物去除率按照表 2 计算。

表 2　SBR 污水处理工艺的污染物去除率设计值

污水类别	主体工艺	污染物去除率/%					
		悬浮物（SS）	五日生化需氧量（BOD_5）	化学耗氧量（COD）	氨氮（NH_3-N）	总氮（TN）	总磷（TP）
城镇污水	初次沉淀*+SBR	70～90	80～95	80～90	85～95	60～85	50～85
工业废水	预处理+SBR	70～90	70～90	70～90	85～95	55～85	50～85
注：* 应根据水质、SBR 工艺类型等情况，决定是否设置初次沉淀池。							

6　工艺设计

6.1　一般规定

6.1.1　SBR 工艺系统出水直接排放时，应符合国家或地方排放标准要求；排入下一级处理单元时，应符合下一级处理单元的进水要求。

6.1.2　应保证 SBR 反应池兼有时间上的理想推流和空间上的完全混合的特点。

6.1.3　应保证 SBR 反应池具有静置沉淀功能和良好的泥水分离效果。

6.1.4　应根据 SBR 工艺运行要求设置检测与控制系统，实现运行管理自动化。

6.1.5　SBR 反应池应设置固定式事故排水装置，可设在滗水结束时的水位处。

6.1.6　SBR 反应池排水应采用有防止浮渣流出设施的滗水器。

6.1.7　限制曝气进水的反应池，进水方式宜采用淹没式入流。

6.1.8　水质和（或）水量变化大的污水处理厂，宜设置调节水质和（或）水量的设施。

6.1.9　污水处理厂应设置对处理后出水消毒的设施。

6.1.10　进水泵房、格栅、沉砂池、初沉池和二沉池的设计应符合 GB 50014 中的有关规定。

6.2　预处理和前处理

6.2.1　SBR 污水处理工程进水应设格栅，城镇污水预处理还应设沉砂池。

6.2.2　根据水质和 SBR 工艺类型的需要，确定 SBR 污水处理工程是否设置初次沉淀池。设初沉池时可以不设超细格栅。

6.2.3　当进水水质不符合 5.2.3 规定的条件或含有影响生化处理的物质时，应根据进水水质采取适当的前处理工艺。

6.3　SBR 工艺设计

6.3.1　SBR 工艺的运行方式

SBR 工艺由进水、曝气、沉淀、排水、待机五个工序组成，基本运行方式分为限制曝气进水和非限制曝气进水两种，如图 1、图 2 所示。

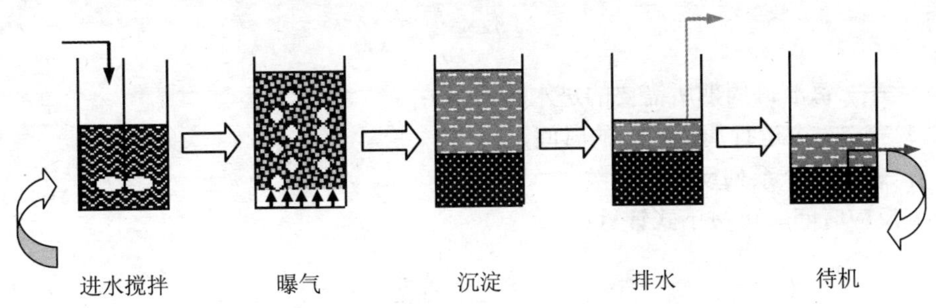

图 1　SBR 工艺运行方式——限制曝气进水

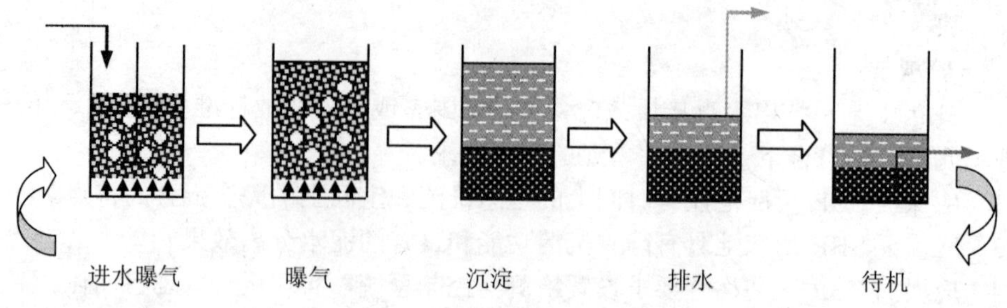

图 2　SBR 工艺运行方式——非限制曝气进水

6.3.2　反应池设计计算

6.3.2.1　反应池有效反应容积

SBR 反应池容积，可按下式计算。

$$V=\frac{24Q'S_0}{1\,000XL_s t_R} \tag{3}$$

式中：V —— 反应池有效容积，m^3；

Q' —— 每个周期进水量，m^3；

S_0 —— 反应池进水五日生化需氧量，mg/L；

L_s —— 反应池的五日生化需氧量污泥负荷（BOD_5/MLSS），kg/（kg·d）；

X —— 反应池内混合液悬浮固体（MLSS）平均质量浓度，kg/m^3；

t_R —— 每个周期反应时间，h。

6.3.2.2　SBR 工艺各工序的时间，宜按下列规定计算。

a）进水时间，可按下式计算：

$$t_F=\frac{t}{n} \tag{4}$$

式中：t_F —— 每池每周期所需要的进水时间，h；

t —— 一个运行周期需要的时间，h；

n —— 每个系列反应池个数。

b）反应时间，可按下式计算：

$$t_R=\frac{24S_0 m}{1\,000L_s X} \tag{5}$$

式中：m —— 充水比，可参照表 3～表 7 取值。

S_0 —— 反应池进水五日生化需氧量，mg/L；

L_s —— 反应池的五日生化需氧量污泥负荷（BOD_5/MLSS），kg/（kg·d）；

X —— 反应池内混合液悬浮固体（MLSS）平均质量浓度，kg/m^3。

c）沉淀时间 t_s 宜为 1 h。

d）排水时间 t_D 宜为 1.0～1.5 h。

e）一个周期所需时间可按下式计算：

$$t = t_R + t_s + t_D + t_b \tag{6}$$

式中：t_b —— 闲置时间，h。

6.3.2.3　SBR 法的每天周期数宜为整数，如：2、3、4、5、6。

6.3.2.4　反应池水深宜为 4.0～6.0 m，当采用矩形池时，反应池长宽比宜为 1∶1～2∶1。

6.3.2.5　反应池设计超高一般取 0.5～1.0 m。

6.3.2.6　反应池的数量不宜少于 2 个，并且均为并联设计。

6.3.3　工艺参数的取值与计算

6.3.3.1　SBR 工艺处理城镇污水或水质类似城镇污水的工业废水去除有机污染物时，主要设计参数宜按表 3 的规定取值。工业废水的水质与城镇污水水质差异较大时，设计参数应通过试验或参照类似工程确定。

表 3　去除碳源污染物主要设计参数

项目名称		符号	单位	参数值
反应池五日生化需氧量污泥负荷	BOD_5/MLVSS	L_s	kg/（kg·d）	0.25～0.50
	BOD_5/MLSS		kg/（kg·d）	0.10～0.25
反应池混合液悬浮固体（MLSS）平均质量浓度		X	kg/m^3	3.0～5.0
反应池混合液挥发性悬浮固体（MLVSS）平均质量浓度		X_v	kg/m^3	1.5～3.0
污泥产率系数（VSS/BOD_5）	设初沉池	Y	kg/kg	0.3
	不设初沉池		kg/kg	0.6～1.0
总水力停留时间		HRT	h	8～20
需氧量（O_2/BOD_5）		O_2	kg/kg	1.1～1.8
活性污泥容积指数		SVI	ml/g	70～100
充水比		m		0.40～0.50
BOD_5 总处理率		η	%	80～95

6.3.3.2　SBR 工艺处理城镇污水或水质类似城镇污水的工业废水去除有机污染物时，主要设计参数宜按表 4 的规定取值。工业废水的水质与城镇污水水质差异较大时，设计参数应通过试验或参照类似工程确定。

表 4　去除氨氮污染物主要设计参数

<table>
<tr><th colspan="2">项目名称</th><th>符号</th><th>单位</th><th>参数值</th></tr>
<tr><td rowspan="2">反应池五日生化需氧量污泥负荷</td><td>$BOD_5/MLVSS$</td><td rowspan="2">L_s</td><td>kg/（kg·d）</td><td>0.10～0.30</td></tr>
<tr><td>$BOD_5/MLSS$</td><td>kg/（kg·d）</td><td>0.07～0.20</td></tr>
<tr><td colspan="2">反应池混合液悬浮固体（MLSS）平均质量浓度</td><td>X</td><td>kg/m^3</td><td>3.0～5.0</td></tr>
<tr><td rowspan="2">污泥产率系数（VSS/BOD_5）</td><td>设初沉池</td><td rowspan="2">Y</td><td>kg/kg</td><td>0.4～0.8</td></tr>
<tr><td>不设初沉池</td><td>kg/kg</td><td>0.6～1.0</td></tr>
<tr><td colspan="2">总水力停留时间</td><td>HRT</td><td>h</td><td>10～29</td></tr>
<tr><td colspan="2">需氧量（O_2/BOD_5）</td><td>O_2</td><td>kg/kg</td><td>1.1～2.0</td></tr>
<tr><td colspan="2">活性污泥容积指数</td><td>SVI</td><td>ml/g</td><td>70～120</td></tr>
<tr><td colspan="2">充水比</td><td>m</td><td></td><td>0.30～0.40</td></tr>
<tr><td colspan="2">BOD_5 总处理率</td><td>η</td><td>%</td><td>90～95</td></tr>
<tr><td colspan="2">NH_3-N 总处理率</td><td>η</td><td>%</td><td>85～95</td></tr>
</table>

6.3.3.3　SBR 工艺处理城镇污水或水质类似城镇污水的工业废水去除有机污染物时，主要设计参数宜按表 5 的规定取值。工业废水的水质与城镇污水水质差异较大时，设计参数应通过试验或参照类似工程确定。

表 5　生物脱氮主要设计参数

<table>
<tr><th colspan="2">项目名称</th><th>符号</th><th>单位</th><th>参数值</th></tr>
<tr><td rowspan="2">反应池五日生化需氧量污泥负荷</td><td>$BOD_5/MLVSS$</td><td rowspan="2">L_s</td><td>kg/（kg·d）</td><td>0.06～0.20</td></tr>
<tr><td>$BOD_5/MLSS$</td><td>kg/（kg·d）</td><td>0.04～0.13</td></tr>
<tr><td colspan="2">反应池混合液悬浮固体（MLSS）平均质量浓度</td><td>X</td><td>kg/m^3</td><td>3.0～5.0</td></tr>
<tr><td colspan="2">总氮负荷率（TN/MLSS）</td><td></td><td>kg/（kg·d）</td><td>≤0.05</td></tr>
<tr><td rowspan="2">污泥产率系数（VSS/BOD_5）</td><td>设初沉池</td><td rowspan="2">Y</td><td>kg/kg</td><td>0.3～0.6</td></tr>
<tr><td>不设初沉池</td><td>kg/kg</td><td>0.5～0.8</td></tr>
<tr><td colspan="2">缺氧水力停留时间占反应时间比例</td><td></td><td>%</td><td>20</td></tr>
<tr><td colspan="2">好氧水力停留时间占反应时间比例</td><td></td><td>%</td><td>80</td></tr>
<tr><td colspan="2">总水力停留时间</td><td>HRT</td><td>h</td><td>15～30</td></tr>
<tr><td colspan="2">需氧量（O_2/BOD_5）</td><td>O_2</td><td>kg/kg</td><td>0.7～1.1</td></tr>
<tr><td colspan="2">活性污泥容积指数</td><td>SVI</td><td>ml/g</td><td>70～140</td></tr>
<tr><td colspan="2">充水比</td><td>m</td><td></td><td>0.30～0.35</td></tr>
<tr><td colspan="2">BOD_5 总处理率</td><td>η</td><td>%</td><td>90～95</td></tr>
<tr><td colspan="2">NH_3-N 总处理率</td><td>η</td><td>%</td><td>85～95</td></tr>
<tr><td colspan="2">TN 总处理率</td><td>η</td><td>%</td><td>60～85</td></tr>
</table>

6.3.3.4　SBR 工艺处理城镇污水或水质类似城镇污水的工业废水去除有机污染物时，

主要设计参数宜按表 6 的规定取值。工业废水的水质与城镇污水水质差异较大时，设计参数应通过试验或参照类似工程确定。

表 6　生物脱氮除磷主要设计参数

项目名称		符号	单位	参数值
反应池五日生化需氧量污泥负荷	BOD_5/MLVSS	L_s	kg/（kg·d）	0.15～0.25
	BOD_5/MLSS		kg/（kg·d）	0.07～0.15
反应池混合液悬浮固体（MLSS）平均质量浓度		X	kg/m^3	2.5～4.5
总氮负荷率（TN/MLSS）			kg/（kg·d）	≤0.06
污泥产率系数（VSS/BOD_5）	设初沉池	Y	kg/kg	0.3～0.6
	不设初沉池		kg/kg	0.5～0.8
厌氧水力停留时间占反应时间比例			%	5～10
缺氧水力停留时间占反应时间比例			%	10～15
好氧水力停留时间占反应时间比例			%	75～80
总水力停留时间		HRT	h	20～30
污泥回流比（仅适用于 CASS 或 CAST）		R	%	20～100
混合液回流比（仅适用于 CASS 或 CAST）		R_i	%	≥200
需氧量（O_2/BOD_5）		O_2	kg/kg	1.5～2.0
活性污泥容积指数		SVI	ml/g	70～140
充水比		m		0.30～0.35
BOD_5 总处理率		η	%	85～95
TP 总处理率		η	%	50～75
TN 总处理率		η	%	55～80

6.3.3.5　SBR 工艺处理城镇污水或水质类似城镇污水的工业废水去除有机污染物时，主要设计参数宜按表 7 的规定取值。工业废水的水质与城镇污水水质差异较大时，设计参数应通过试验或参照类似工程确定。

表 7　生物除磷主要设计参数

项目名称	符号	单位	参数值
反应池五日生化需氧量污泥负荷（BOD_5/MLSS）	L_s	kg/（kg·d）	0.4～0.7
反应池混合液悬浮固体（MLSS）平均质量浓度	X	kg/m^3	2.0～4.0
反应池污泥产率系数（VSS/BOD_5）	Y	kg/kg	0.4～0.8
厌氧水力停留时间占反应时间比例		%	25～33
好氧水力停留时间占反应时间比例		%	67～75
总水力停留时间	HRT	h	3～8

项目名称	符号	单位	参数值
需氧量（O_2/BOD_5）	O_2	kg/kg	0.7～1.1
活性污泥容积指数	SVI	ml/g	70～140
充水比	m		0.30～0.40
污泥含磷率（TP/VSS）		kg/kg	0.03～0.07
污泥回流比（仅适用于 CASS 或 CAST）		%	40～100
TP 总处理率	η	%	75～85

6.3.4　供氧系统

6.3.4.1　供氧系统污水需氧量按下式计算。

$$\begin{aligned}O_2 = 0.001aQ(S_0 - S_e) - c\Delta X_V + b[0.001Q(N_k - N_{ke}) - 0.12\Delta X_V]\\ -0.62b[0.001Q(N_t - N_{ke} - N_{0e}) - 0.12\Delta X_V]\end{aligned} \tag{7}$$

式中：O_2 —— 污水需氧量，kg/d；

Q —— 污水设计流量，m^3/d；

S_0 —— 反应池进水五日生化需氧量（BOD_5），mg/L；

S_e —— 反应池出水五日生化需氧量（BOD_5），mg/L；

ΔX_V —— 排出反应池系统的微生物量（MLVSS），kg/d；

N_k —— 反应池进水总凯氏氮质量浓度，mg/L；

N_{ke} —— 反应池出水总凯氏氮质量浓度，mg/L；

N_t —— 反应池进水总氮质量浓度，mg/L；

N_{0e} —— 反应池出水硝态氮质量浓度，mg/L；

a —— 碳的氧当量，当含碳物质以 BOD_5 计时，取 1.47；

b —— 氧化每千克氨氮所需氧量（kg/kg），取 4.57；

c —— 细菌细胞的氧当量，取 1.42。

6.3.4.2　标准状态下污水需氧量按下式计算。

$$O_S = K_0 \cdot O_2 \tag{8}$$

$$K_0 = \frac{C_S}{\alpha(\beta C_{SW} - C_0) \times 1.024^{(T-20)}} \tag{9}$$

式中：O_S —— 标准状态下污水需氧量，kg/d；

K_0 —— 需氧量修正系数；

O_2 —— 污水需氧量，kg/d；

C_S —— 标准状态下清水中饱和溶解氧浓度，mg/L，取 9.17；

α—— 混合液中总传氧系数与清水中总传氧系数之比，一般取 0.80～0.85；

β—— 混合液的饱和溶解氧值与清水中的饱和溶解氧值之比，一般取 0.90～0.97；

C_{SW}—— T℃、实际压力时，清水饱和溶解氧浓度，mg/L；

C_0—— 混合液剩余溶解氧，mg/L，一般取 2；

T—— 设计水温，℃。

6.3.4.3 鼓风曝气时，可按下式将标准状态下污水需氧量，换算为标准状态下的供气量。

$$G_s = \frac{O_s}{0.28E_A} \tag{10}$$

$$E_A = \frac{100}{21} \times \frac{(21 - O_t)}{(100 - O_t)} \tag{11}$$

式中：G_s—— 标准状态下的供气量，m^3/d；

O_s—— 标准状态下污水需氧量，kg/d；

E_A—— 曝气设备的氧利用率，%；

O_t—— 曝气后反应池水面逸出气体中氧的体积百分比，%。

6.3.5 加药系统

6.3.5.1 污水生物除磷不能达到要求时，可采用化学除磷。药剂种类、剂量和投加点宜通过试验或参照类似工程确定。

6.3.5.2 化学除磷时，对接触腐蚀性物质的设备和管道应采取防腐措施。

6.3.5.3 硝化碱度不足时，应设置加碱系统，硝化段 pH 值宜控制在 8.0～8.4。

6.3.6 污泥系统

6.3.6.1 污泥量设计应考虑剩余污泥和化学除磷污泥。

6.3.6.2 剩余污泥量的计算

按污泥产率系数、衰减系数及不可生物降解和惰性悬浮物计算。

$$\Delta X = YQ(S_0 - S_e) - K_d V X_V + fQ(SS_0 - SS_e) \tag{12}$$

式中：ΔX—— 剩余污泥量，kg/d；

Y—— 污泥产率系数，按表 3、表 4、表 5、表 6、表 7 选取；

Q—— 设计平均日污水量，m^3/d；

S_0—— 反应池进水五日生化需氧量，kg/m^3；

S_e—— 反应池出水五日生化需氧量，kg/m^3；

K_d—— 衰减系数，d^{-1}；

V—— 反应池的总容积，m^3；

X_V—— 反应池混合液挥发性悬浮固体（MLVSS）平均质量浓度，kg/m^3；

f—— 进水悬浮物的污泥转换率（MLSS/SS），kg/kg，宜根据试验资料确定，无试验资料时可取 0.5～0.7；

SS_0—— 反应池进水悬浮物质量浓度，kg/m^3；

SS_e—— 反应池出水悬浮物质量浓度，kg/m^3。

6.3.6.3 化学除磷污泥量应根据药剂投加量计算。

6.3.6.4 污泥处理和处置应符合 GB 50014 的规定。

6.4 SBR 法主要变形工艺设计

6.4.1 循环式活性污泥工艺（CASS 或 CAST）由进水/曝气、沉淀、滗水、闲置/排泥四个基本过程组成，CASS 或 CAST 工艺流程见图 3、图 4。

6.4.2 CASS 或 CAST 仅要求脱氮时，反应池设计应符合下列规定：

a）反应池一般分为两个反应区，一区为缺氧生物选择区、二区为好氧区（见图 3）；

b）反应池缺氧区内的溶解氧小于 0.5 mg/L，进行反硝化反应；

c）反应池缺氧区的有效容积宜占反应池总有效容积的 20%；

d）反应池内好氧区混合液回流至缺氧区，回流比应根据试验确定，不宜小于 20%。

6.4.3 CASS 或 CAST 要求除磷脱氮时，反应池设计应符合下列规定：

a）反应池一般分为三个反应区，一区为厌氧生物选择区、二区为缺氧区、三区为好氧区（见图 4），反应池也可以分为两个反应区，一区为缺氧（或厌氧）生物选择区、二区为好氧区；

b）反应池缺氧区内的溶解氧小于 0.5 mg/L，进行反硝化反应，其有效容积宜占反应池总有效容积的 20%；

c）反应池厌氧生物选择区溶解氧为 0，嗜磷菌释放磷，其有效容积宜占反应池总有效容积的 5%～10%；

d）反应池内好氧区混合液回流至厌氧生物选择区，回流比应根据试验确定，不宜小于 20%。

6.4.4 CASS 或 CAST 工艺曝气系统的计算及设计参照本标准 6.3.4。

6.4.5 反应池内混合液回流系统设计时，应在反应池末端设置回流泵，将主反应区混合液回流至生物选择区。

6.4.6 一个系统内反应池的个数不宜少于 2 个。

7 主要工艺设备

7.1 排水设备

7.1.1 SBR 工艺反应池的排水设备宜采用滗水器，包括旋转式滗水器、虹吸式滗水器和无动力浮堰虹吸式滗水器等。滗水器性能应符合相应产品标准的规定，若采用旋转式滗水器应符合 HJ/T 277 的规定。

7.1.2　滗水器的堰口负荷宜为 20～35 L/(m·s)，最大上清液滗除速率宜取 30 mm/min，滗水时间宜取 1.0 h。

7.1.3　滗水器应有浮渣阻挡装置和密封装置。滗水时不应扰动沉淀后的污泥层，同时挡住水面的浮渣不外溢。

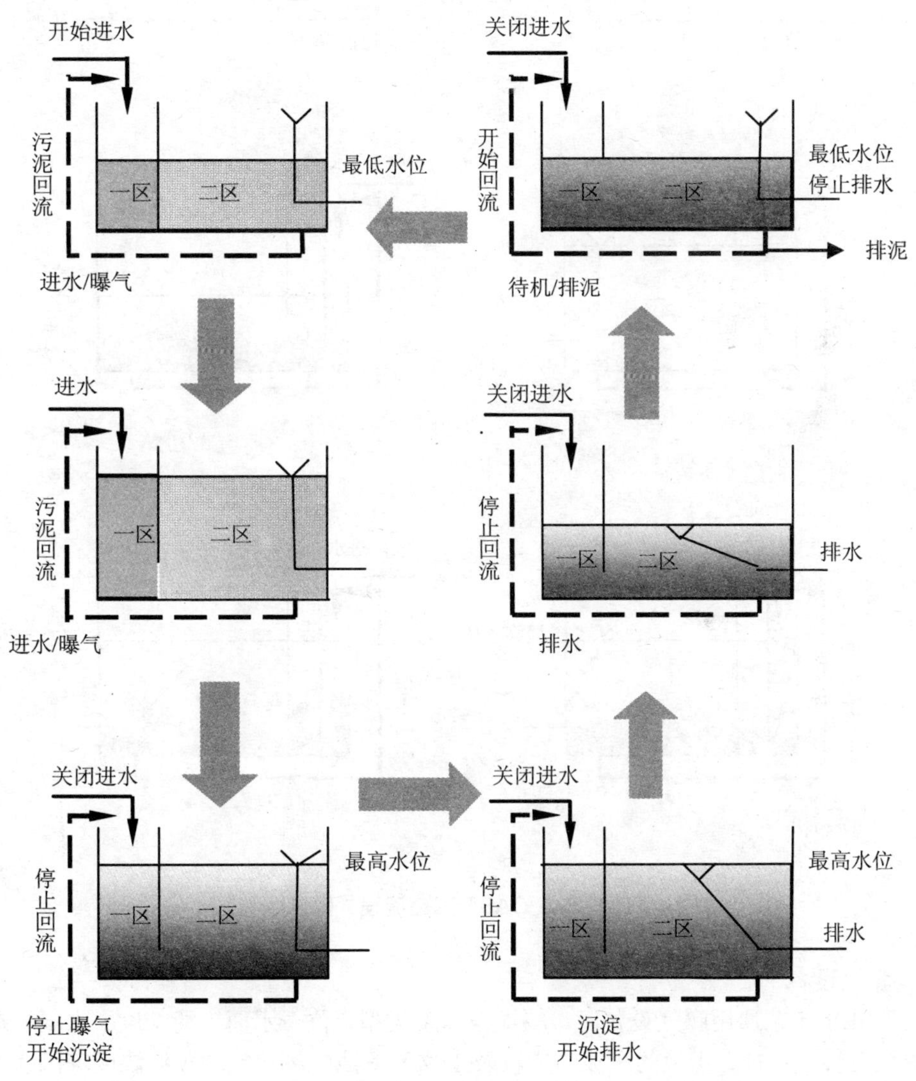

图 3　CASS 或 CAST 工艺流程（脱氮或除磷脱氮）

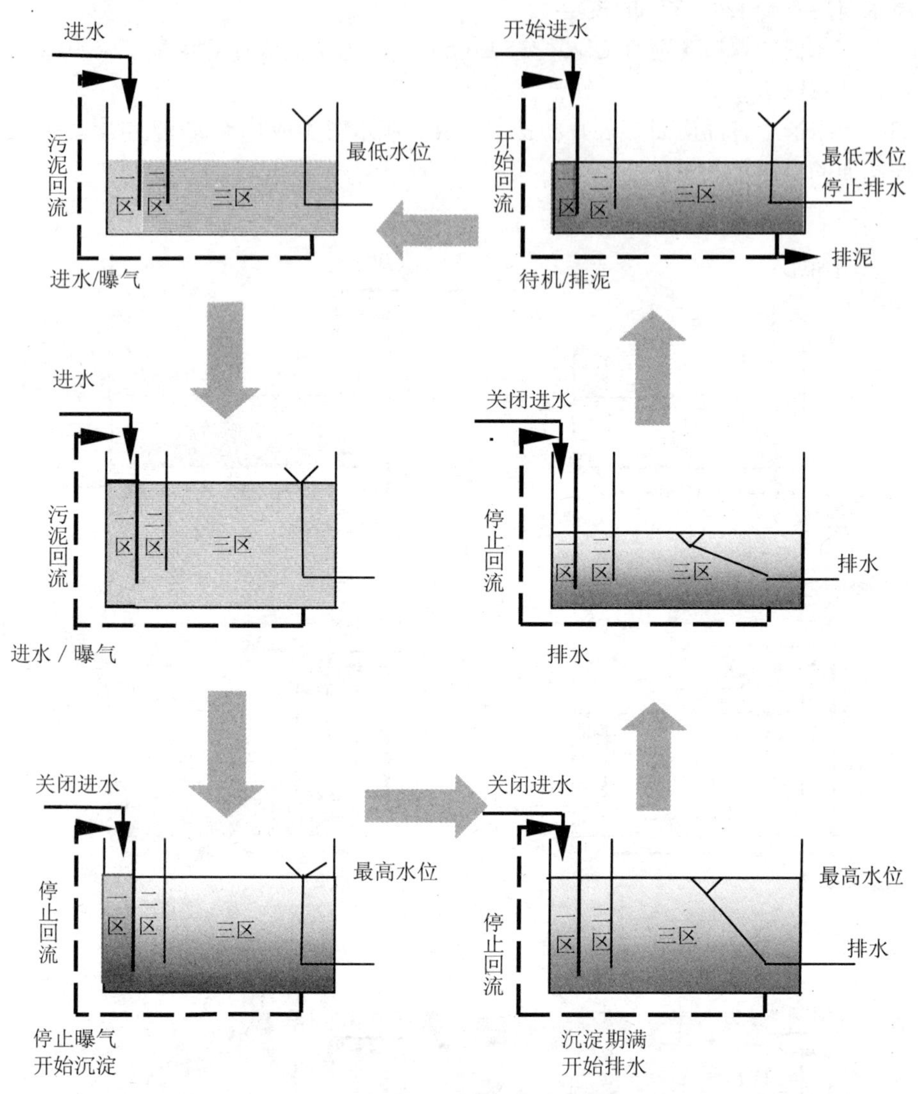

图 4　CASS 或 CAST 工艺流程（除磷脱氮）

7.2　曝气设备

7.2.1　SBR 工艺选用曝气设备时，应根据设备类型、位于水面下的深度、水温、在污水中氧总转移特性、当地的海拔高度以及生物反应池中溶解氧的预期浓度等因素，将计算的污水需氧量换算为标准状态下污水需氧量，并以此作为设备设计选型的依据。

7.2.2　曝气方式应根据工程规模大小及具体条件选择。恒水位曝气时，鼓风式微孔曝气系统宜选择多池共用鼓风机供气方式，或采用机械表面曝气。变水位曝气时，鼓风式微孔曝气系统宜采用反应池与鼓风机一对一供气方式，或采用潜水式曝气系统。

7.2.3　曝气设备和鼓风机的选择以及鼓风机房的设计参照 GB 50014 的有关规定执行。

7.2.4　单级高速曝气离心鼓风机应符合 HJ/T 278 的规定。

7.2.5　罗茨鼓风机应符合 HJ/T 251 的规定。

7.2.6　微孔曝气器应符合 HJ/T 252 的规定。

7.2.7　机械表面曝气装置应符合 HJ/T 247 的规定。

7.2.8　潜水曝气装置应符合 HJ/T 260 的规定。

7.3　混合搅拌设备

7.3.1　混合搅拌设备应根据好氧、厌氧等反应条件选用，混合搅拌功率宜采用 2～8 W/m^3。

7.3.2　厌氧和缺氧宜选用潜水式推流搅拌器，搅拌器性能应符合 HJ/T 279 的要求。

8　检测与控制

8.1　一般规定

8.1.1　SBR 污水处理工程应进行过程检测和控制，并配置相应的检测仪表和控制系统。

8.1.2　检测和控制内容应根据工程规模、工艺流程、运行管理要求确定。

8.1.3　自动化仪表和控制系统应保证 SBR 污水处理工程的安全性和可靠性，方便运行管理。

8.1.4　计算机控制管理系统宜兼顾现有、新建和规划的要求。

8.1.5　参与控制和管理的机电设备应设置工作和事故状态的检测装置。

8.2　过程检测

8.2.1　进水泵房、格栅、沉砂池宜设置 pH 计、液位计、液位差计、流量计、温度计等。

8.2.2　SBR 反应池内宜设置温度计、pH 计、溶解氧（DO）仪、氧化还原电位计、污泥浓度计、液位计等。

8.2.3　为保证污水处理厂（站）安全运行，按照下列要求设置监测仪表和报警装置：

a）进水泵房：宜设置硫化氢（H_2S）浓度监测仪表和报警装置；

b）污泥消化池：应设置甲烷（CH_4）、硫化氢（H_2S）浓度监测仪表和报警装置；

c）加氯间：应设置氯气（Cl_2）浓度监测仪和报警装置。

8.3　过程控制

8.3.1　SBR 污水处理工程的主要构筑物应按照液位变化自动控制运行。

8.3.2　10 万 m^3/d 规模以下的 SBR 污水处理工程的主要生产工艺单元宜采用自动控制系统。

8.3.3　10 万 m^3/d 规模以上的 SBR 污水处理工程宜采用集中监视、分散控制的自动控制系统。

8.3.4 采用成套设备时，设备本身控制宜与系统控制相结合。

8.4 计算机控制管理系统

8.4.1 计算机管理系统应有信息收集、处理、控制、管理和安全保护功能。

8.4.2 控制管理系统的控制层、监控层和管理层应合理配置。

8.4.3 污水处理工艺过程宜采用集中与分散控制模式，实现工艺过程自动控制、运行工况的监视和调整、停机和故障处理。

8.4.4 全厂的控制系统宜划分为若干个单元，采用可编程序控制（PLC），根据工艺参数自动监控各运行设备。

8.4.5 中央控制室计算机应与各单元 PLC 联网，实时显示运行工况、实时向 PLC 传送调整设备运行状态的指令、建立数据库并记录、储存运行参数、指标等资料。

8.4.6 中央控制室计算机应能设置所有运行参数，并可预先设置多套运行模式，根据实际水量、水质、水温等检测参数自动选择。

8.4.7 现场控制设备通过“手动/自动”选择开关进行切换，可由现场开关直接控制设备，同时应将现场控制模式作为最高优先级的控制模式以保证现场操作的安全。

9 电气

9.1 供电系统

9.1.1 工艺装置的用电负荷应为二级负荷。

9.1.2 高、低压用电设备的电压等级应与其供电电网电压等级相一致。

9.1.3 中央控制室的仪表电源应配备在线式不间断供电电源设备。

9.1.4 接地系统宜采用三相五线制系统。

9.2 低压配电

变电所低压配电室的变配电设备布置，应符合国家标准 GB 50053 的规定。

9.3 二次线

9.3.1 工艺线上的电气设备宜在中央控制室集中监控管理，并纳入自动控制。

9.3.2 电气系统的控制水平应与工艺水平相一致，宜纳入计算机控制系统，也可采用强电控制。

10 施工与验收

10.1 一般规定

10.1.1 工程施工单位应具有国家相应的工程施工资质；工程项目宜通过招投标确定施工单位和监理单位。

10.1.2 应按工程设计图纸、技术文件、设备说明书等组织工程施工，工程的变更应取得设计单位的设计变更文件后再实施。

10.1.3 施工使用的设备材料、半成品、部件应符合国家现行标准和设计要求，并取得供货商的合格证书，不得使用不合格产品。设备安装应符合 GB 50231 的规定。

10.1.4　施工前，应进行施工组织设计或编制施工方案，明确施工质量负责人和施工安全负责人，经批准后方可实施。

10.1.5　施工过程中，应做好设备、材料、隐蔽工程和分项工程等中间环节的质量验收。

10.1.6　管道工程施工和验收应符合 GB 50268 的规定；混凝土结构工程的施工和验收应符合 GB 50204 的规定；构筑物的施工和验收应符合 GB 50141 的规定。

10.1.7　工程竣工验收后，建设单位应将有关设计、施工和验收的文件立卷归档。

10.2　施工

10.2.1　土建施工

10.2.1.1　施工前应参照 GB 50141 做好施工准备，认真阅读设计图纸和设备安装对土建的要求，了解预留预埋件的准确位置和做法，对有高程要求的设备基础要严格控制在设备要求的误差范围内。

10.2.1.2　反应池宜采用钢筋混凝土结构，土建施工应重点控制池体的抗浮处理、地基处理、池体抗渗处理，满足设备安装对土建施工的要求。

10.2.1.3　按照设计要求采取适当的措施确保池体的抗浮稳定性。

10.2.1.4　需要在软弱地基上施工、且构筑物荷载不大时，应采取适当的措施对地基进行处理，当地基下有软弱下卧层时，应考虑其沉降的影响，必要时可采用桩基。

10.2.1.5　施工过程中应加强建筑材料和施工工艺的控制，杜绝出现裂缝和渗漏。出现渗漏处，应会同设计单位等有关方面确定处理方案，彻底解决问题。

10.2.1.6　模板、钢筋、混凝土分项工程应严格执行 GB 50204 的规定，并符合以下要求：

a）模板架设应有足够强度、刚度和稳定性，表面平整无缝隙，尺寸正确；

b）钢筋规格、数量准确，绑扎牢固应满足搭接长度要求，无锈蚀；

c）混凝土配合比、施工缝预留、伸缩缝设置、设备基础预留孔及预埋螺栓位置均应符合规范和设计要求，冬季施工应注意防冻。

10.2.1.7　现浇钢筋混凝土水池施工允许偏差应符合表 8 的规定。

10.2.1.8　处理构筑物应根据当地气温和环境条件，采取防冻措施。

10.2.1.9　处理构筑物应设置必要的防护栏杆，并采取适当的防滑措施，符合 GB 50352 的规定。

10.2.1.10　其他建筑物施工应执行有关建筑工程测量与施工组织技术规范。

10.2.2　设备安装

10.2.2.1　设备安装前应检查下列文件：

a）设备安装说明、电路原理图和接线图；

b）设备使用说明书、运行和保养手册；

c）防护及油漆标准；

d）产品出厂合格证书、性能检测报告、材质证明书；

e）设备开箱验收记录。

表 8　现浇钢筋混凝土水池施工允许偏差

项次	项目		允许偏差/mm
1	轴线位置	底板	15
		池壁、柱、梁	8
2	高程	垫层、底板、池壁、柱、梁	±10
3	平面尺寸（混凝土底板和池体长、宽或直径）	$L \leq$ 20 m	±20
		20 m $< L \leq$ 50 m	$\pm L$/1 000
		50 m $< L \leq$ 250 m	±50
4	截面尺寸	池壁、柱、梁、顶板	+10，−5
		洞、槽、沟净空	±10
5	垂直度	$H \leq$ 5 m	8
		5 m $< H \leq$ 20 m	1.5H/1 000
6	表面平整度（用 2 m 直尺检查）		10
7	中心位置	预埋件、预埋管	5
		预留洞	10
注：L 为底板和池体的长、宽或直径；H 为池壁、柱的高度。			

10.2.2.2　设备基础应符合以下规定：

a）设备基础应按照设计要求和图纸规定浇筑，混凝土标号、基面位置高程应符合说明书和技术文件规定；

b）混凝土基础应平整坚实，并有隔振措施；

c）预埋件水平度及平整度应符合 GB 50231 的规定；

d）地脚螺栓应按照原机出厂说明书的要求预埋，位置应准确，安装应稳固。

10.2.2.3　安装好的机械应严格符合外形尺寸的公称允许偏差，不允许超差。

10.2.2.4　应按照产品技术文件要求进行设备安装和试运转，并做好设备试运转记录、中间交验记录、施工记录和监理检验记录。

10.2.2.5　机电设备安装后试车应满足下列要求：

a）启动时应按照标注箭头方向旋转，启动运转应平稳，运转中无振动和异常声响；

b）运转啮合与差动机构运转应按产品说明书的规定同步运行，没有阻塞、碰撞现象；

c）运转中各部件应保持动态所应有的间隙，无抖动晃摆现象；

d）试运转用手动或自动操作，设备全程完整动作五次以上，整体设备应运行灵活；

e）各限位开关运转中动作及时，安全可靠；

f）电机运转时温升在正常值内；

g）各部轴承加注规定润滑油脂，应不漏、不发热，温升小于 60℃。

10.2.2.6　滗水器安装应符合下列规定：

a）旋转式滗水器安装应保持机组运转平稳、灵活、不卡阻；

b）滗水器堰口的水平度应不大于 0.3/1 000，运转时不应倾斜；

c）滗水器排水支、干管应垂直，偏差应不大于±1 mm；

d）滗水器排气管上端开口应高于水面 200 mm，管内不应有堵塞现象；

e）滗水器排水立管螺栓应固定牢固；

f）滗水器的电气控制系统安装质量验收应符合 GB 50254 的规定。

10.2.2.7　其他设备及管道工程宜参照 GB 50334 的有关规定进行安装施工。

10.3　工程验收

10.3.1　工程验收参照 GB 50334 执行。

10.3.2　工程验收包括中间验收和竣工验收；中间验收应由施工单位会同建设单位、设计单位、质量监督部门共同进行；竣工验收应由建设单位组织施工、设计、管理、质量监督及有关单位联合进行。

10.3.3　构筑物各施工工序完工后均应经过中间验收；隐蔽工程应经过中间验收后，方可进入下一道工序。

10.3.4　中间验收包括验槽、验筋、主体验收、安装验收、联动试车。中间验收时，应按规定的质量标准进行检验，并填写中间验收记录。

10.3.5　滗水器安装完成后应按下列要求进行空转运行和充水试运行试验：

a）采用水平仪检测滗水器的水平程度，分别进行空转和充水试验，滗水器堰口应保持水平状态；

b）采用检查施工记录和尺量检查的方法，检测滗水器排水支、干管垂直偏差；

c）采用检查施工记录和尺量检查的方法检查排气管，保证滗水器排气管上端开口应高于水面 200 mm，管内不应有堵塞现象；

d）在滗水器空转和充水状态下运转，分别检查滗水器排水立管螺栓固定牢固程度，保持滗水器排水装置的稳固。

10.3.6　竣工验收应提供下列资料：

a）竣工图及设计变更文件；

b）主要材料和设备的合格证或试验记录；

c）施工测量记录；

d）混凝土、砂浆、焊接及水密性、气密性等试验、检验记录；

e）施工记录；

f）中间验收记录；

g）工程质量检验评定记录；

h）工程质量事故处理记录；

i）设备安装及联合试车记录；

j）工程试运行记录。

10.3.7　竣工验收时，应核实竣工验收资料，并应进行必要的复验和外观检查，对下列项目应作出鉴定，并填写竣工验收鉴定书。

a）构筑物的位置、数量，高程、坡度、平面尺寸的误差；

b）管道及其附件等安装的位置和数量；

c）结构强度、抗渗、抗冻的标号；

d）构筑物的水密性；

e）外观，包括构筑物有无裂缝、蜂窝、麻面、露筋、空鼓、缺边、掉角，以及设备、外露的管道等安装工程的质量；

f）其他。

10.4　环境保护验收

10.4.1　污水处理工程在正式投入使用之前，建设单位应向县级以上人民政府环境保护行政主管部门提出环境保护设施竣工验收申请。

10.4.2　污水处理工程竣工环境保护验收应按照《建设项目竣工环境保护验收管理办法》的规定进行。

10.4.3　水质在线监测系统的验收应符合 HJ/T 354 的规定。

10.4.4　SBR 污水处理厂（站）验收前应进行试运行，测定设施的工艺性能数据和经济指标数据，填写试运行记录作为验收资料之一，内容包括：

a）试运行应按照设计流量全流程通过所有构筑物，以考核各构筑物高程布置是否有问题；

b）测试并计算各构筑物的工艺参数；

c）测定沉砂池的沉砂量，含水率及灰分；

d）测定沉砂池进水、出水的 SS 值；

e）设有初次沉淀池时，测定沉淀池的污泥量、含水率及灰分；

f）测定 SBR 反应池活性污泥 MLSS 值；

g）测定 SBR 反应池活性污泥的 MLVSS/MLSS 比值；

h）测定剩余污泥量、含水率及灰分；

i）SBR 进出水水质化验项目包括：pH、SS、色度、COD、BOD_5、氨氮、总氮、总磷、细菌总数、大肠菌群、石油类、挥发酚、汞、镉、铅、砷、总铬（或六价铬）、氰化物；

j）污水处理厂（站）内有毒、有害气体的测定；

k）统计全厂进出水量、用电量和各分项用电量；

l）计算全厂技术经济指标：BOD_5 去除总量、BOD_5 去除电耗（kW·h/kg）、污水处理运行成本（元/kg）。

11 运行与维护

11.1 一般规定

11.1.1 污水处理厂（站）的运行、维护及安全生产参照 CJJ 60 执行。

11.1.2 污水处理厂（站）的运行管理应保证设施连续正常运行，污染物排放能达到国家和地方排放标准以及总量控制的要求。

11.1.3 污水处理厂（站）在运行前应制定工艺系统图、设施操作和维护规程，建立设备台账、运行记录、定期巡视、交接班、安全检查等管理制度。

11.1.4 污水处理厂（站）的工艺设施和主要设备应编入台账，定期对各类设备、电气、自控仪表及建（构）筑物进行维护、检修、检验，确保设施稳定可靠运行。

11.1.5 污水处理厂（站）的运行操作和管理人员应熟悉本厂处理工艺及技术指标和设施、设备的运行要求，经过技术培训和生产实践，并考试合格后方可上岗。

11.1.6 运行操作人员应按岗位操作规程进行系统操作，定期检查构筑物、设备、电器和仪表的运行情况。

11.1.7 运行操作人员应严格履行岗位职责，做好巡视和交接班。各岗位的运行操作人员在运行、巡视、交接班、检修等生产活动中应做好相关记录。

11.1.8 应定期检测运行控制指标和进、出水水质。

11.1.9 污水处理厂（站）在运行中应严格执行经常性的和定期的安全检查制度，及时消除事故隐患，防止事故发生。

11.2 运行

11.2.1 排水比（或充水比）调节

在设定运行周期不变的情况下，当实际运行进水流量发生变化时，可用调整排水比（或充水比）的方法保证各反应池的配水均匀。

11.2.2 运行周期调节

处理水量变化较大时，需按高峰期日处理水量、低谷期日处理水量、日均处理水量调整运行周期。

11.2.3 进水流量调节

一天中设施进水流量随时间变化较大时，可以调节进水流量，保证排水比（充水比）相对稳定、反应池处于良好运行状态。

11.2.4 排水调节

排水时要求水面匀速下降，下降速度宜小于或等于 30 mm/min。

11.2.5 滗水器管理

每班对滗水器巡视一次，发现故障及时处理。滗水器因故障停运时可临时用事故排水管排水。

11.2.6 曝气调节

11.2.6.1 鼓风曝气系统曝气开始时，应排放管路中的存水，并经常检查自动排水阀的可靠性。

11.2.6.2　曝气工序结束时，反应池主反应区溶解氧浓度不宜小于 2 mg/L。

11.2.7　污泥观察与调节

11.2.7.1　污水处理系统运行中，应经常观察活性污泥的颜色、状态、气味、生物相以及上清液的透明度，定时测试，发现问题应及时解决。

11.2.7.2　污水处理系统运行中，应经常观察沉淀工序结束时的污泥界面下降距离，污泥界面至最低水面距离不宜小于 500 mm。

11.2.7.3　反应池的排泥量可根据污泥沉降比、混合液污泥浓度、静置沉淀结束时（或排水结束时）的污泥层高确定。

11.3　维护

11.3.1　SBR 反应池的维护保养应作为全厂维护的重点。

11.3.2　操作人员应严格执行设备操作规程，定时巡视设备运转是否正常，包括温升、响声、振动、电压、电流等，发现问题应尽快检查排除。

11.3.3　各设备的转动部件应保持良好的润滑状态，及时添加润滑油、清除污垢；若发现漏油、渗油，应及时解决。

11.3.4　应定期检查滗水器排水的均匀性、灵活性、自动控制的可靠性，发现问题及时解决。

11.3.5　鼓风曝气系统曝气开始时应排放管路中的存水，并经常检查自动排水阀的可靠性。

11.3.6　SBR 反应池内微孔曝气器容易堵塞，应定时检查曝气器堵塞和损坏情况，及时更换破损的曝气器，保持曝气系统运行良好。

11.3.7　推流式潜水搅拌机无水工作时间不宜超过 3 min。

11.3.8　运行中应防止由于推流式潜水搅拌机叶轮损坏或堵塞、表面空气吸入形成涡流、不均匀水流等原因引起的振动。

11.3.9　定期检查、更换不合格的零部件和易损件。

附　录　A

（资料性附录）

序批式活性污泥法的其他变形工艺

A.1　连续和间歇曝气工艺（DAT-IAT）

A.1.1　DAT-IAT 工艺

A.1.1.1　DAT-IAT 反应池由一个连续曝气池（DAT）和一个间歇曝气池（IAT）串联而成，工艺如图 A.1 所示。

A.1.1.2　DAT 连续进水、连续曝气、连续出水，出水经配水导流墙流入 IAT。DAT 的溶解氧控制在 1.5～2.5 mg/L。

A.1.1.3　IAT 连续进水，曝气、沉淀、滗水三个阶段循环，一般采用 3 h 周期，每个阶段 1 h，在曝气、沉淀阶段进行混合液回流，回流比 1∶200～1∶400；曝气阶段可进行剩余污泥的排除。

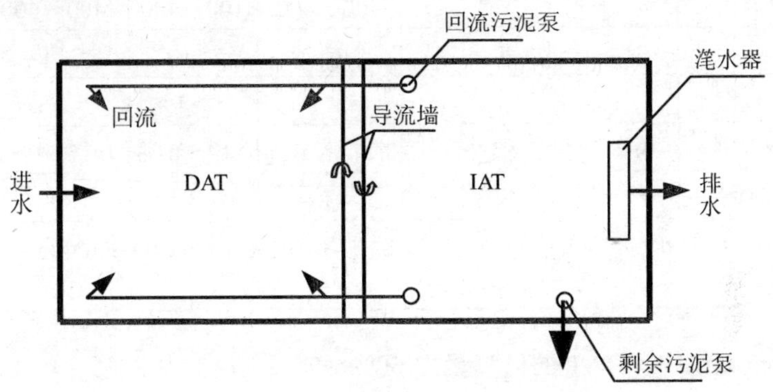

图 A.1　DAT-IAT 工艺流程

A.1.2　DAT-IAT 工艺设计

A.1.2.1　主要设计参数见表 A.1。

A.1.2.2　反应池容积的设计计算

按 BOD-SS 负荷计算反应池总容积。

$$V=\frac{QS_0}{eL_SX} \tag{A.1}$$

式中：V —— 反应池总容积，m^3；

Q —— 反应池设计流量，m^3/d；

S_0 —— 反应池进水 BOD_5 质量浓度，mg/L；

L_S —— 污泥负荷（BOD_5/MLVSS），kg/（kg·d）；

X —— 混合液挥发性悬浮固体浓度，mg/L；

e —— SBR 曝气时间比，当 DAT 与 IAT 的容积为 1∶1 时，e=0.67。

表 A.1　DAT-IAT 主要设计参数

项目	符号	单位		主要设计参数			
				去除含碳有机物	要求硝化	要求硝化、反硝化	污泥好氧稳定
反应池五日生化需氧量污泥负荷（BOD_5/MLVSS）	L_s	kg/（kg·d）		0.1[a]	0.07～0.09	0.07	0.05
混合液悬浮固体（MLSS）浓度	X	kg/m³	DAT	2.5～4.5	2.5～4.5	2.5～4.5	2.5～4.5
			IAT	3.5～5.5	3.5～5.5	3.5～5.5	3.5～5.5
			平均值	3.0～5.0[a]	3.0～5.0	3.0～5.0	3.0～5.0
混合液回流比	R	%		100～400	100～400	400～600	100～400
污泥龄	θ_c	d		＞6～8	＞10	＞12	＞20
DAT/IAT 的容积比				1	＞1	＞1	＞1
充水比	m			0.17～0.33[a]	0.17～0.33	0.17～0.33	0.17～0.33
IAT 周期时间	t	h		3	3	3	3

注：a）高负荷时 L_s 为 0.1～0.4 kg/（kg·d），MLSS 平均浓度为 1.5～2.0 kg/m³，充水比 m 为 0.25～0.5。

A.1.2.3　曝气系统中，DAT 的供氧量占 60%～70%，IAT 占 30%～40%。

A.1.2.4　回流系统设计时，在 IAT 两侧距导流墙一定距离处设混合液回流泵，将混合液回流至 DAT 池与进水进行混合搅拌。

A.1.2.5　在设计计算排水装置时，应考虑排水时同时进水。

A.2　交替式内循环活性污泥法（AICS）

A.2.1　AICS 工艺流程

A.2.1.1　AICS 基本工艺由一个四格连通的反应池组成，如图 A.2 所示。各格反应池进水、曝气、沉淀和出水的工作按图中 A、B、C、D 四个程序进行。

A.2.1.2　AICS 脱氮组合工艺在反应池进水端设置缺氧区，进行反硝化脱氮，如图 A.3 所示。

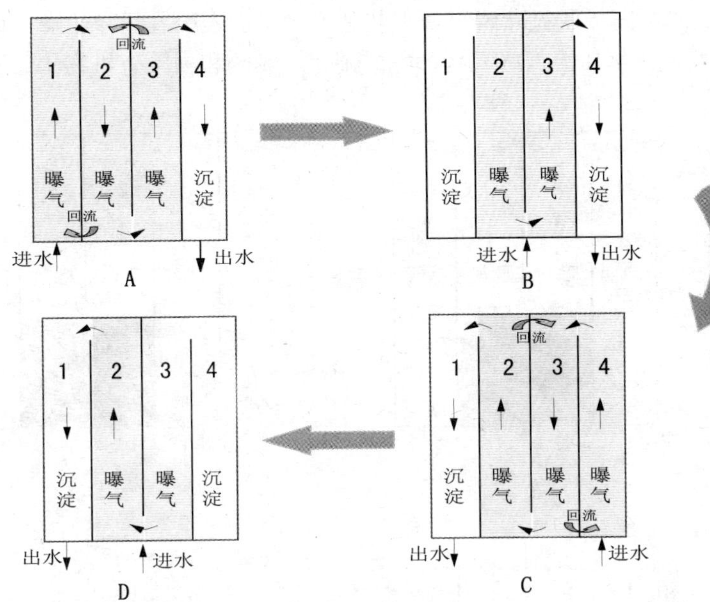

图 A.2　AICS 基本工艺流程

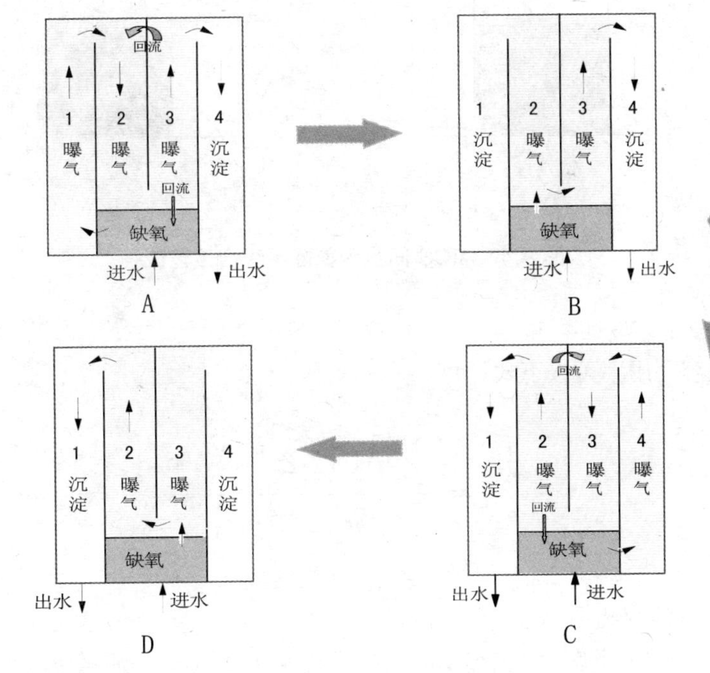

图 A.3　AICS 脱氮组合工艺流程

A.2.1.3　AICS 同步脱氮除磷组合工艺是污水先进入厌氧区释放磷，再进入缺氧区进行反硝化脱氮，然后流入好氧区，完成硝化、吸磷和去除有机物的过程，如图 A.4 所示。

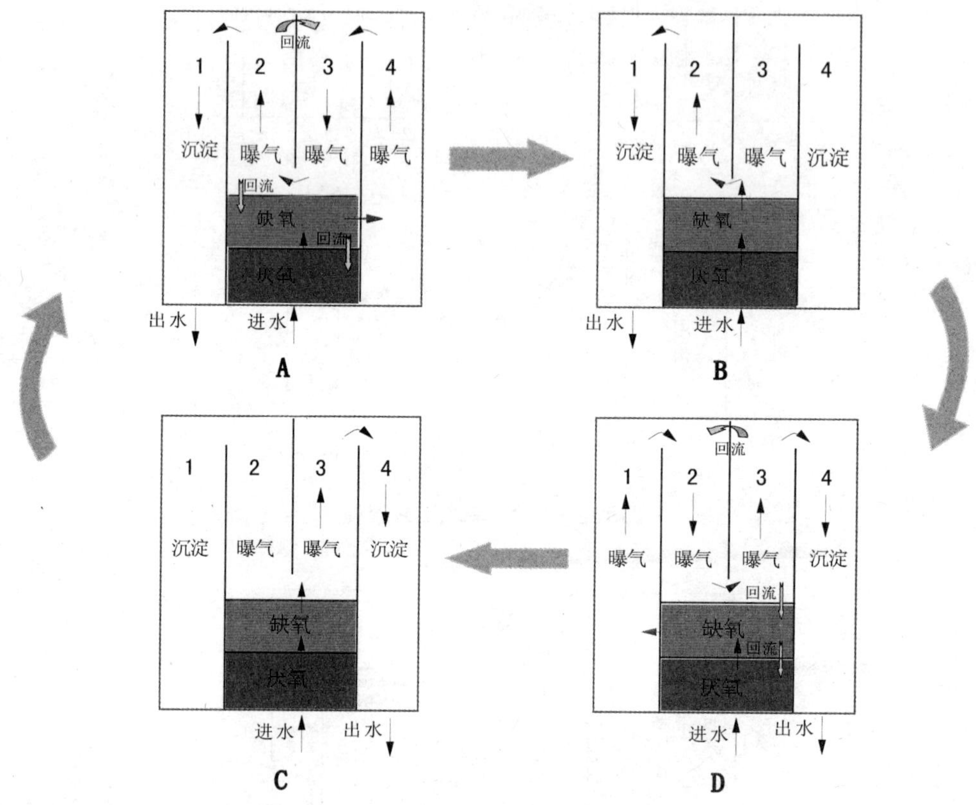

图 A.4　AICS 同步脱氮除磷组合工艺流程

A.2.2　AICS 工艺设计

A.2.2.1　池容利用率可按下式计算。

$$f_a = \frac{\sum_{i=1}^{2} V_{si} X_{si} t_{si} + \sum_{i=1}^{n-2} V_{mi} X_{mi} t_{mi}}{\sum_{i=1}^{2} V_{si} X_{si} t + \sum_{i=1}^{n-2} V_{mi} X_{mi} t} \qquad (A.2)$$

式中：f_a—— 池容利用率；

X_{mi}—— 中间曝气池参与反应的平均污泥（MLVSS）质量浓度，g/L；

X_{si}—— 边池参与反应的平均污泥（MLVSS）质量浓度，g/L；

t_{si}—— 边池反应时间，h；

t_{mi} —— 中间曝气池反应时间，h；

t —— SBR 反应池一个运行周期需要的时间，h；

V_{si} —— 边池的体积，m^3；

V_{mi} —— 中间曝气池的体积，m^3；

n —— 反应池个数。

A.2.2.2　以去除有机物为主的 AICS 工艺沉淀区的负荷宜在 1.5～2.5 m^3/（m^2·h）；硝化脱氮组合工艺和同步脱氮除磷工艺沉淀区的负荷宜在 1.0～2.0 m^3/（m^2·h）。

A.2.2.3　AICS 工艺的水头损失宜控制在 1.0 m 以下。

A.2.2.4　AICS 工艺宜采用微孔曝气的方式。

A.2.2.5　AICS 工艺的周期时间应根据污水水量、水质确定。通常采用 4 h、6 h 或 8 h。

A.2.2.6　污泥龄计算公式：

$$\theta_c = \frac{\sum_{i=1}^{2} V_{si} X_{si} + \sum_{i=1}^{n-2} V_{mi} X_{mi}}{\Delta X \cdot f_a} \qquad \text{(A.3)}$$

式中：θ_c ——污泥龄；

ΔX —— 剩余污泥量，kg/d；

f_a —— 池容利用率；

X_{si} —— 边池参与反应的平均污泥（MLVSS）质量浓度，g/L；

V_{si} —— 边池的体积，m^3；

V_{mi} —— 中间曝气池的体积，m^3；

X_{mi} —— 中间曝气池参与反应的平均污泥（MLVSS）质量浓度，g/L。

A.2.2.7　AICS 脱氮组合工艺设计

A.2.2.7.1　好氧区污泥负荷（BOD_5/MLVSS）0.10～0.15 kg/（kg·d）；污泥龄 13～25 d（作为设计校核参数，扣除污泥沉淀部分）。

A.2.2.7.2　缺氧区停留时间 1～2 h；反硝化速率（N/MLVSS）0.05～0.15 kg/（kg·d）；混合液回流比为 200%～300%。

A.2.2.7.3　沉淀区表面负荷 1.0～2.0 m^3/（m^2·h）。

A.2.2.8　AICS 同步脱氮除磷组合工艺设计

A.2.2.8.1　好氧区污泥负荷（BOD_5/MLVSS）0.10～0.15 kg/（kg·d）；污泥龄 12～18 d（作为设计校核参数，扣除污泥沉淀部分）。

A.2.2.8.2　缺氧区停留时间 1～2 h；反硝化速率（N/MLVSS）为 0.05～0.15 kg/（kg·d）。

A.2.2.8.3　厌氧区停留时间 1～1.5 h；来自缺氧区的混合液回流比 50%～100%。

中华人民共和国国家环境保护标准

氧化沟活性污泥法污水处理工程技术规范

Technical specifications for oxidation ditch activated sludge process

HJ 578—2010

前　言

为贯彻《中华人民共和国水污染防治法》，防治水污染，改善环境质量，规范氧化沟活性污泥法在污水处理工程中的应用，制定本标准。

本标准规定了采用氧化沟活性污泥法的污水处理工程工艺设计、主要设备、检测和控制、电气、施工与验收、运行与维护的技术要求。

本标准的附录 A 为规范性附录，附录 B 为资料性附录。

本标准为首次发布。

本标准由环境保护部科技标准司组织制订。

本标准主要起草单位：中国环境保护产业协会（水污染治理委员会）、安徽国祯环保节能科技股份有限公司、湖南省建筑设计院、武汉市武控系统工程有限公司。

本标准由环境保护部 2010 年 10 月 12 日批准。

本标准自 2011 年 1 月 1 日起实施。

本标准由环境保护部解释。

1　适用范围

本标准规定了采用氧化沟活性污泥法的污水处理工程工艺设计、主要设备、检测和控制、电气、施工与验收、运行与维护的技术要求。

本标准适用于采用氧化沟活性污泥法的城镇污水和工业废水处理工程，可作为环境影响评价、设计、施工、验收及建成后运行与管理的技术依据。

2　规范性引用文件

本标准内容引用了下列文件中的条款。凡不注明日期的引用文件，其有效版本适用于本标准。

GB 3096　城市区域环境噪声标准

GB 12348　工业企业厂界环境噪声排放标准

GB 12801　生产过程安全卫生要求总则
GB 18599　一般工业固体废物贮存、处置场污染控制标准
GB 18918　城镇污水处理厂污染物排放标准
GB 50014　室外排水设计规范
GB 50015　建筑给水排水设计规范
GB 50016　建筑设计防火规范
GB 50040　动力机器基础设计规范
GB 50053　10 kV 及以下变电所设计规范
GB 50187　工业企业总平面设计规范
GB 50204　混凝土结构工程施工质量验收规范
GB 50222　建筑内部装修设计防火规范
GB 50231　机械设备安装工程施工及验收通用规范
GB 50268　给水排水管道工程施工及验收规范
GB 50352　民用建筑设计通则
GBJ 87　工业企业噪声控制设计规范
GB 50141　给水排水构筑物工程施工及验收规范
GBZ 1　工业企业设计卫生标准
GBZ 2　工作场所有害因素职业接触限值
CJ/T 51　城市污水水质检验方法标准
CJJ 60　城市污水处理厂运行、维护及其安全技术规程
HJ/T 91　地表水和污水监测技术规范
HJ/T 242　环境保护产品技术要求　污泥脱水用带式压榨过滤机
HJ/T 247　环境保护产品技术要求　竖轴式机械表面曝气装置
HJ/T 259　环境保护产品技术要求　转刷曝气装置
HJ/T 260　环境保护产品技术要求　鼓风式潜水曝气机
HJ/T 279　环境保护产品技术要求　推流式潜水搅拌机
HJ/T 280　环境保护产品技术要求　转盘曝气装置
HJ/T 283　环境保护产品技术要求　厢式压滤机和板框压滤机
HJ/T 335　环境保护产品技术要求　污泥浓缩带式脱水一体机
HJ/T 353　水污染源在线监测系统安装技术规范（试行）
HJ/T 354　水污染源在线监测系统验收技术规范（试行）
HJ/T 355　水污染源在线监测系统运行与考核技术规范（试行）
JGJ 37　民用建筑设计通则
《建设项目竣工环境保护验收管理办法》（国家环保总局，2001 年）
《城市污水处理工程项目建设标准（修订）》（建设部、国家发改委，2001 年）

3 术语和定义

下列术语和定义适用于本标准。

3.1 氧化沟 oxidation ditch activated sludge process

指反应池呈封闭无终端循环流渠形布置，池内配置充氧和推动水流设备的活性污泥法污水处理方法。主要工艺包括单槽氧化沟、双槽氧化沟、三槽氧化沟、竖轴表曝机氧化沟和同心圆向心流氧化沟，变形工艺包括一体化氧化沟、微孔曝气氧化沟。

3.2 好氧区（池） oxic zone

指氧化沟的充氧区（池），溶解氧浓度一般不小于 2 mg/L，主要功能是降解有机物、硝化氨氮和过量摄磷。

3.3 缺氧区（池） anoxic zone

指氧化沟的非充氧区（池），溶解氧浓度一般为 0.2～0.5 mg/L，主要功能是进行反硝化脱氮。

3.4 厌氧区（池） anaerobic zone

指氧化沟的非充氧区（池），溶解氧浓度一般小于 0.2 mg/L，主要功能是进行磷的释放。

3.5 机械表面曝气装置 mechanical surface aerator

指利用设在曝气池水面的叶轮或转刷（盘）进行曝气的装置，包括竖轴式机械表面曝气装置、转盘表面曝气装置、转刷表面曝气装置等。

3.6 搅拌机 mixer

指螺旋桨叶片小于 1 m，转速为中高转速（一般大于 300 r/min），使介质搅拌均匀的装置。

3.7 推流器 flowmaker

指螺旋桨叶片大于 1 m，转速为低转速（一般小于 100 r/min），产生层面推流作用的装置。

3.8 预处理 pretreatment

指进水水质能满足氧化沟生化需要时，在氧化沟前设置的处理措施。如格栅、沉砂池等。

3.9 前处理 preprocessing

指进水水质不能满足氧化沟生化需要时，根据调整水质的需要，在氧化沟前设置的处理工艺。如初沉池、水解酸化池、气浮池、均化池、事故池等。

3.10 内回流门 internal reflux gate

指氧化沟系统某些沟型所特有的、可使混合液从好氧区（池）到缺氧区（池）实现无动力回流的廊道和设备。

3.11 标准状态 standard state

指大气压为 101 325 Pa、温度为 273.15 K 的状态。

4　总体要求

4.1　氧化沟宜用于《城市污水处理工程项目建设标准（修订）》中规定的Ⅱ～Ⅴ类的城市污水处理工程，以及有机负荷相当于此类城市污水的工业废水处理工程。

4.2　氧化沟污水处理厂（站）应遵守以下规定：

1）污水处理厂厂址选择和总体布置应符合 GB 50014 的相关规定。总图设计应符合 GB 50187 的规定。

2）污水处理厂（站）的防洪标准不应低于城镇防洪标准，且有良好的排水条件。

3）污水处理厂（站）建筑物的防火设计应符合 GB 50016 和 GB 50222 等规范的规定。

4）污水处理厂（站）堆放污泥、药品的贮存场应符合 GB 18599 的规定。

5）污水处理厂（站）建设、运行过程中产生的废气、废水、废渣及其他污染物的治理与排放，应贯彻执行国家现行的环境保护法规和标准的有关规定，防止二次污染。

6）污水处理厂（站）的设计、建设应采取有效的隔声、消声、绿化等降低噪声的措施，噪声和振动控制的设计应符合 GBJ 87 和 GB 50040 的规定，机房内、外的噪声应分别符合 GBZ 2 和 GB 3096 的规定，厂界环境噪声排放应符合 GB 12348 的规定。

7）污水处理厂（站）的设计、建设、运行过程中应重视职业卫生和劳动安全，严格执行 GBZ 1、GBZ 2 和 GB 12801 的规定。在氧化沟建成运行的同时，安全和卫生设施应同时建成运行，并制定相应的操作规程。

4.3　污水处理厂（站）应按照 GB 18918 的规定安装在线监测系统，其他污水处理工程应按照国家或当地的环境保护管理要求安装在线监测系统。在线监测系统的安装、验收和运行应符合 HJ/T 353、HJ/T 354 和 HJ/T 355 的规定。

5　设计流量和设计水质

5.1　设计流量

5.1.1　城镇污水设计流量

5.1.1.1　城镇旱流污水设计流量应按式（1）计算：

$$Q_{dr} = Q_d + Q_m \tag{1}$$

式中：Q_{dr}——旱流污水设计流量，L/s；

Q_d—— 综合生活污水设计流量，L/s；

Q_m—— 工业废水设计流量，L/s。

5.1.1.2　城镇合流污水设计流量应按式（2）计算：

$$Q = Q_{dr} + Q_s \tag{2}$$

式中：Q ——污水设计流量，L/s；

Q_{dr}—— 旱流污水设计流量，L/s；

Q_s—— 雨水设计流量，L/s。

5.1.1.3　综合生活污水设计流量为服务人口与相对应的综合生活污水定额之积，综合生活污水定额应根据当地的用水定额，结合建筑内部给排水设施水平和排水系统普及程度等因素确定，可按当地相关用水定额的 80%～90%设计。

5.1.1.4　综合生活污水量总变化系数应根据当地综合生活污水实际变化量的测定资料确定，没有测定资料时，可按 GB 50014 中的相关规定取值，如表 1 所示。

表 1　综合生活污水量总变化系数

平均日流量/（L/s）	5	15	40	70	100	200	500	≥1 000
总变化系数	2.3	2.0	1.8	1.7	1.6	1.5	1.4	1.3

5.1.1.5　排入市政管网的工业废水设计流量应根据城镇市政排水系统覆盖范围内工业污染源废水排放统计调查资料确定。

5.1.1.6　雨水设计流量参照 GB 50014 相关章节内容确定。

5.1.1.7　在地下水位较高的地区，应考虑入渗地下水量，入渗地下水量宜根据实际测定资料确定。

5.1.2　工业废水设计流量

5.1.2.1　工业废水设计流量应按工厂或工业园区总排放口实际测定的废水流量设计。测试方法应符合 HJ/T 91 的规定。

5.1.2.2　工业废水流量变化应根据工艺特点进行实测。

5.1.2.3　不能取得实际测定数据时可参照国家现行工业用水量的有关规定折算确定，或根据同行业同规模同工艺现有工厂排水数据类比确定。

5.1.2.4　有工业废水与生活污水合并处理时，工厂内或工业园区内的生活污水量、沐浴污水量的确定，应符合 GB 50015 的有关规定。

5.1.2.5　工业园区集中式污水处理厂设计流量的确定可参照城镇污水设计流量的确定方法。

5.1.3　不同构筑物的设计流量

5.1.3.1　提升泵房、格栅井、沉砂池宜按合流污水设计流量计算。

5.1.3.2　初沉池宜按旱流污水流量设计，并用合流污水设计流量校核，校核的沉淀时间不宜小于 30 min。

5.1.3.3　反应池和二沉池按旱流污水量计算，必要时考虑一定的合流水量。

5.1.3.4　反应池后的管道等输水设施应按最高日最高时污水流量设计。

5.2　设计水质

5.2.1　城镇污水的设计水质应根据实际测定的调查资料确定，其测定方法和数据处理方法应符合 HJ/T 91 的规定。无调查资料时，可按下列标准折算设计：

1）生活污水的五日生化需氧量（BOD_5）按每人每天 25～50 g 计算；

2）生活污水的悬浮固体量按每人每天 40～65 g 计算；

3）生活污水的总氮量按每人每天 5～11 g 计算；

4）生活污水的总磷量按每人每天 0.7～1.4 g 计算。

5.2.2 工业废水的设计水质，应根据进入污水处理厂的工业废水的实际测定数据确定，其测定方法和数据处理方法应符合 HJ/T 91 的规定。无实际测定数据时，可参照类似工厂的排放资料类比确定。

5.2.3 生物反应池的进水应符合下列条件：

1）水温宜为 12～35℃、pH 宜为 6.0～9.0、BOD_5/COD_{Cr} 值宜大于 0.3；

2）有去除氨氮要求时，进水总碱度（以 $CaCO_3$ 计）/氨氮（NH_3-N）的比值宜大于等于 7.14，不满足时应补充碱度；

3）有脱总氮要求时，进水的 BOD_5/总氮（TN）值宜大于等于 4.0，总碱度（以 $CaCO_3$ 计）/氨氮值宜大于等于 3.6，不满足时应补充碳源或碱度；

4）有除磷要求时，污水中的 BOD_5 与总磷（TP）之比宜大于等于 17；

5）要求同时除磷、脱氮时，宜同时满足 3）和 4）的要求。

5.3 污染物去除率

氧化沟的污染物去除率可按照表 2 计算。

表 2 氧化沟污染物去除率

污水类别	主体工艺	污染物去除率/%					
		悬浮物（SS）	五日生化需氧量（BOD_5）	化学耗氧量（COD_{Cr}）	TN	NH_3-N	TP
城镇污水	预（前）处理+氧化沟、二沉池	70～90	80～95	80～90	55～85	85～95	50～75
工业废水	预（前）处理+氧化沟、二沉池	70～90	70～90	70～90	45～85	70～95	40～75
注：根据水质、工艺流程等情况，可不设置初沉池，根据沟型需要可设置二沉池。							

6 工艺设计

6.1 一般规定

6.1.1 出水直接排放时，应符合国家或地方排放标准要求；排入下一级处理单元时，应符合下一级处理单元的进水要求。

6.1.2 沟内流态应呈现整体混合、局部推流，进水量远低于池内循环混合液量，形成溶解氧（DO）梯度。

6.1.3 进水水质、水量变化较大时，宜设置调节水质、水量的设施。

6.1.4 沟内污泥浓度宜维持在 2 000～4 500 mg/L。

6.1.5 沟底最低流速不宜小于 0.3 m/s。

6.1.6 根据脱氮除磷要求，可设置单独的厌氧区（池）、缺氧区（池）。

6.1.7 工艺设计应考虑具备可灵活调节的运行方式。

6.1.8 工艺设计应考虑水温的影响。

6.1.9 氧化沟可按两组或多组系列布置，多组布置时宜设置进水配水井。

6.1.10 进水泵房、格栅、沉砂池、初沉池和二沉池的设计应符合 GB 50014 中的有关规定。

6.2 预处理和前处理

6.2.1 进水系统前应设置格栅，城镇污水处理工程还应设置沉砂池。

6.2.2 悬浮物（SS）高于 BOD_5 设计值 1.5 倍时，生物反应池前宜设置初沉池。

6.2.3 当进水水质不符合 5.2.3 规定的条件或含有影响生化处理的物质时，应根据进水水质采取适当的前处理工艺。

6.3 工艺流程

6.3.1 氧化沟宜采用以下流程：

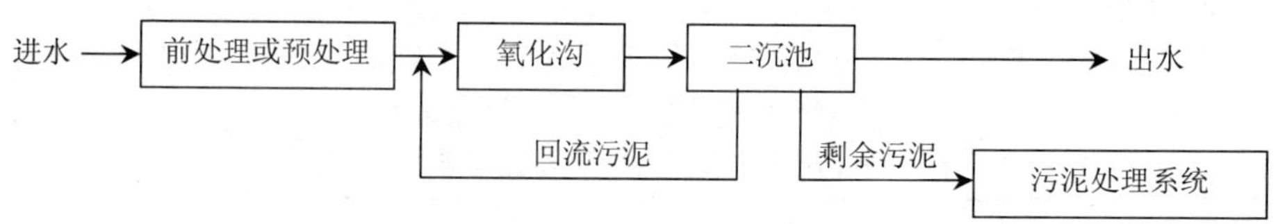

图 1 氧化沟工艺流程

6.3.2 可根据场地、水质、水量等因素采用不同的沟型，主要工艺类型详见附录 A，变形工艺详见附录 B。

6.3.3 单槽氧化沟、双槽氧化沟、竖轴表曝机氧化沟、同心圆向心流氧化沟、微孔曝气氧化沟宜单独设置二沉池；三槽氧化沟不宜设置单独的二沉池。二沉池的设计应符合 GB 50014 的规定。

6.4 池容计算和主要设计参数

6.4.1 去除碳源污染物

6.4.1.1 当以去除碳源污染物为主时，生物反应池的容积可按下式计算。

1）按污泥负荷计算：

$$V = \frac{24Q(S_o - S_e)}{1\,000 L_s X} \tag{3}$$

2）按污泥泥龄计算：

$$V=\frac{24QY\theta_c(S_o-S_e)}{1\,000X_v(1+K_{dT}\theta_c)} \tag{4}$$

$$X_v=yX \tag{5}$$

$$K_{dT}=K_{d20}\cdot(\theta_T)^{T-20} \tag{6}$$

式中：V —— 生物反应池的容积，m^3；

S_o —— 生物反应池进水 BOD_5 质量浓度，mg/L；

S_e —— 生物反应池出水 BOD_5 质量浓度，mg/L，当去除率大于 90%时可不计；

Q —— 生物反应池的设计流量，m^3/h；

X —— 生物反应池内混合液悬浮固体（MLSS）平均质量浓度，g/L；

X_v —— 生物反应池内混合液挥发性悬浮固体（MLVSS）平均质量浓度，g/L；

L_s —— 生物反应池的 BOD_5 污泥负荷，kg/（kg·d）；

y —— 单位体积混合液中，MLVSS 占 MLSS 的比例，g/g；

Y —— 污泥产率系数（VSS/BOD_5），kg/kg；

θ_c —— 设计污泥泥龄，d；

K_{dT} —— T℃时的衰减系数，d^{-1}；

K_{d20} —— 20℃时的衰减系数，d^{-1}，宜取 0.04～0.075；

T —— 设计温度，℃；

θ_T —— 温度系数，宜取 1.02～1.06。

6.4.1.2 氧化沟处理城镇污水或水质类似城镇污水的工业废水去除碳源污染物时，主要设计参数可按表 3 的规定取值。工业废水的水质与城镇污水水质差距较大时，设计参数应通过试验或参照类似工程确定。

6.4.2 脱氮

6.4.2.1 当需要脱氮时，宜设置缺氧区（池）。

6.4.2.2 生物反应池的容积采用 6.4.1.1 规定的公式计算时，缺氧区（池）的水力停留时间宜为 1.0～4.0 h。

6.4.2.3 生物反应池的容积采用硝化、反硝化动力学计算时，应按下列规定计算。

1）缺氧区（池）容积可按下式计算：

$$V_n=\frac{0.001Q(N_k-N_{te})-0.12\Delta X_v}{K_{deT}X} \tag{7}$$

$$K_{deT}=K_{de20}1.08^{(T-20)} \tag{8}$$

$$\Delta X_v = yY_t \frac{Q(S_o - S_e)}{1\,000} \tag{9}$$

式中：V_n —— 缺氧区（池）容积，m^3；

Q —— 生物反应池的设计流量，m^3/d；

X —— 生物反应池内混合液悬浮固体（MLSS）平均质量浓度，g/L；

N_k —— 生物反应池进水总凯氏氮质量浓度，mg/L；

N_{te} —— 生物反应池出水总氮质量浓度，mg/L；

ΔX_v —— 排出生物反应池系统的微生物量（MLVSS），kg/d；

K_{deT} —— T℃时的脱氮速率（NO_3-N/MLSS），kg/（kg·d），宜根据试验资料确定，无试验资料时按式（8）计算；

K_{de20} —— 20℃时的脱氮速率（NO_3-N/MLSS），kg/（kg·d），取 0.03～0.06；

T —— 设计温度，℃；

Y_t —— 污泥总产率系数（MLSS/BOD_5），kg/kg；宜根据试验资料确定，无试验资料时，有初沉池时取 0.3，无初沉池时取 0.6～1.0；

y —— 单位体积混合液中，MLVSS 占 MLSS 的比例，g/g；

S_o —— 生物反应池出水 BOD_5 质量浓度，mg/L；

S_e —— 生物反应池出水 BOD_5 质量浓度，mg/L。

表 3　去除碳源污染物主要设计参数

项目名称		符号	单位	参数值
反应池 BOD_5 污泥负荷	BOD_5/MLVSS	L_s	kg/（kg·d）	0.14～0.36
	BOD_5/MLSS		kg/（kg·d）	0.10～0.25
反应池混合液悬浮固体（MLSS）平均质量浓度		X	kg/L	2.0～4.5
反应池混合液挥发性悬浮固体（MLVSS）平均质量浓度		X_V	kg/L	1.4～3.2
MLVSS 在 MLSS 中所占比例	设初沉池	y	g/g	0.7～0.8
	不设初沉池		g/g	0.5～0.7
BOD_5 容积负荷		L_v	kg/（m^3·d）	0.20～2.25
设计污泥泥龄（供参考）		θ_c	d	5～15
污泥产率系数（VSS/BOD_5）	设初沉池	Y	kg/kg	0.3～0.6
	不设初沉池		kg/kg	0.6～1.0
总水力停留时间		HRT	h	4～20
污泥回流比		R	%	50～100
需氧量（O_2/BOD_5）		O_2	kg/kg	1.1～1.8
BOD_5 总处理率		η	%	75～95

2）好氧区（池）容积可按下式计算：

$$V_O = \frac{Q(S_o - S_e)\theta_{co} Y_t}{1\,000X} \tag{10}$$

$$\theta_{co} = F\frac{1}{\mu} \tag{11}$$

$$\mu = 0.47\frac{N_a}{K_N + N_a}e^{0.098(T-15)} \tag{12}$$

式中：V_o —— 好氧区（池）容积，m^3；

Q —— 生物反应池的设计流量，m^3/d；

S_o —— 生物反应池出水 BOD_5 质量浓度，mg/L；

S_e —— 生物反应池出水 BOD_5 质量浓度，mg/L；

θ_{co} —— 好氧区（池）设计污泥龄值，d；

Y_t —— 污泥总产率系数（$MLSS/BOD_5$），kg/kg；宜根据试验资料确定，无试验资料时，有初沉池时取 0.3，无初沉池时取 0.6～1.0；

X —— 生物反应池内混合液悬浮固体（MLSS）平均质量浓度，g/L；

F —— 安全系数，取 1.5～3.0；

μ —— 硝化菌生长速率，d^{-1}；

N_a —— 生物反应池中氨氮质量浓度，mg/L；

K_N —— 硝化作用中氮的半速率常数，mg/L，一般取 1.0；

T —— 设计温度，℃。

3）混合液回流量可按下式计算：

$$Q_{Ri} = \frac{1\,000V_n K_{deT} X}{N_t - N_{ke}} - Q_R \tag{13}$$

式中：Q_{Ri} —— 混合液回流量，m^3/d，混合液回流比不宜大于 400%；

V_n —— 缺氧区（池）容积，m^3；

K_{deT} —— T℃时的脱氮速率（NO_3-N/MLSS），kg/（kg·d），宜根据试验资料确定，无试验资料时按式（8）计算；

X —— 生物反应池内混合液悬浮固体（MLSS）平均质量浓度，g/L；

Q_R —— 回流污泥量，m^3/d；

N_{ke} —— 生物反应池出水总凯氏氮质量浓度，mg/L；

N_t —— 生物反应池进水总氮质量浓度，mg/L。

6.4.2.4　生物脱氮氧化沟处理城镇污水或水质类似城镇污水的工业废水时，主要设计参数可按表 4 的规定取值。工业废水的水质与城镇污水水质差距较大时，设计参数应通过试验或参照类似工程确定。

表 4　生物脱氮主要设计参数

项目名称		符号	单位	参数值
反应池 BOD_5 污泥负荷	BOD_5/MLVSS	L_s	kg/（kg·d）	0.07～0.21
	BOD_5/MLSS		kg/（kg·d）	0.05～0.15
反应池混合液悬浮固体（MLSS）平均质量浓度		X	kg/L	2.0～4.5
反应池混合液挥发性悬浮固体（MLVSS）平均质量浓度		X_V	kg/L	1.4～3.2
MLVSS 在 MLSS 中所占比例	设初沉池	y	g/g	0.65～0.75
	不设初沉池		g/g	0.5～0.65
BOD_5 容积负荷		L_v	kg/（m^3·d）	0.12～0.50
总氮负荷率（TN/MLSS）		L_{TN}	kg/（kg·d）	≤0.05
设计污泥泥龄（供参考）		θ_c	d	12～25
污泥产率系数（VSS/BOD_5）	设初沉池	Y	kg/kg	0.3～0.6
	不设初沉池		kg/kg	0.5～0.8
污泥回流比		R	%	50～100
缺氧水力停留时间		t_n	h	1～4
好氧水力停留时间		t_o	h	6～14
总水力停留时间		HRT	h	7～18
混合液回流比		R_i	%	100～400
需氧量（O_2/BOD_5）		O_2	kg/kg	1.1～2.0
BOD_5 总处理率		η	%	90～95
NH_3-N 总处理率		η	%	85～95
TN 总处理率		η	%	60～85

6.4.3　同时脱氮除磷

6.4.3.1　当同时脱氮除磷时，宜设置厌氧区（池）、缺氧区（池）。

6.4.3.2　生物反应池缺氧区（池）、好氧区（池）的容积，宜按本标准第 6.4.1 节、第 6.4.2 节的规定计算。厌氧区（池）的容积，可按下式计算。

$$V_p = \frac{t_p Q}{24} \qquad (14)$$

式中：V_p —— 厌氧区（池）容积，m^3；

t_p —— 厌氧区（池）停留时间，h；

Q —— 设计污水流量，m^3/d。

6.4.3.3　生物脱氮除磷氧化沟处理城镇污水或水质类似城镇污水的工业废水时主要设计参数，可按表 5 的规定取值。工业废水的水质与城镇污水水质差距较大时，设计参数应通过试验或参照类似工程确定。

表 5　生物脱氮除磷主要设计参数

项目名称		符号	单位	参数值
反应池 BOD_5 污泥负荷	BOD_5/MLVSS	L_s	kg/（kg·d）	0.10～0.21
	BOD_5/MLSS		kg/（kg·d）	0.07～0.15
反应池混合液悬浮固体（MLSS）平均质量浓度		X	kg/L	2.0～4.5
反应池混合液挥发性悬浮固体（MLVSS）平均质量浓度		X_V	kg/L	1.4～3.2
MLVSS 在 MLSS 中所占比例	设初沉池	y	g/g	0.65～0.7
	不设初沉池		g/g	0.5～0.65
BOD_5 容积负荷		L_v	kg/（m^3·d）	0.20～0.7
总氮负荷率（TN/MLSS）		L_{TN}	kg/（kg·d）	≤0.06
设计污泥泥龄（供参考）		θ_c	d	12～25
污泥产率系数（VSS/BOD_5）	设初沉池	Y	kg/kg	0.3～0.6
	不设初沉池		kg/kg	0.5～0.8
厌氧水力停留时间		t_p	h	1～2
缺氧水力停留时间		t_n	h	1～4
好氧水力停留时间		t_o	h	6～12
总水力停留时间		HRT	h	8～18
污泥回流比		R	%	50～100
混合液回流比		R_i	%	100～400
需氧量（O_2/BOD_5）		O_2	kg/kg	1.1～1.8
BOD_5 总处理率		η	%	85～95
TP 总处理率		η	%	50～75
TN 总处理率		η	%	55～80

6.4.4　延时曝气氧化沟

延时曝气氧化沟处理城镇污水或水质类似城镇污水的工业废水时，主要设计参数可按表 6 的规定取值。工业废水的水质与城镇污水水质差距较大时，设计参数应通过试验或参照类似工程确定。

6.5　氧化沟沟型设计

6.5.1　氧化沟的直线长度不宜小于 12 m 或水面宽度的 2 倍（不包括同心圆向心流氧化沟）。氧化沟的宽度应根据场地要求、曝气设备种类和规格确定。

6.5.2　氧化沟的超高应根据曝气设备确定，当选用曝气转刷、曝气转盘时，超高宜为 0.5 m；当采用垂直轴表面曝气机时，在放置曝气机的弯道附近，超高宜为 0.6～0.8 m，其设备平台宜高出设计水面 1.0～1.7 m。

6.5.3　氧化沟内宜设置导流墙与挡流板。导流墙与挡流板的设置应符合以下规定：

1）导流墙宜设置成偏心导流墙，导流墙的圆心一般设在水流进弯道一侧。导流墙（一道）的设置参考数据见表 7。

表 6　延时曝气氧化沟主要设计参数

项目名称		符号	单位	参数值
反应池 BOD_5 污泥负荷	BOD_5/MLVSS	L_s	kg/（kg·d）	0.04～0.11
	BOD_5/MLSS		kg/（kg·d）	0.03～0.08
反应池混合液悬浮固体（MLSS）平均质量浓度		X	kg/L	2.0～4.5
反应池混合液挥发性悬浮固体（MLVSS）平均质量浓度		X_V	kg/L	1.4～3.2
MLVSS 在 MLSS 中所占比例	设初沉池	y	g/g	0.65～0.7
	不设初沉池		g/g	0.5～0.65
BOD_5 容积负荷		L_v	kg/（m^3·d）	0.06～0.36
设计污泥泥龄（供参考）		θ_c	d	＞15
污泥产率系数（VSS/BOD_5）	设初沉池	Y	kg/kg	0.3～0.6
	不设初沉池		kg/kg	0.4～0.8
污泥回流比		R	%	75～150
混合液回流比		R_i	%	100～400
需氧量（O_2/BOD_5）		O_2	kg/kg	1.5～2.0
总水力停留时间		HRT	h	≥16
BOD_5 总处理效率		η	%	95

表 7　导流墙（一道）的设置参考数据

转刷长度（直径 1 m）/m	氧化沟沟宽/m	导流墙偏心距/m	导流墙半径/m
3.0	4.15	0.35	2.25
4.5	5.56	0.50	3.00
6.0	7.15	0.65	3.75
7.5	8.65	0.60	4.50
9.0	10.15	0.95	5.25

2）导流墙的数量一般根据沟宽确定，沟宽小于 7.0 m 时，可只设一道导流墙，沟宽大于 7.0 m 时，宜设两道或多道导流墙，设两道导流墙时外侧渠道宽为沟宽的 1/2。

3）导流墙在下游方向宜延伸一个沟宽的长度。

4）导流墙宜高出设计水位 0.3 m。

5）曝气转刷上游和下游宜设置挡流板，挡流板宜设在水面下。上游挡流板高 1.0～2.0 m，垂直安装于曝气转刷上游 2～5 m 处。下游挡流板通常设置于曝气转刷下游 2.0～3.0 m 处，与水平成 60°倾斜放置，顶部在水面下 150 mm，挡板下部宜超过 1.8 m 水深。

6）竖轴式机械表曝机设在氧化沟转弯处时，该转弯处不应设导流墙。

7）椭圆形氧化沟不宜设置挡流板。

6.6 需氧量计算

6.6.1 氧化沟好氧区（池）的污水需氧量，根据 BOD_5 去除率、氨氮的硝化及除氮等要求确定，宜按下式计算。

$$O_2=0.001aQ(S_o-S_e)-c\Delta X_v+b[0.001Q(N_k-N_{ke})-0.12\Delta X_v]-0.62b[0.001Q(N_t-N_{ke}-N_{oe})-0.12\Delta X_v] \quad (15)$$

式中：O_2 —— 设计污水需氧量，kg/d；

a —— 碳的氧当量，当含碳物质以 BOD_5 计时，取 1.47；

Q —— 生物反应池的设计流量，m^3/d；

S_o —— 生物反应池进水 BOD_5，mg/L；

S_e —— 生物反应池出水 BOD_5，mg/L；

ΔX_v —— 生物反应池排出系统的微生物量，kg/d；

b —— 常数，氧化每千克氨氮所需氧量，kg/kg，取 4.57；

N_k —— 生物反应池进水总凯氏氮质量浓度，mg/L；

N_{ke} —— 生物反应池出水总凯氏氮质量浓度，mg/L；

N_t —— 生物反应池进水总氮质量浓度，mg/L；

N_{oe} —— 生物反应池出水硝态氮质量浓度，mg/L。

6.6.2 去除碳源污染物时，每千克 BOD_5 的需氧量可取 0.7～1.2 kg。缺氧除氮时，每千克 BOD_5 的需氧量可取 1.1～1.8 kg。延时曝气时，每千克 BOD_5 的需氧量可取 1.5～2.0 kg。

6.6.3 标准状态下污水需氧量的计算

1）选用曝气装置和设备时，应根据不同的设备的特征、位于水面下的深度、水温、污水的氧总转移特性，当地的海拔高度以及预期生物反应池中溶解氧浓度等因素，将计算的污水需氧量换算为标准状态下污水需氧量，计算公式如下：

$$O_s=K_o\cdot O_2 \quad (16)$$

式中：O_s —— 标准状态下污水需氧量，kg/d；

K_o —— 需氧量修正系数；

O_2 —— 污水需氧量，kg/d。

2）采用表曝机时的需氧量修正系数按式（17）计算，采用鼓风曝气装置时的需氧量修正系数按式（18）、式（19）、式（20）计算。

$$K_o=\frac{C_s}{\alpha(\beta C_{sw}-C_o)\times 1.024^{(T-20)}} \quad (17)$$

$$K_{o}=\frac{C_{s}}{\alpha(\beta C_{sm}-C_{o})\times 1.024^{(T-20)}} \tag{18}$$

$$C_{sm}=C_{sw}\left(\frac{O_{t}}{42}+\frac{10\times P_{b}}{2.068}\right) \tag{19}$$

$$O_{t}=\frac{21(1-E_{A})}{79+21(1-E_{A})}\times 100 \tag{20}$$

式中：K_o —— 需氧修正系数；

C_s —— 标准条件下清水中饱和溶解氧质量浓度，mg/L，取 9.17；

α —— 混合液中总传氧系数与清水中总传氧系数之比，一般取 0.80～0.85；

β —— 混合液的饱和溶解氧值与清水中的饱和溶解氧值之比，一般取 0.90～0.97；

C_{sw} —— T℃、实际计算压力时，清水表面饱和溶解氧，mg/L；

C_o —— 混合液剩余溶解氧，mg/L，一般取 2；

T —— 混合液温度，℃，一般取 5～30；

C_{sm} —— T℃、实际计算压力时，曝气装置所在水下深处至池面的清水中平均溶解值，mg/L；

O_t —— 曝气池逸出气体中含氧，%；

P_b —— 曝气装置所处的绝对压力，MPa；

E_A —— 曝气设备氧的利用率，%。

6.6.4 采用鼓风曝气时，应按下列公式将标准状态下污水需氧量换算为标准状态下的供气量。

$$G_{S}=\frac{O_{S}}{0.28E_{A}} \tag{21}$$

式中：G_S —— 标准状态下的供气量，m^3/h；

O_S —— 标准状态下污水需氧量，kg/h；

E_A —— 曝气设备氧的利用率，%。

6.7 消毒系统

消毒系统的设计应符合 GB 50014 的规定。

6.8 化学除磷系统

6.8.1 当出水总磷不能达到排放标准要求时，宜采用化学除磷作为辅助手段。

6.8.2 最佳药剂种类、剂量和投加点宜通过试验确定。

6.8.3 化学除磷的药剂可采用铝盐、铁盐，也可采用石灰。用铝盐或铁盐作混凝剂时，宜投加离子型聚合电解质作为助凝剂。

6.8.4 采用铝盐或铁盐作混凝剂时，其投加混凝剂与污水中总磷的摩尔比宜为 1.5～3。

6.8.5 化学药剂储存罐容量应为理论加药量的 4～7 d 投加量，加药系统不宜少于 2 个，宜采用计量泵投加。

6.8.6 接触铝盐和铁盐等腐蚀性物质的设备和管道应采取防腐蚀措施。

6.9 回流系统

6.9.1 混合液回流可通过设置内回流设施使氧化沟好氧区（池）混合液回流至缺氧区（池）。

6.9.2 污泥回流设施可采用离心泵、混流泵、潜水泵、螺旋泵或空气提升器。当生物处理系统中带有厌氧区（池）、缺氧区（池）时，应选用不易复氧的污泥回流设施。

6.9.3 污泥回流设施宜分别按生物处理系统中的最大污泥回流比计算确定。

6.9.4 污泥回流设备应不少于 2 台，并设置备用设备，空气提升器可不设备用。

6.9.5 混合液回流和污泥回流设备宜有调节流量的措施。

6.10 污泥处理系统

6.10.1 污泥量设计应考虑剩余污泥和化学除磷污泥。

6.10.2 剩余污泥量可按下式计算。

1）按污泥泥龄计算：

$$\Delta X = \frac{V \cdot X}{\theta_c} \tag{22}$$

式中：ΔX —— 剩余污泥（SS）量，kg/d；

V —— 生物反应池的容积，m^3；

X —— 生物反应池内混合液悬浮固体（MLSS）平均质量浓度，g/L；

θ_c —— 污泥泥龄，d。

2）按污泥产率系数、衰减系数及不可生物降解和惰性悬浮物计算：

$$\Delta X = YQ(S_o - S_e) - K_d V X_v + fQ(SS_o - SS_e) \tag{23}$$

式中：ΔX —— 剩余污泥（SS）量，kg/d；

V —— 生物反应池的容积，m^3；

Q —— 设计平均日污水量，m^3/d；

S_o —— 生物反应池进水 BOD_5，kg/m^3；

S_e —— 生物反应池出水 BOD_5，kg/m^3；

K_d —— 衰减系数，d^{-1}；

Y —— 污泥产率系数（VSS/BOD_5），kg/kg；

X_v —— 生物反应池内混合液挥发性悬浮固体（MLSS）平均质量浓度，g/L；

f —— SS 的污泥转换率（MLSS/SS），g/g；宜根据试验资料确定，无试验资料时可取 0.5～0.7；

SS_o —— 生物反应池进水悬浮物质量浓度，kg/m^3；

SS_e—— 生物反应池出水悬浮物质量浓度，kg/m^3。

6.10.3 化学除磷污泥量应根据药剂投加量计算。

6.10.4 污泥系统宜设置计量装置，可采用湿污泥计量和干污泥计量两种方式。

6.10.5 大型污水处理厂宜采用污泥消化等方式实现污泥稳定，中小型污水处理厂（站）可采用延时曝气方式实现污泥稳定。

6.10.6 污泥脱水系统设计时宜考虑污泥处置的要求。

6.10.7 污泥处理和处置应符合 GB 50014 的规定。

7 主要设备

7.1 曝气设备

7.1.1 氧化沟应根据污水特性、去除效率及运行条件等计算标准状态下污水需氧量，再根据曝气设备的充氧能力、动力效率选择满足充氧要求的曝气设备。

7.1.2 曝气设备宜兼有供氧、推流、混合等功能，可选用竖轴式机械表面曝气、转刷曝气、转盘曝气、鼓风式潜水曝气等。

7.1.3 竖轴式机械表面曝气装置、转刷曝气器、转盘曝气器、鼓风式潜水曝气器应分别符合 HJ/T 247、HJ/T 259、HJ/T 280、HJ/T 260 的规定。

7.1.4 竖轴式机械表面曝气机可按需氧量的 20%备用，并有不少于 1 台采用变频调速控制。转刷和转盘曝气机宜备用 1～2 台。鼓风机房应设置备用鼓风机，工作鼓风机台数在 4 台以下时，应设 1 台备用鼓风机；工作鼓风机台数在 4 台或 4 台以上时，应设 2 台备用鼓风机。备用鼓风机应按设计配置的最大机组考虑。

7.1.5 转刷应布置在进弯道前一定长度（氧化沟的沟宽加 1.6 m）的直线段上。出弯道时，转刷应位于弯道下游直线段 5.0 m 处。在直线段上的曝气转刷最小间距不宜小于 15 m。转刷的淹没深度一般为 0.15～0.30 m。转刷或转盘应在整个沟宽上满布，并有足够安装轴承的位置。曝气转碟也可安装在沟渠的弯道上；转盘的浸深一般为 0.40～0.55 m。

7.1.6 竖轴式机械表面曝气机应设在弯道处，安装时设备应向出水端偏移。叶轮升降行程为±100 mm，叶轮线速度采用 3.5～5 m/s。

7.1.7 曝气设备应易于维修，易于排除故障。

7.1.8 氧化沟宜有调节叶轮、转刷或转盘速度的控制设备。

7.2 进出水装置

7.2.1 氧化沟的进水和回流污泥进入点一般宜设在曝气器的下游。有脱氮要求时，进水和回流污泥宜设在氧化沟的缺氧区（池），与曝气设备保持一定的距离。氧化沟的出水点应设在进水点的另一侧，并与进水点和回流污泥进入点足够远，以避免短流。有除磷要求时，从二沉池引出的回流污泥可通至厌氧区（池）或缺氧区（池），并可根据运行情况调整污泥回流量。

7.2.2 氧化沟宜在进水管上设置闸板或闸阀。

7.2.3　氧化沟宜设置放空管和清液排放管。

7.2.4　氧化沟的出水口宜设置溢流堰。双沟式、三槽氧化沟应设可调溢流堰，并设自动控制，与进水阀门的自动启闭相互呼应。当作为沉淀池出水堰时，堰上水深不宜大于50 mm。微孔曝气氧化沟可设固定溢流堰，其他氧化沟反应池出水宜采用可调溢流堰。

7.3　搅拌、推流装置

7.3.1　氧化沟应确保沟底不产生沉泥。池内介质距池底 0.3 m，水平平均流速宜控制在 0.25～0.30 m/s。

7.3.2　氧化沟选择的曝气设备不能满足推动和混合要求时，宜增设搅拌、推流装置。为使介质混合均匀宜设搅拌机，为使介质循环流动、产生层面推流作用宜设推流器。

7.3.3　搅拌机选型时应考虑池型，搅拌机设置的容积功率宜控制在 3～10 W/m^3。

7.3.4　推流器选型时的推力选择应考虑池型、导流墙设置、曝气机设置、曝气量等因素，推流器设置的容积功率宜控制在 1～3 W/m^3。

7.3.5　推流器的设置宜符合 HJ/T 279 的规定。

7.4　内回流门

竖轴表曝机氧化沟利用其流速将混合液回流至缺氧区（池）时，可设置内回流门。内回流门的设计应根据混合液回流量计算确定。

7.5　污泥脱水设备

污泥脱水设备可选用厢式压滤机和板框压滤机、污泥脱水用带式压榨过滤机、污泥浓缩带式脱水一体机等，所选用的设备应符合 HJ/T 283、HJ/T 242、HJ/T 335 的规定。

8　检测和控制

8.1　一般规定

8.1.1　氧化沟污水处理厂（站）运行应进行过程检测和控制，并配置相关的检测仪表和控制系统。

8.1.2　氧化沟污水处理厂（站）设计应根据工程规模、工艺流程、运行管理要求确定检测和控制的内容。

8.1.3　自动化仪表和控制系统应保证氧化沟污水处理厂（站）的安全和可靠，方便运行管理。

8.1.4　计算机控制管理系统宜兼顾现有、新建和规划要求。

8.1.5　根据沟型的需要，可采用时间程序自动控制方式，也可采用溶解氧和氧化还原电位控制方式。

8.1.6　参与控制和管理的机电设备应设置工作和事故状态的检测装置。

8.2　过程检测

8.2.1　预处理检测

8.2.1.1　预处理宜设酸碱度计、水位计、水位差计，大型污水处理厂宜增设化学需氧量检测仪、悬浮物检测仪、流量计。

8.2.1.2　pH 值应控制在 6.0～9.0。

8.2.1.3　水位计、水位差计用于水位监测控制。

8.2.1.4　化学需氧量、悬浮物、流量等检测数据宜参与后续工艺控制。

8.2.2　氧化沟检测

8.2.2.1　氧化沟宜设溶解氧检测仪和水位计，大型污水处理厂宜增设污泥浓度计。污泥浓度计宜设于好氧区（池）平稳段。

8.2.2.2　厌氧区（池）的溶解氧浓度应控制在 0.2 mg/L 以下，缺氧区（池）的溶解氧浓度应控制在 0.2～0.5 mg/L，好氧区（池）的浓度一般不小于 2.0 mg/L。

8.2.2.3　好氧区（池）污泥浓度宜根据处理要求控制在表 3、表 4、表 5 和表 6 的设计参数范围内，超过表中参数值时，宜加大排泥量。

8.2.3　回流污泥及剩余污泥检测

8.2.3.1　回流污泥宜设流量计，并采取能满足污泥回流量调节要求的措施。

8.2.3.2　剩余污泥宜设流量计，条件允许时可增设污泥浓度计，用于监测、统计污泥排出量。

8.2.4　加药系统检测

8.2.4.1　总磷监测可采用实验室检测方式，药剂根据检测设定值自动投加。

8.2.4.2　大型污水处理厂条件允许时可设总磷在线监测仪，检测值用于自动控制药剂投加系统。

8.3　过程控制

8.3.1　氧化沟污水处理厂（站）应根据其处理规模，在满足工艺控制条件的基础上合理选择配置集散控制系统（DCS）或可编程序控制（PLC）自动控制系统。

8.3.2　采用成套设备时，成套设备自身的控制宜与氧化沟污水处理厂（站）设置的控制系统结合。

8.4　自动控制系统

8.4.1　自动控制系统应具有信息收集、处理、控制、管理和安全保护功能。

8.4.2　自动控制系统的设计应符合下列要求：

1）宜对控制系统的监测层、控制层和管理层做出合理配置；

2）应根据工程具体情况，经技术经济比较后选择网络结构和通信速率；

3）对操作系统和开发工具要从运行稳定、易于开发、操作界面方便等多方面综合考虑；

4）根据企业需求和相关基础设施，宜对企业信息化系统做出功能设计；

5）厂（站）级中央控制室宜设专用配电箱，并由变配电系统引专用回路供电；

6）厂（站）级控制室面积应视其使用功能设定，并应考虑今后的发展；

7）防雷和接地保护应符合国家现行标准的要求。

9 电气

9.1 供电系统

9.1.1 工艺装置的用电负荷应为二级负荷。

9.1.2 高、低压用电设备的电压等级应与其供电系统的电压等级一致。

9.1.3 中央控制室主要设备应配备在线式不间断供电电源供电。

9.1.4 接地系统宜采用三相五线制系统。

9.2 低压配电

变电所及低压配电室的变配电设备布置，应符合国家标准 GB 50053 的规定。

9.3 二次线

9.3.1 电气设备宜在中心控制室控制，并纳入所选择的控制系统。

9.3.2 电气系统的控制水平应与工艺水平相一致，宜纳入计算机控制系统，也可采用强电控制。

10 施工与验收

10.1 一般规定

10.1.1 工程施工单位应具有国家相应的工程施工资质；工程项目宜通过招投标确定施工单位和监理单位。

10.1.2 应按工程设计图纸、技术文件、设备图纸等组织工程施工，工程的变更应取得设计单位的设计变更文件后再实施。

10.1.3 施工前，应进行施工组织设计或编制施工方案，明确施工质量负责人和施工安全负责人，经批准后方可实施。

10.1.4 施工过程中，应做好设备、材料、隐蔽工程和分项工程等中间环节的质量验收；隐蔽工程应经过中间验收合格后，方可进行下一道工序施工。

10.1.5 管道工程的施工和验收应符合 GB 50268 的规定；混凝土结构工程的施工和验收应符合 GB 50204 的规定；构筑物的施工和验收应符合 GB 50141 的规定。

10.1.6 施工使用的设备、材料、半成品、部件应符合国家现行标准和设计要求，并取得供货商的合格证书，不得使用不合格产品。设备安装应符合 GB 50231 的规定。

10.1.7 工程竣工验收后，建设单位应将有关设计、施工和验收的文件立卷归档。

10.2 施工

10.2.1 土建施工

10.2.1.1 在进行土建施工前应认真阅读设计图纸，了解结构型式、基础（或地基处理）方案、池体抗浮措施以及设备安装对土建的要求，土建施工应事先预留预埋，设备基础应严格控制在设备要求的误差范围内。

10.2.1.2 土建施工应重点控制池体的抗浮处理、地基处理、池体抗渗处理，满足设备安装对土建施工的要求。

10.2.1.3　对于软弱地基上的工程，需对地基进行处理时，应确保地基处理的可靠性，严防池体因不均匀沉降而导致开裂。

10.2.1.4　模板、钢筋、混凝土分项工程应严格执行 GB 50204 规定，并符合以下要求：

1）模板架设应有足够强度、刚度和稳定性，表面平整无缝隙，尺寸正确；

2）钢筋规格、数量准确，绑扎牢固应满足搭接长度要求，无锈蚀；

3）混凝土配合比、施工缝预留、伸缩缝设置、设备基础预留孔及预埋螺栓位置均应符合规范和设计要求，冬季施工应注意防冻。

10.2.1.5　现浇钢筋混凝土水池施工允许偏差应符合表 8 的规定。

表 8　现浇钢筋混凝土水池施工允许偏差

项次	项目		允许偏差/mm
1	轴线位置	底板	15
		池壁、柱、梁	8
2	高程	垫层、底板、池壁、柱、梁	±10
3	平面尺寸（混凝土底板和池体长、宽或直径）	$L \leqslant 20$ m	±20
		20 m $< L \leqslant$ 50 m	$\pm L/1\,000$
		50 m $< L \leqslant$ 250 m	±50
4	截面尺寸	池壁、柱、梁、顶板	+10 −5
		洞、槽、沟净空	±10
5	垂直度	$H \leqslant$ 5 m	8
		5 m $< H \leqslant$ 20 m	$1.5H/1\,000$
6	表面平整度（用 2 m 直尺检查）		10
7	中心位置	预埋件、预埋管	5
		预留洞	10
注：L 为底板和池体的长、宽或直径；H 为池壁、柱的高度。			

10.2.1.6　处理构筑物应根据当地气温和环境条件，采取防冻措施。

10.2.1.7　污水处理厂（站）构筑物应设置必要的防护栏杆并采取适当的防滑措施，应符合 JGJ 37 的规定。

10.2.2　设备安装

10.2.2.1　设备基础应按照设计要求和图纸规定浇筑，混凝土强度等级、基面位置高程应符合说明书和技术文件规定。

10.2.2.2　混凝土基础应平整坚实，并有隔振措施。

10.2.2.3　预埋件水平度及平整度应符合 GB 50231 规定。

10.2.2.4　地脚螺栓应按照原机出厂说明书的要求预埋，位置应准确，安装应稳固。

10.2.2.5　安装好的机械应严格符合外形尺寸的公称允许偏差，不允许超差。

10.2.2.6　机电设备安装后试车应满足下列要求：

1）启动时应按照标注箭头方向旋转，启动运转应平稳，运转中无振动和异常声响；

2）运转啮合与差动机构运转应按产品说明书的规定同步运行，没有阻塞、碰撞现象；

3）运转中各部件应保持动态所应有的间隙，无抖动晃摆现象；

4）试运转用手动或自动操作，设备全程完整动作 5 次以上，整体设备应运行灵活；

5）各限位开关运转中动作及时，安全可靠；

6）电机运转中温升在正常值内；

7）各部轴承注加规定润滑油，应不漏、不发热，温升小于 60℃。

10.3　工程验收

10.3.1　工程验收包括中间验收和竣工验收；中间验收应由施工单位会同建设单位、设计单位、质量监督部门共同进行；竣工验收应由建设单位组织施工、设计、管理、质量监督及有关单位联合进行。

10.3.2　中间验收包括验槽、验筋、主体验收、安装验收、联动试车。中间验收时应按相应的标准进行检验，并填写中间验收记录。

10.3.3　竣工验收应至少提供以下资料：

1）施工图及设计变更文件；

2）主要材料和设备的合格证或试验记录；

3）施工测量记录；

4）混凝土、砂浆、焊接及水密性、气密性等试验、检验记录；

5）施工记录；

6）中间验收记录；

7）工程质量检验评定记录；

8）工程质量事故处理记录。

10.3.4　竣工验收时应核实竣工验收资料，进行必要的复查和外观检查，并对下列项目做出鉴定，填写竣工验收鉴定书。竣工验收鉴定书应包括以下项目：

1）构筑物的位置、高程、坡度、平面尺寸，设备、管道及附件等安装的位置和数量；

2）结构强度、抗渗、抗冻的等级；

3）构筑物的水密性；

4）外观，包括构筑物的裂缝、蜂窝、麻面、露筋、空鼓、缺边、掉角以及设备、外露的管道安装等是否影响工程质量。

10.3.5　构筑物土建施工完成后应按照 GBJ 141 的规定进行满水试验，地面以下渗水量应符合设计规定，最大不得超过 2 L/（$m^2 \cdot d$）。

10.3.6　泵房和风机房等都应按设计的最多开启台数进行 48 h 运转试验，测定水泵和污泥泵的流量和机组功率，有条件的应测定其特性曲线。

10.3.7 机械曝气设备应进行运行性能和机械性能的测试，叶轮或盘片的转速、浸没深度、充氧能力、动力效率满足设计要求，运转时间应达到 72 h。

10.3.8 鼓风曝气系统安装应平整牢固，布置均匀，曝气头无漏水现象，曝气管内无杂质，曝气量满足设计要求，曝气稳定均匀。

10.3.9 导流板的安装强度应符合设计要求，不得有振动现象。

10.3.10 闸门、闸阀和溢流堰不得有漏水现象。

10.3.11 排水管道应做闭水试验，上游充水管保持在管顶以上 2 m，外观检查应 24 h 无漏水现象。

10.3.12 空气管道应做气密性试验，24 h 压力降不超过允许值为合格。

10.3.13 进口设备除参照国内标准外，必要时应参照国外标准和其他相关标准进行验收，调试时应有外商指定人员现场参加指导。

10.3.14 仪表、化验设备应有计量部门的确认。

10.3.15 变电站高压配电系统应由供电局组织电检、验收。

10.4 环境保护验收

10.4.1 氧化沟污水处理厂（站）应进行纳污养菌调试，在正式投入生产或使用之前，建设单位应向环境保护行政主管部门提出环境保护竣工验收申请。

10.4.2 氧化沟污水处理厂（站）竣工环境保护验收应按照《建设项目竣工环境保护验收管理办法》的规定和工程环境影响评价报告的批复进行。

10.4.3 氧化沟污水处理厂（站）验收前应结合试运行进行性能试验，性能试验报告可作为竣工环境保护验收的技术支持文件。性能试验内容包括：

1）各组建筑物都应按设计负荷，全流程通过所有构筑物；

2）测试并计算各构筑物的工艺参数；

3）统计全厂进出水量、用电量和各分项用电量；

4）水质化验；

5）计算全厂技术经济指标：BOD_5 去除总量、BOD_5 去除单耗（kW·h/kg）、污水处理成本（元/kg）。

11 运行与维护

11.1 一般规定

11.1.1 氧化沟工艺污水处理设施的运行、维护及安全管理应参照 CJJ 60 执行。

11.1.2 污水处理厂（站）的运行管理应配备专业人员和设备。

11.1.3 污水处理厂（站）在运行前应制定设备台账、运行记录、定期巡视、交接班、安全检查等管理制度，以及各岗位的工艺系统图、操作和维护规程等技术文件。

11.1.4 操作人员应熟悉本厂（站）处理工艺技术指标和设施、设备的运行要求；经过技术培训和生产实践，并考试合格后方可上岗。

11.1.5 各岗位的工艺系统图、操作和维护规程等应示于明显部位，运行人员应按规程进行系统操作，并定期检查设备检查构筑物、设备、电器和仪表的运行情况。

11.1.6 工艺设施和主要设备应编入台账，定期对各类设备、电气、自控仪表及建（构）筑物进行检修维护，确保设施稳定可靠运行。

11.1.7 运行人员应遵守岗位职责，坚持做好交接班和巡视。

11.1.8 应定期检测进出水水质，并对检测仪器、仪表进行校验。

11.1.9 运行中应严格执行经常性的和定期的安全检查，及时消除事故隐患，防止事故发生。

11.1.10 各岗位人员在运行、巡视、交接班、检修等生产活动中，应做好相关记录。

11.2 水质检验

11.2.1 污水处理厂（站）应设水质检验室，配备检验人员和仪器。

11.2.2 水质检验室内部应建立健全水质分析质量保证体系。

11.2.3 检验人员应经培训后持证上岗，并应定期进行考核和抽检。

11.2.4 检验方法应符合 CJ/T 51 的规定。

11.3 运行控制

11.3.1 应根据系统所需氧量和氧化沟供氧设备的性能，确定曝气设备运行的数量和时间。

11.3.2 运行过程中应定期检测各区（池）的溶解氧浓度和混合液悬浮固体浓度，当浓度值超出 8.2.2.2 和 8.2.2.3 规定的范围时，应及时调节曝气量。

11.3.3 机械曝气设备可通过调节曝气转刷、转碟、叶轮转速或淹没深度来调节供氧量；当采用射流曝气、微孔曝气等鼓风曝气系统时，可通过鼓风机加以调节。

11.3.4 有机负荷（F/M）宜根据处理要求控制在表 3、表 4、表 5 和表 6 的设计参数范围内，运行人员应结合本厂（站）的运行实践，选择最佳的 F/M。

11.3.5 应根据实际运行的进水水量和水质，调节系统的污泥回流比。

11.3.6 剩余污泥排放量应根据污泥沉降比、混合液污泥浓度和泥龄及时调整。

11.3.7 出水氨氮不能达到排放标准时，应通过以下方式进行调整：

1）减少剩余污泥排放量，提高好氧污泥龄；

2）提高好氧段溶解氧水平；

3）系统碱度不够时宜适当补充碱度。

11.3.8 出水总氮不能达到排放标准时，应通过以下方式进行调整：

1）使缺氧区（池）出水硝态氮小于 1 mg/L；

2）增大好氧混合液回流；

3）投加甲醛或食物酿造厂等排放的高浓度有机废水，维持污水的碳氮比，满足反硝化细菌对碳源的需要。

11.3.9 出水总磷不能达到排放标准时，应通过以下方式进行调整：

1）控制系统的溶解氧，好氧区（池）溶解氧应大于 2 mg/L，厌氧区（池）应小于 0.2 mg/L；

2）控制二沉池的泥层，一般为 1 m 左右；

3）增大剩余污泥的排放；

4）增加化学除磷设施。

11.4 污泥观察与调节

11.4.1 应经常观察活性污泥的颜色、状态、气味、生物相以及上清液的透明度。

11.4.2 定时测试、计算混合液悬浮固体浓度、混合液挥发性悬浮固体浓度、污泥沉降比、污泥指数、污泥龄等技术指标。

11.4.3 发现污泥有异常膨胀、上浮和产生泡沫等现象应及时查明原因，采取相应的技术措施，尽快恢复正常运行。

11.5 维护

11.5.1 应将生物反应池的维护保养作为全厂（站）维护的重点。

11.5.2 操作人员应严格执行设备操作规程，定时巡视设备运转是否正常，包括温升、响声、振动、电压、电流等，发现问题应尽快检查排除。

11.5.3 应保持设备各运转部位和可调堰门良好的润滑状态，及时添加润滑油、除锈；发现漏油、渗油情况，应及时解决。

11.5.4 应定期检查可调堰门溢流口、叶轮、转碟或转刷勾带污物情况，及时清理。

11.5.5 鼓风曝气系统曝气开始时应排放管路中的存水，并经常检查自动排水阀的可靠性。

11.5.6 应及时检查曝气器堵塞和损坏情况，保持曝气系统状态良好。

11.5.7 推流式潜水搅拌机无水工作时间不宜超过 3 min。

11.5.8 运行中应防止由于推流式潜水搅拌机叶轮损坏或堵塞、表面空气吸入形成涡流、不均匀水流等引起的振动。

11.5.9 定期检查及更换不合格的零部件和易损件，必要时更换叶轮、导流罩和提升机构。

11.5.10 经常检查可调堰门的螺杆、密封条、门框等有无变形、老化或损坏，堰门调节是否受影响。

附　录　A
（规范性附录）
氧化沟活性污泥法的主要工艺类型

A.1　单槽氧化沟系统

A.1.1　单槽氧化沟系统由一座氧化沟和独立的二沉池组成。沉淀污泥一部分通过回流污泥设施提升至氧化沟进水处与污水混合，剩余污泥通过剩余污泥设施提升至剩余污泥处理系统处理。典型工艺流程见图 A.1。

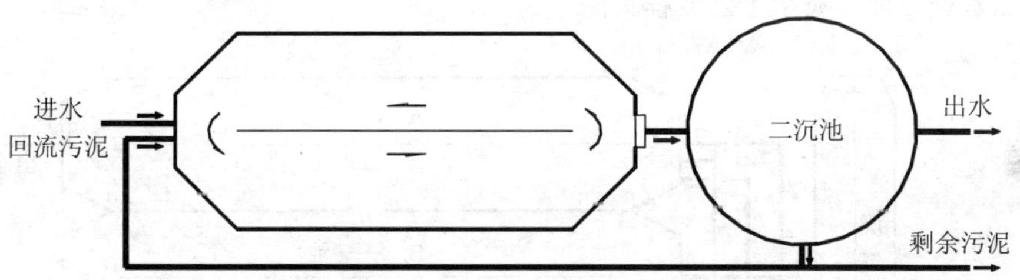

图 A.1　单槽氧化沟工艺流程

A.1.2　单槽氧化沟系统适用于以去除碳源污染物为主，对脱氮、除磷要求不高和小规模污水处理系统。

A.2　双槽氧化沟系统

A.2.1　双槽氧化沟系统由厌氧池、两座串联的氧化沟和独立的二沉池组成。沉淀污泥一部分通过回流污泥设施提升至厌氧池进水处与污水混合，剩余污泥通过剩余污泥设施提升至剩余污泥处理系统处理。典型工艺流程见图 A.2。

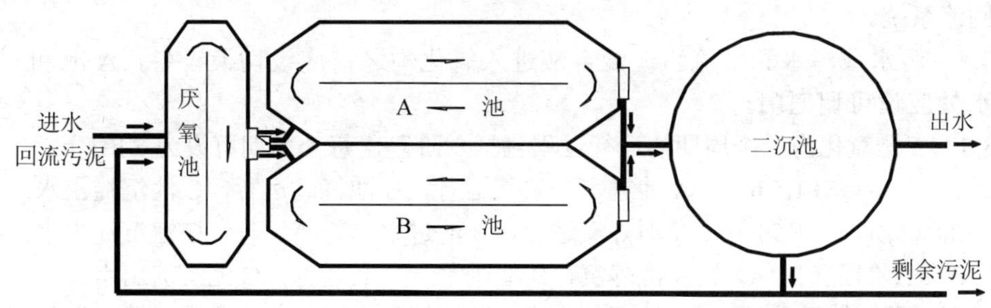

图 A.2　双槽氧化沟工艺流程

A.2.2 双槽氧化沟系统可实现生物脱氮除磷，当除磷要求不高时，可不设厌氧池。

A.2.3 污水和回流污泥混合液进入氧化沟之前应设切换设备，氧化沟出水井处应设可调堰门。

A.2.4 双槽氧化沟一个周期的运行过程可分为三个阶段：

1）一阶段：A 池进水、缺氧运行，B 池好氧运行、出水；

2）二阶段：进水井切换进水，出水井延时切换出水堰门；

3）三阶段：B 池进水、缺氧运行，A 池好氧运行、出水。

A.3 三槽氧化沟系统

A.3.1 三槽氧化沟系统由厌氧池和三座串联的氧化沟组成。沉淀污泥一部分通过回流污泥设施提升至厌氧池进水处与污水混合，剩余污泥通过剩余污泥设施提升至剩余污泥处理系统处理。典型工艺流程见图 A.3。

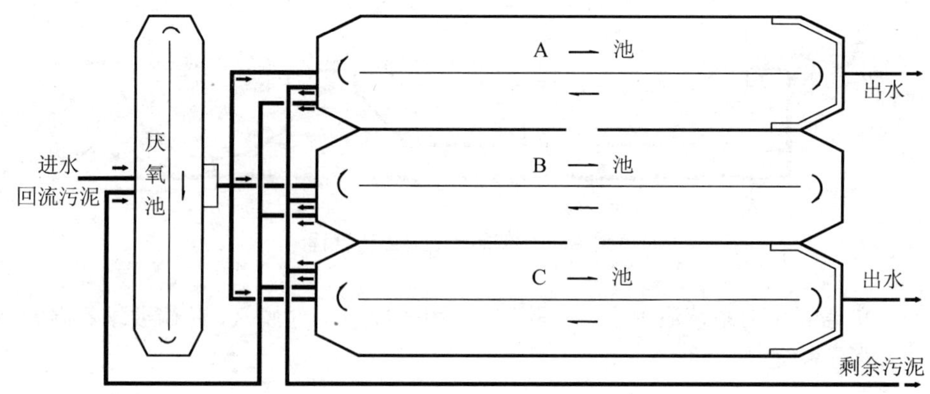

图 A.3 三槽氧化沟工艺流程

A.3.2 当系统不设厌氧池时，可不设污泥回流系统。

A.3.3 三槽氧化沟系统可实现生物脱氮除磷，当除磷要求不高时，可不设厌氧池和污泥回流系统。

A.3.4 污水或污水和回流污泥混合液进入氧化沟之前应设切换设备，A 池和 C 池出水处应设可调堰门。

A.3.5 三槽氧化沟一个周期的运行过程包括六阶段，每个周期可设为 8 h：

1）一阶段（1.5 h）：A 池进水、缺氧运行，B 池好氧运行，C 池沉淀出水；

2）二阶段（1.5 h）：A 池好氧运行，B 池进水、好氧运行，C 池沉淀出水；

3）三阶段（1.0 h）：A 池静沉，B 池进水、好氧运行，C 池沉淀出水；

4）四阶段（1.5 h）：A 池沉淀出水，B 池好氧运行，C 池进水、缺氧运行；

5）五阶段（1.5 h）：A 池沉淀出水，B 池进水、好氧运行，C 池好氧运行；

6）六阶段（1.0 h）：A 池沉淀出水，B 池进水、好氧运行，C 池静沉。

A.3.6　三槽氧化沟宜采用曝气转刷充氧。仅采用转盘的氧化沟工作水深宜为 3.0～3.5 m。

A.3.7　三槽氧化沟容积计算应考虑沉淀所需容积。

A.4　竖轴表曝机氧化沟系统

A.4.1　竖轴表曝机氧化沟系统由厌氧池、缺氧池和多沟串联的氧化沟（即好氧池）和独立的二沉池组成。好氧池混合液宜通过内回流门回流至缺氧池。沉淀污泥一部分通过回流污泥设施提升至厌氧池进水处与污水混合，剩余污泥通过剩余污泥设施提升至剩余污泥处理系统处理。典型工艺流程见图 A.4。

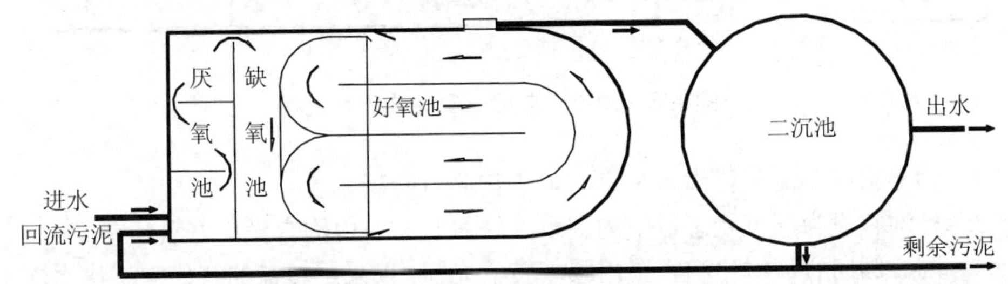

图 A.4　竖轴表曝机氧化沟工艺流程

A.4.2　竖轴表曝机氧化沟系统可实现生物脱氮除磷。

A.4.3　竖轴表曝机氧化沟系统可根据去除碳源污染物、脱氮、除磷等不同要求选择不同组合：

1）主要去除碳源污染物时可只设好氧池；

2）生物除磷时可采用厌氧池＋好氧池；

3）生物脱氮时可采用缺氧池＋好氧池。

A.4.4　竖轴表曝机氧化沟宜采用竖轴表曝机充氧。仅采用竖轴表曝机的氧化沟工作水深宜为 3.5～5.0 m。

A.5　同心圆向心流氧化沟系统

A.5.1　同心圆向心流氧化沟系统由多个同心的圆形或椭圆形沟渠和独立的二沉池组成。污水和回流污泥先进入外沟渠，在与沟内混合液不断混合、循环的过程中，依次进入相邻的内沟渠，最后由中心沟渠排出。沉淀污泥一部分通过回流污泥设施提升至厌氧池进水处与污水混合，剩余污泥通过剩余污泥设施提升至剩余污泥处理系统处理。典型工艺流程见图 A.5。

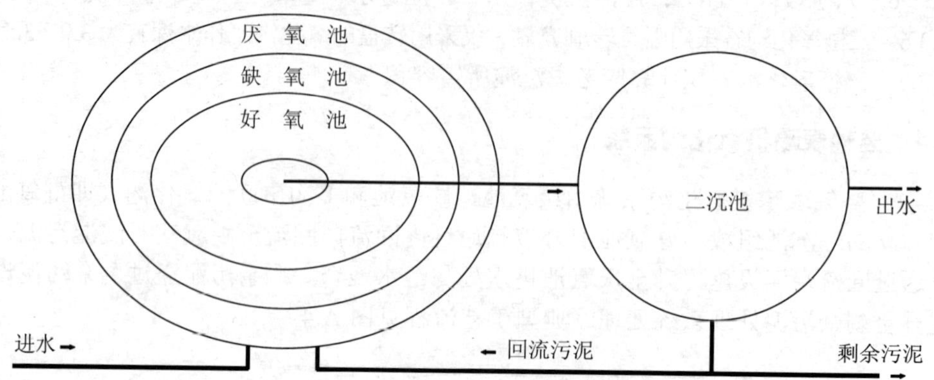

图 A.5 同心圆向心流氧化沟工艺流程

A.5.2 同心圆向心流氧化沟系统可实现生物脱氮除磷。

A.5.3 外沟宜设为厌氧状态，中沟宜设为缺氧状态，内沟宜设为好氧状态。

A.5.4 同心圆向心流氧化沟宜采用曝气转盘充氧。仅采用转盘的氧化沟工作水深不宜超过 4.0 m。

附　录 B

（资料性附录）

氧化沟活性污泥法的其他变形工艺类型

B.1　一体化氧化沟

一体化氧化沟指将二沉池设置在氧化沟内，用于进行泥水分离，出水由上部排出，污泥则由沉淀区底部的排泥管直接排入氧化沟内。一体化氧化沟不设污泥回流系统。典型工艺流程见图 B.1。

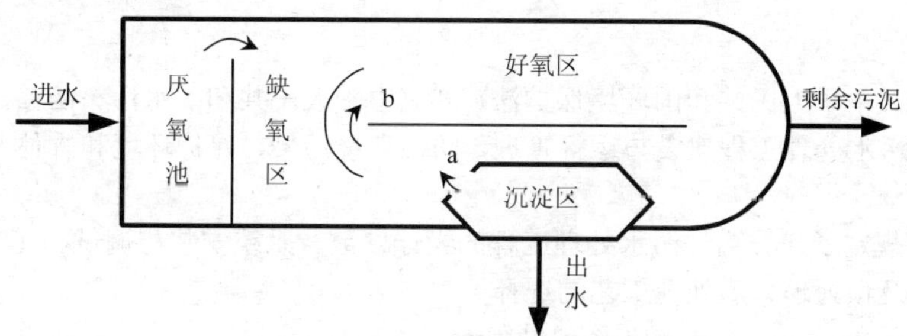

a. 无泵污泥自动回流；b. 水力内回流

图 B.1　一体化氧化沟工艺流程

B.2　微孔曝气氧化沟

微孔曝气氧化沟系统由采用微孔曝气的氧化沟和分建的沉淀池组成。氧化沟内采用水下推流的方式，水深宜为 6 m。供氧设备宜为鼓风机。典型工艺流程见图 B.2。

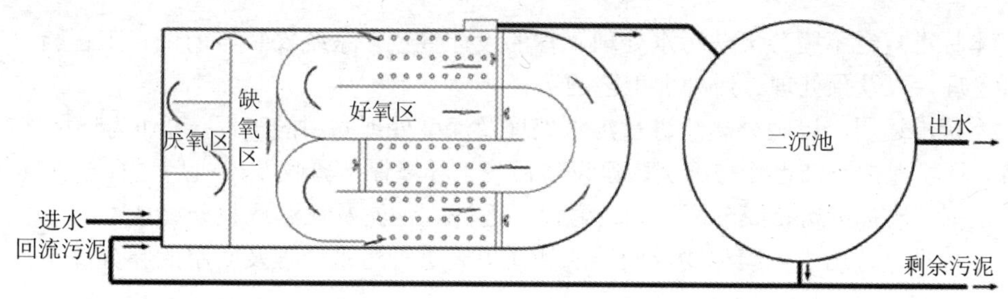

图 B.2　微孔曝气氧化沟工艺流程

中华人民共和国国家环境保护标准

膜分离法污水处理工程技术规范

Technical specifications for membrane separation process in wastewater treatment

HJ 579—2010

前　言

为贯彻《中华人民共和国环境保护法》和《中华人民共和国水污染防治法》，规范膜分离法污水处理工程建设与运行管理，防治环境污染，保护环境和人体健康，制定本标准。

本标准规定了膜分离法污水处理工程的设计参数、系统安装与调试、工程验收、运行管理以及预处理、后处理工艺的选择。

本标准的附录A～附录C为资料性附录。

本标准由环境保护部科技标准司组织制订。

本标准主要起草单位：江西金达莱环保研发中心有限公司、华中科技大学、北京市环境保护科学研究院。

本标准环境保护部2010年10月12日批准。

本标准自2011年1月1日起实施。

本标准由环境保护部解释。

1　适用范围

本标准规定了膜分离法污水处理工程的设计参数、系统安装与调试、工程验收、运行管理，以及预处理、后处理工艺的选择。

本标准适用于以膜分离法进行污水处理及深度处理回用的工程，可作为环境影响评价、环境保护设施设计与施工、建设项目竣工环境保护验收及建成后运行与管理的技术依据。本标准所指膜分离法为：微滤、超滤、纳滤及反渗透膜分离技术。

本标准不适用于以膜生物反应器法和荷电膜进行污水处理及回用的膜分离工程。

2　规范性引用文件

本标准内容引用了下列文件中的条款。凡是不注日期的引用文件，其有效版本适

用于本标准。

GB 50235　工业金属管道工程施工及验收规范

GB/T 985.1　气焊、焊条电弧焊、气体保护焊和高能束焊的推荐坡口

GB/T 1804　一般公差　未注公差的线性和角度尺寸的公差

GB/T 3797　电器控制设备

GB 5226.1　机械电气安全　机械电器设备　第 1 部分：通用技术条件

GB/T 19249　反渗透水处理设备

GB/T 20103　膜分离技术　术语

HJ/T 270　环境保护产品技术要求　反渗透水处理装置

JB/T 2932　水处理设备技术条件

HG 20520　玻璃钢/聚氯乙烯（FRP/PVC）复合管道设计规定

《建设项目竣工环境保护验收管理办法》（国家环境保护总局令　第 13 号）

3　术语和定义

《膜分离技术　术语》（GB/T 20103）规定的术语及下列术语和定义适用于本标准。

3.1　膜分离法　membrane separation

以压力为驱动力，以膜为过滤介质，实现溶剂与溶质分离的方法。

3.2　膜降解　membrane degradation

指膜被氧化或水解造成膜性能下降的过程。

3.3　膜堵塞　membrane fouling

指膜因有机污染物、微生物及其代谢产物的沉积造成膜性能下降的过程。

3.4　膜结垢　membrane scaling

指盐类的浓度超过其溶度积在膜面上的沉淀。

4　设计水质与膜单元适宜性

4.1　进水水质要求

4.1.1　在设计膜系统时，应符合进水要求，选择合适的膜元件。

4.1.2　内压式中空纤维微滤、超滤系统进水，水质要求可参考表 1。

进水水质超过表 1 参考值时，须增加预处理工艺。

4.1.3　外压式中空纤维微滤、超滤组件品种较少，进水要求可参考表 2。

4.1.4　设计卷式膜微滤、超滤系统进水时，可参照表 3 的规定。

4.1.5　纳滤、反渗透系统进水，应符合表 3 的规定。

在设计纳滤、反渗透膜分离系统时，应对进水水质进行分析，常规分析项目见附录 A。进水水质超过表 3 限值时，须增加预处理工艺。

表 1　内压式中空纤维微滤、超滤系统进水参考值

膜材质	参考值		
	浊度/NTU	SS/（mg/L）	矿物油含量/（mg/L）
聚偏氟乙烯（PVDF）	≤20	≤30	≤3
聚乙烯（PE）	＜30	≤50	≤3
聚丙烯（PP）	≤20	≤50	≤5
聚丙烯腈（PAN）	≤30	（颗粒物粒径＜5 μm）	不允许
聚氯乙烯（PVC）	＜200	≤30	≤8
聚醚砜（PES）	＜200	＜150	≤30

表 2　外压式中空纤维微滤、超滤系统进水参考值

膜材质	参考值		
	浊度/NTU	SS/（mg/L）	矿物油含量/（mg/L）
聚偏氟乙烯（PVDF）	≤50	≤300	≤3
聚丙烯（PP）	≤30	≤100	≤5

表 3　纳滤、反渗透系统进水限值

膜材质	限值		
	浊度/NTU	SDI	余氯/（mg/L）
聚酰胺复合膜（PA）	≤1	≤5	≤0.1
醋酸纤维膜（CA/CTA）	≤1	≤5	≤0.5

4.2　膜单元适宜性

各种膜单元功能适宜性见表 4。

表 4　各种膜单元功能适宜性

膜单元种类	过滤精度/μm	截留分子量质量/u	功能	主要用途
微滤（MF）	0.1～10	＞100 000	去除悬浮颗粒、细菌、部分病毒及大尺度胶体	饮用水去浊，中水回用，纳滤或反渗透系统预处理
超滤（UF）	0.002～0.1	10 000～100 000	去除胶体、蛋白质、微生物和大分子有机物	饮用水净化，中水回用，纳滤或反渗透系统预处理
纳滤（NF）	0.001～0.003	200～1 000	去除多价离子、部分一价离子和分子量 200～1 000 Daltons 的有机物	脱除井水的硬度、色度及放射性镭，部分去除溶解性盐。工艺物料浓缩等
反渗透（RO）	0.000 4～0.000 6	＞100	去除溶解性盐及分子量大于 100 Daltons 的有机物	海水及苦咸水淡化，锅炉给水、工业纯水制备，废水处理及特种分离等

5 预处理

5.1 一般规定

5.1.1 为防止膜降解和膜堵塞，须对进水中的悬浮固体、尖锐颗粒、微溶盐、微生物、氧化剂、有机物、油脂等污染物进行预处理。

5.1.2 预处理的深度应根据膜材料、膜组件的结构、原水水质、产水的质量要求及回收率确定。

5.1.3 进水温度范围：当 pH 2～10 时，运行温度 5～45℃；当 pH 值大于 10 时，运行温度应小于 35℃。

5.2 微滤、超滤系统的预处理

5.2.1 去除进水中悬浮颗粒物和胶体物，可采取混凝-沉淀-过滤工艺。可加入有利于提高膜通量，并与膜材料有兼容性的絮凝剂。

5.2.2 微滤、超滤系统之前宜安装细格栅及盘式过滤器。在内压式膜系统之前，盘式过滤器过滤精度应小于 100 μm；在外压式膜系统之前，盘式过滤器过滤精度应小于 300 μm。

5.2.3 当进水含矿物油超过表 1 数值或动植物油超过 50 mg/L 时，应增加除油工艺。

5.3 纳滤、反渗透系统的预处理

5.3.1 防止膜化学氧化损伤，可采用活性炭吸附或在进水中添加还原剂（如亚硫酸氢钠）去除余氯或其他氧化剂，控制余氯含量小于等于 0.1 mg/L。

5.3.2 预防铁、铝腐蚀物形成的胶体、黏泥和颗粒污堵，可采用以无烟煤和石英砂为过滤介质的双介质过滤器去除。

5.3.3 预防微生物污染，可对进水进行物理法或化学法杀菌消毒处理。

5.3.4 控制结垢，加酸可有效控制碳酸盐结垢；投加阻垢剂或强酸阳离子树脂软化，可有效控制硫酸盐结垢。

5.3.5 微滤或超滤能除去所有的悬浮物、胶体粒子及部分有机物，出水达到淤泥密度指数（SDI）≤3，浊度≤1 NTU，可有效预防胶体和颗粒物污染和堵塞膜组件。

6 膜分离法污水处理系统设计

6.1 一般规定

6.1.1 应依据原水水量、水质和产水要求、回收率等资料，选择膜分离法污水处理工艺。设计资料调查表见附录 B。

6.1.2 采用接触过滤工艺处理低浊度污水时，投药点与过滤器入口应有 1.0 m 距离。

6.1.3 采用活性炭吸附工艺时，活性炭过滤器的进口处应投加杀菌剂。

6.1.4 还原剂和（或）阻垢剂，应投加在保安（过滤精度小于等于 5 μm）过滤器之前。保安过滤器须安装压力表。

6.1.5 为防止预处理加酸、加氯造成管道及设备的腐蚀，在纳滤、反渗透系统的低压侧，应采用 PVC 管材及连接件，在高压侧应采用不锈钢管材及连接件。

6.1.6 膜分离系统浓水，应处理后达标排放。

6.1.7 一级多段纳滤、反渗透系统压力容器排列比，宜为 2∶1 或 3∶2 或 4∶2∶1 或按比例增加。

6.2 微滤、超滤系统设计

6.2.1 工艺设计参数包括：

1） 处理水量，m^3/d；

2） 处理水质；

3）膜通量，$m^3/(m^2 \cdot d)$；

4）操作压力，MPa；

5）反洗周期，h；

6）每次反洗时间，min。

6.2.2 工艺流程：微滤、超滤系统的运行方式可分为间歇式和连续式；组件排列形式宜为一级一段，并联安装。推荐基本工艺流程如图 1。

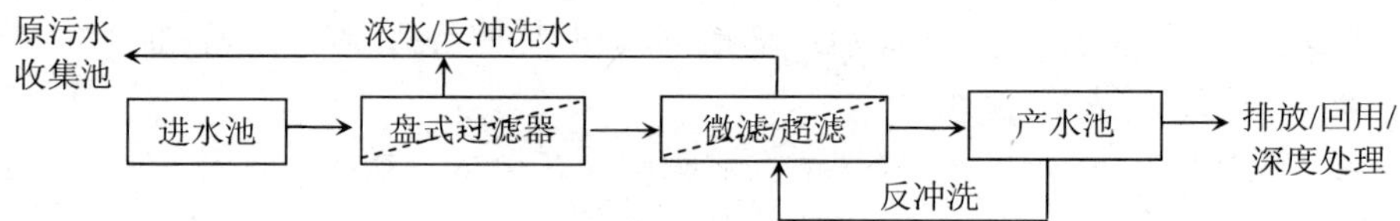

图 1 微滤、超滤系统基本工艺流程图

6.2.3 基本设计计算

6.2.3.1 产水量按式（1）计算：

$$q_s = C_m \times S_m \times q_o \tag{1}$$

式中：q_s——单支膜元件的稳定产水量，L/h；

q_o——单支膜元件的初始产水量，L/h；

C_m——组装系数，取值范围为 0.90～0.96；

S_m——稳定系数，取值范围为 0.6～0.8。

设计温度 25℃，实际温度的波动，可用式（2）修正产水量的计算：

$$q_{st} = q_s \times (1 + 0.0215)^{t-25} \tag{2}$$

6.2.3.2 膜组件数按式（3）计算：

$$n = \frac{Q}{q_s} \tag{3}$$

式中：Q——设计产水量，L/h。

6.2.3.3　浓缩液的浓度、体积可按式（4）计算：

$$\frac{\rho}{\rho_0}=\left(\frac{V_0}{V}\right)^R \tag{4}$$

式中：ρ——浓缩液的质量浓度，mg/L；

ρ_0——进料液的质量浓度，mg/L；

V——浓缩液的体积，L；

V_0——进料液的体积，L；

R——污染物去除率。

6.3　纳滤、反渗透系统设计

6.3.1　工艺流程

6.3.1.1　一级一段系统工艺流程：进水一次通过纳滤或反渗透系统即达到产水要求。有一级一段批处理式、一级一段连续式。推荐基本工艺流程如图 2、图 3。

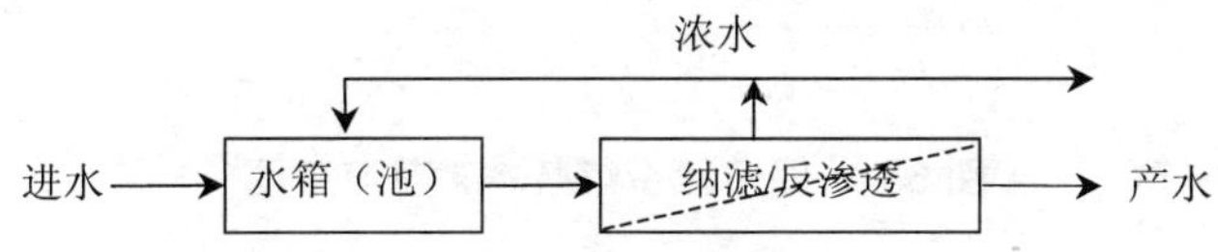

图 2　一级一段批处理式基本工艺流程图

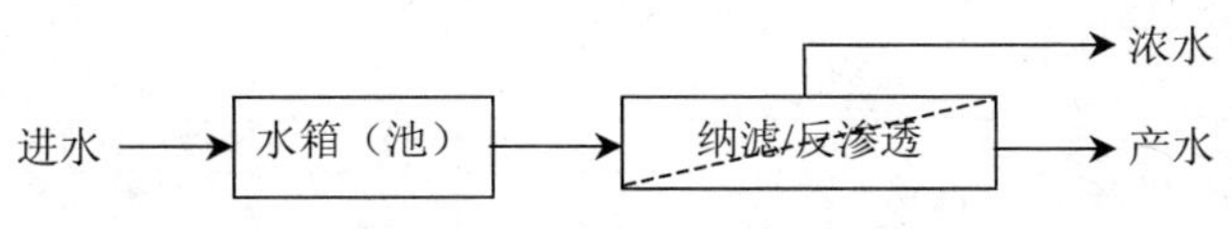

图 3　一级一段连续式基本工艺流程图

6.3.1.2　一级多段系统工艺流程：一次分离产水量达不到回收率要求时，可采用多段串联工艺，每段的有效横截面积递减，推荐基本工艺流程如图 4、图 5、图 6。

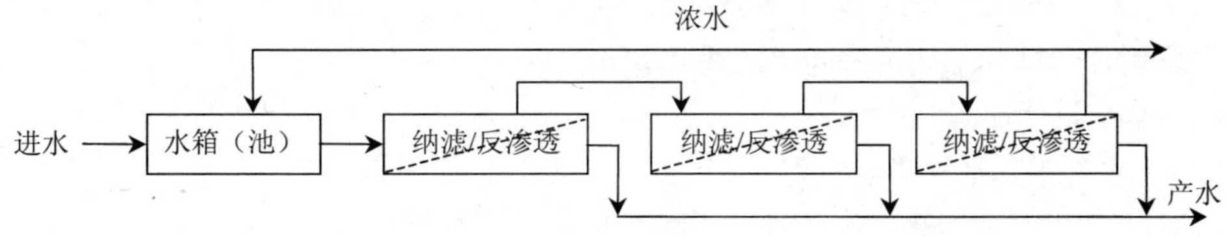

图 4　一级多段循环式系统基本工艺流程图

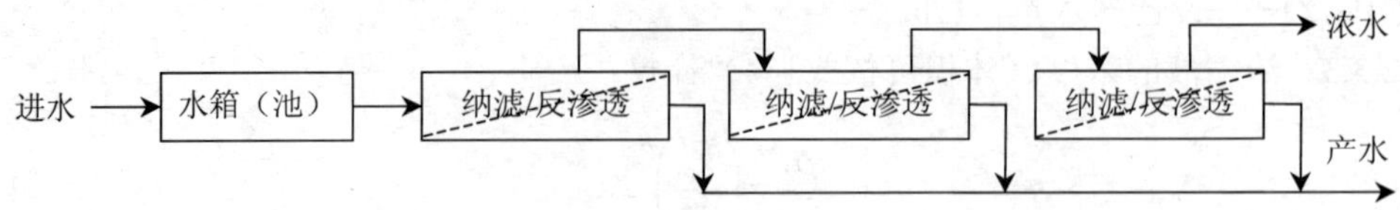

图 5　一级多段连续式系统基本工艺流程图

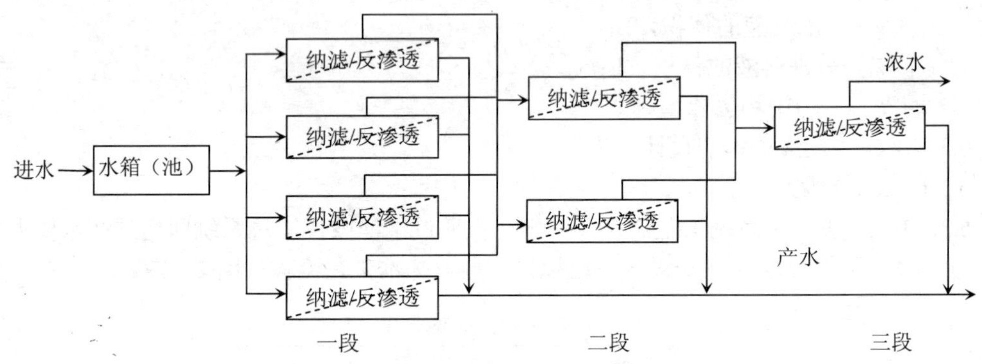

图 6　一级多段系统基本工艺流程图

6.3.1.3　多级系统工艺流程：当一级系统产水不能达到水质要求时，将一级系统的产水再送入另一个反渗透系统，继续分离直至得到合格产水。推荐基本工艺流程如图 7。

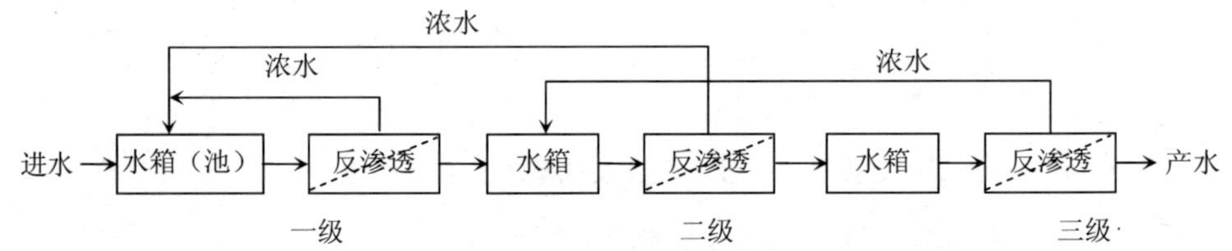

图 7　多级系统基本工艺流程图

膜组件的排列形式可分为串联式和并联式。

6.3.2　基本设计计算

6.3.2.1　单支膜元件产水量

设计温度 25℃时单支膜元件产水量，m^3/h。应按温度修正系数进行修正。也可以 25℃为设计温度，每升、降 1℃，产水量增加或减少 2.5%计算。

6.3.2.2　膜元件数量按式（5）计算：

$$N_e = \frac{Q_p}{q_{max} \times 0.8} \tag{5}$$

式中：Q_p —— 设计产水量，m^3/h；

q_{max} —— 膜元件最大产水量，m^3/h；

0.8 —— 设计安全系数。

6.3.2.3　压力容器（膜壳）数量按式（6）计算：

$$N_v = \frac{N_e}{n} \tag{6}$$

式中：N_v —— 压力容器数；

N_e —— 设计元件数；

n —— 每个容器中的元件数。

6.3.3　管道设计

6.3.3.1　产水量大于等于 50 m^3/h 的纳滤、反渗透系统，进水干管设计流量应等于每只压力容器进水设计流量的总和。

6.3.3.2　产水支管和十管的流速宜小于等丁 1.0 m/s。

6.3.3.3　各段产水宜直接输入产水箱。如各段产水管应并联到一根总管时，则应在每段产水支管上安装止回阀。

6.3.4　加药系统，应设置带有温度计的药液箱，将药剂配制成一定浓度的溶液。加药方式宜采用计量泵输送，也可使用安装在进水管道上的水射器投加。

6.3.5　自动控制系统和仪表

6.3.5.1　自控系统的监控项目应包括：

1）进水压力，MPa；

2）进水电导率，μS/cm；

3）产水流量，m^3/h；

4）产水电导率，μS/cm；

5）浓水流量，m^3/h；

6）浓水压力，MPa。

6.3.5.2　进水管应设置余氯监测器，并与还原剂加药装置联动运行。

6.3.5.3　高压泵进水口应设置低压保护开关；高压泵出水口应设置高压保护开关。

6.3.5.4　当加酸调节进水 pH 值时，应设置 pH 上、下限值切断开关；如进水设有升温措施，则应设置高温切断开关。

6.4　膜分离浓水的处理

6.4.1　浓水处理的技术要求

污水处理过程产生的膜分离浓水可并入污水生化处理系统；亦可与化学清洗废水、介质过滤器和活性炭过滤器反冲洗废水一并进行收集处理。

6.4.2 推荐浓水处理基本工艺流程如图 8。

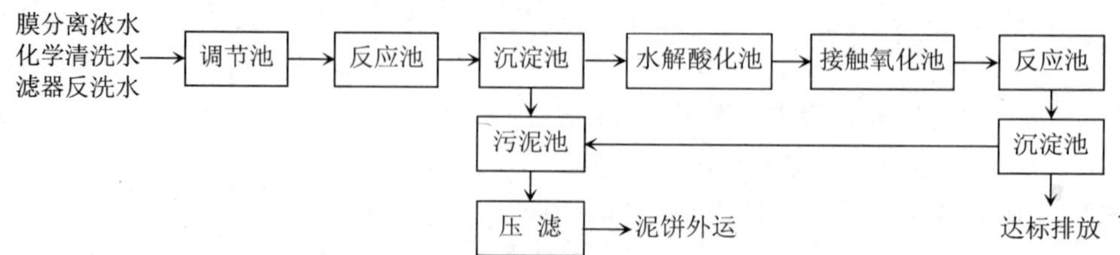

图 8 浓水处理基本工艺流程图

6.4.3 浓水处理排放应符合国家或地方污水排放标准的规定。

7 系统安装与调试

7.1 微滤、超滤系统安装与调试

7.1.1 微滤、超滤系统安装

应按照设计要求进行安装。

7.1.2 微滤、超滤系统调试

7.1.2.1 系统启动时，应开启浓水排放管阀门和产水管阀门，用自来水冲洗膜组件内的保护液，直到冲洗水无泡沫为止。

7.1.2.2 进水压力 0.1～0.4 MPa，工作温度为 15～35℃。

7.1.2.3 调试项目应包括：

1）进水压力，MPa；

2）进水流量，m^3/h；

3）产水流量，m^3/h；

4）浓水流量，m^3/h；

5）浓水压力，MPa。

7.1.2.4 系统每连续运行 30 min，应反冲洗一次，反冲洗时间宜为 30 s。

7.2 纳滤、反渗透膜系统安装与调试

7.2.1 纳滤、反渗透系统安装

7.2.1.1 设备主机架及水泵安装应符合 GB/T 19249 和 HJ/T 270 的规定。

7.2.1.2 管道安装应符合 GB 50235 和 HG 20520 的规定。

7.2.1.3 仪器、仪表安装应符合 GB/T 985.1 和 GB/T 1804 的规定。

7.2.1.4 压力容器两端，应留有不小于膜元件长度 1.2 倍的空间。设备应安装于室内。

7.2.1.5 电控柜安装应符合 GB/T 3797 的规定。

7.2.2 纳滤、反渗透系统调试

7.2.2.1 膜系统启动前，应彻底冲洗预处理设备和管道，清除杂质和污物。

7.2.2.2 膜系统进水管阀门和浓水管调节阀门须完全打开。用低压、低流量合格预处理出水赶走膜系统内空气，冲洗压力为 0.2～0.4 MPa，φ100 mm 压力容器冲洗流量为 0.6～3.0 m^3/h，φ200 mm 压力容器冲洗流量为 2.4～12.0 m^3/h。

7.2.2.3 内有保护液的膜元件低压冲洗时间应不少于 30 min，干膜元件低压冲洗时间应不少于 6 h。在冲洗过程中，检查渗漏点，立即紧固。

7.2.2.4 第一次启动高压泵，须将进水阀门调到接近全关状态，缓慢开大进水阀门，缓慢关小浓水排放管阀门，调节浓水流量和系统进水压力直至系统产水流量达到设计值。升压速率应低于每秒 0.07 MPa。

7.2.2.5 系统连续运行 24～48 h，记录运行参数作为系统性能基准数据。运行参数应包括：

1）进水压力，MPa；

2）进水流量，m^3/h；

3）进水电导率，μS/cm；

4）产水流量，m^3/h；

5）产水电导率，μS/cm；

6）浓水压力，MPa；

7）浓水流量，m^3/h；

8）系统回收率，%。

系统实际运行参数与系统设计参数比较。

7.2.2.6 上述调节在手动操作模式下进行，待运行稳定后将系统切换到自动控制运行模式。

7.2.2.7 系统运行第一周内，应定期检测系统性能，确保系统性能在运行初始阶段处于合适的范围内。

8 工程验收

8.1 一般规定

8.1.1 目测结构是否合理，各部件安装应符合设计图纸及 JB/T 2932 的要求。

8.1.2 油漆涂层应符合 GB 5226.1 的要求。

8.1.3 用水平仪（或尺）测量主机框架、压力容器、泵体及相应管线，应符合 GB/T 19249 和 HJ/T 270 的规定。

8.1.4 凡有自动控制装置的，应设有手动控制装置，应符合 GB/T 3797 的规定。

8.1.5 通风设备运行正常，应符合 JB/T 2932 的要求。

8.1.6 各报警装置齐全，运行灵敏、准确，应符合 GB/T 3797 的规定。

8.2 工程验收

8.2.1 预验收

8.2.1.1 工程竣工后，环保验收前进行预验收，由建设单位组织设计、施工单位，并报请当地环保部门联合进行。

8.2.1.2 预验收包括：按污水处理工程设计方案验收主体工程、设备及安装部位。应按相应的标准进行检验，并填写预验收记录。

8.2.1.3 预验收应复查并核实以下资料：

1）设计图纸及设计变更文件；

2）主要材料和制品的合格证或试验记录；

3）膜组件及仪器仪表检验记录；

4）机械构件焊接及检验记录；

5）设备安装记录；

6）膜分离系统调试记录和 48 h 运行记录。

8.2.2 环境保护验收

污水处理工程投入使用之前，建设单位应向环境保护行政主管部门提出环境保护设施竣工验收申请。

环境保护验收应按照《建设项目竣工环境保护验收管理办法》的规定进行。

9 运行管理

9.1 启动

9.1.1 检查进水水质是否符合要求。

9.1.2 在低压和低流速下排除系统内空气。

9.1.3 检查系统是否渗漏。

9.2 运行

9.2.1 调节浓水管调节阀门，缓慢增加进水压力直至产水流量达到设计值。

9.2.2 检查和试验所有在线监测仪器仪表，设定信号传输及报警。

9.2.3 系统稳定运行后，记录操作条件和性能参数。

9.3 停机

9.3.1 先降压后停机，当需要停机时，缓慢开大浓水管调节阀门，使系统压力下降至最低点再切断电源。

9.3.2 停机时，应对膜系统进行冲洗，用预处理水大流量低压冲洗整个系统 3～5 min。

9.3.3 膜分离系统停机后，其他辅助系统也应停机。

注：膜元件污染与化学清洗、膜元件保存方法，参见附录 C。

附 录 A
（资料性附录）
原水分析表

检测单位：＿＿＿＿＿＿＿＿	分析人：＿＿＿＿
原水概况：＿＿＿＿＿＿＿＿	日　期：＿＿＿＿
电导率：＿＿＿＿ pH值：＿＿＿＿	水样温度：＿＿＿＿℃

组成分析（分析项目标注单位，如mg/L，以$CaCO_3$计等）：

铵离子（NH_4^+）＿＿＿＿	钾离子（K^+）＿＿＿＿
钠离子（Na^+）＿＿＿＿	镁离子（Mg^{2+}）＿＿＿＿
钙离子（Ca^{2+}）＿＿＿＿	钡离子（Ba^{2+}）＿＿＿＿
锶离子（Sr^{2+}）＿＿＿＿	总铁（Fe^{2+}/Fe^{3+}）＿＿＿＿
锰离子（Mn^{2+}）＿＿＿＿	铝离子（Al^{3+}）＿＿＿＿
铜离子（Cu^{2+}）＿＿＿＿	活性二氧化硅（SiO_2）＿＿＿＿
锌离子（Zn^{2+}）＿＿＿＿	胶体二氧化硅（SiO_2）＿＿＿＿
总固体含量（TDS）＿＿＿＿	生物耗氧量（BOD）＿＿＿＿
总有机碳（TOC）＿＿＿＿	化学耗氧量（COD）＿＿＿＿
氨氮（NH_3-N）＿＿＿＿	总磷（TP）＿＿＿＿
氯离子（Cl）＿＿＿＿	

总碱度（甲基橙碱度）：

碳酸根碱度（酚酞碱度）：

总硬度：

浊度（NTU）：

污染指数（SDI_{15}）：

细菌/（个数/ml）：

备注（异味、颜色、生物活性等）：

注：当阴阳离子存在较大不平衡时，应重新分析测试。相差不大时，可添加钠离子或氯离子进行人工平衡。

附　录　B
（资料性附录）
系统设计资料

用户名称：______________________________ 地址：______________________________

工程所在地：

____

联系人：____________________ 电话：____________ 传真：________________

E-mail：____

处理水量（m^3/d）：____________________ 回用水量（m^3/d）：________________

原水特性：

□市政废水　　　　　□工业废水

水温情况：最低_____℃　最高_____℃　平均_____℃　设计_____℃

预处理情况：

投加药剂：□絮凝剂　　　□杀菌剂

□还原剂　　　□阻垢剂

现有预处理：□无　　□有　　□SDI_{15}值（如有预处理）

现有预处理设备名称：____

____

____

现场综合情况：____

____

系统用途：□电力行业　　□石化行业　　□冶金行业

□电子行业　　□食品行业（纯净水）　　□医药行业

□锅炉给水（高、中、低）　　□废水处理及回用

后处理设备及流程：____

系统运行方式：□24 h 连续　□8 h 连续　□24 h 断续　□8 h 断续

其他要求及说明：

附　录　C

（资料性附录）

膜元件污染与化学清洗

C.1　微滤/超滤系统污染与清洗

C.1.1　系统进水压力超过初始压力 0.05 MPa 时，可采用等压大流量冲洗水冲洗，如无效，应进行化学清洗。

C.1.2　化学清洗剂的选择应根据污染物类型、污染程度、组件的构型和膜的物化性质等来确定。常用的化学清洗剂有：氢氧化钠、盐酸、1%～2%的柠檬酸溶液、加酶洗涤剂、双氧水水溶液、三聚磷酸钠、次氯酸钠溶液等。

C.1.3　杀菌消毒的常用药剂为：浓度 1%～2%的过氧化氢或 500～1 000 mg/L 的次氯酸钠水溶液，浸泡 30 min，循环 30 min，再冲洗 30 min。

C.2　纳滤/反渗透系统污染与清洗

C.2.1　出现下列情形之一时，应进行化学清洗：

1）产水量下降 10%；

2）压力降增加 15%；

3）透盐率增加 5%。

C.2.2　化学清洗剂的选择应根据污染物类型、污染程度和膜的物化性质等来确定。常用的化学清洗剂有：氢氧化钠、盐酸、1%～2%的柠檬酸溶液、Na-EDTA、加酶洗涤剂等。

C.2.3　化学清洗液的最佳温度：碱洗液 30℃，酸洗液 40℃。

C.2.4　复合清洗时，应采用先碱洗再酸洗的方法。常用的碱洗液为 0.1%（质量分数）NaOH（氢氧化钠）水溶液；常用的酸洗液为 0.2%（质量分数）HCl（盐酸）水溶液。

C.2.5　废清洗液和清洗废水排入膜分离浓水收集池处理，应符合 6.4 的规定。

C.3　膜元件的保存方法

C.3.1　短期存放（5～30 d）操作：

1）清洗膜元件，排除内部气体；

2）用 1%亚硫酸氢钠保护液冲洗膜元件，浓水出口处保护液浓度达标；

3）全部充满保护液后，关闭所有阀门，使保护液留在压力容器内；

4）每 5 天重复 2）、3）步骤。

C.3.2 长期存放操作：存放温度 27℃以下时，每月重复 2）、3）步骤一次；存放温度 27℃以上时，每 5 天重复 2）、3）步骤一次。

C.3.3 恢复使用时，应先用低流量进水冲洗 1 h，再用大流量进水（浓水管调节阀全开）冲洗 10 min。

中华人民共和国国家环境保护标准

含油污水处理工程技术规范

Technical specifications for oil-contained wastewater treating process

HJ 580—2010

前　言

为贯彻《中华人民共和国环境保护法》和《中华人民共和国水污染防治法》，规范含油污水处理工程的建设与运行管理，防治环境污染，保护环境和人体健康，制定本标准。

本标准规定了含油污水处理工程中工艺设计、安全与环保、施工与验收的技术要求。

本标准的附录 A 为资料性附录。

本标准由环境保护部科技标准司组织制订。

本标准主要起草单位：江西金达莱环保研发中心有限公司、华中科技大学、北京市环境保护科学研究院。

本标准环境保护部 2010 年 10 月 12 日批准。

本标准自 2011 年 1 月 1 日起实施。

本标准由环境保护部解释。

1　适用范围

本标准规定了含油污水处理工程的设计、施工、验收、运行及维护管理工作的基本要求。

本标准适用于以油污染为主的污水处理工程，可作为环境影响评价、环境保护设施设计与施工、建设项目竣工环境保护验收及建成后运行与管理的技术依据。

2　规范性引用文件

本标准内容引用了下列文件中的条款。凡是不注日期的引用文件，其有效版本适用于本标准。

GB 50014　室外排水设计规范

CJJ 60　污水处理运行维护及其安全技术规程

《建设项目（工程）竣工验收办法》（国家计委　计建设[1990]215 号）

《建设项目竣工环境保护验收管理办法》（国家环境保护总局令　第 13 号）

3　术语和定义

下列术语和定义符合本标准。

3.1　油脂　oil and grease

指乙醇或甘油（丙三醇）与脂肪酸的化合物，称为脂肪酸甘油酯。在常温下，液态脂肪酸甘油酯，称为油；固态脂肪酸甘油酯，称为脂。

3.2　含油污水　oil wastewater

指主要污染物为油的污水。

3.3　浮油　floating oil

指油珠粒径大于 100 μm，静置后能较快上浮，以连续相的油膜漂浮在水面。

3.4　分散油　dispersed oil

指油珠粒径为 10～100 μm，以微小油珠悬浮于污水中，不稳定，静置后易形成浮油。

3.5　乳化油　emulsified oil

指油珠粒径小于 10 μm，一般为 0.1～2 μm，形成稳定的乳化液。且油滴在污水中分散度越大越稳定。

3.6　溶解油　dissolved oil

指以分子状态或化学方式分散于污水中，形成稳定的均相体系，粒径一般小于 0.1 μm。

3.7　调节隔油池　water adjusting and oil separation tank

指用于调节水质、水量并配置有隔油功能的污水处理构筑物。

3.8　隔油池　oil separation tank

指专门用于隔除浮油的污水处理构筑物。

3.9　气浮　air floatation

指空气微气泡与油污颗粒结合，增大油污颗粒的浮力，使含油污水中的油污迅速分离的处理方法。

3.10　粗粒化　coalescence of oil water

指利用油水两相对聚结材料亲和力的不同，使微细油珠在聚结材料表面集聚成为较大颗粒或油膜，从而达到油水分离的过程。

3.11　一级除油处理　primary treatment of oil wastewater

指采用隔油池进行油水分离的处理阶段。

3.12　二级除油处理　secondary treatment of oil wastewater

指采用气浮、粗粒化、板结、过滤等方法或组合工艺进行油水分离的处理阶段。

4 设计水量及设计水质

4.1 设计水量

设计水量应按国家现行工业用水量的规定确定或按式（1）计算。

$$Q= K\times q\times S \tag{1}$$

式中：Q —— 每日产生的含油污水总水量，m^3/d；

q —— 单位产品污水产生量，m^3/件；

S —— 每日生产产品总数量，件；

K —— 变化系数，根据生产工艺或经验决定。

4.2 设计水质

4.2.1 金属加工工业、油脂化工等行业产生的含油污水，其污染物有油脂、表面活性剂及悬浮杂质。

4.2.2 屠宰及肉食品加工业和餐饮业产生的含油污水，含有可生化性较强的动植物油脂。

4.2.3 设计水质应根据调查资料确定，或参照类似工业水质确定。

5 总体设计

5.1 一般规定

5.1.1 对含油污水应进行单独除油处理，以保证城市污水处理系统或者后续污水处理工艺过程正常运行。

5.1.2 含油污水处理工程应根据不同行业含油污水的水质特点，选择适合的处理工艺，并根据污水排放去向和当地的环境保护要求，经技术经济比较后确定。

5.1.3 含油污水最终处理效果应满足国家或地方污水排放标准的要求。

5.1.4 含油污水处理深度分为一级除油处理和二级除油处理。一级除油处理出水含油量应控制在 30 mg/L 以下。

5.1.5 应根据工厂生产工艺，实现生产用水的循环利用，以减少污水处理水量。

5.1.6 含油污水处理工程检测及控制设备的设置应参照 GB 50014 的规定。同时，仪表的选型应根据污水中油类及悬浮物的含量、腐蚀性物质的特性和管道敷设条件等因素确定。

5.2 厂址选择

5.2.1 含油污水处理设施应设在工业区夏季主导风向下方；尽可能选在工业区下游地区。

5.2.2 应结合工业厂区总体规划，考虑远景发展，并应考虑交通运输、水电供应、水文地质等条件。应参照 GB 50014 中相关规定。

5.3　总体布置

含油污水处理工程总体布置应参照 GB 50014 中相关规定。

5.4　污水处理工艺流程

5.4.1　金属加工工业、油脂化工行业含油污水处理推荐工艺流程见图 1。

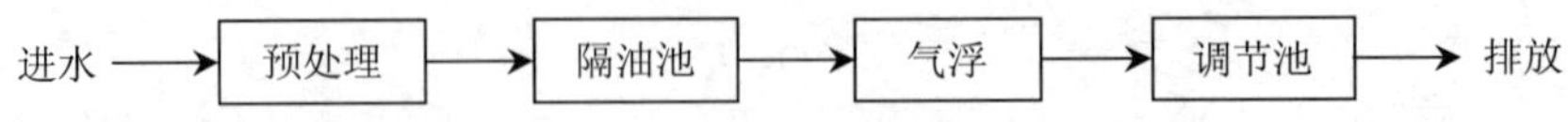

图 1　金属加工、轻工、油脂化工行业含油污水处理基本工艺流程图

5.4.2　屠宰、肉食品加工和餐饮业含油污水处理推荐工艺流程见图 2。

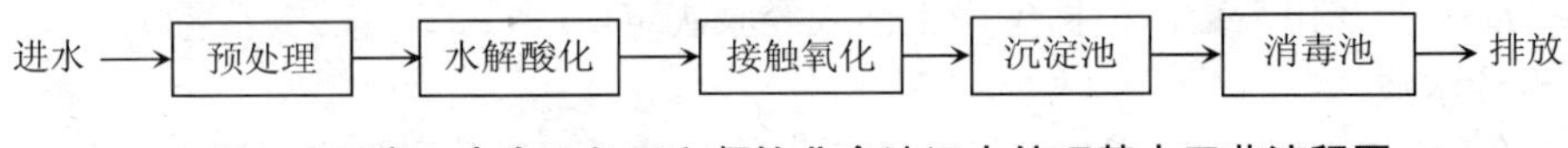

图 2　屠宰、肉食品加工和餐饮业含油污水处理基本工艺流程图

6　含油污水处理单元工艺设计

6.1　平流式隔油池

6.1.1　平流式隔油池宜用于去除粒径大于等于 150 μm 的油珠。

6.1.2　含油污水应该以基本无冲击状态进入隔油池进水配水间，进水配水间的前置构筑物出水水头应小于等于 0.2 m。

6.1.3　进水配水间应为垂直折流式，二室配置，二室隔墙下部 0.5 m 悬空。第一室下向流，第二室上向流。第二室与隔油段用配水墙间隔。

6.1.4　进水配水墙配水孔应设置于水面下 0.5 m，池底上 0.8 m 处。配水孔孔口流速应为 20～50 mm/s。

6.1.5　含油污水在隔油段的计算水平流速应为 2～5 mm/s。

6.1.6　单格池宽应小于等于 6 m，隔油段长宽比应不小于 4。

6.1.7　隔油段的有效水深应小于等于 2 m，池体超高应小于等于 0.4 m。

6.1.8　隔油段后应接出水间，出水间为单室配置。出水间与隔油段以出水配水墙间隔，以隔油段出水堰保持隔油段液面。隔油段之后接集水槽和出水管。

6.1.9　出水配水墙配水孔应设置于水面下 0.8 m，池底上 0.5 m 处。配水孔孔口流速应为 20～50 mm/s。

6.1.10　隔油段池底宜设刮油刮泥机，刮板移动速度应小于 2 m/min。

6.1.11　隔油段排泥管直径应大于 200 mm，管端可接压力水管用以冲洗排泥管。

6.1.12　污泥斗深度一般为 0.5 m，底宽宜大于 0.4 m，侧面倾角 45°～60°，且池底向污泥斗坡度为 0.01～0.02。

6.1.13　集油管宜为 ϕ200～300 mm，当池宽在 4.5 m 以上时，集油管串联不应超过 4 根。

6.1.14 在寒冷地区，集油管及隔油池宜设置加热设施。隔油池附近应有蒸汽管道接头，以备需要时清理管道或灭火。

6.1.15 隔油池宜设非燃烧材料制成的盖板，并应设置蒸汽灭火设施。

6.2 斜板隔油池

6.2.1 斜板隔油池宜用于去除粒径大于 80 μm 的油珠。

6.2.2 含油污水应该以基本无冲击状态进入斜板隔油池进水配水区，进水配水区的前置构筑物出水水头应小于等于 0.2 m。

6.2.3 上浮段表面水力负荷宜为 0.6～0.8 m^3/（$m^2 \cdot h$）。

6.2.4 斜板净距离宜采用 40 mm，倾角应小于等于 45°，板间流速宜为 3～7 mm/s，板间水力条件为雷诺数 Re 小于 500；弗劳德数 Fr 大于 10。

雷诺数根据式（2）计算：

$$Re = \frac{V \cdot R}{\gamma} \qquad (2)$$

弗劳德数根据式（3）计算：

$$Fr - \frac{V^2}{Rg} \qquad (3)$$

式中：V —— 水平流速，m/s；

R —— 水力半径，m；

γ —— 水的运动黏度，m/s^2；

g —— 重力加速度，9.81 m^2/s。

6.2.5 池内应设浮油收集、斜板清洗和池底排泥等设施。

6.2.6 斜板材料应耐腐蚀、光洁度好、不沾油。

6.2.7 池内刮油泥速度宜小于等于 15 mm/s，板体间和池壁间应严密无缝隙，不渗漏。

6.2.8 排泥管直径应大于等于 200 mm，管端可接压力水管用以冲洗排泥管。

6.3 溶气气浮

6.3.1 溶气气浮除油宜用于含油量和表面活性物质低的含油污水，用来去除污水中比重接近于1的微细悬浮物和粒径大于 0.05 μm 油污。进水 pH 值 6.5～8.5，含油量小于 100 mg/L。

6.3.2 溶气气浮装置应由池体和溶气系统两部分组成。设计应符合下列要求：

6.3.2.1 溶气气浮法宜一间气浮池，配一个溶气罐。

6.3.2.2 溶气罐工作压力宜采用 0.3～0.5 MPa。

6.3.2.3 空气量以体积计，可按污水量 5%～10%计算，设计空气量应按照 25%过量考虑。

6.3.2.4 污水在溶气罐内停留时间应根据罐的型式确定，一般宜为 1～4 min，罐内应有促进气、水充分混合的措施。

6.3.2.5 采用部分回流的溶气罐宜选用动态式，并应有水位控制措施。

6.3.2.6　溶气释放器的选用应根据含油污水水质、处理流程和释放器性能确定。

6.3.3　加药反应

6.3.3.1　凝聚剂应在含油污水进入溶气反应段之前投加，并可适量投加助凝剂。

6.3.3.2　溶气反应段反应时间宜为 10～15 min。

6.3.3.3　投加药剂品种及数量应根据进水水质确定，不得造成二次污染。

6.3.3.4　药剂溶解池须防腐，应并联两间，交替使用。

6.3.4　气浮池

6.3.4.1　根据水量大小气浮池可采用矩形或圆形。

6.3.4.2　矩形气浮池每格池宽应小于等于 4.5 m，长宽比宜为 3～4。

6.3.4.3　矩形气浮池有效水深宜为 2.0～2.5 m，超高应大于等于 0.4 m。

6.3.4.4　污水在气浮池分离段停留时间宜小于等于 1 h。

6.3.4.5　污水在矩形气浮池内的水平流速宜小于等于 10 mm/s。

6.3.4.6　气浮池应配备液位自动控制装置，保障浮沫挡板的适宜位置。

6.3.4.7　气浮池端部应设置集沫槽和废油储槽。

6.3.4.8　气浮池顶部应设置刮泡沫机，刮泡沫机的移动速度宜为 1～5 m/min。

6.3.4.9　气浮池底部应设排泥管。

6.3.5　全溶气气浮和部分加压溶气气浮

6.3.5.1　推荐全溶气气浮和部分加压溶气气浮基本工艺流程见图 3。

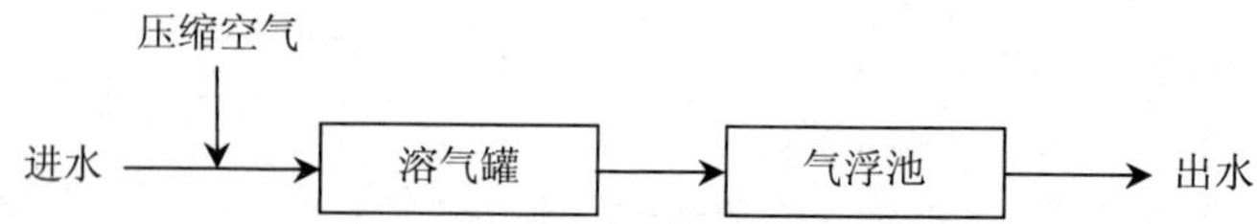

图 3　全溶气气浮和部分加压溶气气浮基本工艺流程图

6.3.5.2　投加药剂：药剂的品种和数量应根据进水水质经试验确定：聚合铝 25～35 mg/L；硫酸铝 60～80 mg/L；聚合铁 15～30 mg/L；有机高分子凝聚剂 1～10 mg/L。

6.3.5.3　混凝反应：宜采用管道混合器，可不设反应室。

6.3.6　部分回流溶气气浮

6.3.6.1　推荐部分回流溶气气浮基本工艺流程见图 4。

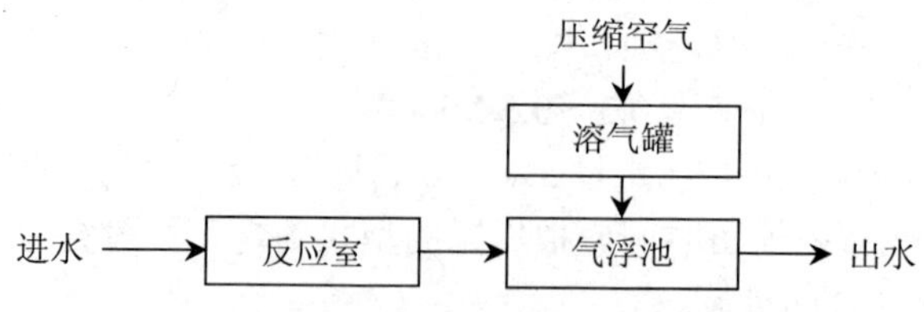

图 4　部分回流溶气气浮基本工艺流程图

6.3.6.2 回流比宜为进水的 25%～50%。但当水质较差，且水量不大时，可适当加大回流比。

6.3.6.3 投加药剂：药剂的品种和数量应根据进水水质经试验确定：聚合铝 15～25 mg/L；硫酸铝 40～60 mg/L；聚合铁 10～20 mg/L；有机高分子凝聚剂 1～8 mg/L。

6.3.6.4 混凝反应：管道混合，阻力损失小于等于 0.3 m；机械混合，搅拌桨叶速度宜为 0.5 m/s 左右，混合时间宜为 30 s。机械反应室（一级机械搅拌）、平流反应室、旋流反应室或涡流反应室水流线速度从 0.5～1.0 m/s 降至 0.3～0.5 m/s，反应时间 3～10 min。

6.4 粗粒化

6.4.1 粗粒化技术适用于预处理分散油和乳化油。粗粒化法可把水中 5～10 μm 的油珠完全分离，对 1～2 μm 的油珠有最佳的分离效果。

6.4.2 粗粒化聚结器通常设在重力除油工艺之前，它利用粗粒化材料的聚结性能，使细小的油粒在其表面聚结成较大油粒或油膜，使其更有利于重力法除油。

6.4.3 聚结材料宜采用相对密度大于 1、粒径 3～5 mm、亲油疏水性强、比表面积大、强度高且容易再生的材料；应根据可聚结性实验确定。

6.4.4 粗粒化除油装置组成：壳体、分离段、聚结床、多孔材料承托层。

6.4.5 聚结除油装置壳体可采用碳钢防腐。承压能力应通过工艺计算，一般可采用 0.6 MPa。

6.4.6 聚结床下应加承托垫层。承托材料一般采用卵石，其级配见表 1。

表 1 承托材料级配表

层次	粒径/mm	厚度/mm
下	16～32	100
中	8～16	100
上	4～8	100
总厚度 H		300

6.4.7 当采用聚结材料相对密度小于 1 时，须在上部设置不锈钢格栅及卵石层以防跑料。卵石粒径选用 16～32 mm，厚度一般为 0.3 m。

6.5 过滤

6.5.1 滤池

6.5.1.1 单池面积不宜超过 50 m^2。进水含油量宜小于 30 mg/L。

6.5.1.2 滤池高度根据滤层厚度、承托层高度、反冲洗滤料膨胀系数（40%～50%）以及超高等因素确定，高度一般在 3.5～4.5 m。

6.5.1.3 滤池底部宜设有排空管，管口处设栅罩；池底坡度约为 0.005，坡向排空管。

6.5.1.4 每间滤池均应安装水头损失计或水位尺、取样设备等。

6.5.1.5　滤池间数较少时，直径小于 400 mm 的阀门可采用手动阀门；但反冲洗阀门，宜采用电动或液动阀门。

6.5.1.6　滤池池壁与砂层接触处应拉毛，避免短流。

6.5.1.7　在配水系统干管末端，应安装排气管，当滤池面积小于 25 m^2 时，管径为 40 mm；当滤池面积为 25～100 m^2 时，管径为 50 mm。排气管伸出滤池，顶处应加截止阀。

6.5.1.8　各密封渠道上应有 1～2 个人孔。

6.5.1.9　滤池管廊内应有良好的防水、排水措施和适当的通风、照明等措施。

6.5.2　滤料

6.5.2.1　滤料宜选择亲水、疏油型材料，同时应具有一定的机械强度和抗蚀性能。

6.5.2.2　砂滤滤速宜取 8～10 m/h，反冲洗强度为 12～17 L/（m^2·s），反冲洗时间宜为 15 min。

6.5.3　轻质滤料

纤维类滤料滤速最高可取 25 m/h，反冲洗强度可小于 5 L/（m^2·s），反冲洗时间宜控制在 15～20 min。

6.6　混凝

6.6.1　混凝工艺在控制 pH 的条件下对乳化液具有良好的破乳效果，可保障良好的油水分离效果。

6.6.2　含油污水处理中常用混凝剂有无机混凝剂、有机混凝剂及复合混凝剂，应针对不同的水质选用合适的絮凝剂及助凝剂。

6.6.3　混合

6.6.3.1　药剂混合时间一般为 10～30 s，不宜强烈搅拌及长时间混合。

6.6.3.2　混合设备与后续处理设备中间管道不宜超过 120 m。

6.6.3.3　混合方式分为水力混合和机械混合。

6.6.4　反应

6.6.4.1　反应池型式的选择和絮凝时间的采用，应根据水质情况和相似条件下的运行经验或通过试验确定。

6.6.4.2　药剂在反应池内应有充分的反应时间，一般为 10～30 min，控制反应时的速度梯度 G，一般为 30～60 s^{-1}，GT 值为 10^4～10^5。

6.6.5　加药系统

6.6.5.1　药剂的投配方式宜采用液体投加方式。

6.6.5.2　加药系统应设置投药计量设备，以控制加药量，应尽可能采用自动投药系统。

6.6.5.3　自动投药方式应采用前馈式或后馈式单因子自控投药技术。自控系统由传感器、智能测控仪和执行机构（变频调速装置、投药泵等）组成，它们构成单回路反馈控制系统。

6.6.5.4　用泵投加高分子聚合物药剂溶液时，应采用容积泵输送。

6.7 生物处理

6.7.1 当采用生物法处理时，应考虑油在水中的存在形态，含油的种类和性质等各种影响因素，经技术经济比较后选择适合的处理工艺。

6.7.2 含油污水经除油处理后，应根据再生水利用和出水排放对水质的要求进一步处理。

6.7.3 进入生化处理系统含油污水的油含量不得超过 30 mg/L。

6.7.4 用于处理以油污染为主的含油污水的活性污泥法、序批式活性污泥法、接触氧化法、膜生物法的主要工艺设计参数可参考相应的工程技术规范。

6.8 污泥浓缩

6.8.1 气浮浮渣的浓缩应根据含油污泥乳化程度，选择自然浓缩或加药浓缩。自然浓缩时间以 8～12 h 为宜。

6.8.2 生化污泥的浓缩可参照 GB 50014 的规定。

6.9 污泥处置

6.9.1 含油污泥应进行资源化、减量化、稳定化和无害化处理，逐步提高资源化水平。

6.9.2 干化场适用于气候较为干燥的地区，尤适用于沙漠地区含油污泥的处理。

6.9.3 含油量 5%～10%的污泥宜焚烧处理。焚烧温度 800～850℃。

6.9.4 含油量低的污泥可优先考虑采用固化法进行无害化处置。

6.9.5 含油污泥的处置应符合危险废物的有关规定。

7 劳动安全与职业卫生

7.1 消防

含油污水处理构筑物间距及现场消防设施应符合国家现行防火规范的规定。

7.2 安全

7.2.1 压力式装置、容器的安全措施应遵照相关规定及产品使用说明的要求。

7.2.2 加热器温度设定值为 45℃；电加热器热态绝缘电阻应不低于 0.5 MΩ。

7.3 卫生

7.3.1 含油污水处理构筑物、管渠、设备应有防腐蚀和防渗漏的措施。

7.3.2 处理设备应尽量选择封闭式，以避免影响周围环境。

7.3.3 妥善处置油水分离过程废弃的元件或材料，应避免对环境产生二次污染。

8 施工与验收

8.1 工程施工

8.1.1 工程施工前，应进行施工组织设计或编制施工方案，明确施工质量负责人和施工安全负责人，经批准后方可实施。

8.1.2 含油污水处理工程施工单位应具有国家相应的工程施工资质。

8.1.3 含油污水处理工程的设备安装应符合设计文件的规定。

8.1.4　工程变更应按照经批准的设计变更文件进行。

8.2　工程验收

8.2.1　含油污水处理工程验收应按照设计文件及《建设项目（工程）竣工验收办法》的规定和要求进行。

8.2.2　含油污水处理工程的环境保护验收应按照《建设项目竣工环境保护验收管理办法》执行。

9　运行维护管理

9.1　一般规定

9.1.1　含油污水处理工程的运行过程应制定详细的运行管理、维护保养制度和操作规程，各类设施、设备应按照设计的工艺要求使用。

9.1.2　含油污水处理工程的运行维护管理应符合 CJJ 60 的规定。

9.1.3　含油污水处理工程的运行、维护及其安全，除应符合本标准外，尚应符合国家现行有关标准的规定。

9.2　运行管理

9.2.1　运行管理人员及操作人员应经过严格培训，了解含油污水处理工艺、设备操作章程及各项设计指标。

9.2.2　各岗位应有工艺系统网络图、安全操作规程等，并应示于明显部位。

9.2.3　各岗位的操作人员应按时做好运行记录。数据应准确无误。当发现运行不正常时，应及时处理或上报主管部门。

9.2.4　应根据不同设备要求，定期进行检查，保证设备的正常运行。

9.3　安全操作

9.3.1　各岗位操作人员和维修人员应经过技术培训并考试合格后方可上岗。

9.3.2　电源电压大于或小于额定电压 5%时，不宜启动电机。

9.3.3　储油罐和集油池附近，应按消防部门的有关规定设置消防器材。

9.4　水质管理

9.4.1　含油污水处理厂污水、污泥处理正常运行检测的项目与周期应符合 CJJ 60 的规定。

9.4.2　已安装在线监测系统的，也应定期进行取样，进行人工监测，比对监测数据。

9.4.3　水质取样应在污水处理排放口和根据处理工艺控制点取样。

9.5　应急预案

9.5.1　应编制事故应急预案（包括环境风险突发事故应急预案）。

9.5.2　污水处理设施发生异常情况或重大事故时，应及时分析解决，并按应急预案中的规定向上级主管部门报告。

附 录 A

（资料性附录）

聚结除油装置主要工艺参数及计算公式

A.1 装置直径

$$D=\sqrt{\frac{4Q_1}{\pi q}} \tag{A.1}$$

式中：D —— 装置直径，m；

Q_1 —— 单罐设计水量，m^3；

q —— 负荷，$m^3/(h \cdot m^2)$，一般为 15～35 $m^3/(h \cdot m^2)$。

A.2 聚结材料体积

$$W=f\times h\frac{\pi D^2}{4} \tag{A.2}$$

式中：W —— 聚结材料体积，m^3；

h —— 聚结材料高度，m；

f —— 修正系数。

A.3 聚结材料高度

$$h=vt \tag{A.3}$$

式中：h —— 聚结材料高度，m；

v —— 聚结材料段流速，m/h；

t —— 接触时间，h。

A.4 聚结材料重量

$$G=W\cdot\rho \tag{A.4}$$

式中：G —— 聚结材料重量，kg；

ρ —— 聚结材料密度，kg/m^3。

中华人民共和国国家环境保护标准

农业固体废物污染控制技术导则

Technical guidelines for agricultural solid wastes pollution control

HJ 588—2010

前　言

为贯彻《中华人民共和国环境保护法》和《中华人民共和国固体废物污染环境防治法》，防治农业固体废物污染，改善农村环境质量，促进新农村建设，制定本标准。

本标准规定了农业固体废物的控制原则、控制技术和管理措施等相关内容。

本标准为首次发布。

本标准由环境保护部科技标准司组织制订。

本标准主要起草单位：中国环境科学研究院。

本标准由环境保护部2010年10月18日批准。

本标准自2011年1月1日起实施。

本标准由环境保护部解释。

1　适用范围

本标准规定了农业植物性废物、畜禽养殖废物和农用薄膜三种农业固体废物污染控制的原则、技术措施和管理措施等相关内容。

本标准适用于指导农业种植、畜禽养殖等产生的固体废物污染控制管理，实现农业固体废物资源化、减量化、无害化。

2　规范性引用文件

本标准内容引用了下列文件中的条款。凡是不注日期的引用文件，其有效版本适用于本标准。

GB 7959　粪便无害化卫生标准

GB 18596　畜禽养殖业污染物排放标准

HJ 574—2010　农村生活污染控制技术规范

HJ/T 81　畜禽养殖业污染防治技术规范

3 术语和定义

下列术语和定义适用于本标准。

3.1 农业固体废物

指农业生产建设过程中产生的固体废物，主要来自植物种植业、动物养殖业及农用塑料残膜等。

3.2 农业植物性废物

指农作物在种植、收割、交易、加工利用和食用等过程中产生的源自作物本身的固体废物，主要包括作物秸秆及蔬菜、瓜果等加工后的残渣。

3.3 畜禽养殖废物

指畜禽养殖过程中产生的畜禽粪便、畜禽舍垫料、脱落毛羽等固体废物。

3.4 农用薄膜

指用于农作物栽培的，具有透光性和保温性特点的塑料薄膜。可提高温度和湿度，防止霜冻或暴雨的机械损伤，促使作物提前萌发，并提高农产品产量和质量。包括棚膜和地膜两大类。

3.5 秸秆还田

指将秸秆等植物纤维性废物直接或堆积腐熟后退还土壤，以改善土壤结构，提高土壤肥力。

3.6 堆肥化

指利用自然界广泛分布的微生物或人工添加高效复合微生物菌剂，通过人为调节和控制，促进可生物降解的有机物向稳定的腐殖质转化的生物化学过程。

3.7 氨化

指利用氨水、液氨或尿素、碳铵的水溶液对切碎的秸秆进行氨化处理，以改善其作为饲料的适口性和营养价值。

3.8 青贮

指利用乳酸菌等微生物在厌氧条件下对秸秆等物料进行发酵处理，以改善和提高其作为饲料的适口性和营养价值。

3.9 热喷法

指将秸秆装入饲料热喷装置中，向内通入过饱和水蒸气，经一定时间后使秸秆受到高温高压处理，然后对其突然降压，使处理后的秸秆喷出，从而改变其结构和某些化学成分，提高饲料营养价值和适口性。

3.10 生物质气化

指通过气化装置，将低品位固体生物质燃料转换成高品位气体燃料的热化学技术。

3.11 生物质固化成型燃料

指在一定温度和压力作用下，将农业固体废物经收集、干燥、粉碎等预处理后，利用特殊的生物质固化成型设备将其挤压成规则的、密度较大的成型燃料。

3.12 农田生态拦截系统

指在不需要额外占用耕地的前提下，利用生态工程对农田普遍存在的排水沟渠和田埂进行改造，通过植物吸收、基质吸附降解以及节制闸与植物降低流速、沉降泥沙等要素联合作用，使农田 N、P 营养元素最大限度地在农田系统内部循环利用，进一步截留农田排水中的养分，减少农田养分排入受纳水体的量。

3.13 侧膜栽培

指将农用地膜覆盖在作物行间，作物栽培在农膜两侧，以保持土壤水分，提高土壤温度，促进农作物生长。

3.14 适时揭膜

指改作物收获后揭膜为收获前揭膜，筛选作物的最佳揭膜时期。

3.15 “四位一体”生态农业模式

指将日光温室、畜禽养殖、沼气生产、蔬菜花卉种植相结合的生态农业模式。

3.16 “猪沼果”（菜、菌、药、花）生态农业模式

指将畜禽养殖、沼气生产和种植相结合的生态农业模式。

3.17 “五配套”生态农业模式

指将果园、集雨设施、沼气系统、太阳能猪圈、厕所相结合的生态农业模式。

4 农业固体废物污染控制原则

农业固体废物污染控制需紧密结合农业生产，以实现废物减量化、资源化、无害化为基本原则，依据不同地区的气候特点、种植方式和经济发展水平，因地制宜地选择经济有效、管理简便的控制措施，实现农业经济的可持续发展。

5 农业植物性废物污染控制措施

5.1 减量化技术措施

5.1.1 采用先进的种植技术，提高种植业废物综合利用率，减少污染。

5.1.2 推广集约化种植模式，提高秸秆收集率，对秸秆进行集中处理与循环再生利用。

5.2 资源化技术措施

5.2.1 采取秸秆还田、堆肥、饲料化、能源利用、工业原料利用等多种途径，实现农业植物性废物的资源化利用。

5.2.2 通过堆腐还田、高留茬还田等多种秸秆还田方式，将秸秆等有机植物性废物作为肥料施入农田，增加土壤有机质含量，提高土壤肥力。

5.2.2.1 堆腐还田技术。技术要点：（1）备料。按每 500 kg 秸秆用速腐剂（如腐秆灵菌剂）0.5～1.0 kg，尿素 2.5～3.5 kg 或碳酸氢铵 5～7.5 kg（可用 10%的人畜粪代替氮肥）。（2）挖坑。将脱粒后的秸秆，靠近水源、就场头地头，挖宽 1.5～2 m、长 3 m、深 0.4～0.6 m 的长方体坑，并将挖出的泥土作四周围埂，以防肥水流失，可

留一部分作压膜用。（3）堆放。将秸秆分 3 层堆平，第一层堆高 50～60 cm，浇透水（含水量在 60%～65%），分层分量均匀撒施速腐剂和氮肥。堆高一般在 1.5～1.8 m 为宜。在浇足水的情况下，用草叉轻轻地拍实。（4）盖膜。堆四周，调理整齐，即可覆盖农膜，膜要盖严，四周用泥土压实，以防跑气，影响腐熟效果。（5）检查。在堆腐 10～15 d，掀开膜看堆腐地上部分是否缺水，如缺水，还应适当补浇 1 次水再封严。在不缺水的情况下，堆腐 25～30 d 就可完全腐熟，作为基肥使用。

5.2.2.2　高留茬还田技术。具体办法：水稻、小麦收割时留茬高 25～35 cm，收获后再将稻（麦）茬割倒（用机械翻耕不需要割倒），在翻耕前均匀撒在田里，用碳铵 150～225 kg/hm^2 来调节碳氮比。

5.2.3　利用秸秆、杂草、树叶、绿肥等植物性废物与人畜粪尿共同堆置成有机肥料，以改良土壤，提高农作物产量与品质。可采用半坑式、坑式（也称地下式）或地面堆积法堆制。

5.2.3.1　半坑式堆积法。适用于北方早春和冬季。选择向阳背风的高处建坑。坑深 0.7～1 m，坑底宽 1.7～2 m，长 2.7～4 m，坑底坑壁有井字形通气沟，沟深 17～20 cm，通气沟交叉处立有通气塔。堆肥高出地面 1 m，加入风干秸秆 500 kg，堆顶用泥土封严。堆后一周温度上升，高温期后，堆内温度下降 5～7 d，可以翻捣，使堆内上下里外均匀，再堆置直到腐熟为止。

5.2.3.2　坑式堆积法需设堆积坑，全部在地下堆制，堆积坑深约为 2 m。堆制方法与半坑式相似。

5.2.3.3　地面堆积法。地面堆积法则不用设堆积坑。适用于气温高、雨量多、湿度大、地下水位高的地区或夏季积肥。选择地势较平坦、靠近水源、运输方便的地点堆积。堆宽 2 m，堆高 1.5～2 m，堆长视材料数量而定。堆置前先夯实地面，再铺上一层细草或草炭以吸收渗下的汁液。每层厚 15～24 cm，每层间适量加水、石灰、污泥、人粪尿等，堆顶盖一层细土或河泥，以减少水分的蒸发和氨的挥发损失。堆置 1 个月左右，翻捣一次，再根据堆肥的干湿程度适量加水，堆置 1 个月左右再翻捣，直到腐熟为止。

5.2.4　利用秸秆、棉籽皮等多种农业植物性废物做培养基，栽培食用菌。技术要点：（1）稻麦秸秆处理：将稻麦秸秆粉碎，喷水淋湿后，堆成直径 1～1.8 m 的圆堆压紧，盖上薄膜发酵 3～5 d。发酵后的稻麦草粉要保持其含水量为 70%左右，pH 值为 8 左右。（2）选地栽培：室内外均可，在室外需搭棚遮阴，以免阳光直射。接种前制作一个 70 cm×20 cm×35 cm 的木制模框，先在框内铺一层发酵好的稻麦草粉，踩实后，四周撒一圈食用菌菌种和麸皮；然后，再铺一层草粉，再撒菌种和麸皮。如此一共铺四层稻麦草粉，撒三层菌种和麸皮，最后一层草粉铺得薄一些，要保证透气。一般每块培养基用 5～7.5 kg 稻麦草粉、0.25～0.38 kg 食用菌菌种和麸皮，最后盖上一层塑料薄膜。（3）发菌培养：菌丝生长期间要满足温度、湿度和透气的要求。温度要控制在 35℃左右，夏季气温上升快，加上稻麦草粉发热，易导致培养基升温超过 40℃，此时要揭膜降温。培养基含水量宜控制在 70%，一般不需要喷水，以免引起杂菌污染。

（4）采后处理：幼菇的子实体充分长大后即可采收。一般可采 3～4 茬食用菌，此后的培养基可作为优质的有机肥施回农田。

5.2.5 采用切碎、粉碎、氨化、青贮、热喷等方式，对秸秆进行加工，提高秸秆饲料的营养价值。

5.2.5.1 氨化技术：将小麦秸秆进行堆垛，或者投入窖池或氨化炉，加入尿素，使其氨化，生成饲料，改善秸秆的适口性和提高利用率。

5.2.5.2 青贮技术：将新鲜的秸秆填入密闭的青贮窖或青贮塔内，经过微生物发酵作用，达到长期保存其青绿多汁营养特性的目的。

5.2.5.3 热喷技术。秸秆等农业废弃物经蒸汽处理后，进行增压、突然减压、热喷处理，原料受到热效应和喷放机械效应两个方面的作用后，改变了结构，提高了消化率。

5.2.6 利用沼气发酵、生物质气化、固化成型燃料、供热、发电等技术，实现农业植物性废物的能源利用。

5.2.6.1 沼气发酵制沼技术。工艺技术参数可参照 HJ 574—2010。

5.2.6.2 气化技术。将秸秆收集，在缺氧状态下加热秸秆，生成一氧化碳、氢气、甲烷等可燃性气体，成为可直接提供生活和工业用的优质能源。

5.2.6.3 压块成型及炭化技术。将秸秆粉碎，用机械方法在一定的压力下挤压成型，利用炭化炉将秸秆压块进一步加工处理，生产出可供烧烤等使用的木炭。

5.2.6.4 供热技术。秸秆收集后进行前处理，采用螺旋下伺式进料方式进入秸秆锅炉，保证清洁燃烧。秸秆锅炉要求采用双燃烧室及挡火拱的结构，采用烟、火管的形式，将辐射换热面与对流换热面适当地进行分配，保证炉体紧凑、结构简单。

5.2.6.5 生物质发电技术可分为直接燃烧、气化燃烧和混合燃烧发电等几种技术类型。生物质燃烧发电技术类似燃煤技术，燃烧产生的蒸气通过汽轮机或蒸汽机系统驱动发电机发电，该技术已经进入商业化应用阶段。混合燃烧是利用现有电厂的设备，生物质部分替代传统化石燃料进行利用的一种形式，分为直接混合燃烧、间接混合燃烧和并联燃烧三种方式，均已在示范或商业化项目中得到应用。

5.2.7 可根据各类农业植物性废物的不同性质特点，生产工业原料、包装材料和建筑装饰材料，以及保温材料、农艺编织制品等。

5.2.8 利用不同种类农业植物性废物的成分特点，开发制糖技术和生产蛋白技术。

5.3 污染控制管理措施

5.3.1 对农业植物性废物的处理处置应符合相关法规、标准等规范性文件的要求。

5.3.2 不应露天随意堆放农业植物性废物，防止污染土壤和自然水体。

5.3.3 在农业耕作区域建立农田生态拦截系统，控制地表径流，减少径流养分向水体的排放，以降低或避免水体污染。

5.3.4 秸秆处理处置应符合国家和地方有关规定和要求，不宜露天焚烧秸秆。

5.3.5 鼓励和扶持秸秆的综合处理与综合利用技术和设备的研发和推广。

6 畜禽粪便污染控制措施

6.1 减量化技术措施

6.1.1 推动小规模、散养畜禽养殖向适度规模化、集约化生态养殖模式发展。

6.1.2 小规模养殖场和散养应结合沼气池建设，有机肥生产，采取“四位一体”、“猪沼果（菜、菌、药、花）”、“五配套”等生态农业模式。相关技术要求参照 HJ 574—2010。

6.1.3 在保障食品安全、生物安全的条件下，可采用生物发酵床等技术在畜禽舍中以木屑等为垫料，接种特定微生物，使畜禽粪便在垫料中原位降解。

6.2 资源化技术措施

6.2.1 采取高温好氧堆肥、沼气生产等生物处理和利用方式，实现畜禽粪便的资源化利用。

6.2.2 高温好氧堆肥化利用技术。将畜禽粪便和含 N、P、K 等元素的添加剂按一定比例混合，在有氧条件下，借助嗜氧微生物的作用，使堆料自行升温、除臭、降水，在短期内实现有机堆肥。

6.2.3 沼气生产。以畜禽粪便为原料，在隔绝氧气的条件下，通过微生物的作用，将其中的碳元素分解为可燃气体。

6.3 污染控制管理措施

6.3.1 畜禽粪便及产生的污水、固体废物、恶臭气体应集中收集处理，避免人畜混居。畜禽养殖产生的污染物控制按照 HJ/T 81 和 GB 18596 的规定执行。

6.3.2 堆肥处理技术应符合 GB 7959 的相关规定；规模化畜禽养殖产生的污染物按照 HJ/T 81 的规定进行处置。

6.3.3 鼓励发展节水型养殖技术，推广养殖粪便废水处理及重复利用技术。

6.3.4 加强畜禽粪便污染控制和监督管理工作，制定与本地区畜禽业发展相适应的相关规定，指导养殖场的布局和污染处理设施建设工作。

7 农用薄膜污染控制措施

7.1 农用薄膜的选用

7.1.1 选用的农用薄膜应具有安全性、适用性、经济性的特点。

7.1.2 提倡选用厚度不小于 0.008 mm、耐老化、低毒性或无毒性、可降解的树脂农膜。

7.1.3 鼓励与推广使用天然纤维制品替代塑料农膜。

7.2 污染控制技术措施

7.2.1 优化覆膜技术，推广侧膜栽培技术、适时揭膜技术，降低连续覆盖年限。

7.2.1.1 侧膜栽培技术。将农用地膜覆盖在作物行间，作物栽培在农膜两侧，既保持土壤水分，提高了土壤温度，促进了作物生长，又不易被作物扎破地膜。待作物生长到一定阶段，即可把地膜收回，防止地膜对土壤的污染。

7.2.1.2　适时揭膜技术。技术要点：海拔高度不同，揭膜时间有所差异。1 000 m 以上的高山地区，适时揭膜可缩短到在覆盖地膜后 80 d 揭膜，1 000 m 以下地区，可在覆盖地膜后 45 d 揭膜。不同作物，适时揭膜期不同。如花生在封行期揭膜、棉花在现蕾期揭膜、玉米在大喇叭期揭膜。适时揭膜技术可缩短覆盖地膜的时间，提高地膜的回收率，减少地膜对土壤的污染，有利于农业生产的高产高效和可持续发展。

7.2.2　选用适宜的栽培种植方式，如整地时间、整地方式和起垄方式等。

7.2.3　注重废旧膜的回收和再加工利用，在手工操作的基础上，合理采用清膜机械，加强废旧膜回收利用。结合回收地膜再生加工技术，开发深加工产品，促进废旧膜回收。

7.3　污染控制管理措施

7.3.1　大力推广可降解农膜的生产和使用。

7.3.2　改进农艺管理措施，有效地降低农膜在土壤中的残留，减少污染。

7.3.3　开发优质农膜，提高塑料地膜的使用寿命，以利于农膜回收或重复使用。

7.3.4　加强农膜回收工作力度，不断提高回收技术水平，建立农膜回收相关办法，提高农膜的回收率。

7.3.5　加大宣传力度，提高公众对农膜残留危害的认识。

中华人民共和国国家环境保护标准

生活垃圾填埋场渗滤液处理工程技术规范（试行）

Leachate treatment project technical specification of municipal solid waste landfill

HJ 564—2010

前　言

为贯彻《中华人民共和国固体废物污染环境防治法》和《中华人民共和国水污染防治法》，防治垃圾渗滤液对环境的污染，改善环境质量，保障人体健康，制定本标准。

本标准规定了生活垃圾填埋场渗滤液污染治理工程设计、施工、验收以及运行管理等的技术要求。

本标准为首次发布。

本标准由环境保护部科技标准司组织制订。

本标准主要起草单位：中国环境保护产业协会（城市生活垃圾处理委员会）、城市建设研究院、中国环境科学研究院（固体废物污染控制技术研究所）、北京东方同华科技有限公司、维尔利环境工程（常州）有限公司、北京天地人环保科技有限公司、西门子（天津）水技术工程有限公司、北京国环莱茵环境工程技术有限公司。

本标准由环境保护部 2010 年 2 月 3 日批准。

本标准自 2010 年 4 月 1 日起实施。

本标准由环境保护部解释。

1　适用范围

本标准规定了生活垃圾填埋场渗滤液处理工程的总体要求、工艺设计、检测控制、施工验收、运行维护等的技术要求。

本标准适用于生活垃圾填埋场垃圾渗滤液处理工程，可作为环境影响评价、工程咨询、设计施工、环境保护验收及建成后运行与管理的技术依据。

2　规范性引用文件

本标准内容引用了下列文件中的条款。凡是不注日期的引用文件，其有效版本适

用于本标准。

GB 12348　工业企业厂界环境噪声排放标准

GB 14554　恶臭污染物排放标准

GB 16297　大气污染物综合排放标准

GB 16889　生活垃圾填埋场污染控制标准

GB 50007　建筑地基基础设计规范

GB 50009　建筑结构荷载规范

GB 50010　混凝土结构设计规范

GB 50011　建筑抗震设计规范

GB 50013　室外给水设计规范

GB 50014　室外排水设计规范

GB 50015　建筑给水排水设计规范

GB 50016　建筑设计防火规范

GB 50019　采暖通风与空气调节设计规范

GB/T 50033　建筑采光设计标准

GB 50034　建筑照明设计规范

GB 50037　建筑地面设计规范

GB 50052　供配电系统设计规范

GB 50053　10 kV 及以下变电所设计规范

GB 50054　低压配电设计规范

GB 50057　建筑物防雷设计规范

GB 50067　汽车库、修车库、停车场设计防火规范

GB 50069　给水排水工程构筑物结构设计规范

GB 50128　立式圆筒形焊接储罐施工及验收规范

GB 50140　建筑灭火器配置设计规范

GB 50187　工业企业总平面设计规范

GB 50189　公共建筑节能设计标准

GB 50191　构筑物抗震设计规范

GB 50334　城市污水处理厂工程质量验收规范

HGJ 229　工业设备、管道防腐蚀工程施工及验收规范

GB 50352　民用建筑设计通则

GBJ 22　厂矿道路设计规范

GBJ 93　工业自动化仪表工程施工及验收规范

GBZ 1　工业企业设计卫生标准

CECS 138　给水排水工程钢筋混凝土水池结构设计规程

CJJ 17　生活垃圾卫生填埋技术规范

JGJ 67　办公建筑设计规范

HG 20508　控制室设计规定

HG 20509　仪表供电设计规定

HG 20511　信号报警、安全连锁系统设计规定

HG/T 20573　分散型控制系统工程设计规定

JTG D40　公路水泥混凝土路面设计规范

JTG D50　公路沥青路面设计规范

TJ 36　工业企业设计卫生标准

《建设项目竣工环境保护验收管理办法》（国家环境保护总局令　第 13 号）

《污染源自动监控管理办法》（国家环境保护总局令　第 28 号）

3　术语和定义

GB/T 20103—2006 中确立的和下列术语和定义适用于本标准。

3.1　渗滤液　leachate

垃圾在堆放和填埋过程中由于压实、发酵等物理、生物、化学作用，同时在降水和其他外部来水的渗流作用下产生的含有机或无机成分的液体。

3.2　调节池　holding tank of leachate

在渗滤液处理设施前设置的具有均化水质、调蓄水量或兼有渗滤液预处理功能的构筑物。

3.3　微滤　microfiltration filter（MF）

以压力为驱动力，分离 0.01 μm 至数微米的微粒的过程。

【GB/T 20103—2006，定义 5.2.2】

3.4　超滤　ultrafiltration filter（UF）

以压力为驱动力，分离分子量范围为几百至几百万的溶质和微粒的过程。

【GB/T 20103—2006，定义 5.2.1】

3.5　纳滤　nanofiltration（NF）

以压力为驱动力，用于脱除多价离子、部分一价离子和分子量 200～1 000 的有机物的膜分离过程。

【GB/T 20103—2006，定义 4.2.3】

3.6　反渗透　reverse osmosis（RO）

在高于渗透压差的压力作用下，溶剂（如水）通过半透膜进入膜的低压侧，而溶液中的其他组分（如盐）被阻挡在膜的高压侧并随浓溶液排出，从而达到有效分离的过程。

【GB/T 20103—2006，定义 4.2.2】

3.7　膜组件　membrane module

由膜元件、壳体、内联接件、端板和密封圈等组成的实用器件。

【GB/T 20103—2006，定义 2.2.3】

3.8 膜生物反应器 biomass membrane bioreactor（MBR）

以膜为载体，把生物反应（作用）和分离相结合，能改变反应进程和提高反应效率的设备或系统。

【GB/T 20103—2006，定义 6.3.3】

4 总体要求

4.1 一般规定

4.1.1 生活垃圾填埋场渗滤液处理厂（站）［以下简称“渗滤液处理厂（站）”］的设计和建设，除应遵守本技术规范外，还应符合国家现行的相关强制性标准的规定。

4.1.2 应根据生活垃圾填埋场的建设规模、填埋容量、填埋年限、填埋作业方式、占地面积、自然地理情况和气象等条件确定渗滤液处理厂（站）的处理规模和处理工艺。

4.1.3 在填埋区与渗滤液处理设施间必须设置渗滤液调节池。

4.1.4 处理技术方案的选择应保证出水符合环境影响评价报告书批复文件的要求，并应达到 GB 16889 和有关地方排放标准的规定。

4.1.5 生活垃圾填埋场渗滤液处理系统的主要设备应有备用，并具有防腐性能。

4.1.6 渗滤液处理厂（站）应按照《污染源自动监控管理办法》的规定，安装污染物排放连续监测设备。

4.2 项目构成

4.2.1 渗滤液处理厂（站）主要包括主体处理构筑物与设备、配套工程。

4.2.2 生活垃圾填埋场渗滤液主体处理构筑物与设备包括预处理系统、生物处理系统、深度处理系统、污泥及浓缩液处理系统等；处理后废水应按国家和地方有关规定设置规范化排污口统一排放。

4.2.3 配套工程主要包括厂内建（构）筑物、供配电、采暖通风、给排水、消防、道路、绿化、通讯、运行管理设施、检测与控制等。

4.3 总体布置

4.3.1 渗滤液处理厂（站）总体布置应在满足国家现行防火、卫生、安全等方面的技术规范基础上，综合考虑地形、地貌、周围环境、工艺流程、构筑物及各项设施相互间的平面和空间关系，使各项设施整体协调统一。

4.3.2 工程附属的生产与生活服务等辅助设施，应与填埋场主体工程统筹考虑，避免重复建设。

4.3.3 总平面布置应充分考虑渗滤液收集与外排，符合排水通畅、降低能耗、平衡土方的要求，并符合 GB 50187 的要求。

4.3.4 渗滤液处理厂（站）宜单独设置在垃圾填埋场管理区的下风向，并满足施工、设备安装、各类管线连接简捷、维修管理方便等要求。

4.3.5 渗滤液处理厂（站）应以生产区为核心，其他各功能区应按渗滤液处理流程合理安排，主要恶臭产生源（调节池、曝气设施、厌氧反应设施、污泥脱水设施等）宜集中布置。

4.3.6　渗滤液处理厂（站）内应有必要的通道，有明显的车辆行驶方向标志，并符合消防通道要求。

4.3.7　渗滤液处理厂（站）区围墙及挡土墙的设置应按照场地的实际情况确定，并应符合 GB 50187 的规定。

4.4　配套工程

4.4.1　渗滤液处理厂（站）建筑工程设计应符合 GB 50037、GB 50352、TJ 36、JGJ 67 的规定。

4.4.2　渗滤液处理厂（站）结构工程设计应符合 GB 50007、GB 50009、GB 50010、GB 50011、GB 50069、GB 50191、CECS 138 的规定。

4.4.3　渗滤液处理厂（站）供电方式应与垃圾填埋场主体工程相协调。

4.4.4　渗滤液处理厂（站）电气工程设计的内容包括用电设备配电及控制、电缆配置及敷设、设备及构筑物的防雷与接地系统、厂（站）辅助工程道路照明等。用电设备一般为低压 AC380/220V，负荷等级宜为二级。

4.4.5　渗滤液处理厂（站）电气工程设计应符合 GB 50034、GB 50037、GB 50052、GB 50053、GB 50054、GB 50057 的规定。

4.4.6　渗滤液处理厂（站）采暖通风工程设计应符合 GB 50019、GB 50189、GB 14554、GBZ 1、GB/T 50033 的规定。

4.4.7　渗滤液处理厂（站）给排水及消防工程设计应符合 GB 50013、GB 50014、GB 50015、GB 50016、GB 50067、GB 50140 的规定。

4.4.8　渗滤液处理厂（站）道路工程设计应符合 GBJ 22、JTG D40、JTG D50 的规定。

4.5　劳动安全与职业卫生

渗滤液处理厂（站）的劳动卫生应符合 GBZ 1 的规定。

5　水量和水质

5.1　水量

5.1.1　计算生活垃圾填埋场渗滤液产生量时应充分考虑当地降雨量、蒸发量、地面水损失、其他外部来水渗入、垃圾的特性、雨污分流措施、表面覆盖和渗滤液导排设施状况等因素。

5.1.2　生活垃圾填埋场渗滤液处理规模宜按垃圾填埋场平均日渗滤液产生量计算，并应与调节池容积计算相匹配。

5.1.3　渗滤液产生量的计算宜采用经验公式法（浸出系数法），计算公式如下：

$$Q=\frac{I\times(C_1A_1+C_2A_2+C_3A_3)}{1\,000}$$

式中：Q —— 渗滤液产生量，m^3/d；

I —— 多年平均日降雨量，mm/d。

A_1 —— 作业单元汇水面积，m^2；

C_1 —— 作业单元渗出系数，一般宜取 0.5～0.8；

A_2 —— 中间覆盖单元汇水面积，m^2；

C_2 —— 中间覆盖单元渗出系数，宜取（0.4～0.6）C_1；

A_3 —— 终场覆盖单元汇水面积，m^2；

C_3 —— 终场覆盖单元渗出系数，一般取 0.1～0.2。

注：I 的计算，数据充足时，宜按 20 年的数据计取；数据不足 20 年时，按现有全部年数据计取。

5.2 水质

5.2.1 根据生活垃圾填埋场的垃圾填埋年限及渗滤液的化学需氧量和氨氮浓度，生活垃圾填埋场渗滤液可分为初期渗滤液、中后期渗滤液和封场后渗滤液。

5.2.2 生活垃圾填埋场渗滤液水质的确定，宜以实测数据为基准，并考虑未来水质变化趋势。在无法取得实测数据时，宜参考表 1 及同类地区同类型填埋场实测数据合理选取。

表 1 国内生活垃圾填埋场（调节池）渗滤液典型水质

项目＼类别	初期渗滤液	中后期渗滤液	封场后渗滤液
五日生化需氧量/（mg/L）	4 000～20 000	2 000～4 000	300～2 000
化学需氧量/（mg/L）	10 000～30 000	5 000～10 000	1 000～5 000
氨氮/（mg/L）	200～2 000	500～3 000	1 000～3 000
悬浮固体/（mg/L）	500～2 000	200～1 500	200～1 000
pH 值	5～8	6～8	6～9

6 工艺设计

6.1 工艺选择原则

6.1.1 选择处理工艺之前，应了解填埋场的使用年限、填埋作业方式、当地经济条件等影响水质的因素。

6.1.2 选择渗滤液处理工艺时，应以稳定连续达标排放为前提，综合考虑垃圾填埋场的填埋年限和渗滤液的水质、水量以及处理工艺的经济性、合理性、可操作性，经技术、经济比选后确定。

6.2 调节池

6.2.1 调节池容积应与填埋工艺、停留时间、渗滤液产生量及配套污水处理设施规模等相匹配，并符合 CJJ 17 的有关规定。

6.2.2　调节池应有相应的防渗措施。

6.2.3　调节池属于厂区恶臭污染源之一，应加盖密封，并采取臭气处理措施。

6.3　工艺流程

6.3.1　生活垃圾填埋场渗滤液处理工艺可分为预处理、生物处理和深度处理三种。应根据渗滤液的进水水质、水量及排放要求综合选取适宜的工艺组合方式，推荐选用“预处理＋生物处理＋深度处理”组合工艺（工艺流程图见图 1），也可采用如下工艺组合：

a）预处理+深度处理

b）生物处理+深度处理

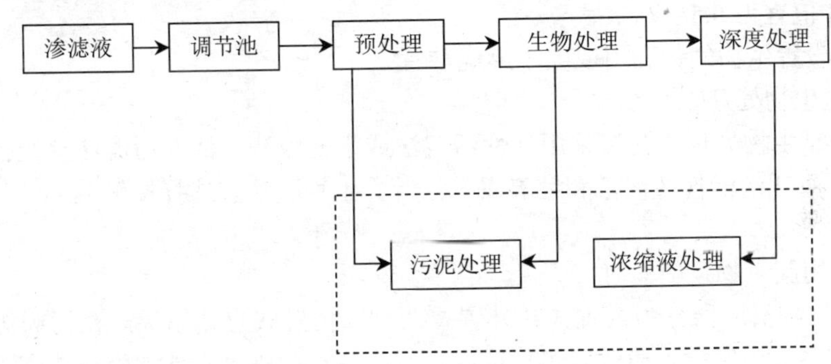

图 1　常规工艺流程图

6.3.2　预处理工艺可采用生物法、物理法和化学法，目的主要是去除氨氮或无机杂质，或改善渗滤液的可生化性。

6.3.3　生物处理工艺可采用厌氧生物处理法和好氧生物处理法，处理对象主要是渗滤液中的有机污染物和氮、磷等。

6.3.4　深度处理工艺可采用纳滤、反渗透、吸附过滤等方法，处理对象主要是渗滤液中的悬浮物、溶解物和胶体等。深度处理宜以纳滤和反渗透为主，并根据处理要求合理选择。

6.3.5　当渗滤液处理工艺过程中产生污泥时，应对污泥进行适当处理。纳滤和反渗透产生的浓缩液应进行处理，可采用蒸发、焚烧等方法。

6.3.6　各处理工艺中处理方法的选择应综合考虑进水水质、水量、处理效率、排放标准、技术可靠性及经济合理性等因素后确定。

6.4　工艺参数

6.4.1　预处理工艺参数

6.4.1.1　选择水解酸化技术作为预处理工艺时：

a）水力停留时间宜为 2.5～5.0 h；

b）pH 值宜为 6.5～7.5。

6.4.1.2　采用混凝技术作为预处理工艺时，应根据渗滤液混凝沉淀的工艺情况、实验结果和药剂的质量等因素综合确定药剂的种类、投加量和投加方式。常用的药剂有硫酸铝、聚合氯化铝、硫酸亚铁、三氯化铁和聚丙烯酰胺（PAM）等。

6.4.2　厌氧生物处理工艺参数

6.4.2.1　厌氧生物处理工艺可采用升流式厌氧污泥床法（UASB）及其变形、改良工艺。

6.4.2.2　采用升流式厌氧污泥床法时：

a）常温范围宜为 20～30℃，中温范围宜为 30～38℃；

b）容积负荷（COD）宜为 5～15 kg/（m^3·d）；

c）pH 值宜为 6.5～7.8；

d）应设置生物气体利用或安全燃烧装置。

6.4.3　好氧生物处理工艺参数

6.4.3.1　好氧生物处理工艺可采用活性污泥法或生物膜法。活性污泥法宜选择膜生物反应器法、氧化沟活性污泥法和纯氧曝气法等。生物膜法宜选择接触氧化法、生物转盘法。

6.4.3.2　采用膜生物反应器时：

a）膜生物反应器分为内置式和外置式两种，内置式宜选用板式微滤膜组件、板式超滤膜组件、中空纤维微滤膜组件或中空纤维超滤膜组件，外置膜宜选用管式超滤膜组件；

b）温度宜为 20～35℃；

c）进水化学需氧量宜为 1 000～20 000 mg/L；

d）设计运行参数见表 2。

表 2　膜生物反应器的工艺参数

项目	内置式膜生物反应器	外置式膜生物反应器
污泥浓度（MLSS）/（mg/L）	8 000～10 000	10 000～15 000
五日生化需氧量（BOD_5）污泥负荷（MLSS）/[kg/（kg·d）]	0.08～0.30	0.20～0.60
硝态氮（NO_3-N）污泥负荷（MLSS）/[kg/（kg·d）]	0.05～0.25	0.05～0.30
剩余污泥产泥系数（MLSS/COD）/（kg/kg）	0.10～0.30	0.10～0.30

6.4.3.3　采用氧化沟时：

a）氧化沟进水化学需氧量宜为 2 000～5 000 mg/L；

b）污泥负荷（BOD_5/MLSS）宜为 0.05～0.20 kg/kg；

c）混合液污泥浓度宜为 3 000～5 500 mg/L；

d）污泥龄宜为 15～30 d；

e）氧化沟池深宜为 3.50～5.00 m。

6.4.3.4　采用纯氧曝气法时：

a）氧气浓度不宜低于 90%；

b）溶解氧宜为 10～20 mg/L；

c）混合液污泥浓度宜为 10 000～20 000 mg/L；

d）进水化学需氧量宜为 1 000～6 000 mg/L；

e）水力停留时间宜为 12～24 h。

6.4.3.5　好氧生物处理工艺后接沉淀池时：

a）沉淀时间宜为 1.50～2.50 h；

b）表面水力负荷不宜大于 0.8 m^3/（m^2·h）；

c）出水堰最大负荷不宜大于 1.7 L/（s·m）。

6.4.4　深度处理工艺参数

6.4.4.1　纳滤

6.4.4.1.1　进水指标

a）悬浮物不宜大于 100 mg/L；

b）进水电导率（20℃）不宜大于 40 000 μS/cm。

6.4.4.1.2　工艺参数

a）温度宜为 8～30℃；

b）pH 值宜为 5.0～7.0；

c）纳滤膜通量宜为 15～20 L/（m^2·h）；

d）水回收率不得低于 80%。

6.4.4.2　反渗透

6.4.4.2.1　进水指标

a）悬浮物不宜大于 50 mg/L；

b）进水电导率（20℃）不宜大于 25 000 μS/cm。

6.4.4.2.2　工艺参数

a）温度宜为 8～30℃；

b）pH 值宜为 5.0～7.0；

c）反渗透膜通量宜为 10～15 L/（m^2·h）；

d）水回收率不得低于 70%。

6.4.4.3　吸附过滤

应根据前段处理出水水质、排放要求、吸附剂来源等多种因素综合选择吸附剂种类，宜优先选择活性炭作为吸附剂。当选用粒状活性炭吸附处理工艺时，宜进行静态选炭及炭柱动态试验，确定用炭量、接触时间、水力负荷与再生周期等。

6.4.5　污泥及浓缩液处理

6.4.5.1　渗滤液处理中产生的污泥宜与城市污水处理厂污泥一并处理，当进入垃圾填埋场填埋处理或单独处理时，含水率不宜大于 80%。

6.4.5.2　纳滤和反渗透工艺产生的浓缩液宜单独处理，可采用焚烧、蒸发或其他适宜的处理方式。

6.4.6　二次污染控制

6.4.6.1　主要恶臭污染源（调节池、厌氧反应设施、曝气设施、污泥脱水设施等）宜采取密闭、局部隔离及负压抽吸等措施，经集中处理后排放，处理后气体的排放应执行 GB 14554 和 GB 16297。

6.4.6.2　应按各生产环节噪声的产生原因，分别采取有效的控制措施。厂界噪声应符合 GB 12348 的要求，作业车间噪声应符合 GBZ 1 的要求。

6.4.6.3　渗滤液处理工程曝气过程中产生的泡沫，宜采用喷淋水或消泡剂等方式抑制。

7　检测与控制

7.1　渗滤液处理厂（站）试运行期间应进行水质检测，检测的参数应至少包括：

a）各处理单元中 pH 值、温度、溶解氧（好氧工艺）；

b）各单元进、出水主要污染物（悬浮物、化学需氧量、五日生化需氧量、氨氮、总氮、总磷）的浓度；

c）进、出水中总汞、总砷、总镉、总铅、总铬、六价铬等重金属的浓度和粪大肠菌群数；

d）纳滤和反渗透工艺进水、产水、浓缩液的电导率或含盐量，以及浊度；

e）纳滤和反渗透工艺各单元膜组件前后压力及压降。

7.2　渗滤液处理厂（站）应建立水质、水量监测制度，水量包括渗滤液产生量和处理量。水质监测指标至少包括各处理单元的进出水指标：色度、悬浮物、化学需氧量、五日生化需氧量、氨氮、总氮、总磷等主要污染物浓度以及进出水的总汞、总砷、总镉、总铅、总铬、六价铬等重金属浓度和粪大肠菌群数。

7.3　渗滤液处理厂（站）宜采用集中管理监视、分散控制的自动控制系统；采用成套设备时，设备本身控制宜与系统控制相结合。自动控制系统设计应符合 HG 20508、HG 20511、HG/T 20573、GBJ 93、HG 20509 的规定。

7.4　渗滤液处理厂（站）下列各处应配备针对相关气体浓度的检测仪表和报警装置。

a）调节池、厌氧反应设施：甲烷、硫化氢

b）曝气设施：氨

8　施工与验收

8.1　工程施工

8.1.1　生活垃圾填埋场渗滤液处理工程的设计、施工单位应具有国家相应的工程设计、施工资质。

8.1.2 建筑、安装工程应符合施工设计文件、设备技术文件的要求，对工程的变更应取得设计单位变更文件后再进行施工。

8.1.3 施工中使用的设备、材料、部件等应符合相关的国家标准和行业标准，并取得供货商的产品合格证明。

8.1.4 处理构筑物采用钢制设备的，其加工、制造应执行 GB 50128 的相关规定，钢制设备防腐宜执行 HGJ 229 的相关规定，并应适合渗滤液的特点。

8.2 工程验收

8.2.1 生活垃圾填埋场渗滤液处理工程竣工验收应执行《建设项目（工程）竣工验收办法》。

8.2.2 生活垃圾填埋场渗滤液处理工程竣工验收具体要求宜参照 GB 50334 执行。

8.3 竣工环境保护验收

8.3.1 渗滤液处理厂（站）的竣工环境保护验收按《建设项目竣工环境保护验收管理办法》的规定进行。

8.3.2 渗滤液处理厂（站）的竣工环境保护验收除应满足《建设项目竣工环境保护验收管理办法》规定的条件外，在试运行期间还应进行性能试验，性能试验报告可作为环境保护验收的内容。

8.3.3 渗滤液处理厂（站）性能试验包括：

a）按照设计流量全流程通过所有构筑物，确认各构筑物高程布置是否合理；

b）测试并计算各构筑物及主体设备的工艺参数；

c）进、出水水质化验，包括 pH 值、温度、悬浮物、化学需氧量、五日生化需氧量、氨氮、总氮、总磷、总汞、总砷、总镉、总铅、总铬、六价铬、粪大肠菌群数；

d）纳滤和反渗透产水率、浓缩液的电导率或含盐量；

e）渗滤液处理厂（站）内有毒、有害气体的测定；

f）统计全厂（站）进出水量、用电量和主体设备用电量；

g）计算全厂（站）技术经济指标：COD 去除总量、COD 去除电耗（kW·h/kg）、污水处理运行成本（元/t）。

9 运行与维护

9.1 运行

9.1.1 渗滤液处理系统应纳入垃圾填埋场的生产管理中，配备专业管理人员和技术人员。

9.1.2 应具有工艺操作说明书以及设备使用、维护说明书，各岗位人员应严格执行操作规程，如实填写运行记录，并妥善保存。

9.1.3 运行人员应定期进行岗位培训，熟悉生活垃圾渗滤液处理工艺流程、各处理单元的处理要求，并根据水质条件变化适时调整运行参数，达到相应的操作要求和处理目标。

9.1.4　生物处理应根据水质条件及实测数据反馈生物处理效果，并根据需要调整运行参数。

9.1.5　深度处理工序应采用可靠的预处理措施，确保进水条件符合纳滤和反渗透要求。

9.1.6　纳滤和反渗透运行参数主要包括：距上次清洗后运转的时间，设备投入运行总时间；多介质过滤器、保安过滤器与每一段膜组件前后的压降；各段膜组件进水、产水与浓水压力；各段膜组件进水与产水流量；各段膜组件进水、产水与浓缩液的电导率或含盐量；进水、产水和浓缩液的 pH 值；进水淤泥密度指数值。在运行过程中，应根据需要及时调整相关操作参数。

9.1.7　根据水质变化，纳滤和反渗透应采取 pH 值调节、投加阻垢剂等化学品、合理控制运行参数等必要措施，以有效避免膜组件的结垢及污染。

9.2　维护

9.2.1　渗滤液处理系统应制定大、中检修计划和主要设备维护和保养规程，及时更换损坏设备及部件，提高设备的完好率。

9.2.2　操作人员及维修人员应严格执行设备的维修和保养规程，进行定期的维护和检修。

9.3　应急处理措施

9.3.1　应建立渗滤液处理厂（站）易发事故点和面的档案及事故发生的分布图，制定相应的应急处理措施，配套相应的设备和设施。

9.3.2　应加强渗滤液处理厂（站）管理机制和应急能力的建设，并定期组织应急培训和学习。

9.3.3　应配备危险气体（甲烷、硫化氢）和危险化学品的控制与防护措施。

中华人民共和国国家环境保护标准

农村生活污染控制技术规范

Technical specifications of domestic pollution control for town and village

HJ 574—2010

前　言

为贯彻《中华人民共和国环境保护法》、《中华人民共和国水污染防治法》、《中华人民共和国大气污染防治法》和《中华人民共和国固体废物污染环境防治法》，指导农村生活污染控制工作，改善农村环境质量，促进新农村建设，制定本标准。

本标准规定了农村生活污染控制的技术要求。

本标准为首次发布。

本标准由环境保护部科技标准司组织制订。

本标准主要起草单位：北京市环境保护科学研究院、清华大学。

本标准由环境保护部 2010 年 7 月 9 日批准。

本标准自 2011 年 1 月 1 日起实施。

本标准由环境保护部解释。

1　适用范围

本标准规定了农村生活污染控制的技术要求。

本标准适用于指导农村生活污染控制的监督与管理。

2　规范性引用文件

本标准内容引用了下列文件中的条款。凡不注明日期的引用文件，其有效版本适用于本标准。

GB 4284　农用污泥中污染物控制标准

GB 5084　农田灌溉水质标准

GB 7959　粪便无害化卫生标准

GB 8172　城镇垃圾农用控制标准

GB 9958　农村家用沼气发酵工艺规程

GB 13271　锅炉大气污染物排放标准
GB 16889　生活垃圾填埋污染控制标准
GB 19379　农村户厕卫生标准
GB 50014　室外排水设计规范
GB/T 4750　户用沼气池标准图集
GB/T 16154　民用水暖煤炉热性能试验方法
GBJ 125—89　给水排水设计基本术语标准
CJJ/T 65—2004　市容环境卫生术语标准
SL 310　村镇供水工程技术规范

3　术语和定义

CJJ/T 65—2004、GBJ 125—89 中界定的以及下列术语和定义适用于本标准。

3.1　农村生活污染　village and township domestic pollution

指在农村居民日常生活或为日常生活提供服务的活动中产生的生活污水、生活垃圾、废气、人（畜）粪便等污染。不包括为日常生活提供服务的工业活动（如农产品加工、集中畜禽养殖）产生的污染物。

3.2　黑水　blackwater

指厕所冲洗粪便的高浓度生活污水。

3.3　灰水 greywater

指除冲厕用水以外的厨房用水、洗衣和洗浴用水等的低浓度生活污水。

3.4　分散处理　decentralized treatment

指以就地的处理方式，对农户、街区或独立建筑物产生的生活污染物进行处理，不需要大范围的管网或者收集运输系统。

3.5　集中处理　centralized treatment

指对一定区域内产生的生活污染物（污水或垃圾）通过管道或车辆收集，输（运）送至指定地点，并进行处理处置的方式。

3.6　低能耗分散污水处理技术　low energy consumption and decentralized wastewater treatment

以人工湿地、土地处理、氧化塘、净化沼气池、小型污水处理装置（地埋式）等为主的能耗低的处理技术，适合于小范围污水集中收集处理以及黑水单独处理。

4　农村分类

为了便于农村生活污染控制分类指导，本标准根据各地农村的经济状况、基础设施、环境自然条件，把农村划分为 3 种不同类型：

a）发达型农村，是指经济状况好[人均纯收入＞6 000 元/（人·a）]，基础设施完备，住宅建设集中、整齐、有一定比例楼房的集镇或村庄。

b）较发达型农村，是指经济状况较好[人均纯收入 3 500～6 000 元/（人·a）]，有一定基础设施或具备一定发展潜力，住宅建设相对集中、整齐、以平房为主的集镇或村庄。

c）欠发达型农村，是指经济状况差[人均纯收入＜3 500 元/（人·a）]，基础设施不完备，住宅建设分散、以平房为主的集镇或村庄。

5　农村生活污水污染控制

5.1　源头控制技术

5.1.1　农村生活污水源头控制可采用图 1 的技术路线。

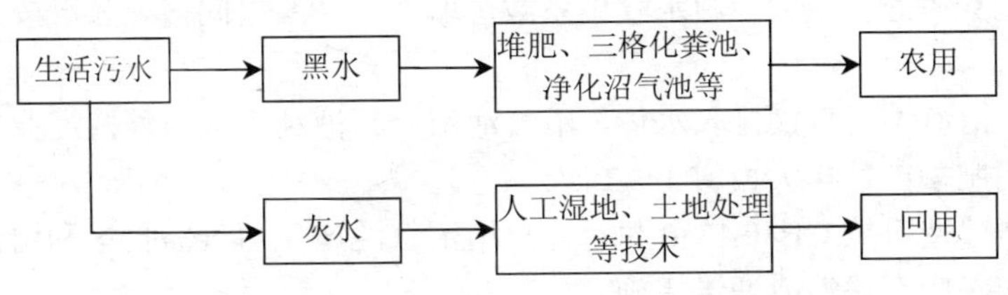

图 1　源头控制技术路线

5.1.2　宜采用非水冲卫生厕所，选用如粪尿分集式厕所、双瓮漏斗式厕所。厕所建造可参照 GB 19379，或直接采用设备化产品。

5.1.3　粪尿分集式卫生厕所使用应符合以下要求：

（1）覆盖物建议使用草木灰、锯末、碎干树叶等湿度＜20%的有机物，用量为粪便量的 2～3 倍[成人粪便量按 0.1～2 L/（d·人次），尿液按 1～1.5 L/（d·人次）]；

（2）储粪池/箱静置时间不得低于 3 个月，采用移动式储粪箱，数量不得少于 2 个，粪便需进行二次堆肥；

（3）粪便与尿液最终处理应与农业无害化利用相结合，如粪便堆肥产品、尿液农业利用等。粪便堆肥农用标准应符合 GB 7959 的规定。

5.1.4　灰水可采用就地生态处理技术进行处理，净化后污水可农田利用或回用。就地生态处理技术包括小型的人工湿地以及土地处理等，利用碎石、砂砾等级配的填料水力负荷一般为 10～30 cm/d，可利用庭院和街道空地等作为小型生态处理技术的场地。相关技术参数参照 5.3.1 条。

5.1.5　采用水冲式厕所时，在有污水处理设施的农村应设化粪池；无污水处理设施的农村，污水处理可采用净化沼气池、三格化粪池等方式处理。净化沼气池工艺设计可参照 5.3.4 条。三格化粪池厕所建设可参照 GB 19379。三格化粪池出水作为农业灌溉应满足 GB 5084 的要求。

5.2　户用沼气池技术

5.2.1　以户为单元的生活污水处理，因其水量小、排水间歇性明显，宜采用户用沼气池处理粪便或庭院式湿地处理生活污水，产生的沼气作为可再生能源利用，污水经处理排出后与各种类型自然处理相结合（参照 5.3 条）。户用沼气池可消纳人畜粪便、厨余垃圾、作物秸秆、黑水等生活污染物。

5.2.2 小规模畜禽散养户应逐步实现人畜分离，沼气池建造应结合改圈、改厕、改厨；人畜粪便自流入池，也可采用沼液冲洗入池。采用水冲式厕所，沼液应有消纳用地。

5.2.3 粪便原料不必进行预处理，秸秆、厨余垃圾应铡短或粉碎，正常运行的沼气池进料量可按 1～8 kg/d 计算。其中粪便量按 1.5 kg/（人·d）计算，生活垃圾量按 0.25～1.25 kg/（人·d）计算，农村各地区生活用水量可参照 SL 310，农村地区人口少、居住分散，生活污水变化系数大，其排水量的最高时变化系数可选择 2.0～4.0，日变化系数宜控制在 1.3～1.6 范围内，污水收集系数可取 0.5～0.8 之间值。黑水按生活用水量的 30%计算。

5.2.4 沼液、沼渣不得直接排入水体。沼气池沼渣沼液利用应与种植产业相结合，根据农业生产用肥季节每年大换料 1～2 次。

5.2.5 沼气池建造可按 GB/T 4750 执行。户用沼气池产生沼气需收集利用。沼气池应尽量背风向阳，应有保温或增温措施。

5.2.6 户用沼气池有效容积为 6～10 m^3，沼气池内有机物总固体浓度应控制在 4%～10%。沼气池设计可参考 GB 9958。

5.3 低能耗分散式污水处理技术

5.3.1 人工湿地

人工湿地适用于当地拥有废弃洼地、低坑及河道等自然条件，常年气温适宜的农村地区。人工湿地主要有表面流人工湿地、潜流人工湿地和垂直流人工湿地。

（1）人工湿地应远离饮用水水源保护区，一般要求土壤质地为黏土或壤土，渗透性为慢或中等，土壤渗透率为 0.025～0.35 cm/h。如不能满足条件的应有防渗措施。

（2）人工湿地系统应根据污水性质及当地气候、地理实际状况，选择适宜的水生植物。不同湿地主要设计参数：

a）表面流人工湿地水力负荷 2.4～5.8 cm/d；

b）潜流人工湿地水力负荷 3.3～8.2 cm/d；

c）垂直流人工湿地水力负荷 3.4～6.7 cm/d。

（3）冬季寒冷地区可采用潜流人工湿地，冬季保温措施可采用秸秆或芦苇等植物覆盖的方式。

（4）湿地植物应选择本地生长、耐污能力强、具有经济价值的水生植物。观赏类湿地植物应当定期打捞和收割，不得随意丢弃掩埋，形成二次污染。

5.3.2 土地处理

土地处理系统适用于有可供利用的、渗透性能良好的砂质土壤和河滩等场地条件的农村地区，其土地渗透性好，地下水位深（＞1.5 m）。土地处理技术包括慢速渗滤、快速渗滤、地表漫流等处理技术。

（1）主要设计参数：

a）慢速渗滤系统水力负荷 0.5～5 m/a，地下水最浅深度大于 1.0 m，土壤渗透系数宜为 0.036～0.36 m/d；

b）快速渗滤系统水力负荷 5～120 m/a，淹水期与干化期比值应小于 1；

c）地表漫流系统水力负荷 3～20 m/a。

（2）土地处理设计时，应根据应用场地的土质条件进行土壤颗粒组成、土壤有机质含量调整等。

（3）在集中供水水源防护带，含水层露头地区，裂隙性岩层和溶岩地区，不得使用土地处理系统。

5.3.3　稳定塘

稳定塘适用于有湖、塘、洼地及闲置水面可供利用的农村地区。选择类型以常规处理塘为宜，如厌氧塘、兼性塘、好氧塘等。曝气塘宜用于土地面积有限的场合。

（1）稳定塘应采取必要的防渗处理，且与居民区之间设置卫生防护带。

不同种类稳定塘的主要设计参数：

a）厌氧塘表面负荷（BOD_5）15～100 g/（m^2·d）；

b）兼性塘表面负荷（BOD_5）3～10 g/（m^2·d）；

c）好氧塘表面负荷（BOD_5）2～12 g/（m^2·d），总停留时间可采用 20～120 d；

d）曝气塘表面负荷（BOD_5）3～30 g/（m^2·d）。

年平均温度高的地区采用高 BOD_5 表面负荷，年平均温度低的地区采用低 BOD_5 表面负荷。

（2）稳定塘污泥的污泥蓄积量为 40～100 L/（a·人），应分格并联运行，轮换清除污泥。稳定塘地址宜选饮用水水源下游；应妥善处理塘内污泥，污泥脱水宜采用污泥干化床自然风干；污泥作为农田肥料使用时，应符合 GB 4284 中的相关规定。

5.3.4　净化沼气池

生活污水净化沼气池可用于以下场合：农村集中住宅区域公共厕所；没有污水收集或管网不健全的农村、民俗旅游村等。

（1）采用净化沼气池，应保证冬季水温保持在 6～9℃，可结合温室建造以辅助升温。

有效池容计算如下：

$$v_1 = \frac{na \times q \times t}{24 \times 1\,000} \tag{1}$$

式中：v_1 —— 有效池容，m^3；

n —— 服务人口；

a —— 卫生设备安装率，住宅区、旅馆、集体宿舍取 1，办公楼、教学楼取 0.6；

q —— 人均污水量，L/d；

t —— 污水滞留期，d，停留时间按 2～3 d。

（2）净化沼气池功能区应包括：预处理区、前处理区和后处理区。预处理区须设置格栅、沉砂池，格栅间隙取 1～3 cm 为宜。前处理区为厌氧池，混合污水收集的前处理区为一级厌氧消化，粪污单独收集的前处理区为二级消化。前处理区厌氧池有效池容应占总有效池容的 50%～70%。前处理区应放置软性或半软性填料，填料的容积应占总池容积的 15%～25%。后处理区应用上流式过滤器，各池需与大气相通，各段间安放聚氨酯泡沫板作为过滤层。通常每 4～5 年应更换聚氨酯过滤泡沫板，每 10 年应更换软填料。

（3）净化沼气池内污泥随发酵时间的延长而增加，1～2 年需清掏一次。净化池所产沼气应收集利用。沼气利用应严格按照 GB 9958 中规定执行。

5.3.5　小型污水处理装置

小型污水处理装置适用于发达型农村中几户或几十户相对集中、新建居住小区且没有集中收集管线及集中污水处理厂的情况。

小型污水处理装置又称净化槽或地埋式处理装置，分为厌氧、好氧处理装置：

a）厌氧生物处理装置（或称无动力地埋式污水处理设施），可依照 5.3.4 条中规定。

b）好氧生物处理装置（或称有动力地埋式污水处理设施）。设有初沉池预处理的其水力停留时间（HRT）一般为 1.5 h，好氧处理宜使用接触氧化、SBR 等工艺，工艺参数选取应符合本标准 5.4 条的规定。

小型污水处理设备材质可选钢筋混凝土结构、玻璃钢以及钢结构等。选用钢结构反应器需做好防腐工作，其使用寿命应该保证在 15 年以上。

5.4　集中污水处理技术

5.4.1　发达型农村，根据水量大小考虑建设集中污水处理设施，工艺可采用活性污泥法、氧化沟法、生物膜法等。采用集中处理技术为主体工艺的农村，应根据不同处理技术的要求结合相应的预处理工艺和后处理工艺。

5.4.2　采用集中处理技术，可在保证处理效果的前提下，通过以下方法降低投资和运行费用：

（1）占地面积、绿化率、辅助设施及人员编制等配制可低于设计手册中相关规定标准；

（2）厂址选择时优先考虑利用地形，减少动力提升；

（3）采用简单易行的自动运转或手、自动联动运转方式；

（4）水处理构筑物可采用非混凝土的建筑，如土堤、砖砌等，以及简易防渗的废弃坑塘等替代。

5.4.3　传统活性污泥法：

（1）传统活性污泥工艺的污泥负荷（BOD_5/MLSS）宜采用中高负荷：0.15～0.3 kg/（kg·d）；

（2）增加脱氮要求时，采用缺氧/好氧法（A/O）生物处理工艺，缺氧段水力停留时间（HRT）一般控制在 0.5～2 h，污泥负荷（BOD_5/MLSS）宜为 0.1～0.15 kg/（kg·d）；

（3）增加除磷要求时，厌氧段 HRT 一般控制在 1～2 h，污泥负荷（BOD_5/MLSS）为 0.1～0.25 kg/（kg·d）；

（4）同时脱氮除磷采用厌氧/缺氧/好氧法（A^2/O），HRT 一般控制在厌氧段 1～2 h，缺氧段 0.5～2 h，污泥负荷（BOD_5/MLSS）宜为 0.1～0.2 kg/（kg·d）。

5.4.4　氧化沟。氧化沟系统前可不设初沉池，一般由沟体、曝气设备、进水分配井、出水溢流堰和导流装置等部分组成。氧化沟主要设计参数见表 1。

表 1　延时曝气氧化沟主要设计参数

项目	单位	数值
污泥负荷（BOD_5/MLSS）	kg/（kg·d）	0.05～0.10
污泥浓度	g/L	2.5～5
污泥龄	d	15～30
污泥回流比	%	75～150
总处理效率	%	＞95

（1）氧化沟一般建为环状沟渠型，其平面可为圆形和椭圆形或与长方形的组合型。其四周池壁可根据土质情况挖成斜坡并衬砌，也可为钢筋混凝土直墙。处理构筑物应根据当地气温和环境条件，采取防冻措施。

（2）氧化沟的渠宽、有效水深视占地、氧化沟的分组和曝气设备性能等情况而定。一般情况下，当采用曝气转刷时，有效水深为 2.6～3.5 m；当采用曝气转碟时，有效水深为 3.0～4.5 m；当采用表面曝气机时，有效水深为 4.0～5.0 m。

（3）在氧化沟所有曝气器的上、下游应设置横向的水平挡板和导流板，以保证水平、垂直方向的混合。在弯道处应该设置导流墙，导流墙应设于偏向弯道的内侧。可根据沟宽确定导流墙的数量，在只有一道导流墙时可设在内壁 1/3 处（两道导流墙时外侧渠道宽为池宽的一半）。导流墙应高出水位 0.2～0.3 m。

（4）氧化沟内流速不得小于 0.25 m/s。

（5）当采用脱氮除磷时，氧化沟内应设置厌氧区和缺氧区，各区之间的设计应符合 5.4.3 条中规定。

5.4.5　生物接触氧化法：

（1）接触氧化反应池一般为矩形池体，由下至上应包括构造层、填料层、稳水层和超高组成，填料层高度宜采用 2.5～3.5 m，有效水深宜为 3～5 m，超高不宜小于 0.5 m。反应池一般不宜少于两个，每池分为两室。

（2）生物接触氧化池进水应防止短流，出水采用堰式出水，集水堰过堰负荷宜为 2.0～3.0 L/（s·m），池底部应设置排泥和放空设施。

（3）接触氧化池的 BOD_5 容积负荷，生物除碳时宜为 0.5～1.0 kg/（m^3·d），硝化时宜为 0.2～0.5 kg/（m^3·d）。反应池全池曝气时，曝气强度宜采用 10～20 m^3/（m^2·h），气水比宜控制为 8∶1。

（4）生物接触氧化系统产生的污泥量可按每千克 BOD_5 产生 0.35～0.4 kg 干污泥量计算。

5.4.6　污泥脱水和处理时优先考虑自然干化和堆肥处理。污泥干化场建设需要考虑污泥性质、产量以及当地的气候、地质及经济发展等方面因素。干化场宜建在干燥、蒸发量大的地区。

（1）污泥干化场的污泥固体负荷量，宜根据污泥性质、年平均气温、降雨量和蒸发量等因素确定。

（2）污泥干化场宜分两块以上块数；围堤高度宜为 0.3～0.7 m，顶宽 0.5～0.7 m。干化场平均污泥的深度为 20 cm。寒冷地区或雨水较多的地方，应当适当加大干化场面积。

（3）污泥干化厂宜设人工排水层。排水层下宜设不透水层，不透水层宜采用黏土，其厚度宜为 0.2～0.4 m，也可采用厚度为 0.1～0.15 m 的低标准号混凝土或厚度为 0.15～0.30 m 的灰土。上层宜采用细矿渣或砂层，其均匀系数不超过 4.0，粒径介于 0.3～0.75 mm，铺设厚度 200～460 mm；下层宜采用粗矿渣或砾石，其粒径介于 3～25 mm，铺设厚度为 200～460 mm。

（4）干化场应设置有排除上层污泥水的设施，对干化场排出的废水应进行收集，排回污水处理设施处理。

（5）露天干化场应防止雨天产生的污泥淋滤液对周边环境的影响。封闭或半封闭环境进行自然干化过程，应保持良好的通风条件。

5.4.7　污泥堆肥宜采用静态堆肥，并设顶棚设施，不宜露天堆肥。污泥堆肥设计参数可参照 6.2.2 条垃圾堆肥处置的相关规定。

5.4.8　污泥处置应考虑综合利用。综合利用方式包括绿化种植、农肥、填埋、废弃坑塘覆土等。

5.5　雨污水收集和排放

5.5.1　农村污水收集应根据经济水平、排水系统现状合理选择排水体制。雨水和处理后污水可采用合流制，选择边沟和自然沟渠输送。采用截留式合流制，选择较小的截流倍数（1～2 倍），以节约截流管的投资和后续处理费用。

5.5.2　农村雨水流量计算如下：

$$Q=\varphi\times q\times F \tag{2}$$

式中：Q —— 雨水流量，L/s；

φ —— 径流系数，根据各地情况不同选取 0.3～0.6；

q —— 降雨强度，L/（s·hm^2），参照 GB 50014；

F —— 汇水面积，hm^2。

5.5.3 农村雨水及处理后污水宜利用边沟和自然沟渠等进行收集和排放，沟渠砌筑可根据各地实际选用混凝土、砖石或黏土夯实。沟渠的宽度、深度及纵坡应根据各地降雨量和污水量确定。边沟的宽度不宜小于 200 mm，深度不小于 200 mm，纵坡应不小于 0.3%，沟渠最小设计流速满流时不宜小于 0.60 m/s。

5.5.4 农村处理过的雨污水应考虑资源化利用，其排放应结合当地自然条件，首先通过坑塘、洼地、农田等进入当地水循环，避免直接排入国家规定的功能区水体。进入当地地表水体的雨污水，水体集蓄能力应大于汇水区初期降雨量（3～5 min），确保初期雨水和处理后污水排放量小于当地地表水体储水容积。

5.5.5 农村雨水收集前应设置简易平流沉沙设施，停留时间控制在 30～60 s，水平流速控制在 0.15～0.3 m/s，并设计相应的除沙措施。

5.5.6 鼓励雨水就地净化利用，依赖植物、绿地或土壤的自然净化作用进行处理，当地水循环系统包括天然水体和土壤系统，设计参数可分别参考稳定塘设计和人工湿地设计。

5.5.7 为促进地区经济与环境协调发展，推动经济结构的调整和经济增长方式的转变，引导工业生产工艺和污染治理技术的发展方向，在功能水体、环境容量小、生态环境脆弱容易发生严重环境污染问题而需要采取特别保护措施的地区，应严格控制农村生活污染的排放。

6 农村生活垃圾污染控制

6.1 垃圾收集与转运

6.1.1 依据减量化、资源化、无害化的原则，生活垃圾应实现分类收集，并且分类收集应该与处理方式相结合。农村生活垃圾宜采用分为农业果蔬、厨余和粪便等有机垃圾和剩余以无机垃圾为主的简单分类的方式收集。有机垃圾进入户用沼气池或堆肥利用，剩余无机垃圾填埋或进入周边城镇垃圾处理系统。

6.1.2 执行“户分类、村收集、镇转运、县市处置”的垃圾收集运输处理模式的农村，合理设置转运站和服务半径。用人力收集车收集垃圾的小型转运站，服务半径不宜超过 1.0 km；用小型机动车收集垃圾的小型转运点，服务半径不宜超过 3.0 km。垃圾运输距离不应超过 20 km。

6.1.3 结合当地废弃物收购体系，对可分类收集循环利用垃圾（纸类、金属、玻璃、塑料等）应回收利用。有害、危险废弃物的处理按相关标准执行。

6.1.4 农村生活垃圾收集容器（垃圾箱、垃圾槽）应做到密封和防渗漏，取消露天垃圾槽，有条件的农村推广垃圾袋装化收集方式。

6.2 农村生活垃圾处理工艺

6.2.1 填埋处理：

（1）农村地区一般不适宜建设卫生填埋场，如确有需要，选址、建设、填埋作业、管理、监测等应依照 GB 16889 和相关标准的规定执行。

（2）镇一级的生活垃圾填埋处理应首先进行有机垃圾分离，有机垃圾含量高、水分大的垃圾，不应进行卫生填埋处置，而应采用堆肥处理方式。卫生填埋应确保分类后无机垃圾成分控制在 80%以上。

（3）采用就地填埋处理的村庄，应该实行更为严格的垃圾分类制度。严格控制分类后剩余无机垃圾有机物的含量在 10%以下。以砖瓦、渣土、清扫灰等无机垃圾为主的垃圾，可用作农村废弃坑塘填埋、道路垫土等材料使用。

（4）填埋场应进行防渗处理防止对地下水和地表水的污染，同时还应防止地下水进入填埋区。填埋区防渗系统应铺设渗沥液收集和处理系统，并宜设置疏通设施。

（5）根据农村经济水平，填埋场的防渗可按下述标准：填埋场底部自然黏性土层厚度不小于 2 m、边坡黏性土层厚度大于 0.5 m，且黏性土渗透系数不大于 1.0×10^{-5} cm/s，填埋场可选用自然防渗方式。不具备自然防渗条件的填埋场宜采用人工防渗。在库底和 3 m 以下（垂直距离）边坡设置防渗层，采用厚度不小于 1 mm 高密度聚乙烯土工膜、6 mm 膨润土衬垫或不小于 2 m 后黏性土（边坡不小于 0.5 m）作为防渗层，膜上下铺设的土质保护层厚度不应小于 0.3 m。库底膜上隔离层土工布不应大于 200 g/m^2，边坡隔离层土工布不应大于 300 g/m^2。

（6）地下水位高、土壤渗滤系数高、重点水源地或丘陵地区，除非有条件做防渗处理，否则不适宜建设填埋场，垃圾处置应纳入城市收集运输处置系统。

6.2.2 堆肥处理。农村宜选用规模小、机械化程度低、投资及运行费用低的简易高温堆肥技术。垃圾堆肥应基本做到以下几点：

a）有机物质含量≥40%；

b）保证堆体内物料温度在 55℃以上保持 5～7 d；

c）堆肥过程中的残留物应农田回用。

6.2.3 发达型农村可建设机械通风静态堆肥场。根据发酵方式，一次性发酵工艺的发酵周期不宜少于 30 d；二次性发酵工艺的初级发酵不少于 5～7 d，次级发酵周期均不宜少于 10 d。

6.2.4 较发达和欠发达型农村，从降低成本角度考虑，宜建设自然通风静态堆肥场。自然通风时，堆层高度宜在 1.0～1.2 m。

6.2.5 有机垃圾堆肥原则上应作为农用基肥，不作为追肥施用，可参照 GB 8172 执行。

6.2.6 有机垃圾进入户用沼气池厌氧处理可参照 5.2 条，有机垃圾应堆沤预处理或铡碎。

7 农村空气污染控制

7.1 一般规定

7.1.1 农村应逐步减少使用散煤和劣质煤，推广使用型煤及清洁煤，包括低氟煤、低硫煤、固氟煤、固硫煤、固砷煤等，煤炉必须加设排烟道。

7.1.2　实施改炉改灶，采用改良炉灶替代传统炉灶，推广使用高效低污染炉灶，如低排放煤炉、改良柴灶、改良炕连灶、气化半气化炉，并注意加设排烟道。

7.1.3　发达、较发达型农村可采用气化、电气化等清洁能源或可再生能源代替燃煤，实行集中供气、供暖，取代分散炉具的使用。

7.1.4　合理配置房屋结构，畜禽舍与居室应分离建设，防止人畜共患病和畜禽舍臭味等影响。

7.2　农村用能结构优化工艺

7.2.1　优化农村生活用能结构，既要遵循节能、清洁化，又要考虑各地区自然条件、经济条件、生活习惯等，因地制宜，积极发展生物质、太阳能、风能、小水电等可再生能源利用。

7.2.2　燃煤低排放炉具。炉具结构应设计合理，操作方便，易采用正、反烧和气化原理。民用水暖炉热效率$\eta \geqslant 60\%$，封火能力应大于 10 h，封火结束后应能正常燃烧；具有炊事功能的民用水暖炉除了达到上述要求外，上火速度 $v \geqslant 0.6$℃/min，炊事火力强度 $P \geqslant 0.7$ kW。民用燃煤技术要求参照 GB/T 16154。炉具污染物排放参考 GB 13271 的规定。

7.2.3　改良柴灶。适用于直接燃用生物质的农村，可燃用秸秆、薪柴、动物干粪等生物质燃料。

采取降低吊火高度（根据燃料品种不同，炉箅到锅脐的距离为 14～18 cm）缩小灶门尺寸，加设挡板，缩小灶膛容积，并有拦火圈和回烟道，增加炉箅子、通风道和烟囱。烟囱高度应在 3 m 以上，热效率应达到 30%以上。

7.2.4　改良炕连灶。适用于中国北方寒冷地区，具有取暖、炊事双重功能。

7.2.5　生物质气化炉、半气化炉。生物质资源丰富的地区可燃用密致成型的颗粒或棒状燃料。

（1）发达型农村可建设集中供气，替代分散炉具的使用，集中供气工程执行相关国家或行业标准。

（2）较发达和欠发达型农村，可从成本角度考虑，宜采用小型户用气化、半气化炉。

7.2.6　户用沼气工程。适合沼气发酵的地区，利用户用沼气池产生的沼气作替代燃料，参照 5.2 条。

8　农村生活污染监督管理措施

8.1　积极开展农村生活污水和垃圾治理、畜禽养殖污染治理等示范工程，解决农村突出的环境问题。以生态示范创建为载体，积极推进农村环境保护。

8.2　制定生活垃圾收集、处置与农村发展相一致的发展规划，采取政府支持与市场运作相结合的原则。

8.3　提倡圈养、适度规模化养殖。做好散养畜禽卫生防疫工作，对于疾病死亡的家禽、牲畜，应严格按照动物防疫要求执行。

8.4 充分利用广播、电视、报刊、网络等媒体，广泛宣传和普及农村环境保护知识，及时报道先进典型和成功经验，揭露和批评违法行为，提高农民群众的环保意识，调动农民群众参与农村环境保护的积极性和主动性。

六

其他相关技术规范

中华人民共和国国家环境保护标准

畜禽养殖产地环境评价规范

Farmland environmental quality evaluation standards for livestock and poultry production

HJ 568—2010

前　言

为贯彻《中华人民共和国环境保护法》，落实国务院关于保护农产品质量安全的精神，防治环境污染，保障人体健康，保护生态环境，制定本标准。

本标准是食用农产品产地环境系列评价标准之一，县级以上环保部门在食用农产品产地环境监督管理工作中，可以参照该系列标准中的指标和监测、评价方法评估食用农产品产地环境状况。

本标准作为评价环境状况的技术规范，主要依据《环境空气质量标准》（GB 3095）、《声环境质量标准》（GB 3096）、《农田灌溉水质标准》（GB 5084）、《土壤环境质量标准》（GB 15618）等环境质量标准，以及畜禽养殖业标准等相关标准中的环境要求，提出了针对畜禽养殖产地的环境质量指标，同时规定了监测和评价方法。

本标准由环境保护部科技标准司组织制订。

本标准主要起草单位：北京航空航天大学、北京师范大学。

本标准由环境保护部 2010 年 4 月 16 日批准。

本标准自 2010 年 7 月 1 日起实施。

本标准由环境保护部解释。

1　适用范围

本标准规定了各类畜禽养殖产地的水环境质量、土壤环境质量、环境空气质量和声环境质量评价指标、限值、监测和评价方法。

本标准适用于全国畜禽养殖场、养殖小区、放牧区的养殖地环境质量评价与管理。

本标准仅适用于法律允许的畜禽养殖场、畜禽养殖小区和放牧区。

本标准不适用于畜禽产品加工生产地的环境质量评价与管理。

2 规范性引用文件

本标准内容引用了下列文件或其中的条款。凡是不注明日期的引用文件，其有效版本适用于本标准。

GB 3095 环境空气质量标准

GB 3096 声环境质量标准

GB 6920 水质 pH 值的测定 玻璃电极法

GB 7467 水质 六价铬的测定 二苯碳酰二肼分光光度法

GB 7468 水质 总汞的测定 冷原子吸收分光光度法

GB 7469 水质 总汞的测定 高锰酸钾-过硫酸钾消解法 双硫腙分光光度法

GB 7470 水质 铅的测定 双硫腙分光光度法

GB 7471 水质 镉的测定 双硫腙分光光度法

GB 7472 水质 锌的测定 双硫腙分光光度法

GB 7475 水质 铜、锌、铅、镉的测定 原子吸收分光光度法

GB 7480 水质 硝酸盐氮的测定 酚二磺酸分光光度法

GB 7484 水质 氟化物的测定 离子选择电极法

GB 7485 水质 总砷的测定 二乙基二硫代氨基甲酸银分光光度法

GB 7489 水质 溶解氧的测定 碘量法

GB 7492 水质 六六六、滴滴涕的测定 气相色谱法

GB 7494 水质 阴离子表面活性剂的测定 亚甲蓝分光光度法

GB 7959 粪便无害化卫生标准

GB 8172 城镇垃圾农用控制标准

GB 11890 水质 苯系物的测定 气相色谱法

GB 11891 水质 凯氏氮的测定

GB 11893 水质 总磷的测定 钼酸铵分光光度法

GB 11896 水质 氯化物的测定 硝酸银滴定法

GB 11898 水质 游离氯和总氯的测定 *N*,*N*-二乙基-1,4-苯二胺分光光度法

GB 11899 水质 硫酸盐的测定 重量法

GB 11901 水质 悬浮物的测定 重量法

GB 11902 水质 硒的测定 2,3-二氨基萘荧光法

GB 11914 水质 化学需氧量的测定 重铬酸盐法

GB 13195 水质 水温的测定 温度计或颠倒温度计测定法

GB/T 5750 生活饮用水卫生标准检验方法

GB/T 13896 水质 铅的测定 示波极谱法

GB/T 14550 土壤质量 六六六和滴滴涕的测定 气相色谱法

GB/T 14669 空气质量 氨的测定 离子选择电极法

GB/T 14675　空气质量　恶臭的测定　三点比较式臭袋法

GB/T 14678　空气质量　硫化氢、甲硫醇、甲硫醚和二甲二硫的测定　气相色谱法

GB/T 16488　水质　石油类和动植物油的测定　红外光度法

GB/T 16489　水质　硫化物的测定　亚甲基蓝分光光度法

GB/T 17134　土壤质量　总砷的测定　二乙基二硫代氨基甲酸银分光光度法

GB/T 17135　土壤质量　总砷的测定　硼氢化钾-硝酸银分光光度法

GB/T 17136　土壤质量　总汞的测定　冷原子吸收分光光度法

GB/T 17138　土壤质量　铜、锌的测定　火焰原子吸收分光光度法

GB/T 17139　土壤质量　镍的测定 火焰原子吸收分光光度法

GB/T 17140　土壤质量　铅、镉的测定　KI-MIBK 萃取火焰原子吸收分光光度法

GB/T 17141　土壤质量　铅、镉的测定　石墨炉原子吸收分光光度法

GB/T 17824.4　中、小型集约化养猪场环境参数及环境管理

GB/T 18204.24　公共场所空气中二氧化碳测定方法

HJ 484　水质　氰化物的测定　容量法和分光光度法

HJ 485　水质　铜的测定　二乙基二硫代氨基甲酸钠分光光度法

HJ 486　水质　铜的测定　2,9-二甲基-1,10-菲啰啉分光光度法

HJ 487　水质　氟化物的测定　茜素磺酸锆目视比色法

HJ 488　水质　氟化物的测定　氟试剂分光光度法

HJ 491　土壤质量　总铬的测定　火焰原子吸收分光光度法

HJ 502　水质　挥发酚的测定　溴化容量法

HJ 503　水质　挥发酚的测定　4-氨基安替比林分光光度法

HJ 505　水质　五日生化需氧量（BOD_5）的测定　稀释与接种法

HJ 506　水质　溶解氧的测定　电化学探头法

HJ 533　环境空气和废气　氨的测定　纳氏试剂分光光度法

HJ 534　环境空气　氨的测定　次氯酸钠-水杨酸分光光度法

HJ/T 49　水质　硼的测定　姜黄素分光光度法

HJ/T 50　水质　三氯乙醛的测定　吡唑啉酮分光光度法

HJ/T 51　水质　全盐量的测定　重量法

HJ/T 60　水质　硫化物的测定　碘量法

HJ/T 91　地表水和污水监测技术规范

HJ/T 164　地下水环境监测技术规范

HJ/T 166　土壤环境监测技术规范

HJ/T 193　环境空气质量自动监测技术规范

HJ/T 194　环境空气质量手工监测技术规范

HJ/T 195　水质　氨氮的测定　气相分子吸收光谱法

HJ/T 200　水质　硫化物的测定　气相分子吸收光谱法

HJ/T 342　水质　硫酸盐的测定　铬酸钡分光光度法（试行）

HJ/T 343　水质　氯化物的测定　硝酸汞滴定法（试行）

HJ/T 346　水质　硝酸盐氮的测定　紫外分光光度法（试行）

HJ/T 347　水质　粪大肠菌群的测定　多管发酵法和滤膜法（试行）

HJ/T 399　水质　化学需氧量的测定　快速消解分光光度法

3　术语和定义

下列术语和定义适用于本标准。

3.1　畜禽养殖场　livestock and poultry farm

指从事畜禽养殖活动，且存栏量达到省级人民政府规定的规模化养殖存栏量标准的场所。

3.2　畜禽养殖小区　livestock and poultry area

指以集中建造畜禽圈舍、农户分户圈养为主要模式，按照畜禽养殖场所与居民生活区分离的原则，由地方人民政府、村民委员会、农村集体经济组织、畜牧业合作经济组织划定，或者由专门从事畜禽产品生产经营的龙头企业按照有关规定设置，集中从事畜禽养殖活动且其存栏量达到省级人民政府规定的规模化养殖存栏量标准的区域。

3.3　畜禽放牧区　pasturing area

指采用放牧的饲养方式，并得到省、部级有关部门认可的牧区。

3.4　舍区　living area for livestock and poultry

指畜禽所处的半封闭的生活区域，即畜禽直接的生活环境区。

3.5　场区　field

指规模化畜禽场围栏或院墙以内、舍区以外的区域。

3.6　生产用水　processing water

指畜禽养殖过程中用于设备和场地的冲洗、圈舍取暖（降温）用水及畜禽清洁用水，不包括产品加工用水。

3.7　标准状态　standard state

指温度为 273.15 K，压力为 101.325 kPa 时的状态。

4　评价指标限值

4.1　水环境质量评价指标限值

4.1.1　放牧区灌溉用水水质评价指标限值应执行表 1 中的规定。

表 1　放牧区灌溉用水水质评价指标限值

<table>
<tr><th>序号</th><th>评价指标</th><th>指标限值</th><th>单位</th></tr>
<tr><td>1</td><td>pH 值</td><td>5.5～8.5</td><td>量纲为一</td></tr>
<tr><td>2</td><td>水温</td><td>35</td><td>℃</td></tr>
<tr><td>3</td><td>悬浮物</td><td>200</td><td rowspan="25">mg/L</td></tr>
<tr><td>4</td><td>生化需氧量（BOD_5）</td><td>150</td></tr>
<tr><td>5</td><td>化学需氧量（COD_{Cr}）</td><td>300</td></tr>
<tr><td>6</td><td>凯氏氮</td><td>30</td></tr>
<tr><td>7</td><td>总磷（以 P 计）</td><td>10</td></tr>
<tr><td>8</td><td>阴离子表面活性剂（LAS）</td><td>8.0</td></tr>
<tr><td>9</td><td>氯化物</td><td>250</td></tr>
<tr><td>10</td><td>硫化物</td><td>1.0</td></tr>
<tr><td>11</td><td>氟化物</td><td>3.0</td></tr>
<tr><td>12</td><td>氰化物</td><td>0.5</td></tr>
<tr><td>13</td><td>全盐量</td><td>2 000（盐碱土地）、
1 000（非盐碱土地区）</td></tr>
<tr><td>14</td><td>石油类</td><td>10</td></tr>
<tr><td>15</td><td>挥发酚</td><td>1.0</td></tr>
<tr><td>16</td><td>苯</td><td>2.5</td></tr>
<tr><td>17</td><td>三氯乙醛</td><td>0.5</td></tr>
<tr><td>18</td><td>丙烯醛</td><td>0.5</td></tr>
<tr><td>19</td><td>硼</td><td>3.0</td></tr>
<tr><td>20</td><td>镉</td><td>0.005</td></tr>
<tr><td>21</td><td>锌</td><td>2.0</td></tr>
<tr><td>22</td><td>硒</td><td>0.02</td></tr>
<tr><td>23</td><td>铅</td><td>0.1</td></tr>
<tr><td>24</td><td>铜</td><td>1.0</td></tr>
<tr><td>25</td><td>汞</td><td>0.001</td></tr>
<tr><td>26</td><td>铬（Ⅵ）</td><td>0.1</td></tr>
<tr><td>27</td><td>砷</td><td>0.1</td></tr>
<tr><td>28</td><td>粪大肠菌群数</td><td>10 000</td><td rowspan="2">个/L</td></tr>
<tr><td>29</td><td>蛔虫卵数</td><td>2</td></tr>
</table>

4.1.2　畜禽饮用水水质评价指标限值应执行表 2 中的规定。

表 2　畜禽饮用水水质评价指标限值

<table>
<tr><th rowspan="2">序号</th><th rowspan="2">评价指标</th><th colspan="2">指标限值</th><th rowspan="2">单位</th></tr>
<tr><th>畜</th><th>禽</th></tr>
<tr><td>1</td><td>色</td><td colspan="2">30</td><td rowspan="2">度</td></tr>
<tr><td>2</td><td>浑浊度</td><td colspan="2">20</td></tr>
<tr><td>3</td><td>臭和味</td><td colspan="2">不得有异臭、异味</td><td>—</td></tr>
</table>

序号	评价指标	指标限值		单位
		畜	禽	
4	pH 值	5.5～9.0	6.5～8.5	量纲为一
5	总硬度（以 $CaCO_3$ 计）	1 500		mg/L
6	溶解性总固体	4 000	2 000	
7	硫酸盐（以 SO_4^{2-} 计）	500	250	
8	氟化物（以 F^- 计）	2.0	2.0	
9	氰化物	0.20	0.05	
10	砷	0.20	0.20	
11	汞	0.01	0.001	
12	铅	0.10	0.10	
13	铬（Ⅵ）	0.10	0.05	
14	镉	0.05	0.01	
15	硝酸盐（以 N 计）	10.0	3.0	
16	六六六	0.005		mg/L
17	滴滴涕	0.001		
18	乐果	0.08		
19	敌敌畏	0.001		
20	总大肠菌群	100（成年） 3（幼年）	3	个/L

4.1.3　畜禽养殖场、养殖小区采用回用水作为生产用水时，生产用水水质评价指标限值应执行表 3 中的规定。

表 3　畜禽养殖场、养殖小区生产用水水质评价指标限值

序号	评价指标	指标限值	单位
1	pH 值	6.0～9.0	量纲为一
2	嗅	无不快感	—
3	浑浊度	10	NTU
4	色	30	度
5	溶解性总固体	1 500	mg/L
6	生化需氧量（BOD_5）	15	
7	氨氮	10	
8	阴离子表面活性剂（LAS）	1.0	
9	溶解氧	≥1.0	
10	总余氯	接触 30 min 后≥1.0，管网末端≥0.2	
11	总大肠菌群	3	个/L

4.2　土壤环境质量评价指标限值

放牧区和畜禽养殖场、养殖小区土壤环境质量评价指标限值应执行表4中的规定。

表 4　放牧区和畜禽养殖场、养殖小区土壤环境质量评价指标限值　　单位：mg/kg

序号	评价指标	放牧区			养殖场、养殖小区
土壤 pH 值		<6.5	6.5～7.5	>7.5	
1	镉	0.30	0.30	0.60	1.0
2	汞	0.30	0.50	1.0	1.5
3	砷	40	30	25	40
4	铜	150	200	200	400
5	铅	250	300	350	500
6	铬	150	200	250	300
7	锌	200	250	300	500
8	镍	40	50	60	200
9	六六六	0.50			1.0
10	滴滴涕	0.50			1.0
11	土壤中寄生虫卵数/（个/kg）	10			10

注：1. 重金属铬（主要是三价）和砷均按元素量计，适用于阳离子交换量>5 cmol（+）/kg 的土壤，若≤5 cmol（+）/kg，其标准值为表内数值的半数。
2. 六六六为四种异构体总量，滴滴涕为四种衍生物总量。

4.3　环境空气质量评价指标限值

4.3.1　畜禽养殖场和养殖小区环境空气质量评价指标限值应执行表 5 中的规定。

表 5　畜禽养殖场和养殖小区环境空气质量评价指标限值

序号	评价指标	取值时间	场区	单位
1	氨气	1 日平均	5	mg/m^3
2	硫化氢		2	
3	二氧化碳		750	
4	可吸入颗粒物		1	
5	总悬浮颗粒物		2	
6	恶臭（稀释倍数）		50	

4.3.2　放牧区环境空气质量评价指标限值执行 GB 3095 二级标准浓度限值的规定。

4.4　声环境质量评价指标限值

畜禽养殖场、养殖小区及放牧区声环境质量评价指标限值应执行表 6 中的规定。

表 6　畜禽养殖场、养殖小区及放牧区声环境质量评价指标限值

昼间	夜间	单位
60	50	dB（A）

5 污染物监测要求

5.1 水污染物监测

5.1.1 水污染物监测时，监测项目的采样布点及监测频率应按照 HJ/T 91 和 HJ/T 164 中的规定进行。

5.1.2 对水污染物的测定采用表 7 所列的方法标准。

表 7 水质评价指标分析方法

序号	评价指标	分析方法标准名称	标准编号
1	pH 值	水质 pH 值的测定 玻璃电极法	GB 6920
2	水温	水质 水温的测定 温度计或颠倒温度计测定法	GB 13195
3	悬浮物	水质 悬浮物的测定 重量法	GB 11901
4	生化需氧量（BOD_5）	水质 五日生化需氧量（BOD_5）的测定 稀释与接种法	HJ 505
5	化学需氧量	水质 化学需氧量的测定 重铬酸盐法	GB 11914
		水质 化学需氧量的测定 快速消解分光光度法	HJ/T 399
6	凯氏氮	水质 凯氏氮的测定	GB 11891
7	总磷（以 P 计）	水质 总磷的测定 钼酸铵分光光度法	GB 11893
8	阴离子表面活性剂（LAS）	水质 阴离子表面活性剂的测定 亚甲蓝分光光度法	GB 7494
9	氯化物	水质 氯化物的测定 硝酸银滴定法	GB 11896
		水质 氯化物的测定 硝酸汞滴定法	HJ/T 343
10	硫化物	水质 硫化物的测定 气相分子吸收光谱法	HJ/T 200
		水质 硫化物的测定 亚甲基蓝分光光度法	GB/T 16489
		水质 硫化物的测定 碘量法	HJ/T 60
11	氟化物	水质 氟化物的测定 氟试剂分光光度法	HJ 488
		水质 氟化物的测定 离子选择电极法	GB 7484
		水质 氟化物的测定 茜素磺酸锆目视比色法	HJ 487
12	氰化物	水质 氰化物的测定 容量法和分光光度法	HJ 484
13	全盐量	水质 全盐量的测定 重量法	HJ/T 51
14	石油类	水质 石油类和动植物油的测定 红外光度法	GB/T 16488
15	挥发酚	水质 挥发酚的测定 4-氨基安替比林分光光度法	HJ 503
		水质 挥发酚的测定 溴化容量法	HJ 502
16	苯	水质 苯系物的测定 气相色谱法	GB 11890
		生活饮用水标准检验方法 有机物指标	GB/T 5750.8
17	三氯乙醛	水质 三氯乙醛的测定 吡唑啉酮分光光度法	HJ/T 50
18	丙烯醛	生活饮用水标准检验方法 有机物指标	GB/T 5750.8
19	硼	水质 硼的测定 姜黄素分光光度法	HJ/T 49
		生活饮用水标准检验方法 无机非金属指标	GB/T 5750.5

序号	评价指标	分析方法标准名称	标准编号
20	镉	水质　铜、锌、铅、镉的测定　原子吸收分光光度法	GB 7475
		水质　镉的测定　双硫腙分光光度法	GB 7471
21	锌	水质　锌的测定　双硫腙分光光度法	GB 7472
		水质　铜、锌、铅、镉的测定　原子吸收分光光度法	GB 7475
22	硒	水质　硒的测定　2,3-二氨基萘荧光法	GB 11902
23	铅	水质　铜、锌、铅、镉的测定　原子吸收分光光度法	GB 7475
		水质　铅的测定　双硫腙分光光度法	GB/T 7470
		水质　铅的测定　示波极谱法	GB/T 13896
24	铜	水质　铜、锌、铅、镉的测定　原子吸收分光光度法	GB 7475
		水质　铜的测定　二乙基二硫代氨基甲酸钠分光光度法	HJ 485
		水质　铜的测定　2,9-二甲基-1,10-菲啰啉分光光度法	HJ 486
25	汞	水质　总汞的测定　冷原子吸收分光光度法	GB 7468
		水质　总汞的测定　高锰酸钾-过硫酸钾消解法　双硫腙分光光度法	GB 7469
26	铬（Ⅵ）	水质　六价铬的测定　二苯碳酰二肼分光光度法	GB 7467
27	砷	水质　总砷的测定　二乙基二硫代氨基甲酸银分光光度法	GB 7485
28	粪大肠菌群数	水质　粪大肠菌群的测定　多管发酵法和滤膜法	HJ/T 347
29	蛔虫卵数	城镇垃圾农用控制标准	GB 8172
30	色、臭和味	生活饮用水标准检验方法　感官性状和物理指标	GB/T 5750.4
	浑浊度		
	总硬度（以 $CaCO_3$ 计）		
	溶解性总固体		
	总大肠菌群	生活饮用水标准检验方法　微生物指标	GB/T 5750.12
31	硫酸盐	水质　硫酸盐的测定　重量法	GB 11899
		水质　硫酸盐的测定　铬酸钡分光光度法	HJ/T 342
32	硝酸盐	水质　硝酸盐氮的测定　酚二磺酸分光光度法	GB 7480
		水质　硝酸盐氮的测定　紫外分光光度法	HJ/T 346
33	六六六	水质　六六六、滴滴涕的测定　气相色谱法	GB 7492
34	滴滴涕	水质　六六六、滴滴涕的测定　气相色谱法	GB 7492
35	乐果	生活饮用水标准检验方法　农药指标	GB/T 5750.9
36	敌敌畏	生活饮用水标准检验方法　农药指标	GB/T 5750.9
37	氨氮	水质　氨氮的测定　气相分子吸收光谱法	HJ/T 195
38	溶解氧	水质　溶解氧的测定　碘量法	GB 7489
		水质　溶解氧的测定　电化学探头法	HJ 506
39	总余氯	生活饮用水标准检验方法　消毒剂指标	GB/T 5750.11
		水质　游离氯和总氯的测定　*N,N*-二乙基-1,4-苯二胺分光光度法	GB/T 11898

5.2 土壤监测

5.2.1 土壤污染物监测时，监测项目的采样布点及监测频率应按照 HJ/T 166 中的规定进行。

5.2.2 对土壤污染物的测定采用表 8 所列的方法标准。

表 8 土壤评价指标分析方法

序号	评价指标	分析方法标准名称	标准编号
1	镉	土壤质量 铅、镉的测定 KI-MIBK 萃取火焰原子吸收分光光度法	GB/T 17140
		土壤质量 铅、镉的测定 石墨炉原子吸收分光光度法	GB/T 17141
2	汞	土壤质量 总汞的测定 冷原子吸收分光光度法	GB/T 17136
3	砷	土壤质量 总砷的测定 二乙基二硫代氨基甲酸银分光光度法	GB/T 17134
		土壤质量 总砷的测定 硼氢化钾-硝酸银分光光度法	GB/T 17135
4	铜	土壤质量 铜、锌的测定 火焰原子吸收分光光度法	GB/T 17138
5	铅	土壤质量 铅、镉的测定 KI-MIBK 萃取火焰原子吸收分光光度法	GB/T 17140
		土壤质量 铅、镉的测定 石墨炉原子吸收分光光度法	GB/T 17141
6	铬	土壤质量 总铬的测定 火焰原子吸收分光光度法	HJ 491
7	锌	土壤质量 铜、锌的测定 火焰原子吸收分光光度法	GB/T 17138
8	镍	土壤质量 镍的测定 火焰原子吸收分光光度法	GB/T 17139
9	六六六和滴滴涕	土壤质量 六六六和滴滴涕的测定 气相色谱法	GB/T 14550
10	寄生虫卵数	粪便无害化卫生标准	GB 7959

5.3 环境空气监测

5.3.1 环境空气监测中的采样点、采样环境、采样高度及采样频率应按照 HJ/T 193、HJ/T 194 中的规定进行。

5.3.2 对环境空气污染物氨气、硫化氢、二氧化碳、恶臭的测定采用表 9 所列的方法标准，其余污染物的测定采用 GB 3095 中规定的分析方法标准进行。

表 9 环境空气评价指标分析方法

序号	评价指标	分析方法标准名称	标准编号
1	氨气	空气质量 氨的测定 离子选择电极法	GB/T 14669
		环境空气和废气 氨的测定 纳氏试剂分光光度法	HJ 533
		环境空气 氨的测定 次氯酸钠-水杨酸分光光度法	HJ 534
2	硫化氢	空气质量 硫化氢、甲硫醇、甲硫醚和二甲二硫的测定 气相色谱法	GB/T 14678
3	二氧化碳	公共场所空气中二氧化碳测定方法	GB/T 18204.24
4	恶臭	空气质量 恶臭的测定 三点比较式臭袋法	GB/T 14675

5.4　噪声监测

噪声监测参照 GB 3096 执行。

6　环境质量评价方法

6.1　指标分类

根据污染物的毒理学特征和生物吸收、富集特性，将畜禽养殖产地环境质量评价标准中的指标分为严格控制指标和一般控制指标两类。表 10 所列指标为严格控制指标，其他未列出的指标为一般控制指标。

表 10　严格控制指标

序号	类别		指标
1	水质	牧场灌溉用水	铅（Pb）、镉（Cd）、汞（Hg）、砷（As）、氰化物（CN^-）、铬（Ⅵ）
		畜禽饮用水	铅（Pb）、镉（Cd）、汞（Hg）、砷（As）、铬（Ⅵ）、氰化物（CN^-）、硝酸盐
2	土壤		铅（Pb）、镉（Cd）、汞（Hg）、砷（As）、铬（Cr）
3	空气		二氧化硫（SO_2）、二氧化氮（NO_2）

6.2　评价步骤

6.2.1　严格控制指标应采用单项污染指数法进行评价，任何一项严格控制指标浓度（含量）超标，即判定为不合格，评价结束；如果严格控制指标浓度（含量）不超标，则应进行一般控制指标的评价。

6.2.2　一般控制指标首先应采用单项污染指数法进行评价，如果每一项指标浓度（含量）都不超标，即判定为合格，评价结束；如果至少有一项指标浓度（含量）超标，则应采用综合污染指数法进行评价。

6.3　评价方法

6.3.1　单项污染指数法

单项污染指数法应按式（1）进行。

$$P_i = \frac{\rho_i}{S_i} \tag{1}$$

式中：P_i —— 环境中污染物 i 的单项污染指数；

ρ_i —— 环境中污染物 i 的实测值；

S_i —— 污染物 i 的评价标准。

$P_i \leqslant 1$，指标浓度（含量）未超标，判定为合格；

$P_i > 1$，指标浓度（含量）超标。

6.3.2　综合污染指数法

土壤和水环境质量综合污染指数法应按式（2）进行，环境空气质量综合污染指数法应按式（3）进行。

$$P=\sqrt{\frac{(\frac{\rho_i}{S_i})_{max}{}^2+(\frac{\rho_i}{S_i})_{avr}{}^2}{2}} \tag{2}$$

式中：P —— 土壤（水）综合污染指数；

$(\rho_i/S_i)_{max}$ —— 单项污染指数最大值；

$(\rho_i/S_i)_{avr}$ —— 单项污染指数平均值。

$$I=\sqrt{\left(\max\left|\frac{\rho_1}{S_1},\frac{\rho_2}{S_2},\cdots,\frac{\rho_n}{S_n}\right|\right)\times\frac{1}{n}\times\sum_{i=1}^{n}\frac{\rho_i}{S_i}} \tag{3}$$

式中：I —— 空气综合污染指数；

ρ_i/S_i —— 单项污染指数。

P 或 $I \leqslant 1$，判定为合格；

P 或 $I > 1$，判定为不合格。

7　标准的实施与监督

自本标准实施之日起，县级以上人民政府环境保护主管部门在食用农产品产地环境监督管理工作中，可以根据实际情况分区、分阶段参照本标准开展畜禽养殖产地环境状况评估。

七

环境标准修改与解释

（一）综合与共性问题的解释

关于执行国家污染物排放标准问题的复函

重庆市环境保护局：

你局《关于国家综合排放标准与国家行业排放标准执行问题的请示》（渝环发[2004]44号）收悉。经研究，现函复如下：

根据国家污染物排放标准的有关规定，国家污染物综合排放标准和行业排放标准不交叉执行，已有国家行业排放标准的行业，其排污单位执行相应的国家行业排放标准。适用标准时，应在企业独立的排放口采样和监测。对明确属于某行业的企业，其排放的污染物国家该行业排放标准中没有规定，亦不应执行国家综合性排放标准，但可通过制定地方排放标准进行控制。

特此函复。

国家环境保护总局
二〇〇四年五月十七日

关于农村地区生活污水排放执行国家污染物排放标准等问题的复函

环办函[2010]844号

江苏省环境保护厅：

你厅《关于制订江苏省太湖地区农村生活污水主要污染物排放标准有关问题的请示》（苏环办[2010]223号）收悉。经研究，函复如下：

一、原环保总局《关于发布〈城镇污水处理厂污染物排放标准〉（GB 18918—2002）修改单的公告》（[2006]21号，以下简称《公告》）规定，城镇污水处理厂出水排入国家和省确定的重点流域及湖泊、水库等封闭、半封闭水域时，执行一级标准的A标准，排入GB 3838地表水III类功能水域（划定的饮用水源保护区和游泳区除外）、GB 3097海水二类功能水域时，执行一级标准的B标准。环境保护部《关于重点流域执行城镇污水处理厂污染物排放标准问题的通知》（环办函[2009]713号）要求，在已制定并发布流域污染防治规划的重点流域，城镇污水处理厂执行污染物排放标准的要求与《公告》不同的，按流域污染防治规划的规定执行。在未制定流域污染防治规划的重点流域和封闭、半封闭水域的城镇污水处理厂，执行污染物排放标准的要求仍按《公告》执行。

二、若上述规定不能满足你省对太湖地区农村生活污水排放进行控制的需求，建议根据《中华人民共和国环境保护法》、《地方环境质量标准和污染物排放标准备案管理办法》（环境保护部令第9号）规定的程序和要求，制定地方污染物排放标准。

中华人民共和国环境保护部

二〇一〇年八月十日

关于执行地表水环境质量标准有关意见的复函

环函[2010]243号

福建省环境保护厅：

你厅《关于地表水环境质量标准中铜项目标准限值问题的请示》（闽环保科[2010]29号）收悉。经研究，函复如下：

《地表水环境质量标准》（GB 3838—2002）适用于各种环境功能的地表水体，其污染物浓度限值是综合各种环境功能的要求确定的，是基本要求。对于具有特定功能的水域，除满足该标准的要求外，还应执行专用的水质标准。

因此，对于《渔业水质标准》（GB 11607—89）规定的、具有特定功能的渔业水体，应同时满足GB 3838—2002和GB 11607—89的要求。

中华人民共和国环境保护部

二〇一〇年八月三日

关于污（废）水处理设施产生污泥危险特性鉴别有关意见的函

环函[2010]129号

各省、自治区、直辖市环境保护厅（局），新疆生产建设兵团环境保护局：

近来，一些地方环保部门和企事业单位向我部询问在公共污水处理设施污泥危险特性鉴别工作中，如何执行国家环境保护标准中的固体废物采样和鉴别相关规定问题。鉴于该问题具有普遍性，现就有关问题解释如下：

一、单纯用于处理城镇生活污水的公共污水处理厂，其产生的污泥通常情况下不具有危险特性，可作为一般固体废物管理。

二、专门处理工业废水（或同时处理少量生活污水）的处理设施产生的污泥，可能具有危险特性，应按《国家危险废物名录》、国家环境保护标准《危险废物鉴别技术规范》（HJ/T 298—2007）和危险废物鉴别标准的规定，对污泥进行危险特性鉴别。

三、以处理生活污水为主要功能的公共污水处理厂，若接收、处理工业废水，且该工业废水在排入公共污水处理系统前能稳定达到国家或地方规定的污染物排放标准的，公共污水处理厂的污泥可按照第一条的规定进行管理。但是，在工业废水排放情况发生重大改变时，应按照第二条的规定进行危险特性鉴别。

四、企业以直接或间接方式向其法定边界外排放工业废水的，出水水质应符合国家或地方污染物排放标准；废水处理过程中产生的污泥，属于正在产生的固体废物，对其进行危险特性鉴别，应按照《危险废物鉴别技术规范》的规定，在废水处理工艺环节采样，并按照污泥产生量确定最小采样数。

中华人民共和国环境保护部

二〇一〇年四月十六日

关于氨基酸生产企业适用国家水污染物排放标准问题的复函

环办函[2009]94 号

福建省环境保护局：

你局《关于福建省麦丹生物集团有限公司等两企业执行相关标准问题的请示》（闽环科函[2008]88 号）收悉。经研究，现就氨基酸生产企业执行排放标准问题函复如下：

一、《味精工业污染物排放标准》（GB 19431—2004）适用于味精（谷氨酸钠）生产企业和利用半成品生产谷氨酸的企业。若企业不生产上述产品，则不适用该标准。

二、以发酵工艺生产药用氨基酸的企业适用《发酵类制药工业水污染物排放标准》（GB 1903—2008）。若麦丹生物集团有限公司等两企业采用发酵工艺生产药用氨基酸，则应执行《发酵类制药工业水污染物排放标准》。

三、目前，国家尚未制定适用于味精和药用氨基酸以外的其他氨基酸生产企业的行业型污染物排放标准，在这类国家排放标准出台前，上述氨基酸生产企业应执行《污水综合排放标准》等国家综合型污染物排放标准或地方污染物排放标准。

中华人民共和国环境保护部

二〇〇九年二月二日

关于纳管排污单位氨氮执行标准的复函

环函[2004]454 号

浙江省环境保护局:

你局《关于杭州市纳管排污单位氨氮执行标准的请示》（浙环[2004]47 号）收悉。经研究，函复如下：

对于排入设置二级污水处理厂的城镇排水系统的污水，原则上应执行《污水综合排放标准》（GB 8978—1996）中的三级标准。具体到污水中的氨氮，《污水综合排放标准》（GB 8978—1996）没有限值，可暂时执行建设部《污水排入城市下水道水质标准》（CJ 3082—1999）。排污企业所属行业，有行业污水排放标准且行业标准有具体规定的，应执行行业标准。同时，城镇污水处理厂处理工艺和能力，必须符合有效处理工业企业排入氨氮等污染物的条件。否则，不能接纳工业污水。

国家环境保护总局

二〇〇四年十二月八日

关于企业污水排入城镇污水处理厂执行标准问题的复函

环函[2004]438 号

河南省环境保护局：

你局《关于企业污水排入城镇污水处理厂执行标准问题的请示》（豫环法[2004]6号）收悉。经研究，现函复如下：

一、南阳市环境保护局应在对排污工业企业污染物排放去向及所排放水域环境功能进行调查核实的基础上，按照城镇污水处理厂规划和建设期间考虑的纳污范围，参照国家有关排污标准对企业进行分类管理。基本原则为：有行业污染物排放标准且行业污染物排放标准中已规定排入城镇污水厂标准的，按照行业污染物排放标准进行管理；没有行业排放标准的，按照国家《污水综合排放标准》（GB 8978—1996）的要求，排放污水进入城镇污水处理厂的工业企业执行三级标准，其它工业企业污水排放执行二级标准。同时，城镇污水处理厂其处理工艺和能力，必须符合有效处理工业企业排入污染物的条件。否则，不能接纳工业污水。

二、南阳市环境保护局应按照《城镇污水处理厂污染物排放标准》（GB 18918—2002）的规定，根据污水处理厂处理能力、接纳工业污染物的类别和水环境质量要求，要求排放污水进入城镇污水处理厂的企业对毒性较大的或对环境有较长期影响的污染物（共 43 项）进行严格控制。

特此函复。

国家环境保护总局

二〇〇四年十二月三日

关于饲料级磷酸氢钙生产企业废水排放执行标准的复函

环函[2007]174 号

四川省环境保护局：

你局《关于饲料级磷酸氢钙生产企业排放的生产废水中总磷含量所执行的排放标准的请示》（川环[2007]51 号）收悉。经研究，现函复如下：

一、按照现行国家排放标准体系及实施标准的有关规定，有行业型污染物排放标准的行业执行行业型污染物排放标准，不执行综合型污染物排放标准，否则应执行综合型污染物排放标准。目前，国家级污染物排放标准中没有适用于饲料级磷酸氢钙生产企业的排放标准，因此，其工业废水排放控制应适用《污水综合排放标准》（GB 8978—1996），不适用《磷肥工业水污染物排放标准》（GB 15580—95）。

二、国家污染物排放标准是污染源管理的最低要求，如果特定地区由于污染物排放造成环境质量不符合标准要求，省级人民政府可依法、按照环境质量达标的要求，制定地方污染物排放标准。

国家环境保护总局

二〇〇七年五月二十三日

关于城市污水集中处理设施进水执行标准有关问题的复函

环函[2006]430 号

福建省环境保护局：

你局《关于转报厦门市环保局在环境管理中对城市污水集中处理设施进水执行标准的请示》（闽环保科[2006]24 号）收悉。经研究，函复如下：

一、工业企业等排污者向城市污水集中处理设施排放污水应执行水污染物排放标准，有地方水污染物排放标准的应优先执行。

二、《排污费征收标准管理办法》（国家发改委等 4 部门令第 31 号）第三条中“对城市污水集中处理设施接纳符合国家规定标准的污水”的“国家规定标准”是指《污水排入城市下水道水质标准》（CJ 3082—1999），城市污水集中处理设施进水应按此标准执行。

三、城市污水集中处理设施处理后的出水应按《城镇污水处理厂污染物排放标准》（GB 18918—2002）执行。

国家环境保护总局

二〇〇六年十一月六日

关于造纸企业污水排入城镇污水处理厂执行排放标准问题的复函

环函[2005]516 号

湖北省环境保护局：

你局《转报襄樊市环保局关于造纸工业企业污水排入城镇污水处理厂执行标准的请示》（鄂环保文[2005]175 号）收悉。经研究，现函复如下：

根据《造纸工业水污染物排放标准》（GB 3544—2001），排入设置二级污水处理厂城镇下水道的造纸工业废水，应达到地方规定的污水处理厂进水标准。地方污水处理厂进水标准由省级人民政府制定或由省级人民政府委托其环保部门制定。

在未规定地方污水处理厂进水标准的地区，造纸企业污水排入城镇二级污水处理厂，在保证城镇污水处理厂出水水质符合《城镇污水处理厂污染物排放标准》（GB 18918—2002）的前提下，可执行《污水综合排放标准》（GB 8978—1996）中三级标准规定的排放限值。

国家环境保护总局

二〇〇五年十一月二十八日

关于严格执行《城镇污水处理厂污染物排放标准》的通知

环发[2005]110号

各省、自治区、直辖市环境保护局（厅）：

近年来，我国城镇污水处理厂建设进程逐步加快。但是，一些地方的污水处理厂没有严格执行我局2002年颁布的《城镇污水处理厂污染物排放标准》（GB 18918—2002，以下简称《标准》）。有的地方甚至人为降低处理等级致使城镇污水处理厂运行管理不善，部分生活废水未经处理直接排放。为进一步加强对城镇污水处理厂的建设和运行管理，积极改善城镇水环境质量，现就执行《标准》有关事项通知如下：

一、对城镇污水处理厂排水，应按《标准》中的相关规定实施分类管理

北方缺水地区应实行中水回用，城镇生活污水处理厂执行《标准》中一级标准的A标准；其他地区若将城镇污水处理厂出水作为回用水，或将出水引入稀释能力较小的河湖作为城市景观用水，也应执行此标准。为防止水域发生富营养化，城镇生活污水处理厂出水排入国家和省确定的重点流域及湖泊、水库等封闭式、半封闭水域时，应执行《标准》中一级标准的A标准；其他地区可执行《标准》中的二级标准，并可根据当地实际情况，逐步提高污水排放控制要求。现有城镇生活污水处理厂达不到排放标准的，应限期达标。

二、加强污泥和恶臭污染物的治理，配套建设污泥和恶臭污染治理设施

必须按《标准》要求将污泥进行稳定化处理后妥善处置；若作为农用，必须达到《标准》规定的污泥农用污染物控制要求。含恶臭污染物的气体也必须达标排放。现有城镇污水处理厂应按《标准》规定配套建设恶臭处理和污泥处理设施。

三、生活污水处理厂应按《标准》要求对主要水质指标进行监测，各级环保部门应确实加强监管。

四、新建和现有生活污水处理厂均应按照《标准》要求，安装污水水量自动计量装置及主要水质指标在线监测装置。

国家环境保护总局

二〇〇五年十月十一日

关于油田回注采油废水和油田废弃钻井液适用标准的复函

环函[2005]125号

山东省环境保护局：

你局《关于油田回注采油废水和油田废弃钻井液适用标准的请示》（鲁环发[2004]247号）收悉。经研究，函复如下：

一、石油开采废水（包括原油脱出水、钻井以及井下作业等生产工艺生产排放水）应处理达到《碎屑盐油藏注水水质推荐指标及分析方法》（SY/T 5329—94）规定的回注标准后回注，同时要采取切实可行的措施，防止地层污染。排放的废水如不回注，应符合《污水综合排放标准》（GB 8978—1996）的要求。对外排放的油田废水，按照《排污收费管理条例》的有关规定收取排污费。

二、目前，国家没有专门的行业标准对油田废弃钻井液进行控制。国家正在组织编制石油天然气开发工业污染物排放标准。待行业标准颁布后，按该行业标准的有关规定执行。

三、《国家危险废物名录》对油田废弃钻井液未做规定，国家也没有专门的石油天然气钻井废物毒性检测及毒性评价标准。目前，国家正在修改和完善《国家危险废物名录》及危险废物鉴别系列标准。在新标准正式颁布前，执行原有规定。

国家环境保护总局

二〇〇五年四月十四日

关于热电企业执行国家排放标准问题的复函

环函[2010]303 号

辽宁省环境保护厅：

你厅《关于锦州节能热电股份有限公司在线监测系统烟气排放执行标准的请示》（辽环[2010]42 号）收悉。经研究，现函复如下：

一、《火电厂大气污染物排放标准》（GB 13223—2003）按火力发电锅炉的建设时间，分别规定了不同时段的大气污染物排放限值。对不同时段建设的锅炉，应选择适当的监控位置分别监测其人气污染物排放浓度，并执行相应的排放限值。

二、不同时段建设的锅炉，若采用混合方式排放烟气，且选择的监控位置只能监测混合烟气中的大气污染物浓度，则应执行各时段限值中最严格的排放限值。

中华人民共和国环境保护部

二〇一〇年十月十二日

关于执行《工业炉窑大气污染物排放标准》有关问题的复函

环函[2010]63 号

湖北省环境保护厅：

你厅《关于〈工业炉窑大气污染物排放标准〉中有关电石炉标准的请示》（鄂环函[2010]29 号）收悉。经研究，函复如下：

电石炉熔炼生成的电石成分是碳化钙，具有金属性质，因此，电石炉与铁合金炉性质相似。电石炉污染物排放控制要求应参照《工业炉窑大气污染物排放标准》（GB 9078—1996）中铁合金熔炼炉的要求执行。

中华人民共和国环境保护部

二〇一〇年二月十日

关于执行火电厂大气污染物排放和监测标准有关问题的复函

环函[2008]22 号

福建省环境保护局：

你局《关于火电厂大气污染物排放和监测有关标准问题的请示》（闽环保科[2007]16 号）收悉。经研究，函复如下：

一、《固定污染源烟气排放连续监测技术规范（试行）》（HJ/T 75—2007）中的有效数据是为计算有效小时均值设置的，不作为判定污染源排放是否超标的依据。《固定污染源烟气排放连续监测系统技术要求及检测方法（试行）》（HJ/T 76—2007）中有关“仪器应能够每 10s 获得一个累积平均值，能显示和打印 1 min、15 min 的测试数据”的要求适用于固定污染源烟气排放连续监测系统的适用性检测，10 s 累积平均值、1 min、15 min 的测试数据用于固定污染源烟气排放连续监测系统日常运行中有效小时均值的计算。符合《固定污染源烟气排放连续监测技术规范（试行）》（HJ/T 75—2007）要求的自动监测数据如有效小时均值、有效日均值和有效月均值与日常监督性手工监测数据均可作为实施环境保护管理措施的依据。

二、按照《关于环保部门现场检查中排污监测方法问题的解释》（环保总局公告 2007 年第 16 号）的要求，环保部门在对排污单位进行监督性检查时，可以环保工作人员现场即时采样或监测的结果作为判定排污行为是否超标以及实施相关环境保护管理措施的依据。根据该公告的精神，固定污染源烟气排放连续监测系统有效小时均值可作为判定排污行为是否超标以及实施相关环境保护管理措施的依据。日均值和月均值的使用可根据环境管理的需要确定。

三、《地方环境质量标准和污染物排放标准备案管理办法》（国家环保总局令第 24 号）规定地方污染物排放标准应参照国家污染物排放标准的体系结构设置。若地方排放标准未按上述要求制定，且排放限值宽于相应的国家行业型排放标准的，则该行业适用国家排放标准而不适用地方综合型排放标准。

国家环境保护总局

二〇〇八年一月十五日

关于不同容量锅炉共用烟囱排放大气污染物适用排放标准问题的复函

环函[2007]351 号

安徽省环境保护局：

你局《关于奇瑞汽车有限公司自备热电站项目锅炉烟气排放执行标准的请示》（环评[2007]102 号）收悉。经研究，现函复如下：

该公司自备热电站项目 2 台 35 t/h 和 2 台 75 t/h 循环流化床锅炉，其大气污染物排放应分别适用《锅炉大气污染物排放标准》（GB 13271—2001）和《火电厂大气污染物排放标准》（GB 13223—2003）；若上述锅炉共用一根烟囱，且监控位置在烟囱处，则应适用《火电厂大气污染物排放标准》（GB 13223—2003）。

国家环境保护总局

二〇〇七年九月二十日

关于执行《恶臭污染物排放标准》问题的复函

环函[2007]281 号

湖北省环境保护局:

你局《转报襄樊市环保局关于博拉经纬纤维有限公司排放恶臭污染物（二硫化碳、硫化氢）执行排放标准值的请示》（鄂环保文[2007]58 号）收悉。经研究，现函复如下：

一、恶臭污染物排放控制应执行《恶臭污染物排放标准》（GB 14554—93）。《大气污染物综合排放标准》（GB 16297—1996）中确定污染物最高允许排放速率的方法不适用于执行《恶臭污染物排放标准》的情况。

二、在执行《恶臭污染物排放标准》时，如企业排气筒高度超过标准中所列排气筒最高高度，执行标准中排气筒最高高度对应的污染物排放量。

国家环境保护总局

二〇〇七年八月三日

关于烟厂原烟储存仓库磷化氢无组织排放适用标准的复函

环函[2007]219 号

湖南省环境保护局：

你局《关于磷化氢适用标准的请示》（湘环报[2007]32 号）收悉。经研究，现函复如下：

烟厂原烟储存仓库磷化氢气体无组织排放可参照执行《恶臭污染物排放标准》（GB 14554—93）中的臭气浓度厂界标准值。

国家环境保护总局

二〇〇七年六月十八日

关于火电厂实施烟气脱硫后执行标准的复函

环函[2006]251 号

上海市环境保护局：

你局《关于电厂实施烟气脱硫后执行排放标准的请示》（沪环保科[2006]129 号）收悉。经研究，函复如下：

国家现行《火电厂大气污染物排放标准》（GB 13223—2003）对第 1、2 时段火电厂建设项目排放二氧化硫、烟尘，分两个阶段规定了排放浓度限值，即 2005 年 1 月 1 日至 2009 年 12 月 31 日和 2010 年 1 月 1 日以后分别执行不同的限值；对氮氧化物只规定了 2005 年 1 月 1 日起应达到的排放浓度限值。

若采取治理措施，使第 1、2 时段的火电厂建设项目达到第二阶段污染物排放浓度限值，可不按扩建、改建项目要求，但应按《火电厂大气污染物排放标准》（GB 13223—2003）控制二氧化硫、烟尘，氮氧化物排放浓度限值仍按原时段的要求执行。

若要求第 1、2 时段的火电厂建设项目提前达到第二阶段污染物排放浓度限值或达到更加严格的污染物排放控制要求，则与执行国家现行《火电厂大气污染物排放标准》（GB 13223—2003）无关，可通过制定地方污染物排放标准或执行国家或地方总量控制指标，明确提出具体要求。

国家环境保护总局

二〇〇六年六月二十三日

关于内燃式瓦斯发电项目环境影响评价标准请示的复函

环函[2006]359 号

安徽省环境保护局：

你局《关于瓦斯发电项目环境影响评价标准的请示》（环科函[2006]325 号）收悉。经研究，函复如下：

目前，我国还没有发电用内燃机大气污染物排放标准，使用以煤层气为燃料的内燃机发电建设项目，可根据建设项目环境影响评价文件审批时间，分别参照执行《车用点燃式发动机及装用点燃式发动机汽车排气污染物排放限值及测量方法》（GB 14762－2002）第二阶段和《车用压燃式、气体燃料点燃式发动机与汽车排气污染物排放限值及测量方法（中国Ⅲ、Ⅳ、Ⅴ阶段》（GB 17691－2005）中的大气污染物排放控制要求，进行环境影响评价。

国家环境保护总局

二〇〇六年九月十四日

关于柴油发电机排气执行标准的复函

环函[2005]350 号

广东省环境保护局：

你局《关于柴油发电机排气执行标准的请示》（粤环保[2005]35 号）收悉.经研究，现函复如下：

目前，我国还没有专门的柴油发电机污染物排放标准，对柴油发电机仅控制烟气黑度确已不能满足环境管理的需要。为加强城市空气质量的监督，你局可参照《大气污染物综合排放标准》（GB 16297—1996）对柴油发电机排放的二氧化硫、氮氧化物、烟气等污染物进行控制。

国家环境保护总局

二〇〇五年八月十九日

关于饮食业单位排气适用标准问题的复函

环函[2005]225号

吉林省环境保护局：

你局《关于火锅店外排气体是否界定为饮食业油烟问题请示的函》（吉环函[2005]40号）收悉。经研究，函复如下：

一、饮食业排放油烟应按照国家排放标准《饮食业油烟排放标准（试行）》（以下简称：排放标准）的规定进行控制。排放标准规定的油烟排放浓度限值及采样分析方法，适用于对已按要求安装油烟净化设施的饮食业单位排放含油烟气体的控制；未按要求安装油烟净化设施的，视同超标排放，不需进行排放浓度监测。

二、饮食业油烟是多种成分的混合物，排放标准规定的采样分析方法是一种非特异性监测方法，该方法不宜作为判断气体成分中是否含有油烟的定性分析方法。

三、火锅使用时排出的气体成分与其使用的汤料成分和加工食物的种类有直接关系。火锅汤料的主要成分是水和调味料，火锅汤料沸腾时的温度接近水的沸点，低于采用烹炒等方法加工食物时的温度。鉴此，火锅使用时排出的气体以水蒸气为主，并可能含有调味料和食物中的挥发性成分，与食物高温烹炒过程中产生的含油烟气体成分有较大差别。

因此，若火锅店未采用烹炒、烧烤和油炸等方法加工食品，则不宜将其排气定性为含油烟气体。

国家环境保护总局

二○○五年六月十日

关于《生活垃圾填埋场污染控制标准》有关问题的复函

环函[2010]358 号

湖南省环境保护厅：

你厅《关于〈生活垃圾填埋场污染控制标准〉有关问题的请示》（湘环报[2010]89号）收悉。经研究，现函复如下：

一、考虑到石灰岩溶洞发育带在稳定性方面可能存在问题，为尽量避免安全隐患，《生活垃圾填埋场污染控制标准》（GB 16889—2008）中规定，生活垃圾填埋场场址的选择应避开石灰岩溶洞发育带。

二、若拟在全部为喀斯特地貌（岩溶地貌）的地区建设生活垃圾填埋场，确实无法避开石灰岩等可溶性岩石溶洞发育带的，应通过地质调查，选择地质条件较为稳定的场地，并采取有效的工程措施进一步提高场地的稳定性，从而切实保证生活垃圾填埋场在建设、运行、封场及后期维护期间的安全和稳定。

三、为使工程措施发挥其应有的作用，在生活垃圾填埋场建设过程中，应加强监督管理，保证工程质量。

中华人民共和国环境保护部

二〇一〇年十一月二十五日

关于修订《危险废物贮存污染控制标准》有关意见的复函

环函[2010]264 号

广东省环境保护厅：

你厅《关于〈危险废物贮存污染控制标准〉有关问题的请示》（粤环报[2010]61号）收悉。经研究，函复如下：

一、关于污染源与敏感区域之间的距离问题，在《加强国家污染物排放标准制修订工作的指导意见》（国家环境保护总局 2007 年第 17 号公告）中已经做出明确规定，即排放标准中不规定统一的污染源与敏感区域之间的合理距离（防护距离），其具体距离应根据污染源的性质和当地的自然、气象条件等因素，通过环境影响评价确定。

二、我部已经下达计划对国家污染物排放标准《危险废物贮存污染控制标准》（GB 18597—2001）进行修订。在该标准修订过程中，将落实上述要求。

中华人民共和国环境保护部

二〇一〇年九月六日

关于生活垃圾填埋气体发电机组烟气排放执行标准问题的复函

环函[2010]123 号

广东省环境保护厅：

原广东省环境保护局《关于生活垃圾填埋气体发电机组烟气排放执行标准问题的请示》（粤环报[2009]39 号）收悉。经研究，函复如下：

一、生活垃圾填埋气体的主要成分为甲烷和其他碳氢化合物、二氧化碳和少量的氨、硫化氢等。燃烧后会产生氮氧化物、二氧化硫、碳氢化合物等污染物。

二、现行的《火电厂大气污染物排放标准》（GB 13223—2003）规定了采用燃气轮机技术的发电机组氮氧化物排放限值，适用于各种气体燃料的燃气轮机组的排放管理。目前，我部正在对《火电厂大气污染物排放标准》进行修订，新标准增加了以气体为燃料的蒸汽锅炉和燃气轮机组的烟尘、二氧化硫、氮氧化物的排放限值。新标准实施后，应按标准的规定执行。

三、目前国家尚未制定采用气体燃料的内燃机发电机组的排放标准，地方省级政府可根据法律规定制定地方排放标准。

中华人民共和国环境保护部

二〇一〇年四月九日

关于执行《一般工业固体废物贮存、处置场污染控制标准》有关问题的复函

环函[2005]277号

山东省环境保护局：

你局《关于海滨滩涂灰场环境影响评价执行〈一般工业固体废物贮存、处置场污染控制标准〉有关问题的请示》（鲁环审[2005]92号）收悉。经研究，现函复如下：

《一般工业固体废物贮存、处置场污染控制标准》对利用海岸滩涂建设一般工业废物贮存、处置场的要求未作出规定。若拟利用海岸滩涂设立拟建火电厂的备用贮灰场，应按照环境影响评价的相关要求对项目可能产生的环境影响和风险进行分析评价。如适合设立电厂贮灰场，在该项目的选址、设计、运行管理以及关闭、封场等工作中，应按《一般工业固体废物贮存、处置场污染控制标准》的要求执行。同时，应采取相应的环境保护措施：

一、应构筑有效的挡水堤坝等设施，防止海水冲刷造成火电厂排灰流失，污染海洋环境。

二、制定防止扬尘措施。

三、采取适当方式综合利用火电厂排灰，减少排灰的入场处置量

国家环境保护总局

二〇〇五年八月十五日

（五）噪声环境标准修改与解释

关于居民楼内设备产生噪声适用环境保护标准问题的复函

环办函[2009]1014号

北京市朝阳区人民法院：

你院关于居民楼内设备产生噪声适用环境保护标准问题的调查函收悉。经研究，函复如下：

一、原国家环境保护总局《关于居民楼内设备产生噪声适用环境保护标准问题的复函》（环函[2007]54号）的第一条内容仍然有效。

二、鉴于《工业企业厂界噪声标准》（GB 12348—90）和《工业企业厂界噪声测量方法》（GB 12349—90）已废止，2008年发布的《工业企业厂界环境噪声排放标准》（GB 12348—2008）与原标准相比，体系和内容均发生了较大的变化。因此，该标准不适用于居民楼内为本楼居民日常生活提供服务而设置的设备（如电梯、水泵、变压器等设备）产生噪声的评价。

环境保护部办公厅

二〇〇九年九月二十七日

关于企业排放环境噪声监管问题的复函

环函[2009]124号

河南省环境保护厅：

原河南省环境保护局《关于对军工企业偶发噪声环境监管有关问题的请示》（豫环文[2009]45号）收悉。经研究，函复如下。

一、对于非城市区域从事生产活动排放偶发性强烈噪声行为的监管问题，《中华人民共和国环境噪声污染防治法》没有明确规定。处理因该类环境噪声问题引发的投诉，地方性法规、地方政府规章有规定的，适用地方规定；地方没有明确作出规定的，环境保护行政主管部门可根据当事人的请求，依据《民法通则》的规定予以调解。调解不成或相关方不同意调解的，环境保护行政主管部门应告知投诉人依法提起民事诉讼。

二、《工业企业厂界环境噪声排放标准》（GB 12348—2008）仅对工业企业夜间偶发噪声的最大声级管理提出了排放控制要求和监测方法。该标准不适用于昼间工业企业偶发噪声排放的环境监管。

中华人民共和国环境保护部

二〇〇九年五月三十一日

（六）其他环境标准修改与解释

关于执行《饮食业环境保护技术规范》有关事项的复函

环函[2010]336号

湖北省环境保护厅：

你厅《关于〈饮食业环境保护技术规范〉执行标准中有关问题的请示》（鄂环保文[2010]191号）收悉。经研究，现函复如下：

一、《饮食业环境保护技术规范》（HJ 554—2010）是我部为从源头防治饮食业污染、规范饮食业单位环保工作而制定的指导性技术文件。该标准适用于新、扩、改建饮食业单位。

二、为防止饮食业单位污染扰民，该标准中4.1.2条规定：新建住宅楼内不宜设置饮食业单位；现有住宅楼内不宜新设置产生油烟污染的饮食业单位。同时，标准中规定了饮食业单位排放口的设置要求和与周围环境敏感目标之间的距离。为达到较好的污染防治效果，标准中6.2.2和6.2.3的要求都应达到。

三、该标准6.2.2中所指的油烟排放口周边敏感环境目标，应包括饮食业单位边界以外的各个需要保护的对象，包括油烟排放口所在建筑物内的住宅。

四、若国家法律法规或地方性法规中，规定了相关方遵守标准的义务、违反标准的责任和强制措施，则该标准可强制执行；否则，该标准应由相关方自愿采用。

中华人民共和国环境保护部

二〇一〇年十一月八日

关于土壤污染修复适用标准的复函

环办函[2009]1181号

广东省环境保护厅：

原广东省环境保护局《关于土壤污染修复适用标准的请示》（粤环报[2009]44号）收悉。经研究，函复如下：

环保标准是依法制定和实施的规范性文件。我国尚未就土壤污染修复事项制定法规或建立管理制度，也没有适用于工业用地土壤污染修复的环保标准。为支持相关立法工作并配合实施，我部目前正在制定用于污染场地调查、风险评估等工作的环保标准。今后可按照相关法规和相关标准实施。

中华人民共和国环境保护部

二〇〇九年十一月十三日

关于公布《清洁生产标准 电镀行业》（HJ/T 314—2006）修改方案的公告

中华人民共和国环境保护部公告　2008年　第59号

为贯彻《中华人民共和国环境保护法》和《中华人民共和国清洁生产促进法》，保护环境，防治污染，提高企业清洁生产水平，我部决定对国家环境保护标准《清洁生产标准 电镀行业》（HJ/T 314—2006）进行修改。现公布修改方案，自2009年2月1日起实施。

特此公告。

附件：《清洁生产标准 电镀行业》（HJ/T 314—2006）修改方案

二〇〇八年十一月二十七日

附件：

《清洁生产标准 电镀行业》（HJ/T 314—2006）修改方案

一、“1 适用范围”第二款修改为：本标准适用于电镀行业企业生产线（综合电镀生产）清洁生产审核和清洁生产潜力与机会的判断，以及清洁生产绩效评定和清洁生产绩效公告制度。

二、删除“4.2 指标要求”的第二款，即：电镀行业清洁生产标准（印制电路板类）指标要求见表2。

三、删除表2。